日常烘焙玩创意
×
初学轻松做

甜点造型设计教科书

林鸿恩　著

中国轻工业出版社

图书在版编目（CIP）数据

甜点造型设计教科书 / 林鸿恩著. —北京：中国轻工业出版社，2020.10

餐饮行业职业技能培训教程

ISBN 978-7-5184-2907-3

Ⅰ.①甜… Ⅱ.①林… Ⅲ.①甜食—制作—技术培训—教材 Ⅳ.①TS972.134

中国版本图书馆CIP数据核字（2020）第033566号

责任编辑：史祖福　贺晓琴　　责任终审：张乃柬　　整体设计：锋尚设计
策划编辑：史祖福　　　　　　责任校对：晋　洁　　责任监印：张　可

出版发行：中国轻工业出版社（北京东长安街6号，邮编：100740）
印　　刷：北京富诚彩色印刷有限公司
经　　销：各地新华书店
版　　次：2020年10月第1版第1次印刷
开　　本：889×1194　1/16　印张：20.25
字　　数：479千字
书　　号：ISBN 978-7-5184-2907-3　定价：148.00元
邮购电话：010-65241695
发行电话：010-85119835　传真：85113293
网　　址：http://www.chlip.com.cn
Email：club@chlip.com.cn
如发现图书残缺请与我社邮购联系调换
200108S1X101ZYW

推荐序

信手拈来皆是创意。

认识鸿恩，该从我过去几年的新书发布会说起，那时的鸿恩还是个腼腆男孩，在我每一次的签书会上，他总会出现，看得出他的认真及专注……而经过多年的淬炼，现在的鸿恩今非昔比，非但是个称职又受欢迎的老师，而且更是多场大型烘焙比赛的获胜者，让人佩服！这次鸿恩更是将自己的拿手绝活集结成册，与读者分享，精彩尽出，可喜可贺！

这年头，会做凤梨酥不稀奇，会烤饼干也不用大惊小怪；重点是，能让这些稀松平常的甜点大变身，呈现以假乱真的创意造型，那才厉害。看了鸿恩这本书的作品，富有趣味且兼具创意，每个造型栩栩如生，活灵活现，难以想象竟是以凤梨酥、饼干、蛋黄酥、马林糖等作为架构，吸睛的作品让人忍不住由衷发出赞叹。还有细腻精致的巧克力捏花、可爱软萌的糖偶，所有的独家创意、完美技法于本书中完整大公开。

整本书中如艺术品般的精致作品，很难想象是来自一位魁梧大男生，心细如丝，创意无限，从生活中的日常事物到周边的动物、植物，其特征都能在鸿恩的巧手中发挥得淋漓尽致。阅读本书让人愉悦，图文并茂，一步一步的做法轻松易学，让新手也能快速上手。

跟着鸿恩老师的脚步，循着这本书，从依样画葫芦开始，到自己延伸变通，相信创意就在你的股掌间大喷发。可爱手作不管是用于节庆送礼，还是自用欣赏，甚至在社交媒体上晒个照片与朋友分享，都保证让你成就感十足。

资深烘焙老师

孟兆庆

初次见到鸿恩你很难想象，这个待人和善、身形硕大的邻家腼腆男孩，竟然能够做出让人为之惊喜、爱不释手的烘焙点心。鸿恩制作的烘焙点心外形讨人喜欢、口味丰富、层次分明，每样作品的造型设计都是经过他的巧思与创新研发，这些都要归功于他多年卓越的竞赛成果与教学分享经验。

鸿恩是我在大学执教时的学生，当然，我不是教授烘焙的老师，鸿恩也不是我的指导学生，只因个人在餐饮美学与艺术上稍显敏锐、也在餐饮艺术竞赛上略有涉猎，所以鸿恩常常在参加餐饮竞赛前会来请我给他一些建议与修正，于是我们就建立起多年来的师生关系，这也让我后来发觉在鸿恩温文憨厚的外表下，蕴藏着一颗细腻、温柔、专业又执着的心，曾多次鼓励他钻研可爱造型风格的烘焙制作技术。如今，显而易见，鸿恩在与各位亲爱的读者分享他的多年烘焙心得与经验，与各位一起沉浸在这如梦似幻的甜蜜世界中，一起享受这温暖又别具心思的独特手作小点。

糖在菜肴中有平衡和衬托咸味的效果，而甜品就像是缤纷烟火，带来灿烂绚丽的结束与回忆，期待这本书页页甜腻您的嘴、篇篇融化您的心。

弘光科技大学餐旅管理系教授

如果你也跟我一样喜欢动动手做烘焙，好好享受一下美好的时光，我相信这本书会是你学习及创作的好伙伴。

时光飞逝，认识鸿恩老师已十余年，从小小的造型月饼开始，便认识了这个身材高大，指尖却是如此细腻的孩子，那时的青涩少年，一转眼已是为人师表，这些年来看着鸿恩成长，在烘焙这条路上认真学习。好学的他经常自我进修，学习不同领域的专业知识与技术，得以精进自我，且常参加大大小小的烘焙竞赛，获奖无数，战绩辉煌！

鸿恩把这些年来一点一滴的经验幻化成本书，主题内容丰富有趣，每个章节都充满故事性，让这本食谱不单只是食谱，更是让你学习创作的补给站，详细的图解说明不会让读者看得一头雾水，很适合新手上路的朋友们。

看完这本书，你是否也跟我一样，想动动手玩创意了呢。赶快卷起袖子，跟着鸿恩老师一起动动手吧！这本烘焙工具书值得我推荐，也值得你拥有！

我把这本书推荐给各位亲爱的读者们。

快手厨娘

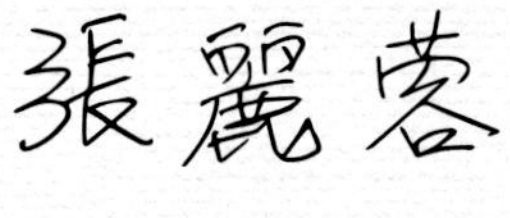

前言

指尖上的创意，疗愈你我的心。

随着时代的变迁，人们越来越懂得享受生活，提高自我生活品质，甚至有时会想动动手做些小点心来疗愈一下心灵。不知道亲爱的读者们是否觉得，有时做好成品想来点装饰时，却又不知如何下手，毫无头绪呢？其实装饰不会很困难，只要运用一些简单的工具加上自己的想象力，人人都可以是设计师。

从事烘焙教学好一段时间了，常常收到学员或是朋友们来信，询问我如何制作或是装饰他的成品，有时候对于没有经验的初学者或是没做过这些产品的人来说，还真是鸡同鸭讲、天方夜谭。我深刻体会到只有文字的叙述没有图片的辅助，对于新手来说，真的是难以想象，那时从我脑海中浮现一个念头，“或许可以写一本有关造型跟装饰的书”，加上那时刚好出版社邀约，就在这因缘际会下，这本书便诞生了。

整本书以造型为出发点，平常会接触到的小点心，利用手边容易取得的食材，加上一点创意及手工，让它摇身一变，成为你疗愈心灵的好伙伴。制作过程大部分着重在手工上，搓圆捏扁、几何图形的搭配，加上不同的色块配置，少部分利用模型辅助，创造出许多不同的造型点心，相信即便是初学者也能快速上手。

期许这本书能为各位读者带来更多不同的创意，不管是在制作点心上，或是装饰造型上，都能蹦出更多新的创作灵感。

也期待未来能在社交媒体上看到各位可爱的作品，分享给大家欣赏，疗愈大家的心。

烘焙技术讲师

林鸿恩

林鸿恩

经历

- PME 皇家糖霜课程受训结业
- PME 英式糖花课程受训结业
  马来西亚厨艺学院
  拉糖工艺组结业
  巧克力工艺组结业
- 西点蛋糕组结业
- 台湾烘焙厨艺交流协会蛋糕装饰专业课程班结业
- Wilton 蛋糕装饰挤花班结业
- 财团法人中华谷类食品工业技术研究所面包全修班受训结业

比赛经历

- 2018 年
  · 台湾厨艺竞赛拉糖艺术组银牌
- 2016 年
  · 新加坡 Gourmet team 团队赛金牌
- 2015 年
  · sigep 意大利青年西点世界杯（世界第三名）
- 2014 年
  · 厦门市海峡两岸烘焙师厨艺竞赛（金牌）
  · FHA 新加坡厨艺争霸赛糕点展示（艺术面包）（金牌）
  · 永纽安佳杯面包新秀赛（冠军）
- 2013 年
  · 厦门市海峡两岸烘焙师厨艺竞赛（金牌）

考取证照

- 烘焙食品面包、西点蛋糕制作乙级
- 烘焙食品西点蛋糕制作丙级
- 烘焙食品面包制作丙级

CONTENTS
目 录

CHAPTER.03

怀旧中式小点新创意

疗愈满点！

CHAPTER.04

人气西式小点

怦然心动！

CHAPTER.05

经典装饰小物

吸睛度100%！

工具材料介绍

| Tools and ingredients |

工具 Tools

电动搅拌器

用于搅拌食材用。

烤盘

烘烤时使用，盛装材料的器皿。

筛网

过筛粉类时使用，使粉类不结块。

钢盆

用于盛装各式粉类及材料。

单柄锅

煮糖浆或巧克力时，盛装材料的器皿。

卡式炉

煮材料时使用的火炉。

切模

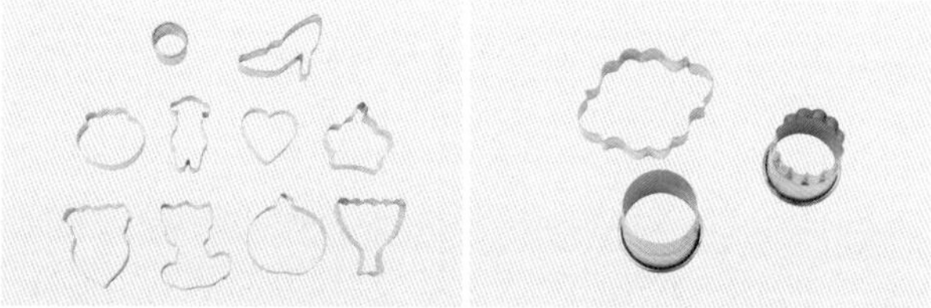

可将材料切出各式图案的模具，在制作饼干和巧克力花时使用。

印模

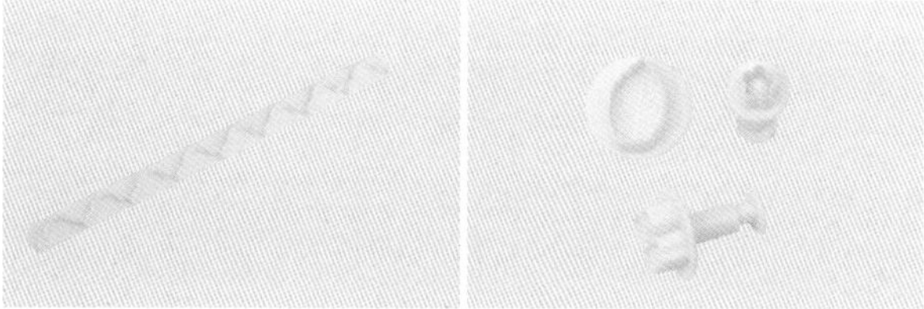

可将材料压出各式图案的模具，在制作饼干和巧克力花时使用。

凤梨酥模

制作糕点时所需的模具，例如，凤梨酥。

转印纸

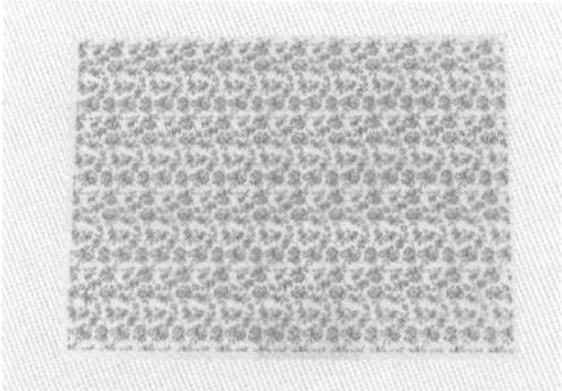

印有图案的纸张，可将图案转印到巧克力上。

花嘴

将材料挤出所需的形状时使用的辅助工具，例如，蛋白霜、巧克力等。

雕塑工具组

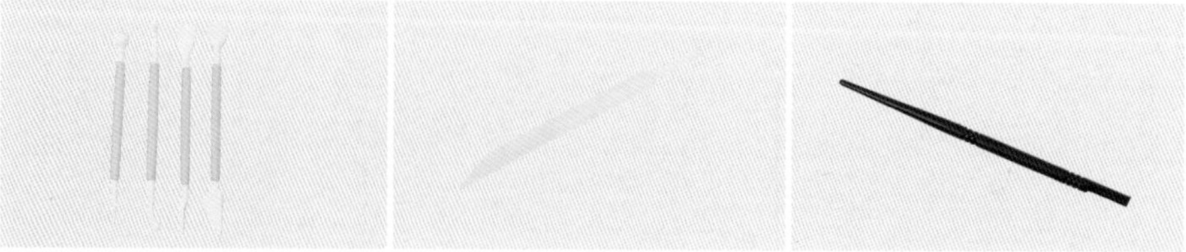

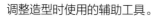

调整造型时使用的辅助工具。

纹理工具

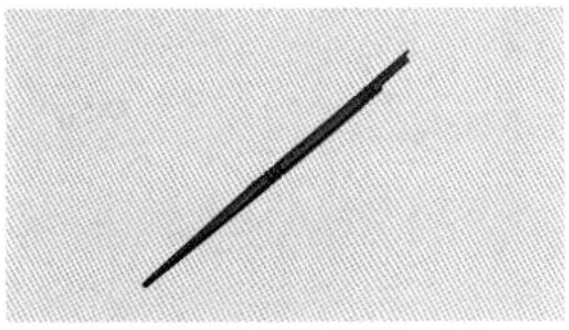

压出纹路的辅助工具。

擀面棍

将材料整形或擀平材料时使用，例如，面团、塑形巧克力等。

针车钻

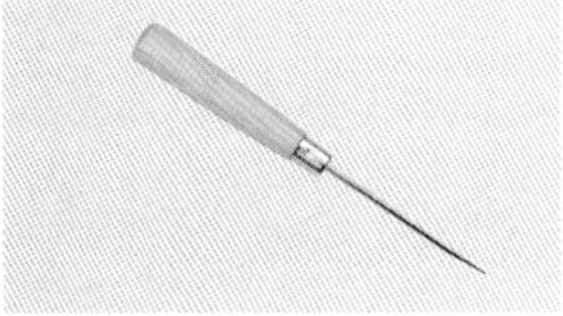

装饰时使用，辅助作画。

锯齿三角板

在制作巧克力线条曲线时使用。

秋叶刀

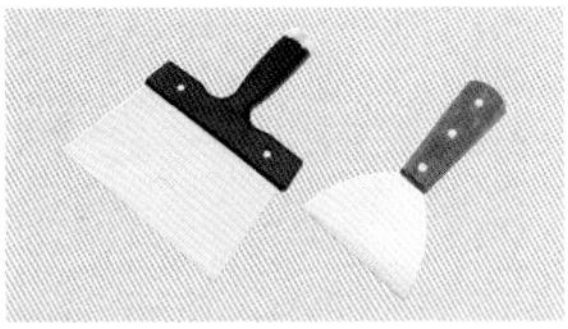

装饰或刮平材料时使用。本书主要在制作巧克力装饰时使用，以快速刮取巧克力。

西餐刀

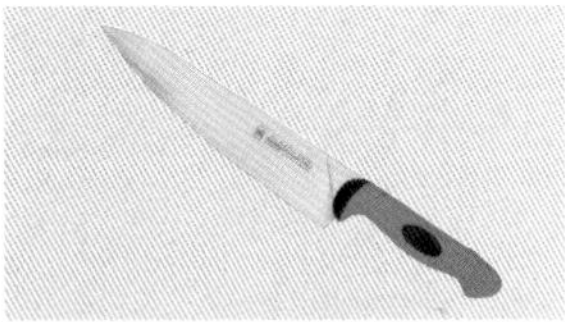

又称牛刀，制作的钢材通常比较硬，所以较为锐利。在制作巧克力装饰时使用。

刮刀

搅拌或刮取黏稠类、糊状材料时使用。

刮板

刮平面糊或切割面团时使用，切面较为平整。

挤花袋、三明治袋

盛装材料时使用，例如，蛋白霜、巧克力等。

转接头

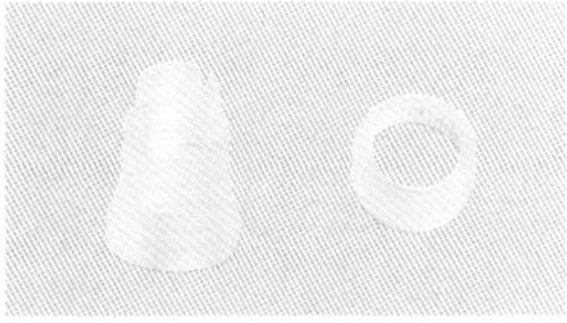

挤花时使用，辅助更换花嘴。

花钉

挤花时使用，透过花钉的平面制作挤花。

花座

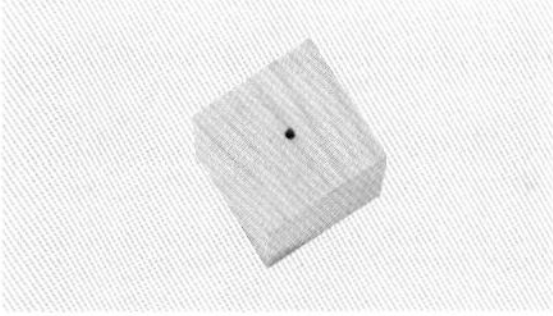

挤花时使用，通常用于摆放花钉。

油纸

具有不易粘黏的效果，制作挤花时使用，辅助取下挤花成品。

烤焙布

具有不粘黏的效果。

投影片

具有可做出光亮面的效果，本书中主要在制作巧克力装饰时使用。

塑料袋

具有不易粘黏的效果，使工作台保持清洁。

温度计

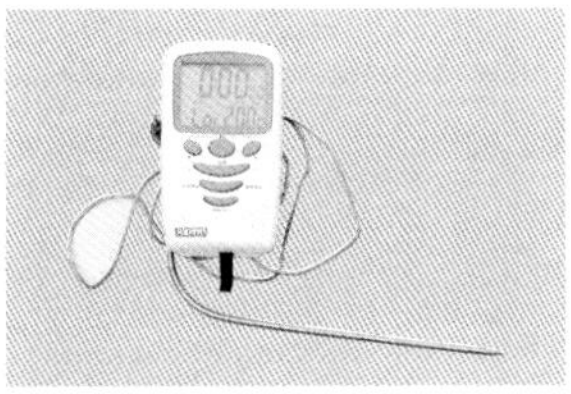

测量温度时使用。

牙签

调色时使用。

橡皮筋

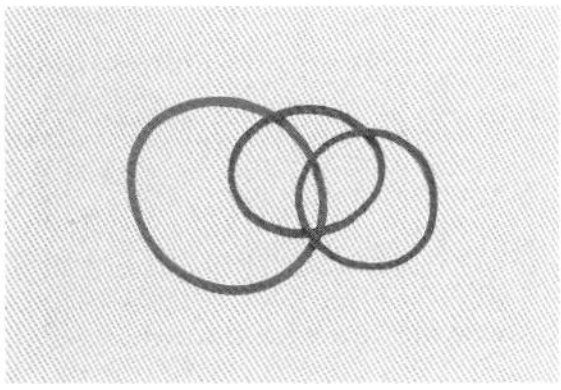

用于捆绑、固定材料或工具。

剪刀

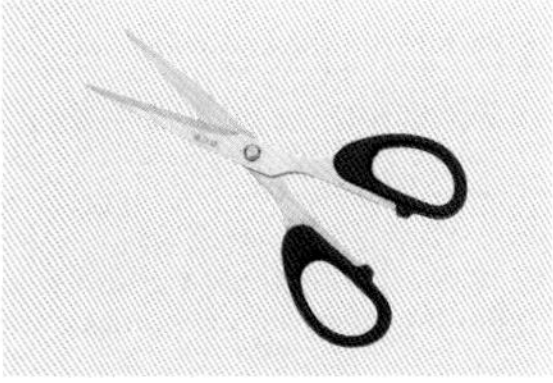

将材料切割或剪开时使用，例如，挤花袋、三明治袋等。

发酵奶油

从天然牛奶中提炼出的油脂。在制作一口酥、饼干、马卡龙内馅和凤梨酥时使用。

吉利丁片

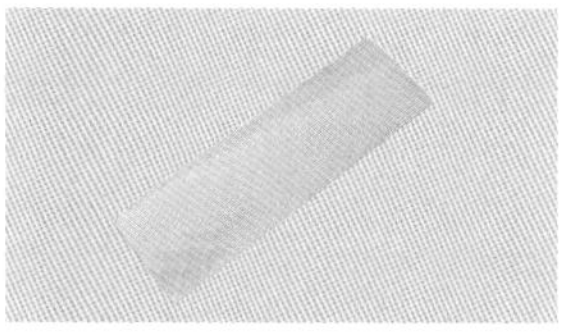

又称明胶或鱼胶，从动物皮、骨提炼出的蛋白质制成。本书主要在制作棉花糖时使用。

水麦芽

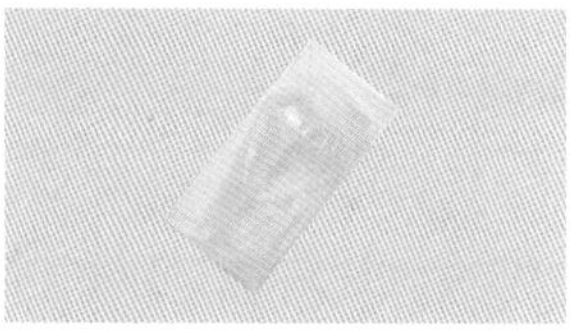

又称水饴，具有甜味。本书主要在制作棉花糖时使用。

柳橙汁

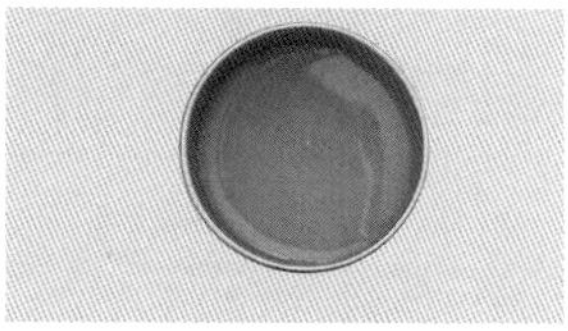

本书主要在制作棉花糖时使用。

葡萄糖

主要在制作马卡龙内馅时使用。

猪油

从肥猪肉提炼出的食用油。在制作蛋黄酥的油皮、油酥时使用。

黑 / 白巧克力

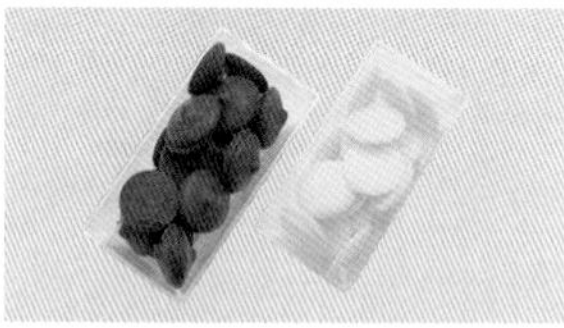

以可可粉或可可脂作为主料的混合型食品。本书主要在制作巧克力装饰时使用。

粉类

低筋面粉

由小麦类磨成的粉末，蛋白质含量较低，容易结块，相较中筋面粉和高筋面粉，颜色偏白。在制作饼干时使用。

中筋面粉

由小麦类磨成的粉末，颜色介于低筋面粉和高筋面粉之间。在制作蛋黄酥时使用。

高筋面粉

由小麦类磨成的粉末，蛋白质含量较高，较为干燥，筋度较强，相较低筋面粉和中筋面粉，颜色偏黄。在制作一口酥时使用。

盐

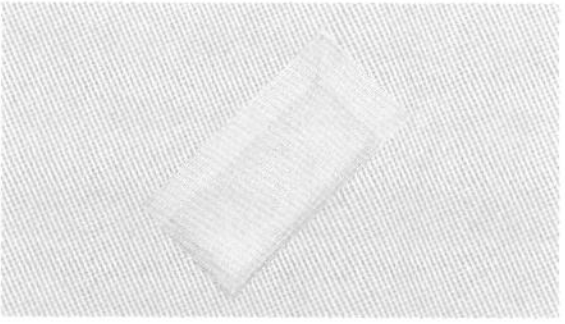

添加咸味的调味料。本书主要在制作一口酥时使用。

杏仁粉

黄褐色粉末，本书主要在制作马卡龙时使用。

奶粉

牛奶干燥而成的粉末，本书主要在制作饼干、一口酥和凤梨酥时使用，以增添风味。

玉米粉

又称玉米淀粉，凝固材料时使用。熟玉米粉可防止粘黏，本书主要在制作马林糖和棉花糖时使用。

竹炭粉

调色时使用。

糖类

砂糖

添加甜味时使用。本书主要在制作马林糖和棉花糖时使用。

糖粉

具有甜味，相较砂糖，颗粒更细小，纯白色粉末。一般市售糖粉会添加少量玉米淀粉，以达到防潮、防结粒的效果。

纯糖粉

纯糖粉为未添加玉米淀粉的糖，磨制而成的白色粉末。本书主要在制作马卡龙时使用。

CHAPTER
01

萌心限定!

卡通造型饼干

Biscuits Preparation

饼干前置制作

面团制作

材料及工具 Ingredients & Tools

· 食材

①低筋面粉　300克
②糖粉　100克
③奶粉　45克
④发酵奶油　127克
⑤全蛋　75克

· 器具

电动搅拌机、刮刀、筛网

步骤说明 Step Description

01　取发酵奶油倒入搅拌缸中。

02　将发酵奶油放在室温下软化。（注：手指或桨状搅拌器可下压之软硬度。）

03　以低速打散发酵奶油。

04　将糖粉倒入筛网中，并将糖粉筛在纸上。

05　重复步骤04，持续将糖粉过筛。（注：过筛时可用手指按压结块或颗粒较大的糖粉。）

06　如图，糖粉过筛完成。

07　将过筛的糖粉倒入搅拌缸中。

08　如图，糖粉添加完成。

09　糖粉倒入后，再将电动搅拌机打开，以中低速搅拌发酵奶油与糖粉。

10 重复步骤09，搅拌至发酵奶油与糖粉打发。

11 承步骤10，打至发酵奶油差不多膨发后，关闭电动搅拌机，并用刮刀刮起少量发酵奶油，以确认发酵奶油状态。

12 如图，发酵奶油打发完成，须打至发酵奶油表面蓬松，且不会滴下。

面团制作视频

13 将电动搅拌机开启，并加入1/3的蛋液。

14 承步骤13，继续搅拌发酵奶油与蛋液。

15 搅拌至蛋液与发酵奶油混合后，以刮刀将搅拌缸两侧发酵奶油糊刮下。

16 重复步骤13~15，将剩下的蛋液分两次倒进搅拌缸中，搅拌均匀。

17 将低筋面粉倒入筛网中。

18 如图，低筋面粉倒入完成。

19 将奶粉倒入筛网中。

20 如图，奶粉倒入完成。

21 将面粉与奶粉筛在纸上。

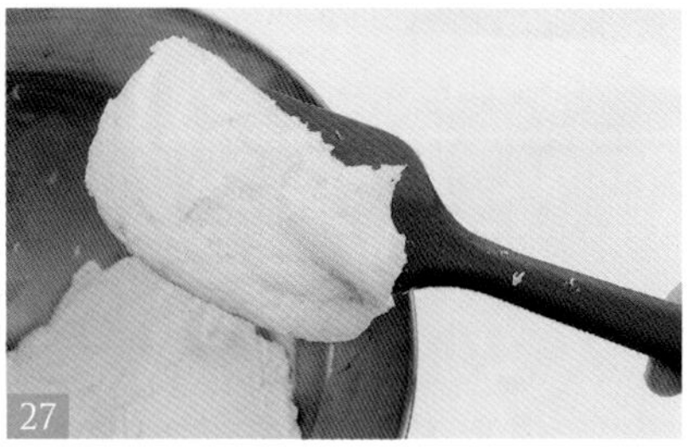

22 重复步骤21，持续将面粉与奶粉过筛。（注：过筛时可用手指按压结块或颗粒较大的面粉或奶粉。）

23 如图，面粉与奶粉过筛完成。

24 暂停电动搅拌机，并将过筛后的面粉与奶粉倒入搅拌缸中。

25 如图，面粉与奶粉倒入完成。

26 最后，将电动搅拌机打开，先以低速将粉类稍微打匀后，再转中低速打成团即可。

27 如图，面团完成。

TIPS

- 发酵奶油须室温回软、请勿融化。
- 鸡蛋分次加入，避免油水分离。
- 染色可依喜好调整浓淡，建议少量添加，觉得不够深再增加用量。
- 色膏也可使用色粉或是蔬菜粉替代（如甜菜根粉、南瓜粉、紫薯粉）。
- 烘烤时须注意色泽，避免过度上色，按压饼干有扎实感即可。

调色方法

步骤说明 Step Description

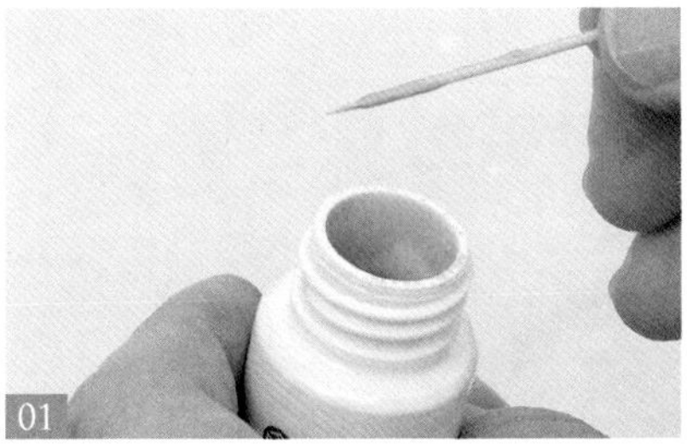
01

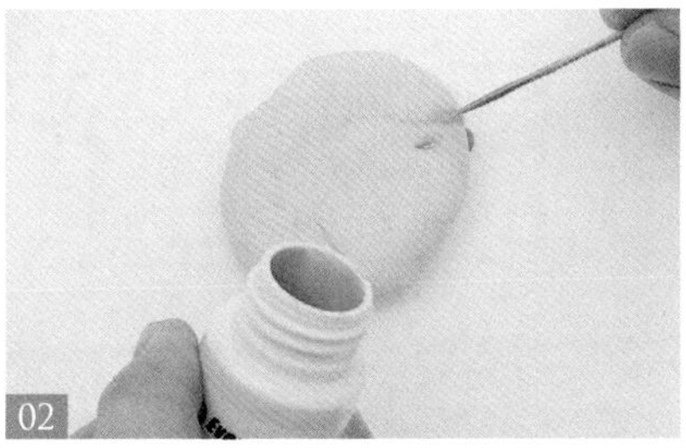
02

03

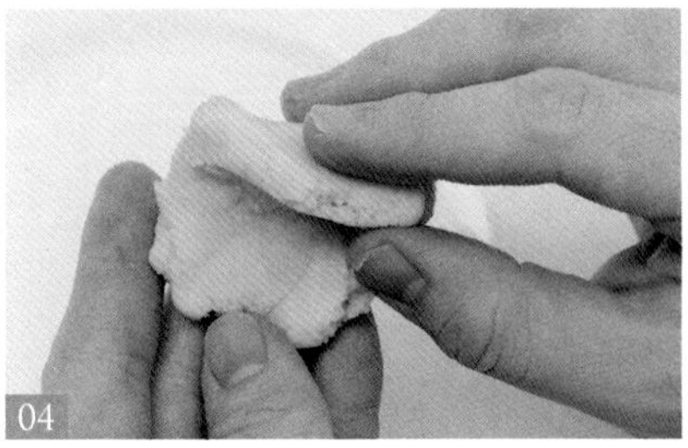
04

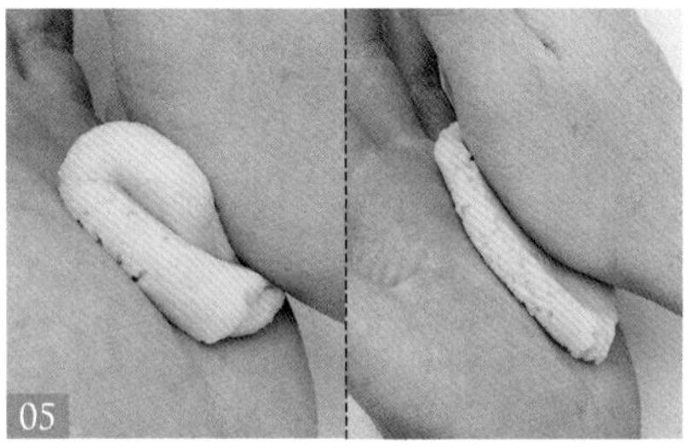
05

06

01 用牙签蘸少量色膏。

02 将色膏粘在面团上。

03 将面团与色膏揉合。

04 重复步骤03，持续揉捏面团，直到面团上色。

05 最后，将面团对折并以手掌压扁，使颜色更均匀即可。

06 如图，面团调色完成。

调色 toning

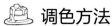

原色 咖啡色 黑色 紫色 蓝色 绿色 黄色 橘色 红色

妈妈的化妆品

上火 180℃，下火 130℃

烘烤 20 ~ 25 分钟

30 片

妈妈的化妆品

腮红刷

Materials 材料 & 工具 Tools

颜色 Color ● 黑色 ● 咖啡色 原色

器具 Appliance 雕塑工具组、塑料袋或保鲜膜（垫底用）

Description 步骤 说明 Step

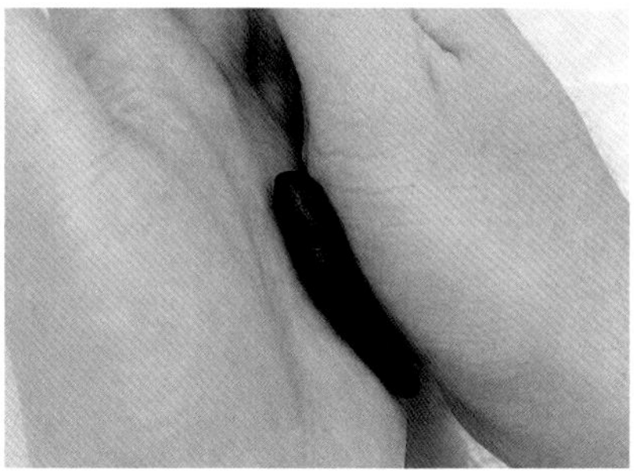

01 取黑色面团，用手掌搓成长条形。

02 如图，刷柄完成。（注：刷柄头至刷柄尾须由粗变细。）

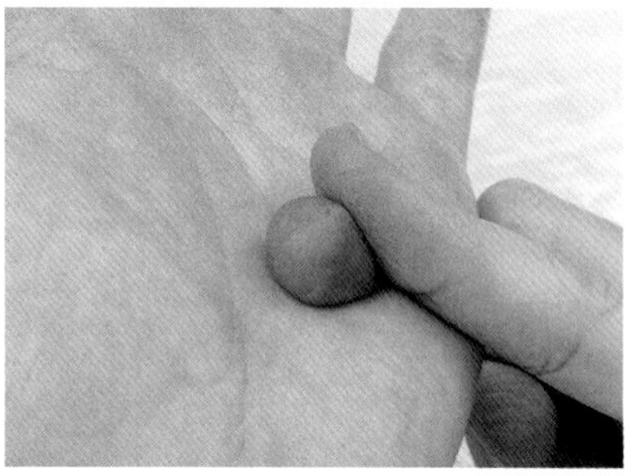

03 取咖啡色面团，用指腹搓成水滴形。

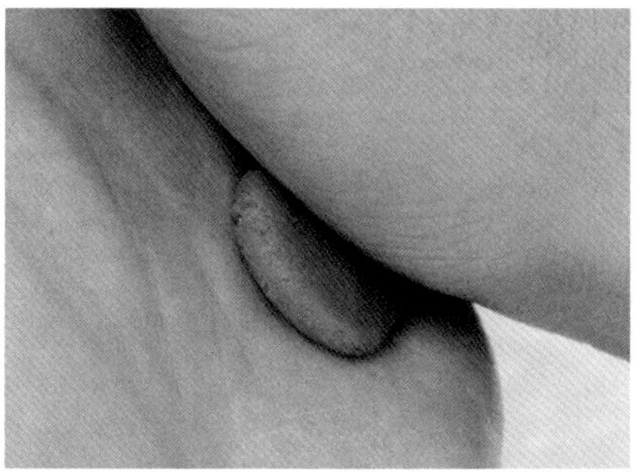

04 用手掌将水滴形面团轻压扁。

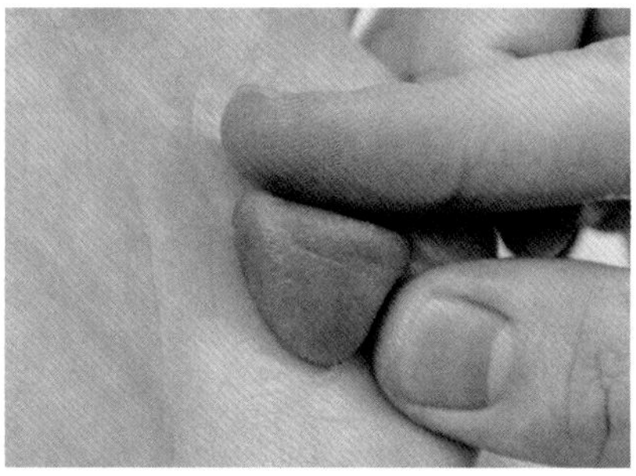

05 承步骤04，用指腹将水滴形面团边缘捏成扇形，为刷毛。

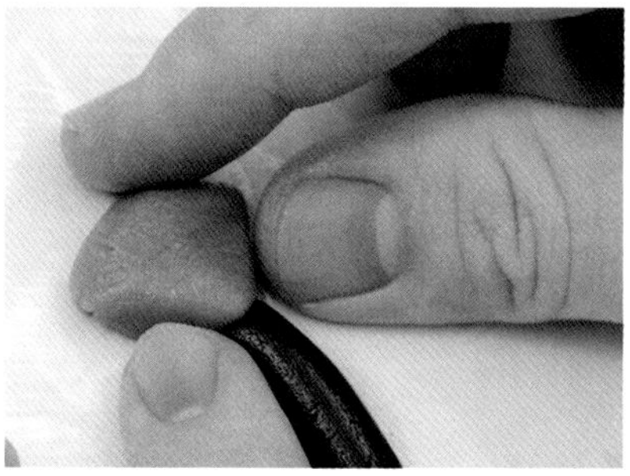

06 将刷毛放在刷柄头上方，并用指腹按压黏合。

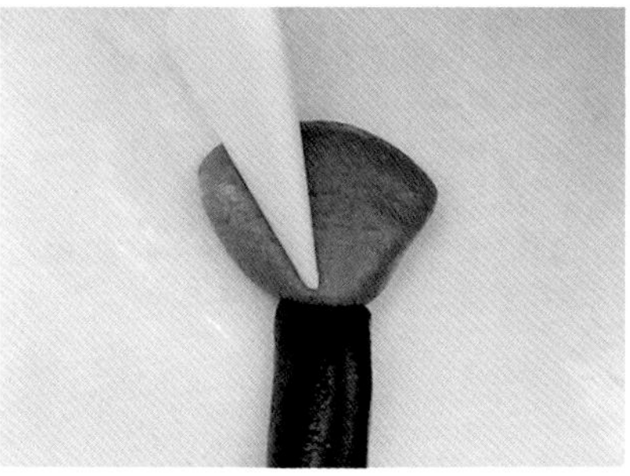

07 用雕塑工具在左侧刷毛轻压线条。

08 重复步骤07，将刷毛由左至右依序压出线条，以呈现层次感。

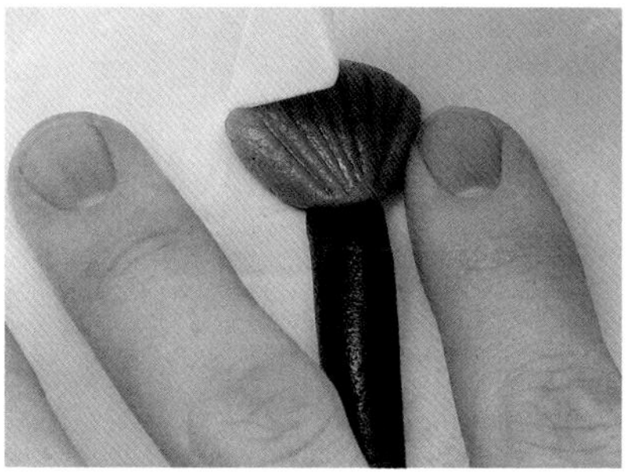

09 用雕塑工具顺着压线前端，将面团往内压。

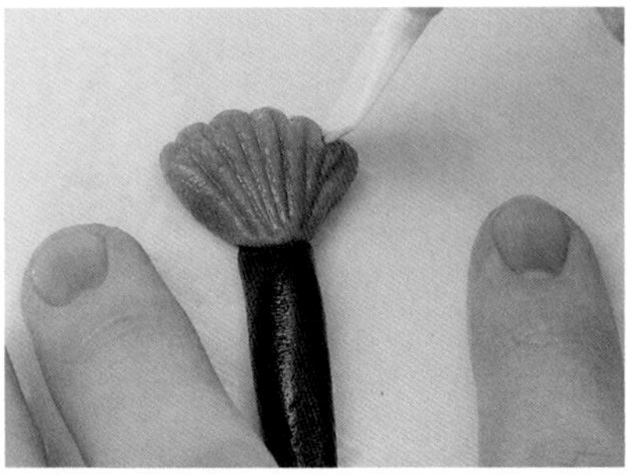

⑩ 重复步骤09，依序将刷毛顶端的面团往内压，呈现波浪状。

⑪ 如图，腮红刷主体完成。

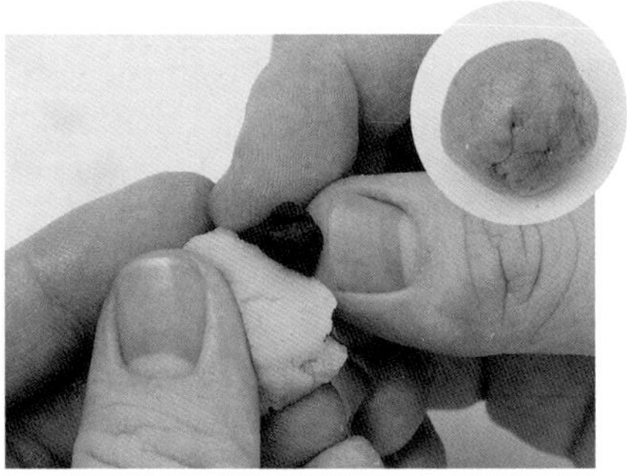

⑫ 将黑色面团与原色面团混合，为灰色面团。（注：比例约为1：3。）

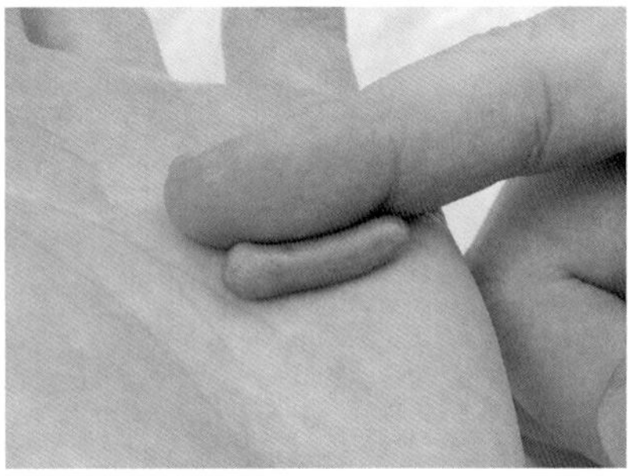

⑬ 用手掌将灰色面团搓成长条形。

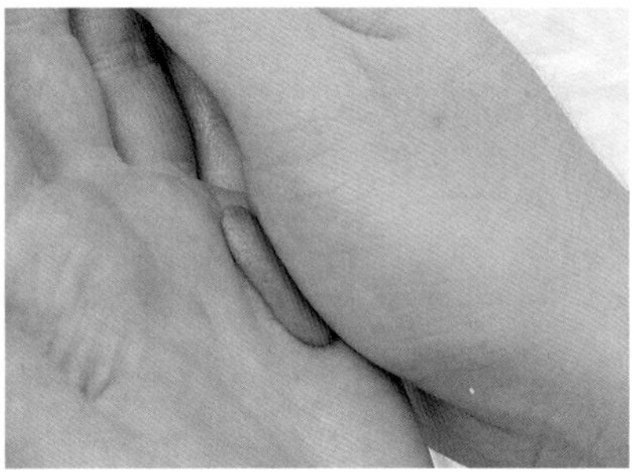

⑭ 将灰色长条形面团用手掌压扁。

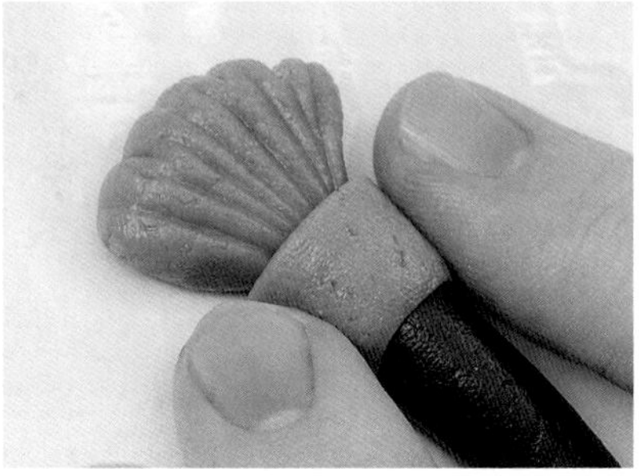

⑮ 将灰色长扁形面团横放在刷柄头上方，并用指腹按压固定，为刷柄装饰。

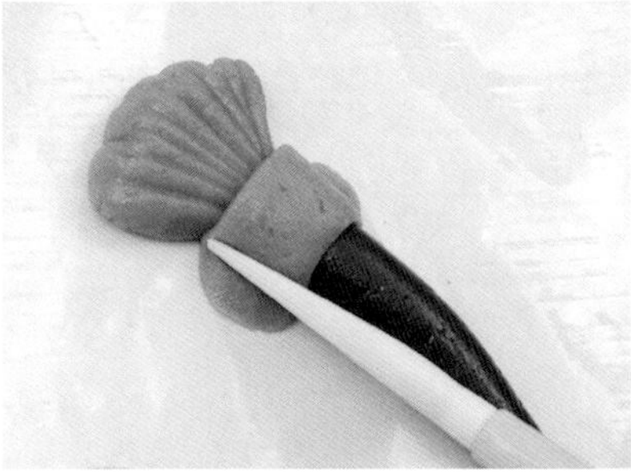

⑯ 承步骤15，用雕塑工具将左侧过多的面团切除。

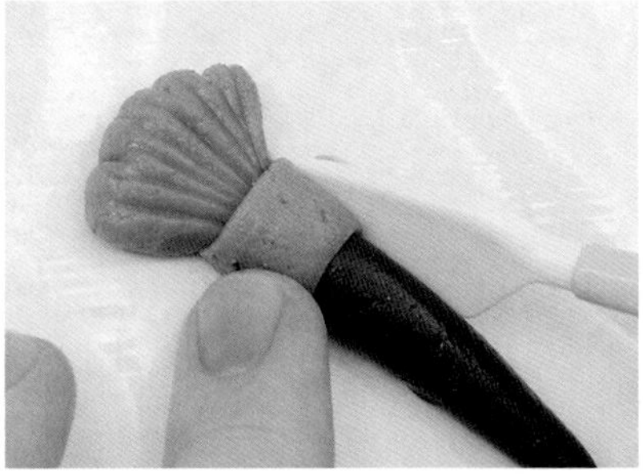

⑰ 重复步骤16，完成右侧面团切除。

⑱ 用雕塑工具在刷柄装饰上轻压出直线。

⑲ 重复步骤18，将刷柄装饰依序压出直线。

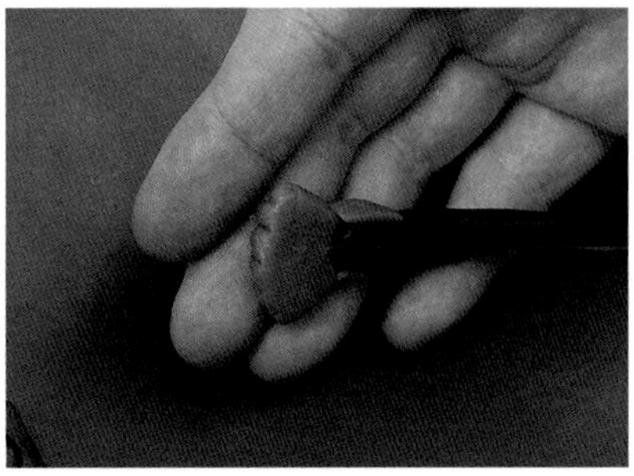

⑳ 最后，将腮红刷放上烤盘即可。

妈妈的化妆品

眼影棒

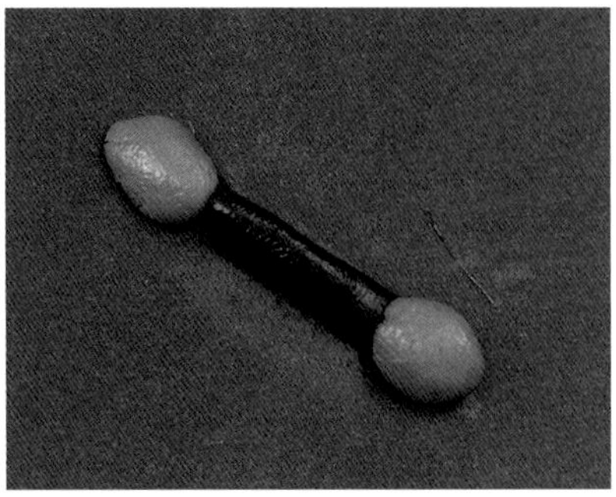

Materials
材料 & 工具
Tools

颜色 Color ● 咖啡色 ● 黑色

Description
步骤 说明
Step

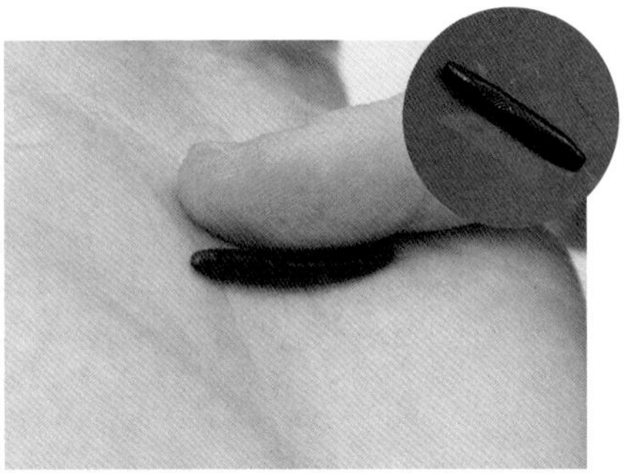

01 用指腹将黑色面团搓成长条形，为眼影棒主体。

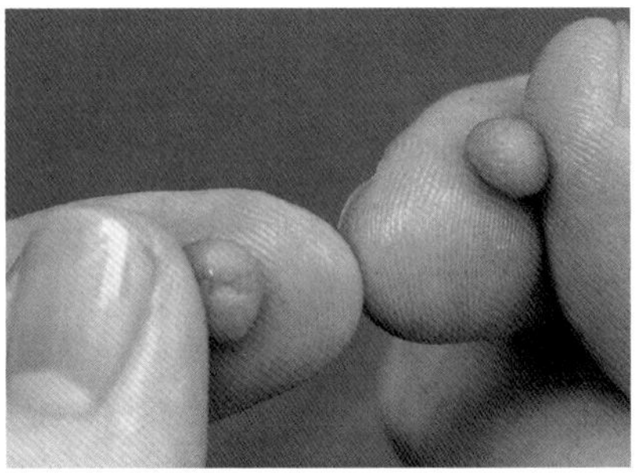

02 用指腹将咖啡色面团搓成圆形。

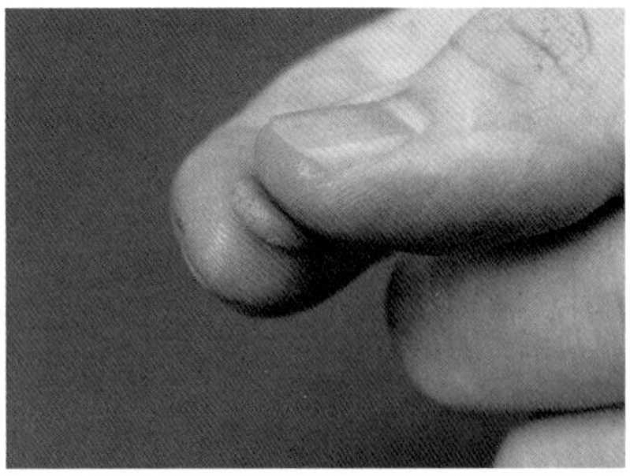

03 用指腹将咖啡色圆形面团轻压扁，为眼影棒头。

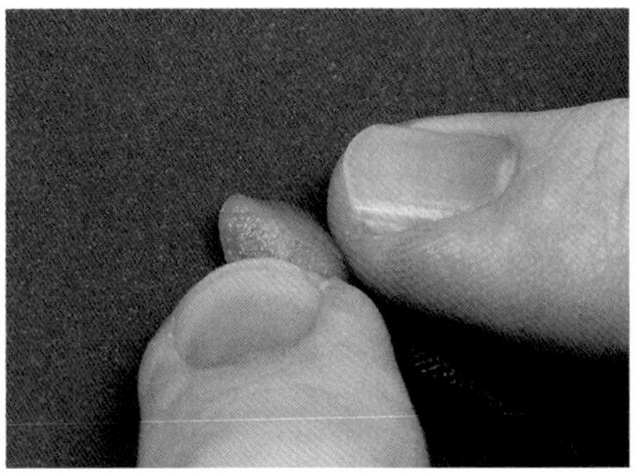

04 将压扁的面团放在眼影棒主体上端，并用手指轻压固定。

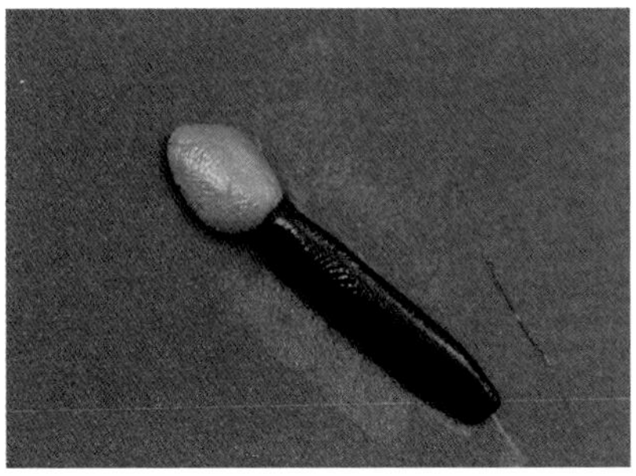

05 如图，眼影棒头与主体粘合完成。

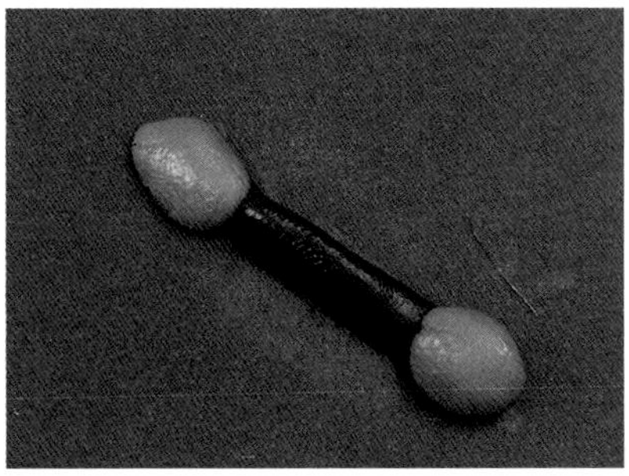

06 最后，重复步骤03~05，完成下侧眼影棒头，并放上烤盘即可。

眼影盘

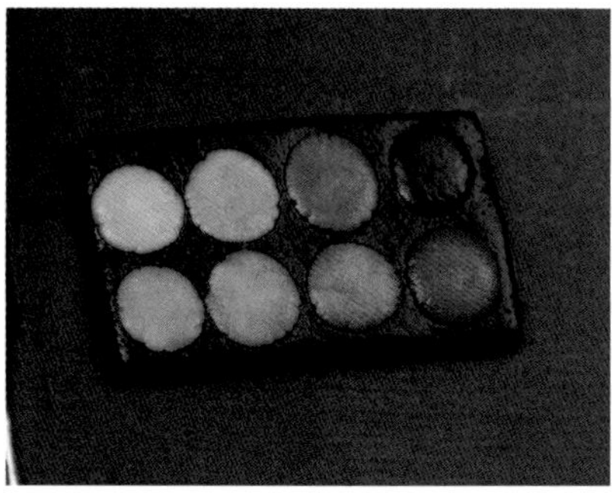

材料 & 工具

颜色：原色、红色、黑色、紫色

器具：擀面棍、刮板、塑料袋或保鲜膜（垫底用）

步骤说明

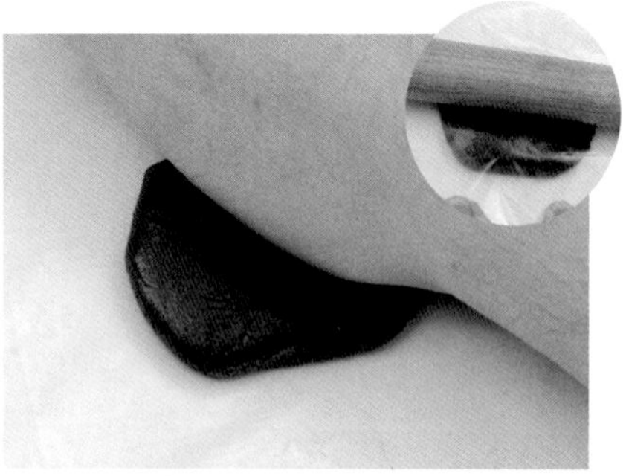

01 先用手将黑色面团压扁后，放入塑料袋中，并用擀面棍将面团擀平。

02 用刮板将黑色面团切成长方形，为眼影底盘。

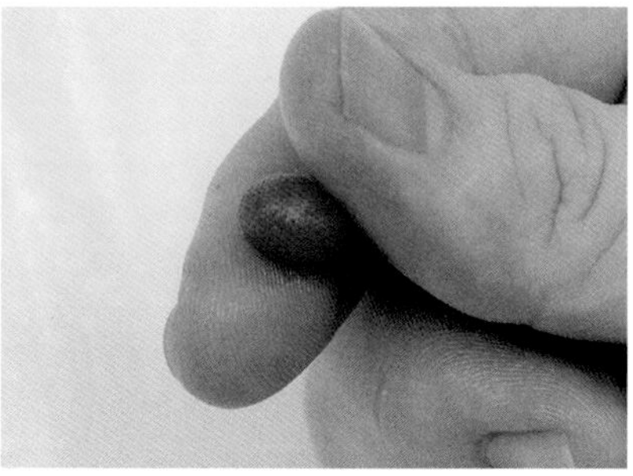

03 用指腹将红色面团搓成圆形，为红色眼影。

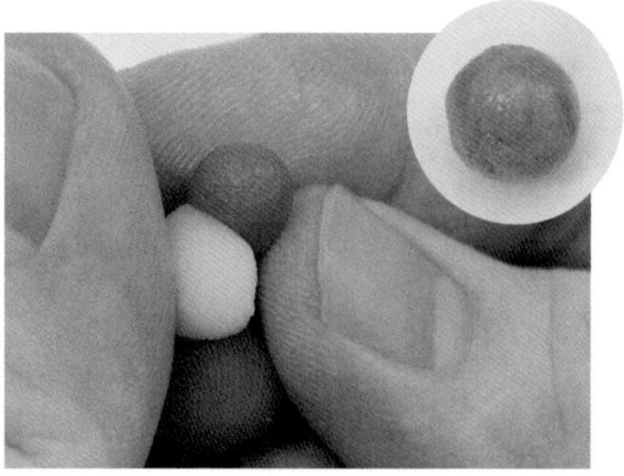

04 将红色圆形面团与原色面团混合，为浅红色眼影。

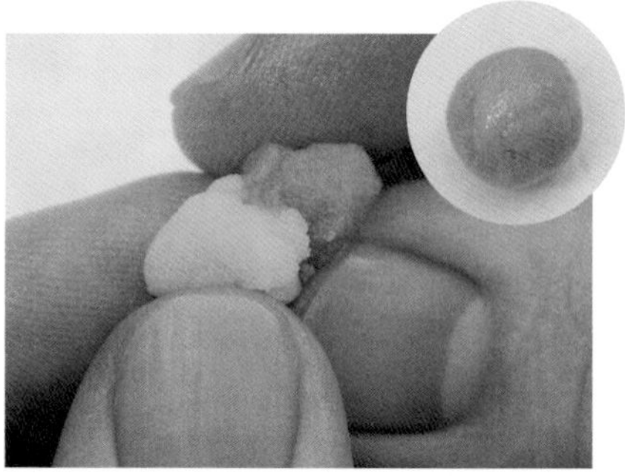

05 将浅红色面团与原色面团混合，为粉色眼影。

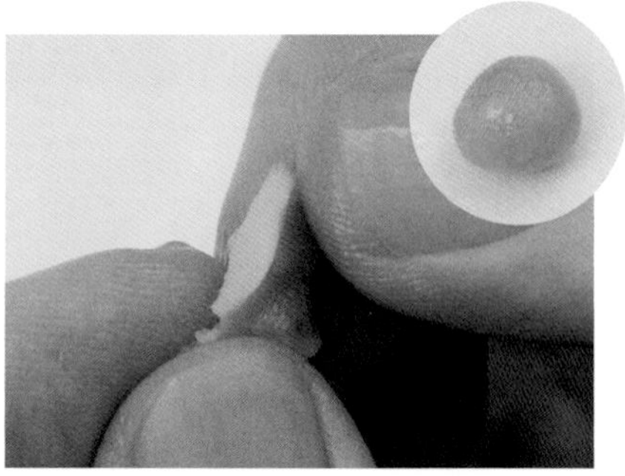

06 将粉色面团与原色面团混合，为浅粉色眼影。

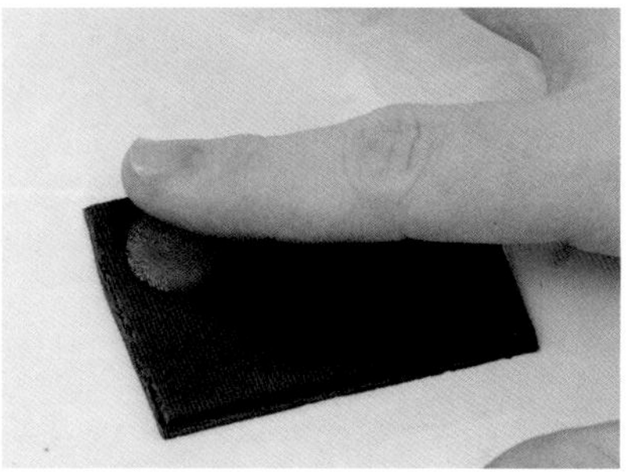

07 将红色眼影放在眼影底盘的左上角，并用指腹将眼影压平在底盘上。

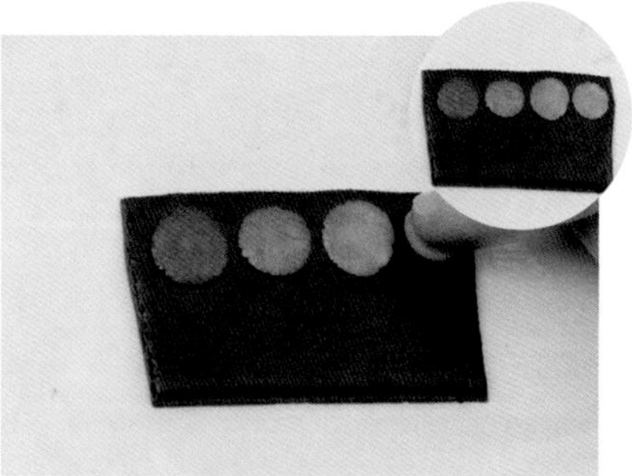

08 重复步骤07，由左至右依序将浅红色眼影、粉色眼影与浅粉色眼影压平在底盘上，即完成第一排眼影的制作。

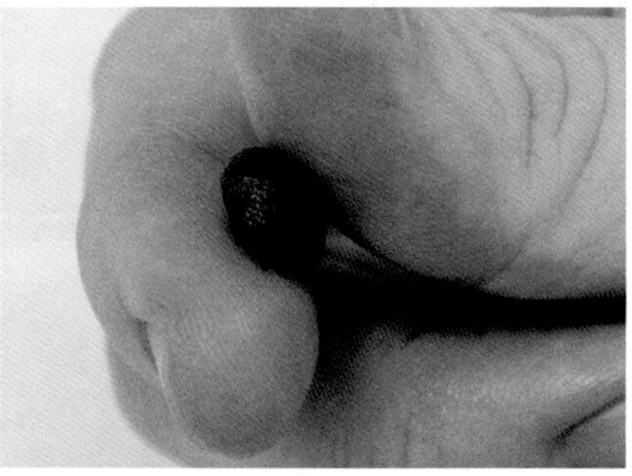

09 用指腹将紫色面团搓成圆形，为紫色眼影。

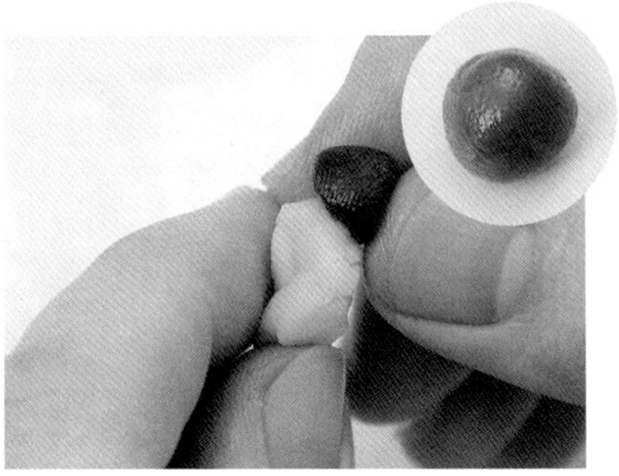

10 将紫色圆形面团与原色面团混合，为藕色眼影。

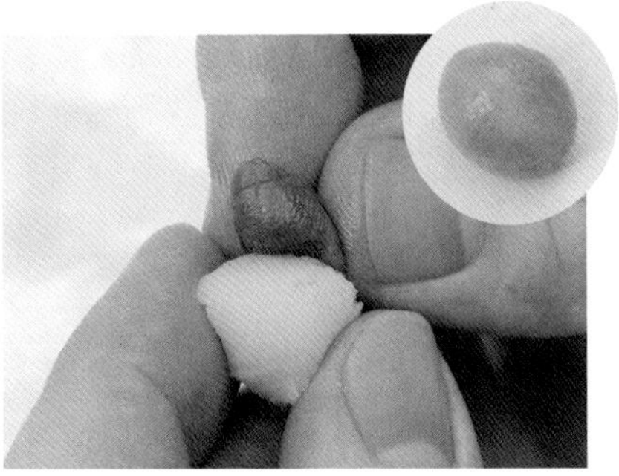

11 将藕色面团与原色面团混合，为浅藕色眼影。

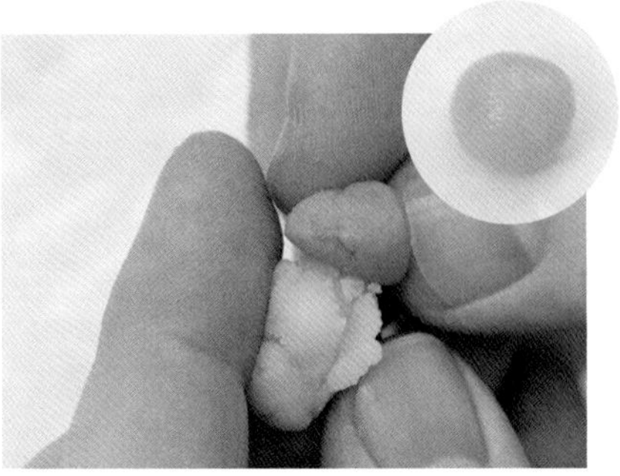

12 将浅藕色面团与原色面团混合，为肤色眼影。

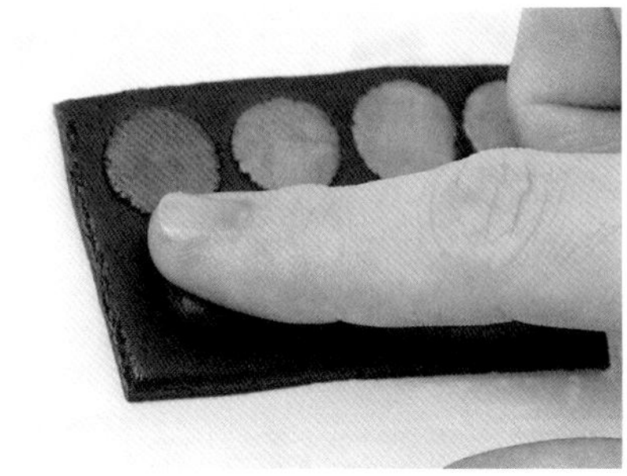

13 将紫色眼影放在眼影底盘的左下角，并用指腹将眼影压平在底盘上。

14 重复步骤13，由左至右依序将藕色眼影、浅藕色眼影与肤色眼影压平在底盘上。

15 最后，以刮板切齐眼影盘边缘，并放上烤盘即可。

妈妈的化妆品

粉饼

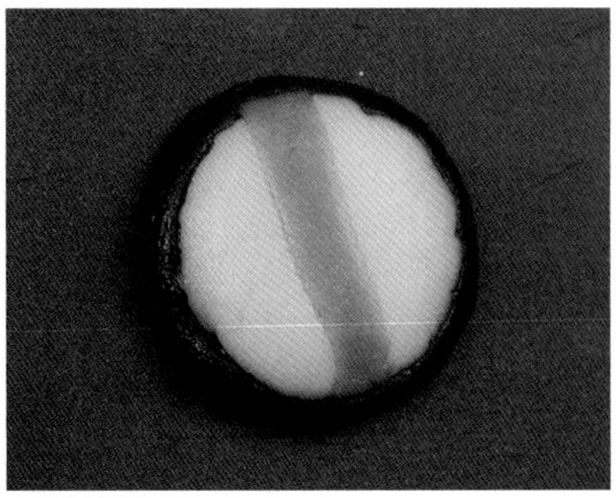

Materials 材料 & 工具 Tools

颜色 Color　原色　● 黑色

器具 Appliance　雕塑工具组、圆形切模、塑料袋或保鲜膜（垫底用）

Description 步骤说明 Step

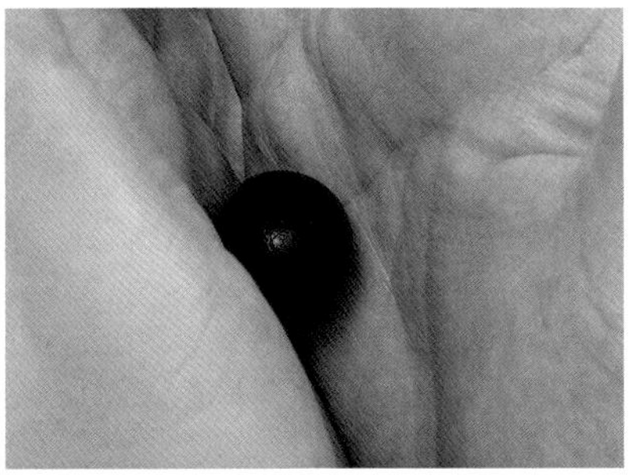

01 将黑色面团搓圆。

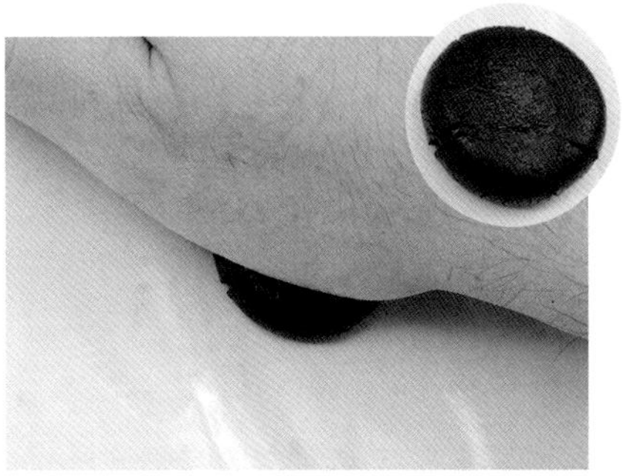

02 用掌心将黑色圆形面团压成圆扁状。

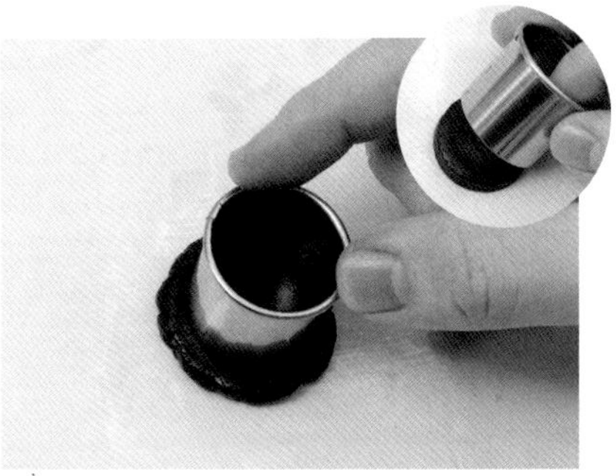

03 用圆形切模压出圆形面团。

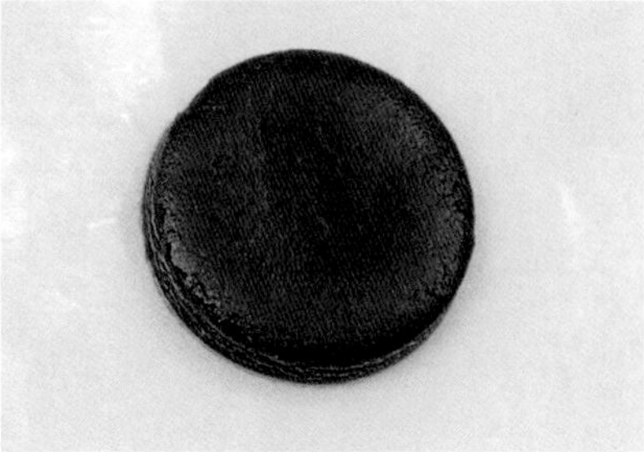

04 如图，粉饼底部完成。

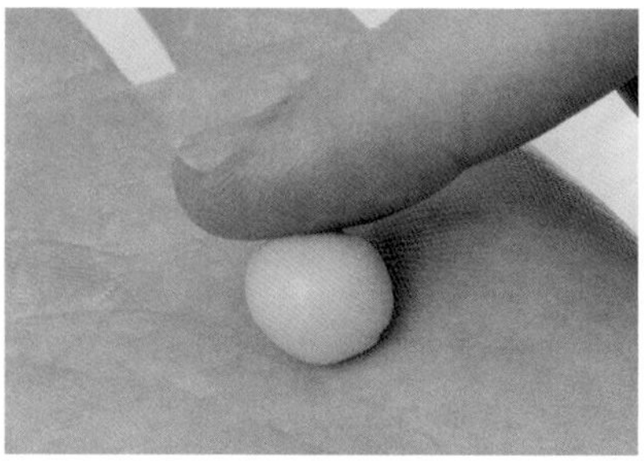

05 用指腹将原色面团搓成圆形。

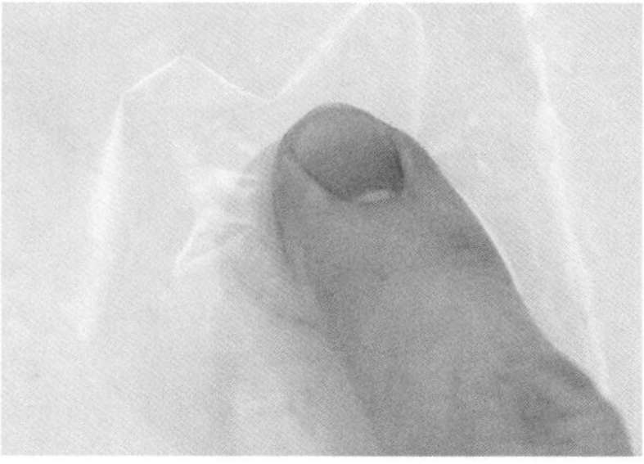

06 将原色圆形面团放入塑料袋中，并用指腹将原色面团轻压扁，即为粉扑。

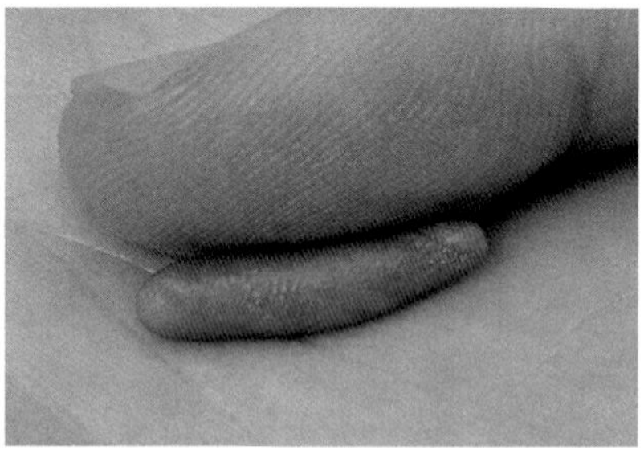

07 用指腹将灰色面团搓成长条形。（注：灰色须以原色加黑色面团调色，可参考P.20步骤12。）

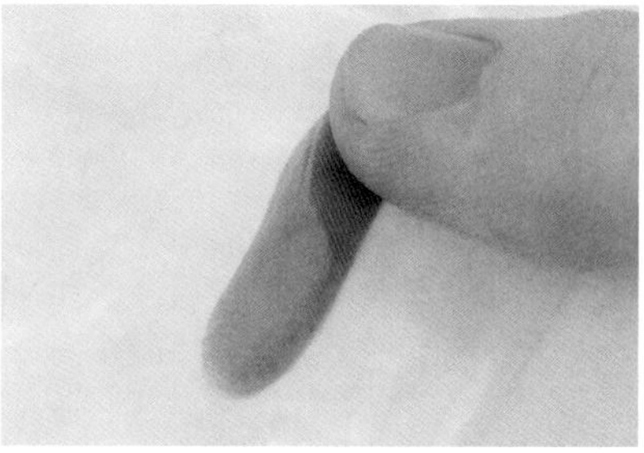

08 将灰色圆形面团放入塑料袋中，并用指腹将灰色面团轻压扁。

09 用雕塑工具将灰色面团切成长条状。

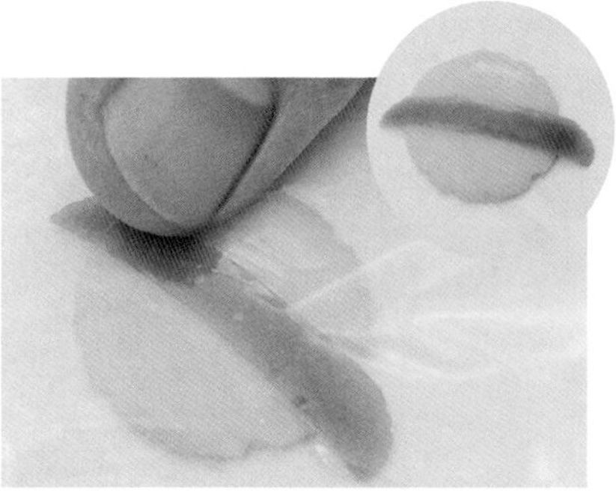

10 先将长条状面团放在粉扑中央，再盖上塑料袋后，用指腹轻压固定。

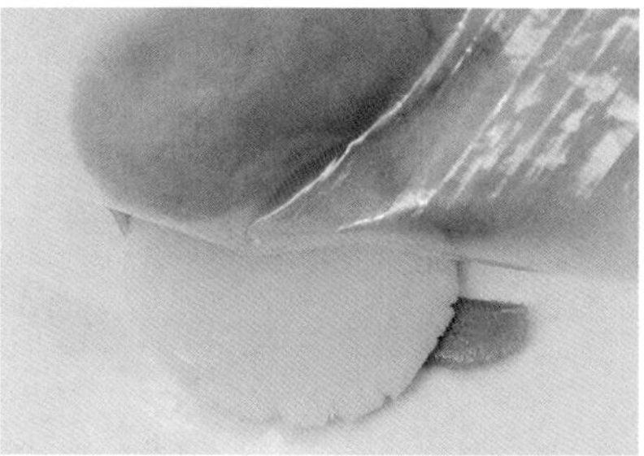

11 将粉扑翻面，并将背面的塑料袋掀开。

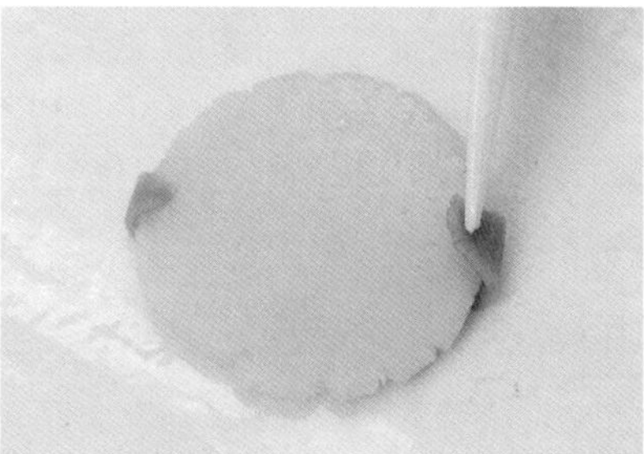

12 用雕塑工具将粉扑两侧过长的长条状面团往内折。

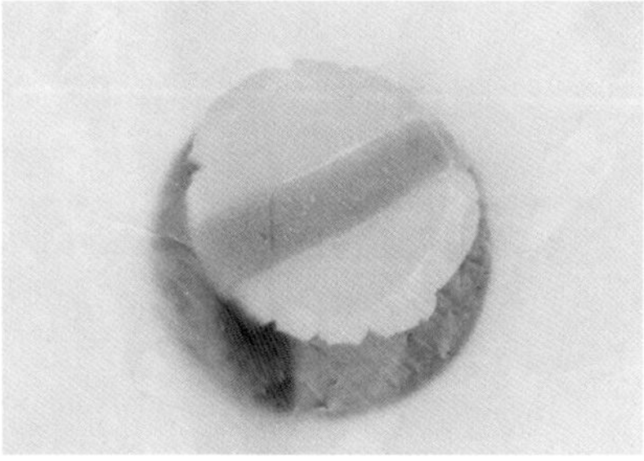

13 将粉扑放在粉饼底部上，并覆盖塑料袋。

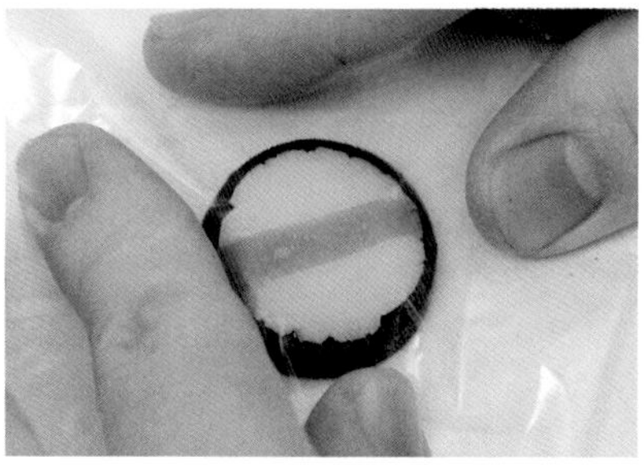

14 用指腹紧压粉饼周围的塑料袋，使粉扑与底部粘合。

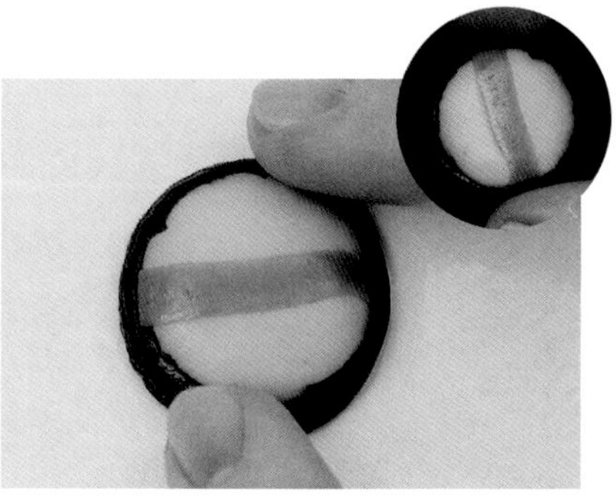

15 最后，用指腹调整粉扑形状后，放上烤盘即可。

口红

材料 & 工具 Materials Tools

颜色 Color ● 红色 ● 黑色 ● 原色

器具 Appliance 雕塑工具组、塑料袋或保鲜膜（垫底用）

步骤说明 Step Description

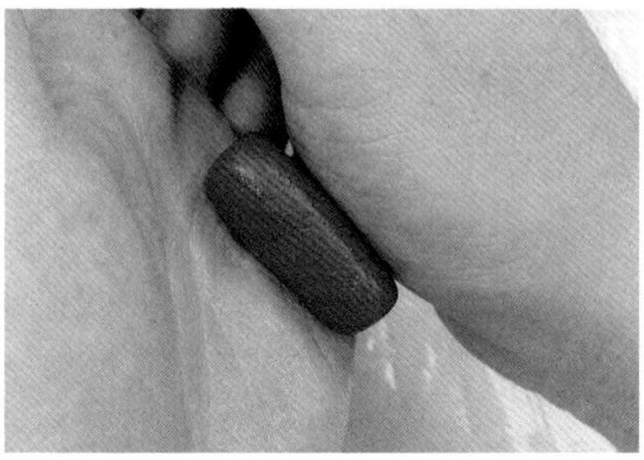

01 取红色面团，并用手掌将面团搓成圆柱形。（注：高度约为3厘米。）

02 以雕塑工具由左下往右上斜切圆柱形面团，为口红主体。

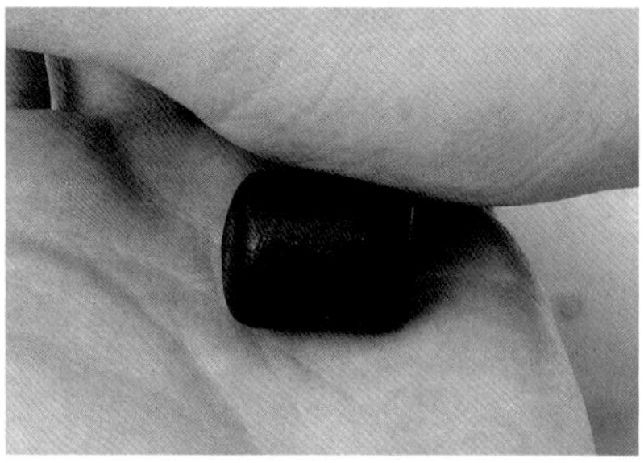

03 取黑色面团，并用手掌将面团搓成圆柱形。（注：高度约为2厘米。）

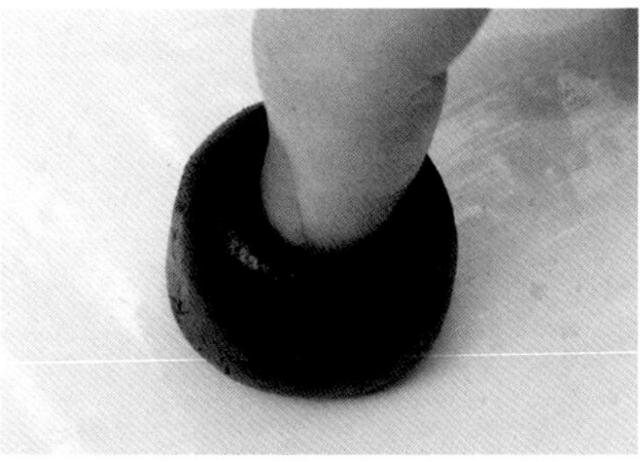

04 用指腹按压圆柱形面团表面至凹陷。

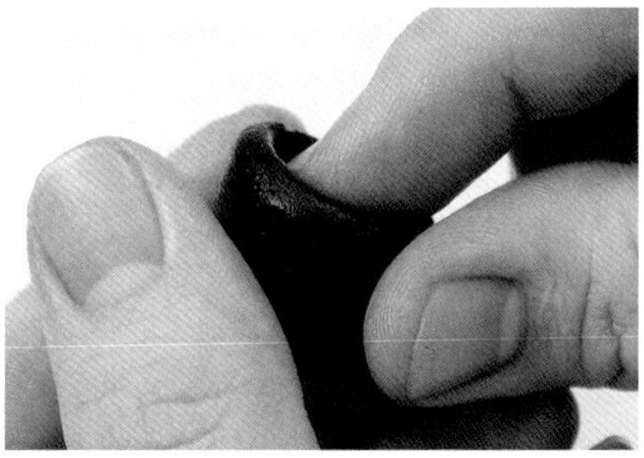

05 重复步骤04，持续按压中央的凹陷处，并整形成杯子形状。

06 如图，口红壳完成。

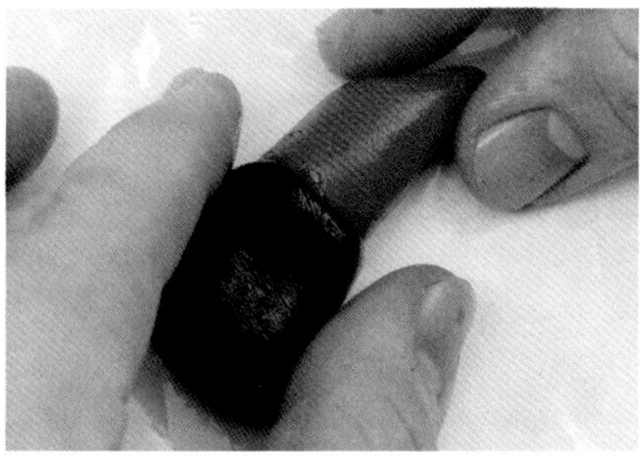

07 将口红主体放入口红壳中，并用指腹轻推固定。

08 如图，口红主体组装完成。

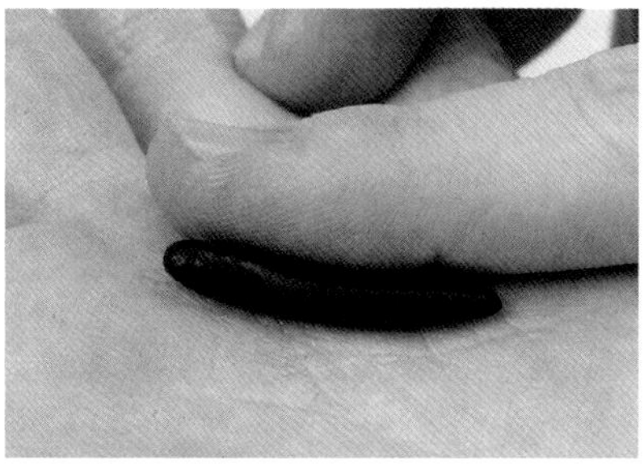

09 用指腹将黑色面团搓成长条形。

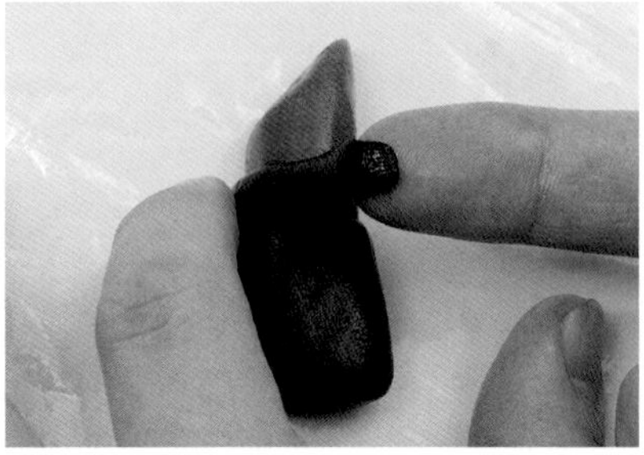

⑩ 承步骤09，将黑色长条形面团放在口红壳上，并用指腹轻压固定。

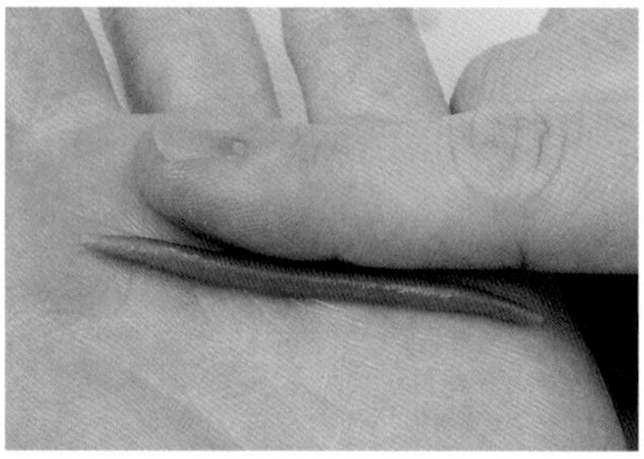

⑪ 用指腹将灰色面团搓成长条形。（注：灰色须以原色加黑色面团调色，可参考P.20步骤12。）

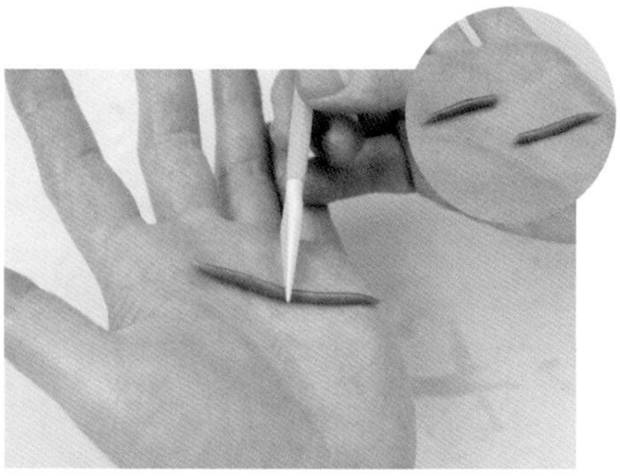

⑫ 用雕塑工具将灰色长条形面团切成两段。

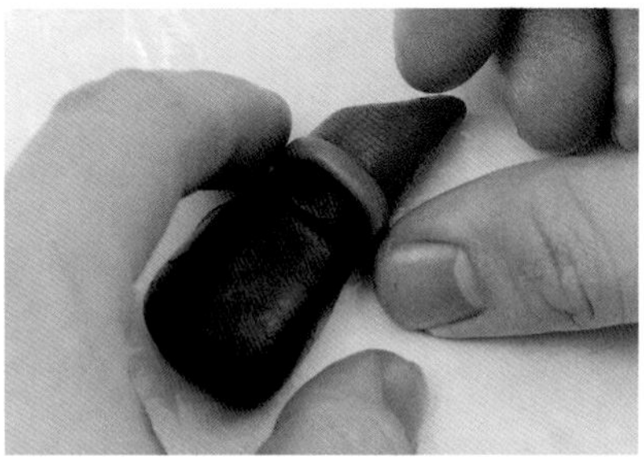

⑬ 将灰色长条形面团放在口红侧边，并用指腹轻压固定。

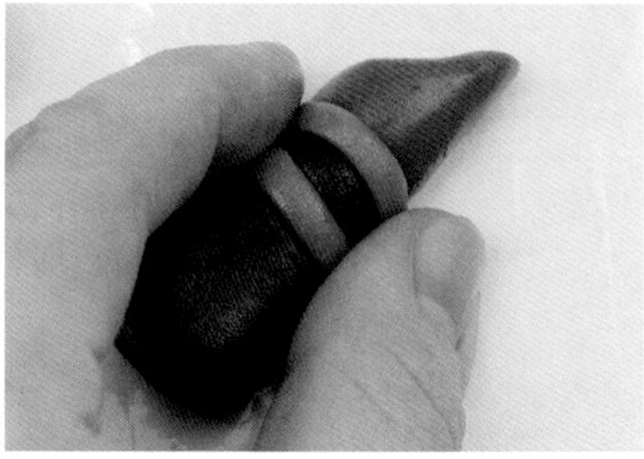

⑭ 取另一段灰色长条形面团放在口红壳接缝处上，并用指腹轻压固定，即完成口红。

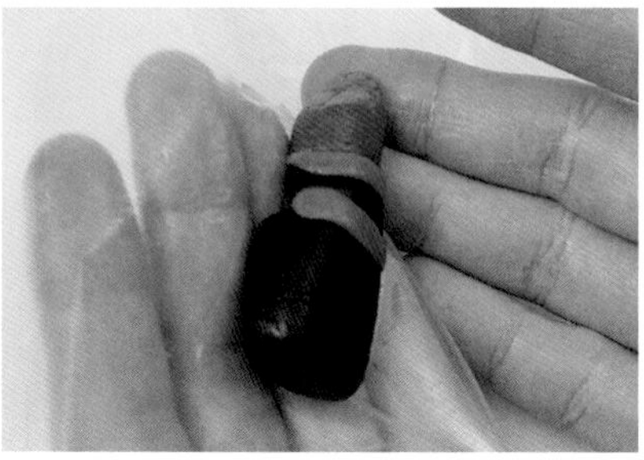

⑮ 最后，将口红放上烤盘即可。

妈妈的化妆品

唇刷

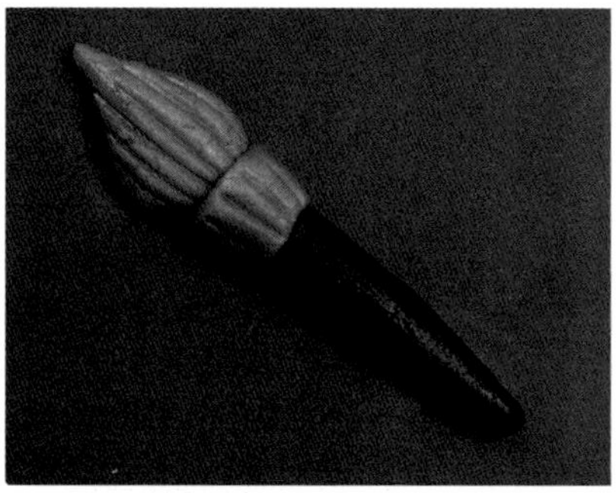

材料 & 工具 Materials Tools

颜色 Color ● 黑色 ● 咖啡色 ● 原色

器具 Appliance 雕塑工具组、塑料袋或保鲜膜（垫底用）

步骤说明 Step Description

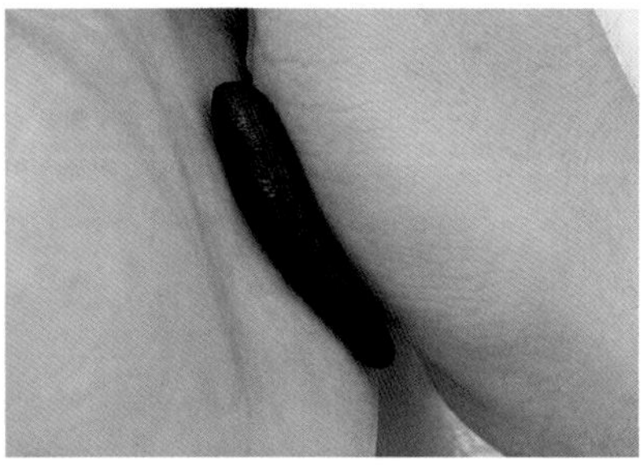

01 取黑色面团，以手掌搓成长条形。

02 如图，长条形搓揉完成，为刷柄。（注：刷柄头至刷柄尾须由粗变细。）

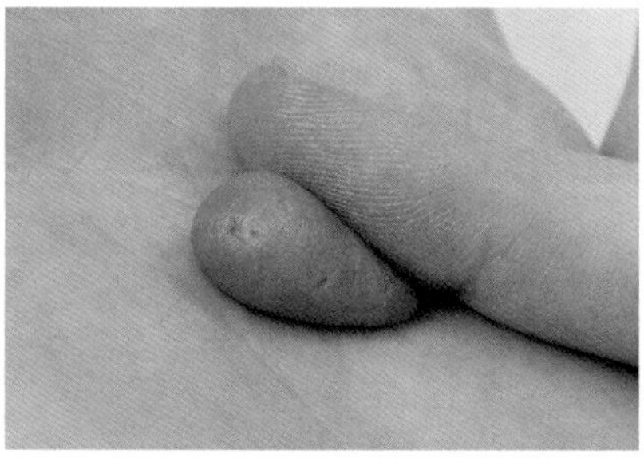

03 取咖啡色面团，用指腹搓成水滴形，为刷毛。

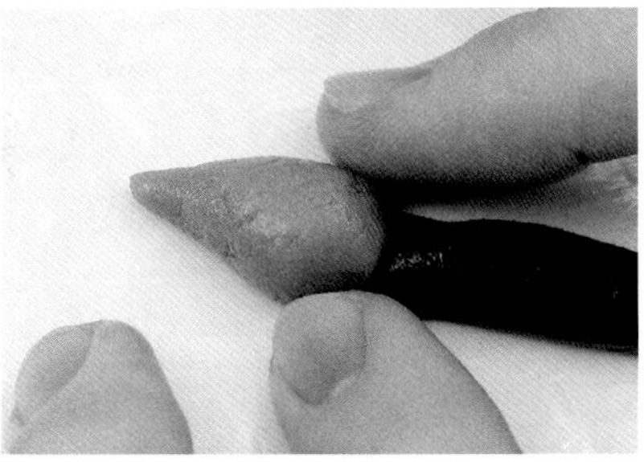

04 将刷毛放在刷柄头上方，并用指腹按压粘合。

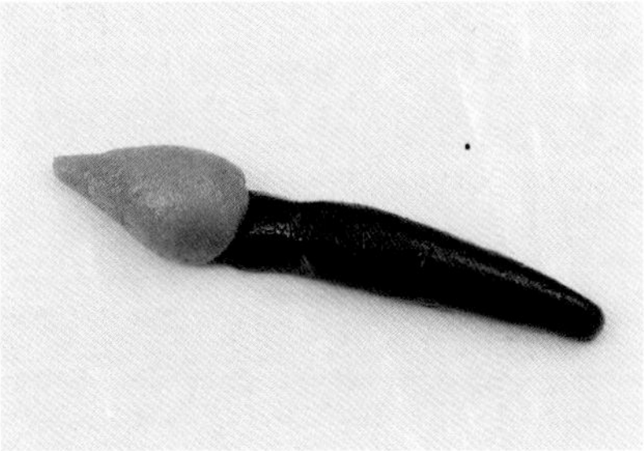

05 如图，唇刷主体完成。

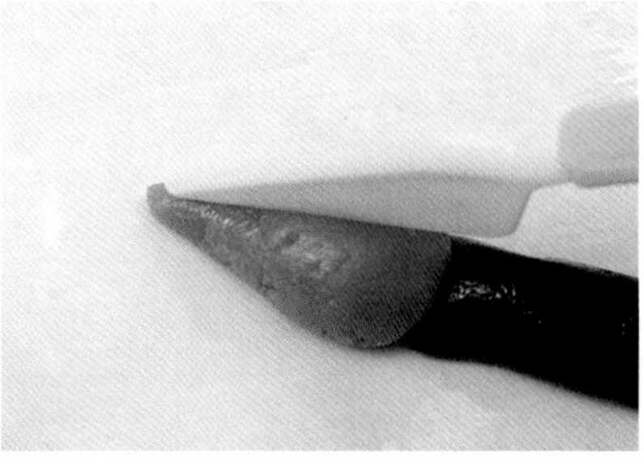

06 用雕塑工具在刷毛中间轻压出直线。

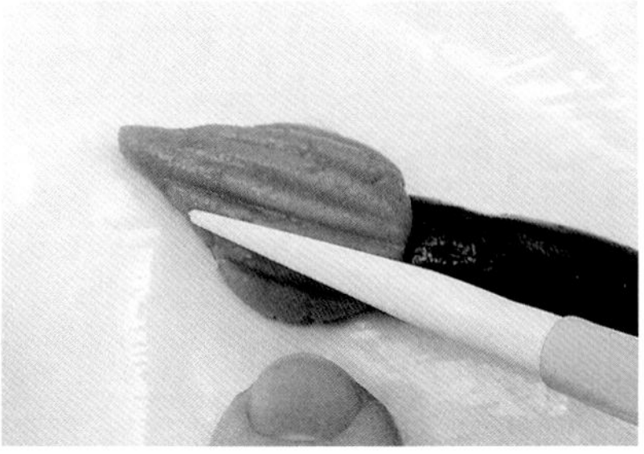

07 重复步骤6，依序在刷毛上压出直线，以制造出立体感。

08 如图，刷毛制作完成。

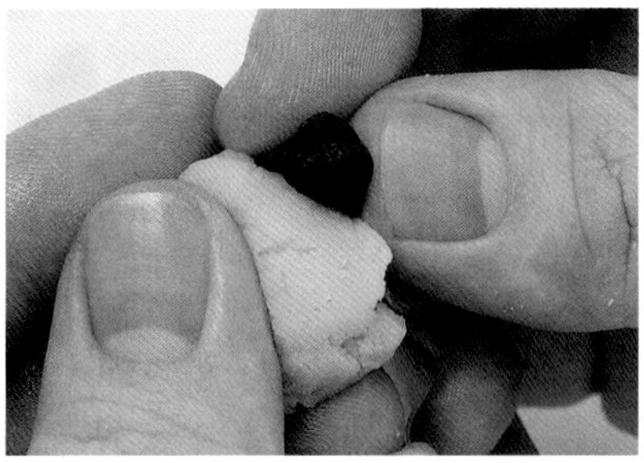

09 将黑色面团与原色面团混合，为灰色面团。（注：比例约为1：3。）

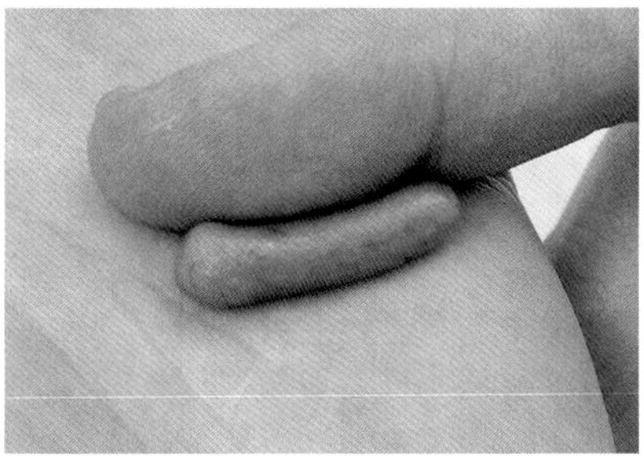

10 用指腹将灰色面团搓成长条形。

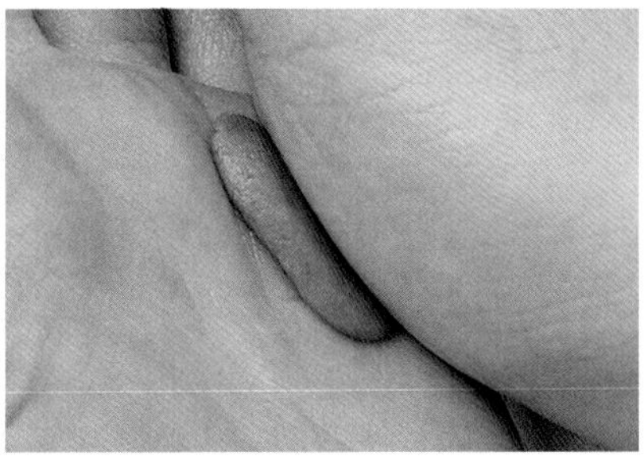

11 将灰色长条形面团用手掌轻压扁。

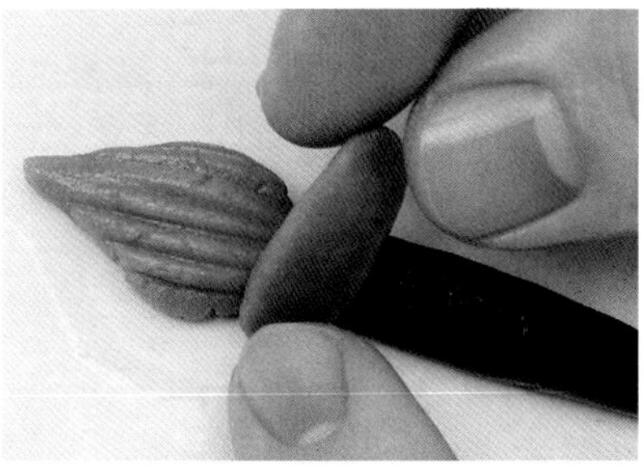

12 将灰色圆扁形面团放在刷柄上端，并用手指按压固定，为刷柄装饰。

13 用雕塑工具在刷柄装饰上轻压出直线。

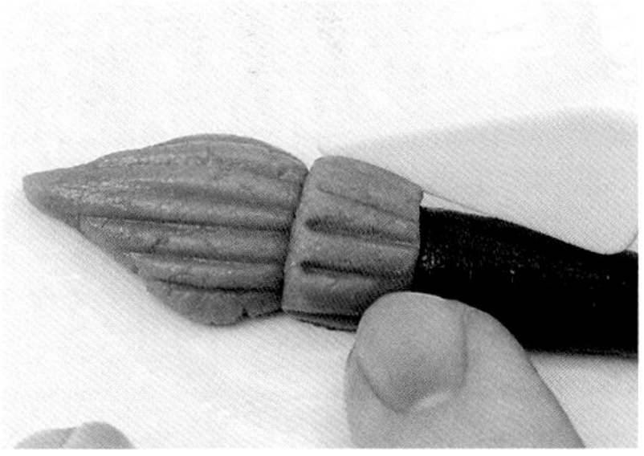

14 重复步骤13，依序在刷柄装饰上压出直线。

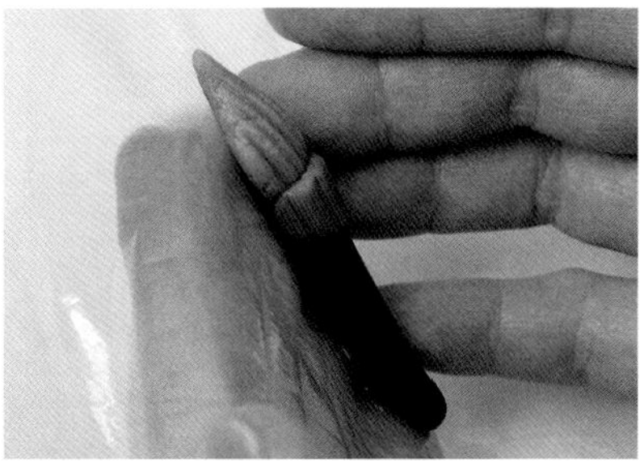

15 最后，将唇刷放上烤盘即可。

爸爸上班去

上火 180℃，下火 130℃
烘烤 20 ~ 25 分钟
30 片

爸爸上班去 | 书

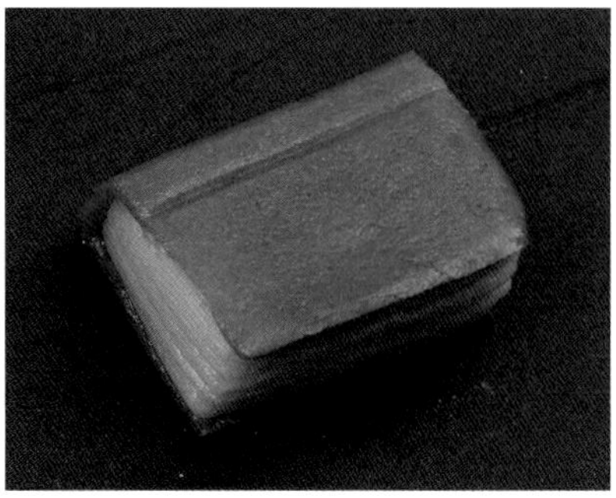

材料 & 工具 Materials Tools

颜色 Color　原色　蓝色

器具 Appliance　雕塑工具组、刮板、擀面棍、塑料袋或保鲜膜（垫底用）

步骤说明 Description Step

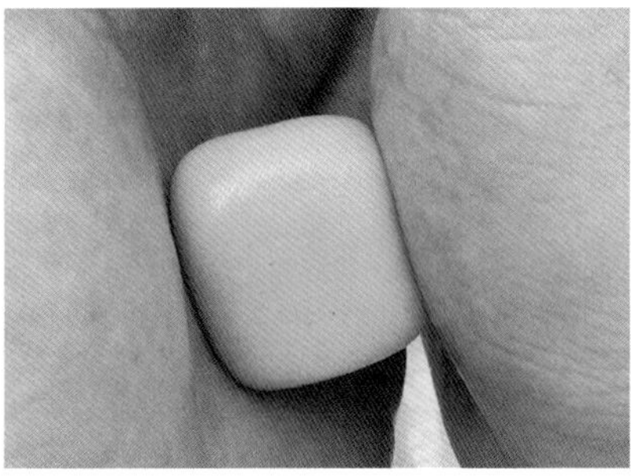

01 取原色面团，用手掌搓成长方形。

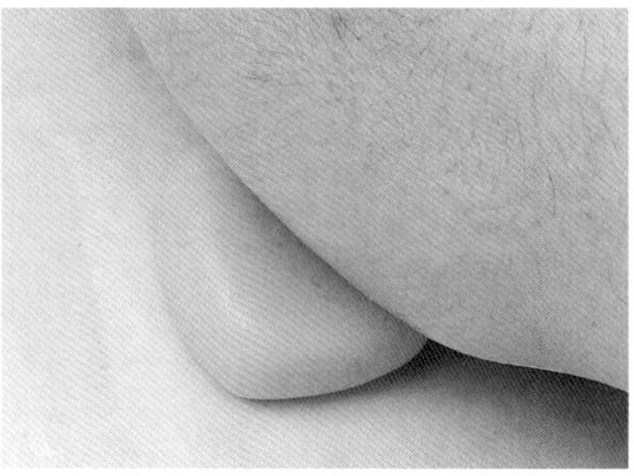

02 用手掌将长方形面团轻压扁。（注：面团侧面须留有厚度。）

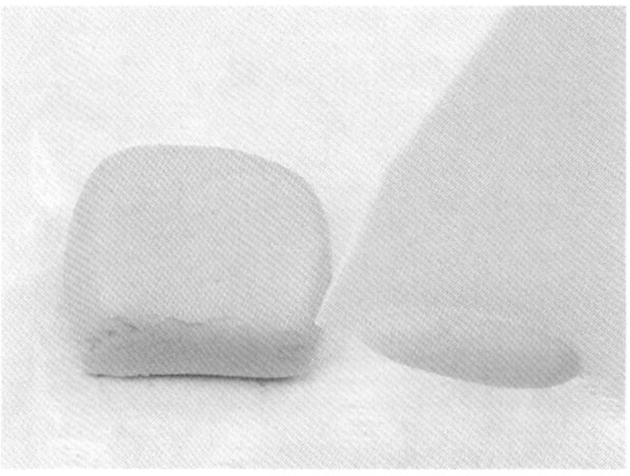

03 用刮板将面团下方切平。

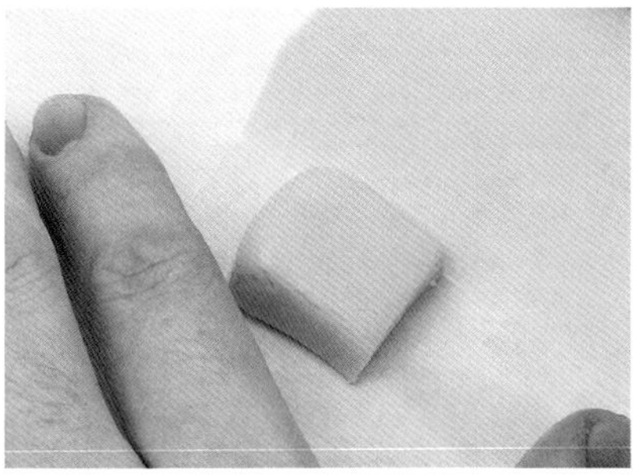

04 重复步骤3，将面团剩下三边切平。

05 如图，书页完成。

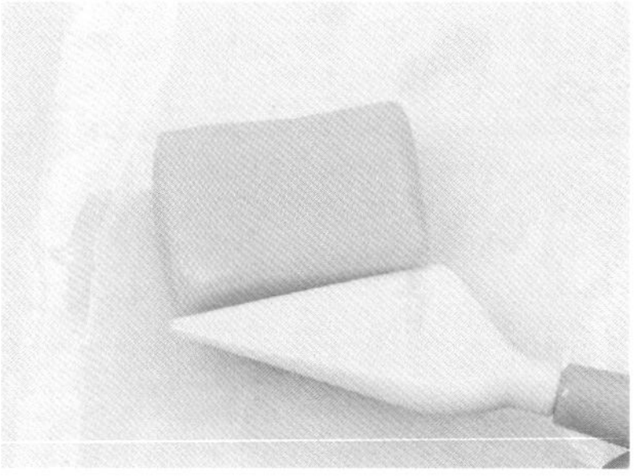

06 用雕塑工具在书页侧边轻压出直线。

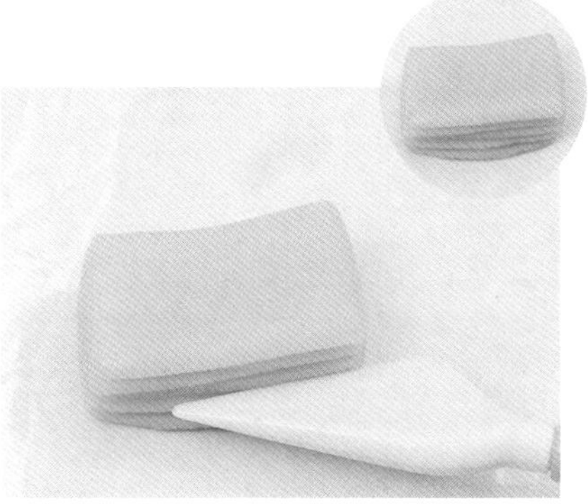

07 重复步骤6，用雕塑工具依序由上至下压出直线，以制造出书的纸张感。

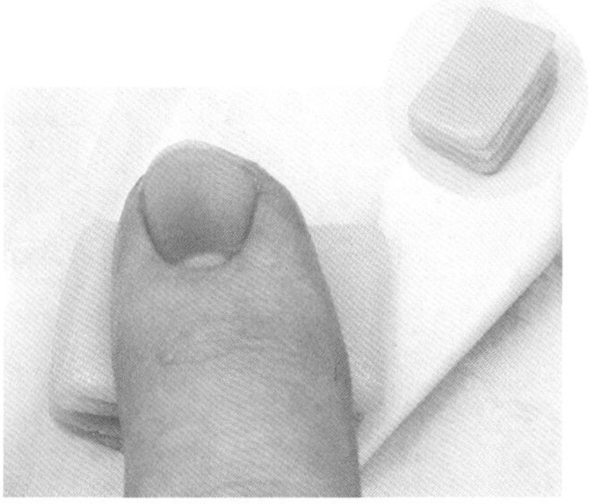

08 重复步骤06～07，将两条短边依序压出直线，为书页。

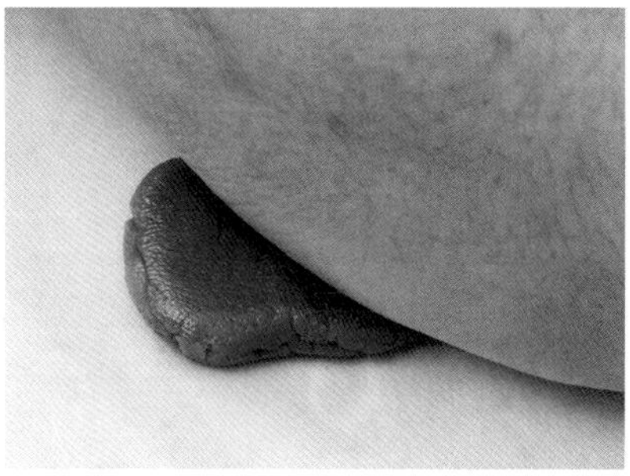

09 取蓝色面团，并用手掌压扁。

10 将蓝色面团放入塑料袋中，并用擀面棍将面团擀平。

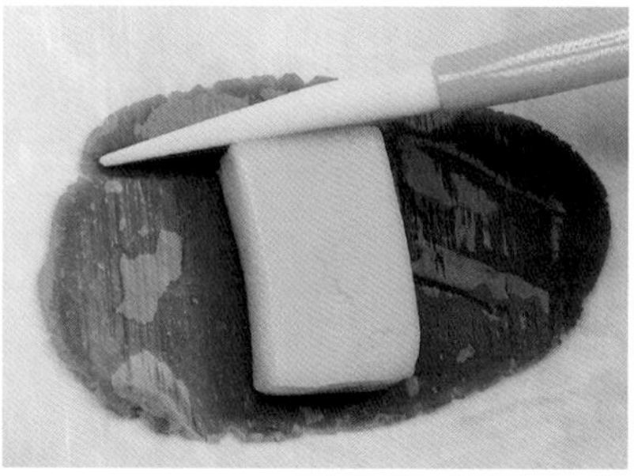

11 将书页放在蓝色面团中间，并用雕塑工具顺着书页长度，切出书皮上方的高度。

12 重复步骤11，切出下方书皮的位置。

13 用雕塑工具将切痕外的面团切除。

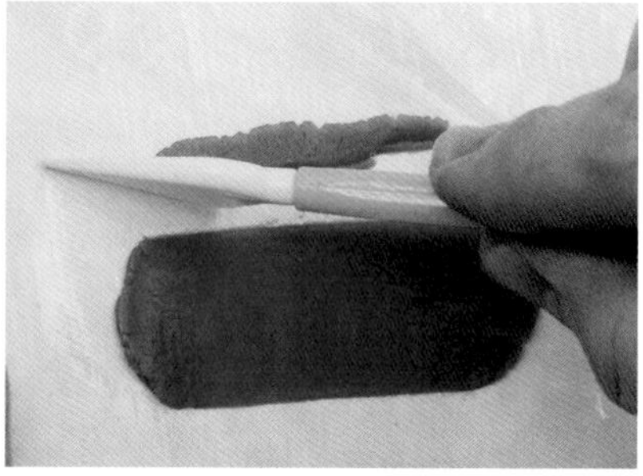

14 重复步骤13，依序切除多余面团。

15 如图，书皮制作完成。

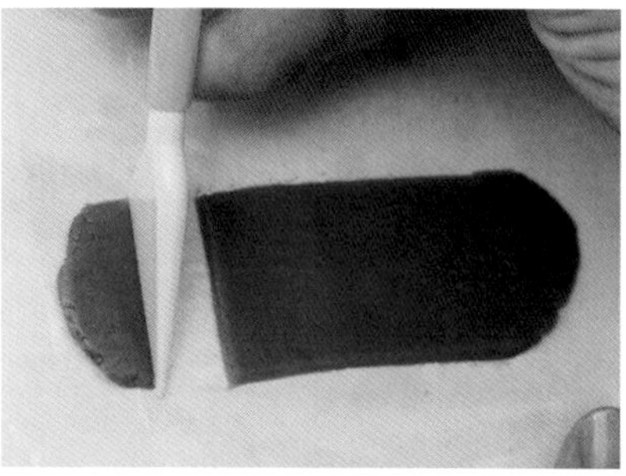

16 用雕塑工具将书皮左侧切平。

17 将书页放在书皮左侧。

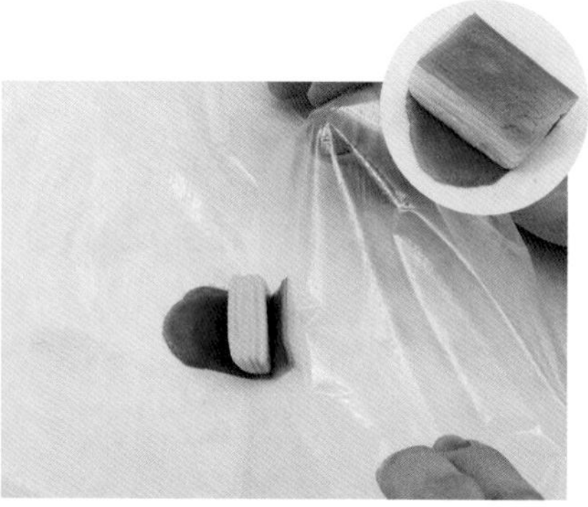

18 用塑料袋为辅助，将书皮覆盖至书页上。

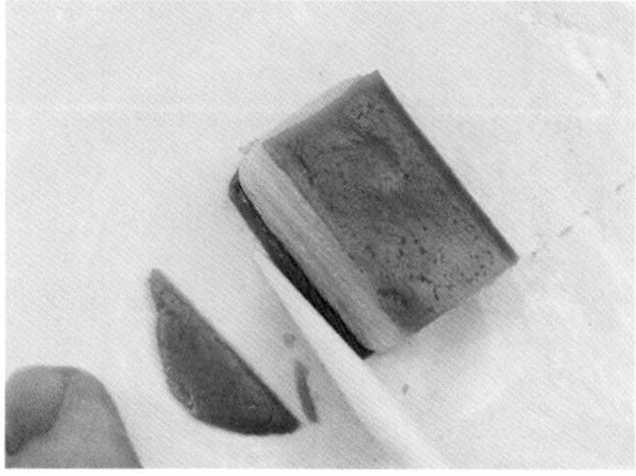

19 用雕塑工具将过多的书皮切除。

20 用雕塑工具在靠近书背处轻压出折痕。

21 将书翻面，重复步骤20，将书皮压出折痕。

22 如图，折痕完成。

23 最后，将书放上烤盘即可。

爸爸上班去

烟斗

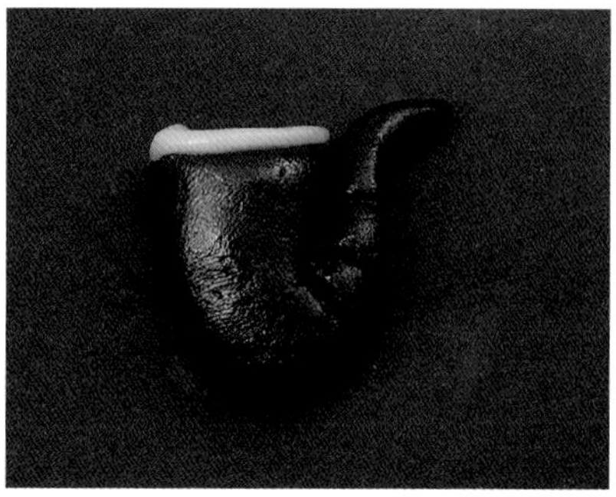

Materials 材料 & 工具 Tools

颜色 Color ● 咖啡色 ● 黄色

器具 Appliance 雕塑工具组、塑料袋或保鲜膜（垫底用）

步骤说明 Description Step

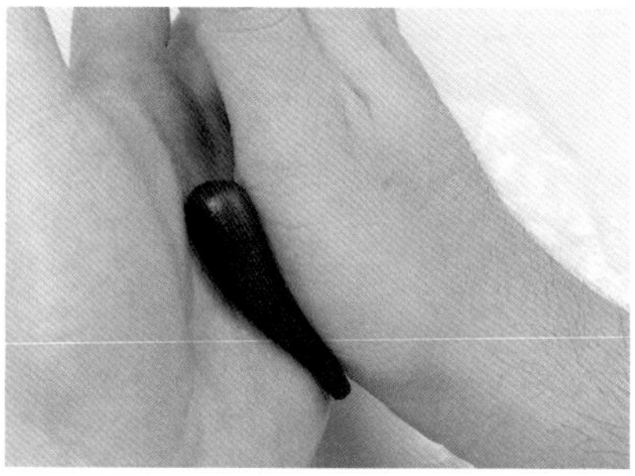

01 取咖啡色面团，用手掌搓成水滴形。

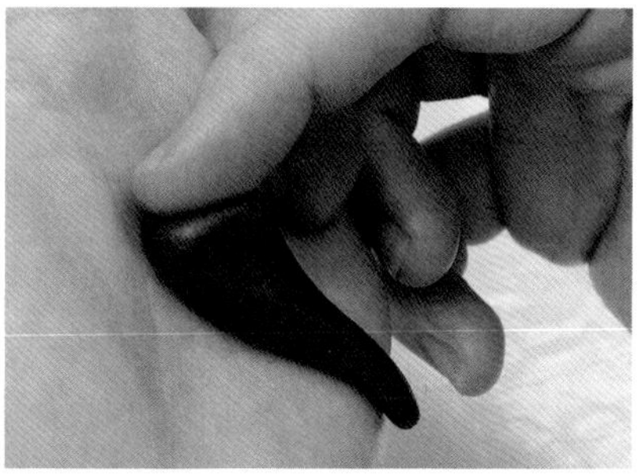

02 用指腹将咖啡色水滴形面团上方轻压扁，为烟斗斗钵。

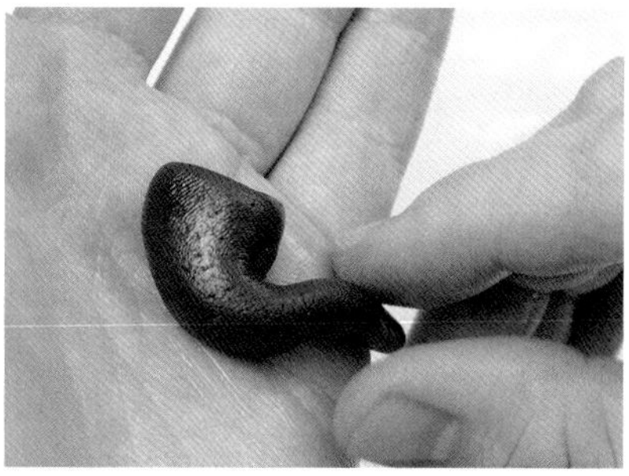

03 承步骤02，将面团前端弯成S形，为烟管。

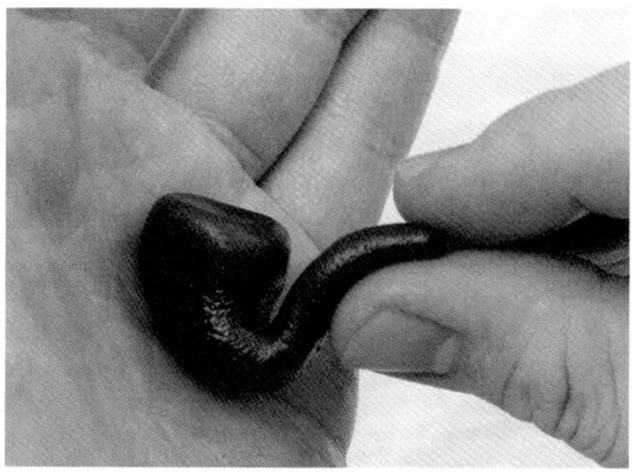

04 用指腹调整烟管的形状。

05 如图，烟斗主体完成。

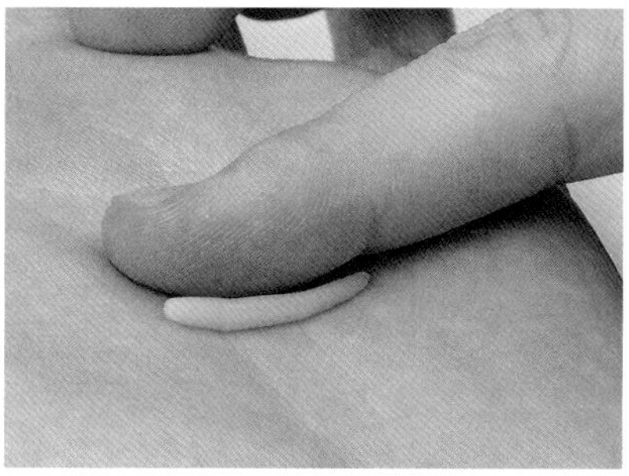

06 取黄色面团，用指腹搓成长条形。

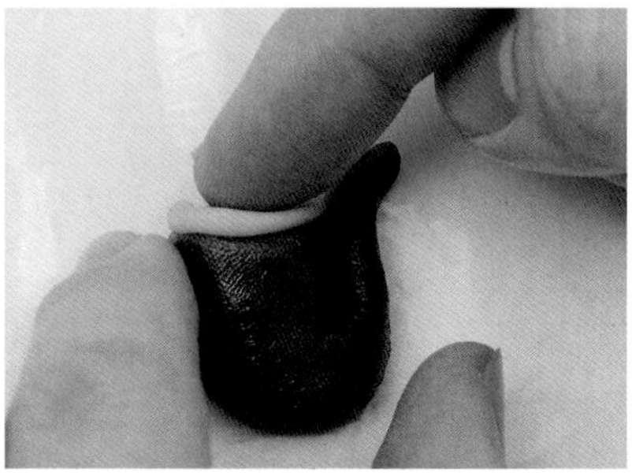

07 将黄色长条形面团放在斗钵上，并用指腹轻压固定。

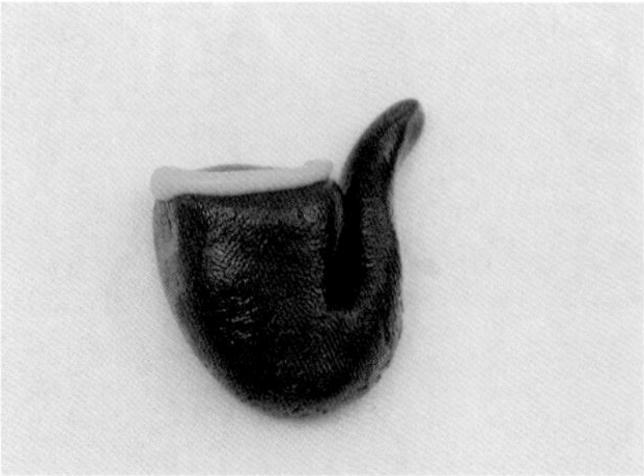

08 如图，烟斗装饰完成。

09 用雕塑工具在烟管下方轻压出纹路。

10 如图，纹路完成。

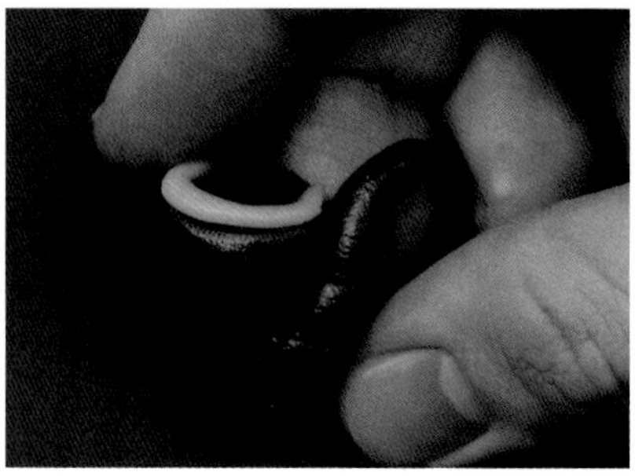

11 最后，将烟斗放上烤盘即可。

爸爸上班去

公文包

Materials 材料 & 工具 Tools

颜色 Color　黄色　咖啡色

器具 Appliance　雕塑工具组、擀面棍、刮板、塑料袋或保鲜膜（垫底用）

Description 步骤说明 Step

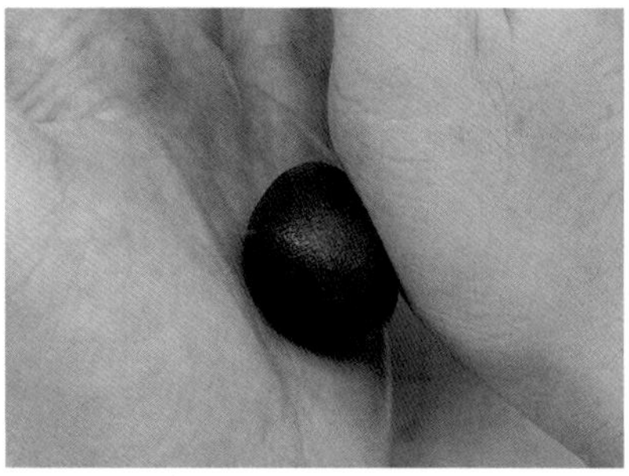

01 取咖啡色面团，用手掌将面团搓成圆形。

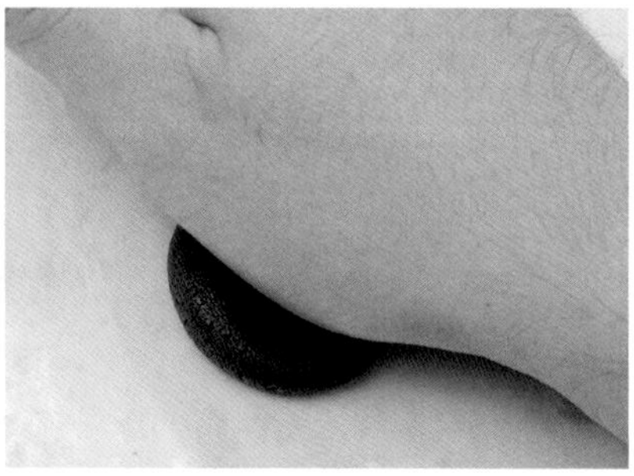

02 用手掌将咖啡色圆形面团轻压扁。

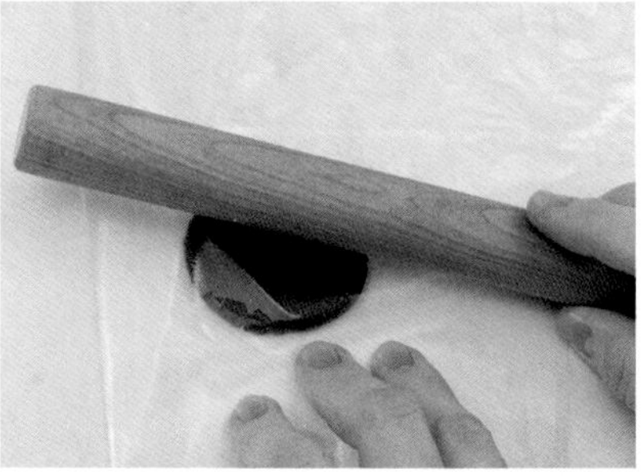

03 将咖啡色圆扁形面团放入塑料袋中，并用擀面棍将面团擀平。

04 用刮板将面团切成长方形，即完成公文包主体。

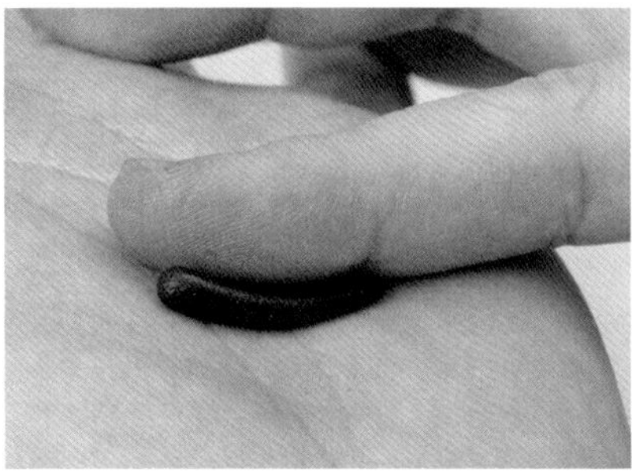

05 用指腹将咖啡色面团搓成长条形。

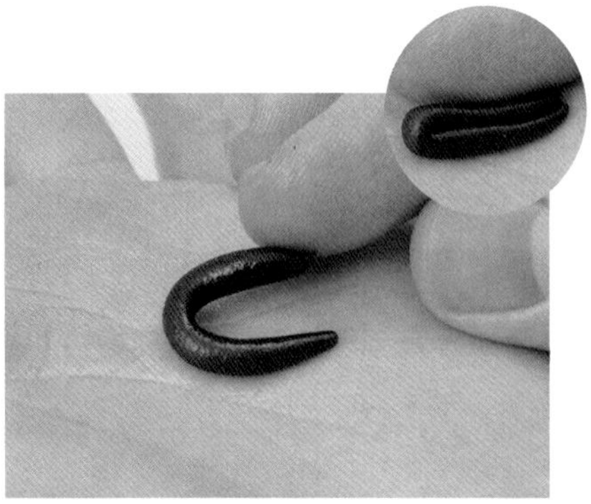

06 用指腹将咖啡色长条形面团对折。

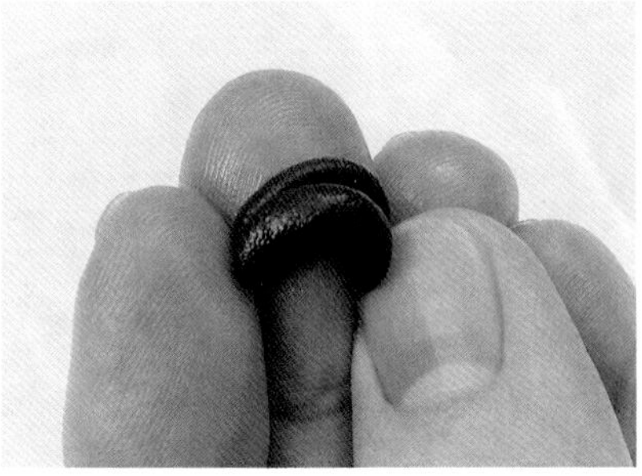

07 用指腹将已对折面团弯曲成拱形。

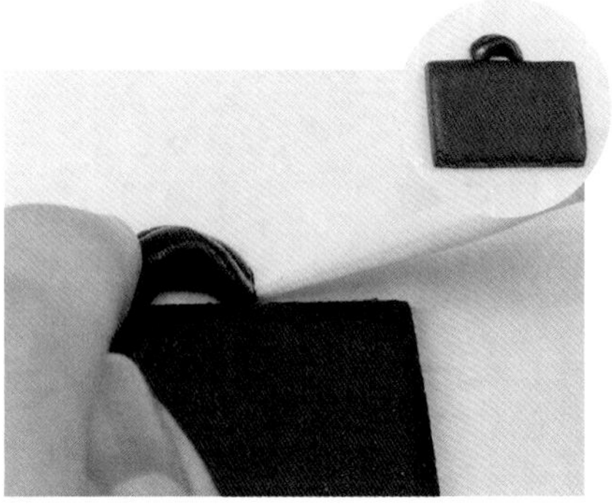

08 用雕塑工具为辅助，将拱形面团放在公文包主体上侧，再用指腹轻压固定，即完成提把的制作。

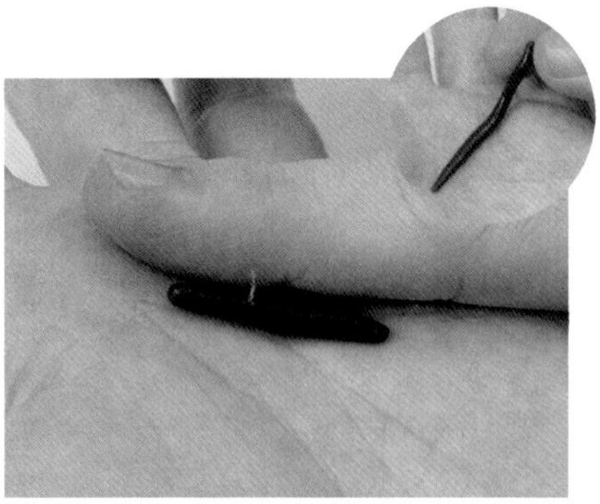

09 用指腹将咖啡色面团搓成长条形。

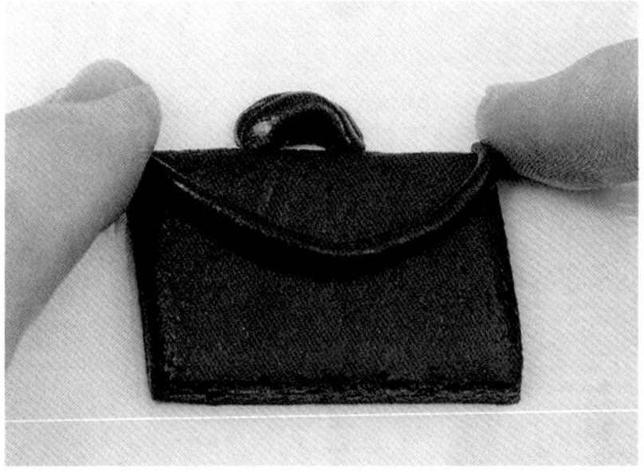

10 将咖啡色长条形面团成U形放在公文包主体上，并用指腹轻压两端固定，即完成盖头。

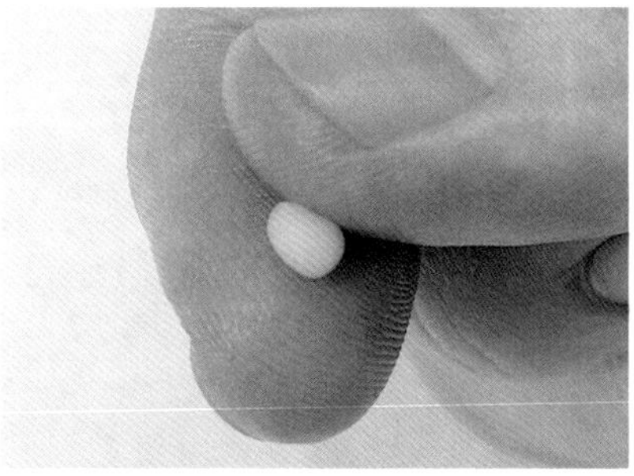

11 取黄色面团，用指腹搓成圆形。

12 将黄色圆形面团放在盖头中间，并用指腹按压固定，作为公文包的扣子。

13 用雕塑工具在盖头下方轻压出直线。

14 重复步骤13，依序在公文包主体上压出直线，即完成公文包的制作。

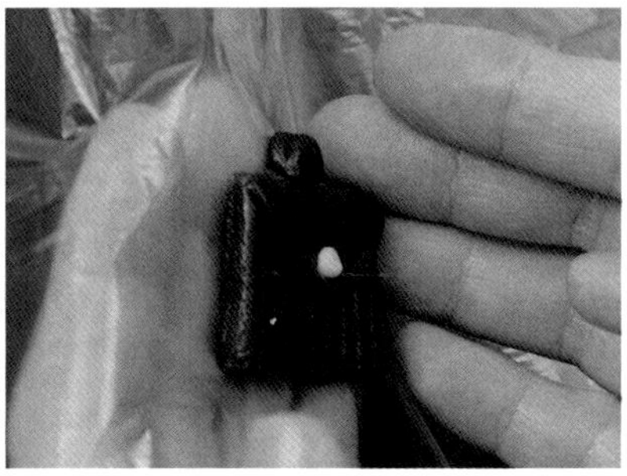

15 最后，将公文包放上烤盘即可。

钢笔

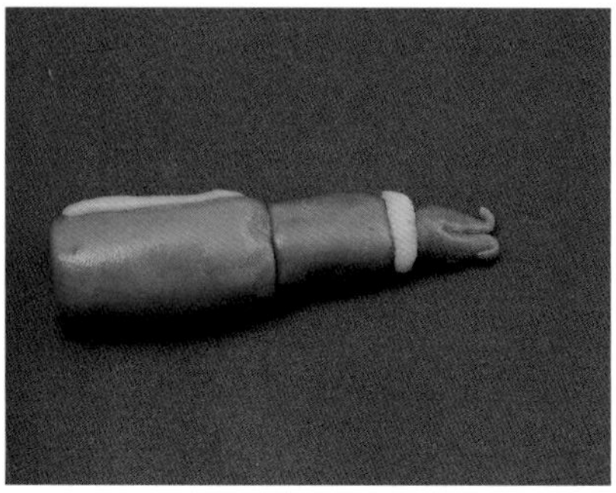

材料 & 工具 Materials Tools

颜色 Color ● 蓝色 ● 黄色 ● 原色 ● 黑色

器具 Appliance 雕塑工具组、塑料袋或保鲜膜（垫底用）

步骤说明 Description Step

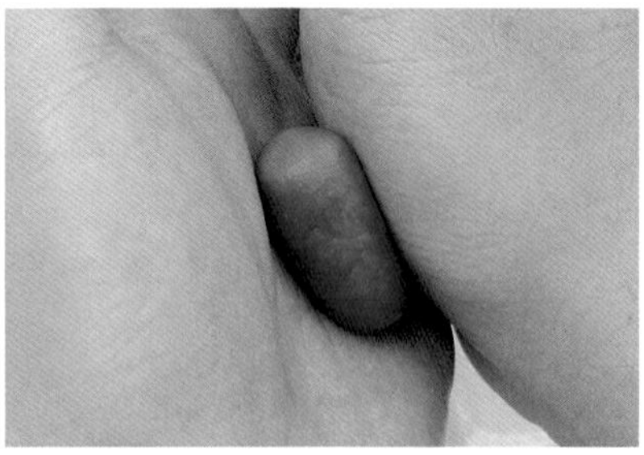

01 取蓝色面团a1，用手掌搓成圆柱形a1。

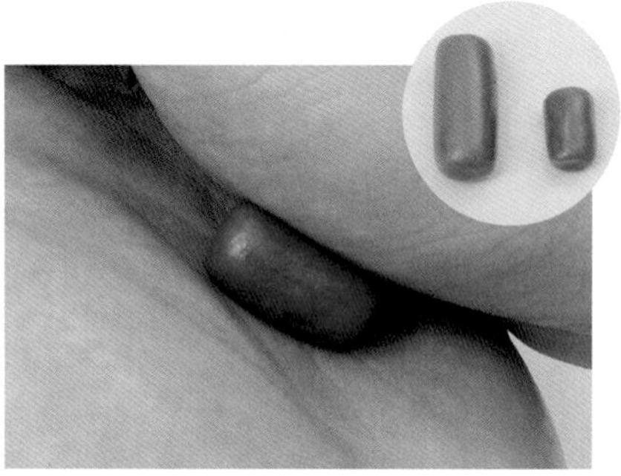

02 重复步骤01，取蓝色面团a2，将面团搓成圆柱形a2。（注：面团a1与a2的大小比例约为2：1。）

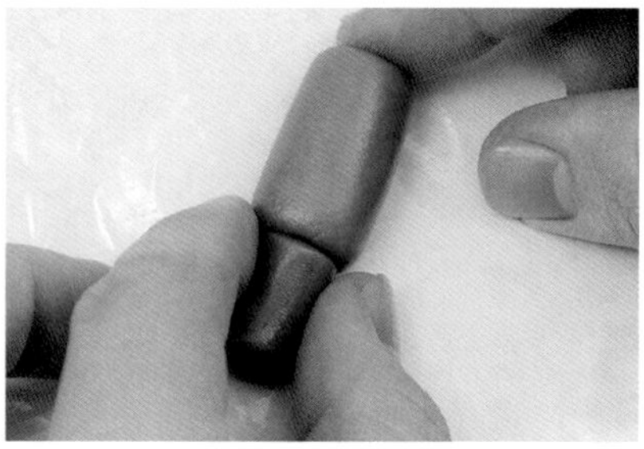

03 将蓝色面团a1与蓝色面团a2粘合，并用指腹轻压固定，即完成钢笔笔身。

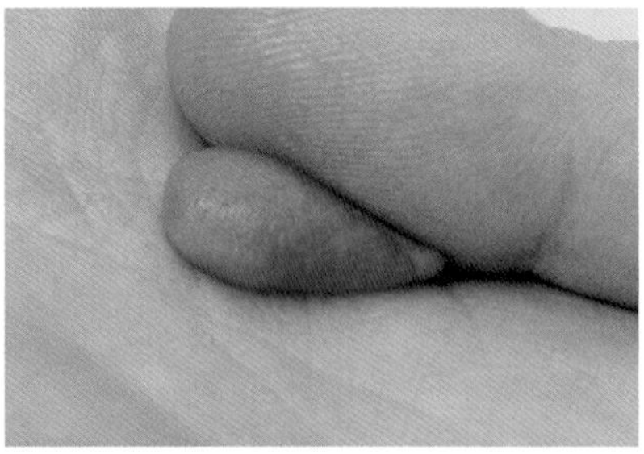

04 取灰色面团，用指腹将面团搓成水滴形，为笔头。（注：灰色须以原色加黑色面团调色，可参考P.27步骤09。）

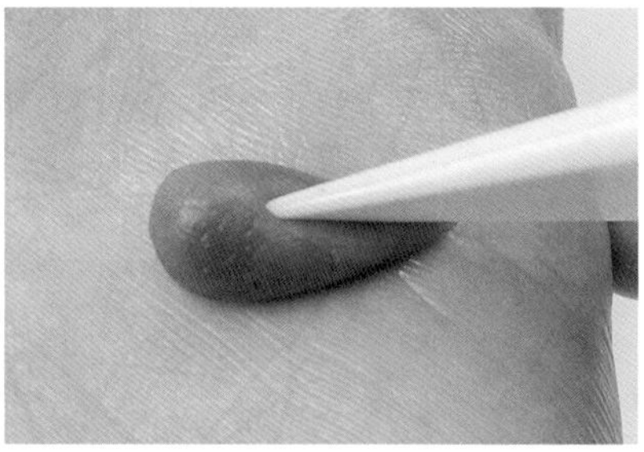

05 用雕塑工具将笔头前端切开，以制作笔尖。（注：切痕长度约为水滴形面团长度的一半。）

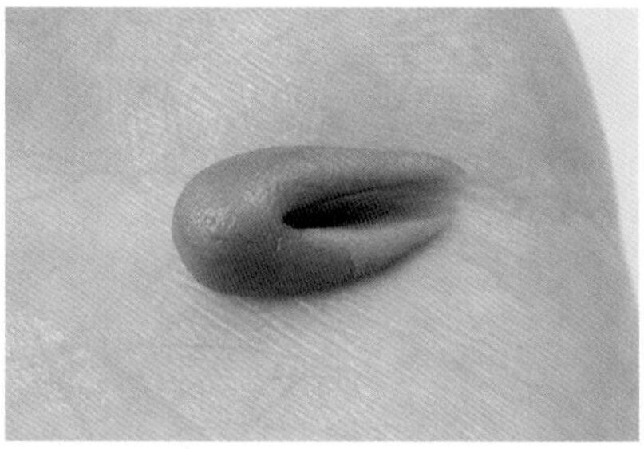

06 如图，笔尖完成。

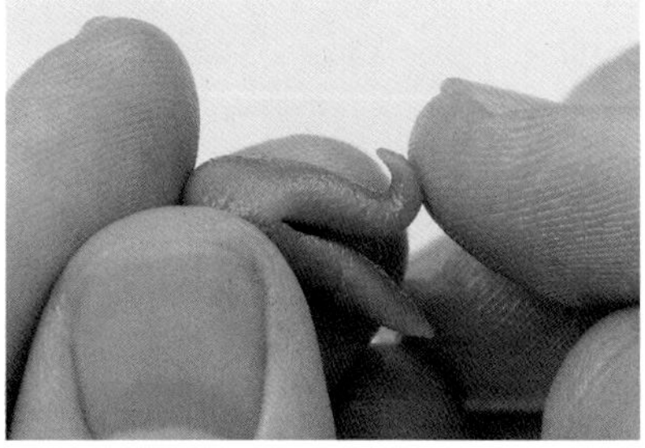

07 用指腹将笔尖往上弯起，成钩形。

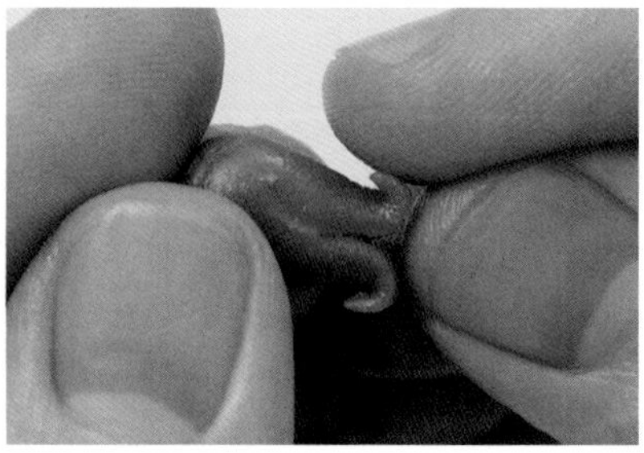

08 重复步骤07，完成两端笔尖钩形制作。

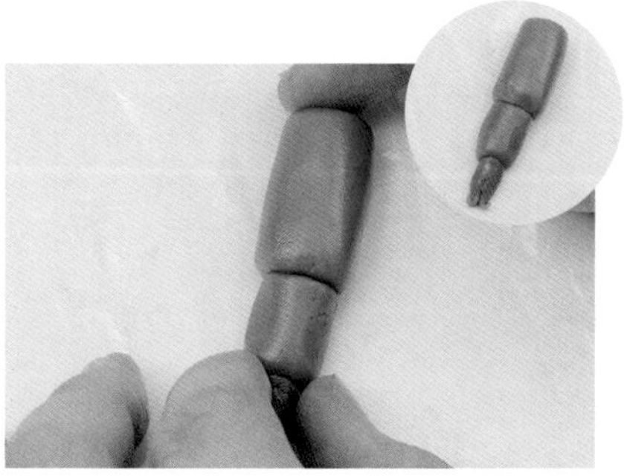

09 将笔头放在笔身下方，并用指腹轻压固定。

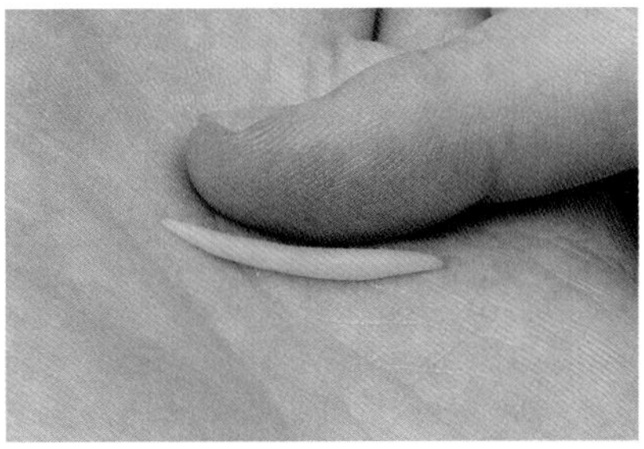

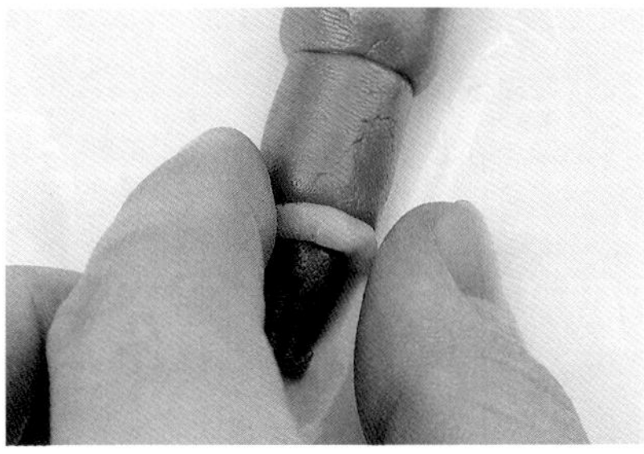

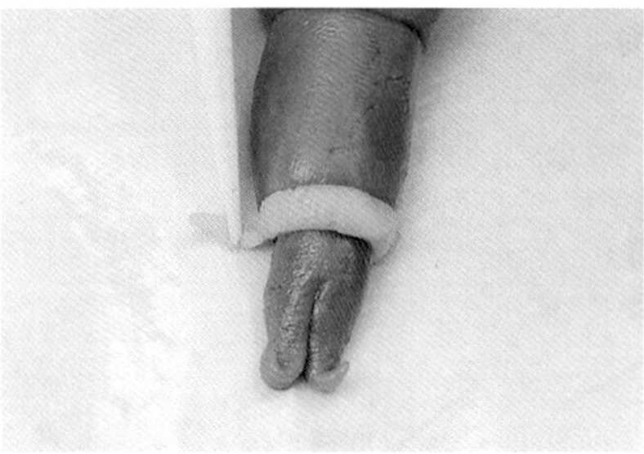

10 取黄色面团，用指腹将面团搓成长条形。

11 将黄色长条形面团放在笔头上方，并用指腹按压固定，为装饰。

12 用雕塑工具将装饰两侧过长的黄色面团切除。

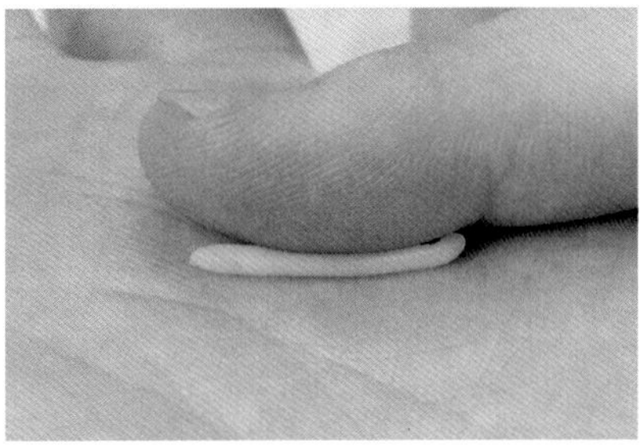

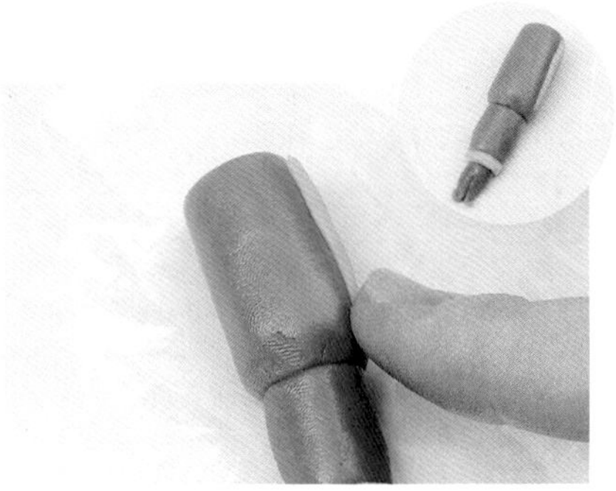

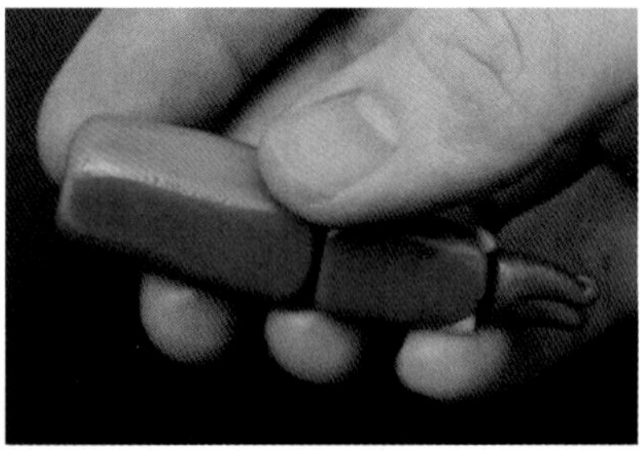

13 用指腹将黄色面团搓成长条形，为笔夹。

14 用指腹将笔夹放在钢笔笔身右侧，并按压固定。

15 最后，将钢笔放上烤盘即可。

爸爸上班去

咖啡杯

Materials 材料 & 工具 Tools

颜色 Color　原色　●咖啡色

器具 Appliance　雕塑工具组、塑料袋或保鲜膜（垫底用）

Description 步骤 说明 Step

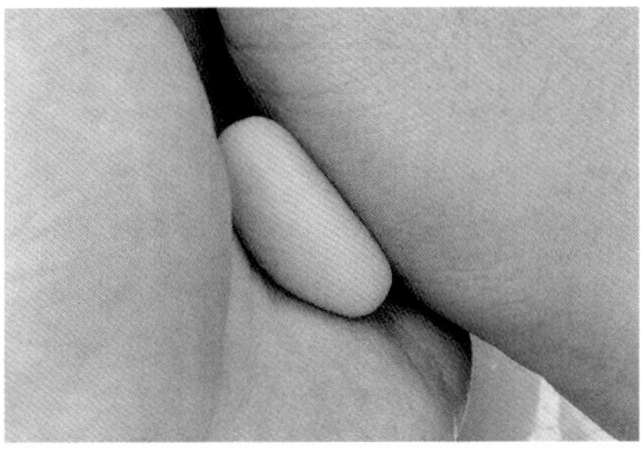

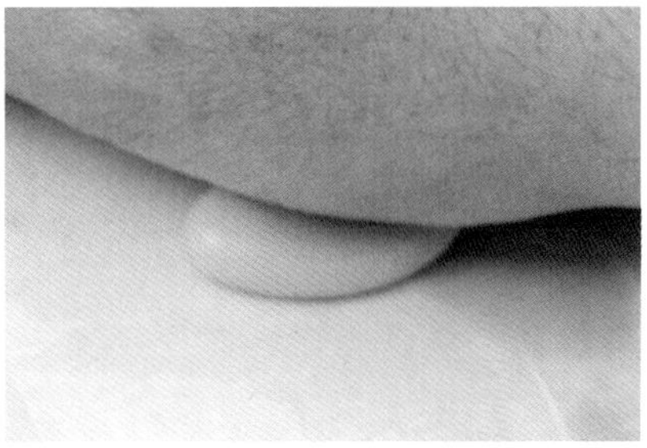

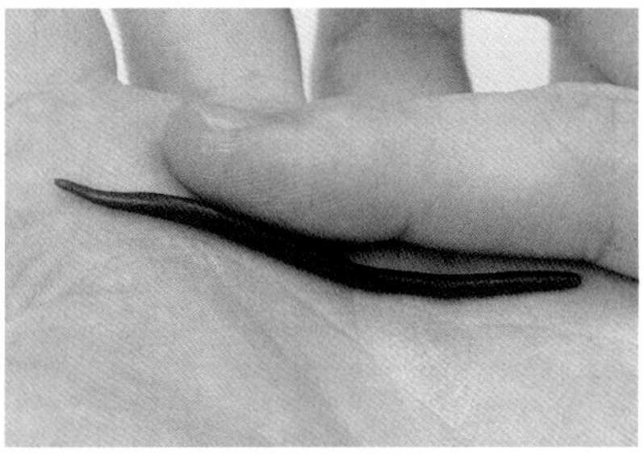

01 取原色面团，用手掌搓成椭圆形。

02 用手掌将原色椭圆形面团压扁，即完成盘子的制作。

03 取咖啡色面团，并用指腹将面团搓成长条形。

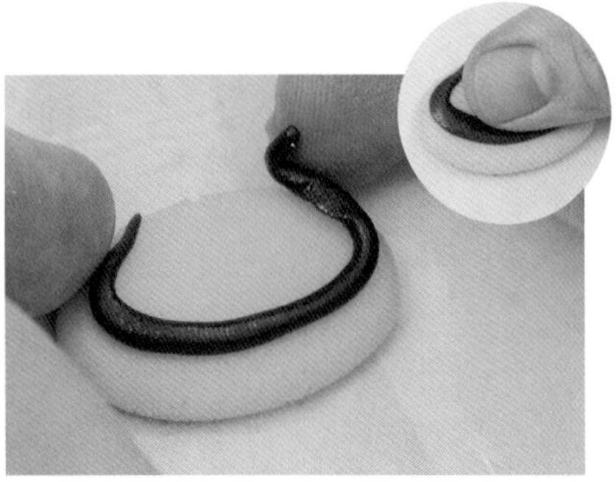

04 将咖啡色长条形面团顺着盘形，放在盘子内侧，并用指腹按压固定。

05 如图，盘子装饰完成。（注：不须刻意接合，后续杯子会盖住未接合点。）

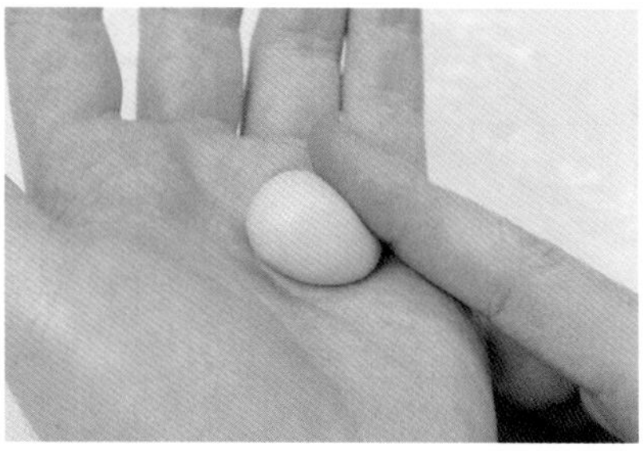

06 用指腹将原色面团搓成圆形。

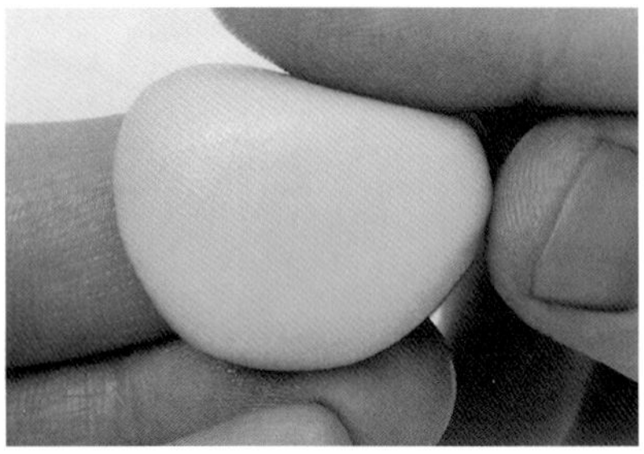

07 用指腹将面团捏成半圆形，为杯子。

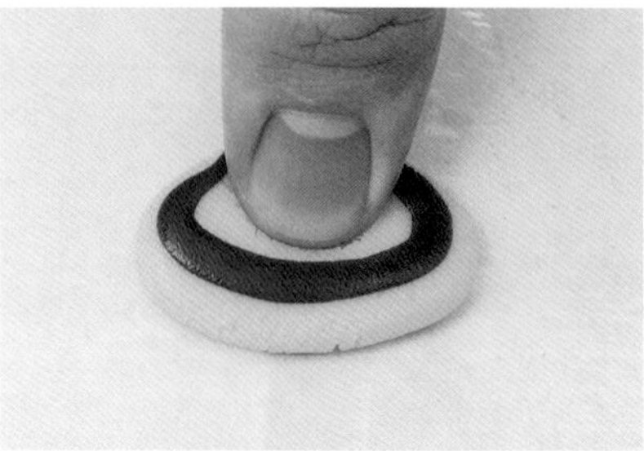

08 用拇指指腹按压杯子接合处。

09 将杯子放在盘子凹陷处，并用指腹按压固定。

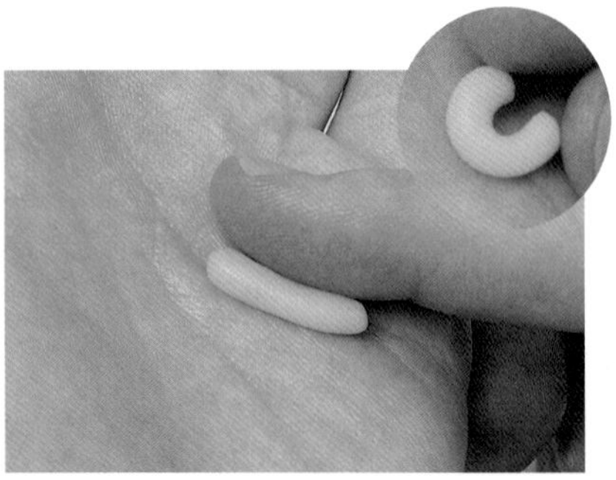

10 用指腹将原色面团搓成长条形后，将面团弯曲呈拱形。

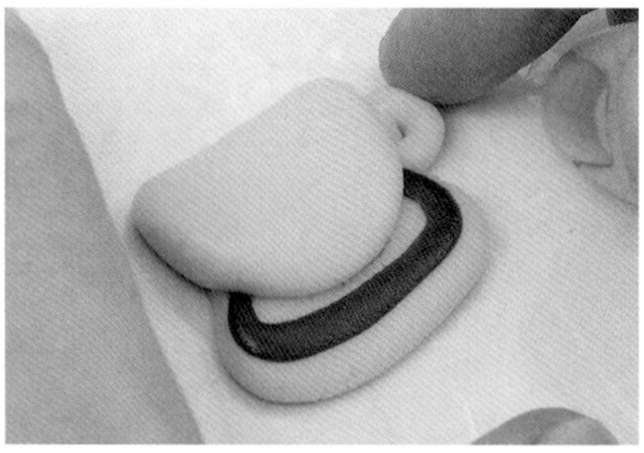

11 将原色拱形面团放在杯子右侧，并用指腹按压固定，为握把。

12 用雕塑工具调整握把间的缝隙，使缝隙处更明显。

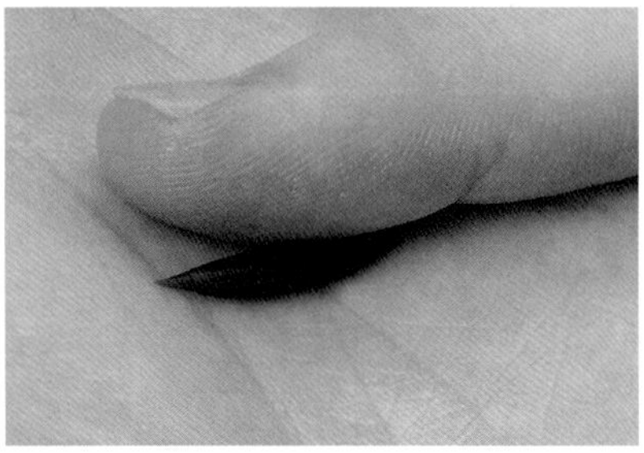

13 用指腹将咖啡色面团搓成长椭圆形。（注：两端比中间细。）

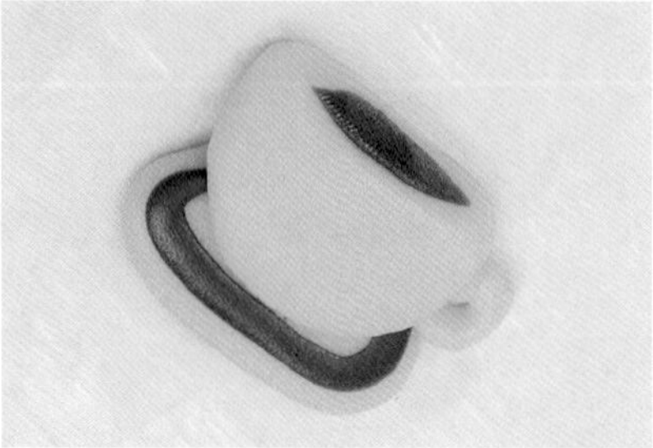

14 将咖啡色长椭圆形面团放在杯子上方，并按压固定，为咖啡液。

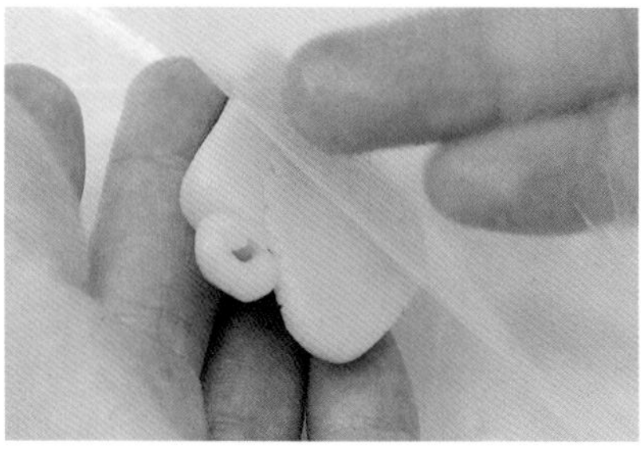

15 最后，将咖啡杯放上烤盘即可。

我的小厨房

上火 180℃，下火 130℃
烘烤 20 ~ 25 分钟
25 片

砧板

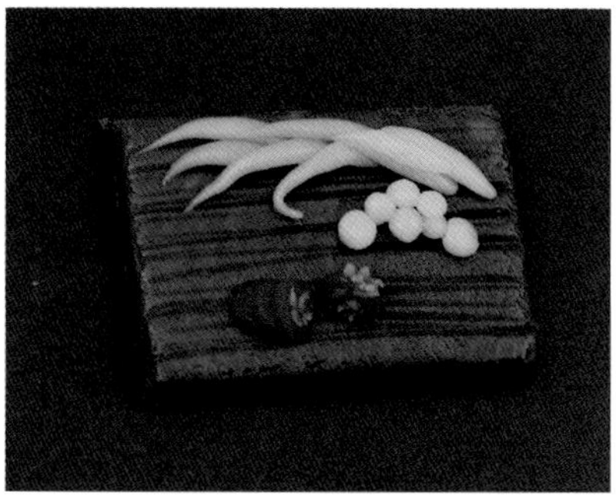

材料 & 工具 Materials Tools

颜色 Color　● 咖啡色　● 绿色　● 原色　● 红色　● 黄色

器具 Appliance　雕塑工具组、刮板、擀面棍、塑料袋或保鲜膜（垫底用）

步骤说明 Description Step

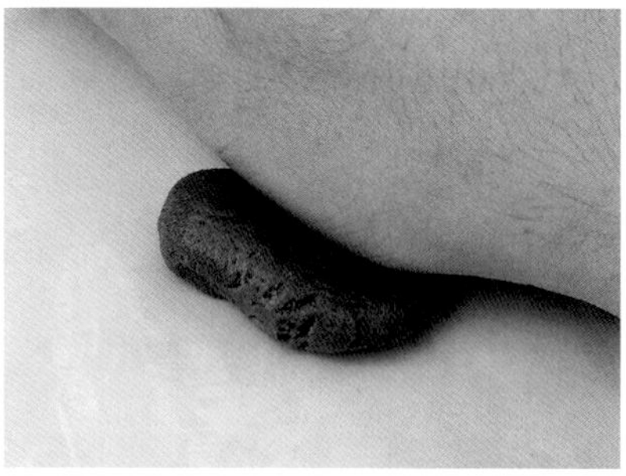

01 取咖啡色面团，用手掌将面团压扁。

02 将咖啡色面团放入塑料袋中，并用擀面棍将面团擀平。

03 用刮板将咖啡色面团切成长方形，为砧板。

04 用雕塑工具在砧板上压出长条形纹路，为木纹。

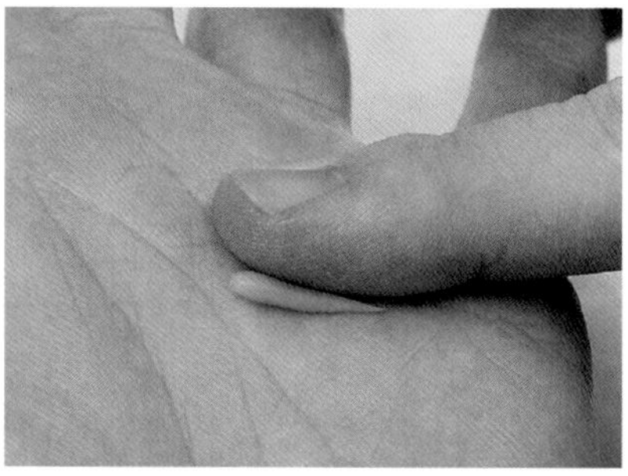

05 取绿色面团，用指腹将面团搓成水滴形，为葱叶。

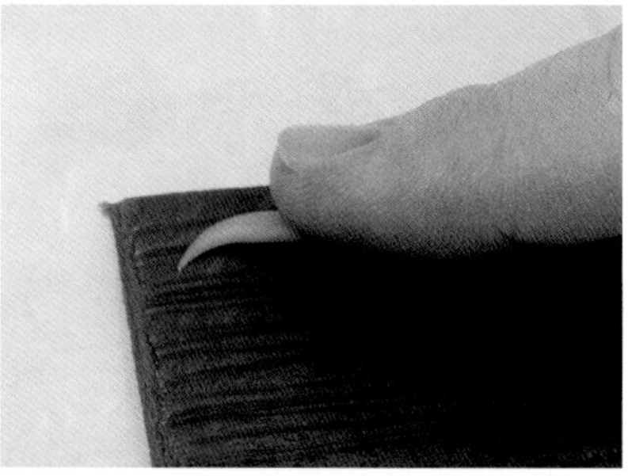

06 将葱叶尖端朝左放在砧板上，并用指腹轻压固定。

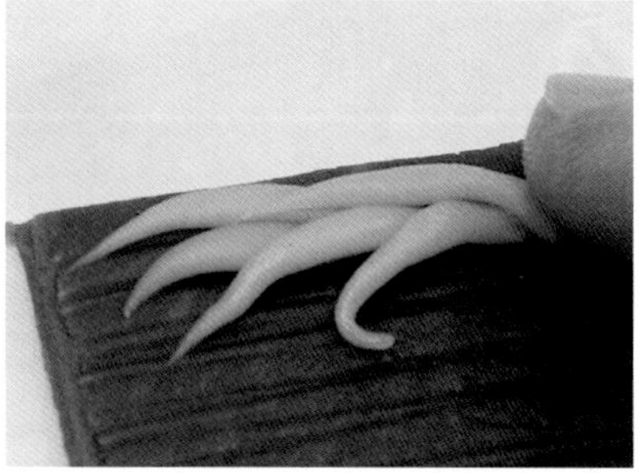

07 重复步骤05~06，共制作四条葱叶，并交叠摆放，使作品更自然。

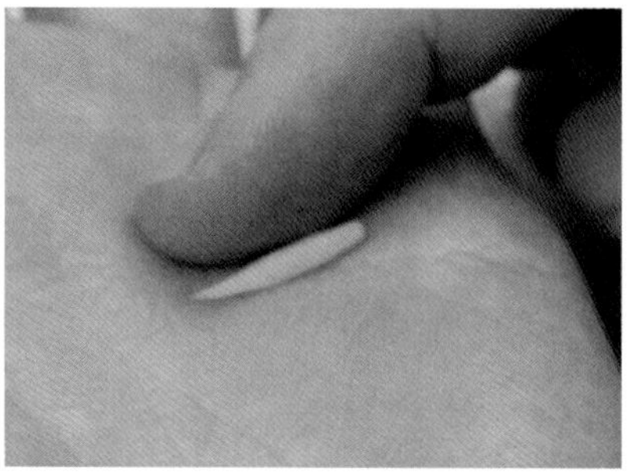

08 取原色面团，用指腹将面团搓成水滴形，为葱白。

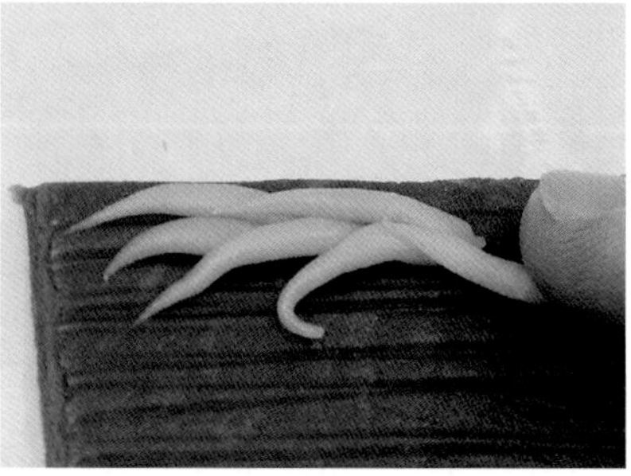

09 将葱白尖端朝左与葱叶尾端交叠，再用指腹轻压固定。

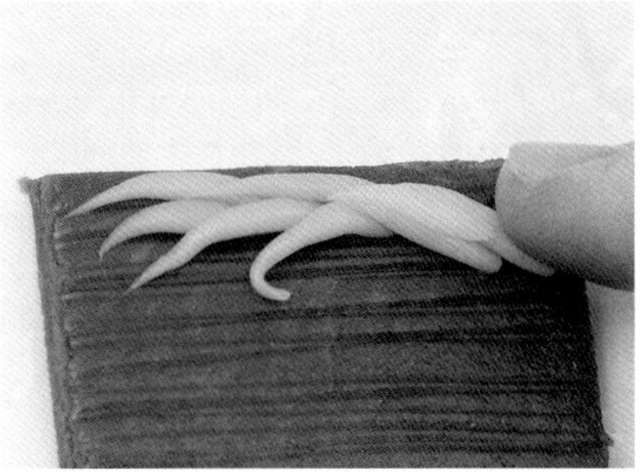

10 重复步骤08～09，共制作三根葱白，并交叠摆放。

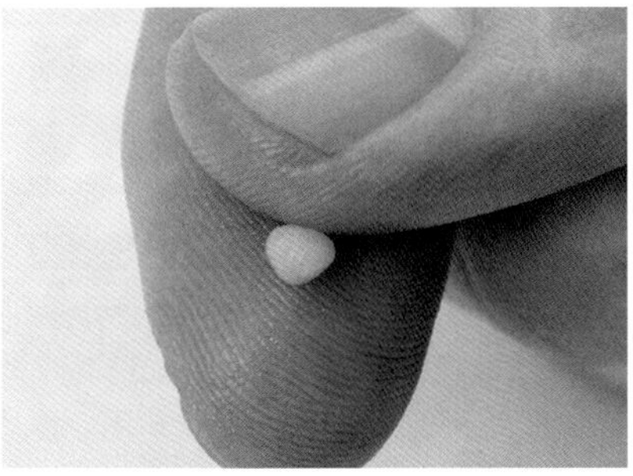

11 用指腹将原色面团搓成圆形，为大蒜。

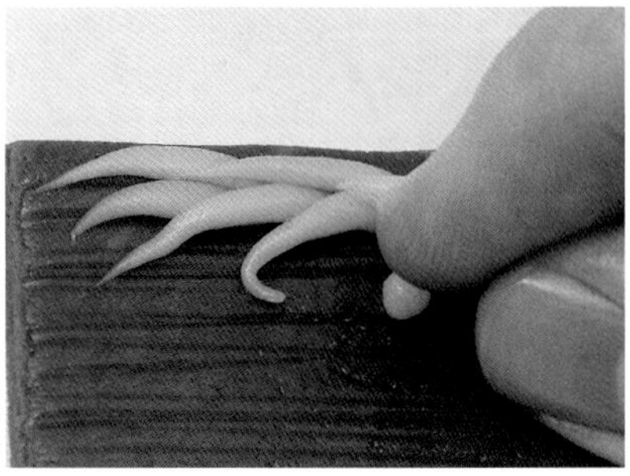

12 将大蒜放在青葱下方，并用指腹轻压固定。

13 重复步骤11～12，共制作七颗大蒜，并依序摆放。

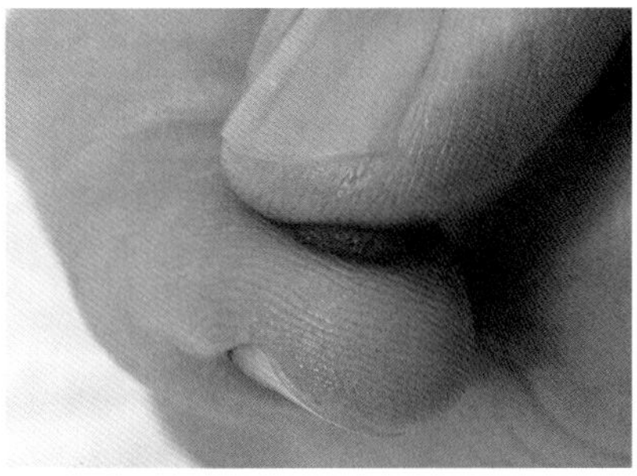

14 取红色面团，用指腹将面团搓成圆形并压扁，为番茄片。

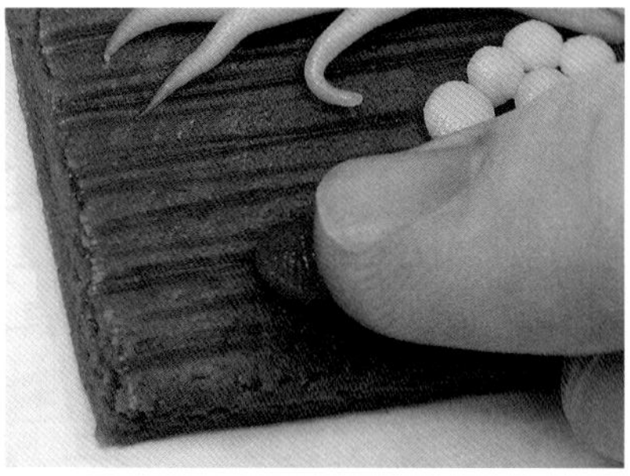

15 将番茄片放在砧板左下方，并用指腹轻压固定。

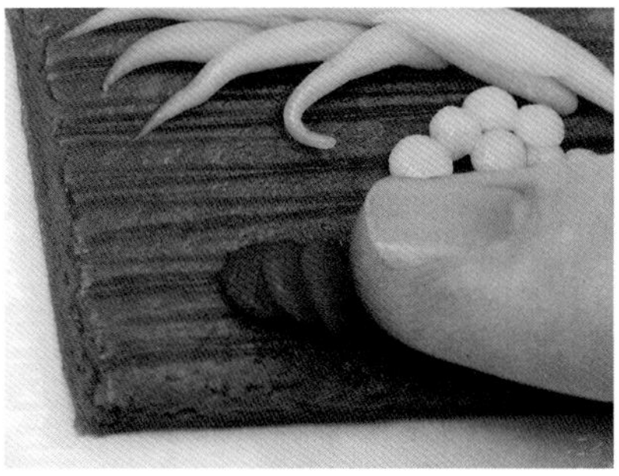

16 重复步骤14～15，共完成三片番茄片并斜堆在砧板上。

17 用雕塑工具为辅助，取少量黄色面团放在番茄片表面，为番茄籽。

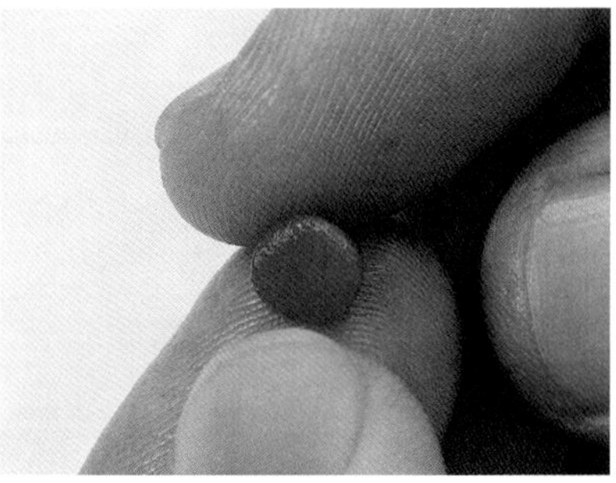

18 用指腹将红色面团揉捏成半圆形，为番茄切半的平面，半圆的番茄能与番茄片做区别。

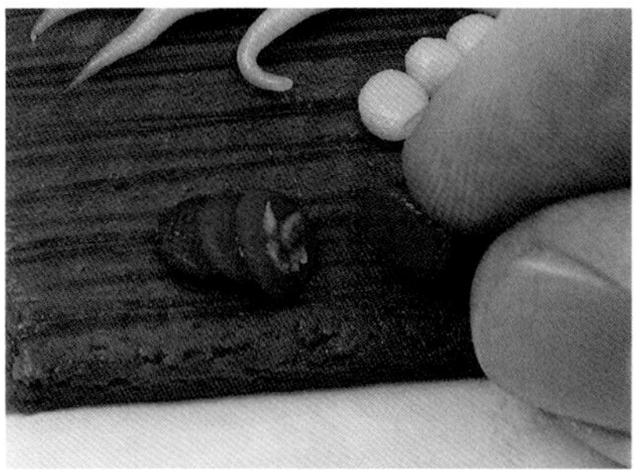

19 将1/2块番茄放在番茄片侧边，并用指腹轻压固定。

20 重复步骤17，在番茄切面上加上番茄籽。

21 以雕塑工具为辅助，取少量绿色面团放在切半番茄的顶端，为绿叶。

22 重复步骤21，依序摆放绿叶。

23 如图，砧板完成。

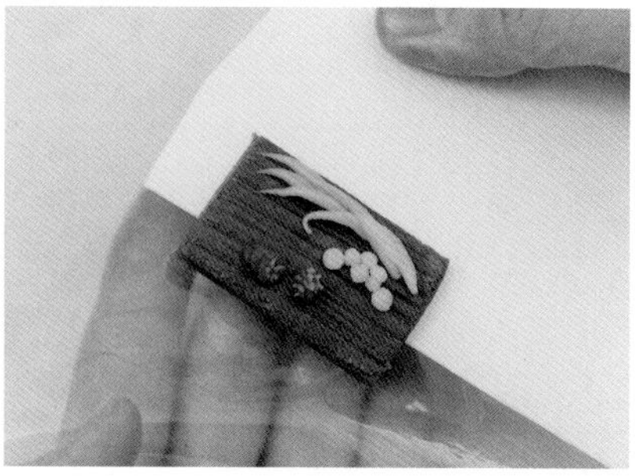

24 最后，将砧板放上烤盘即可。

我的小厨房

平底锅

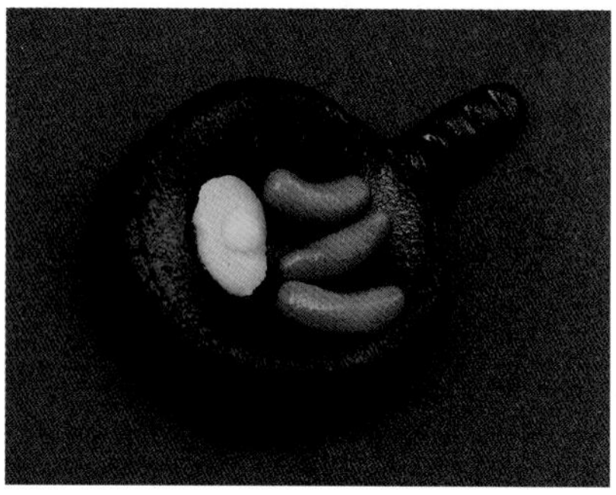

材料 & 工具 Materials Tools

颜色 Color ● 黑色 ● 咖啡色 ● 红色 ● 黄色 ● 原色

器具 Appliance 雕塑工具组、塑料袋或保鲜膜（垫底用）

步骤说明 Step Description

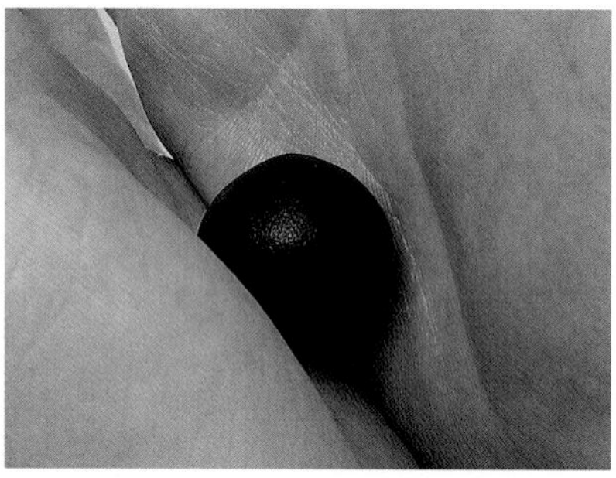

01 取黑色面团，用手掌将面团搓成圆形。

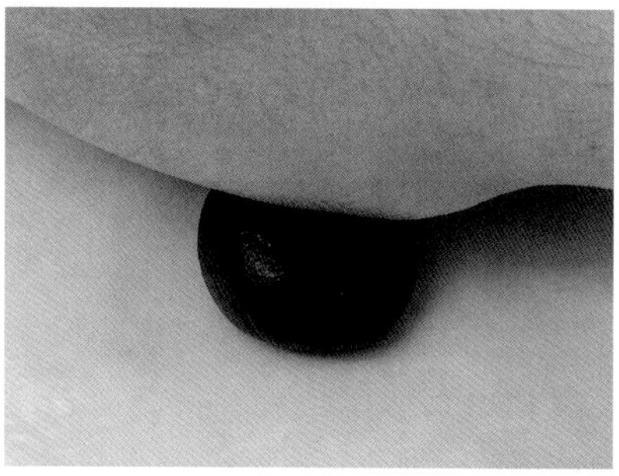

02 用手掌将黑色圆形面团轻压扁。（注：厚度0.5~0.7厘米。）

03 用指腹轻压黑色圆扁形面团中间，即完成平底锅。

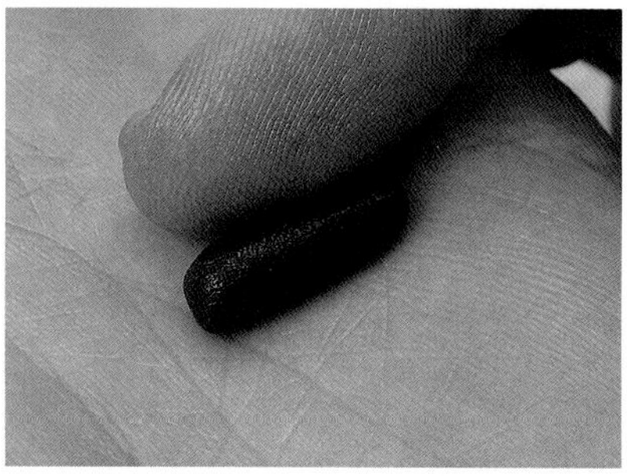

04 取咖啡色面团，用指腹将面团搓成长柱形，为锅柄。

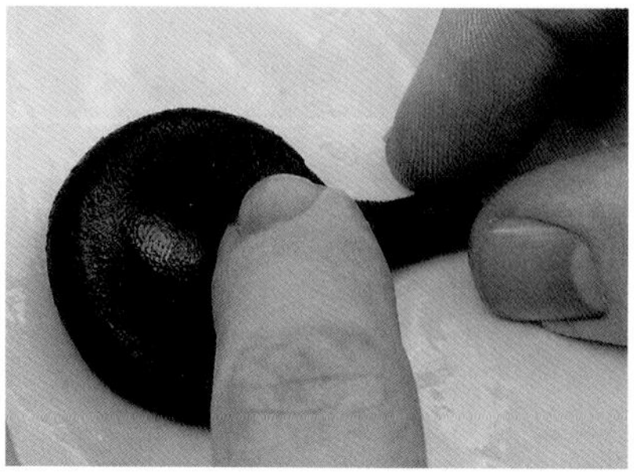

05 将锅柄放在平底锅右侧，并用指腹轻压固定。

06 用雕塑工具在锅柄上压出纹路，即完成平底锅主体。

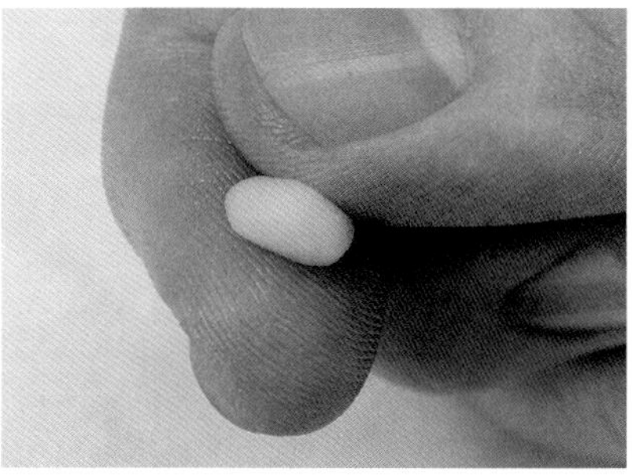

07 取原色面团，用指腹将面团搓成椭圆形。

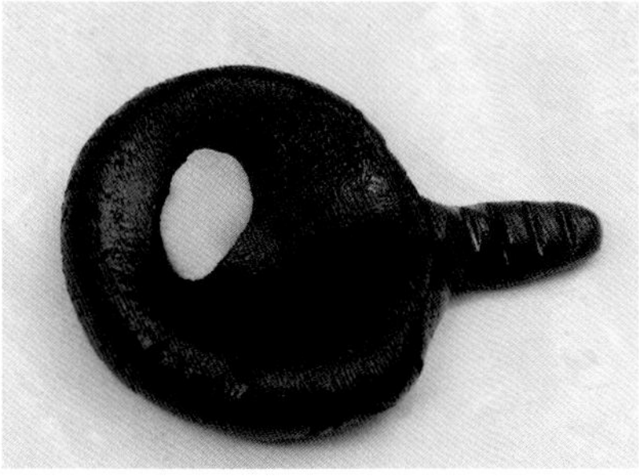

08 承步骤07，先将面团放进平底锅，再用指腹压扁固定，为蛋白。

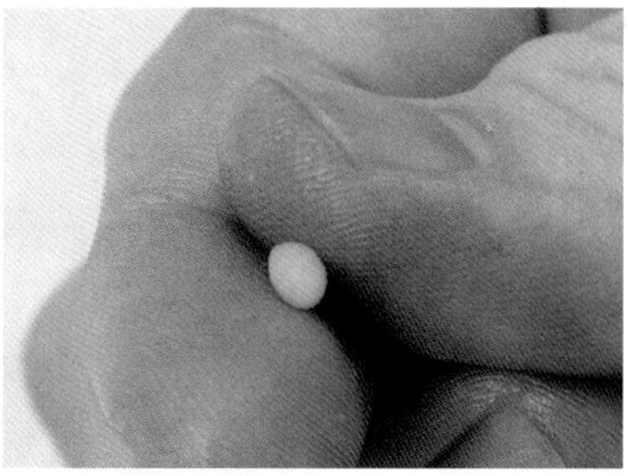

09 取黄色面团，用指腹将面团搓成圆形，为蛋黄。

10 将蛋黄放在蛋白中央，并用指腹轻压固定，即完成荷包蛋。

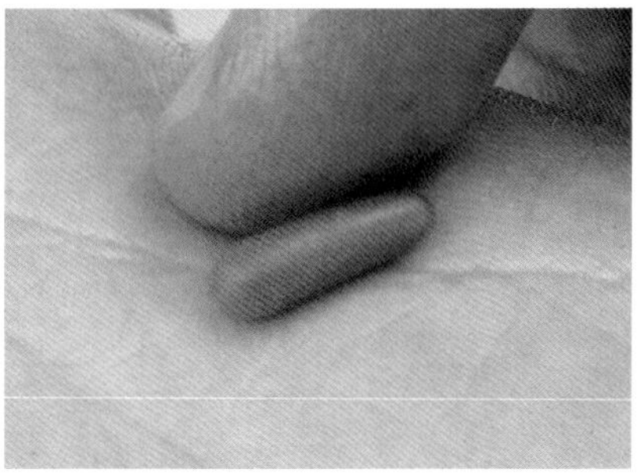

11 取红色面团，用指腹将面团搓成长条形，为香肠。

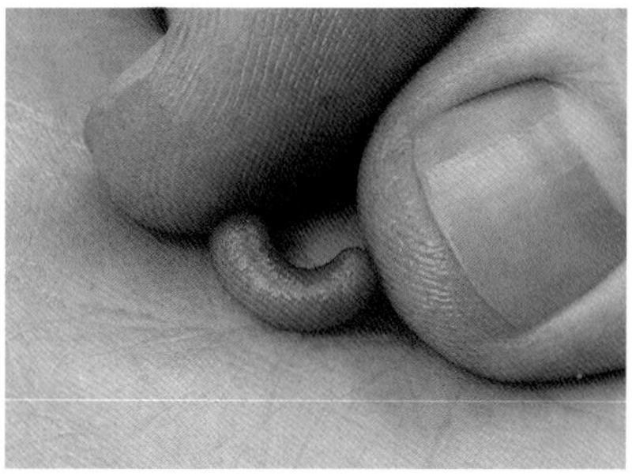

12 用指腹将香肠弯成拱形。

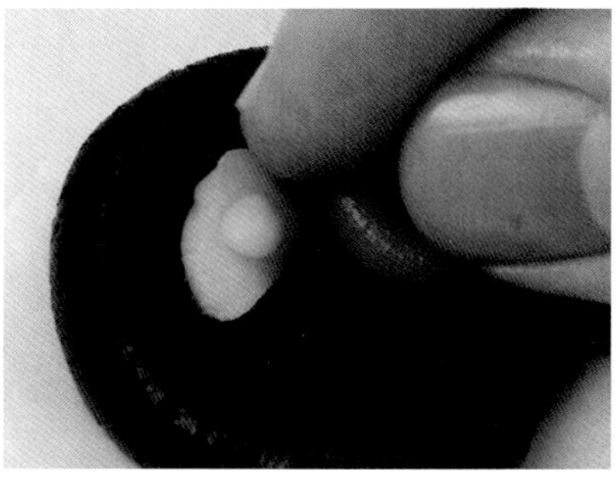

13 承步骤12，将香肠放进平底锅。

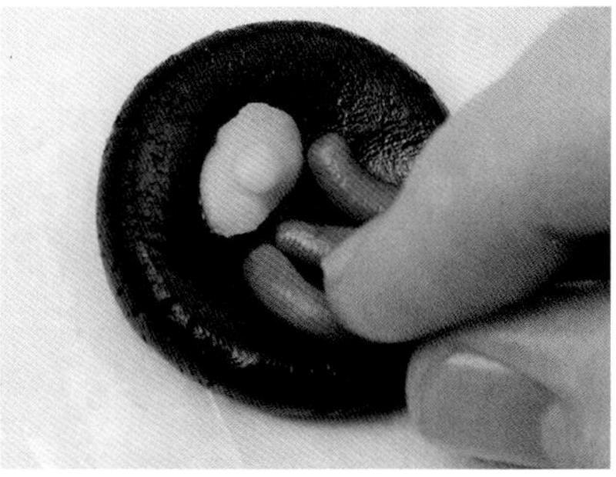

14 重复步骤11～13，共完成三条香肠。

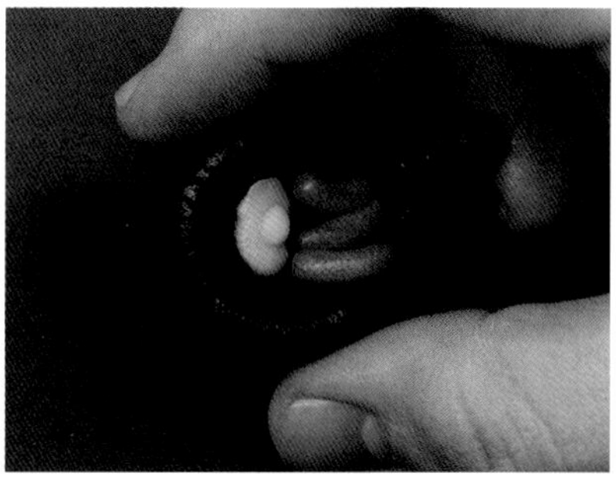

15 最后，将平底锅放上烤盘即可。

菜刀

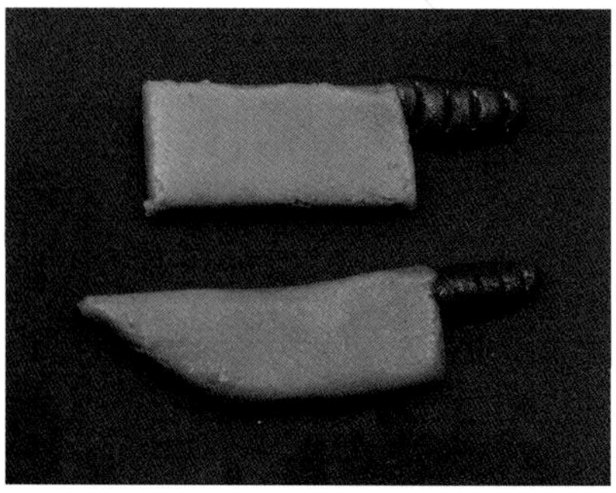

Materials 材料 & 工具 Tools

颜色 Color 咖啡色　原色　黑色

器具 Appliance 雕塑工具组、擀面棍、刮板、塑料袋或保鲜膜（垫底用）

Description 步骤说明 Step

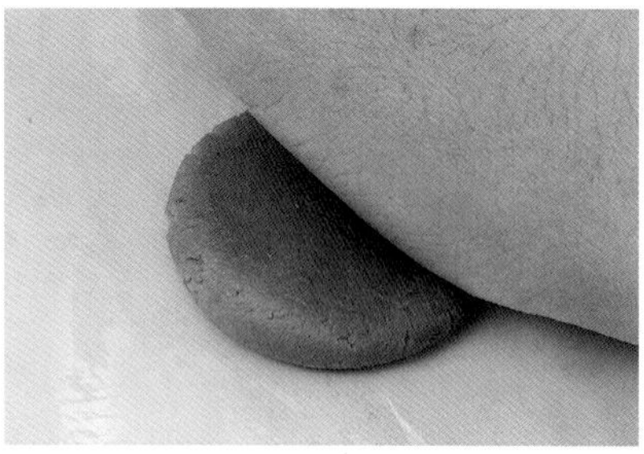

01 取灰色面团，用手掌将面团压扁。（注：灰色须以原色加黑色面团调色，可参考P.27步骤09。）

02 将灰色面团放入塑料袋中，并用擀面棍将面团擀平。

03 用刮板将左侧面团切平。

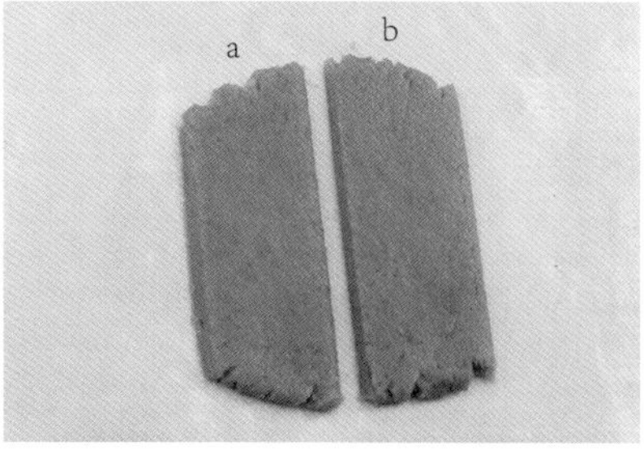

04 重复步骤03，将右侧切平，再将灰色面团切成面团a、b。

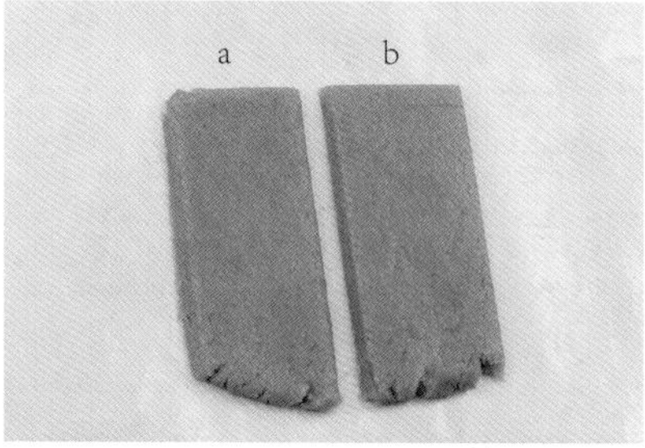

05 承步骤04，用刮板平切面团a、b上方。

06 用刮板将面团b切成一个梯形，为刀面b。

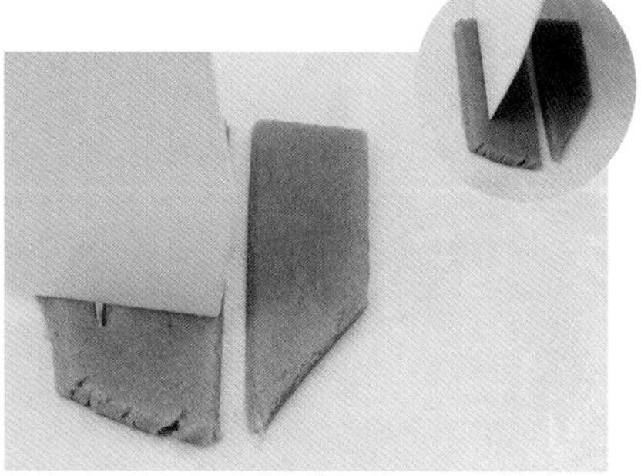

07 用刮板将面团a切成一个长方形，为刀面a。

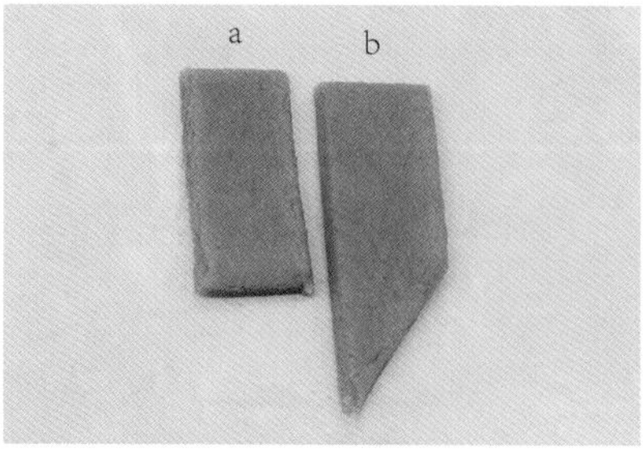

08 如图，刀面制作完成。

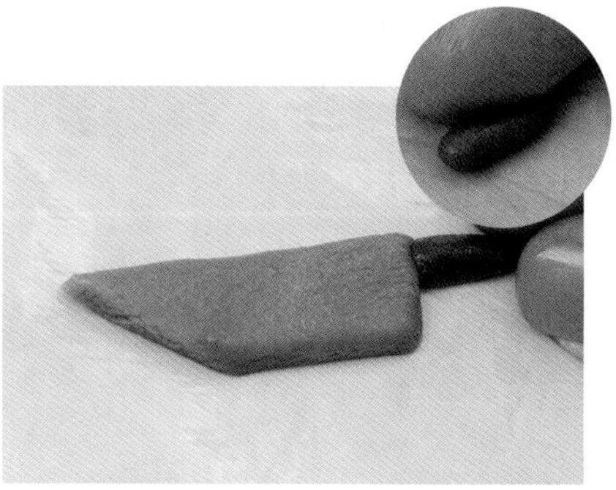

09 用指腹将咖啡色面团搓成长条形后，接在刀面b的右侧，并用指腹轻压固定，即完成刀柄制作。

10 用刮刀在刀柄上轻压出纹路。

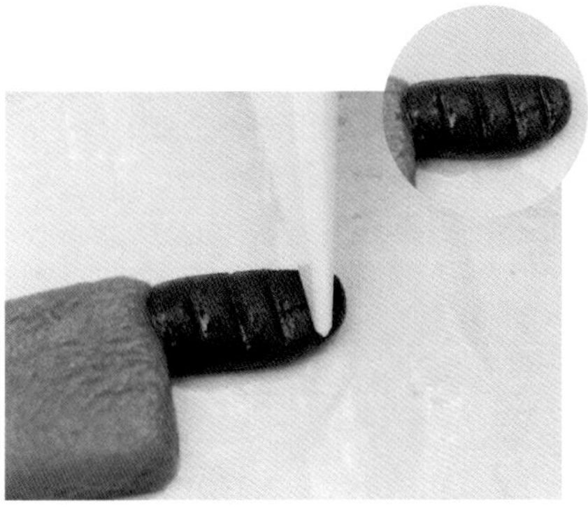

11 重复步骤10，继续压出纹路。

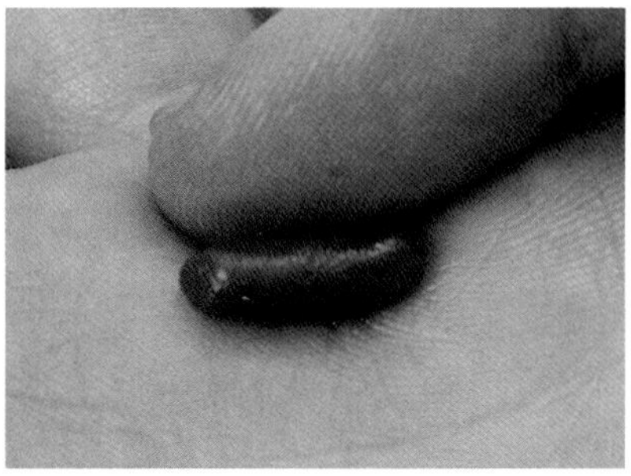

12 重复步骤09，用指腹将咖啡色面团搓成长条形，为第二支刀柄。

13 重复步骤09，将刀柄接在刀面a的右侧，并用指腹轻压固定。

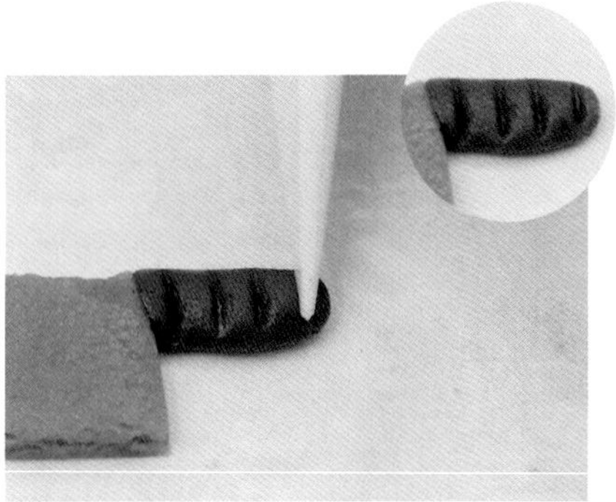

14 重复步骤10~11，用雕塑工具在刀柄上轻压出纹路。

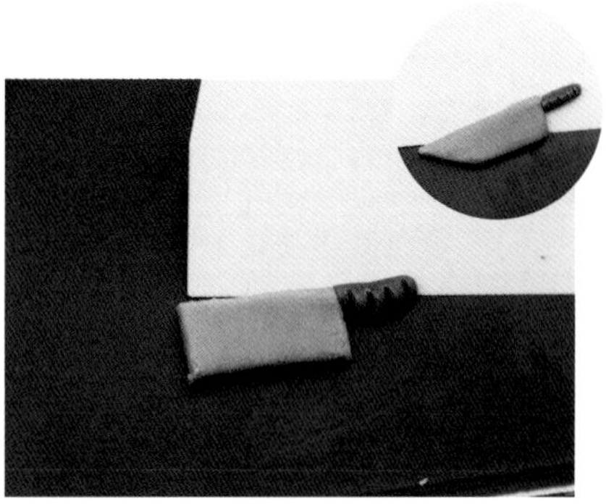

15 最后，将两把菜刀放上烤盘即可。

小红帽与大灰狼

上火 180℃，下火 130℃
烘烤 20 ~ 25 分钟
10 片

小红帽

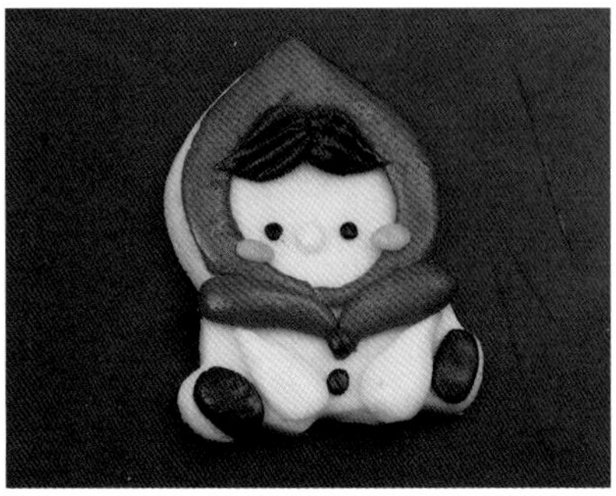

材料 & 工具 Materials Tools

颜色 Color　原色　咖啡色　黑色　红色

器具 Appliance　雕塑工具组、擀面棍、饼干切模、圆形切模、塑料袋或保鲜膜（垫底用）

步骤说明 Description Step

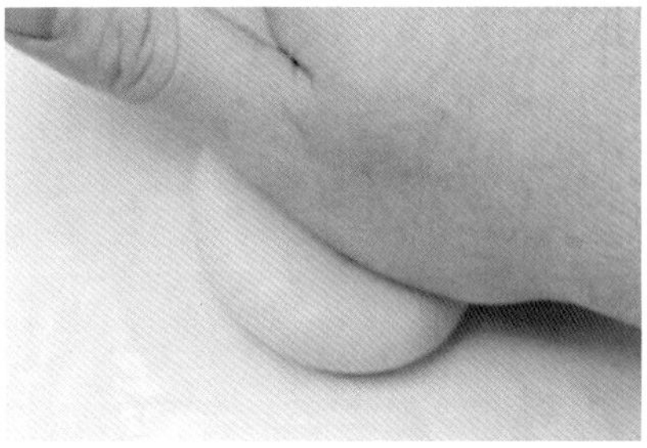

01 取原色面团，用手掌将面团压扁。

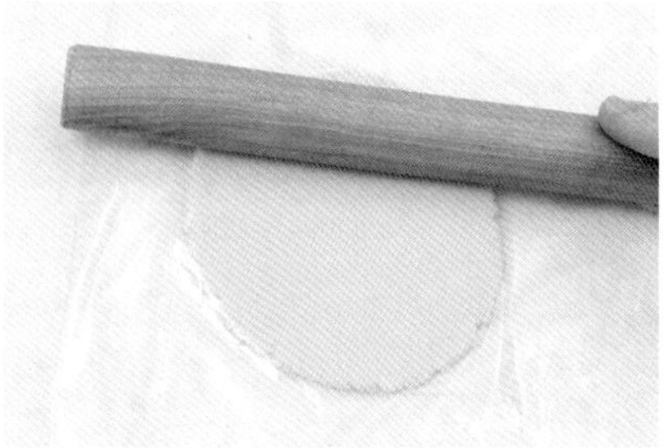

02 将原色面团放入塑料袋中，并用擀面棍将面团擀平。

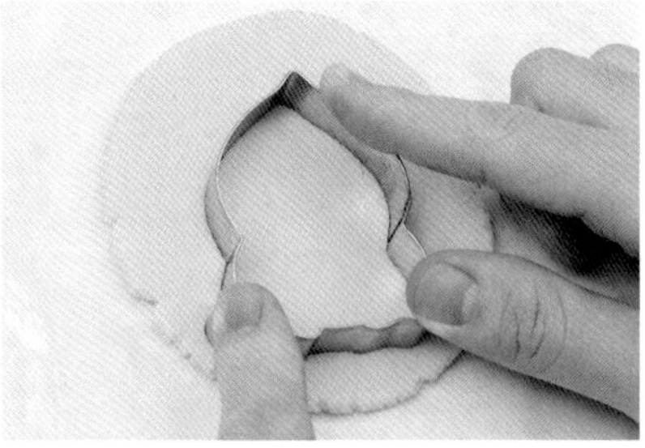

03 将饼干切模压放在面团上。

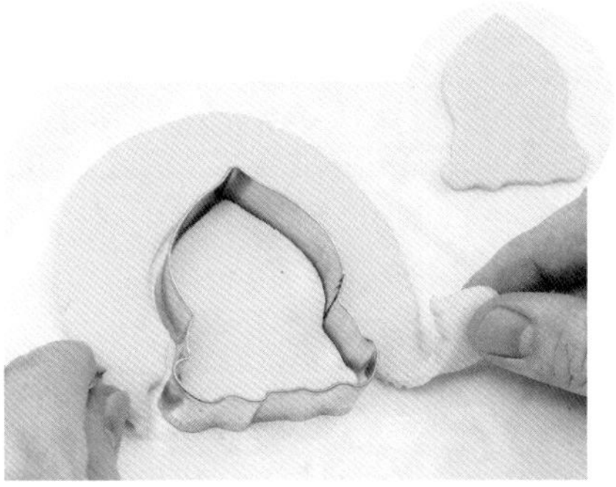

04 承步骤03，将切模外的面团去除后，拿起饼干切模，即完成小红帽主体。

05 取红色面团，重复步骤01~02，将面团擀平。

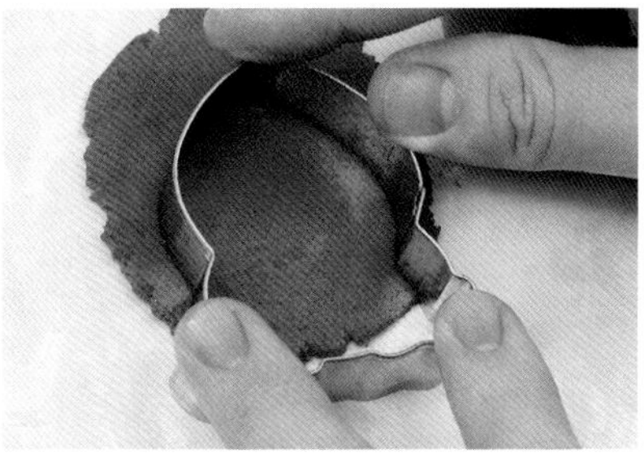

06 将饼干切模压放在面团上。（注：压模位置到身体部分即可。）

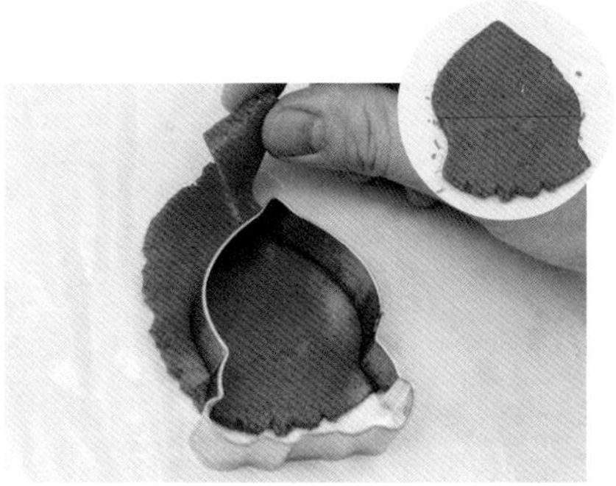

07 承步骤06，将切模外的面团去除后，拿起饼干切模。

08 用雕塑工具将头与身体以弧线切开。

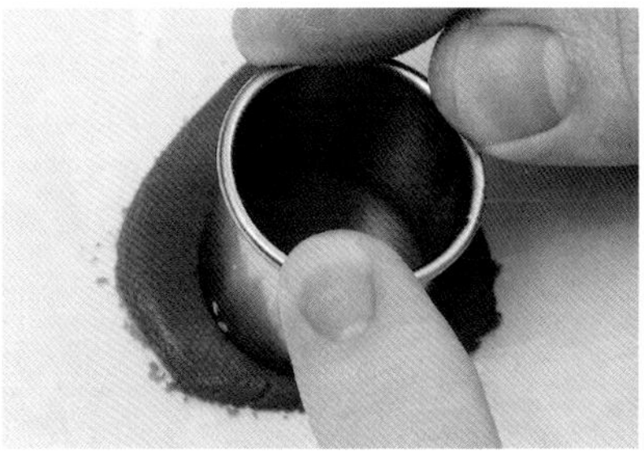

09 将圆形切模压放在面团上并往下压。

⑩ 先将圆形切模拿起，再用雕塑工具取出中间的圆形面团，为帽子。

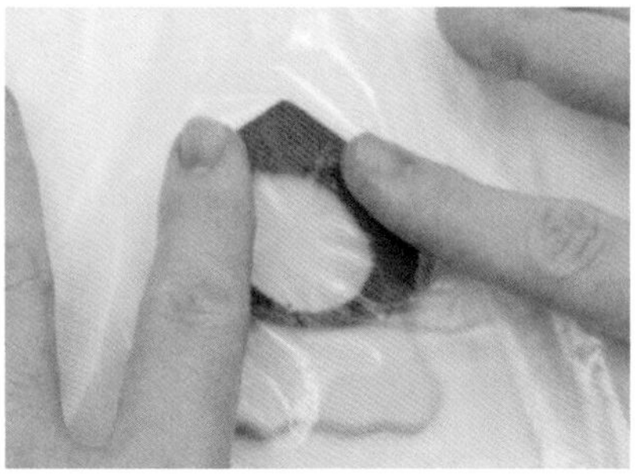

⑪ 将帽子放在小红帽的头部后，再覆盖塑料袋，用指腹按压粘合。

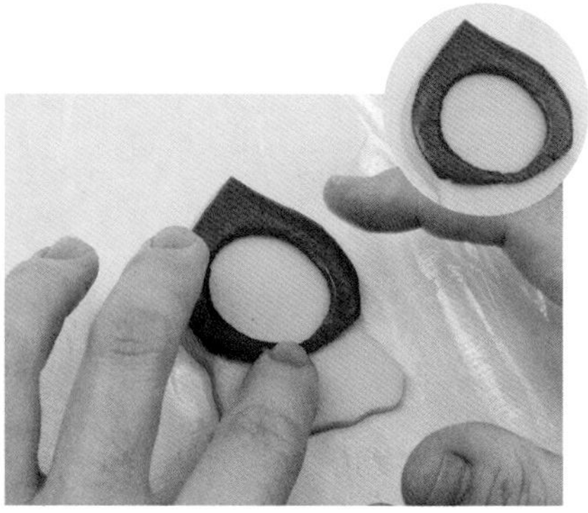

⑫ 承步骤11，掀开塑料袋后，再用指腹按压调整、固定，即完成帽子。

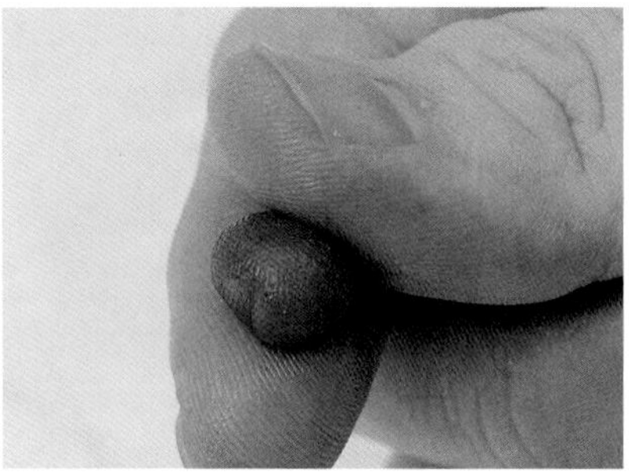

⑬ 用指腹将红色面团搓成圆形。

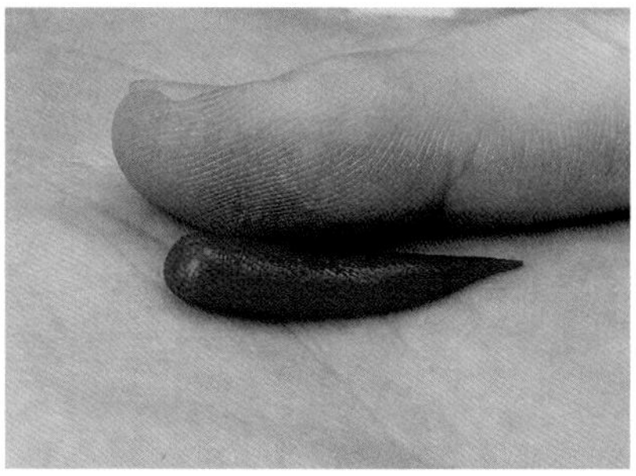

⑭ 承步骤13，用指腹将面团搓成水滴形，为衣领。

⑮ 将衣领尖端朝内，放在帽子左侧，并用指腹轻压固定。

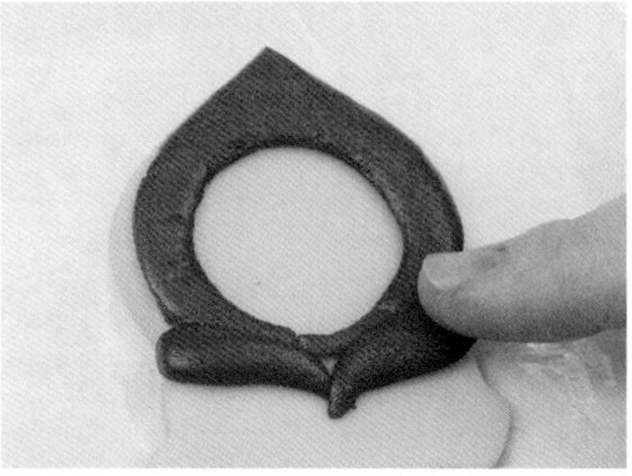

⑯ 重复步骤13～15，完成右侧衣领。

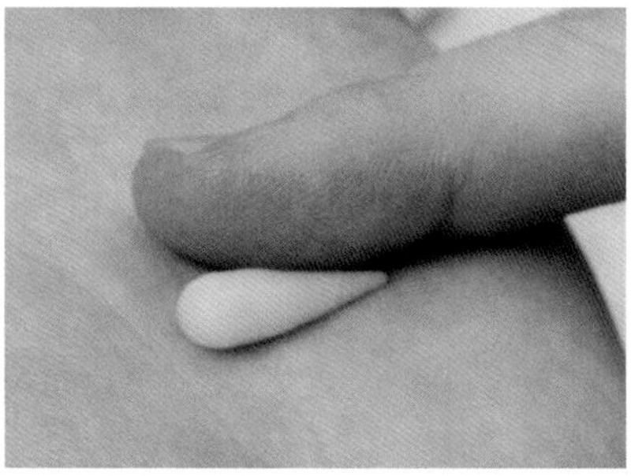

⑰ 取原色面团，用指腹将面团搓成水滴形，为手部。

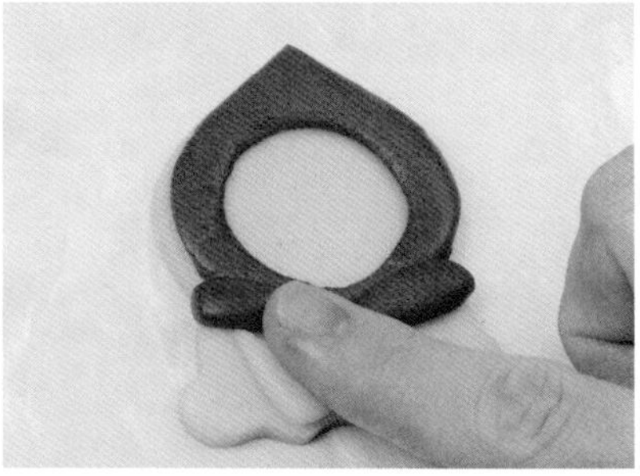

⑱ 将手部尖端朝上，放在衣领左下方，并用指腹轻压固定，为左手。

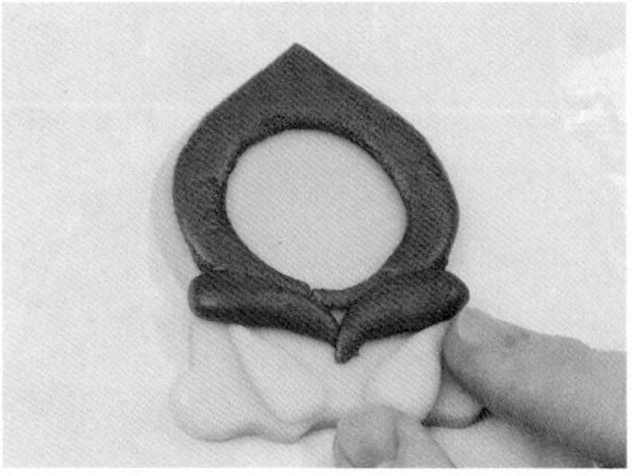

⑲ 重复步骤17～18，完成右手。

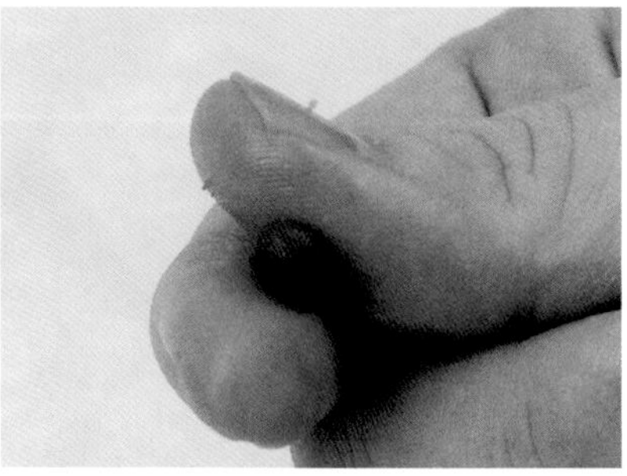

⑳ 取咖啡色面团，用指腹将面团搓成圆形。

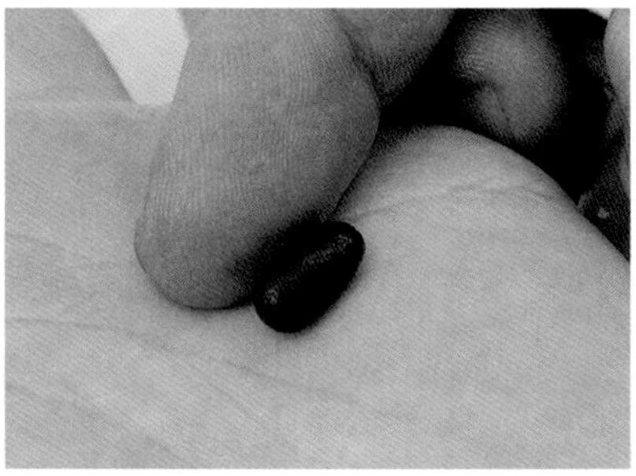

㉑ 承步骤20，用指腹将面团搓成椭圆形，为鞋底。

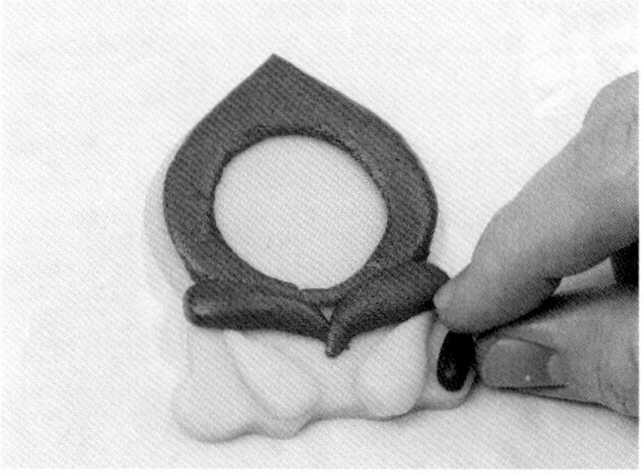

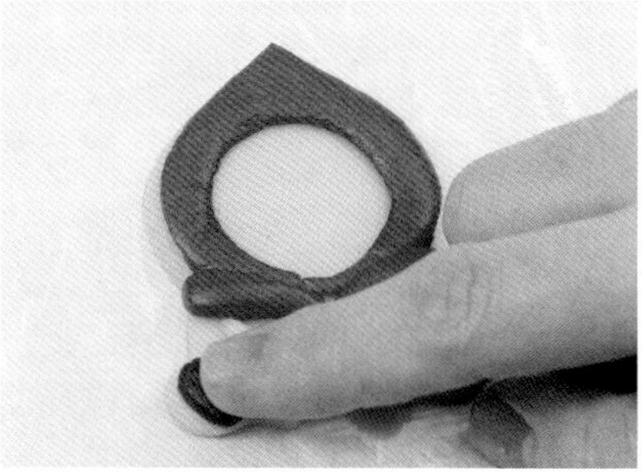

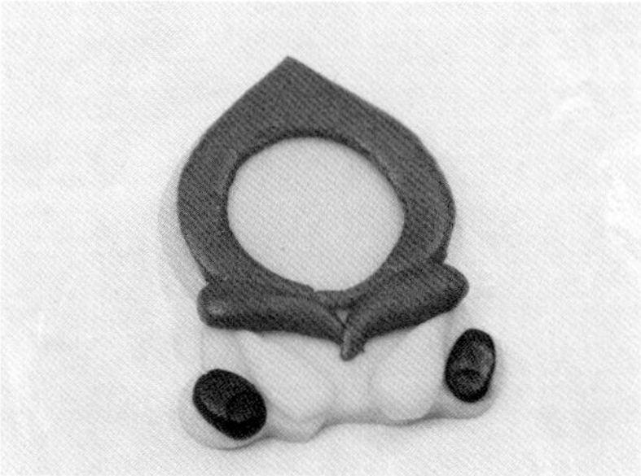

22 将鞋底放在右手侧边，并用指腹轻压固定，即完成右侧鞋底。

23 重复步骤20～22，完成左侧鞋底。

24 重复步骤20，先完成两个咖啡色圆形面团后，放在鞋底上，即完成鞋跟。

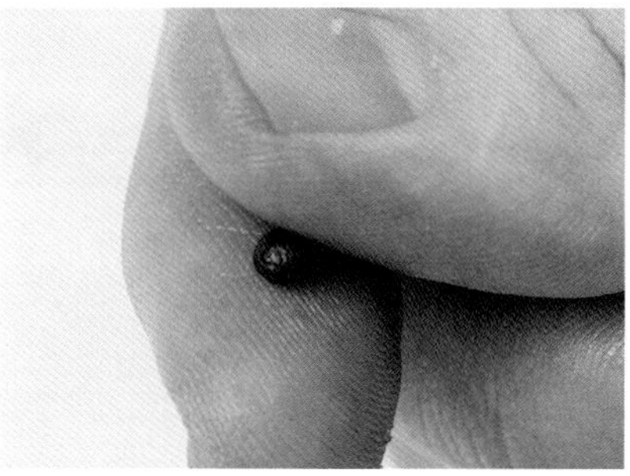

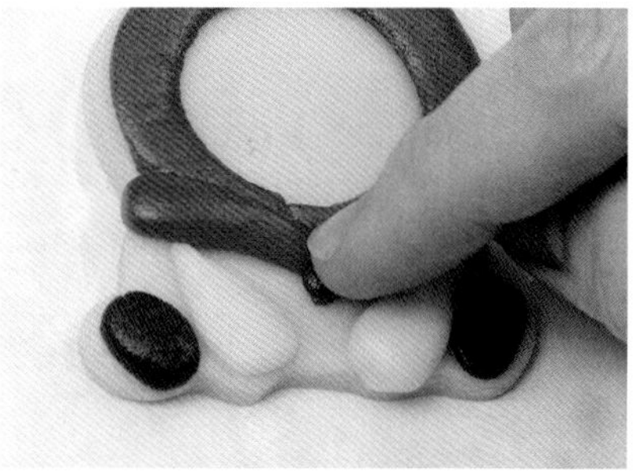

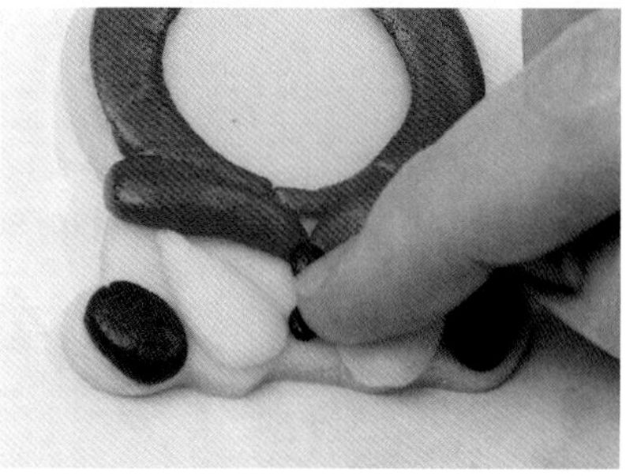

25 用指腹将咖啡色面团搓成圆形，为纽扣a1。

26 将纽扣a1放在衣领间，并用指腹轻压固定。

27 重复步骤25～26，完成纽扣a2后，放在纽扣a1下方。

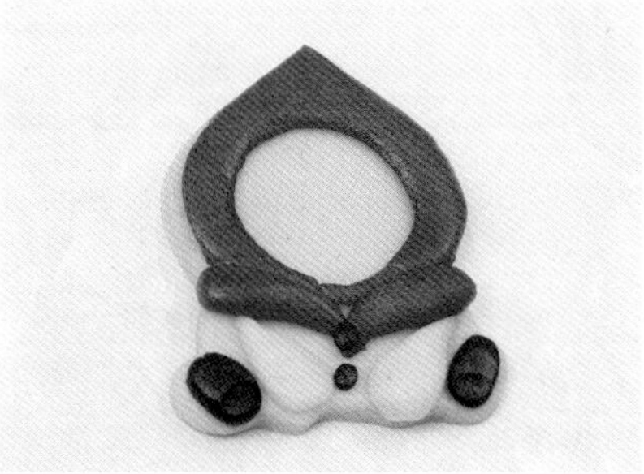

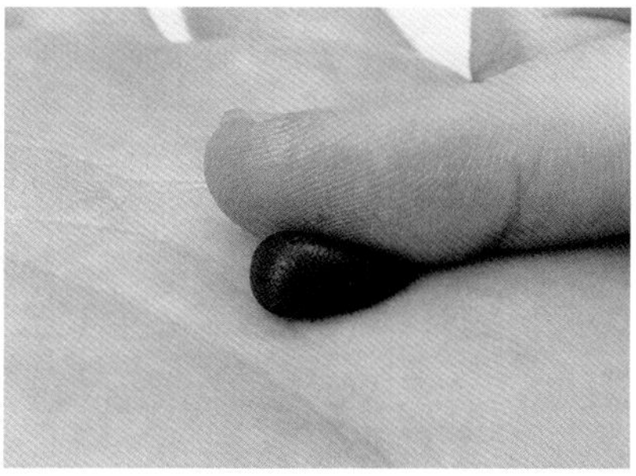

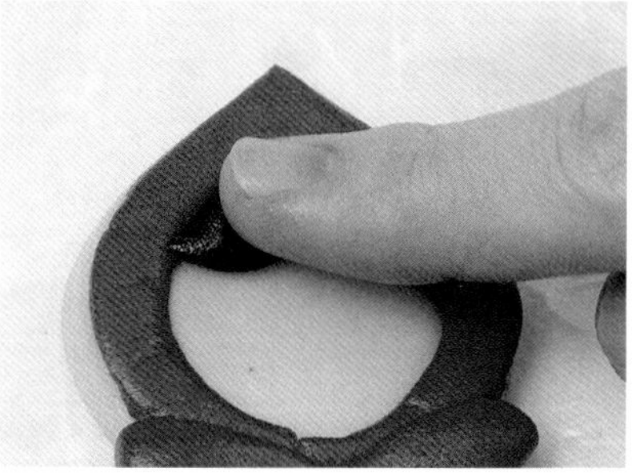

28 如图，纽扣摆放完成。

29 用指腹将咖啡色面团搓成水滴形，为刘海。

30 将刘海放在脸部左上侧，并用指腹轻压扁固定。

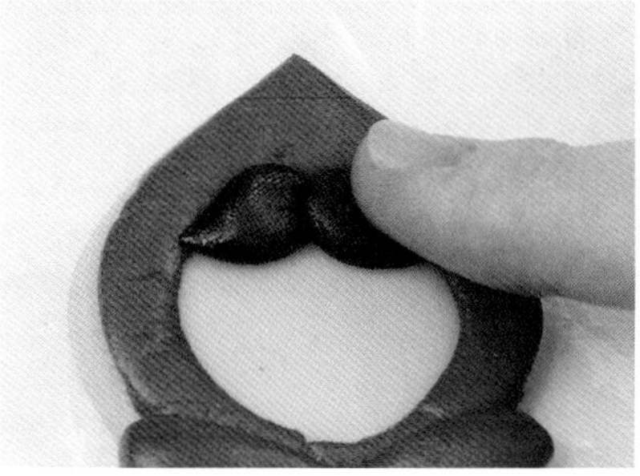

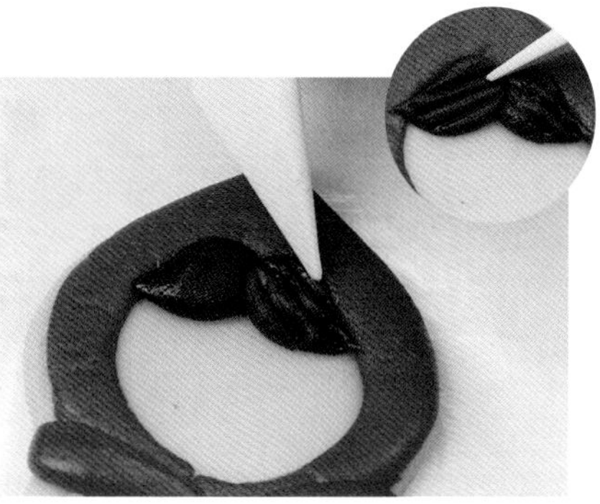

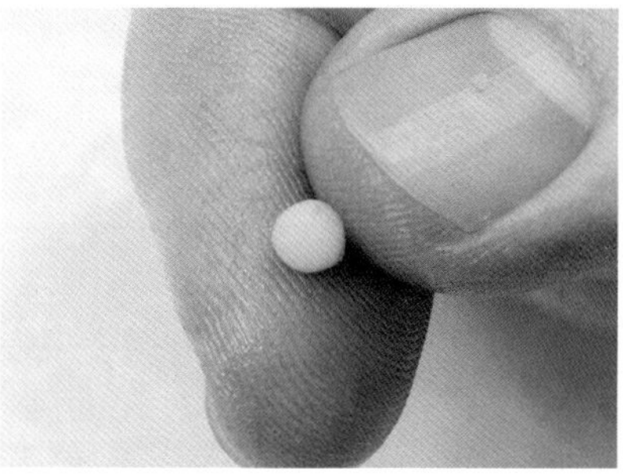

31 重复步骤29～30，完成右侧刘海。

32 用雕塑工具将两侧刘海压出纹路。

33 用指腹将原色面团搓成圆形，为鼻子。

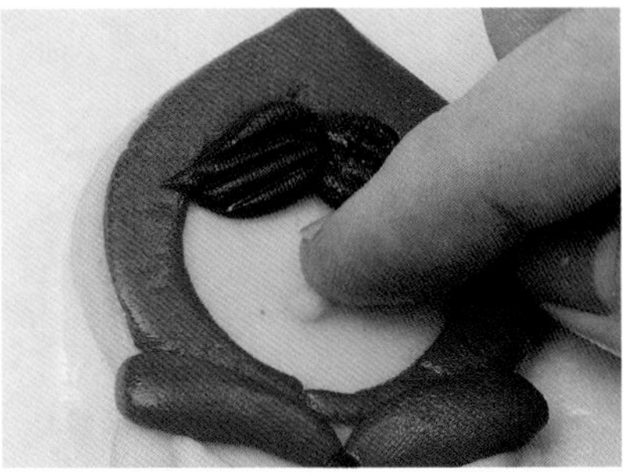

34 将鼻子放在脸部中间，并用指腹轻压固定。

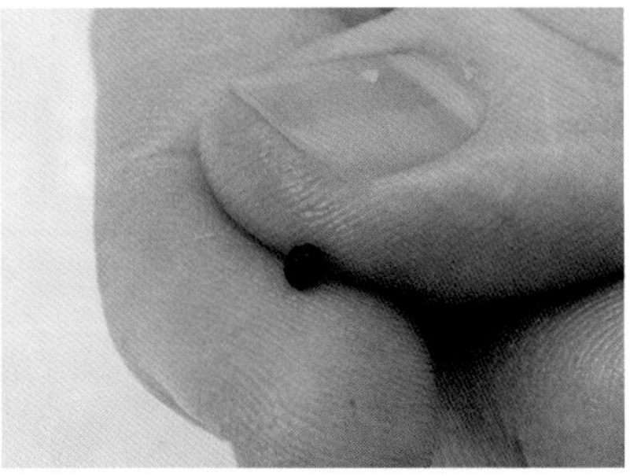

35 取黑色面团，用指腹将面团搓成圆形，为眼睛。

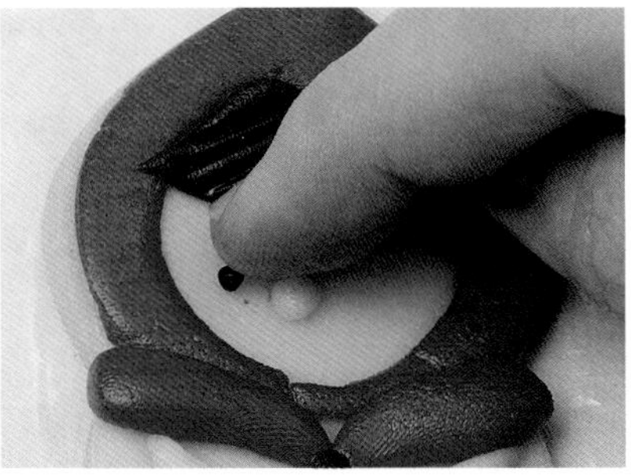

36 将眼睛放在鼻子左侧，并用指腹轻压固定，为左眼。

37 重复步骤35～36，完成右眼。

38 如图，眼睛完成。

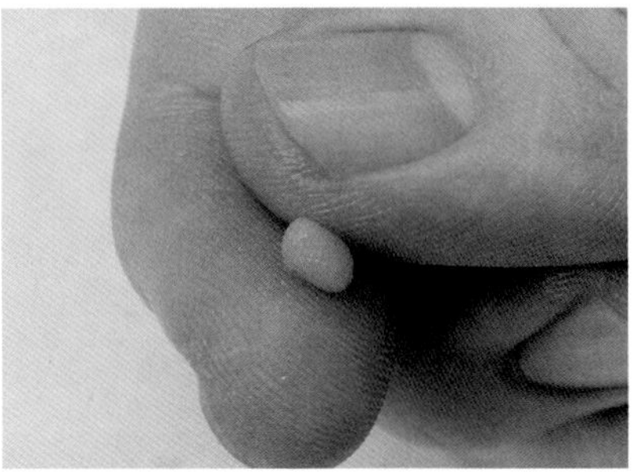

39 取粉红色面团，用指腹将面团搓成椭圆形，为腮红。（注：粉红色面团须以原色加红色面团调色，可参考P.56步骤23～24。）

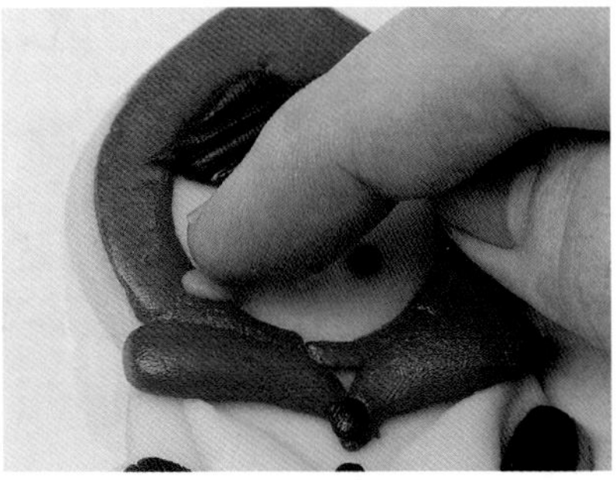

40 将腮红放在左眼下侧，并用指腹轻压固定。

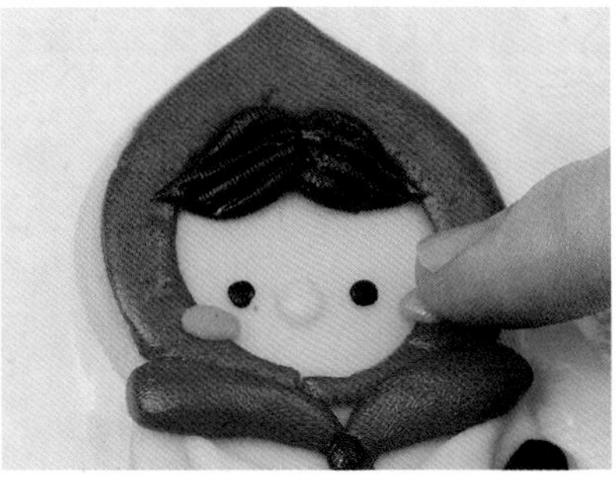

41 重复步骤39～40，完成右侧腮红。

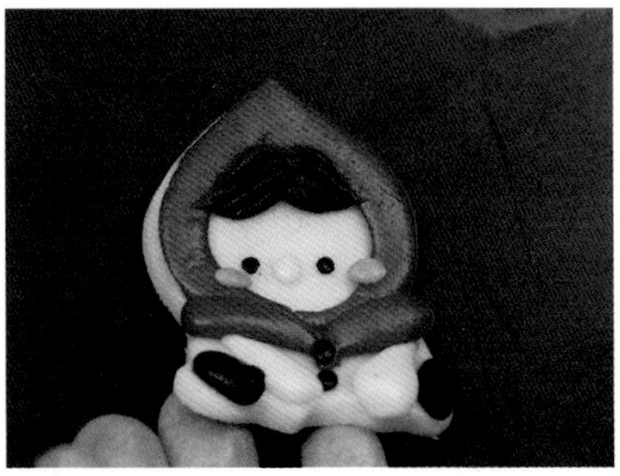

42 最后，将小红帽放上烤盘即可。

大灰狼

材料 & 工具 Materials Tools

颜色 Color　原色　● 黑色　● 红色

器具 Appliance　雕塑工具组、擀面棍、饼干切模、塑料袋或保鲜膜（垫底用）

步骤说明 Description Step

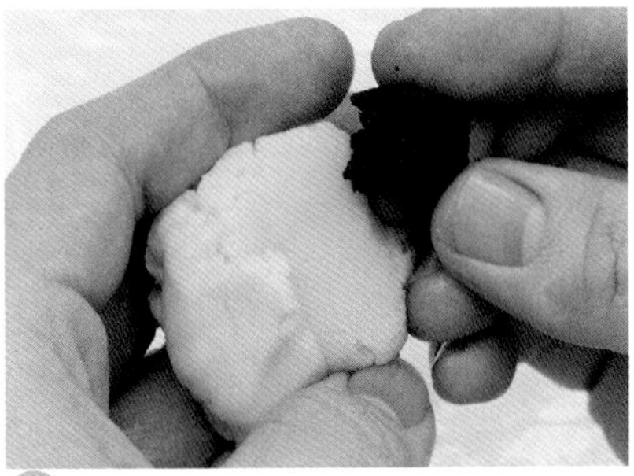

01 取黑色面团与原色面团。（注：混合比例约为1：5。）

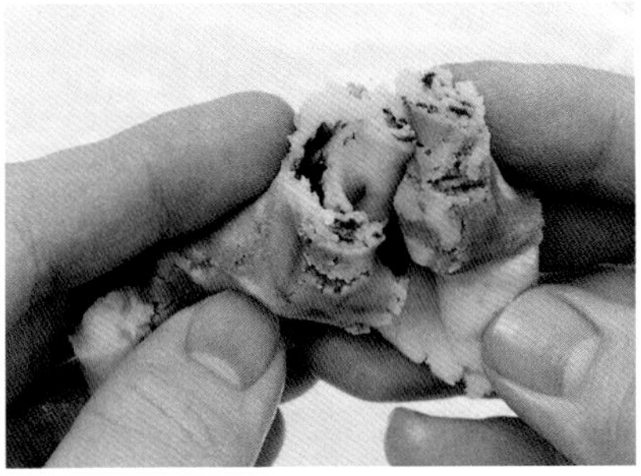

02 将黑色面团与原色面团混合，为灰色面团。

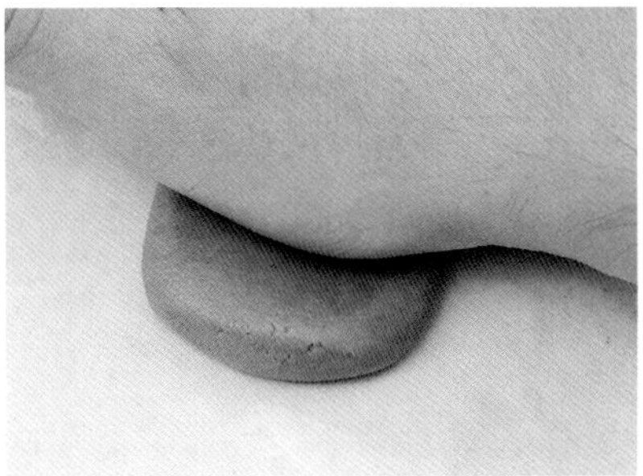

03 用手掌将灰色面团压扁。

04 将灰色面团放入塑料袋中，并用擀面棍将面团擀平。

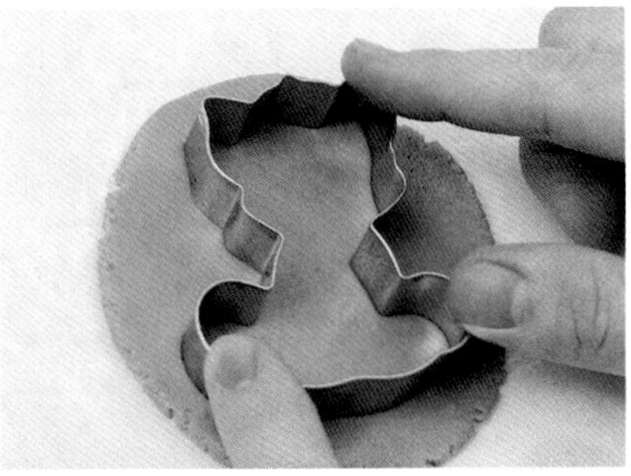

05 将饼干切模压放在面团上。

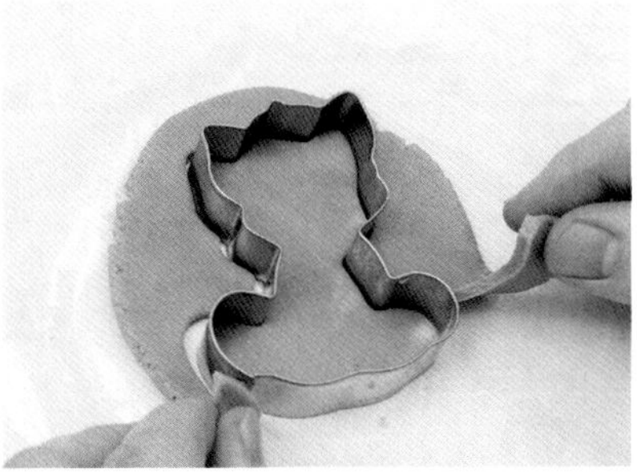

06 承步骤05，将切模外的面团去除后，拿起饼干切模。

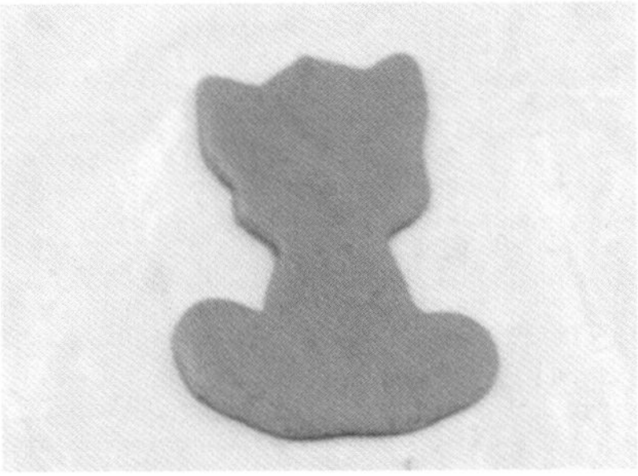

07 如图，大灰狼主体完成。

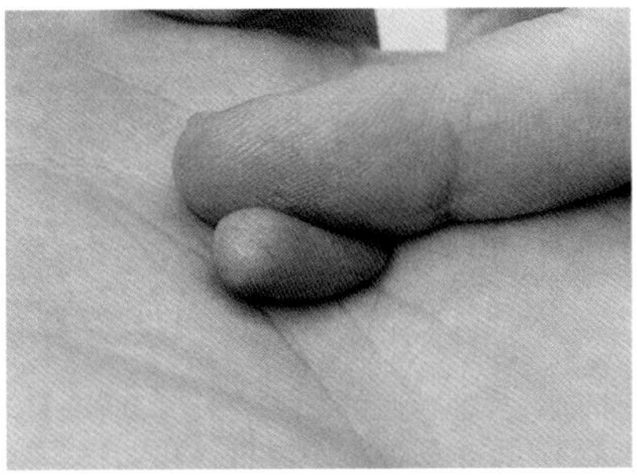

08 用指腹将灰色面团搓成水滴形，为手部。

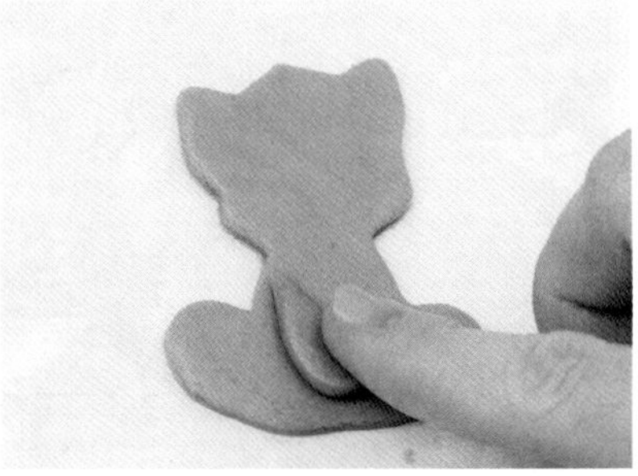

09 将手部尖端朝上，放在身体左侧，并用指腹压扁固定，为左手。

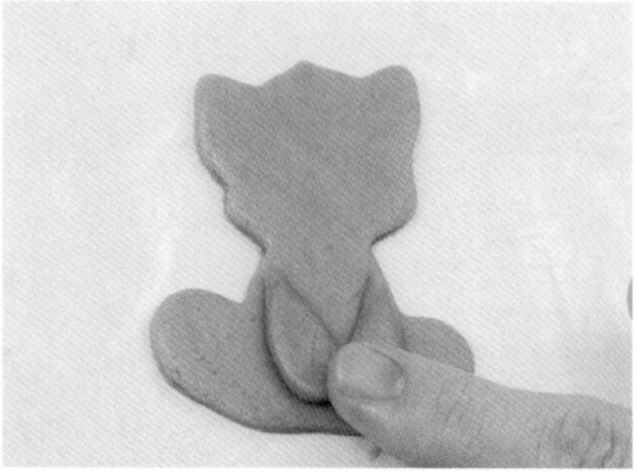

⑩ 重复步骤08～09，完成右手。

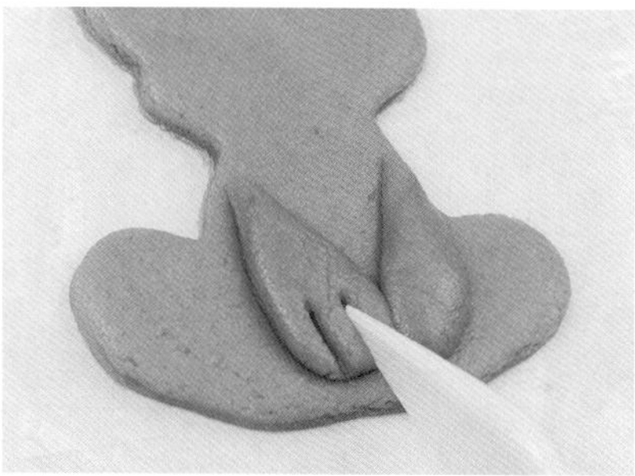

⑪ 用雕塑工具在左手压出两道爪子纹路。

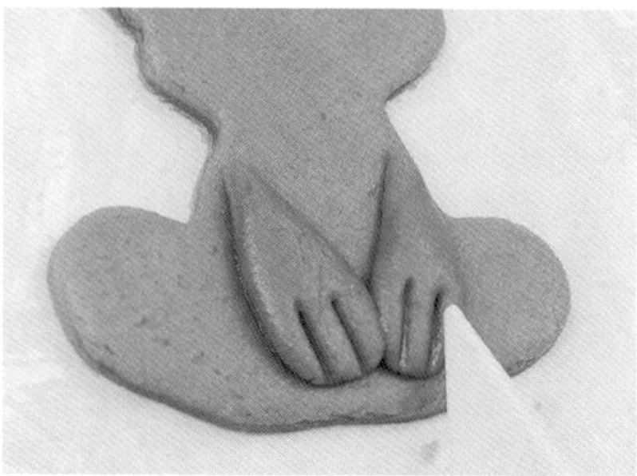

⑫ 重复步骤11，完成右手纹路。

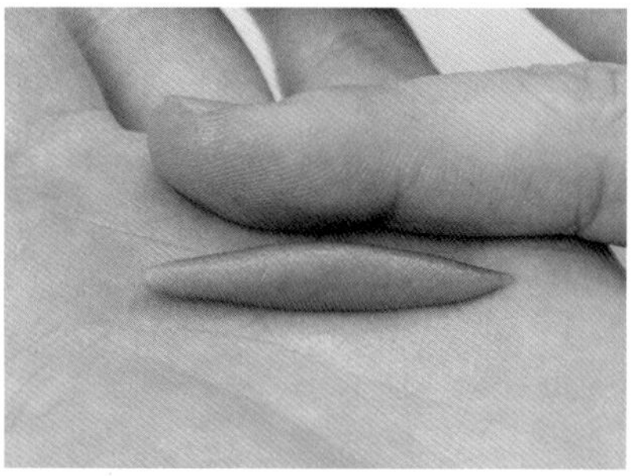

⑬ 用指腹将灰色面团搓成长椭圆形。（注：两端比中间细。）

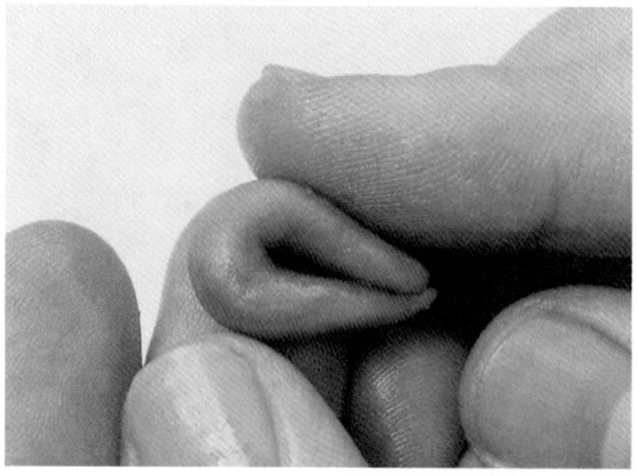

⑭ 承步骤13，将灰色长椭圆形面团对折，为腿。

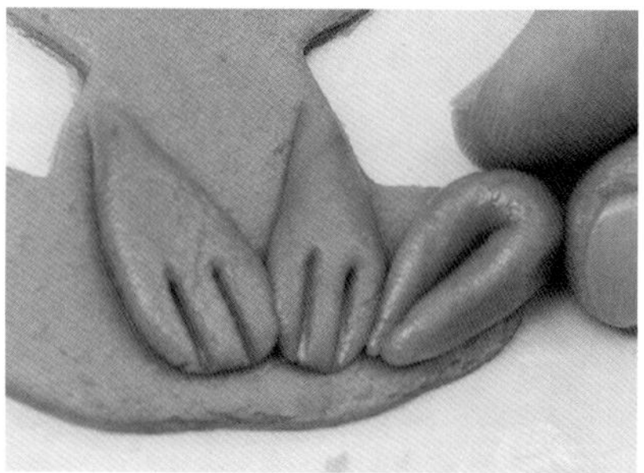

⑮ 将腿放在右手侧边，并用指腹轻压固定。

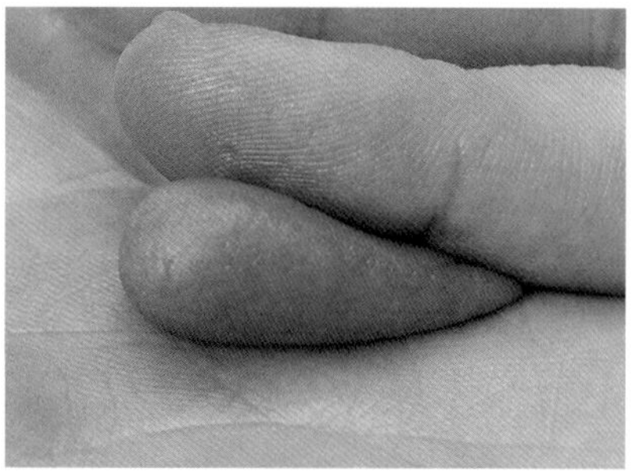

⑯ 用指腹将灰色面团搓成水滴形，为尾巴。

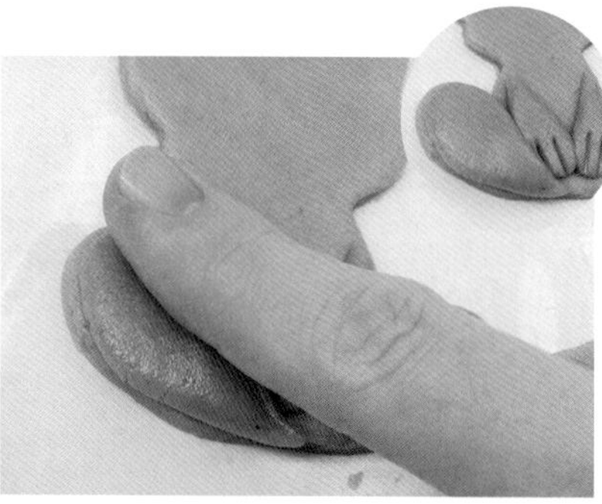

⑰ 将尾巴放在左手侧边，并用指腹轻压固定。

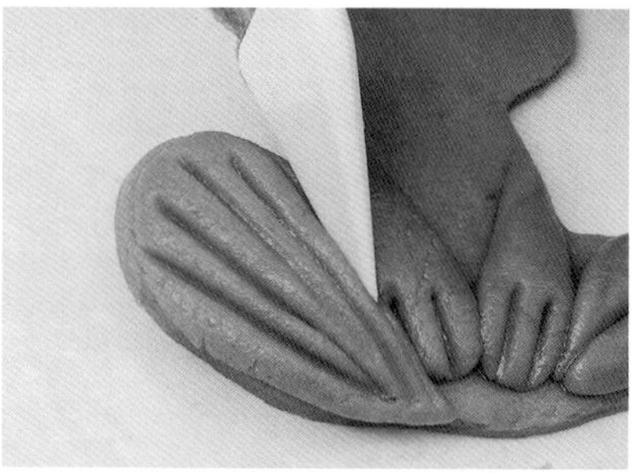

⑱ 用雕塑工具在尾巴上压出纹路。

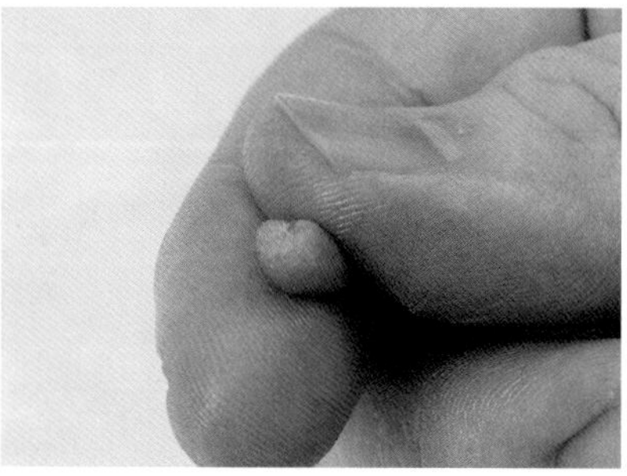

⑲ 用指腹将灰色面团搓成水滴形。

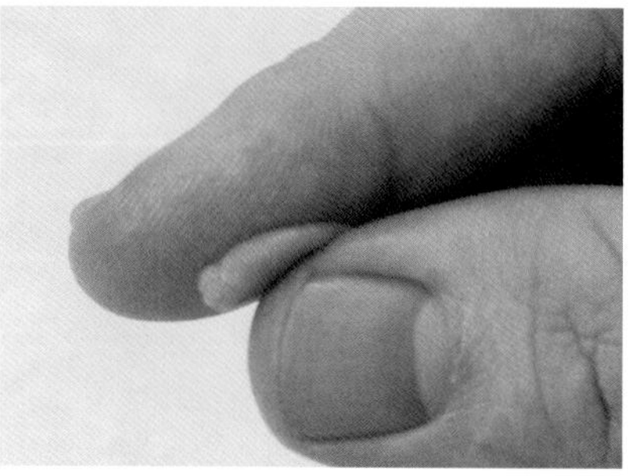

⑳ 承步骤19，用指腹将水滴形面团微压扁，为毛发。

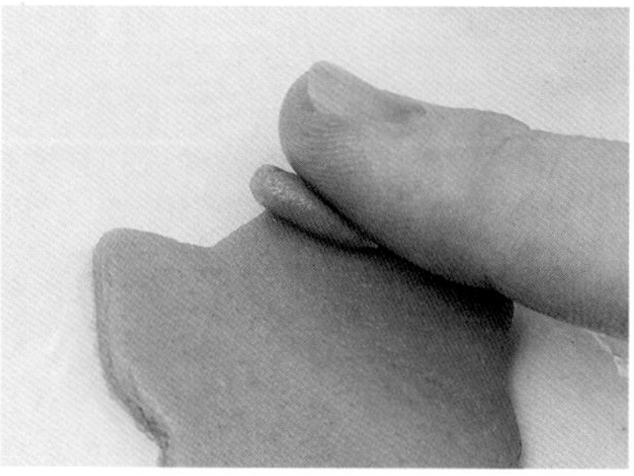

㉑ 将毛发尖端朝内，放在头部上方，并用指腹轻压固定。

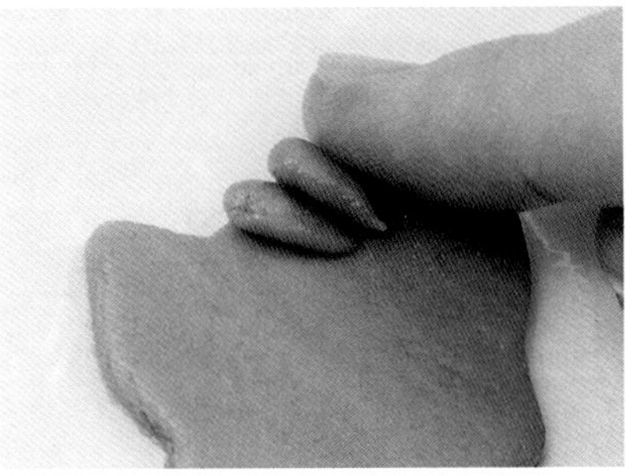

㉒ 重复步骤19~21，完成毛发制作。

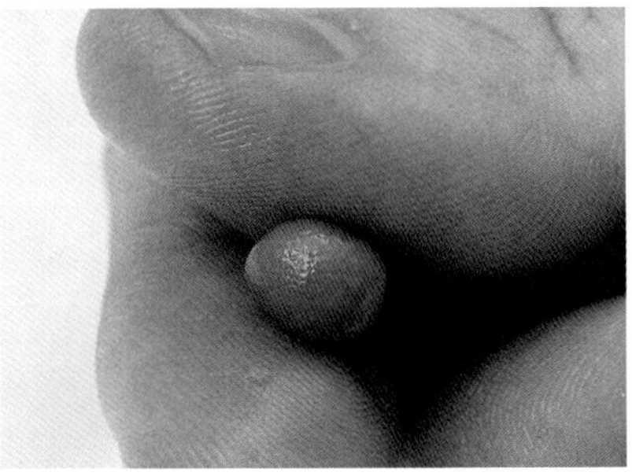

㉓ 用指腹将灰色面团搓成圆形，为吻部。

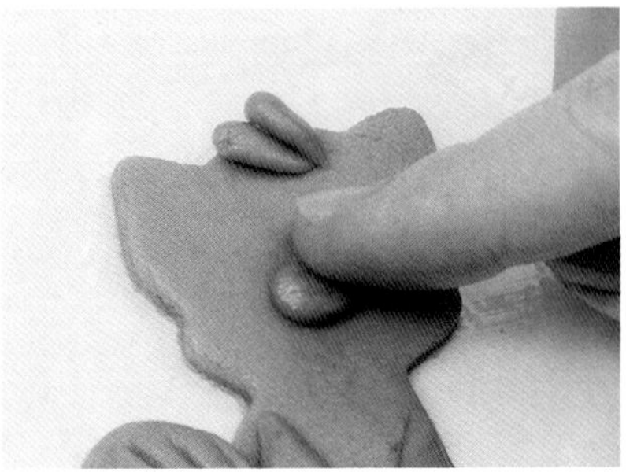

㉔ 将吻部放在脸部中间，并用指腹轻压扁固定。

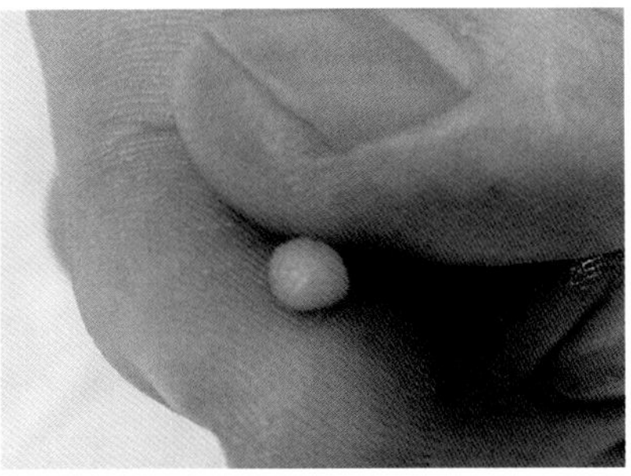

㉕ 取粉红色面团，用指腹将面团搓成圆形，为腮红。（注：粉红色面团须以原色加红色面团调色，可参考P.56步骤23~24。）

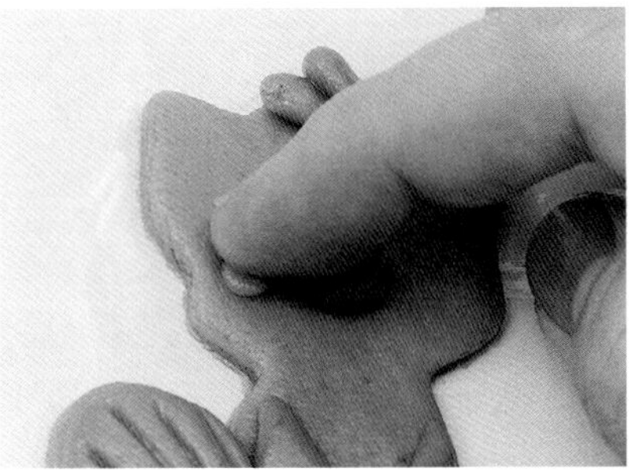

㉖ 将腮红放在吻部左侧，并用指腹轻压扁固定。

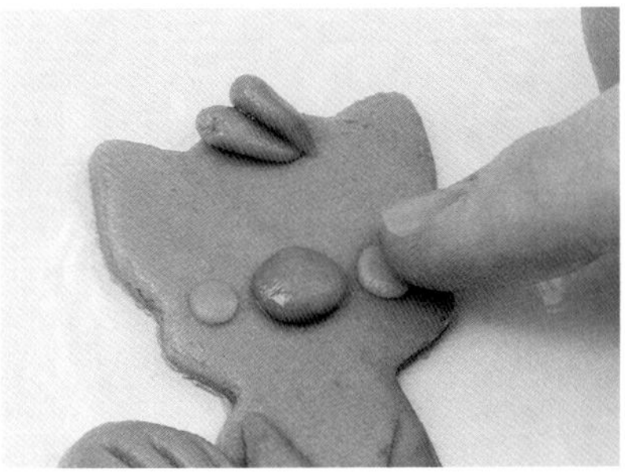

㉗ 重复步骤25~26，完成右侧腮红。

㉘ 如图，腮红完成。

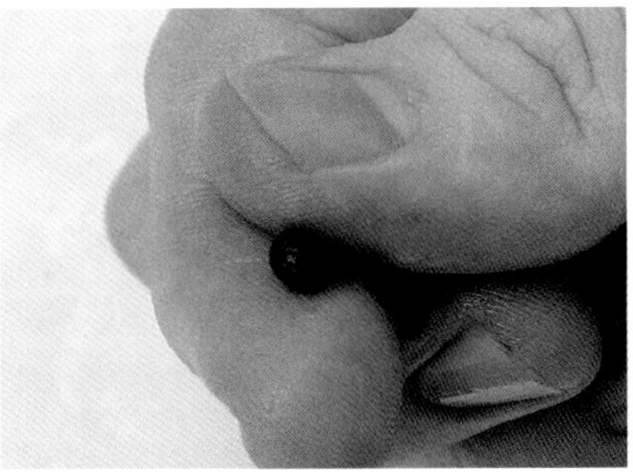

㉙ 取黑色面团，用指腹将面团搓成圆形，为鼻头。

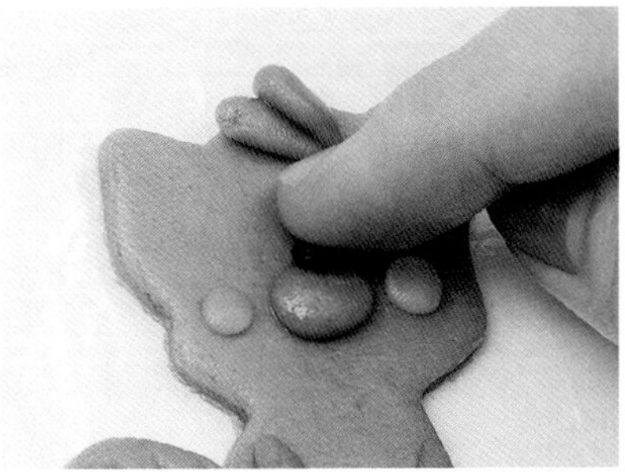

㉚ 将鼻头放在吻部顶端，并用指腹轻压固定。

㉛ 如图，鼻头摆放完成。

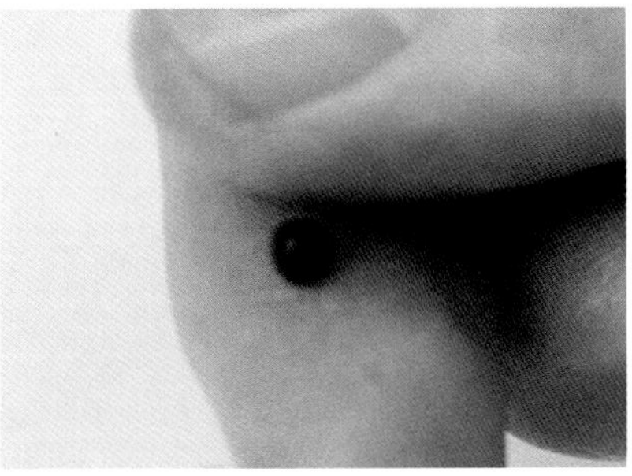

㉜ 用指腹将黑色面团搓成圆形，为眼睛。

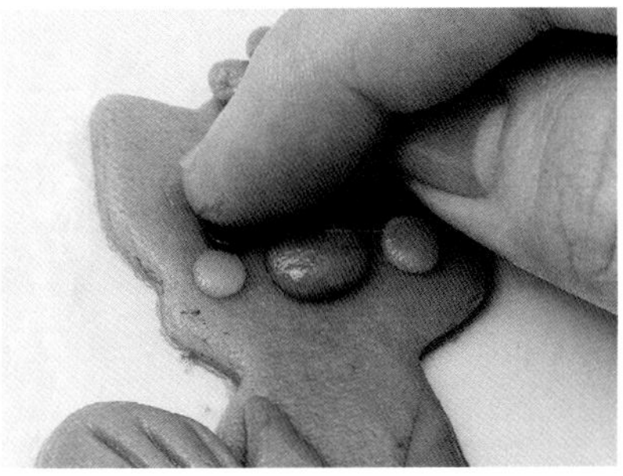

㉝ 将眼睛放在腮红上侧，并用指腹轻压固定，为左眼。

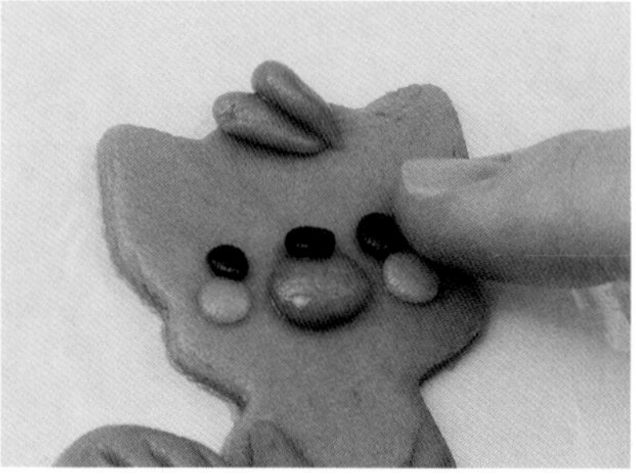

34 重复步骤32～33，完成右眼。

35 如图，眼睛完成。

36 用雕塑工具在左耳压出纹路。

37 如图，左耳纹路完成。

38 重复步骤36～37，完成右耳纹路。

39 以雕塑工具在两手中间压出纹路。

40 如图，大灰狼完成。

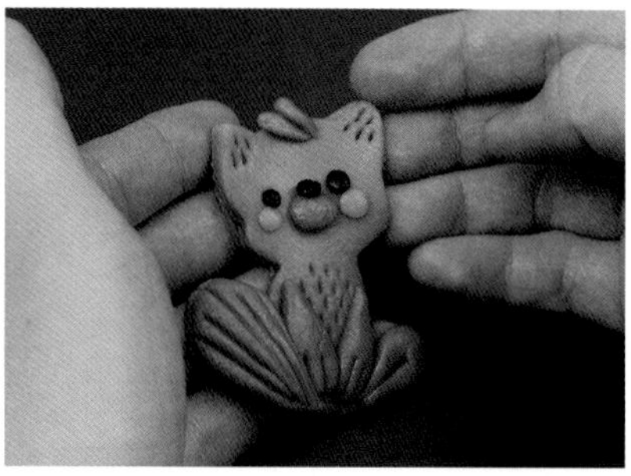

41 最后，将大灰狼放上烤盘即可。

欢乐柴犬

上火 180℃，下火 130℃
烘烤 20 ~ 25 分钟
20 片

柴犬哥哥

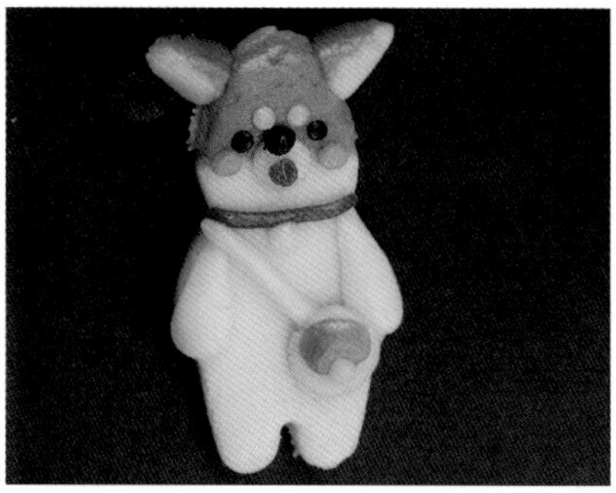

材料 & 工具 Materials Tools

颜色 Color 原色 咖啡色 黑色 红色 蓝色 黄色

器具 Appliance 雕塑工具组、擀面棍、饼干切模、塑料袋或保鲜膜（垫底用）

步骤说明 Description Step

01 取咖啡色面团与原色面团。

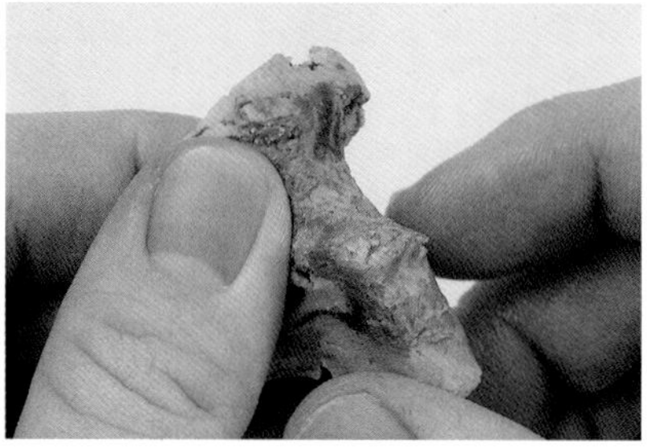

02 将咖啡色面团与原色面团混合，为浅咖啡色面团。

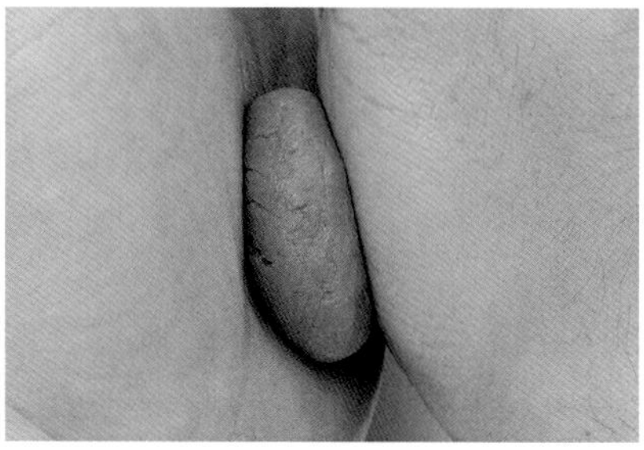

03 用手掌将浅咖啡色面团搓成团。

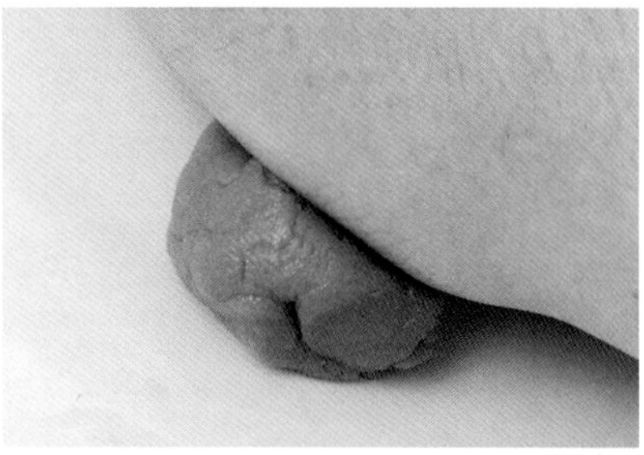

04 用手掌将浅咖啡色面团压扁。

05 用雕塑工具将浅咖啡色面团切成长方形。

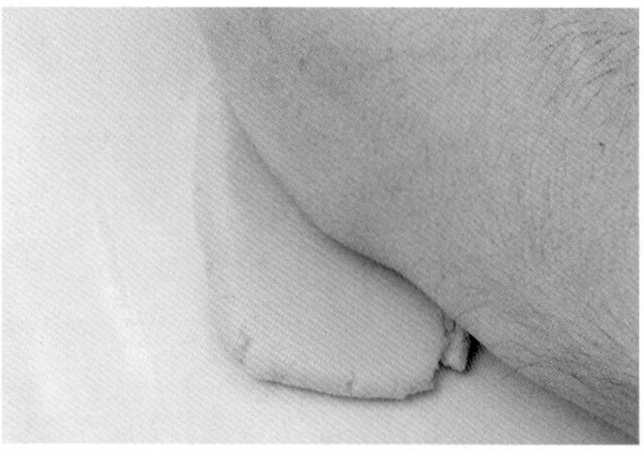

06 用手掌将原色面团压扁。

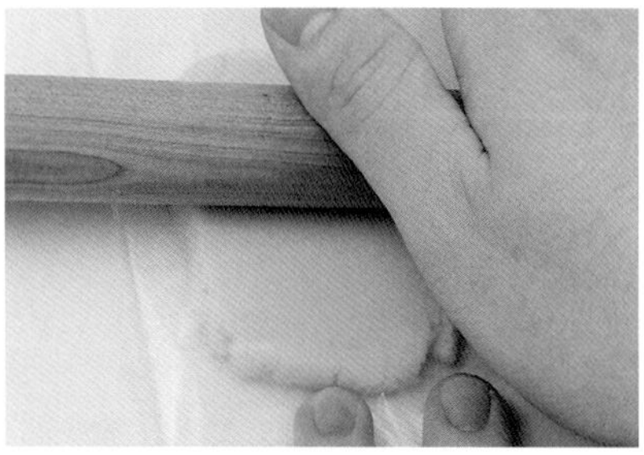

07 将原色面团放入塑料袋中，并用擀面棍将面团擀平。

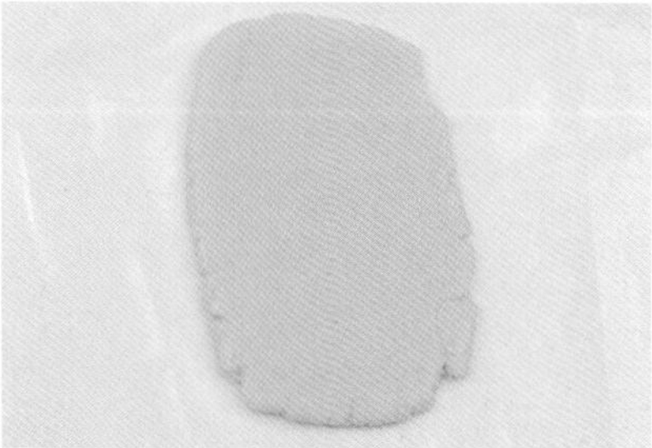

08 将擀平的原色面团从塑料袋中取出。

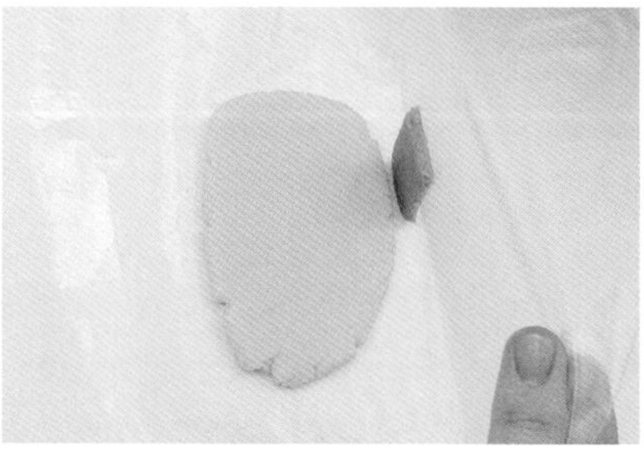

09 以塑料袋为辅助，将浅咖啡色长方形面团放在原色面团上。

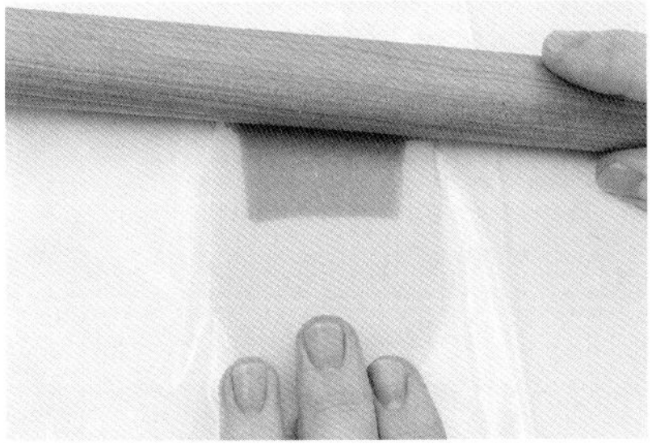

10 承步骤09，用擀面棍将面团擀平。

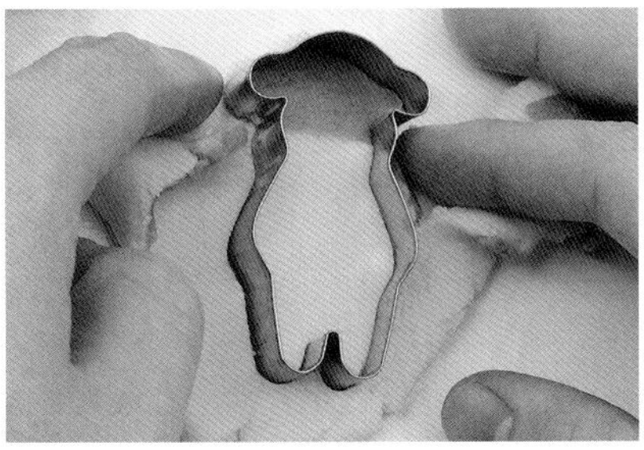

11 将饼干切模压放在面团上，并用指腹将切模外的面团去除后，拿起饼干切模。

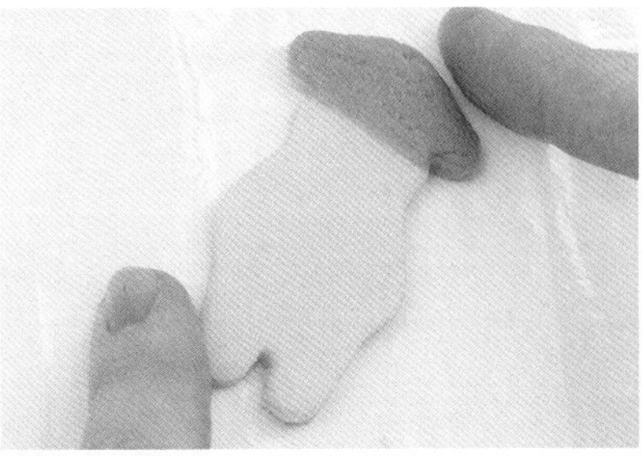

12 用指腹调整面团形状。

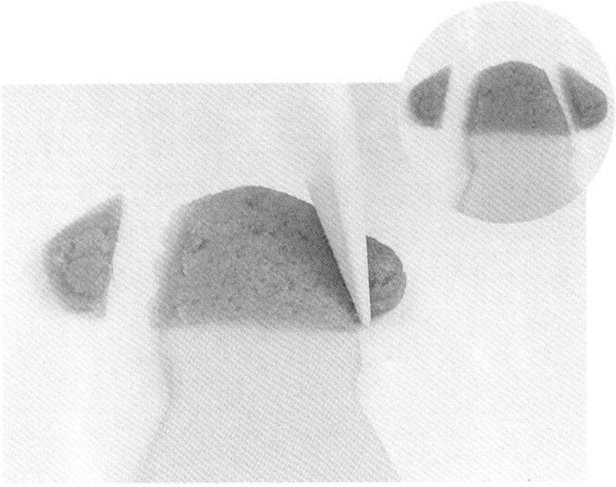

13 用雕塑工具将浅咖啡色面团左右两侧切开。

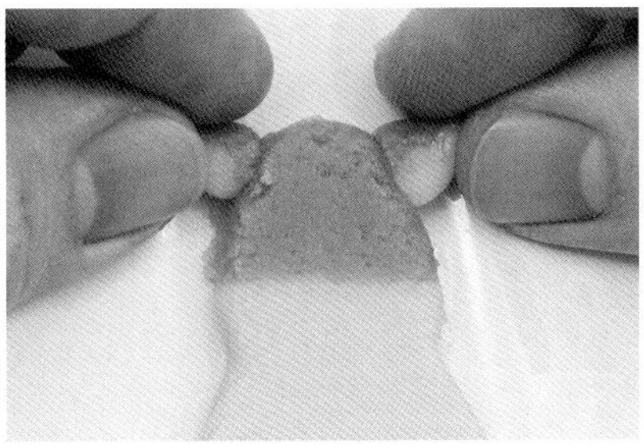

14 用指腹将切下的两块浅咖啡色面团翻面并转向摆放，将原色部分露出，为耳朵。

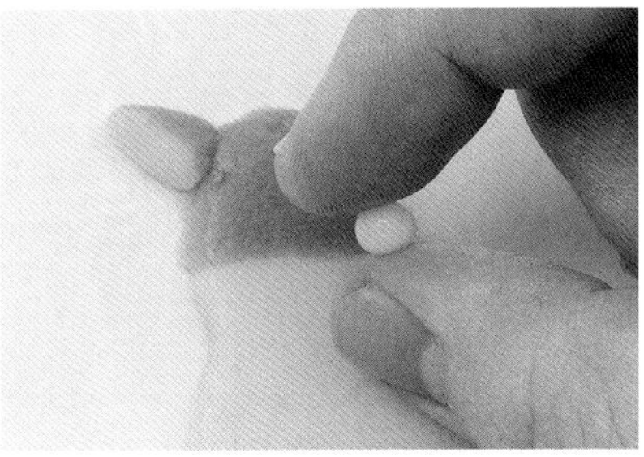

15 用指腹将原色面团搓成圆形。

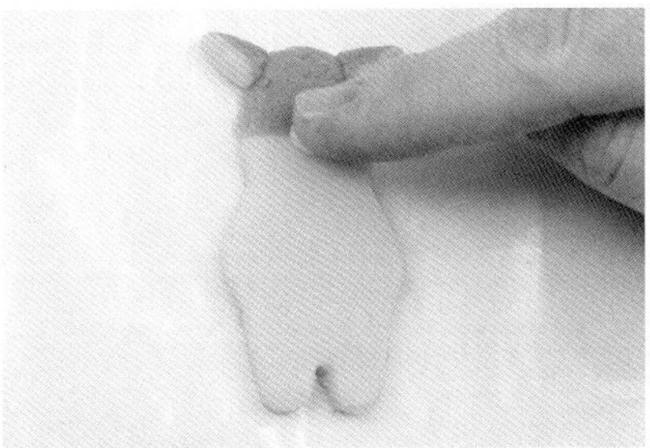

16 将原色圆形面团放在浅咖啡色面团与原色面团交界处，为吻部。

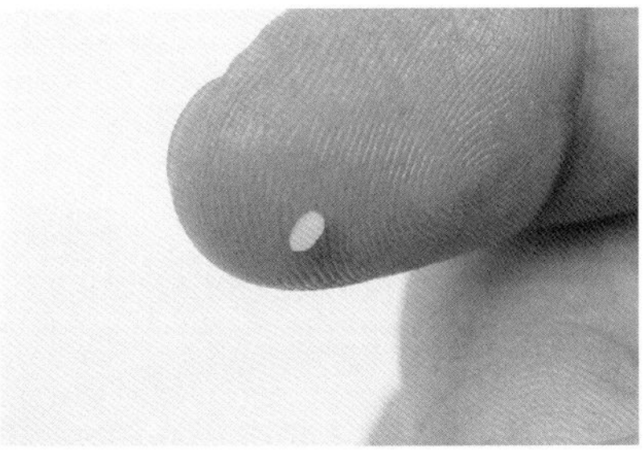

17 用指腹将原色面团搓成圆形。

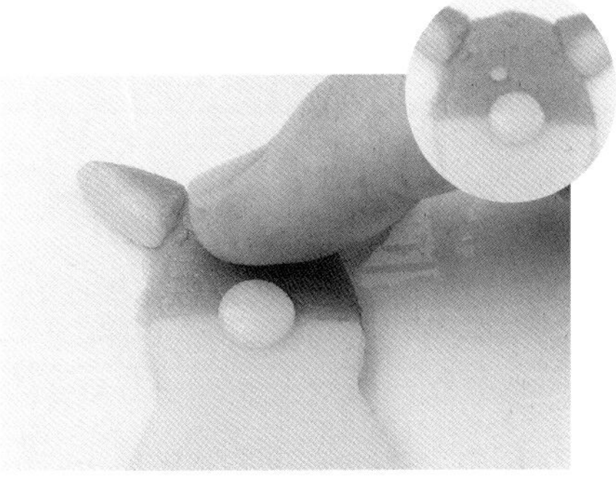

18 将原色圆形面团放在柴犬脸上，为眉毛。

19 重复步骤17~18，完成右侧眉毛。

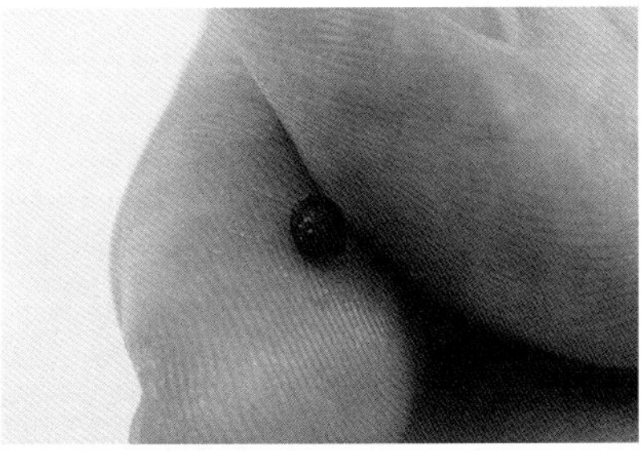

20 用指腹将黑色面团搓成圆形。

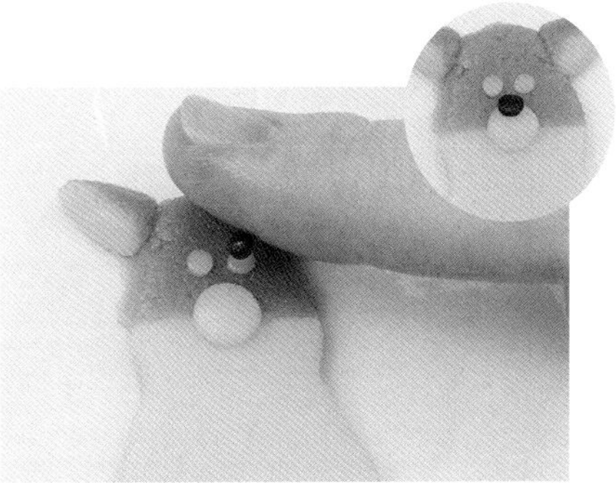

21 将黑色圆形面团放在吻部上，为鼻子。

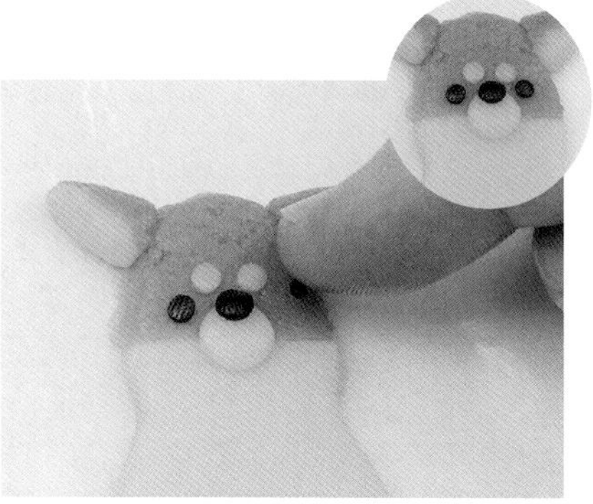

22 重复步骤20~21，在鼻子左右两侧制作眼睛。

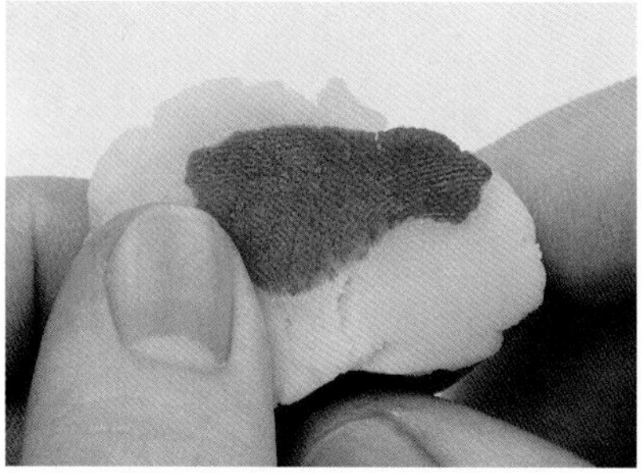

23 取红色面团与原色面团。

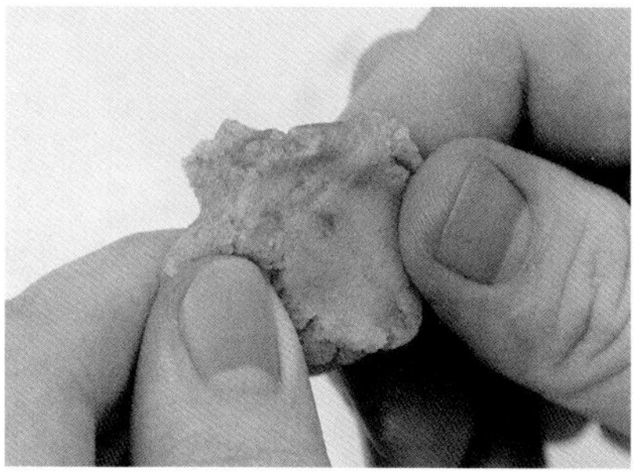

24 将红色面团与原色面团混合，为粉红色面团。

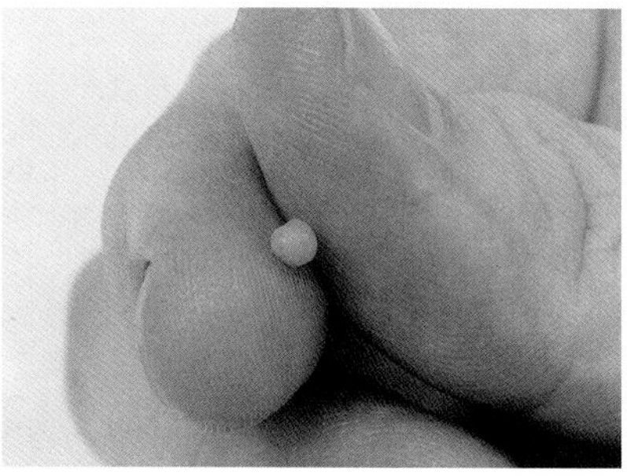

25 用指腹将粉红色面团搓成圆形。

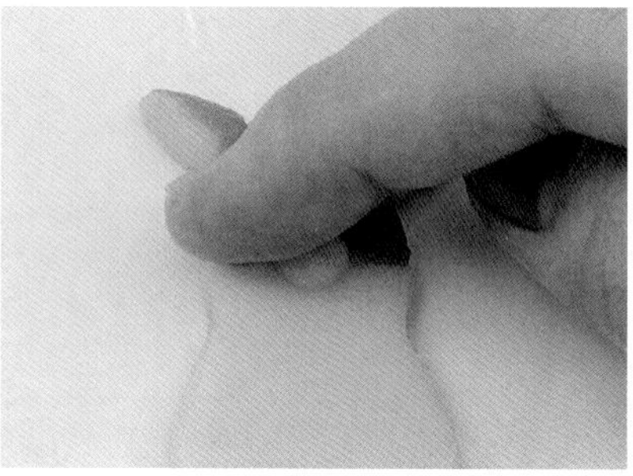

26 将粉红色圆形面团放在眼睛下侧，为腮红。

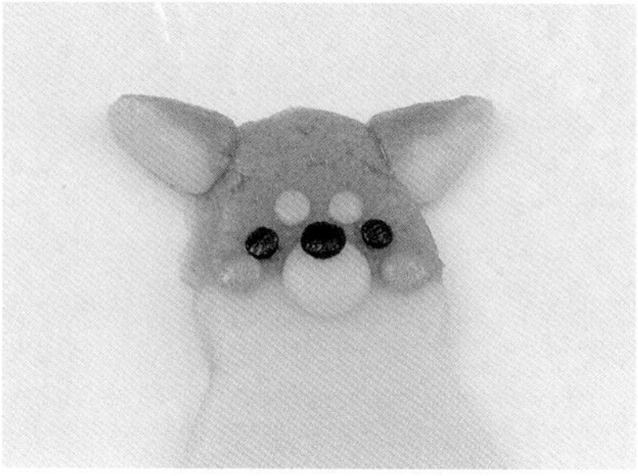

27 重复步骤25~26，完成右侧腮红。

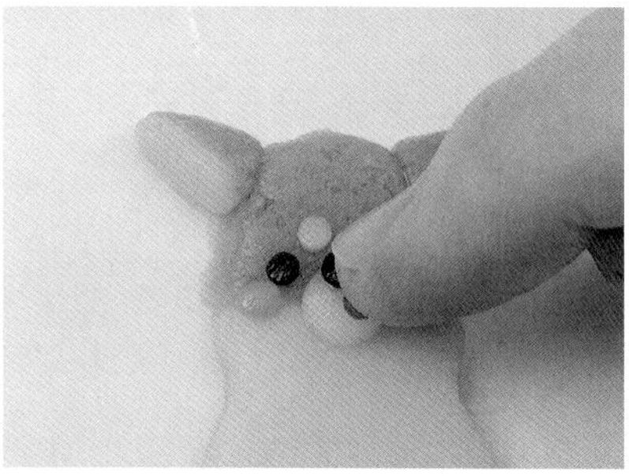

28 将红色面团放在鼻子下侧，为舌头。

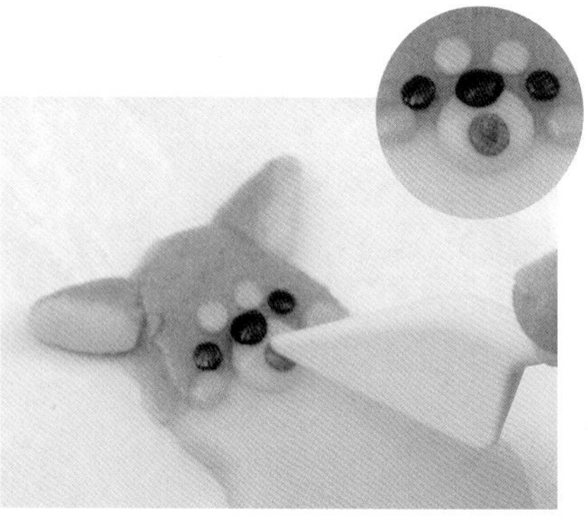

29 用雕塑工具在舌头上压出舌纹。

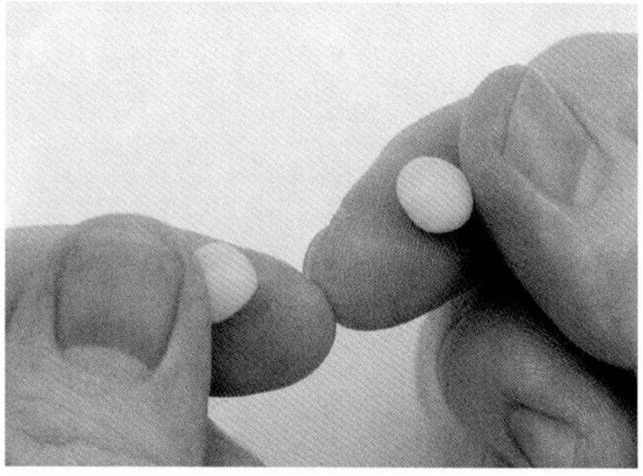

30 用指腹将原色面团a1、a2搓成圆形。

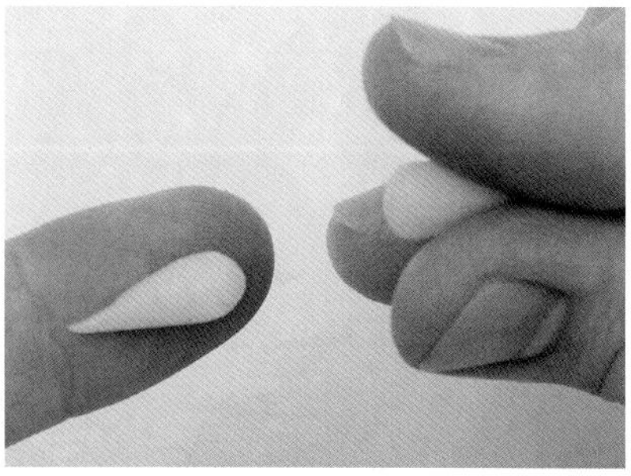

31 将原色圆形面团a1、a2用指腹搓成水滴形。

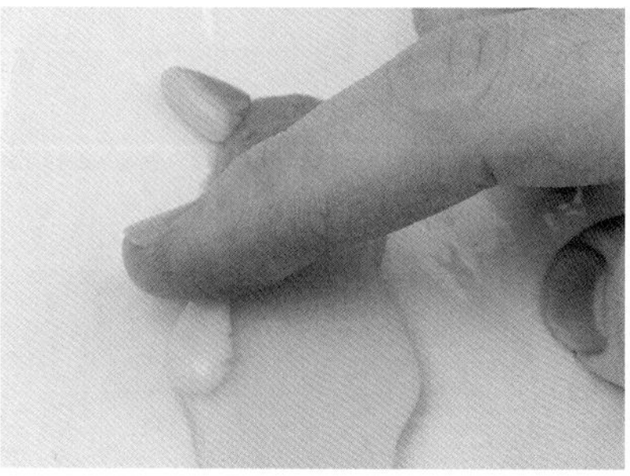

32 将原色水滴形面团a1放在下半身左侧，为左手。

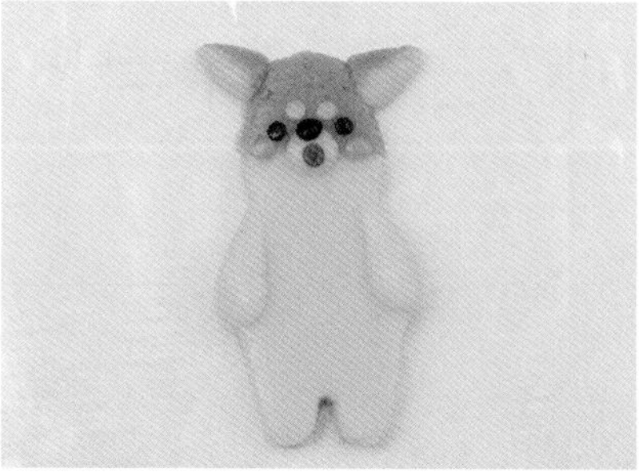

33 重复步骤32，完成右手，即完成柴犬身体。

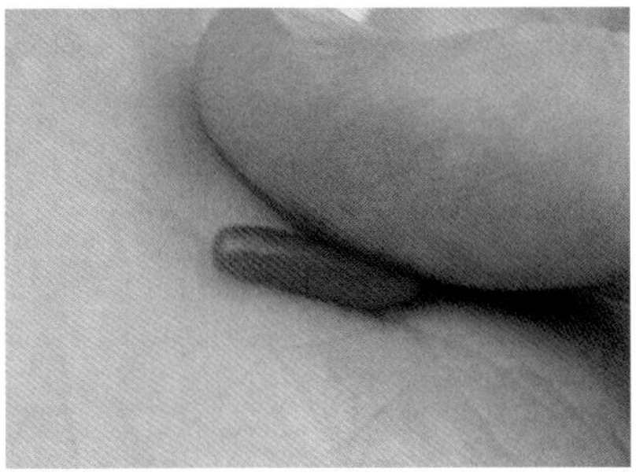

34 用指腹将红色面团搓成长条形。

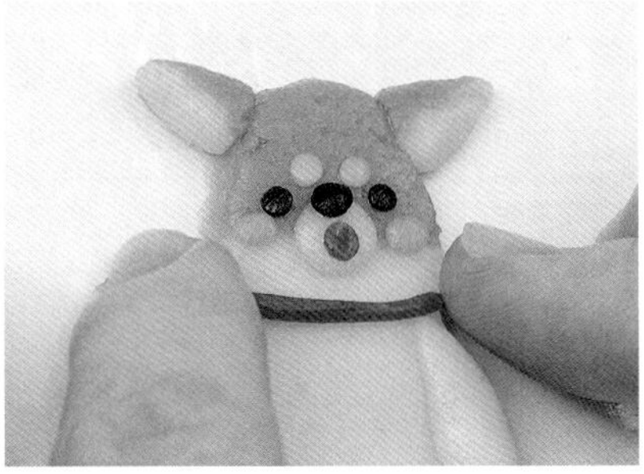

35 将红色长条形面团放在脖子上，为颈圈。

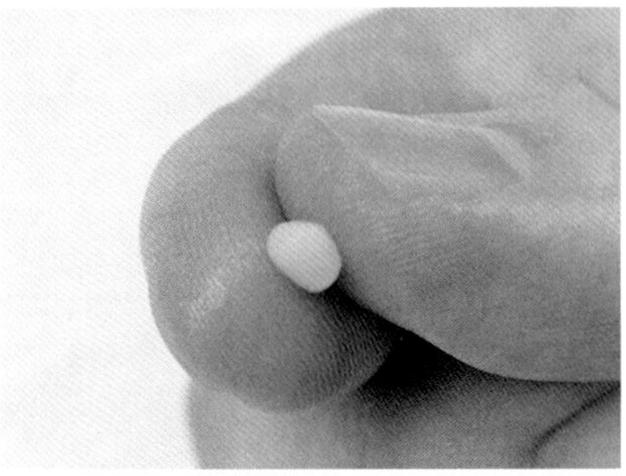

36 用指腹将黄色面团搓成圆形。

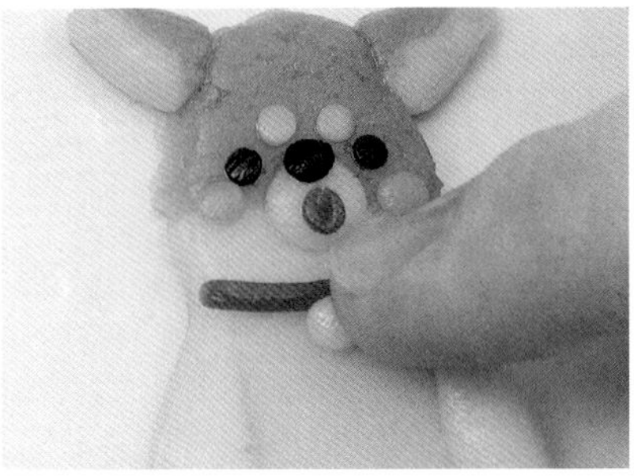

37 将黄色圆形面团放在颈圈上，为铃铛。

38 如图，铃铛完成。

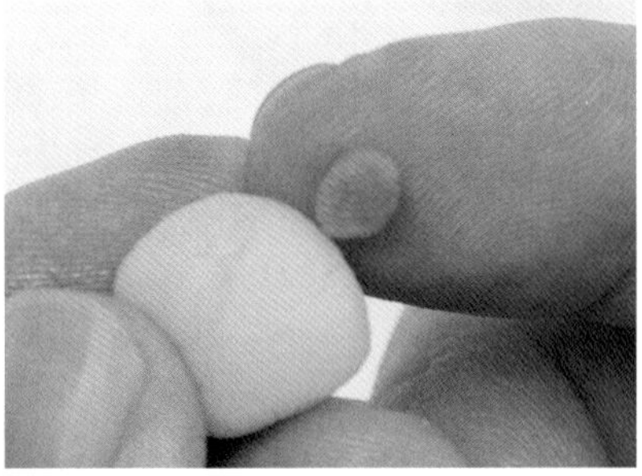

39 取蓝色面团与原色面团。

40 将蓝色面团与原色面团混合，为浅蓝色面团。

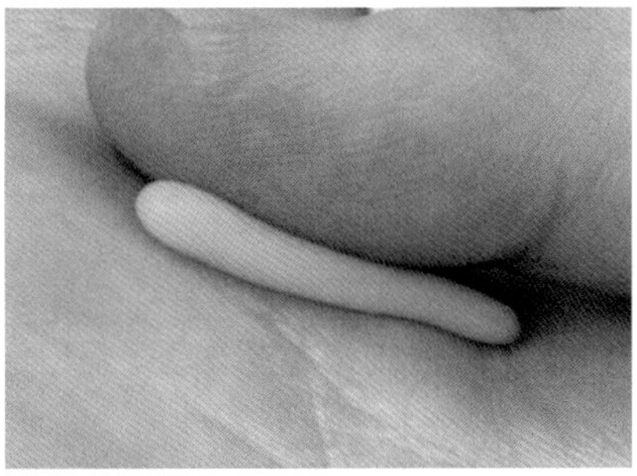

41 用指腹将浅蓝色面团搓成长条形。

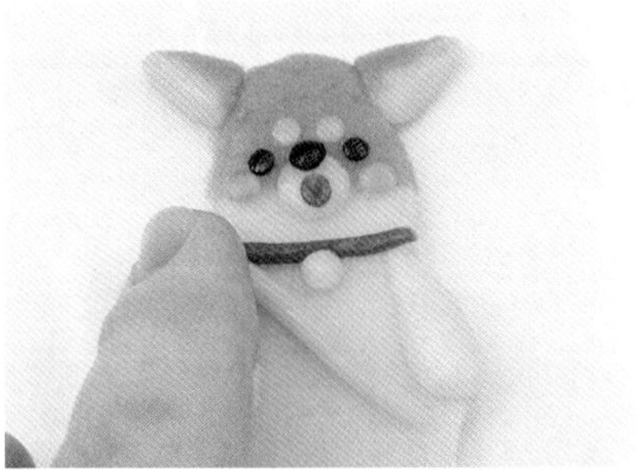

42 将浅蓝色长条形面团斜放在下半身，为背带。

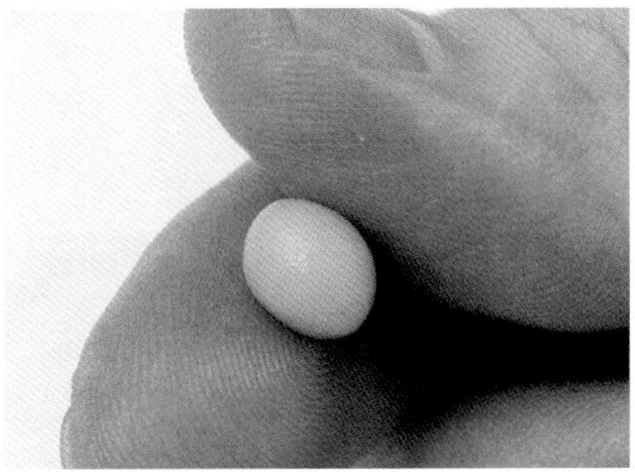

43 用指腹将浅蓝色面团搓成圆形。

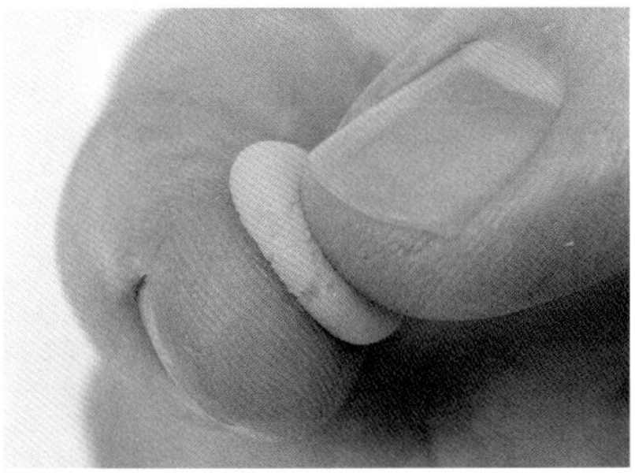

44 用指腹将浅蓝色圆形面团压扁。

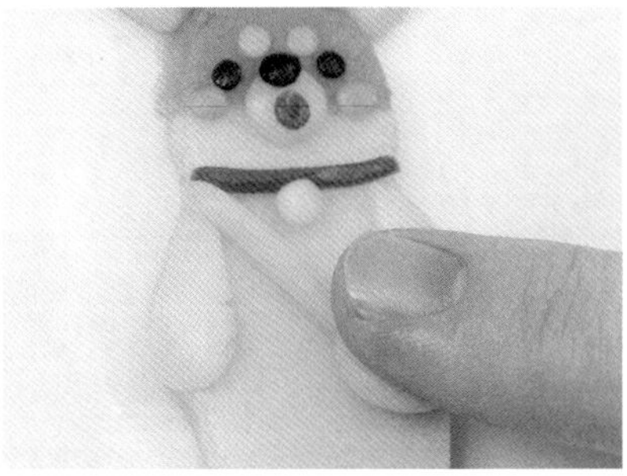

45 将浅蓝色圆形面团放在背带下缘处，为书包。

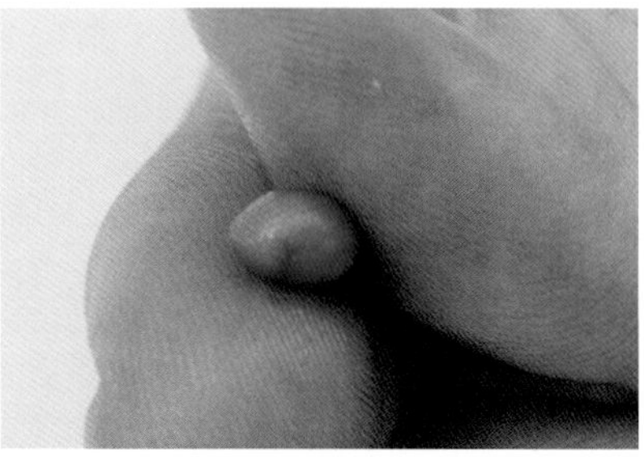

46 用指腹将蓝色面团搓成圆形。

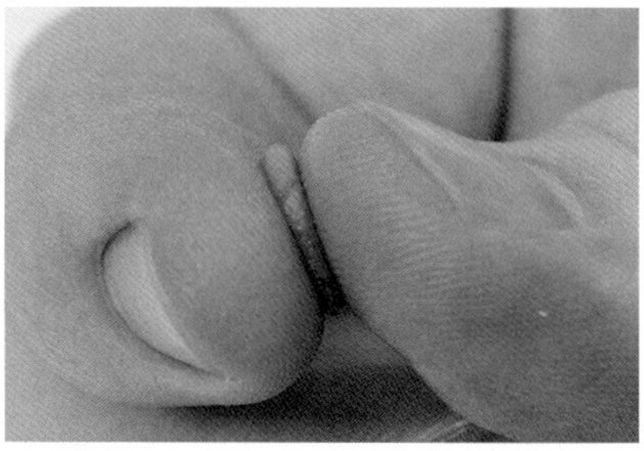

47 用指腹将蓝色圆形面团压扁。

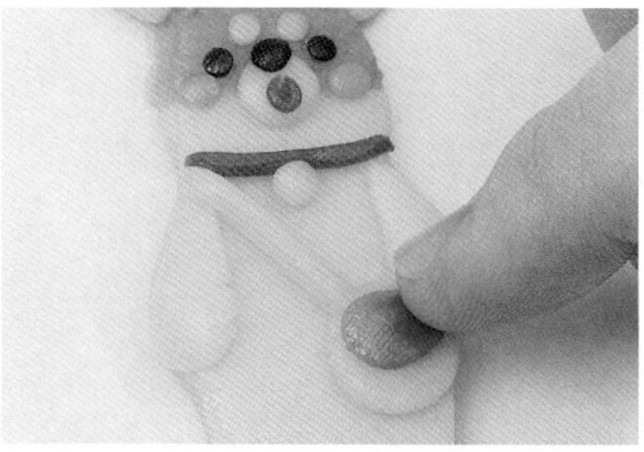

48 将蓝色圆形面团放在书包上，为盖头。

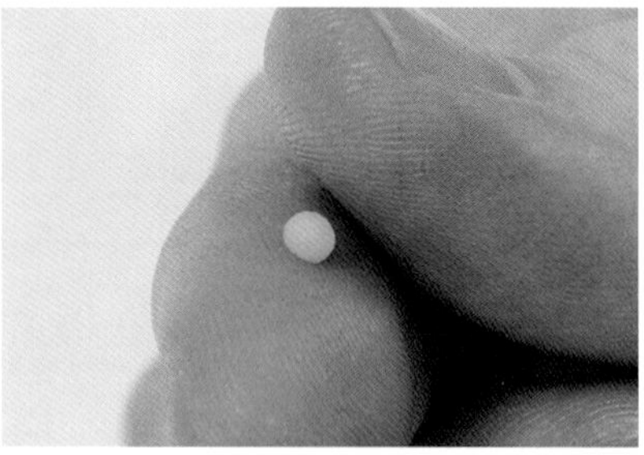

49 用指腹将黄色面团搓成圆形。

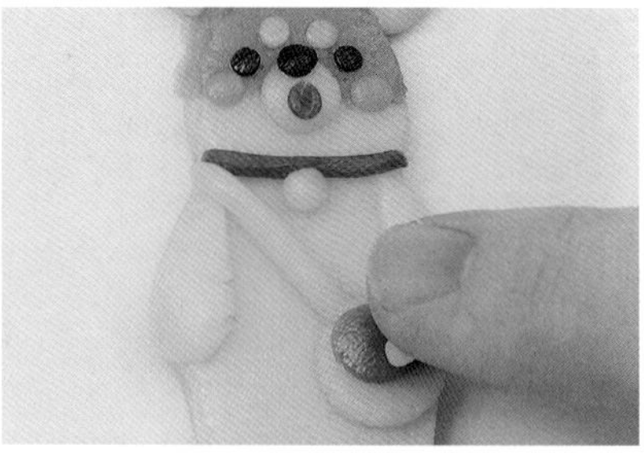

50 将黄色圆形面团放在盖头上，为包的扣子。

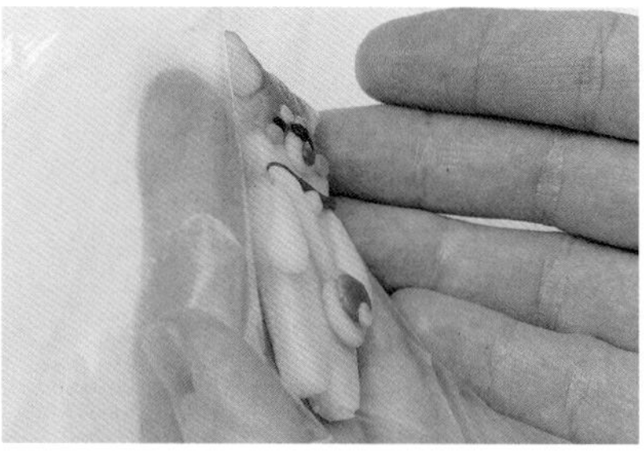

51 最后，将柴犬哥哥放上烤盘即可。

欢乐柴犬

柴犬妹妹

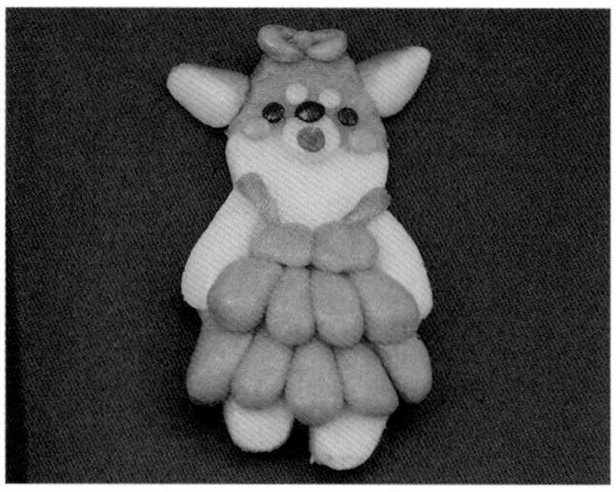

Materials 材料 & 工具 Tools

颜色 Color 原色 ● 咖啡色 ● 黑色 ● 红色

器具 Appliance 雕塑工具组、擀面棍、饼干切模、塑料袋或保鲜膜（垫底用）

Description 步骤说明 Step

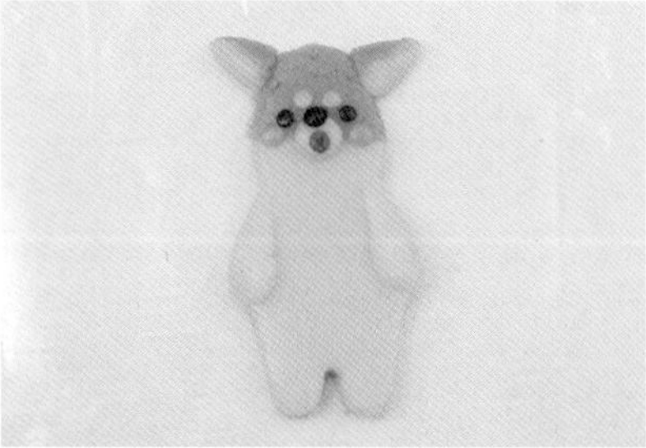

01 制作柴犬身体。（注：做法请参考柴犬哥哥P.54～56步骤01～33。）

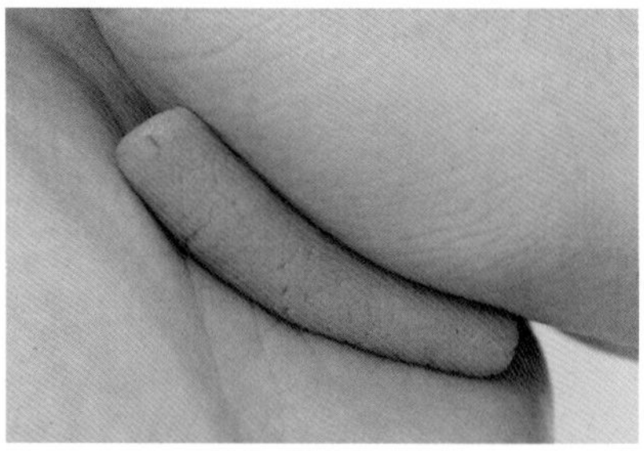

02 用指腹将粉红色面团搓成长条形。（注：粉红色面团须以原色加红色面团调色，可参考P.56步骤23～24。）

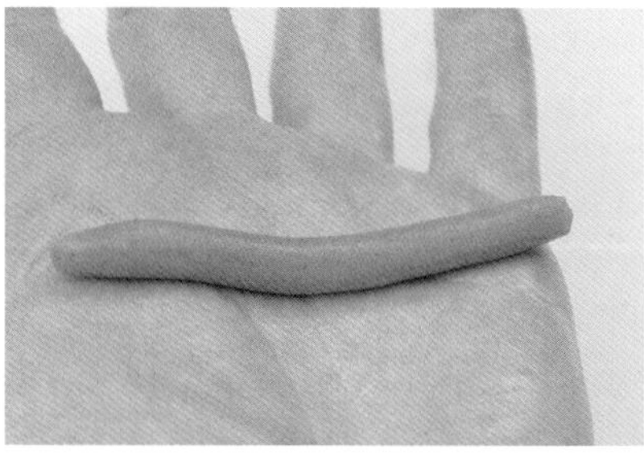

03 承步骤02，持续将粉红色面团搓成长条形。

04 用雕塑工具将粉红色长条形面团切块。

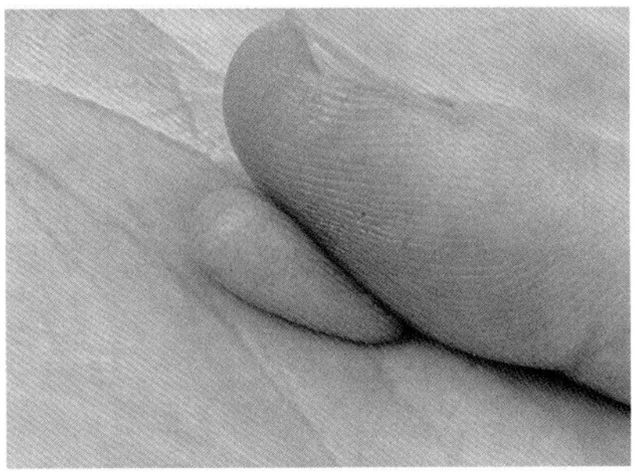

05 用指腹将粉红色块状面团搓成水滴形。

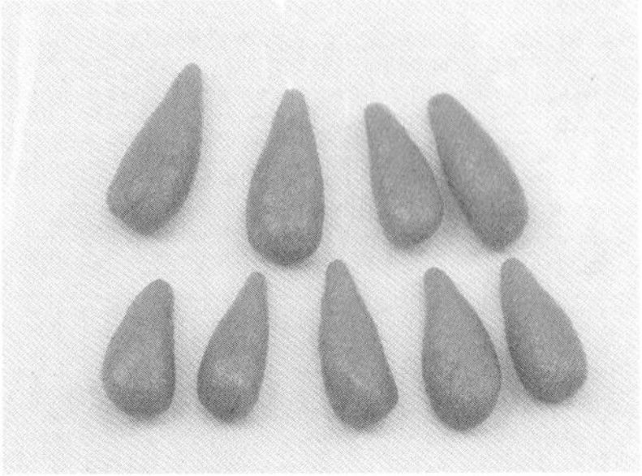

06 重复步骤05，完成共九个粉红色水滴形面团。

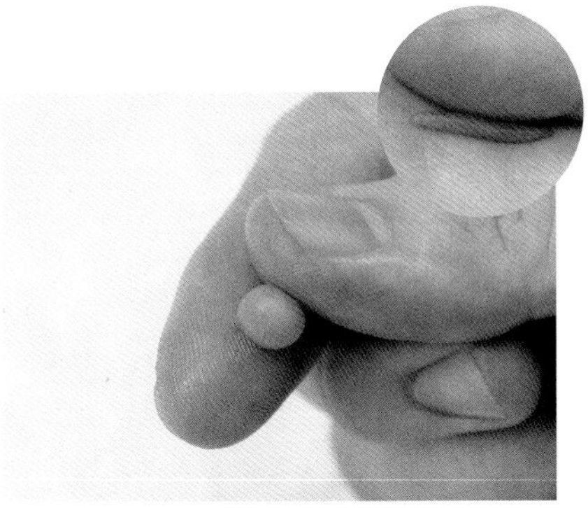

07 用指腹将粉红色面团搓成圆形后，搓成长条形。

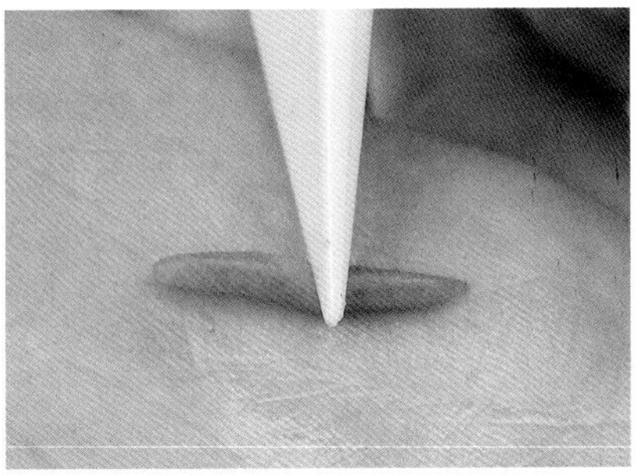

08 用雕塑工具将粉红色长条形面团切成1/2。

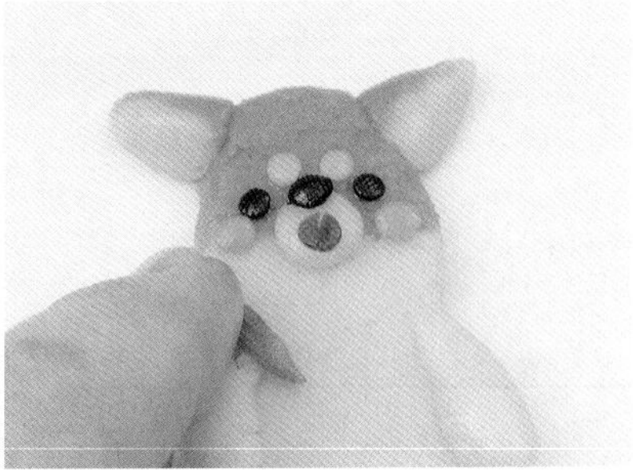

09 将1/2粉红色长条形面团放在左手上侧，为肩带。

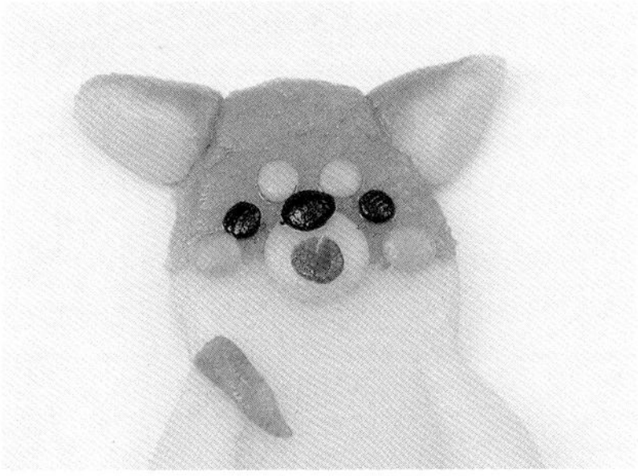

10 如图，左侧肩带完成。

11 重复步骤09~10，完成右侧肩带。

12 将粉红色水滴形面团依序压放在身体下半部，约放五个。

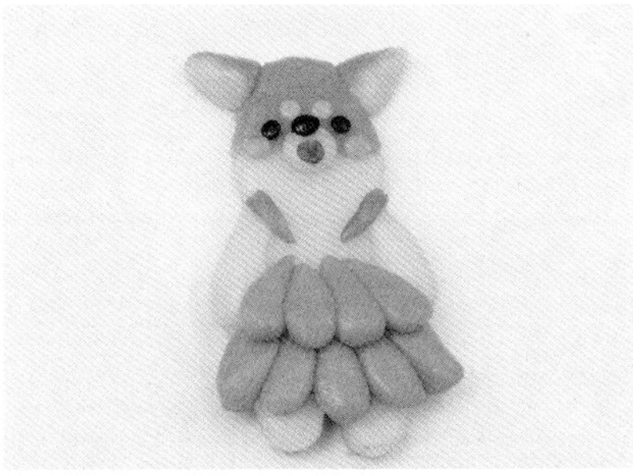

13 承步骤12，将四个粉红色水滴形面团压放在上侧。

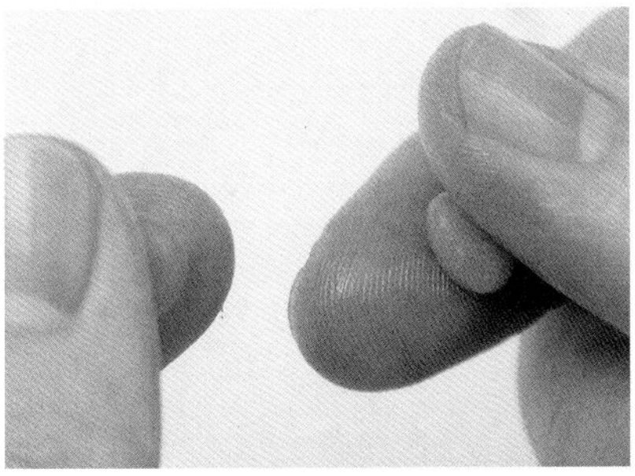

14 用指腹将粉红色面团a1、a2搓成圆形。

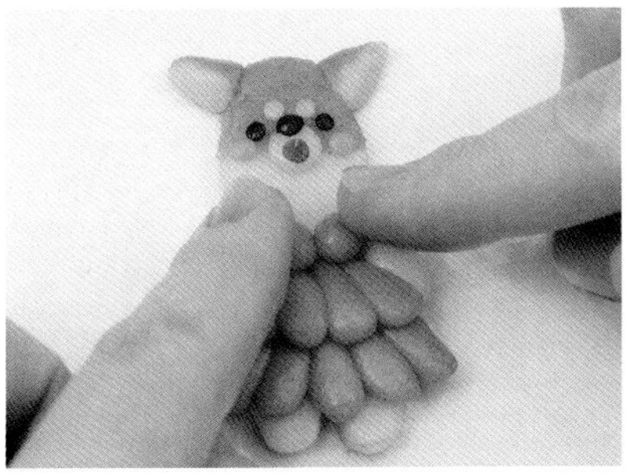

15 将粉红色圆形面团a1、a2压放在肩带下侧。

⑯ 如图，裙子完成。

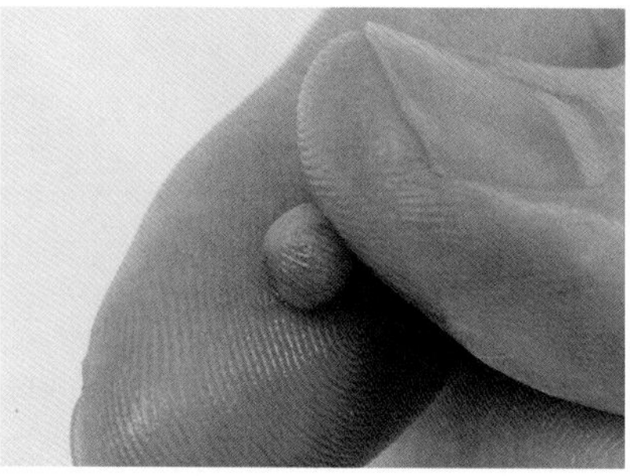

⑰ 用指腹将粉红色面团搓成圆形。

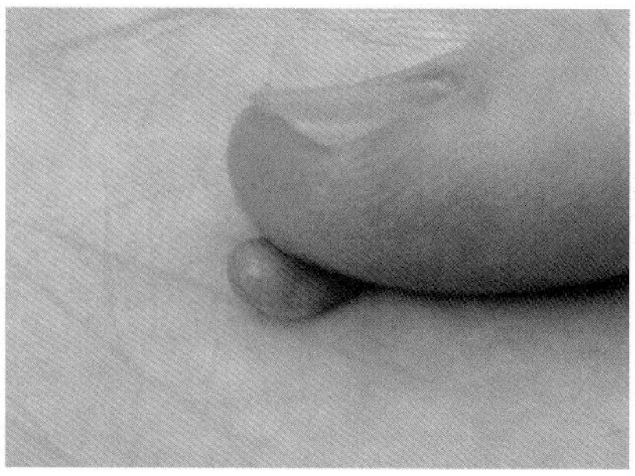

⑱ 用指腹轻压粉红色圆形面团。

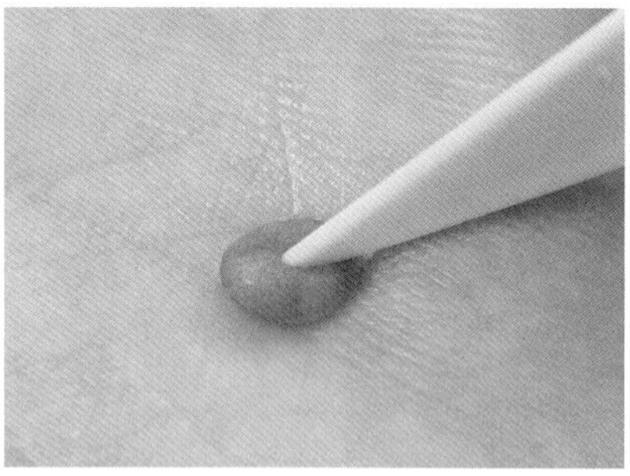

⑲ 用雕塑工具将粉红色圆形面团压出纹路。

⑳ 以雕塑工具为辅助，将粉红色圆形面团放在左耳旁边，为缎带。

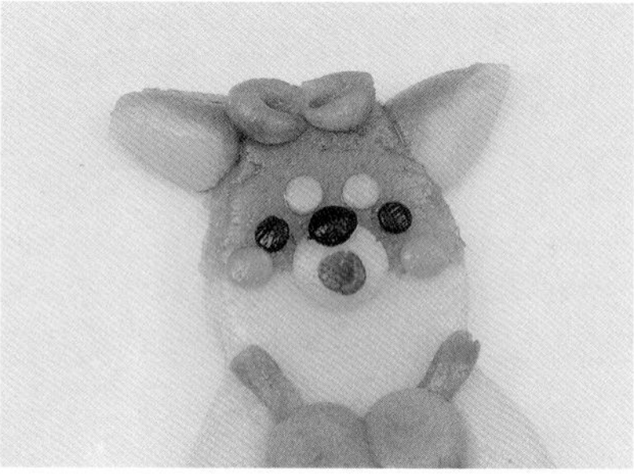

㉑ 重复步骤17～20，另一侧缎带制作完成。

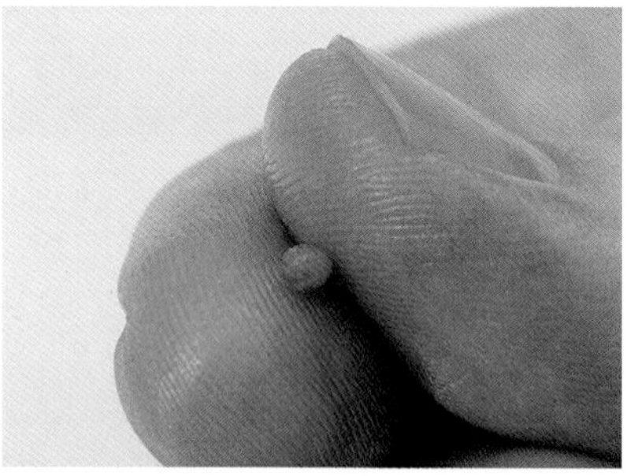

㉒ 用指腹将粉红色面团搓成圆形。

㉓ 将粉红色圆形面团放在缎带上，即完成蝴蝶结。

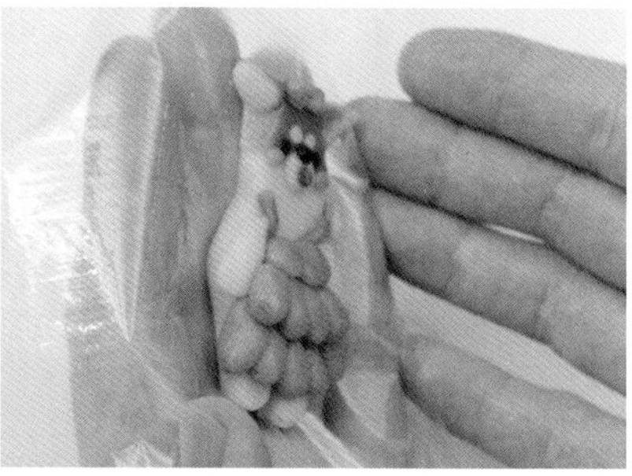

㉔ 最后，将柴犬妹妹放在烤盘中烤制即可。

欢乐柴犬

柴犬爸爸

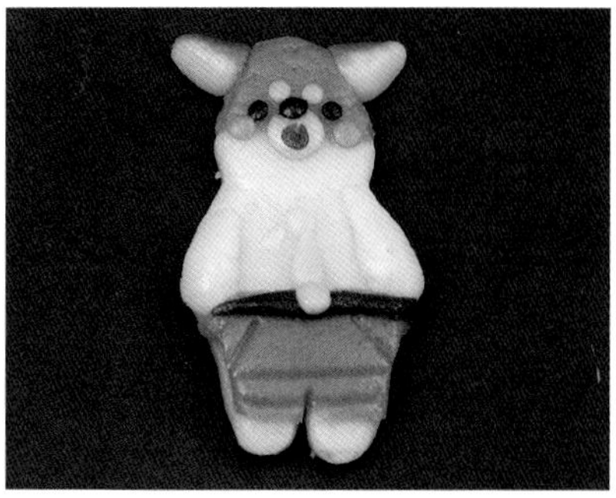

材料 & 工具 Materials Tools

颜色 Color 原色 咖啡色 黑色 红色 黄色 蓝色

器具 Appliance 雕塑工具组、擀面棍、饼干切模、塑料袋或保鲜膜（垫底用）

步骤说明 Description Step

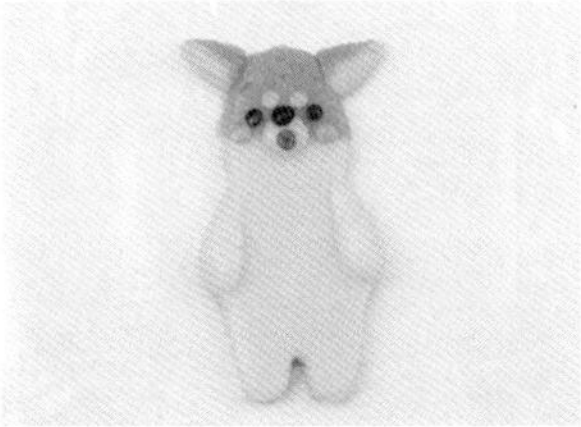

01 制作柴犬身体。（注：做法请参考柴犬哥哥P.54~56步骤01~33。）

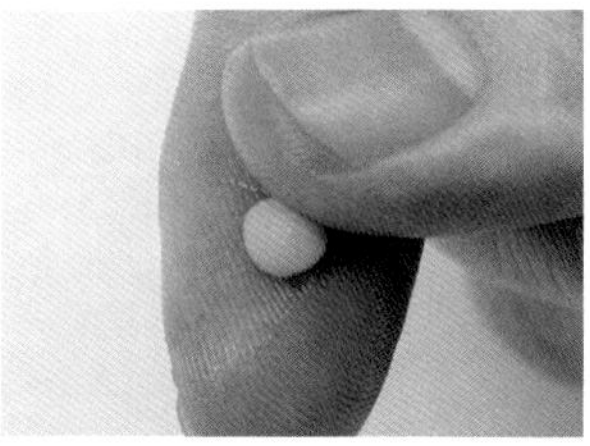

02 用指腹将浅蓝色面团搓成圆形。（注：浅蓝色面团须以原色加蓝色面团调色，可参考P.57步骤39~40。）

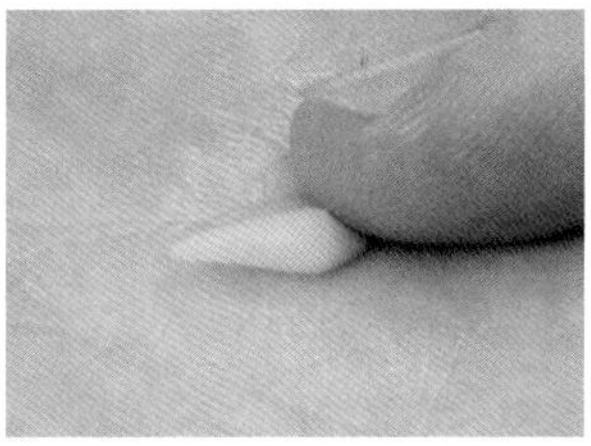

03 承步骤2，用指腹将面团搓成水滴形，为领带。

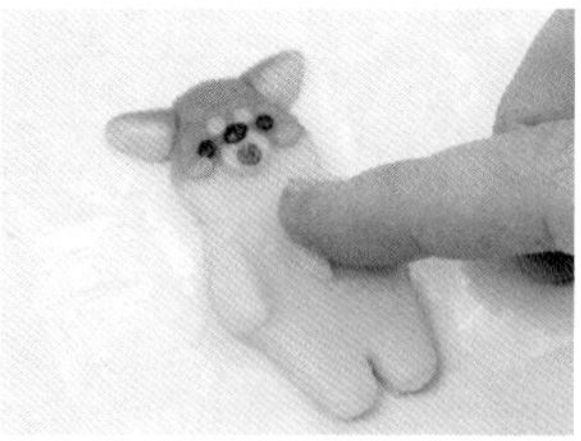

04 将领带放在柴犬身体中间，并用指腹轻压固定。

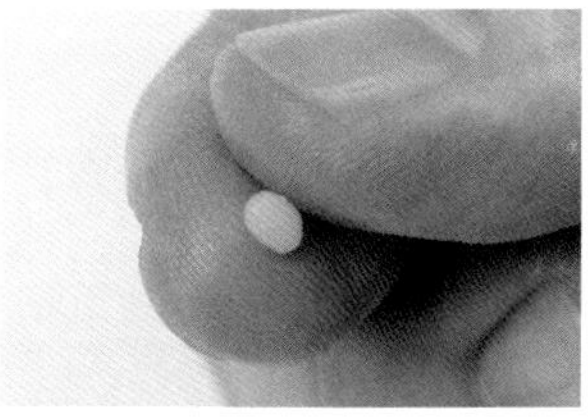

05 用指腹将浅蓝色面团搓成圆形，为领结。

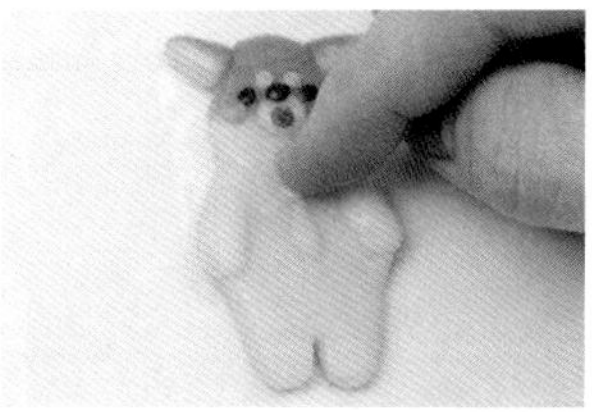

06 将领结放在领带上方，并用指腹轻压固定。

07 如图，领带完成。

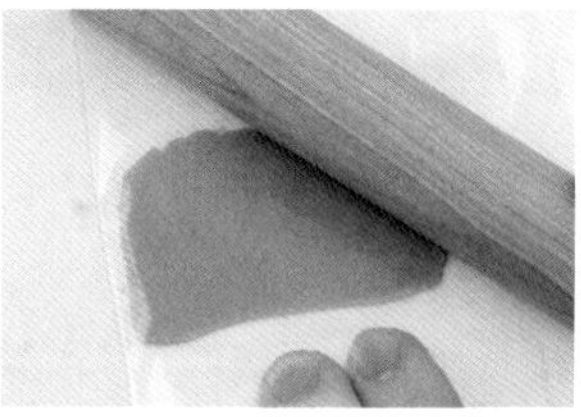

08 将浅咖啡色面团放入塑料袋中，并用擀面棍将面团擀平。（注：浅咖啡色面团须以原色加咖啡色面团调色，可参考P.54步骤01~02。）

09 用雕塑工具将浅咖啡色面团上侧平切。

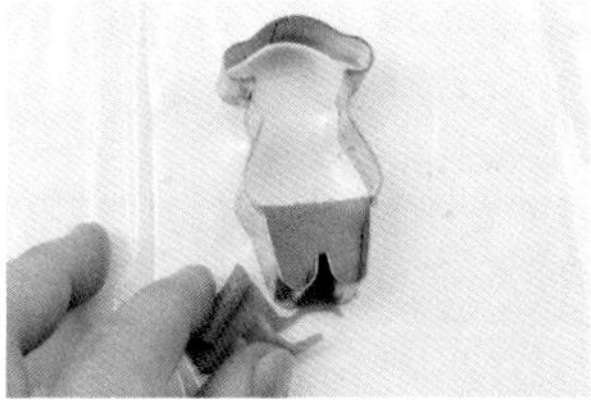

10 将饼干切模压放在浅咖啡色面团上，用指腹将切模外的面团去除后，拿起饼干切模。

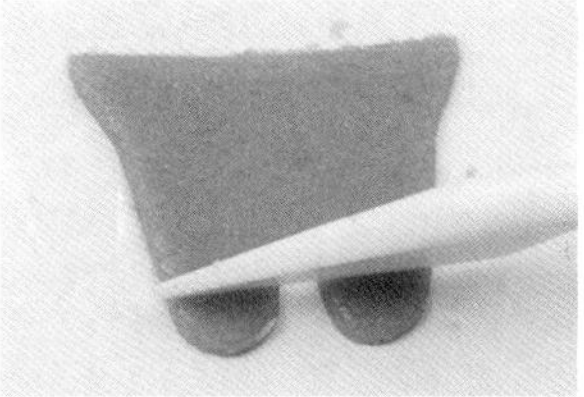

11 用雕塑工具将U形部分切掉，为裤子。

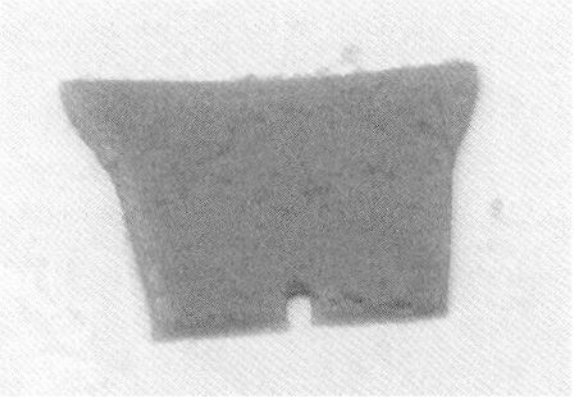

12 如图，裤子制作完成。

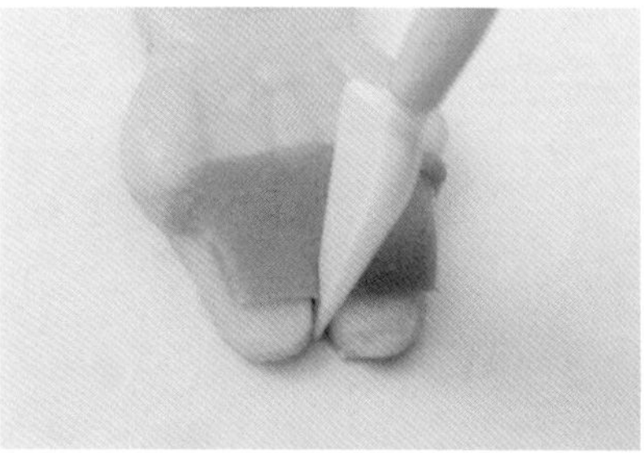

13 将裤子放在柴犬的下半身，并用雕塑工具轻压U形内凹处，以加强固定。

14 如图，裤子摆放完成。

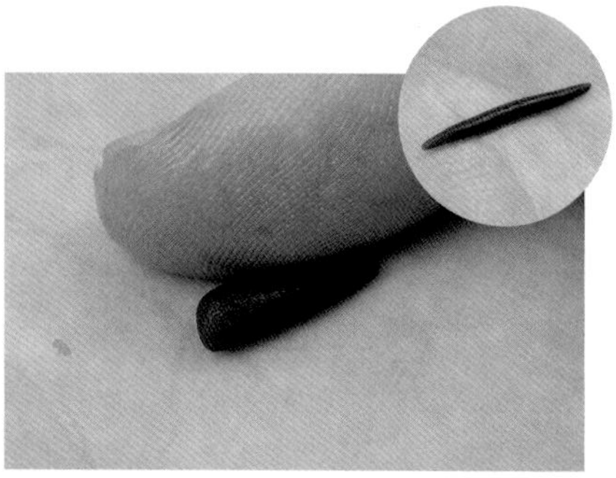

15 取咖啡色面团，用指腹将面团搓成长椭圆形，为皮带。（注：两端比中间细。）

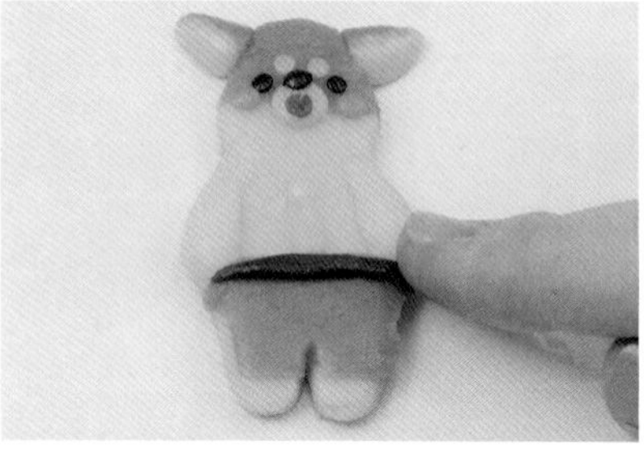

16 将皮带放在柴犬的裤子上方边缘，为皮带。

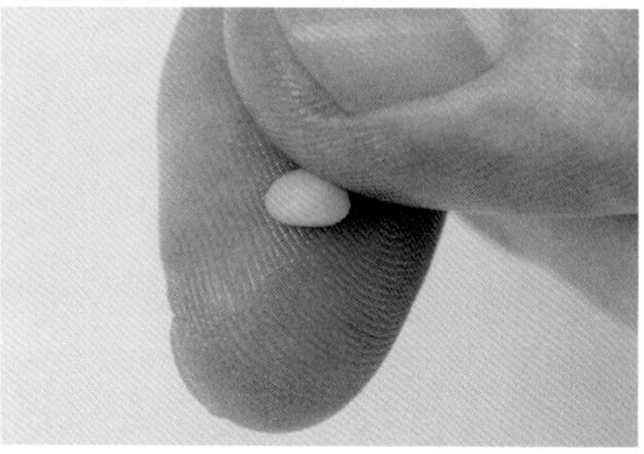

17 用指腹将黄色面团搓成圆形，为扣子。

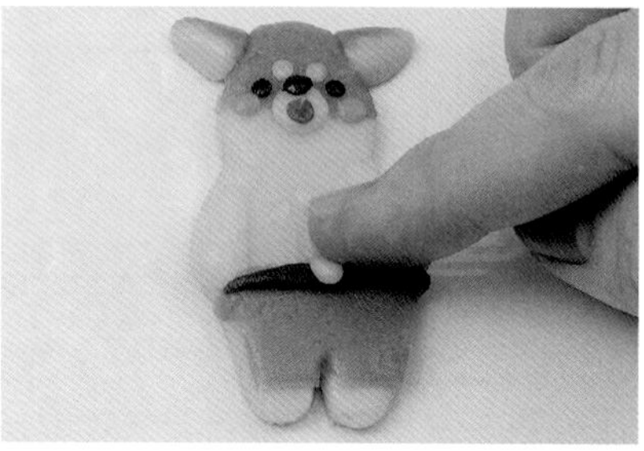

18 将扣子放在皮带中央，并用指腹轻压固定。

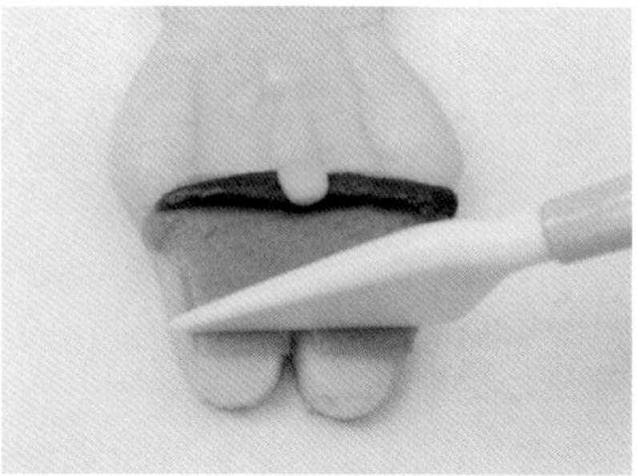

19 用雕塑工具在裤管上压出纹路。

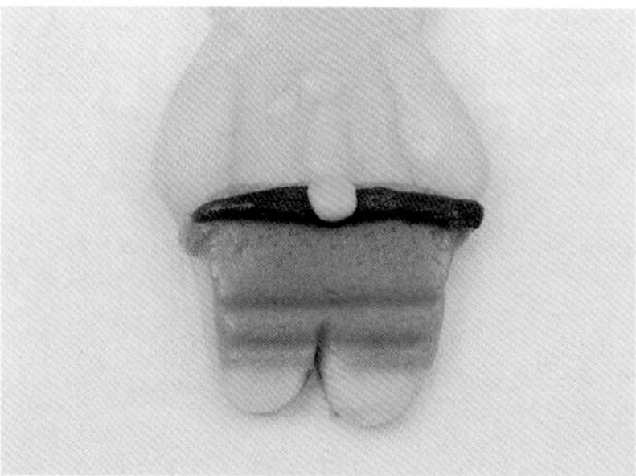

20 如图，裤管纹路完成。

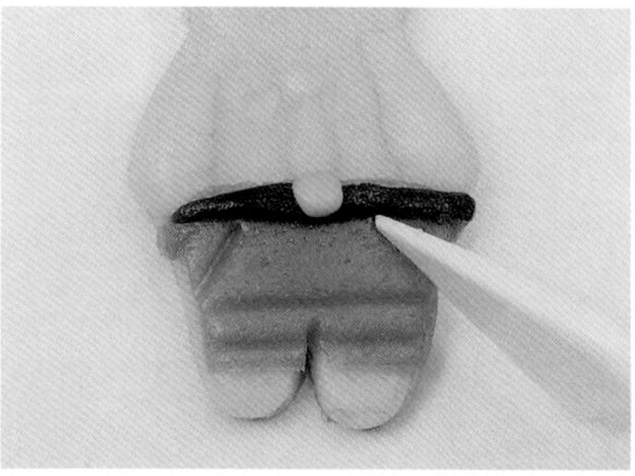

21 用雕塑工具在皮带下方两侧，斜压出口袋纹路。

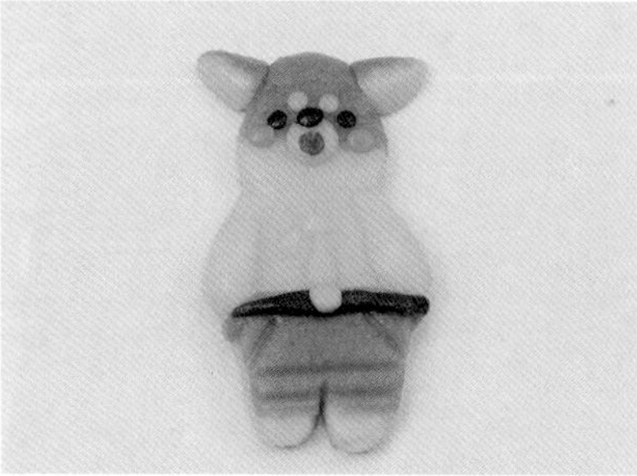

22 如图，柴犬爸爸制作完成。

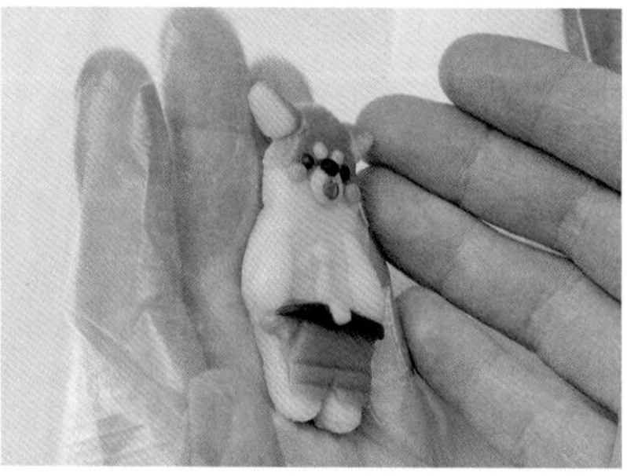

23 最后，将柴犬爸爸放上烤盘即可。

欢乐柴犬

柴犬妈妈

Materials
材料 & 工具
Tools

颜色 Color　原色　● 咖啡色　● 黑色　● 红色　● 绿色

器具 Appliance　雕塑工具组、擀面棍、饼干切模、塑料袋或保鲜膜（垫底用）

Description
步骤说明
Step

01 制作柴犬身体。（注：做法请参考柴犬哥哥P.54~56步骤01~33。）

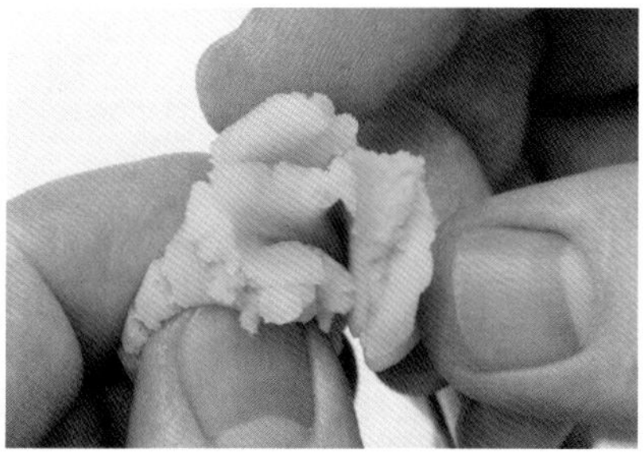

02 将原色面团与绿色面团混合，为浅绿色面团。

03 将浅绿色面团放入塑料袋中，并用擀面棍将面团擀平。

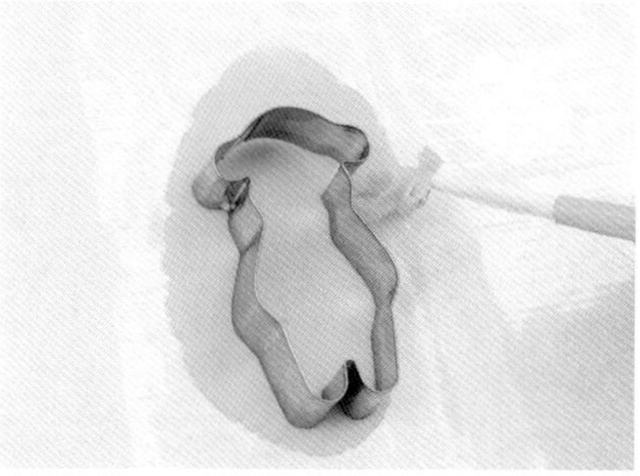

04 将饼干切模压放在面团上，用雕塑工具将多余的面团去除后，拿起切模，即完成狗形面团。

05 用雕塑工具将狗形面团脚部切除。

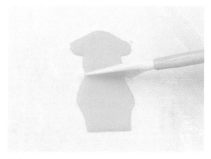

06 用雕塑工具将狗形面团头部切除。

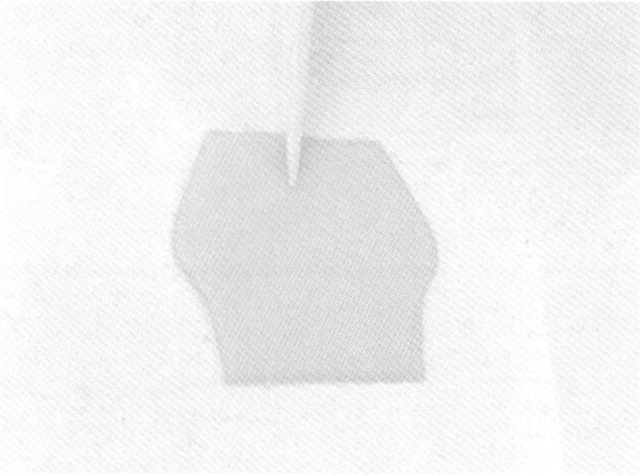

07 用雕塑工具将浅绿色面团中间切出短直线，为记号线。

08 承步骤07，在记号线左右两侧用雕塑工具切除V字形面团，为服装。

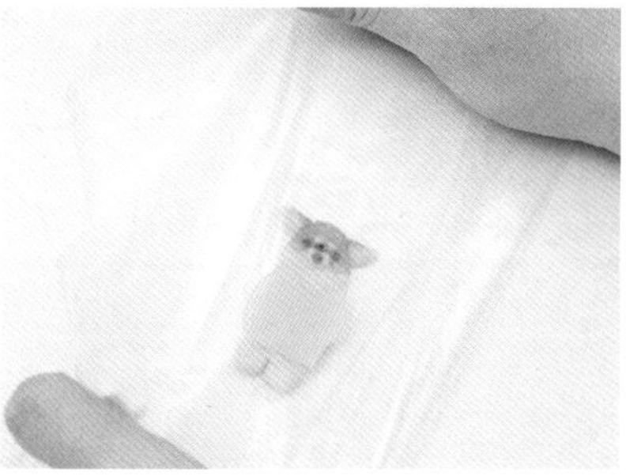

09 将服装放在身体上后，用塑料袋覆盖面团。

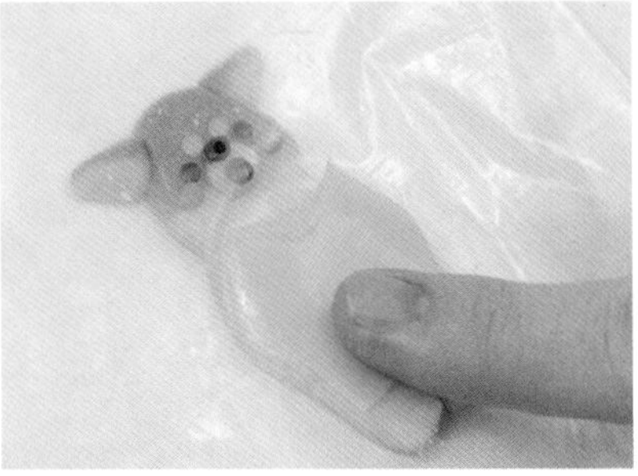

10 用指腹将面团轻压平，以加强粘合。

11 用指腹调整面团形状。

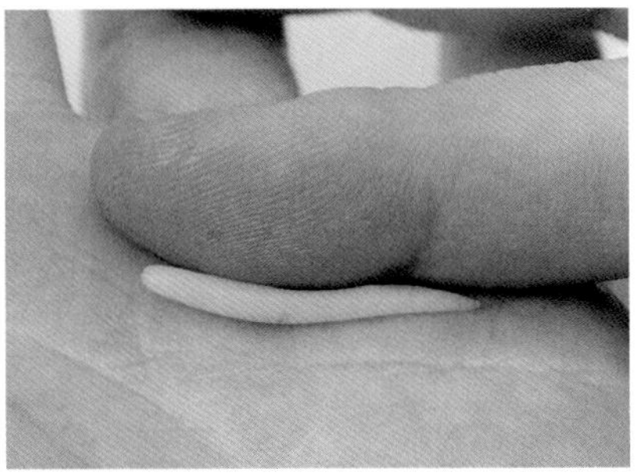

12 用指腹将原色面团搓成长条形。

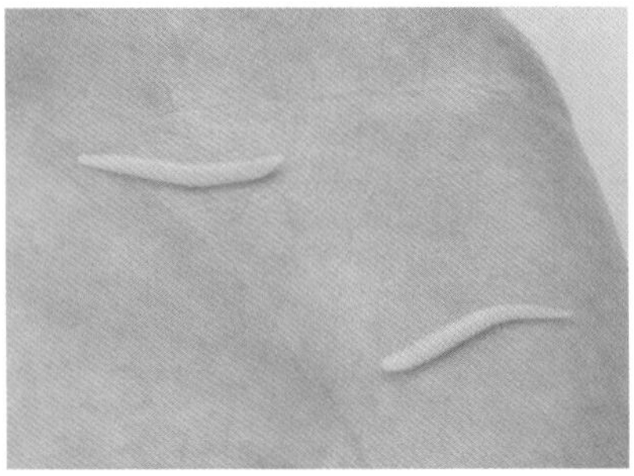

13 用雕塑工具将原色长条形面团对切。

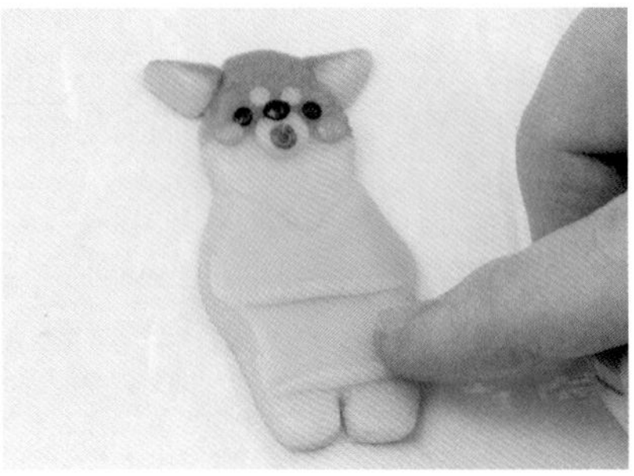

14 将两个原色长条形面团分别放在服装中间与下缘处。

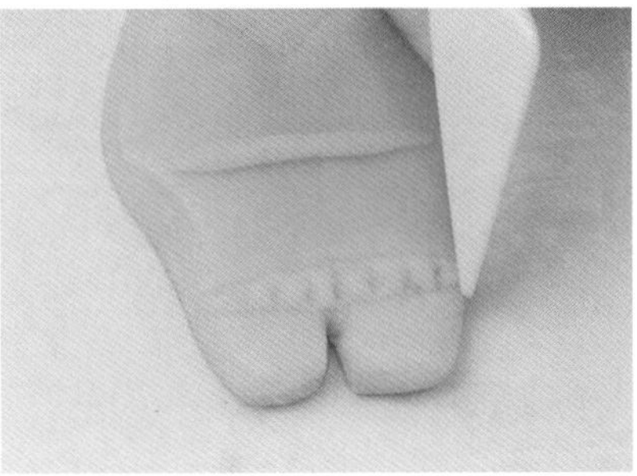

15 用雕塑工具将服装下缘处的原色长条形状面团切出八条短直线，为流苏。

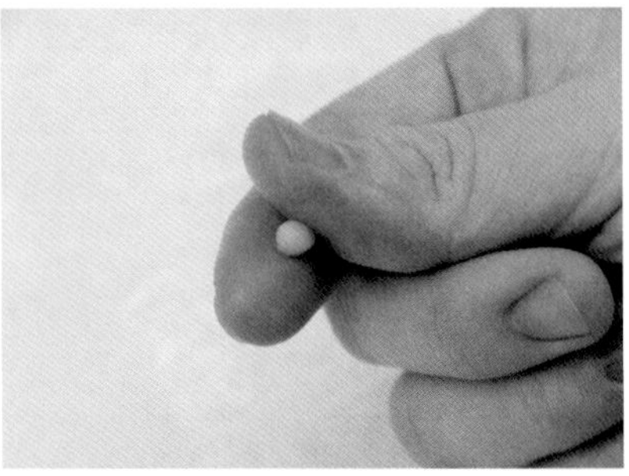

16 用指腹将浅绿色面团搓成圆形面团。

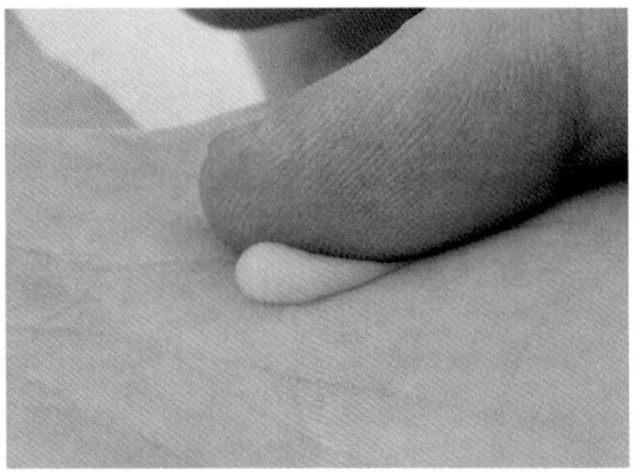

17 用指腹将圆形面团搓成水滴形。

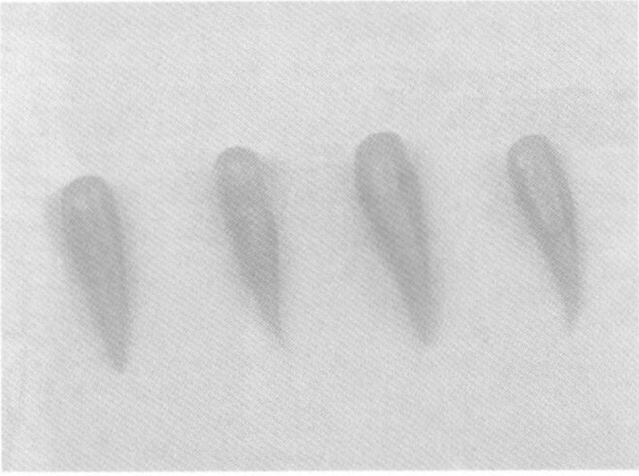

18 重复步骤16～17，共完成四个浅绿色水滴形面团。

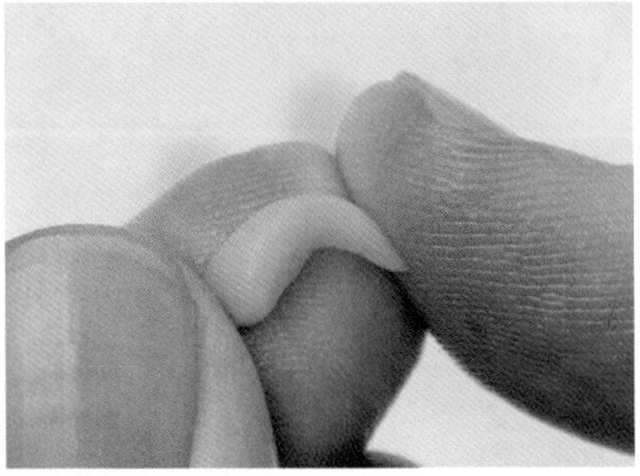

19 将浅绿色水滴形面团稍微弯折成U形。

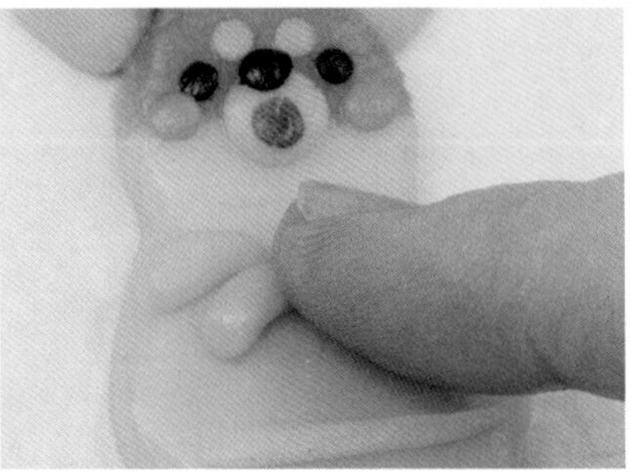

20 将浅绿色水滴形面团分别放在服装上方，为装饰。

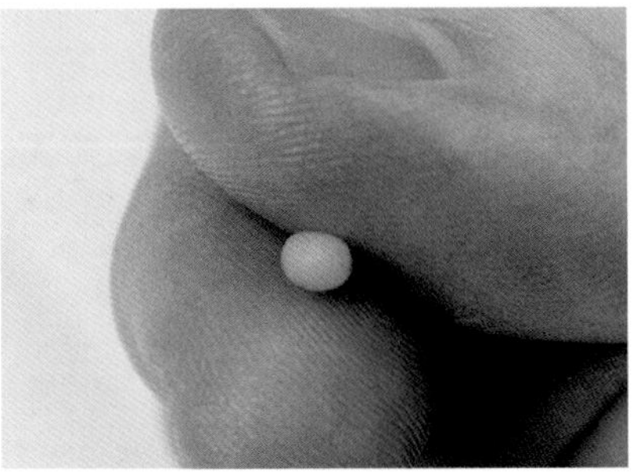

21 用指腹将浅绿色面团搓成圆形。

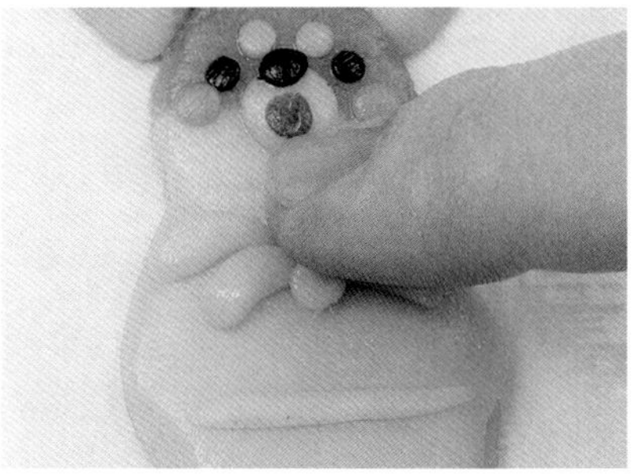

22 将浅绿色圆形面团放在装饰中间，为饰品。

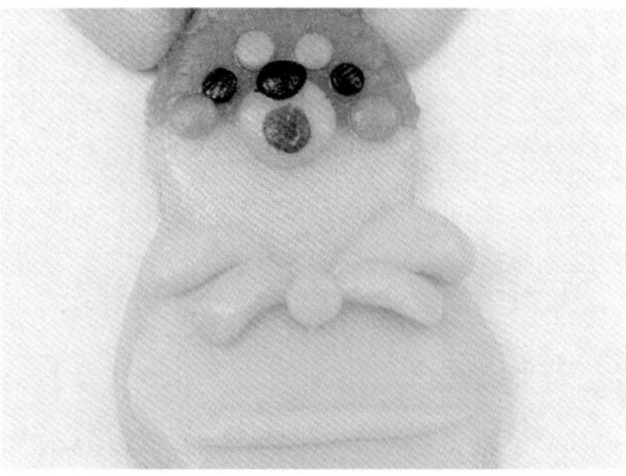

23 如图，饰品摆放完成。

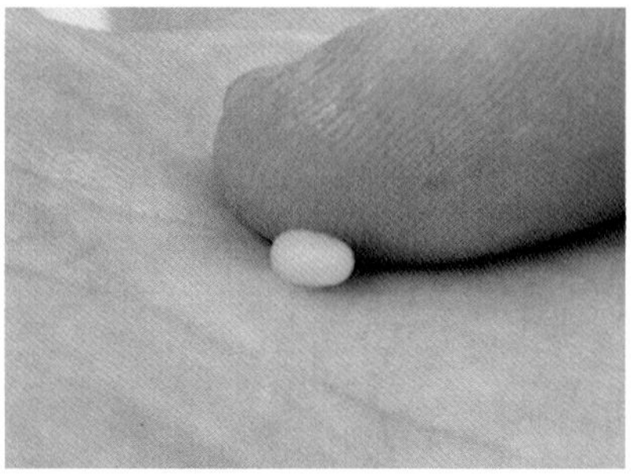

24 用指腹将浅绿色面团搓成椭圆形。

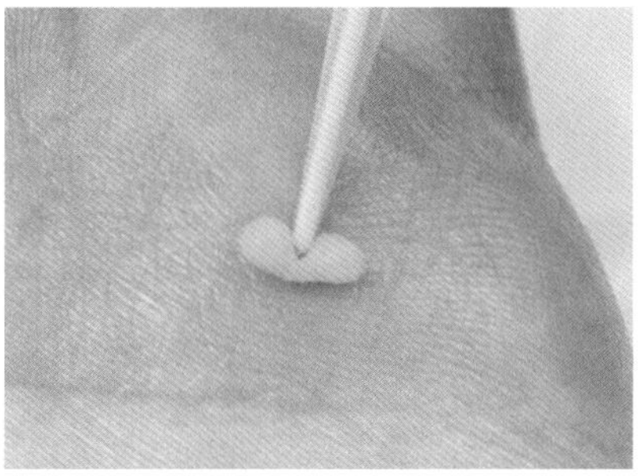

25 用雕塑工具在椭圆形面团中心稍微压出切痕，为蝴蝶结。

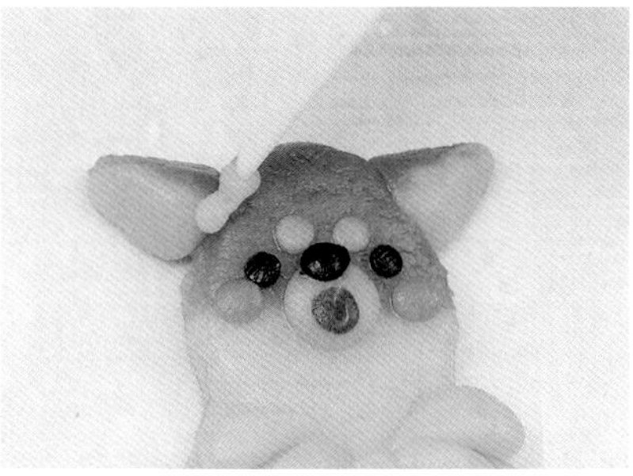

26 承步骤25，以雕塑工具为辅助，将蝴蝶结放在左耳侧边。

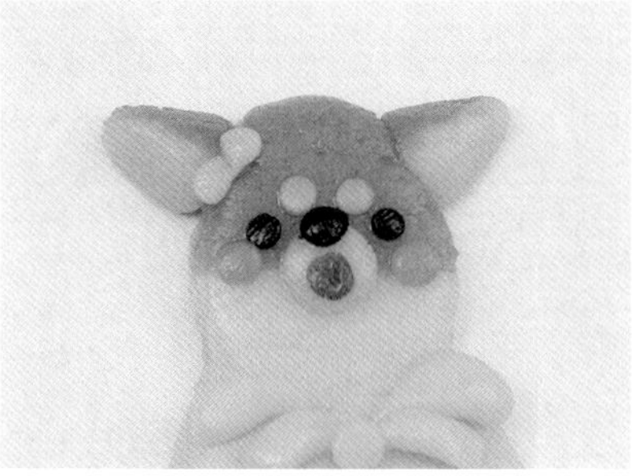

27 如图，蝴蝶结完成。

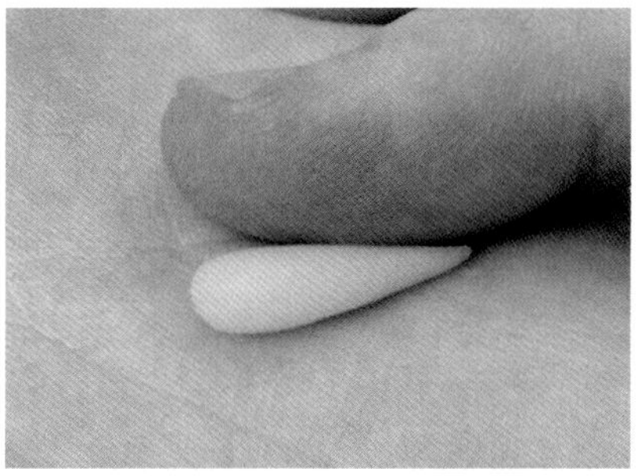

28 用指腹将原色面团搓成水滴形。

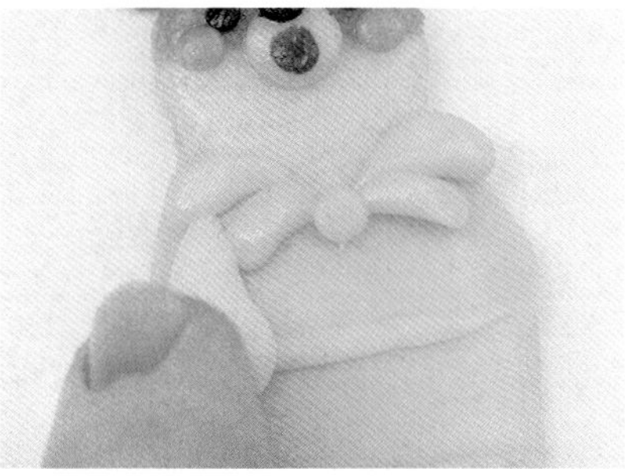

29 将原色水滴形面团放在身体左侧，为左手。

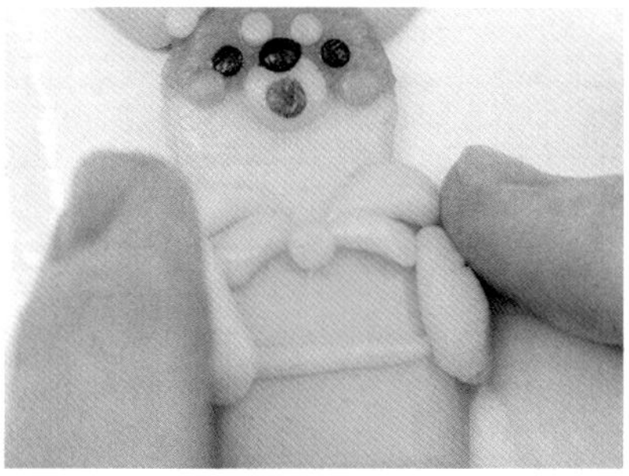

30 重复步骤28～29，完成右手。

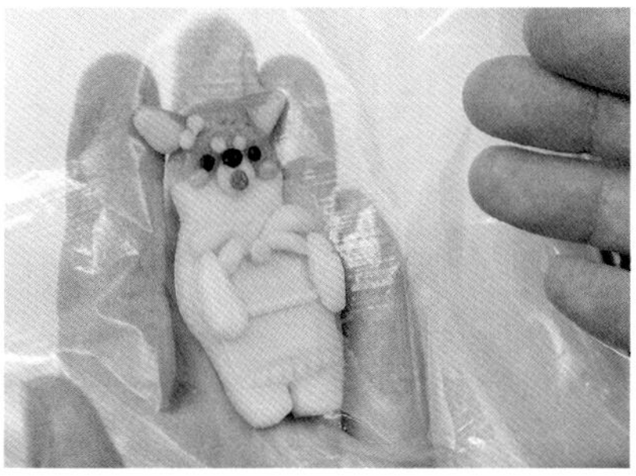

31 最后，将柴犬妈妈放上烤盘即可。

青蛙王子

上火 180℃，下火 130℃
烘烤 20 ~ 25 分钟
18 片

青蛙

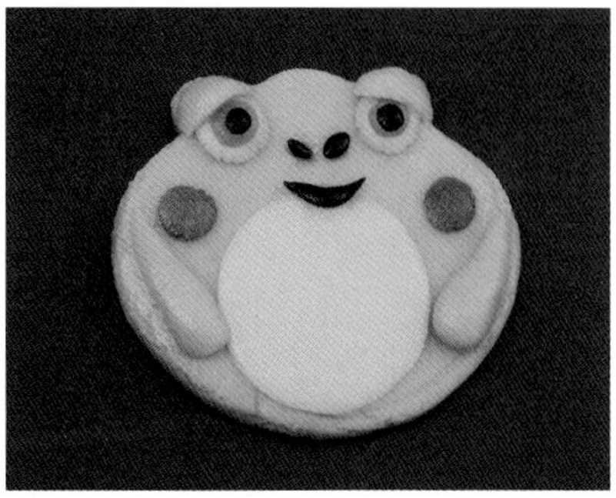

材料 & 工具 Materials Tools

颜色 Color　原色　咖啡色　黑色　红色　绿色

器具 Appliance　雕塑工具组、擀面棍、饼干切模、圆形切模、塑料袋或保鲜膜（垫底用）

步骤说明 Step Description

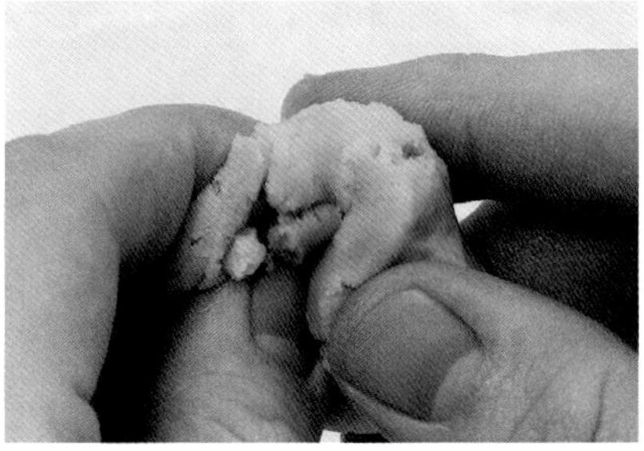

01 将绿色面团与原色面团混合后搓圆，为浅绿色面团。

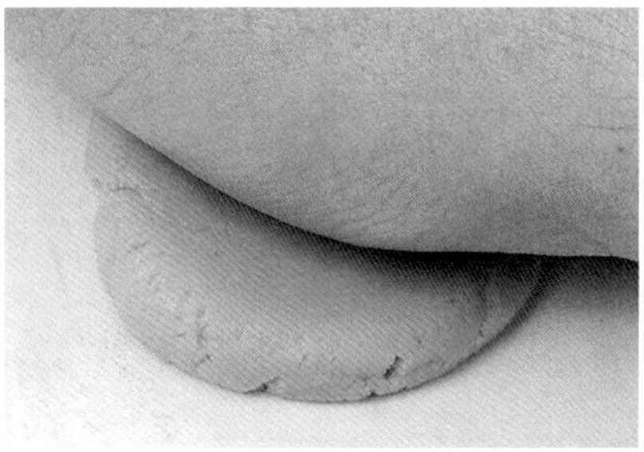

02 用手掌将浅绿色面团压扁。

03 将浅绿色面团放入塑料袋中，并用擀面棍将面团擀平。

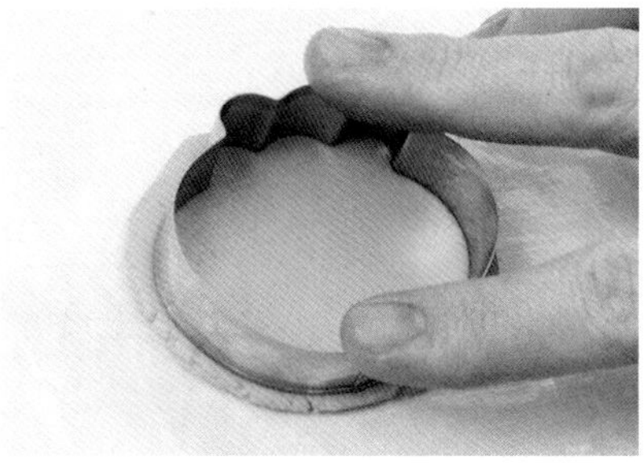

04 将饼干切模压放在面团上。

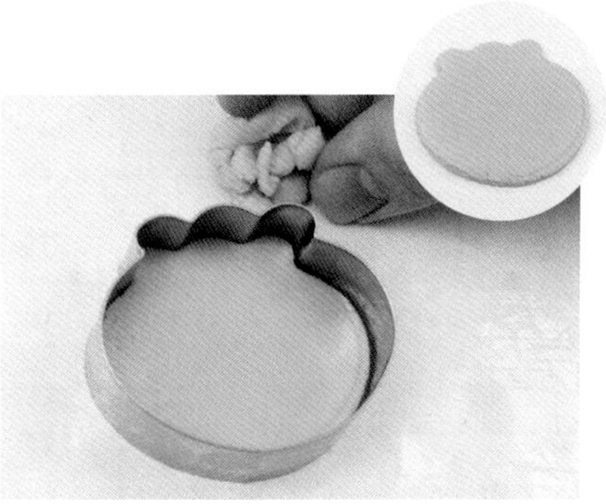

05 将饼干切模外的面团去除后，拿起饼干切模，即完成青蛙主体的制作。

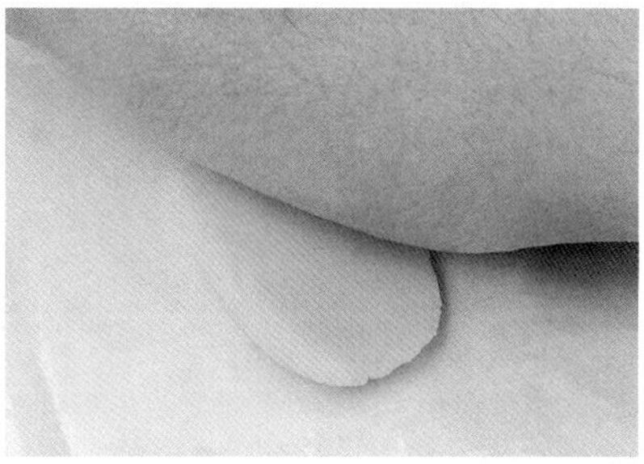

06 用手掌将原色面团压扁。

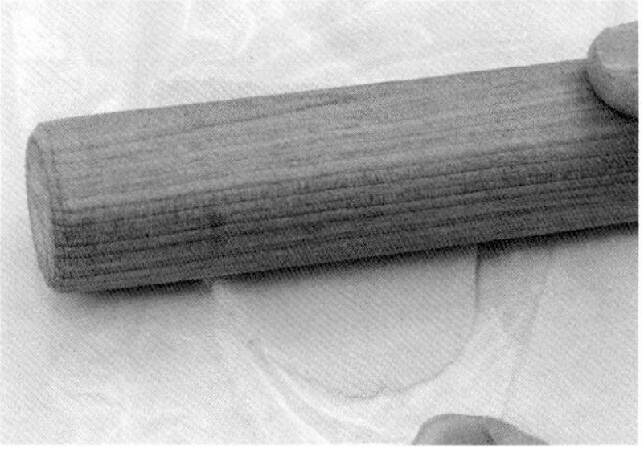

07 将原色面团放入塑料袋中，并用擀面棍将面团擀平。

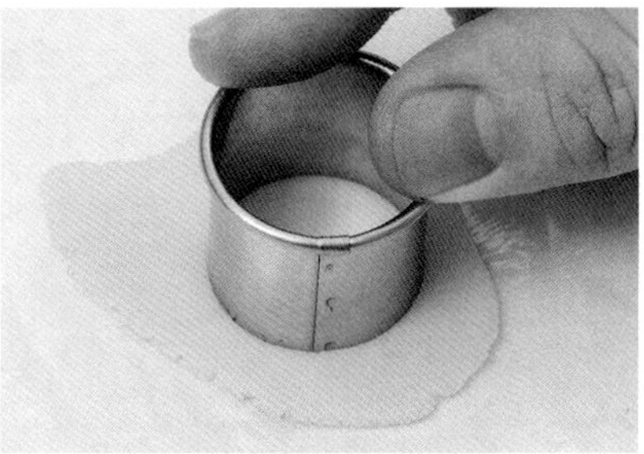

08 将圆形切模压放在面团上。

09 将切模外的面团去除后，拿起圆形切模，即完成肚子。

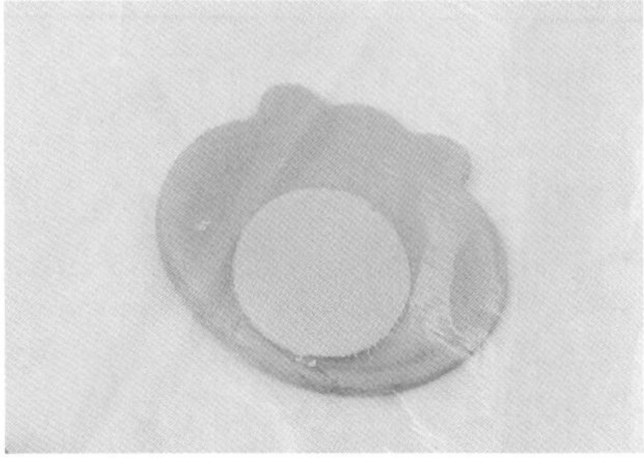

⑩ 先将肚子放在青蛙主体上后，再用塑料袋覆盖面团。

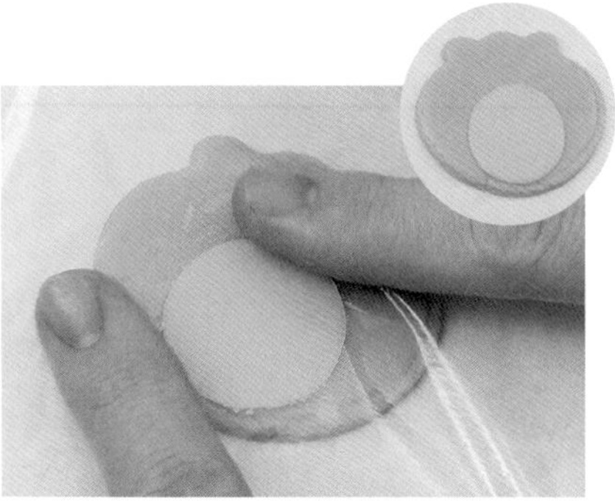

⑪ 承步骤10，用指腹轻压固定，将肚子与青蛙主体粘合。

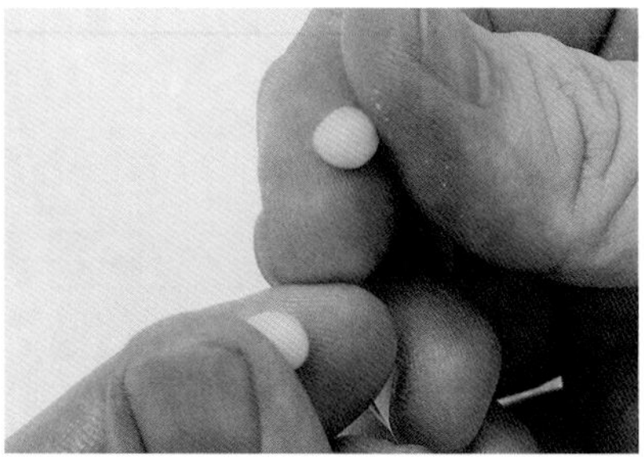

⑫ 取原色面团a1与a2，分别用指腹搓成圆形。

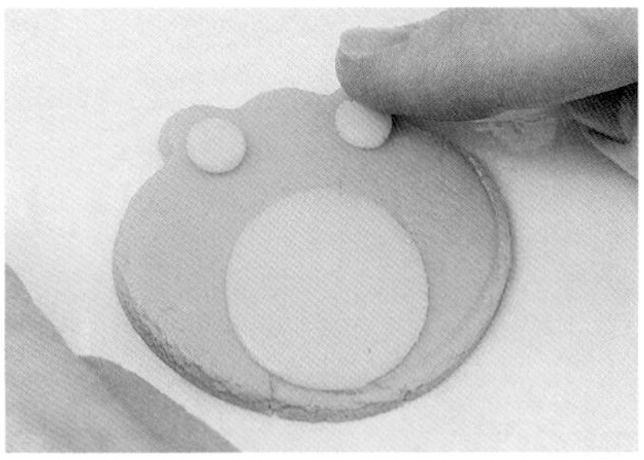

⑬ 将a1与a2面团粘在青蛙主体上方，并用指腹轻轻按压固定，为眼白。

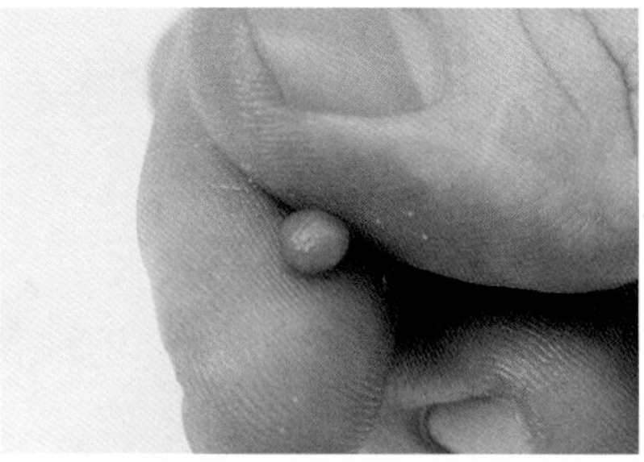

⑭ 取浅咖啡色面团，用指腹将面团搓成圆形，为瞳孔。（注：浅咖啡色面团须以原色加咖啡色面团调色，可参考P.54步骤01～02。）

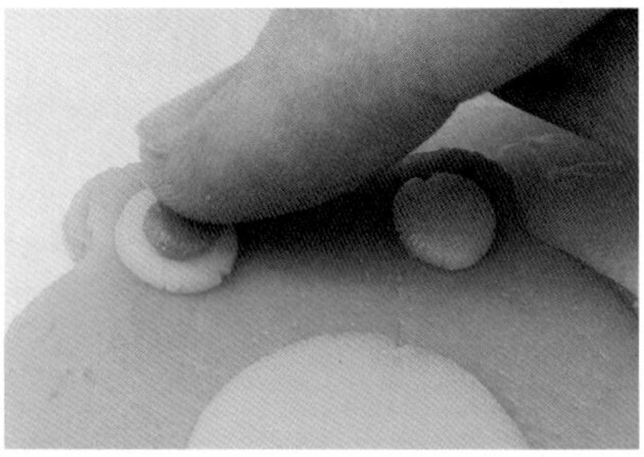

⑮ 承步骤14，将瞳孔放在左眼白上，并用指腹轻按压固定。

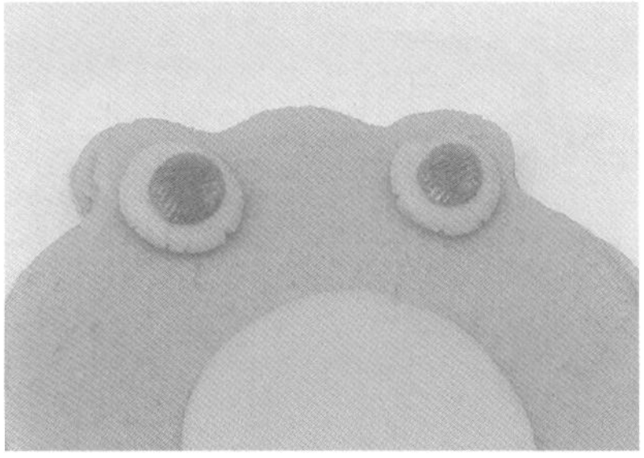

⑯ 重复步骤14～15，完成右侧瞳孔。

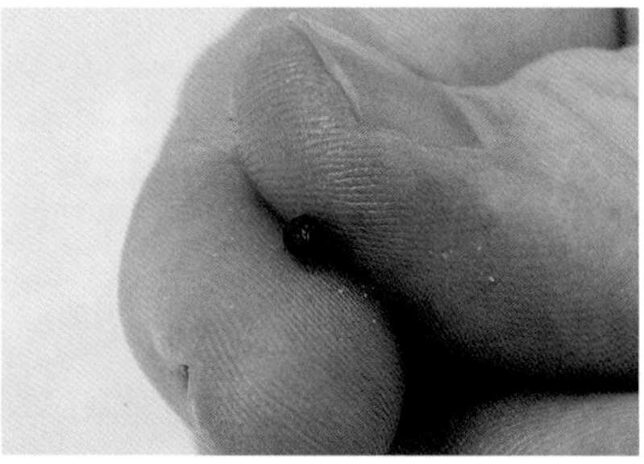

⑰ 取黑色面团，用指腹搓成圆形，为眼珠。

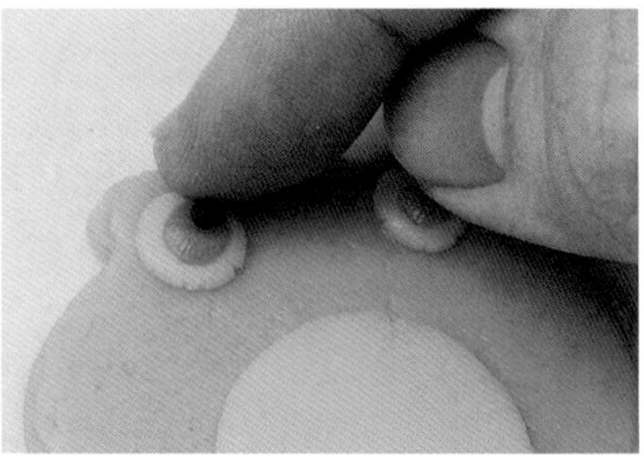

⑱ 将眼珠放在左眼上，并用指腹轻压固定。

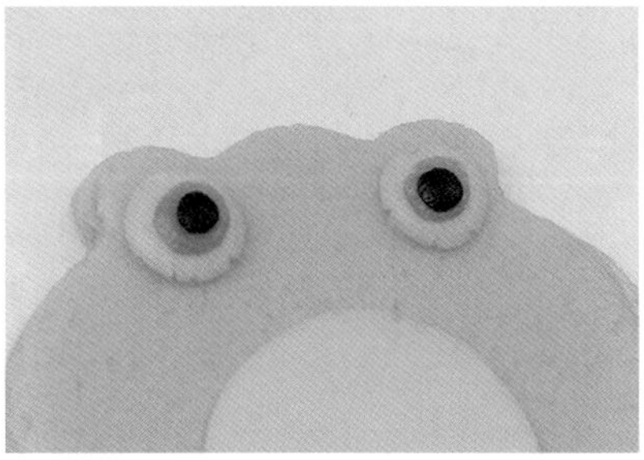

⑲ 重复步骤17～18，完成右眼眼珠，为青蛙眼睛。

⑳ 取黑色面团用指腹搓成圆形后，用雕塑工具切成1/2，为鼻孔b1与b2。

㉑ 用雕塑工具为辅助，将鼻孔b2放在左眼右下侧，并轻压固定。

22 重复步骤21，完成右侧鼻孔。

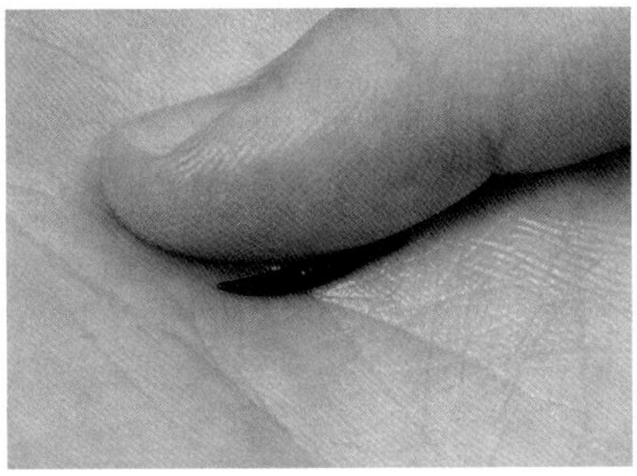

23 用指腹将黑色面团搓成长椭圆形。（注：两端较中间细。）

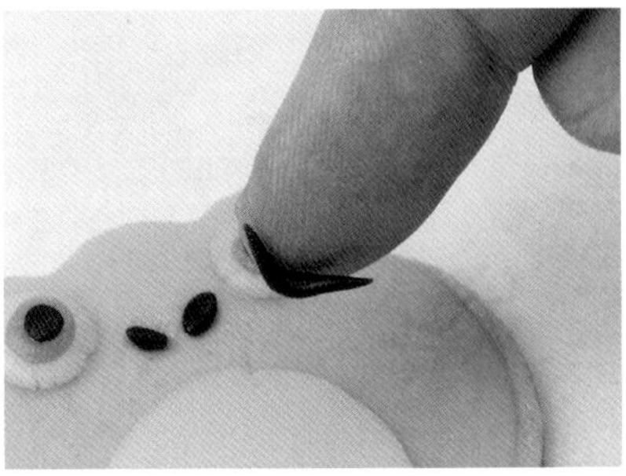

24 将黑色长椭圆形面团弯成弧形，为嘴巴。

25 将嘴巴放在肚子上缘，并用指腹轻压固定。

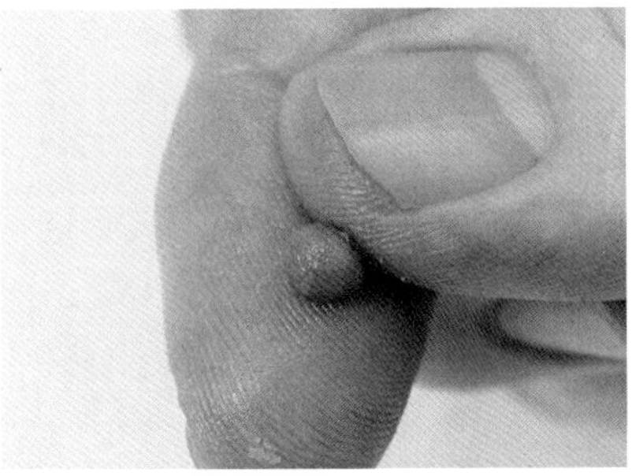

26 取红色面团，用指腹将面团搓成圆形。

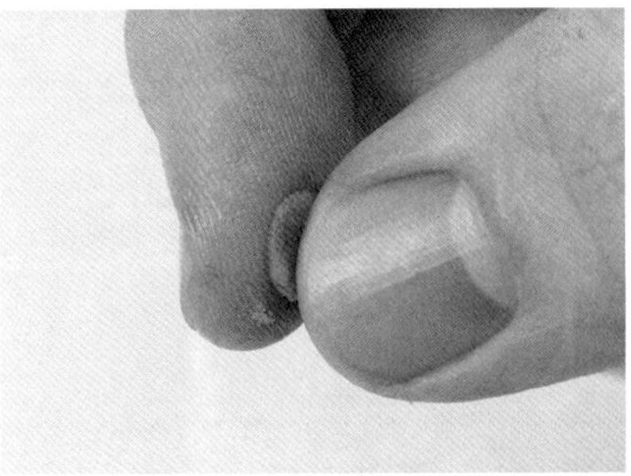

27 承步骤26，将红色圆形面团用指腹压扁，为腮红。

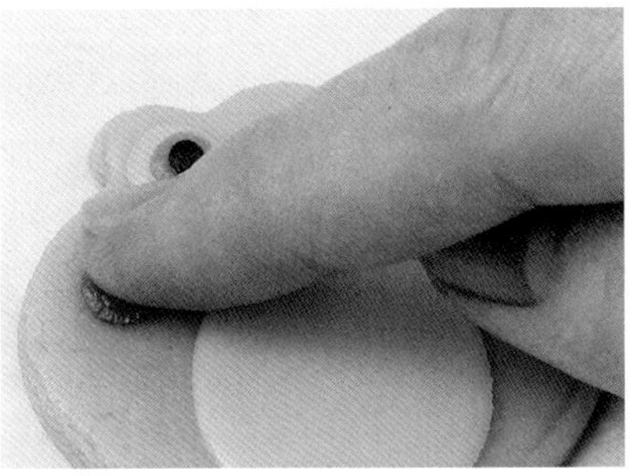

28 将腮红放在身体左侧，并用指腹轻压固定。

29 重复步骤27~28，完成右侧腮红。

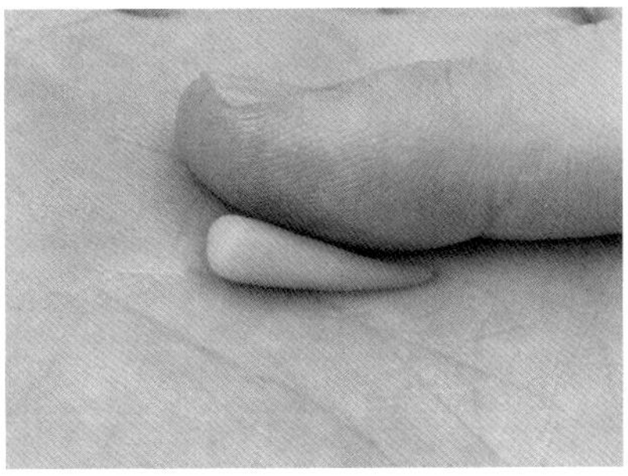

30 用指腹将浅绿色面团搓成水滴形，为脚。

31 将浅绿色水滴形面团放在肚子左侧，并用指腹轻压固定，为左脚。

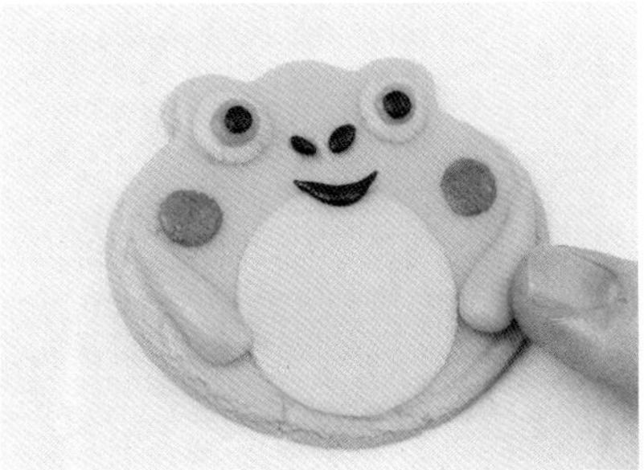

32 重复步骤30~31，完成右脚。

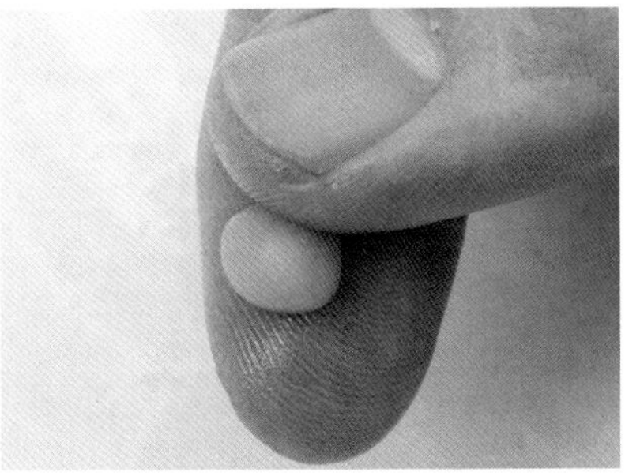

33 用指腹将浅绿色面团搓成圆形。

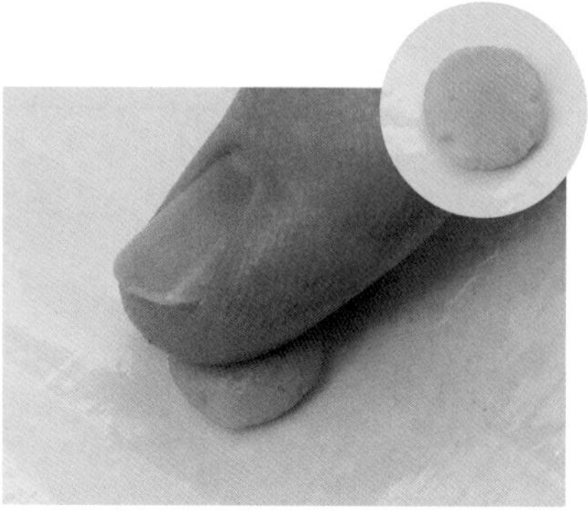

34 用指腹将浅绿色圆形面团压扁。

35 用雕塑工具将浅绿色圆扁形面团对切为面团c1与c2。

36 将面团c1放在青蛙左眼上方，并用指腹轻压固定，为眼皮。

37 重复步骤36，将面团c2放在青蛙右眼上，完成右侧眼皮。

38 如图，青蛙完成。

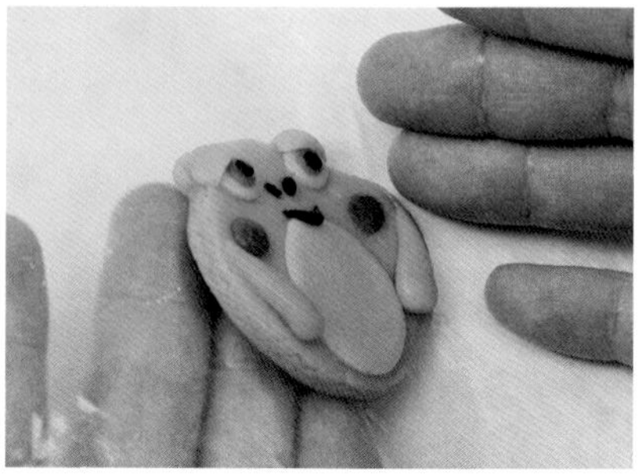

39 最后，将青蛙放上烤盘即可。

青蛙王子

皇冠

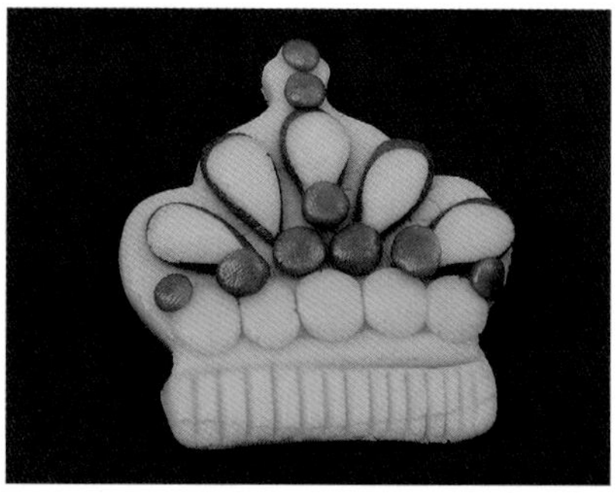

Materials 材料 & 工具 Tools

颜色 Color：原色　红色　黄色　蓝色

器具 Appliance：雕塑工具组、擀面棍、饼干切模、塑料袋或保鲜膜（垫底用）

Description 步骤说明 Step

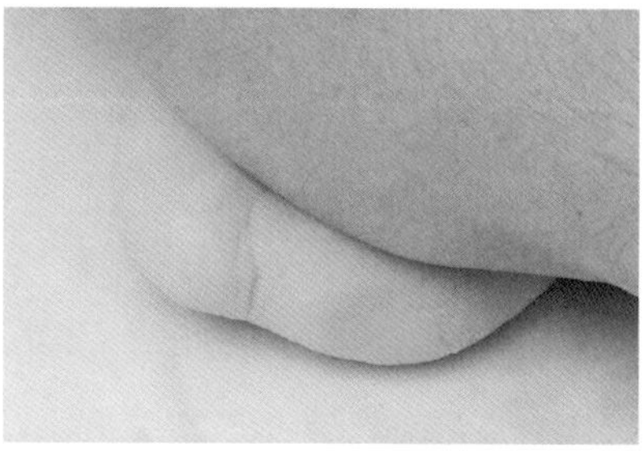

01 取原色面团，用手掌将面团压扁。

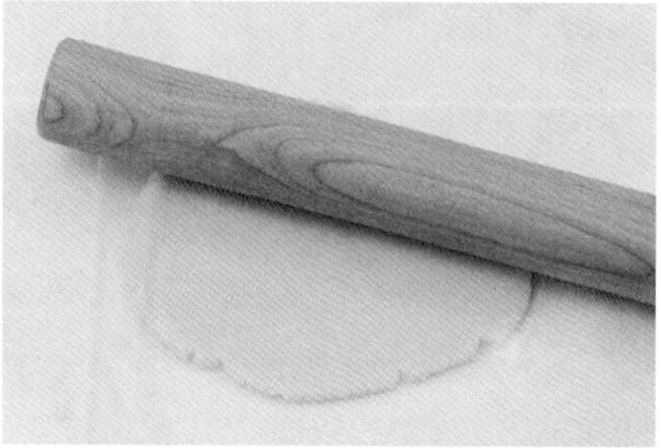

02 将原色面团放入塑料袋中，并用擀面棍将面团擀平。

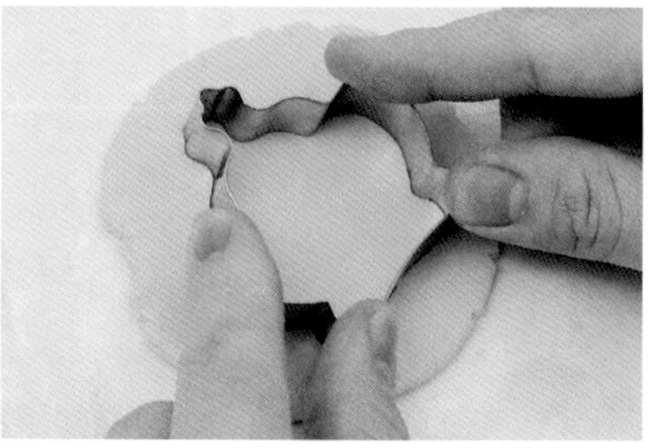

03 将饼干切模放在面团上，压出造型。

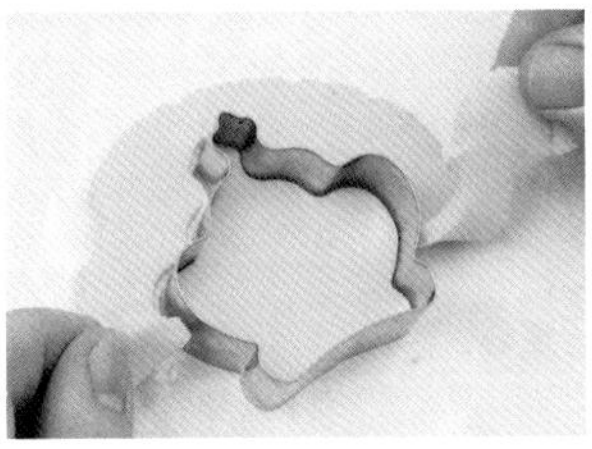

04 承步骤03，将切模外的面团去除后，拿起饼干切模。

05 如图，皇冠主体完成。

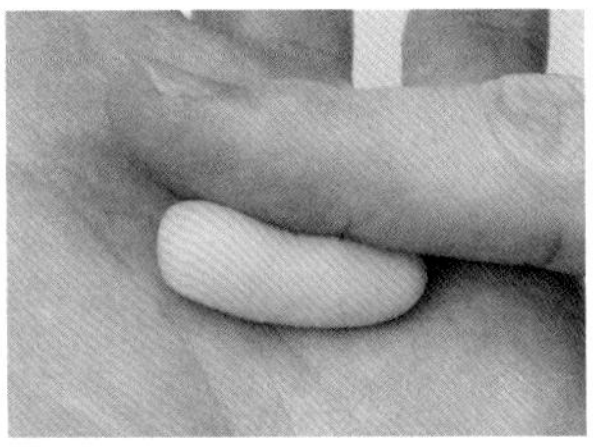

06 取黄色面团，用指腹将面团搓成长条形。

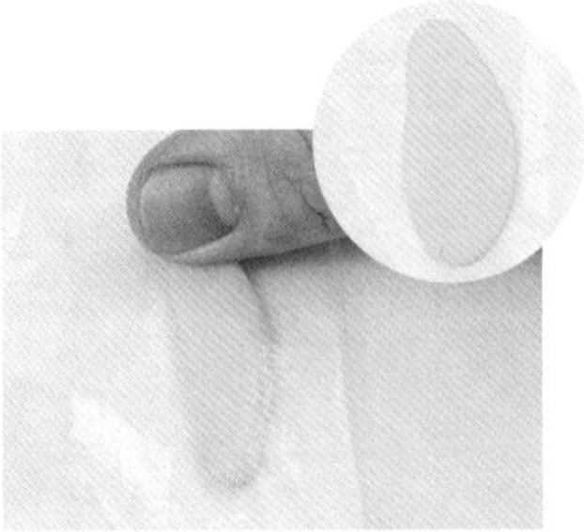

07 将黄色长条形面团放入塑料袋中，并用指腹压扁。

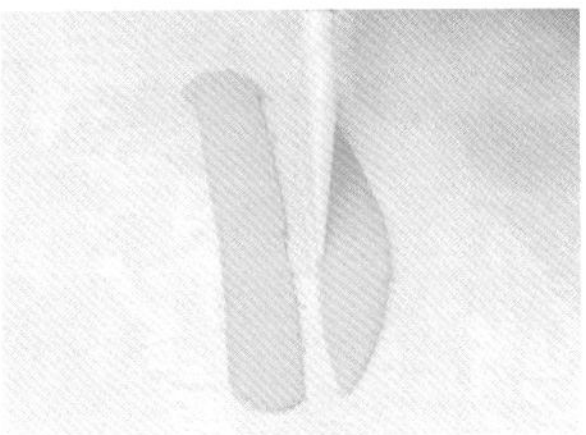

08 用雕塑工具将黄色面团切成长条形。

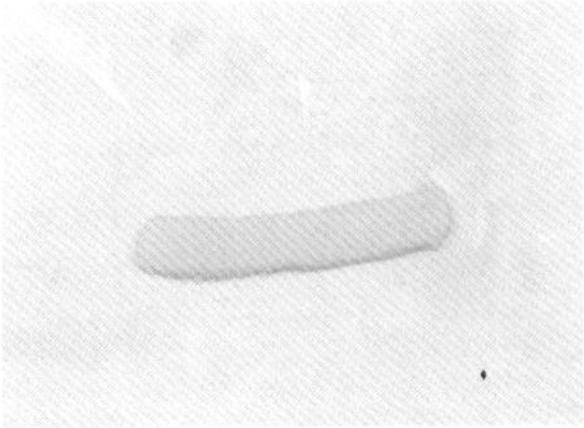

09 如图，饰带完成。

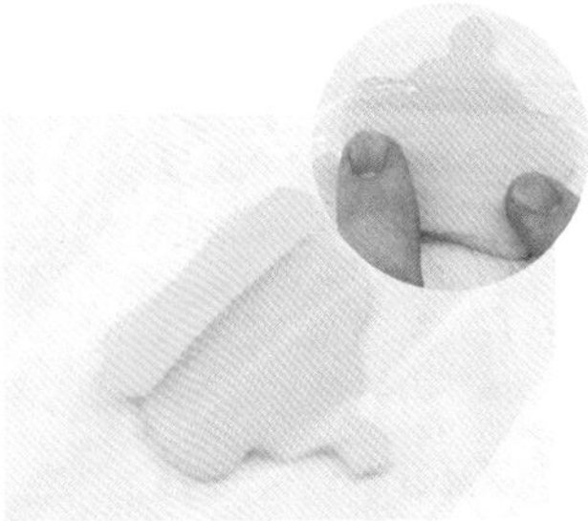

10 以塑料袋为辅助，将饰带与皇冠底边粘合后，用指腹轻压固定。

11 用雕塑工具将过长的饰带切除。

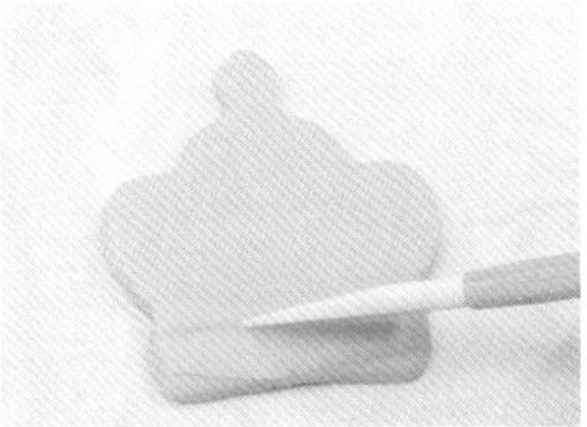

12 用雕塑工具在饰带1/3处压出横线纹路。

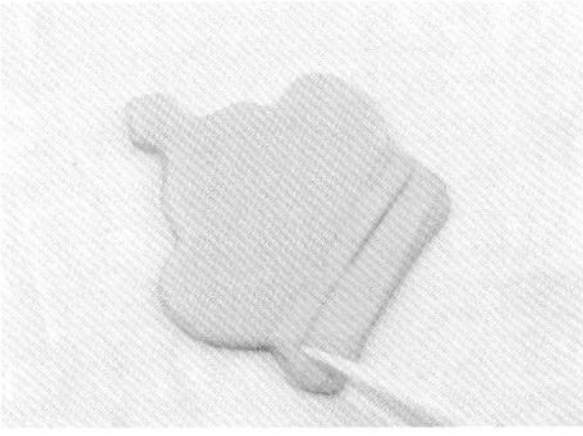

13 在饰带横线纹路下方压出直线纹路。

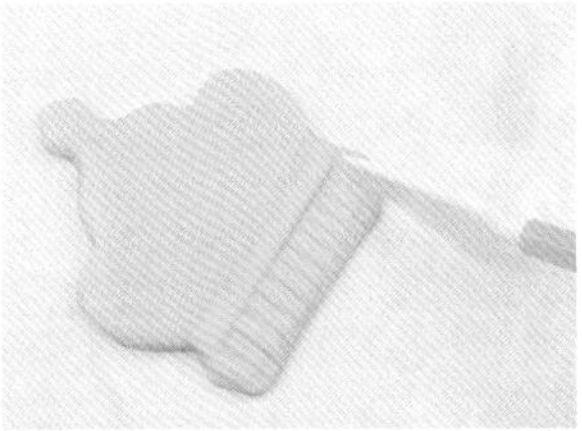

14 重复步骤13，由左至右依序在饰带上压出直线纹路。

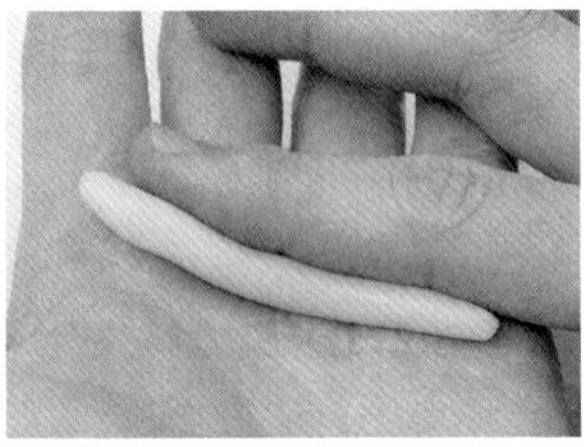

15 用指腹将黄色面团搓成长条形。

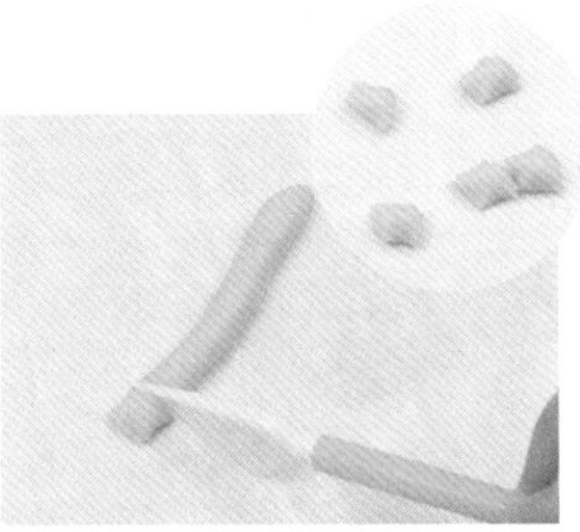

16 承步骤15，用雕塑工具切出五块面团。

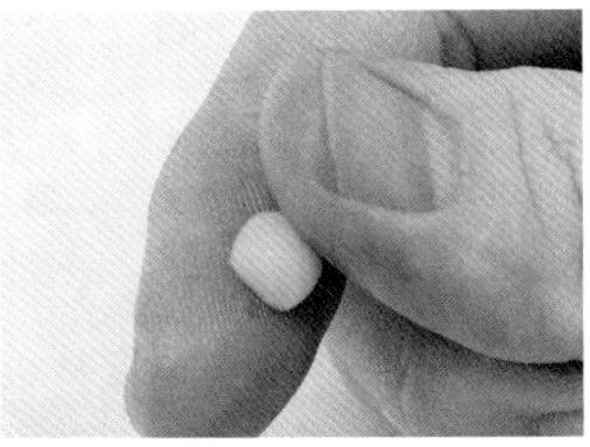

17 用指腹将黄色块状面团搓成圆形。

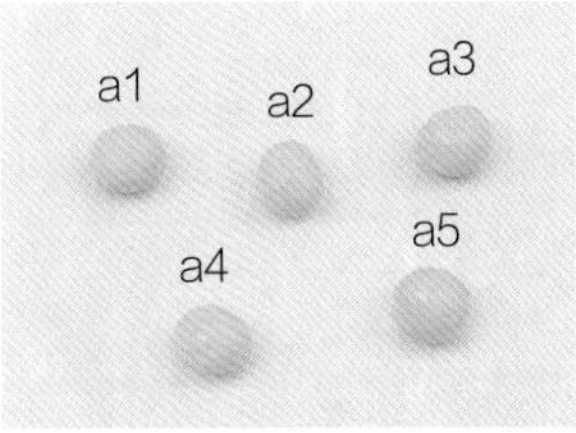

18 如图，黄色圆形面团a1～a5完成。

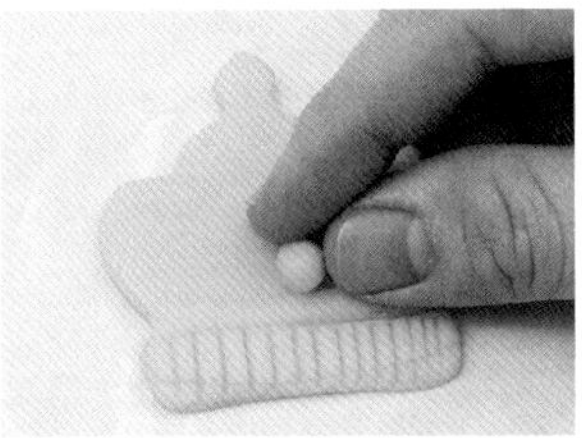

19 将黄色圆形面团a1放在饰带上侧中间。

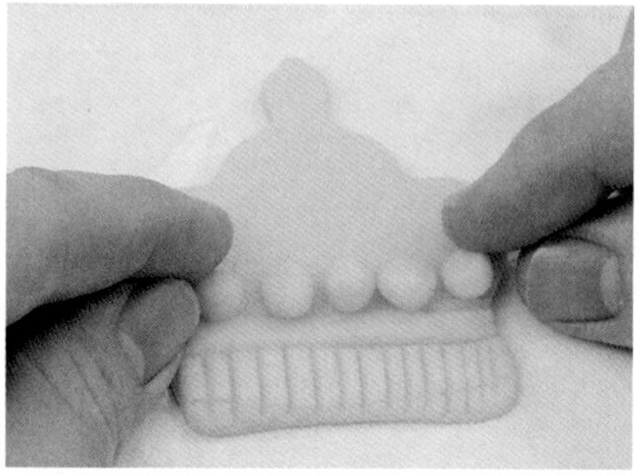

⑳ 重复步骤19，将黄色圆形面团a2～a5向左右两侧摆放完成。

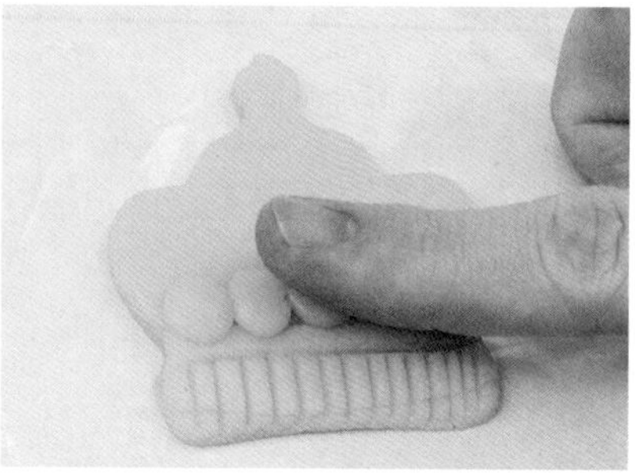

㉑ 承步骤20，用指腹将黄色圆形面团压扁固定。

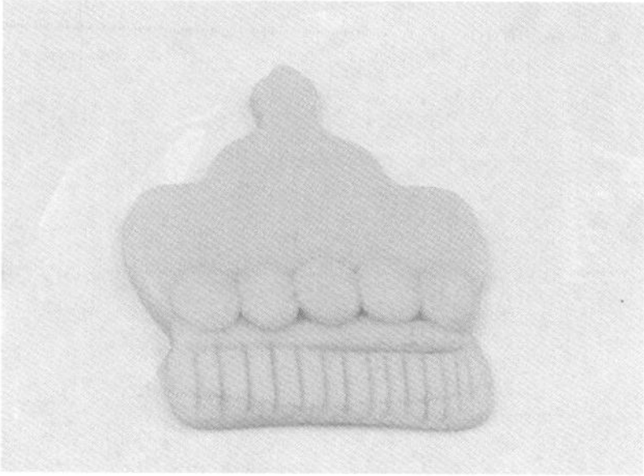

㉒ 如图，黄色宝石完成。

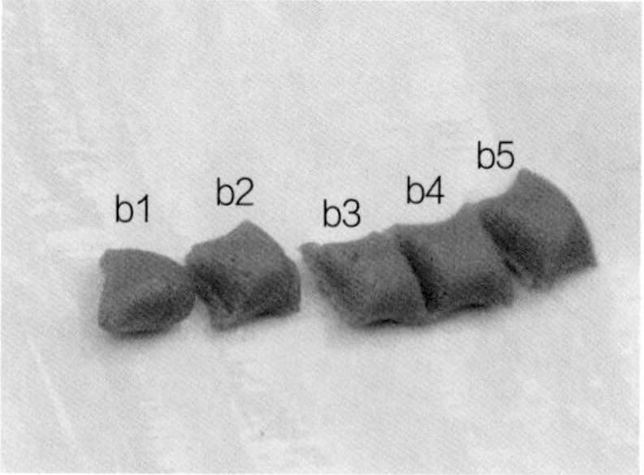

㉓ 取红色面团，重复步骤15～16，切成五块面团，为红色面团b1～b5。

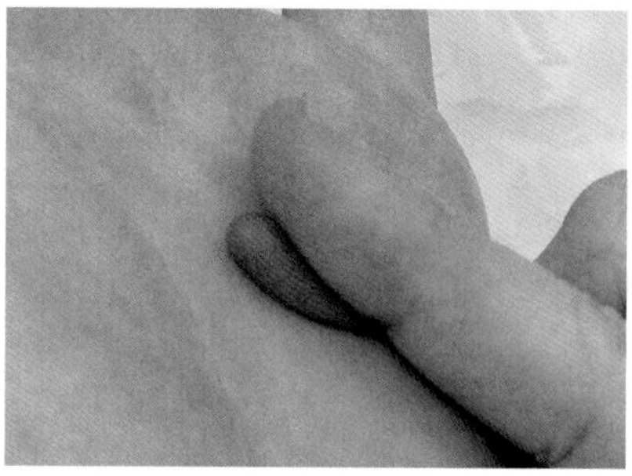

㉔ 将红色面团b1～b5用指腹搓成水滴形。

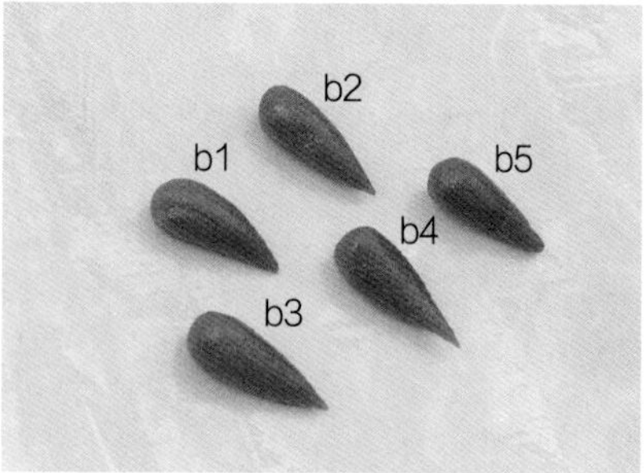

㉕ 如图，红色水滴形面团b1～b5完成。

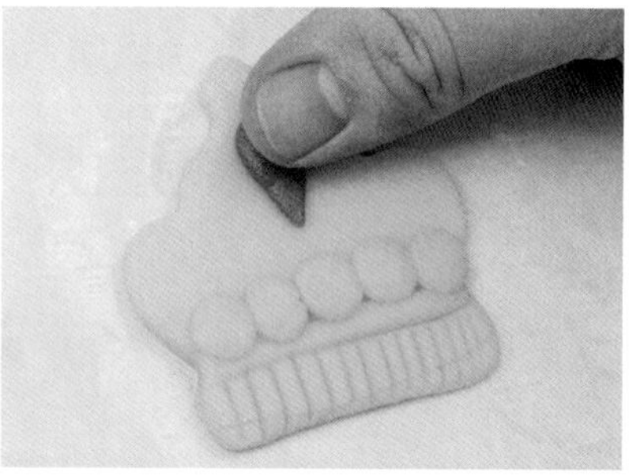

㉖ 将红色水滴形面团b1放在皇冠正中间，并用指腹轻压固定。

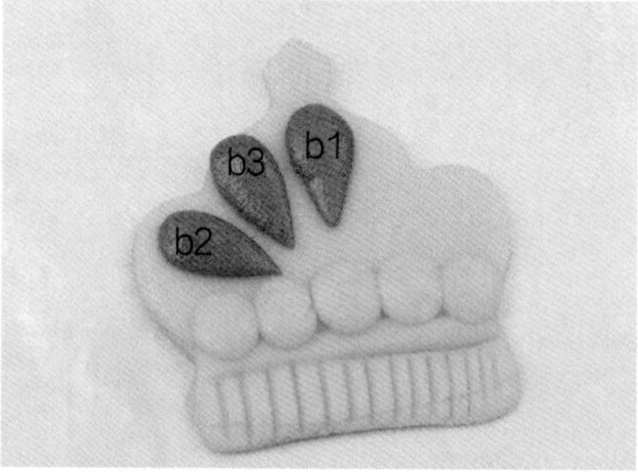

㉗ 重复步骤26，将红色水滴形面团b2与b3依序放在红色水滴形面团b1左侧并按压固定。

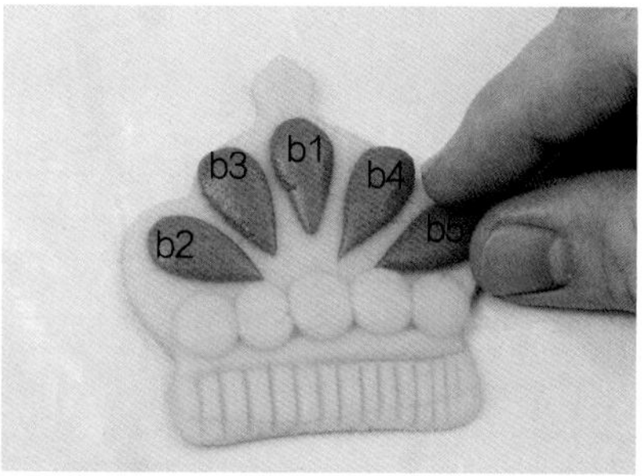

㉘ 重复步骤27，将红色水滴形面团b4与b5依序放在红色水滴形面团b1右侧并按压固定。

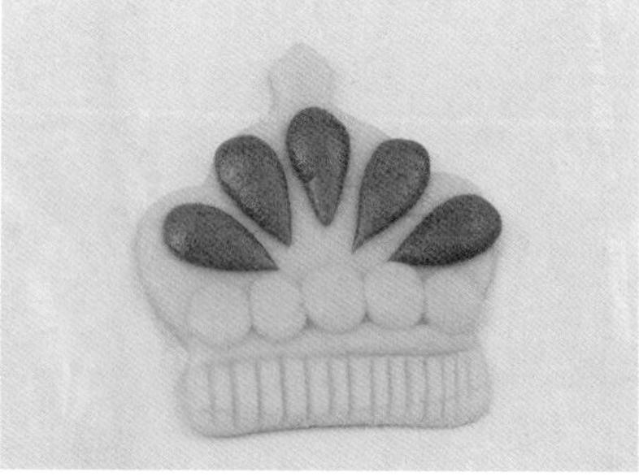

㉙ 如图，红色宝石完成。

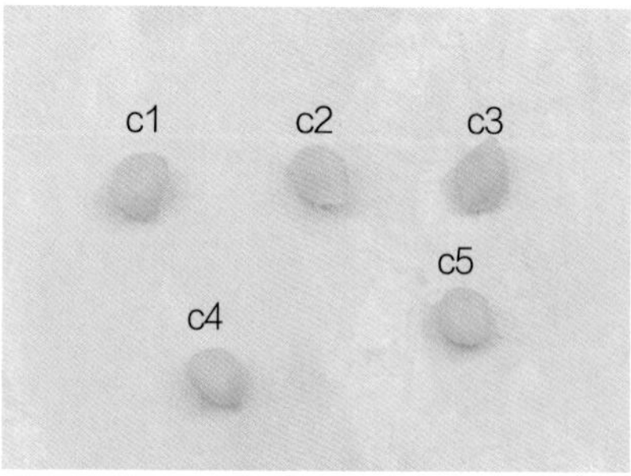

㉚ 取原色面团，重复步骤15～16，切成五块面团，为c1～c5。

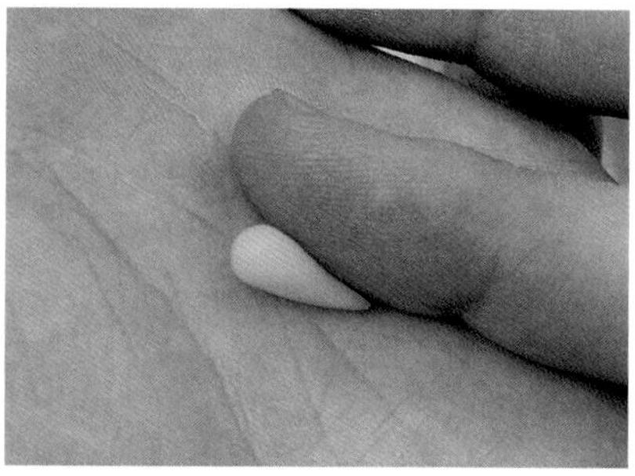

㉛ 用指腹将原色面团c1～c5搓成水滴形。

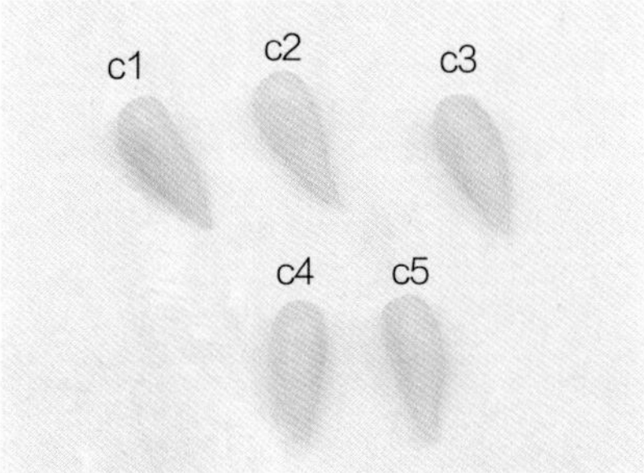

32 如图，原色水滴形面团c1～c5完成。

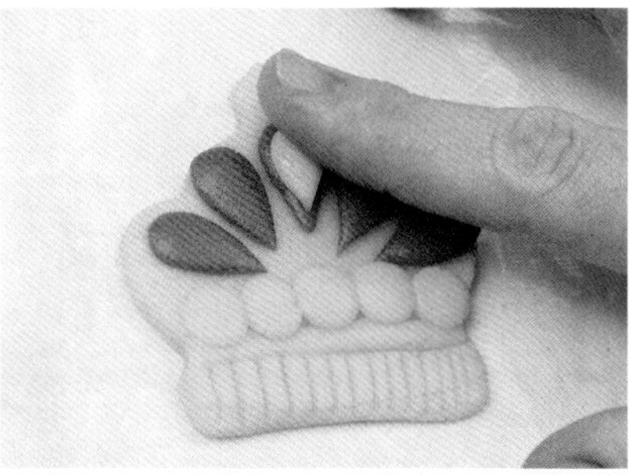

33 将原色水滴形面团c1放在红宝石上，并用指腹轻压固定。

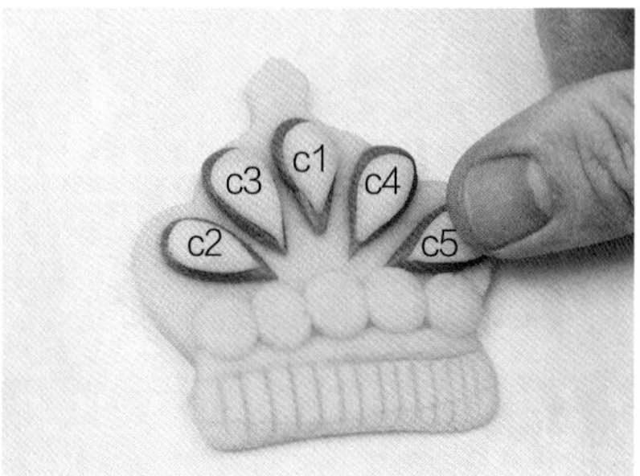

34 重复步骤33，将原色水滴形面团c1～c5，依序放在红色宝石上方，即完成光泽制作。

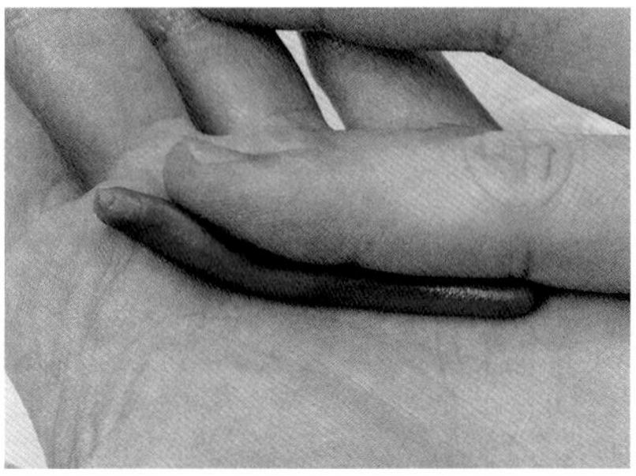

35 取蓝色面团，用指腹将面团搓成长条形。

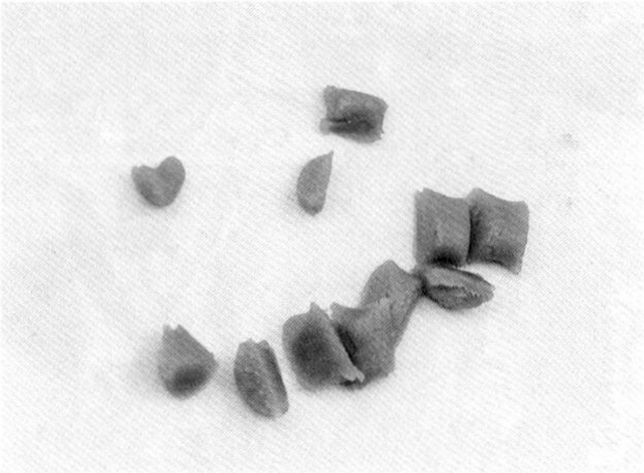

36 承步骤35，用雕塑工具将面团切成5大块与4小块。

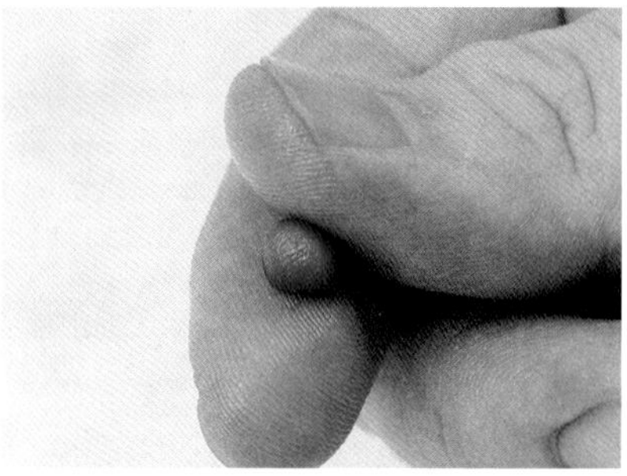

37 承步骤36，用指腹将切块的蓝色面团搓成圆形，为大蓝色宝石与小蓝色宝石。

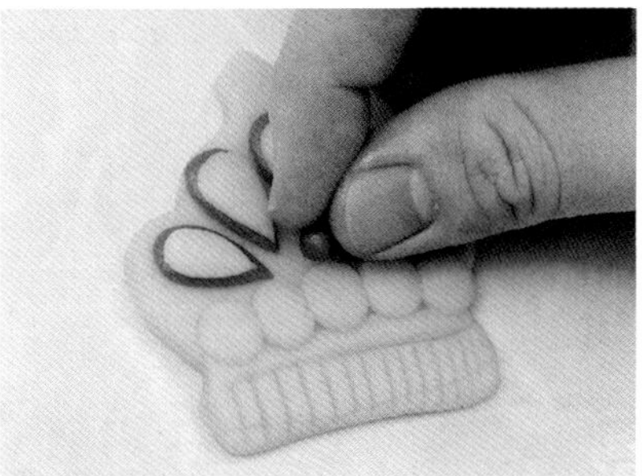

38 将大蓝色宝石放在红色宝石下方，并用指腹轻压固定。

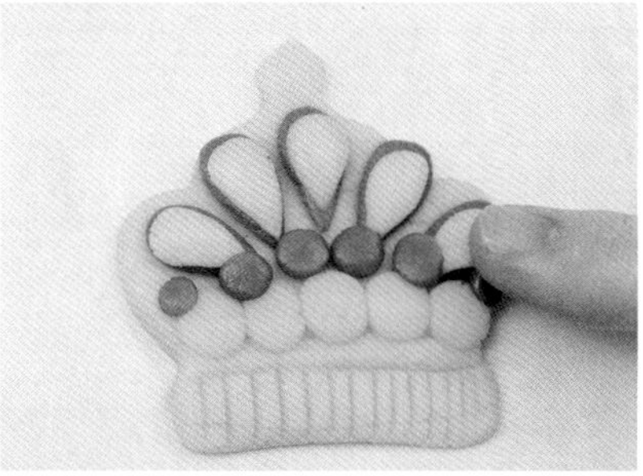

39 重复步骤38，依序将蓝色宝石装饰在皇冠上。

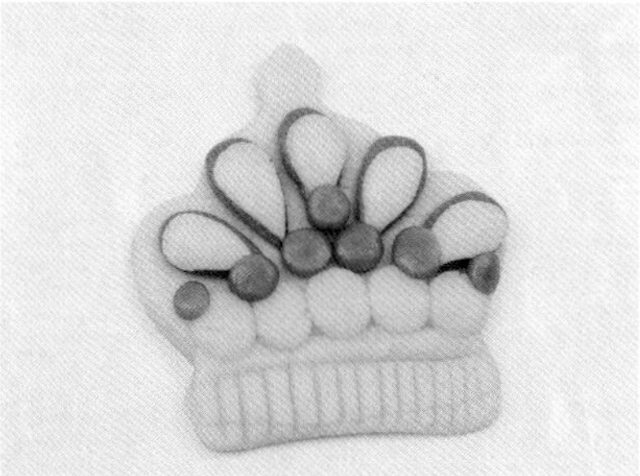

40 重复步骤38，将小蓝色宝石放在皇冠间隙上。

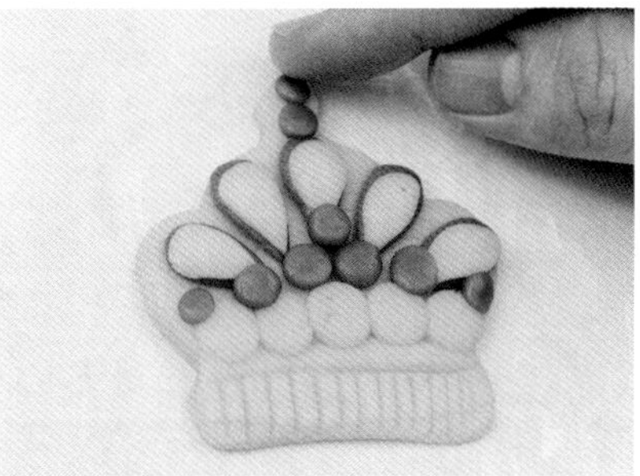

41 重复步骤38，将小蓝色宝石放在皇冠顶端。

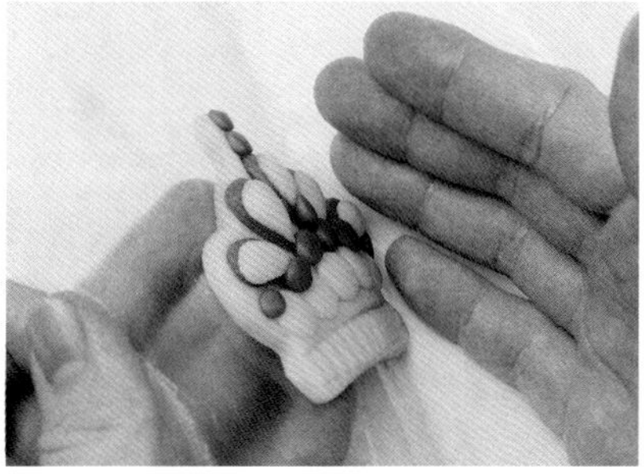

42 最后，将皇冠放上烤盘即可。

灰姑娘的舞会

上火 180℃，下火 130℃
烘烤 20 ~ 25 分钟
12 片

Materials 材料 & 工具 Tools

颜色 Color
面团
原色
塑形巧克力
白色 咖啡色 橘色 蓝灰色 蓝色 蓝绿色 绿色

器具 Appliance
雕塑工具组、擀面棍、印模、饼干切模、圆形切模、塑料袋或保鲜膜（垫底用）

Description 步骤 说明 Step

⁝ 基底制作

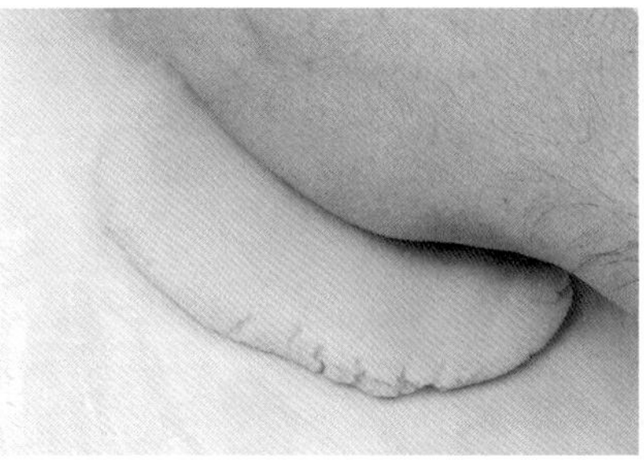

01 取原色面团，用手掌将面团压扁。

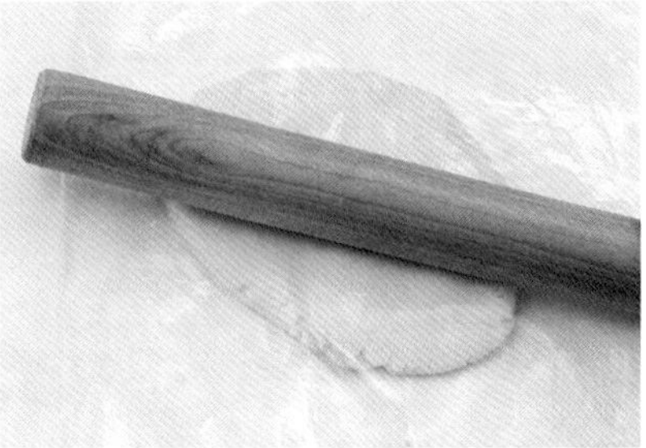

02 将塑料袋覆盖住原色面团，并用擀面棍擀平。

03 如图，原色面团擀平完成。

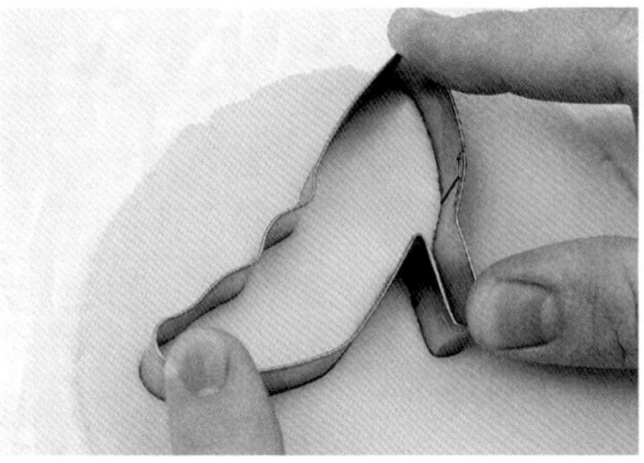

04 取玻璃鞋切模放在原色面团上并往下压。

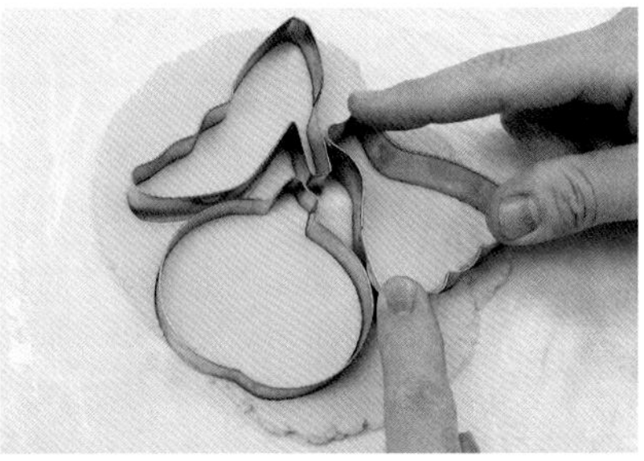

05 承步骤04，取南瓜切模、礼服切模，放在原色面团上并往下压。

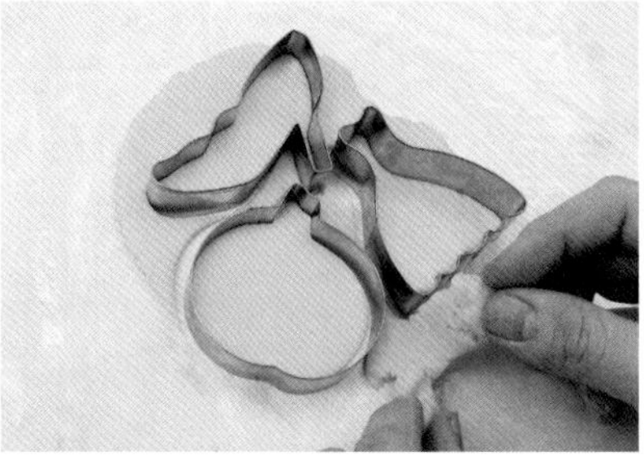

06 承步骤05，把切模外的原色面团去除。

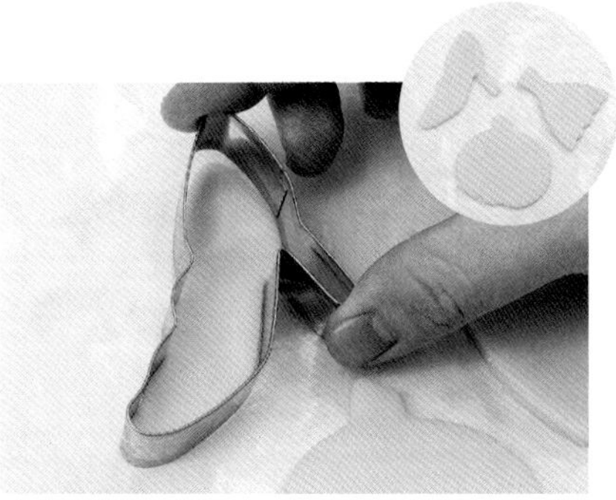

07 取出切模。

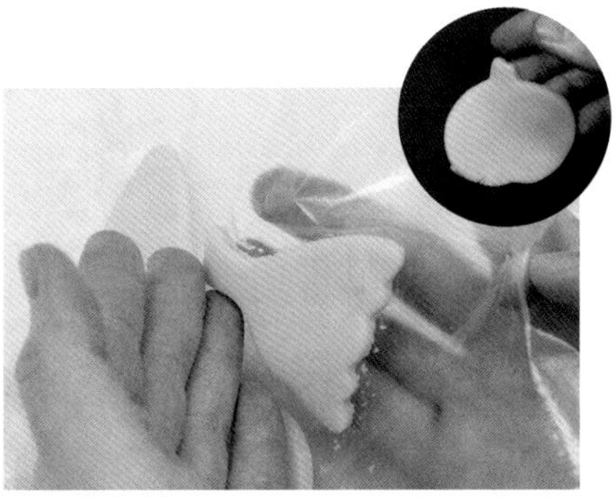

08 将玻璃鞋、礼服及南瓜放上烤盘。

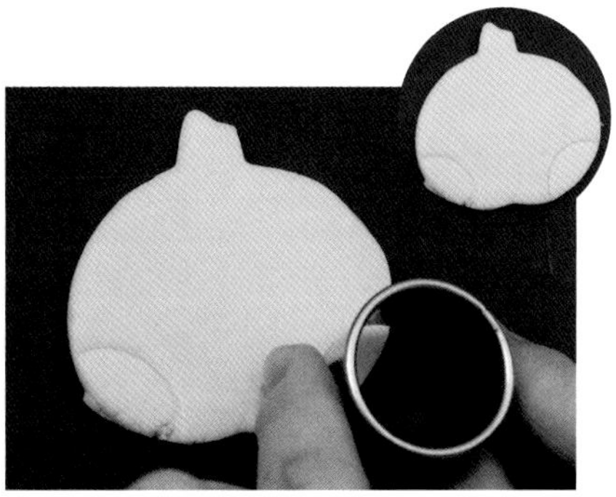

09 用圆形切模在南瓜两侧压出圆弧形，为轮胎位置。

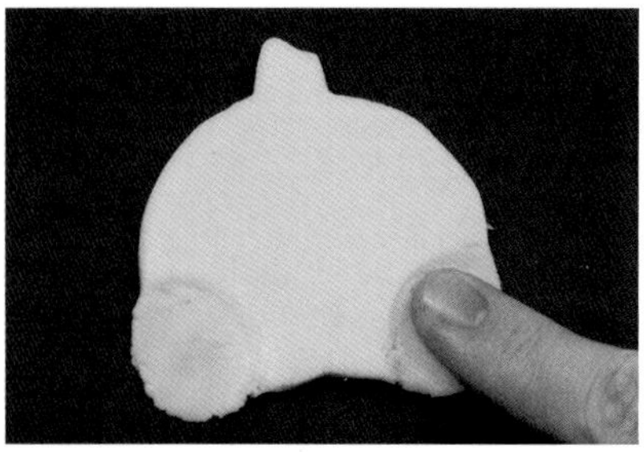

⑩ 用指腹将轮胎位置向下压，增加面团面积。

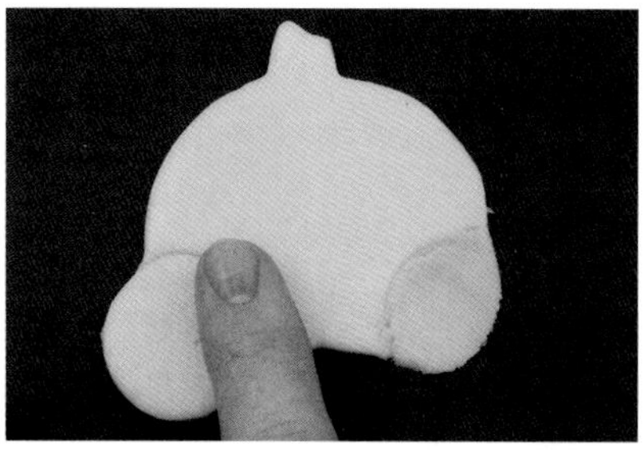

⑪ 先用圆形切模在原色面团上压出圆形面团后，放在左侧轮胎位置上，并用指腹按压固定，即完成轮胎。

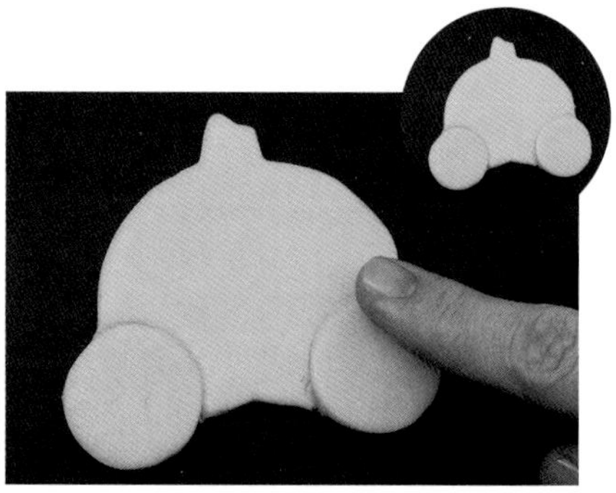

⑫ 重复步骤11，完成右侧轮胎制作，为南瓜马车，并待造型饼干烤熟冷却后，即可装饰。

⁝ 礼服制作

⑬ 制作已调色可塑形巧克力，由左至右为蓝绿色、蓝色、橘色、咖啡色、绿色、白色、蓝灰色。（注：塑形巧克力制作及调色方法可参考P.244。）

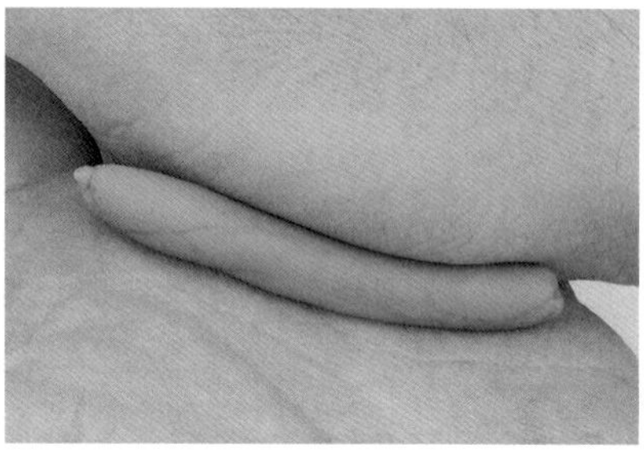

⑭ 取蓝灰色巧克力，搓成长条形。

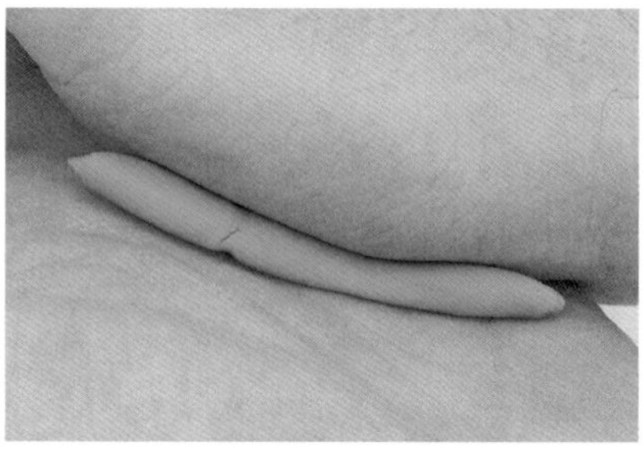

⑮ 取蓝色巧克力，搓成长条形。

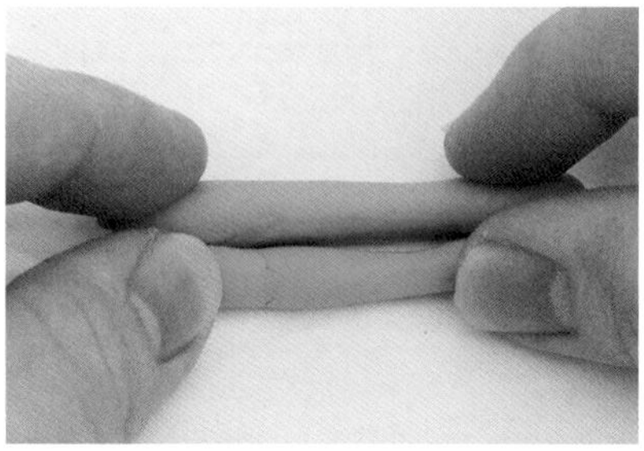

⑯ 将蓝灰色和蓝色巧克力横向并列摆放。

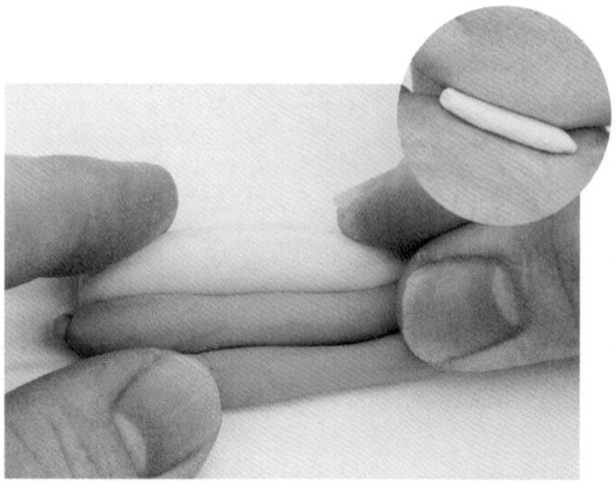

⑰ 重复步骤15，将蓝绿色巧克力搓成长条形后，摆放在蓝灰色巧克力上方。

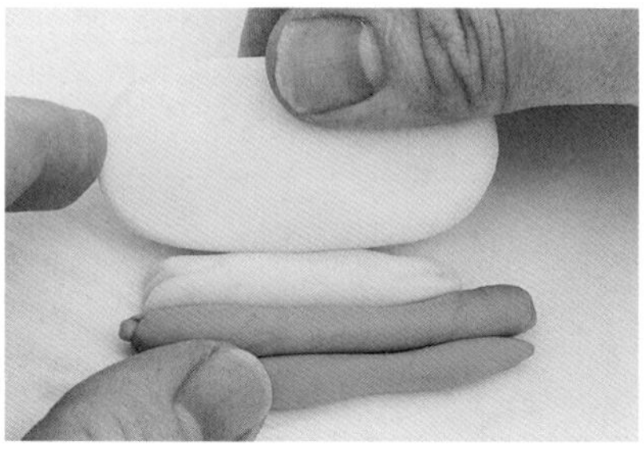

⑱ 先将白色巧克力捏成圆扁形后，摆放在蓝绿色巧克力上方，即完成混色巧克力。

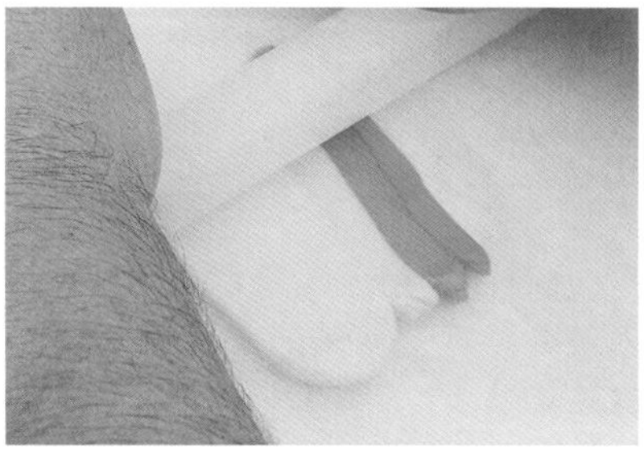

⑲ 用擀面棍将混色巧克力擀平。

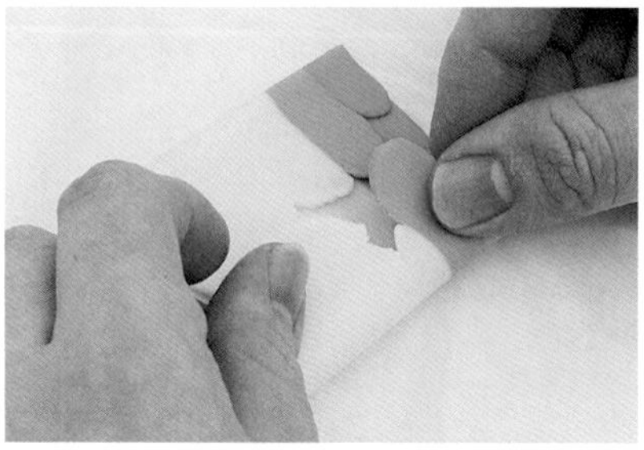

⑳ 将巧克力前后两端向内弯折。

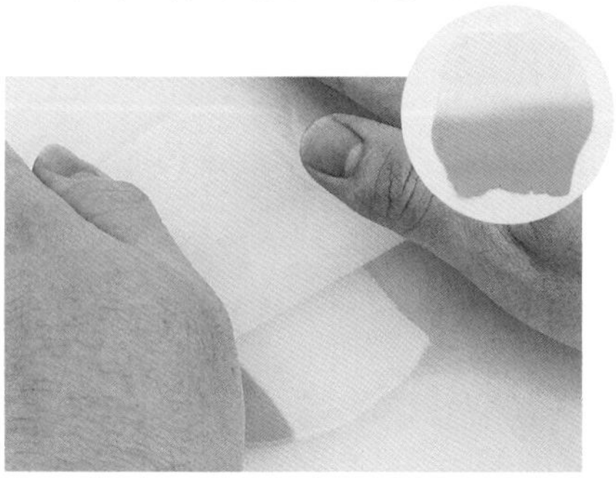

㉑ 用擀面棍将混色巧克力擀平。

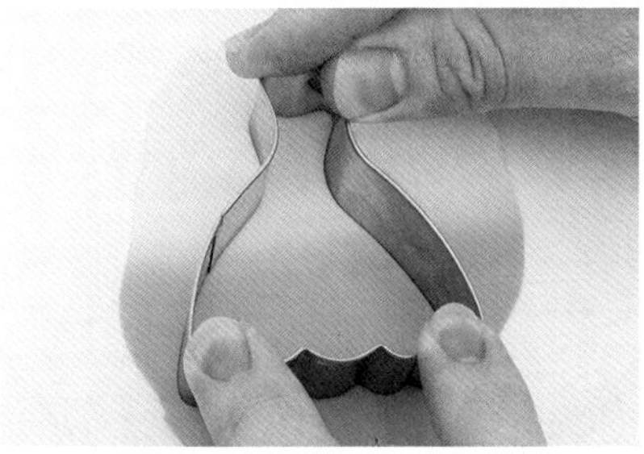

22 将礼服切模压放在混色巧克力上方。

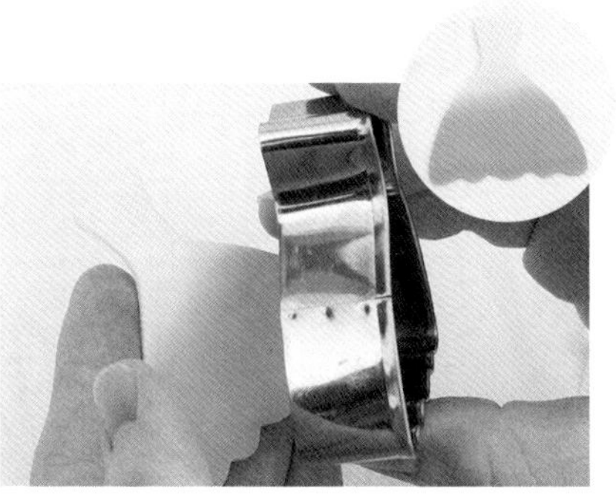

23 取下切模内巧克力后，即完成礼服主体。

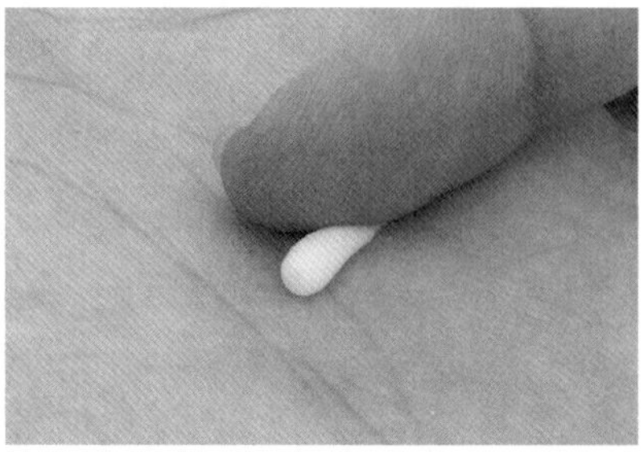

24 取白色巧克力在掌心搓成水滴形。

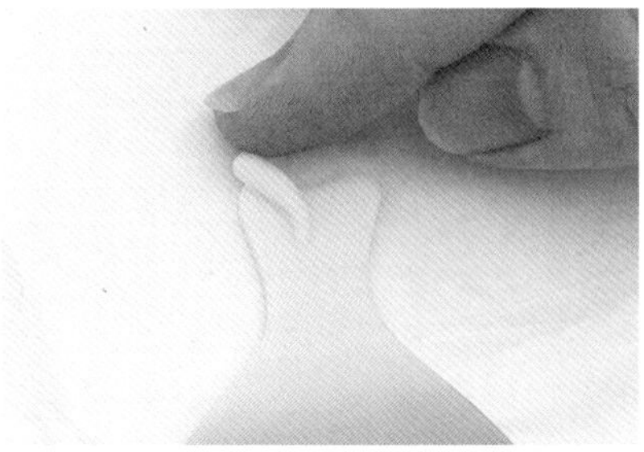

25 将水滴形巧克力放在礼服主体上方左侧领口处。

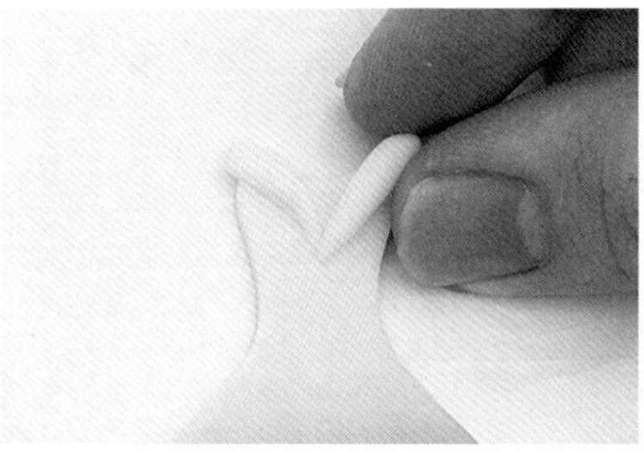

26 重复步骤24~25，完成右侧领口制作。

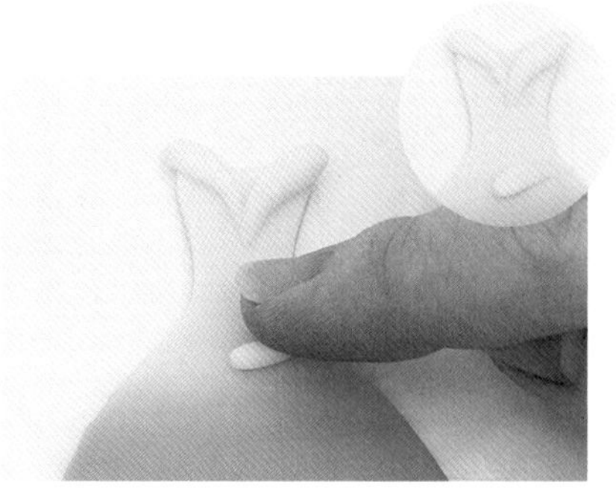

27 先将白色巧克力在掌心搓成水滴形后，放在礼服腰部，并以指腹轻压固定，即完成花瓣。

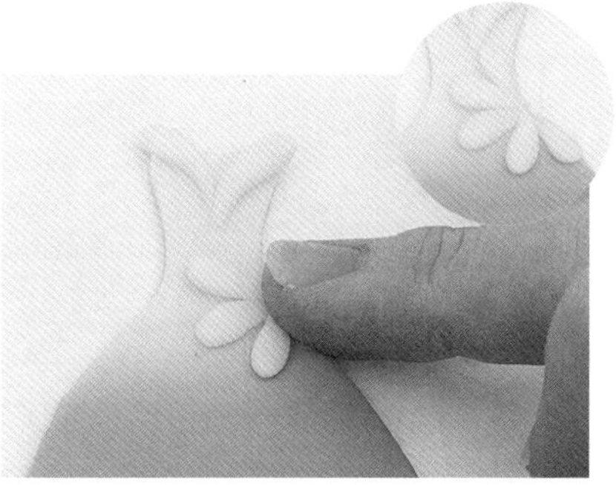

28 重复步骤27，完成共五片花瓣，为小花装饰。

29 重复步骤27~28，先在礼服左下角制作小花装饰后，搓出长条形白色巧克力，并放在小花装饰下方，为花茎。

30 将礼服主体放在已烤好饼干上方。

31 如图，礼服完成。

玻璃鞋制作

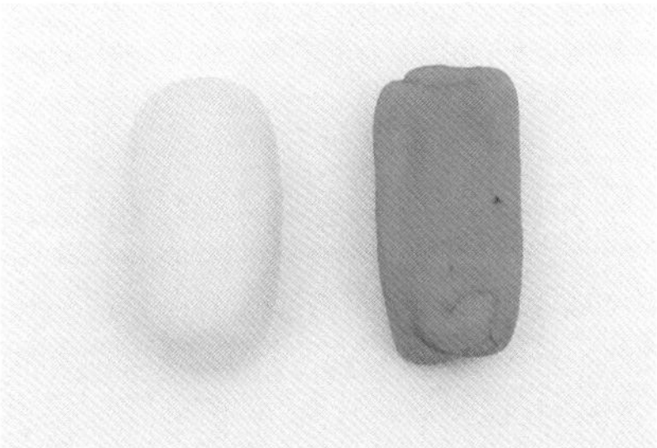

32 制作已调色可塑形巧克力，由左至右为蓝绿色、蓝色。（注：塑形巧克力制作及调色方法可参考P.244。）

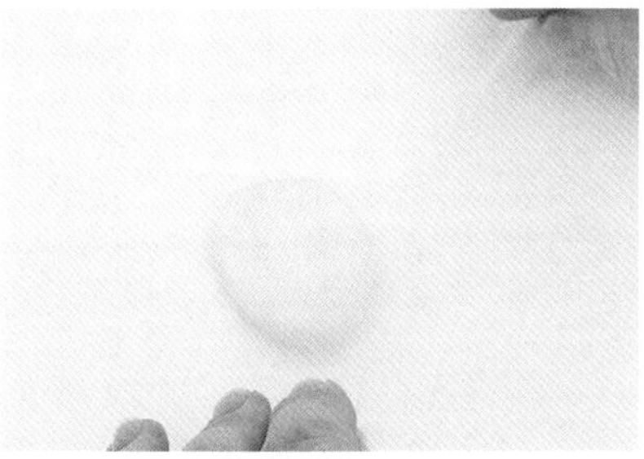

33 先将蓝绿色巧克力压扁后，再用塑料袋覆盖。

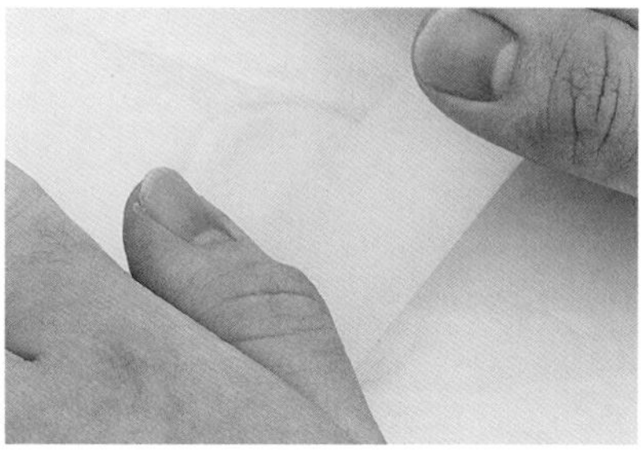

㉞ 用擀面棍将蓝绿色巧克力擀平。

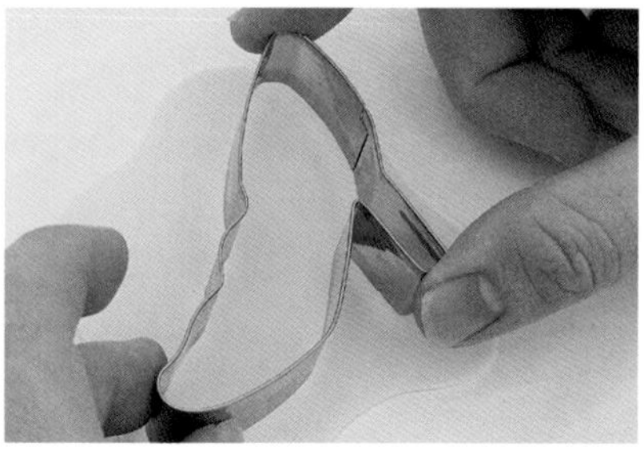

㉟ 将玻璃鞋切模压放在蓝绿色巧克力上方。

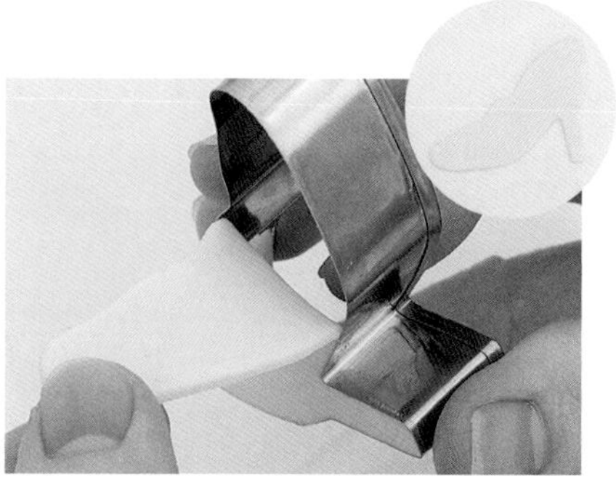

㊱ 取下切模内巧克力后，即完成玻璃鞋主体。

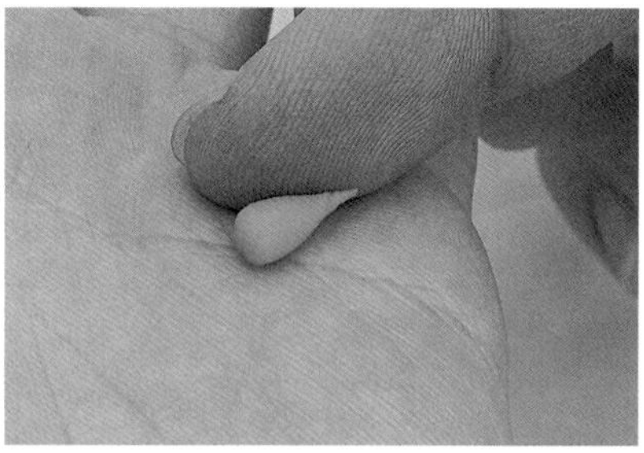

㊲ 将蓝色巧克力在掌心搓成水滴形。

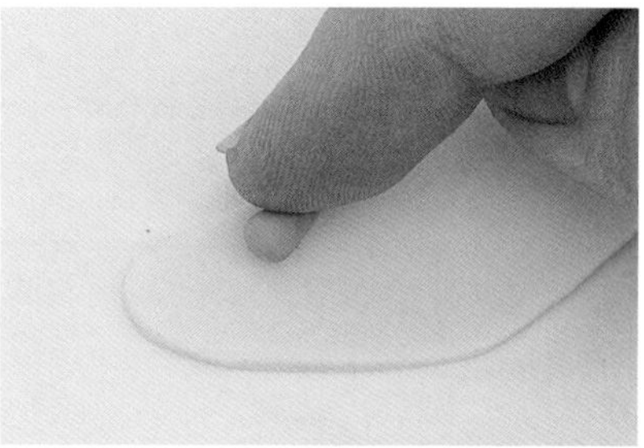

㊳ 将水滴形巧克力放在玻璃鞋主体上方。

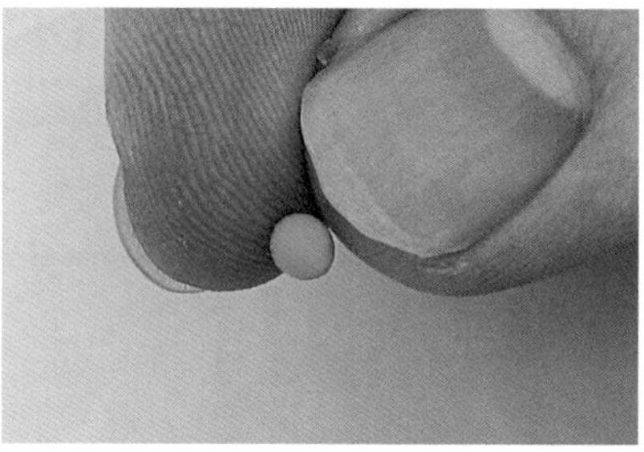

㊴ 将蓝色巧克力搓成圆形。

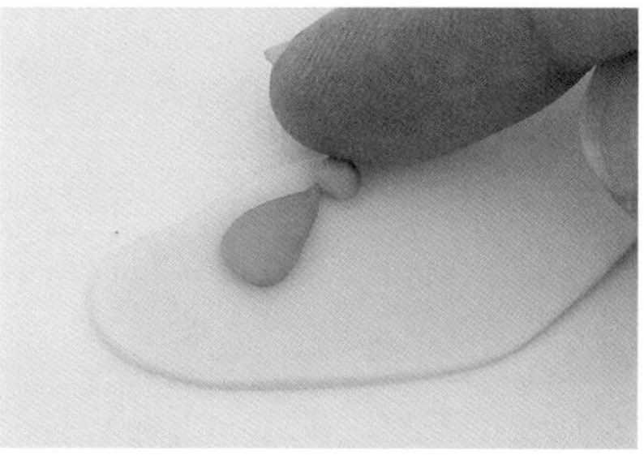

㊵ 将圆形巧克力放在水滴形巧克力尖端。

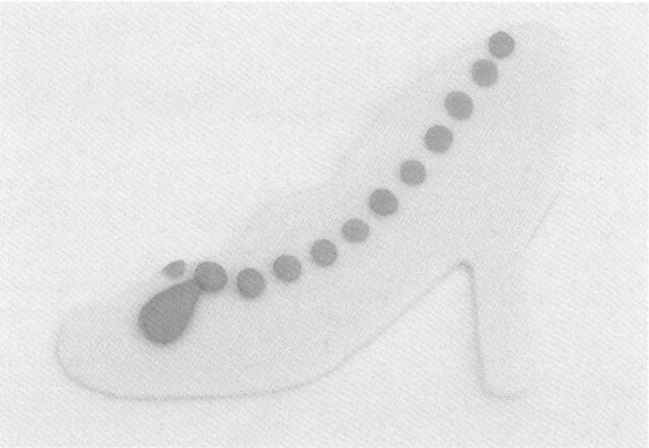

㊶ 重复步骤39~40，依序制作圆形巧克力，并沿着玻璃鞋鞋形制作脚形。

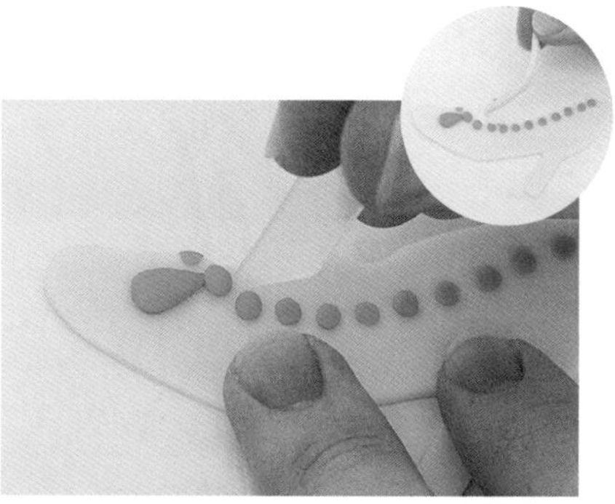

㊷ 用雕塑工具沿着圆形巧克力切出脚形，并取下多余巧克力后，即完成玻璃鞋主体。

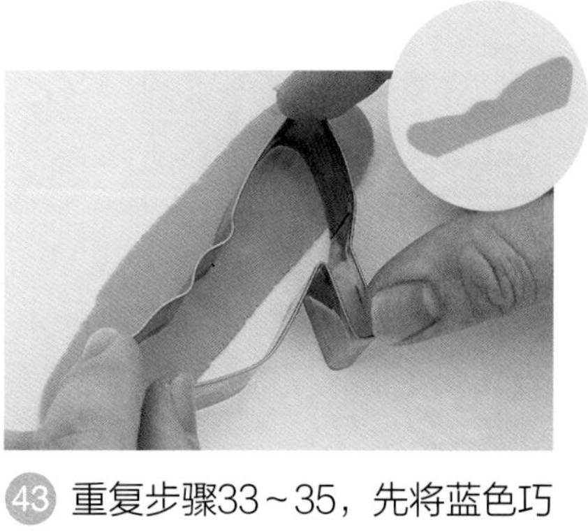

㊸ 重复步骤33~35，先将蓝色巧克力擀平后，再将玻璃鞋切模压放在蓝色巧克力上方。

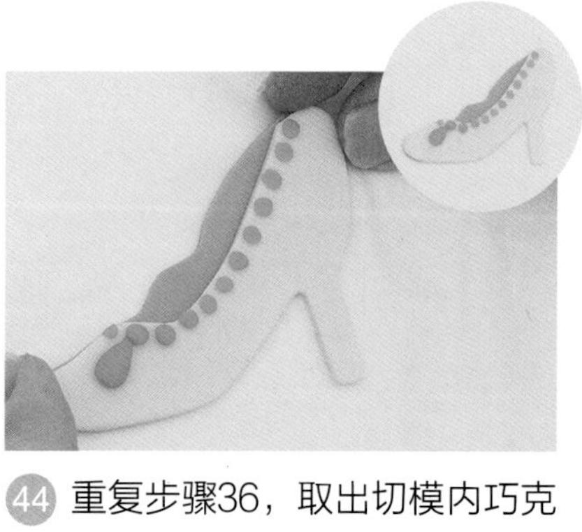

㊹ 重复步骤36，取出切模内巧克力后，将玻璃鞋主体巧克力放置上方。

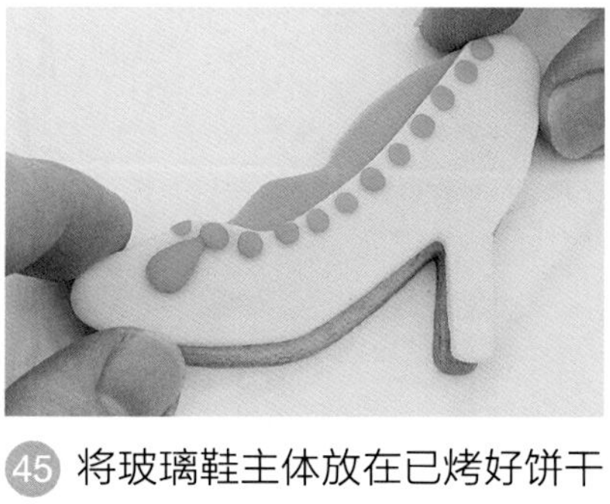

㊺ 将玻璃鞋主体放在已烤好饼干上方。

⫶南瓜马车制作

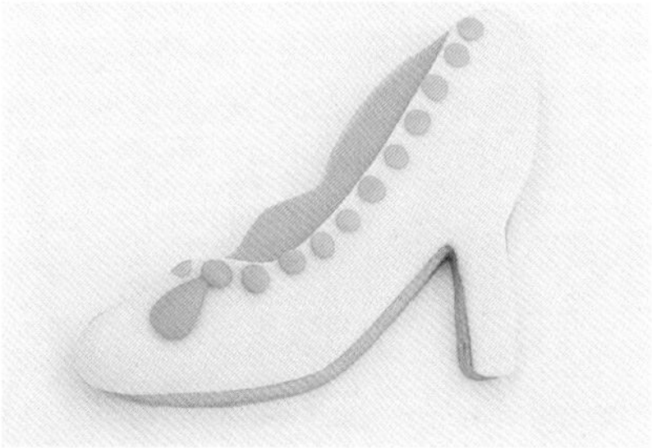

46 如图，玻璃鞋完成。

47 制作已调色可塑形巧克力，由左至右为橘色、咖啡色、绿色。（注：塑形巧克力制作及调色方法可参考P.244。）

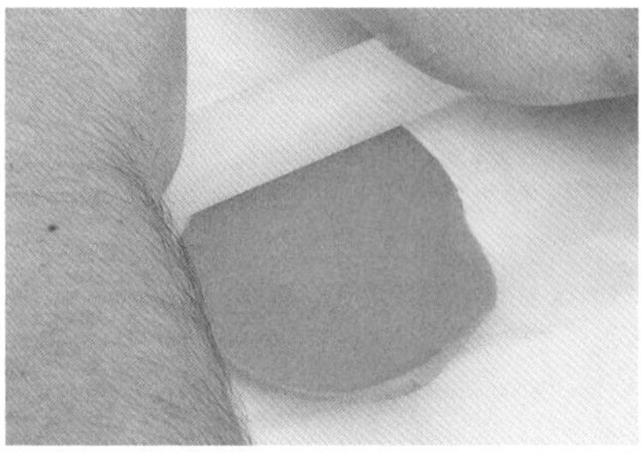

48 先将橘色巧克力压扁后，再用塑料袋覆盖，并用擀面棍擀平。

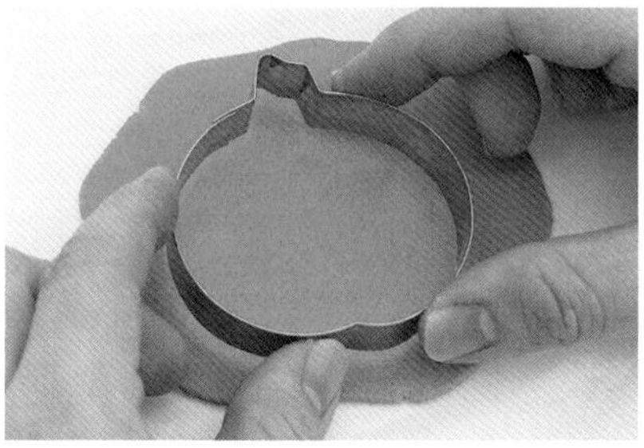

49 将南瓜切模压放在橘色巧克力上方。

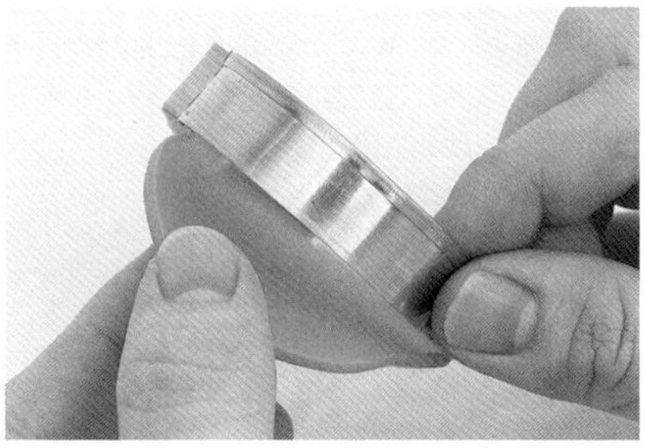

50 取下切模内巧克力后，即完成南瓜主体。

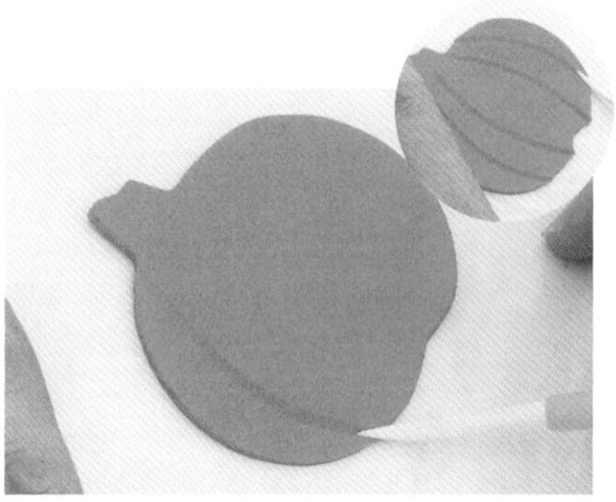

51 用雕塑工具顺着南瓜主体画出弧线，为南瓜纹路。

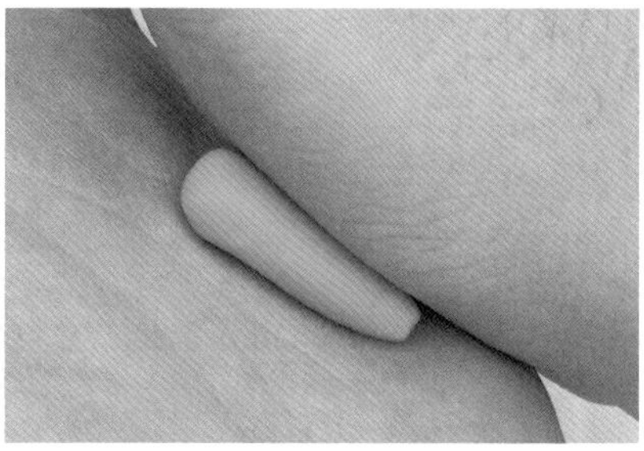

52 将绿色巧克力在掌心搓成水滴形。

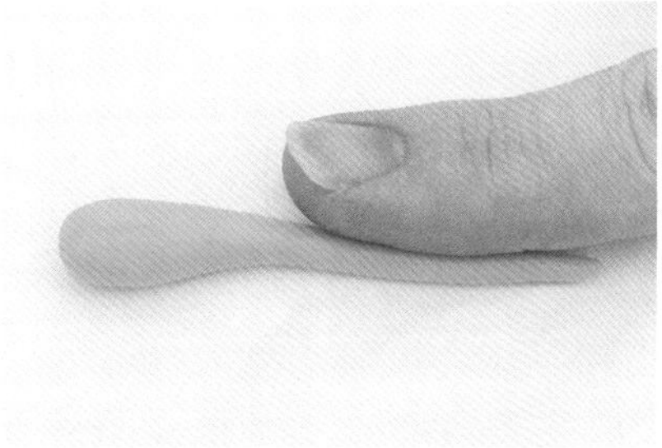

53 将水滴形巧克力放在桌面上，将前端搓尖，即完成蒂头。

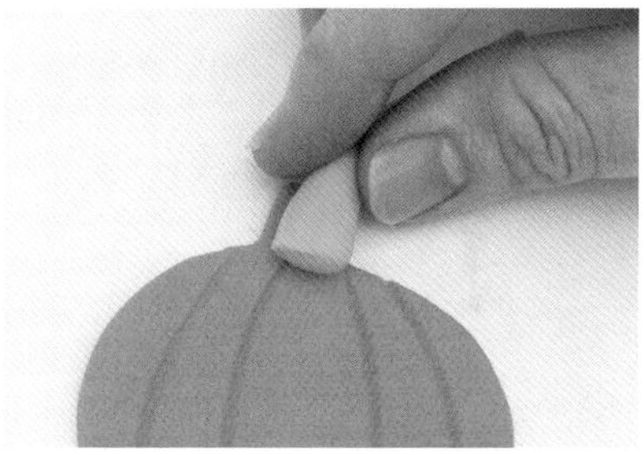

54 将蒂头放在南瓜主体上方。

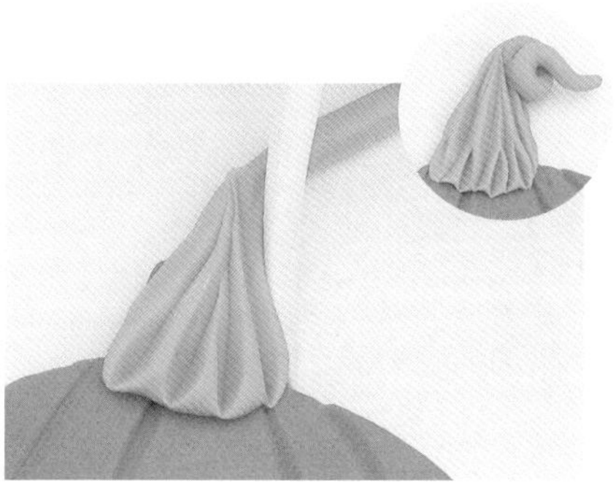

55 用雕塑工具顺着蒂头压出线条，为蒂头纹路，并顺势绕出卷曲状。

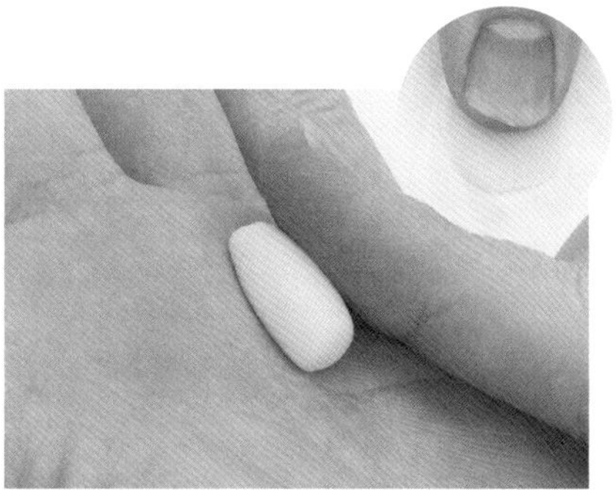

56 将绿色和白色巧克力混合成浅绿色巧克力，并搓成椭圆形后压扁。

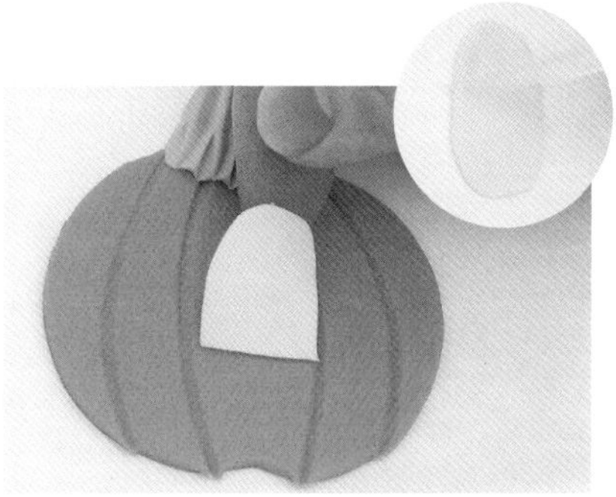

57 承步骤56，用雕塑工具切出拱形后，将拱形巧克力放在南瓜主体上，为窗户。

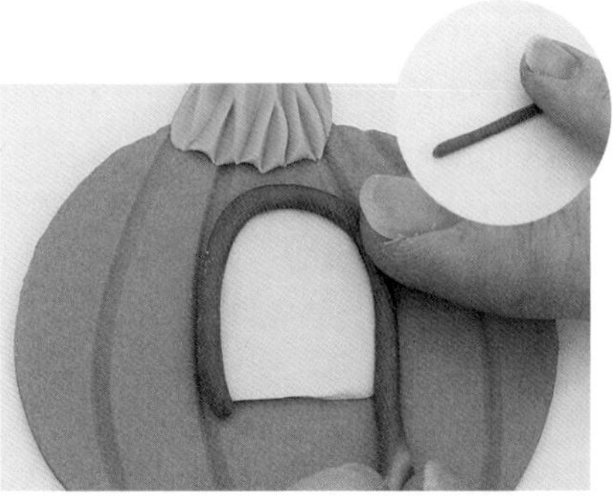

58 将咖啡色巧克力在桌面搓成长条形后，沿着窗户轮廓摆放。

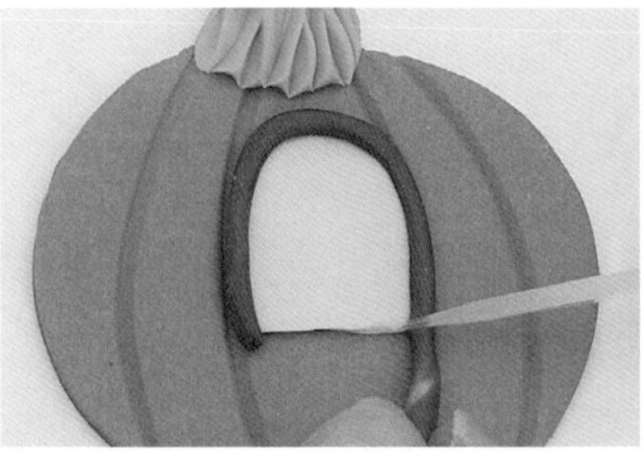

59 用雕塑工具将过长的巧克力切除，即完成窗框。

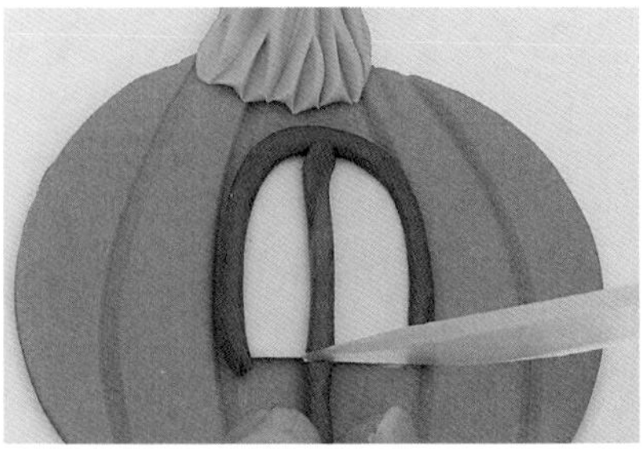

60 重复步骤58～59，完成直向窗框。

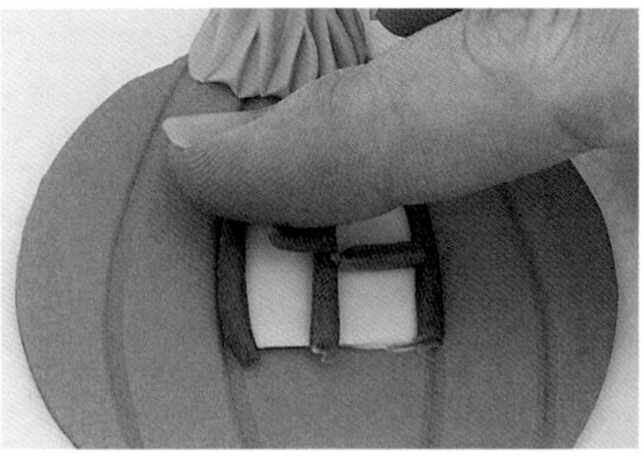

61 重复步骤58～59，完成横向窗框。

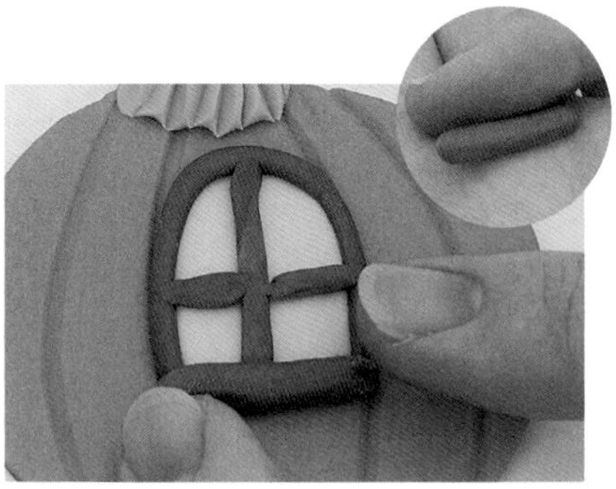

62 将咖啡色巧克力在掌心搓成柱形，并放在窗户下方，即完成窗台板制作。

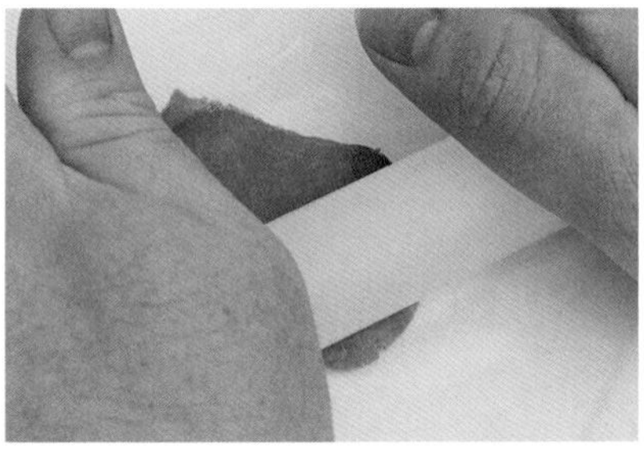

63 先将咖啡色巧克力压扁后，再用塑料袋覆盖，并用擀面棍擀平。

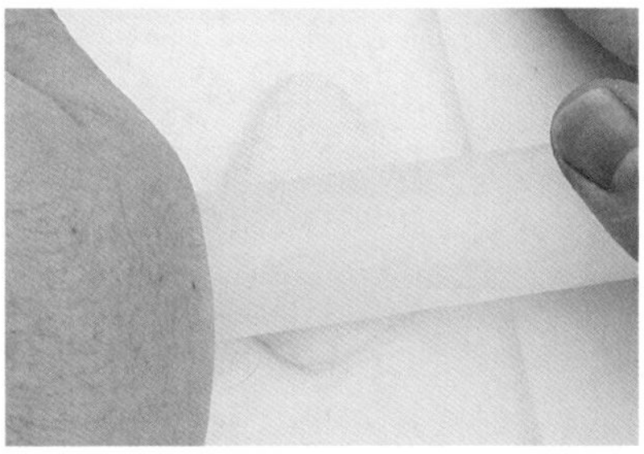

64 先将白色巧克力压扁后，用塑料袋覆盖，并用擀面棍擀平。

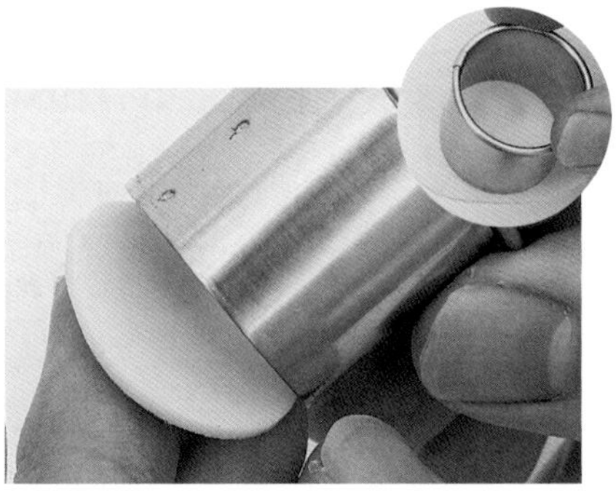

65 将圆形切模压放在白色巧克力上方后，取出切模内巧克力，即完成轮胎主体。

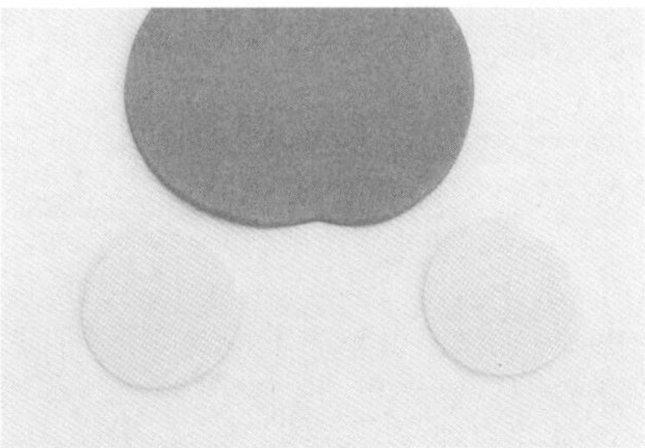

66 重复步骤64～65，共完成两个轮胎主体。

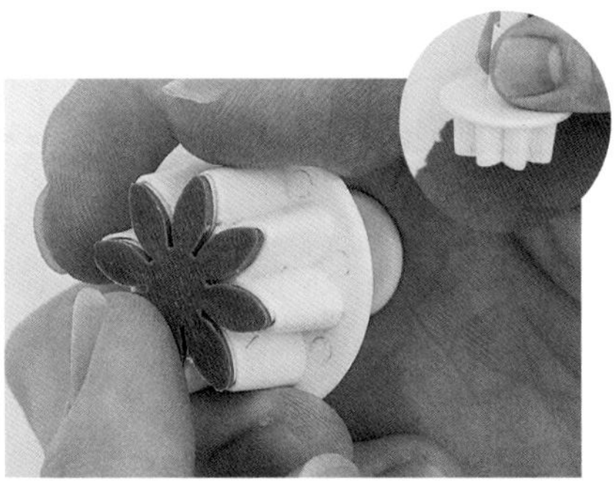

67 以印模压在咖啡色巧克力上方后，取出印模内的小花巧克力。

68 重复步骤67，共完成两片小花巧克力。

69 将小花巧克力放在轮胎主体上方，即完成轮胎。

70 重复步骤69，共完成两个轮胎。

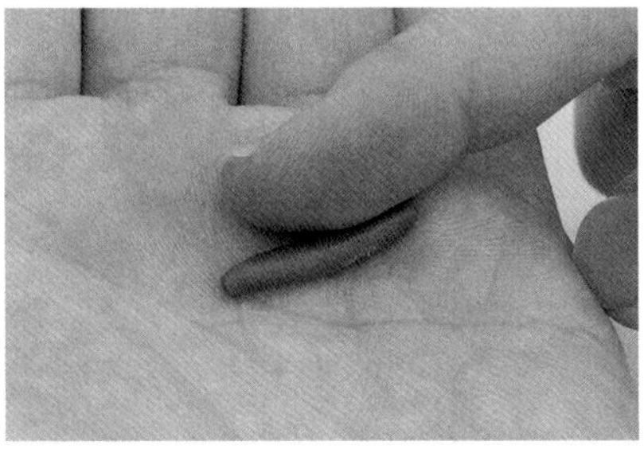

71 将咖啡色巧克力在掌心搓成短柱形。

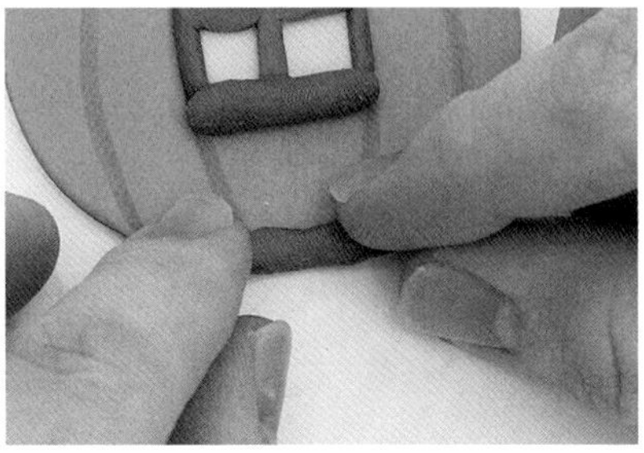

72 将短柱形巧克力放在南瓜下方。

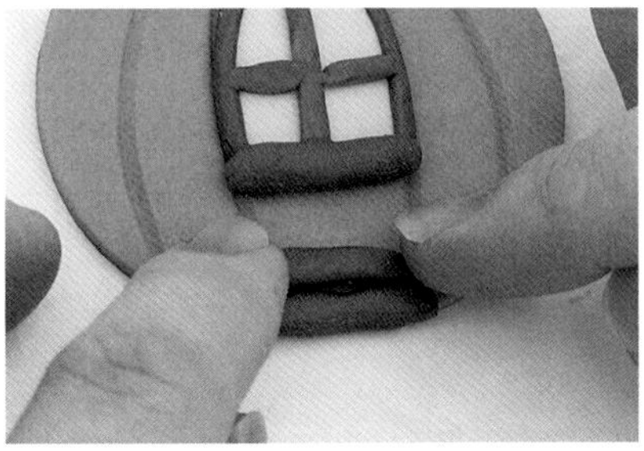

73 重复步骤71~72，完成共两个短柱形巧克力制作，为阶梯。

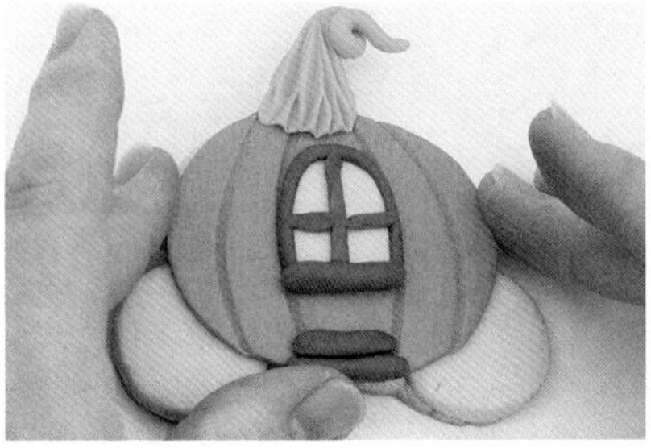

74 将南瓜主体放在已烤好饼干上方。

75 用圆形切模在南瓜主体两侧压出圆弧形，为轮胎位置。

76 将轮胎放在步骤75预留的位置上。

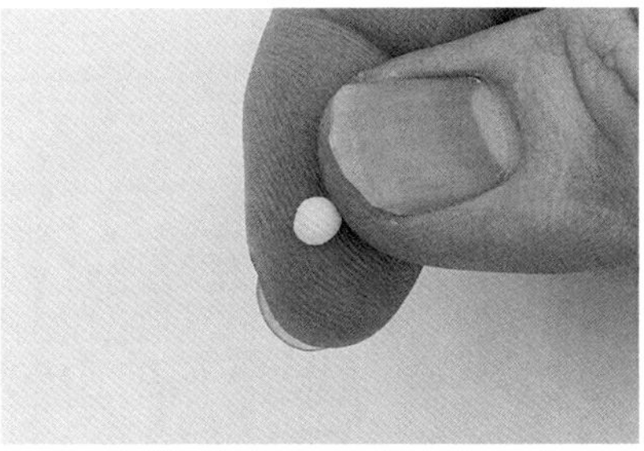

77 用指腹将白色巧克力搓成圆形。

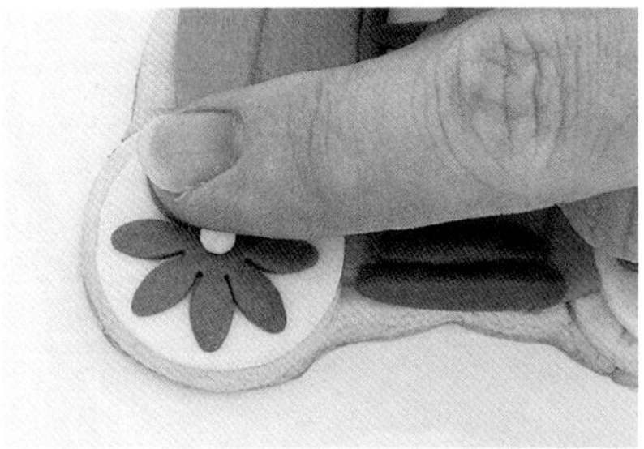

78 将圆形放在左侧轮胎中心，并用指腹轻按压。

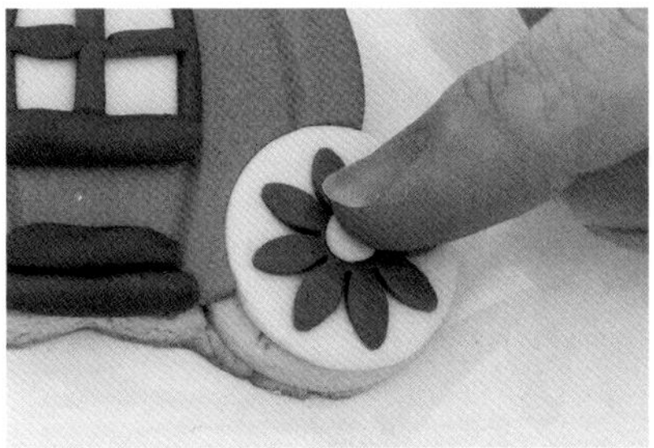

79 重复步骤77~78，完成右侧轮胎圆形摆放。

80 如图，南瓜马车完成。

桃太郎

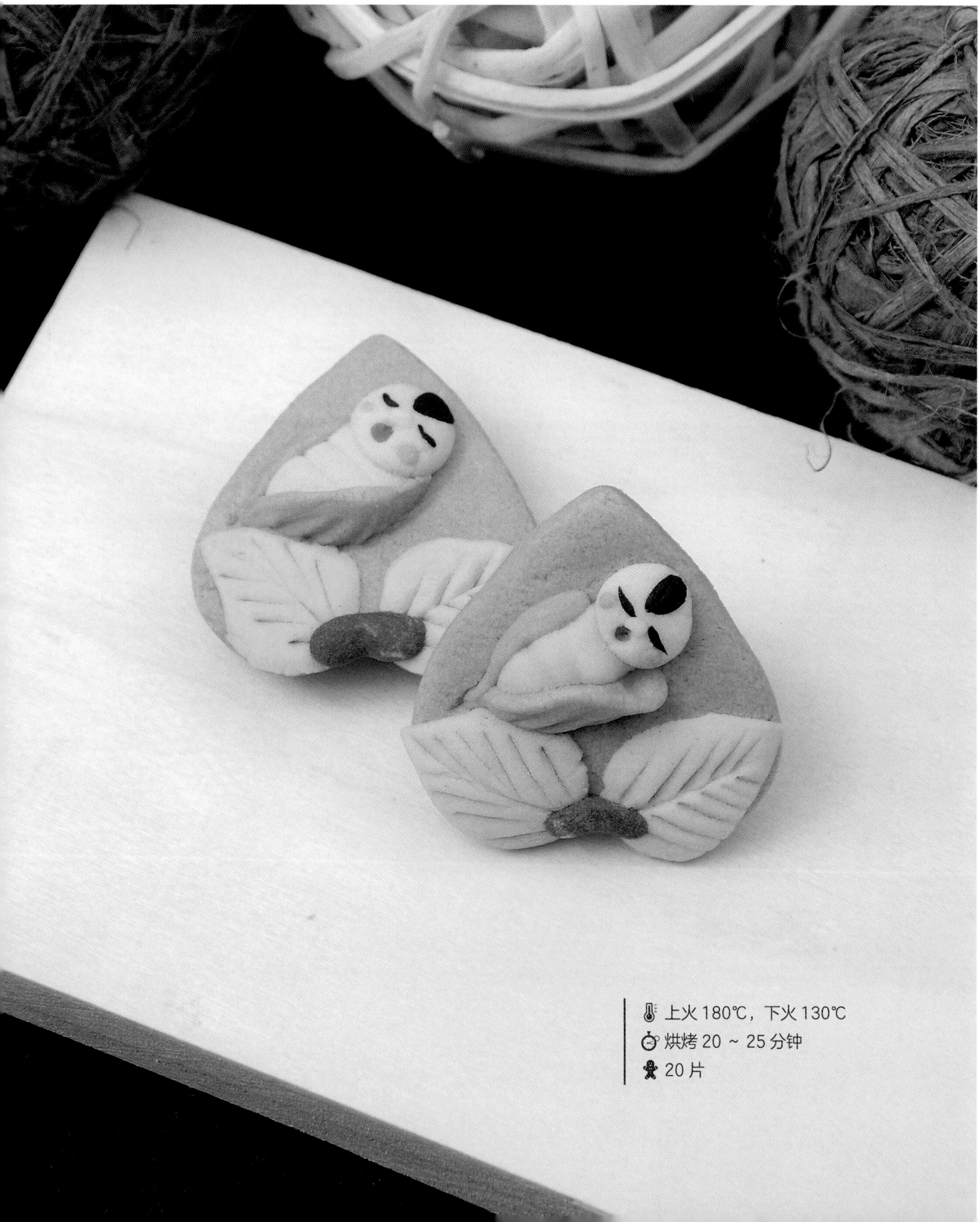

上火 180℃，下火 130℃
烘烤 20 ~ 25 分钟
20 片

材料 & 工具 Materials Tools

颜色 Color ● 红色 ● 原色 ● 黄色 ● 绿色 ● 咖啡色 ● 黑色

器具 Appliance 雕塑工具组、擀面棍、饼干切模、塑料袋或保鲜膜（垫底用）

步骤说明 Description Step

⁝ 桃太郎制作

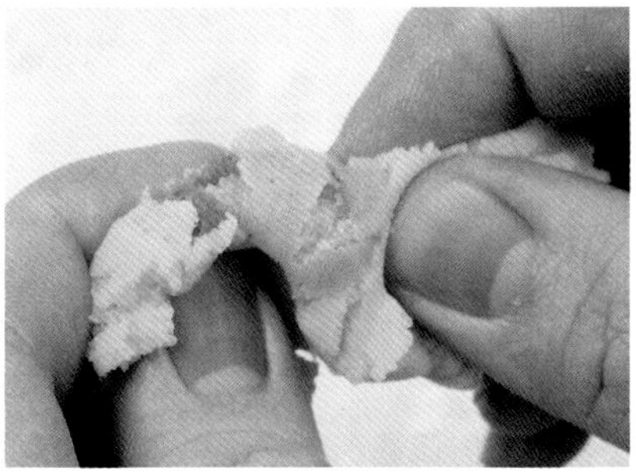

01 将红色面团与原色面团混合，为粉红色面团。

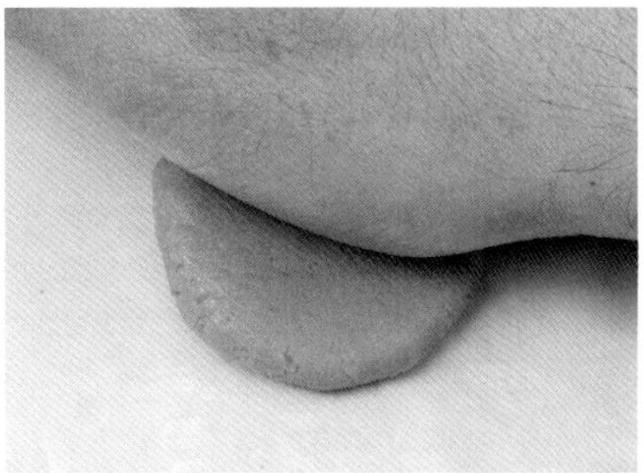

02 用手掌将粉红色面团压扁。

03 用塑料袋覆盖粉红色面团，并用擀面棍将面团擀平。

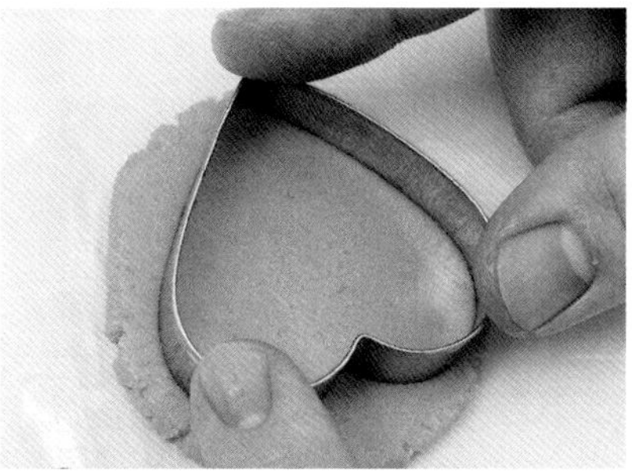

04 将饼干切模压放在粉红色面团上。

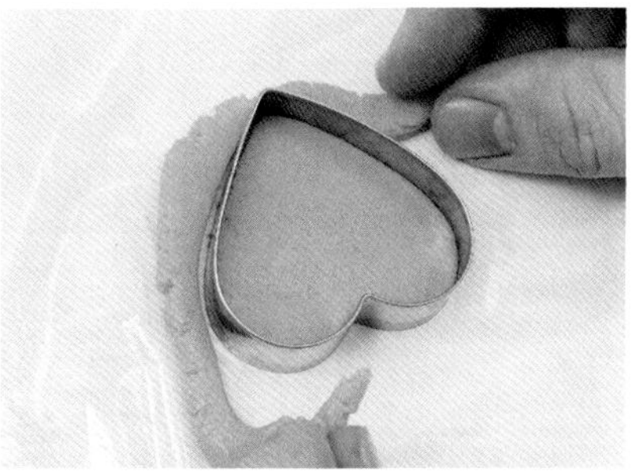

05 承步骤04，将饼干切模外的面团去除后，拿起饼干切模。

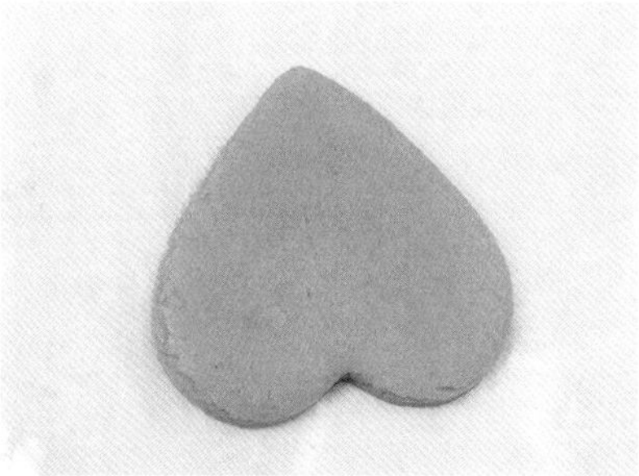

06 如图，为桃子主体。

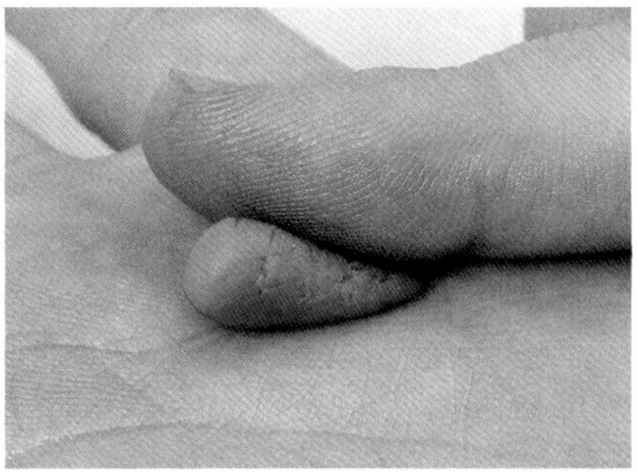

07 取绿色面团，用指腹将面团搓成水滴形。

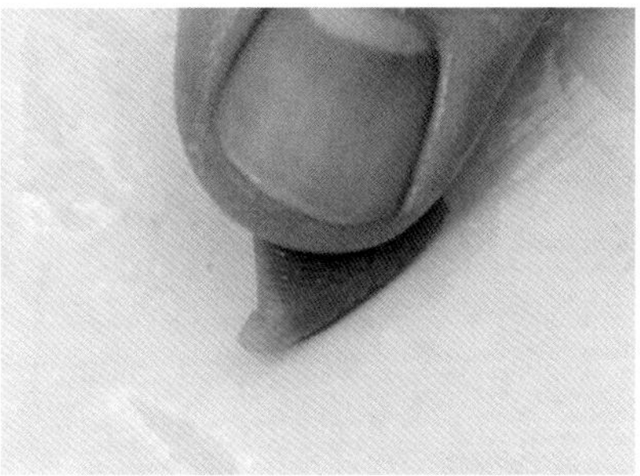

08 承步骤07，用指腹将绿色水滴形面团压扁，为叶子。

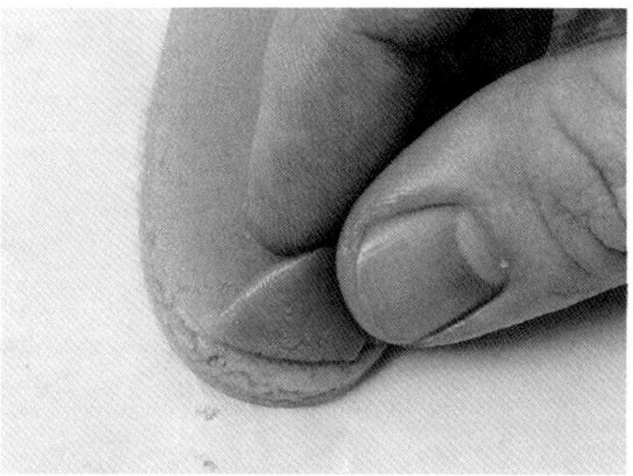

09 将叶子放在桃子主体左下方，并用指腹轻压固定。

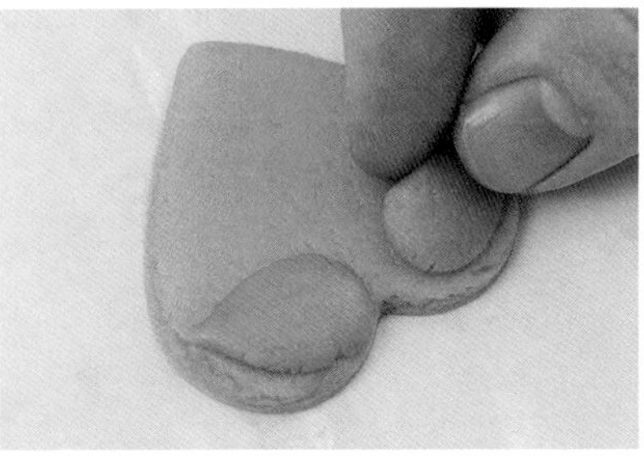

10 重复步骤07~09，完成右侧叶子。

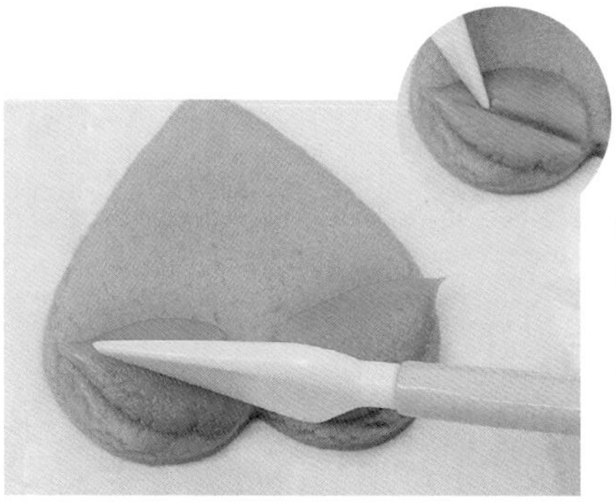

11 用雕塑工具在左侧叶片上压出叶柄。

12 承步骤11，用雕塑工具压出叶脉。

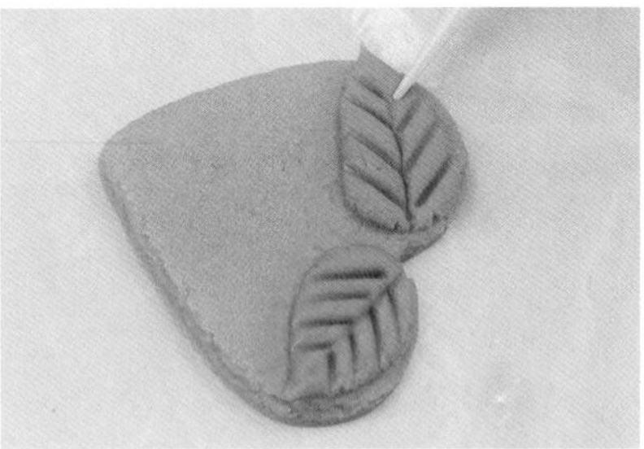

13 重复步骤11~12，完成右侧叶脉制作。

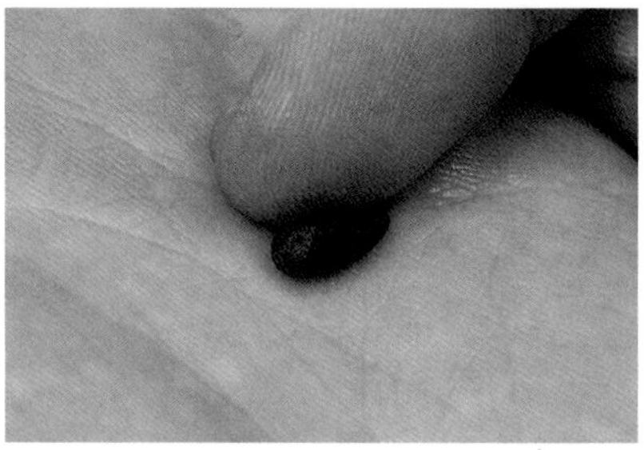

14 取咖啡色面团，用指腹将面团搓成水滴形，为叶梗。

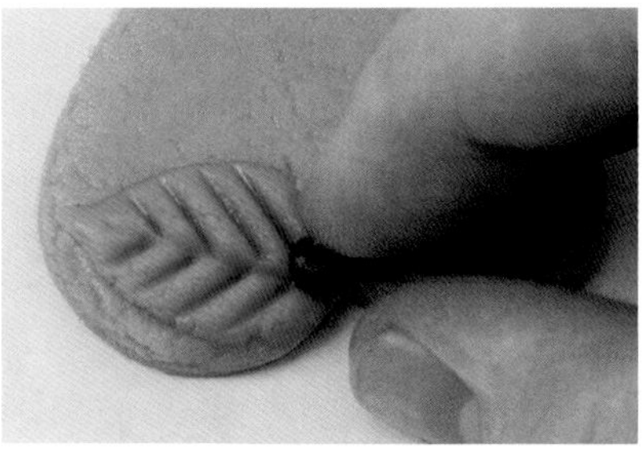

15 将叶梗放在两片叶子中间，并用指腹轻压固定。

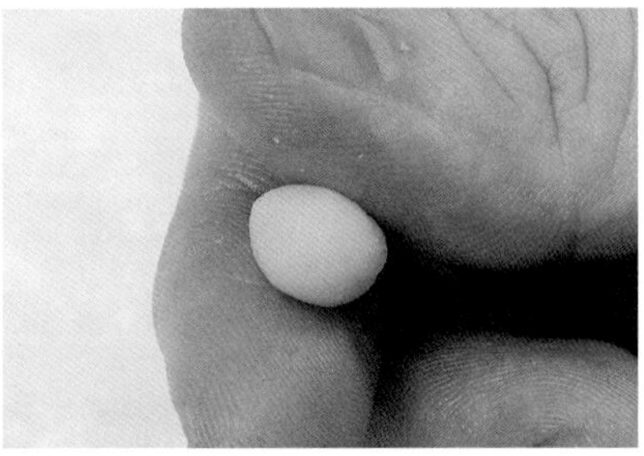

16 用指腹将原色面团搓成圆形，为桃太郎脸部。

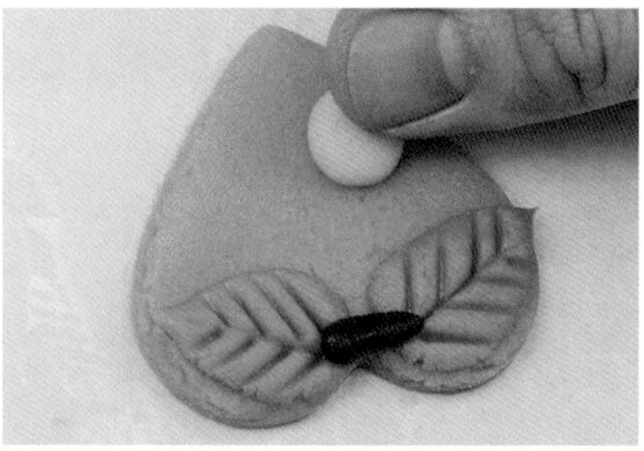

17 将桃太郎脸部放在桃子右上侧，并用指腹轻压固定。

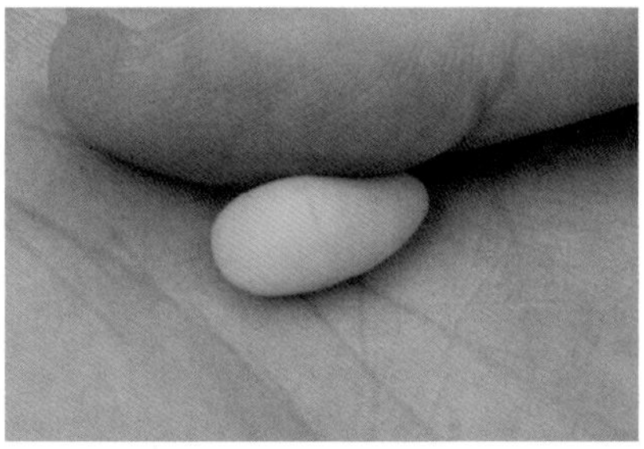

18 取黄色面团，用指腹将面团搓成长条形，为桃太郎身体。

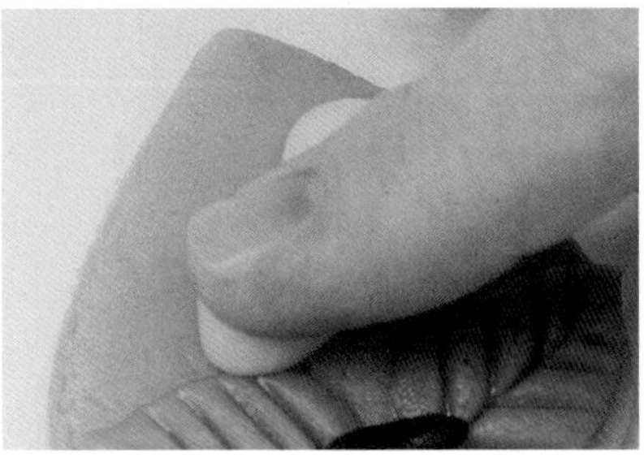

19 将身体放在头部左下侧，并用指腹轻压固定。

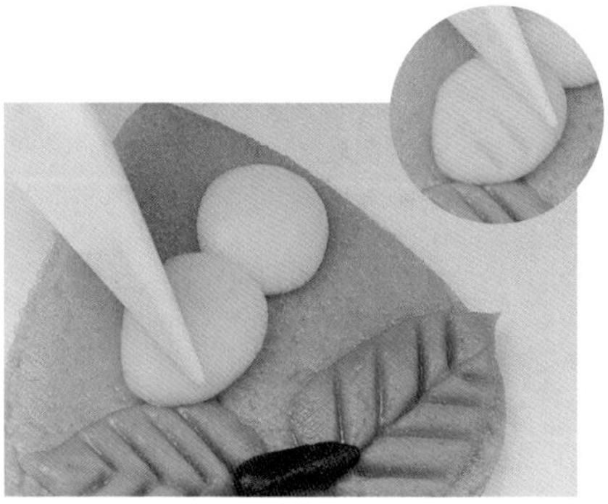

20 用雕塑工具在身体压出三条纹路。

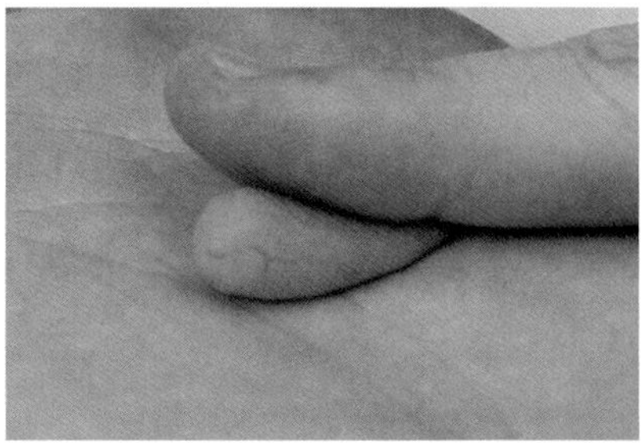

21 用指腹将粉红色面团搓成水滴形。

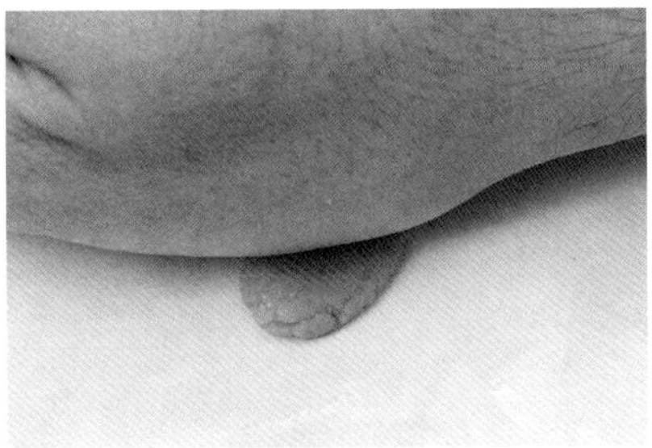

22 承步骤21，用手掌将粉红色粉红形面团压扁。

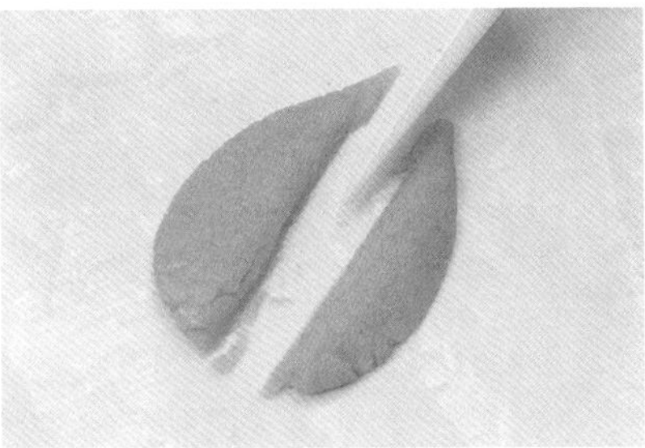

23 用雕塑工具将粉红色水滴形面团对切为襁褓布a1与a2。

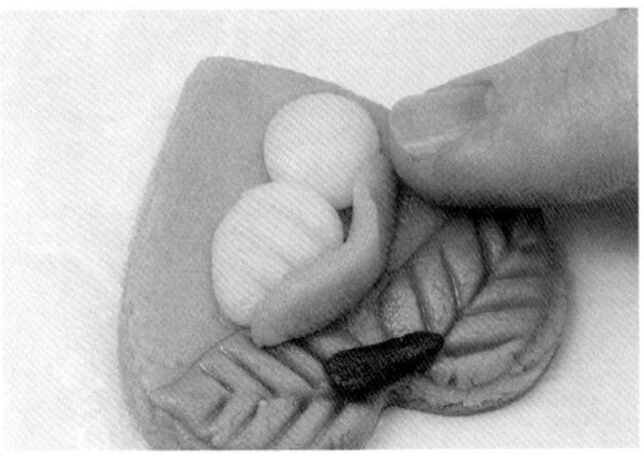

24 将襁褓布a1垂直放在桃太郎右侧，并用指腹轻压固定。（注：襁褓布稍微弯曲有弧度，会更有立体感。）

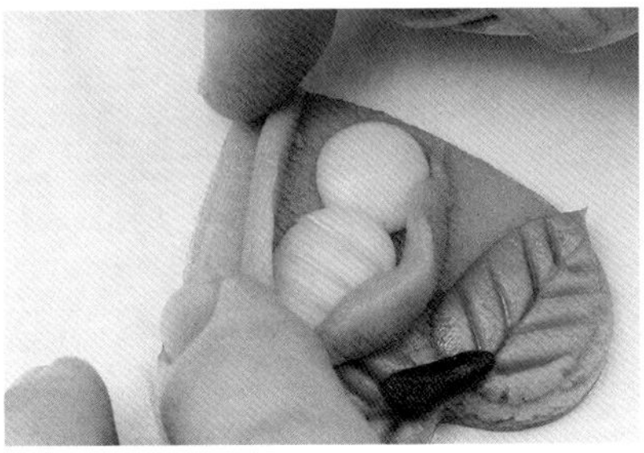

25 重复步骤24，将襁褓布a2垂直放在桃太郎左侧。

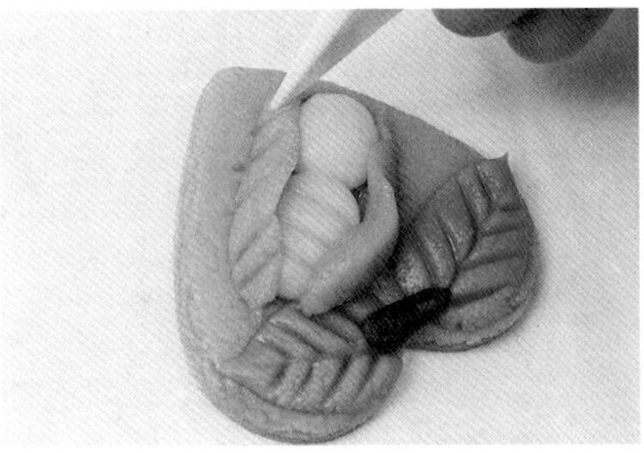

26 用雕塑工具在襁褓布a2上压出纹路。

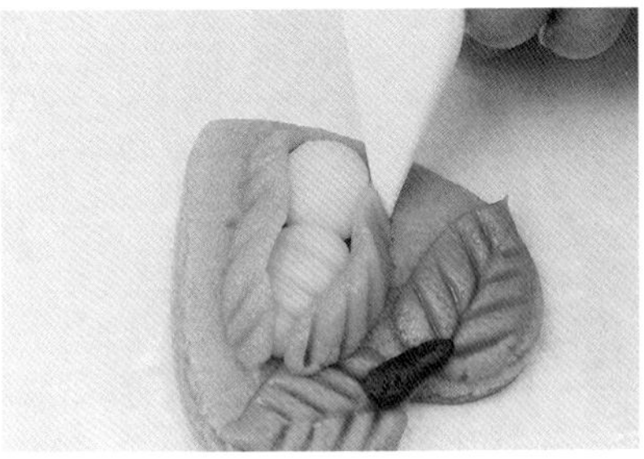

27 重复步骤26，完成襁褓布a1的纹路。

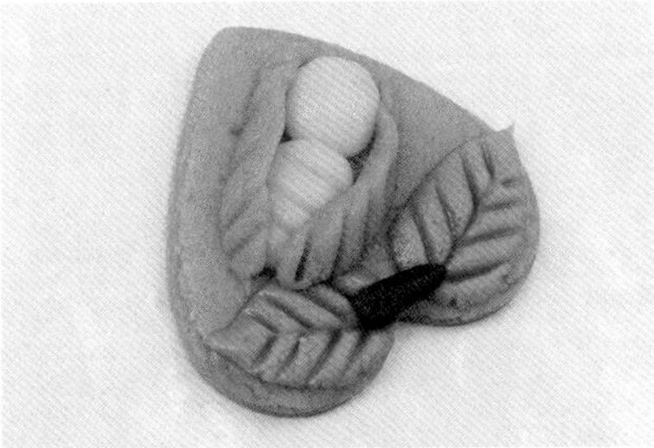

28 如图，襁褓布纹路完成。

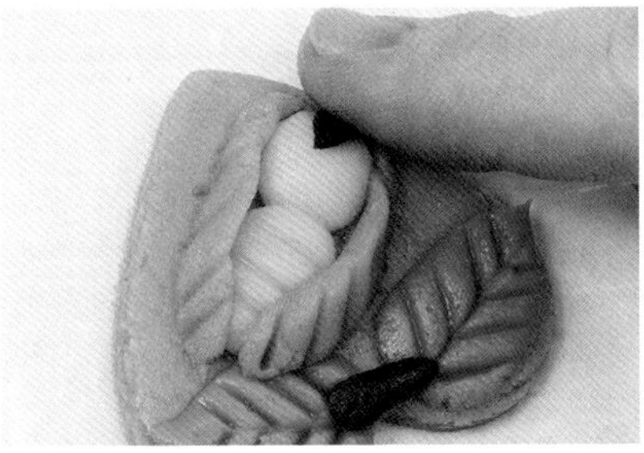

29 取黑色面团，用指腹将面团搓成水滴形后，放在桃太郎头部，为头发。

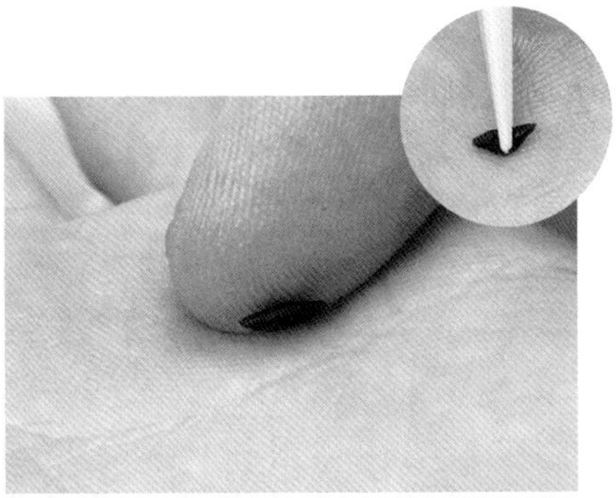

30 用指腹将黑色面团搓成水滴形，再用雕塑工具对切。

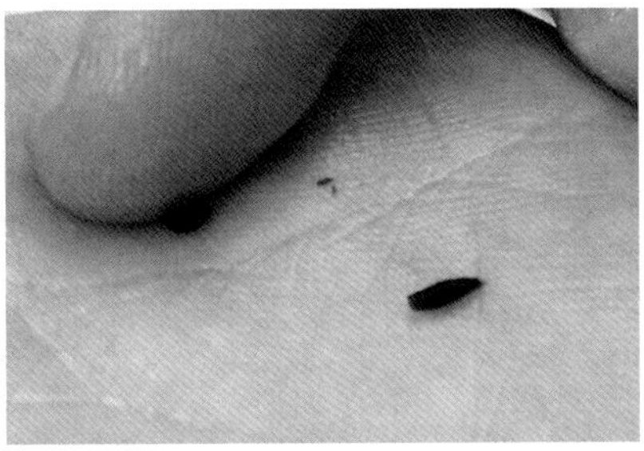

31 如图，桃太郎眼睛b1与b2完成。

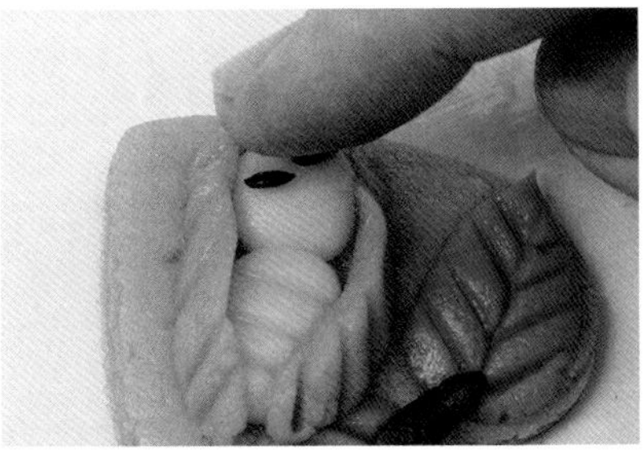

32 将眼睛b1放在头发左下侧，并用指腹轻压固定。

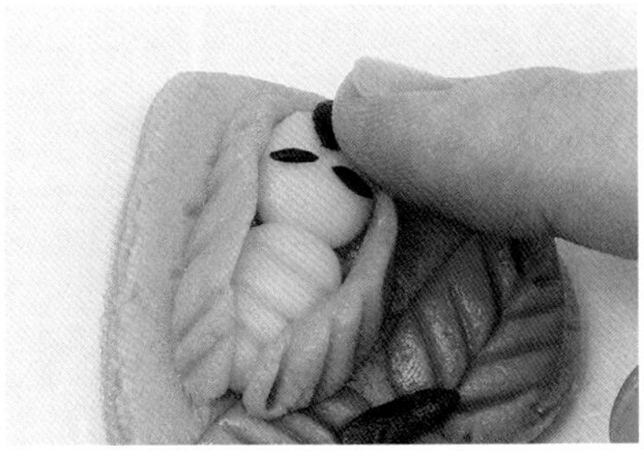

33 重复步骤32，完成右侧眼睛。

34 如图，眼睛完成。

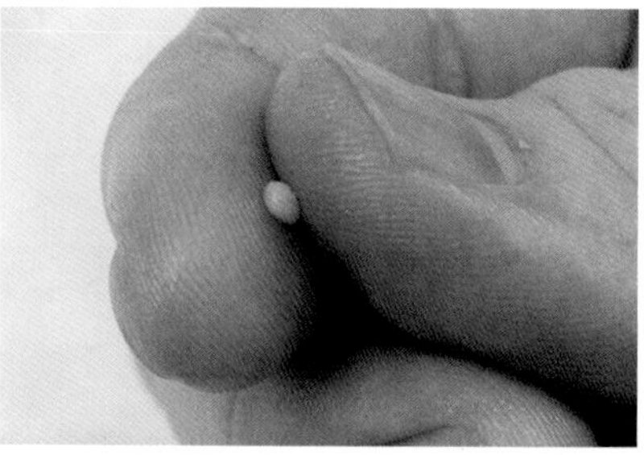

35 用指腹将原色面团搓成圆形，为鼻子。

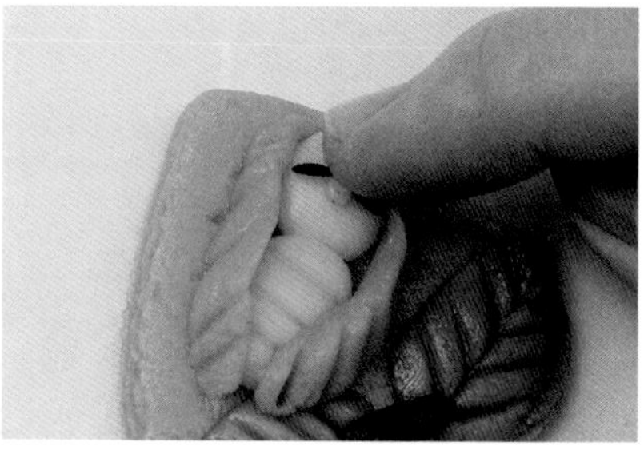

36 将鼻子放在双眼下方，并用指腹轻压固定。

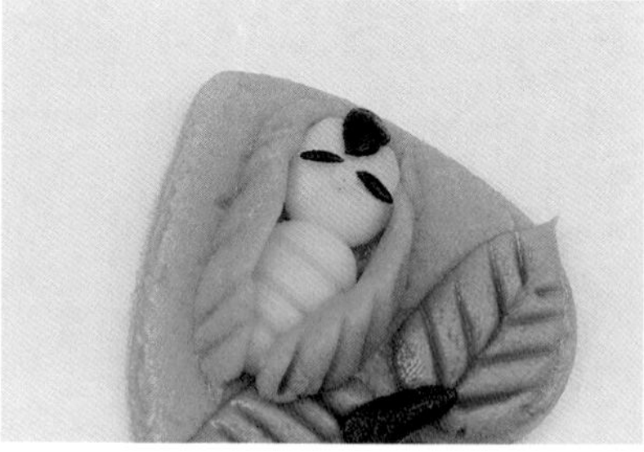

37 如图，鼻子完成。

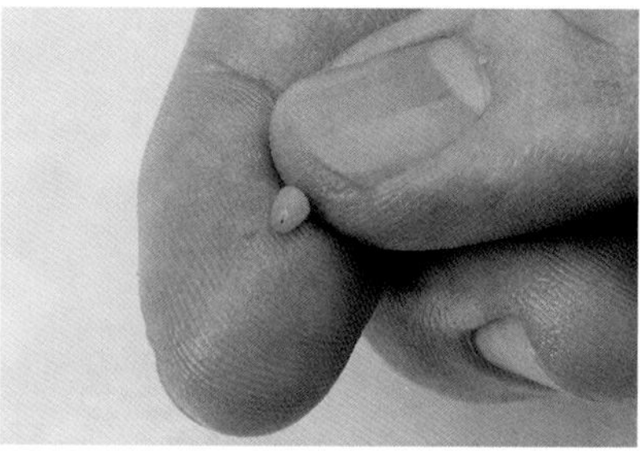

38 用指腹将粉红色面团搓成圆形，为腮红。

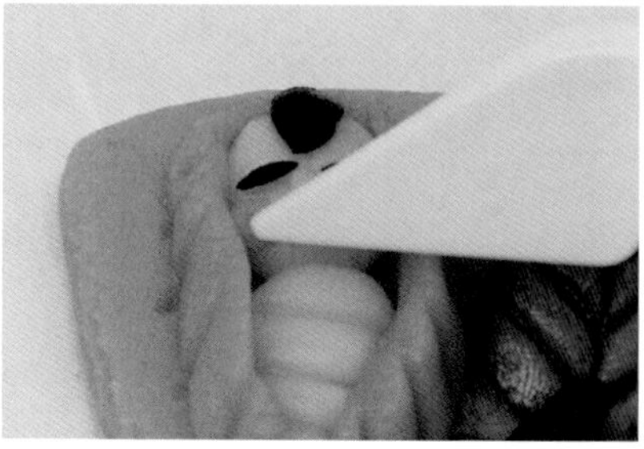

39 以雕塑工具为辅助，将腮红放在桃太郎左脸上。

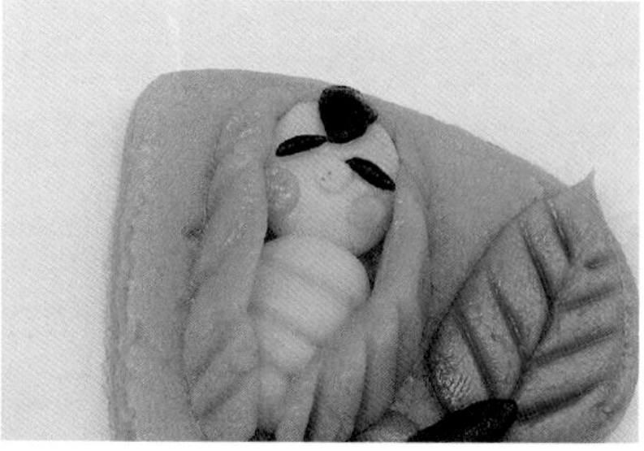

40 重复步骤38~39，完成右侧腮红。

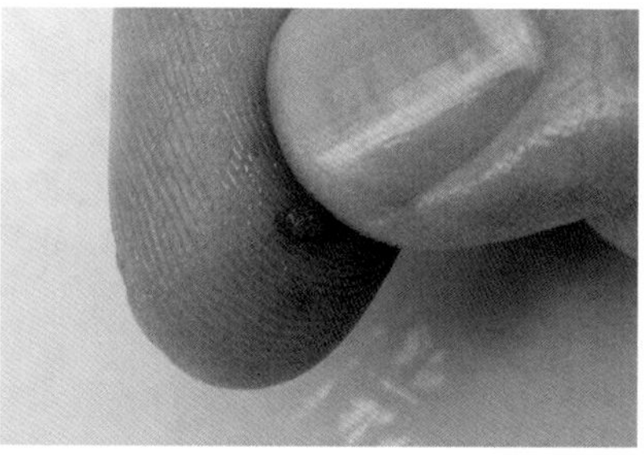

41 取红色面团，用指腹将面团搓成圆形，为嘴巴。

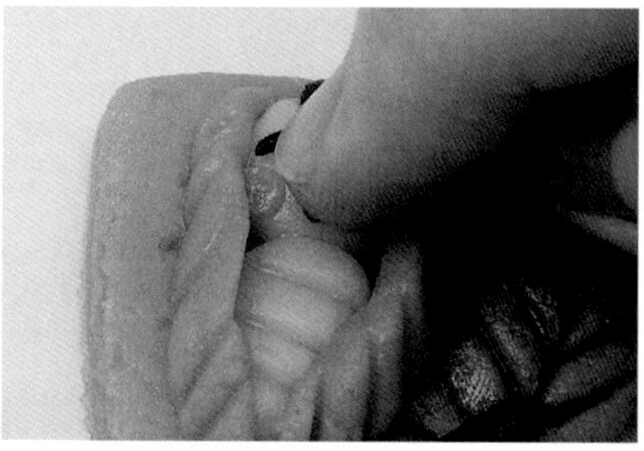

42 将嘴巴放在鼻子下侧，并用指腹轻压固定。

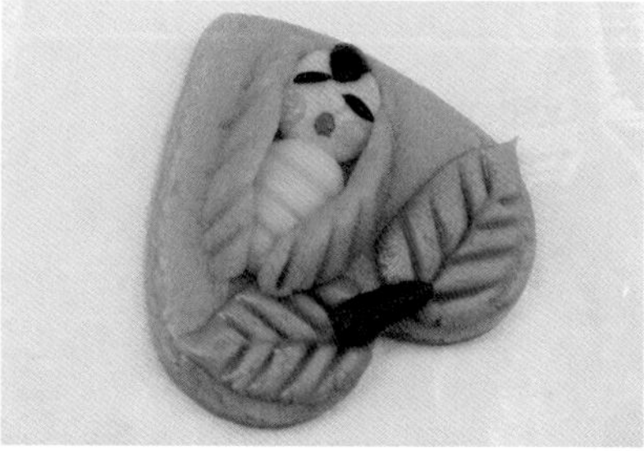

43 如图，桃太郎完成。

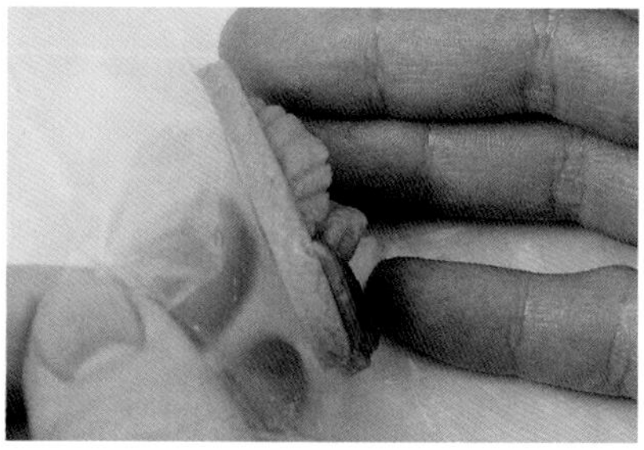

44 最后，将桃太郎放上烤盘即可。

CHAPTER
02

甜入你心！

梦幻甜心马卡龙

Macaron Preparation

马卡龙前置制作

马卡龙面糊制作

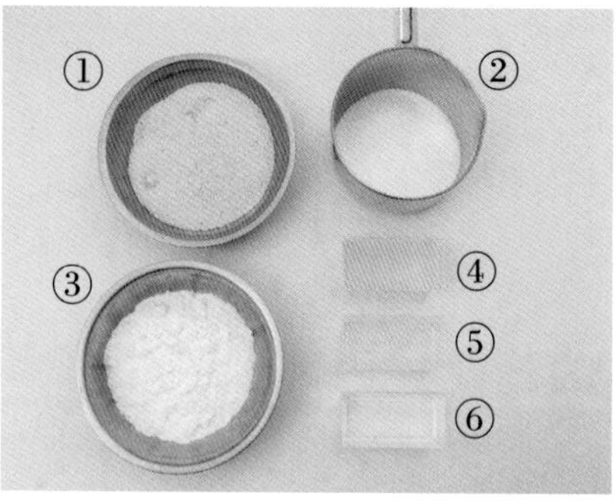

材料及工具 Ingredients & Tools

·食材

①杏仁粉　200克
②白砂糖　208克
③纯糖粉　200克
④蛋白1　104克
⑤蛋白2　42克
⑥水　53克

·器具

电动搅拌机、钢盆、刮刀、温度计、卡式炉、单柄锅、筛网

步骤说明 Step Description

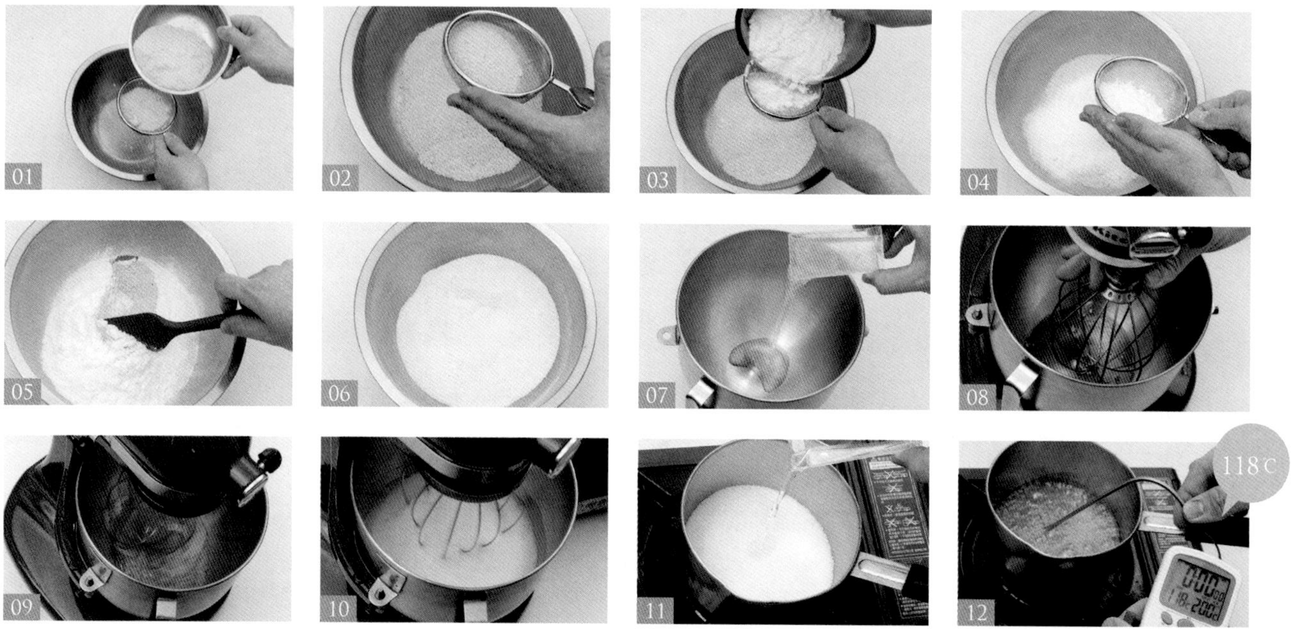

01 将杏仁粉倒入筛网中过筛。

02 承步骤01，用手轻拍筛网，将杏仁粉过筛至搅拌缸中。

03 将纯糖粉倒入筛网中过筛。

04 承步骤03，用手轻拍筛网，将纯糖粉过筛至搅拌缸中。

05 用刮刀将杏仁粉与纯糖粉混合均匀。

06 如图，杏仁糖粉混合完成，为粉料，备用。

07 将蛋白1倒入搅拌缸中。

08 将球状拌打器装上电动搅拌机并固定。

09 用中速将蛋白打散。

10 重复步骤09，继续用电动搅拌机将蛋白打到起泡。

11 将水加入白砂糖，并开火煮滚。

12 承步骤11，将白砂糖与水煮至118℃。

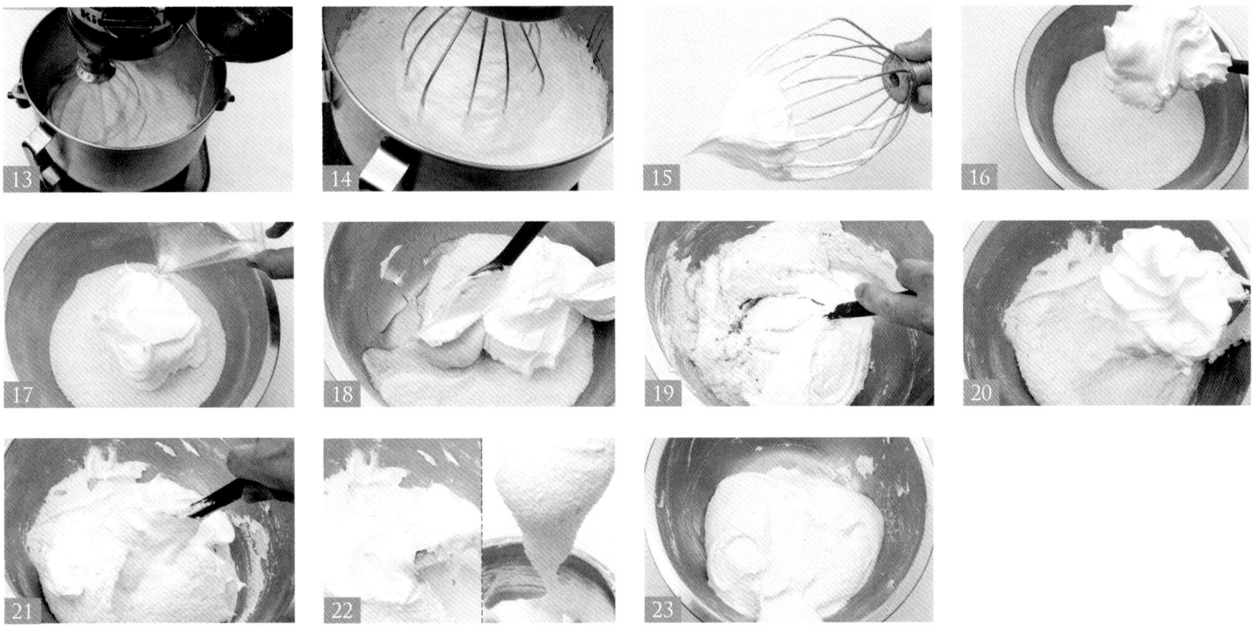

13 将糖水慢慢冲入蛋白中，用中高速继续打发蛋白霜。

14 最后，将蛋白霜打至硬性发泡即可。

15 如图，意式蛋白霜完成。

马卡龙面糊制作视频

16 将1/2蛋白霜加入步骤06的粉料中。

17 承步骤16，将蛋白2加入粉料中。

18 将蛋白霜、蛋白2与粉料拌匀。

19 重复步骤18，用刮刀搅拌均匀。

20 承步骤19，混合均匀后，将剩下的1/2的蛋白霜加入搅拌缸中。

21 将蛋白霜与搅拌缸内的面糊搅拌均匀。

22 最后，用刮刀搅拌至蛋白霜呈现微流动状态即可。

23 如图，马卡龙面糊制作完成。

TIPS

- 煮糖浆时，火力以中小火为主，勿开大火。
- 面糊冲糖时勿冲得太快，须慢慢倒入。
- 调色时须在面糊拌匀时调色，勿在最终判断点加入，易搅拌过度。
- 挤出成形时须保留间隙，勿靠太近。
- 面糊太浓可多搅拌即可改善，如果太水则搅拌过度。
- 挤出成形时，须挤得比实际大小来得小一点，因挤完的面糊会稍微外扩。
- 表面须确实结皮才能烘烤。

内馅制作

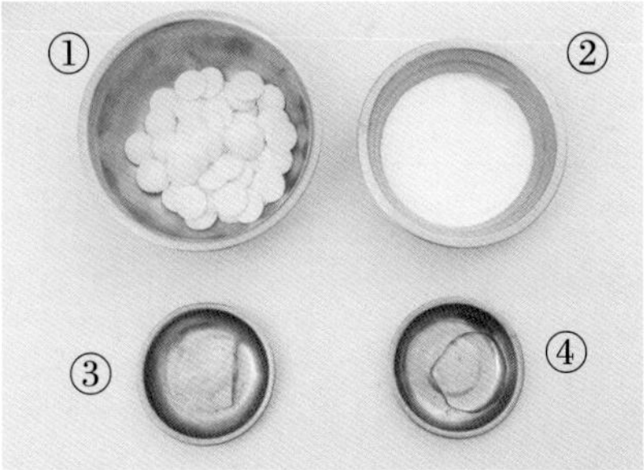

材料及工具 Ingredients & Tools

·食材

①白巧克力　150克
②动物性鲜奶油　55克
③发酵奶油　20克
④葡萄糖浆　20克

·器具

钢盆、刮刀、挤花袋

步骤说明 Step Description

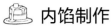

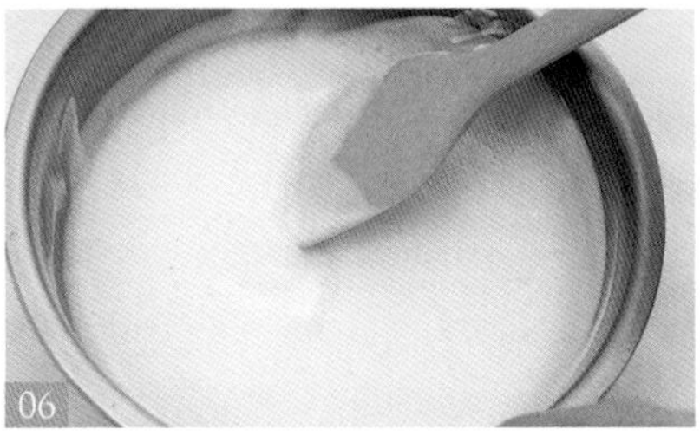

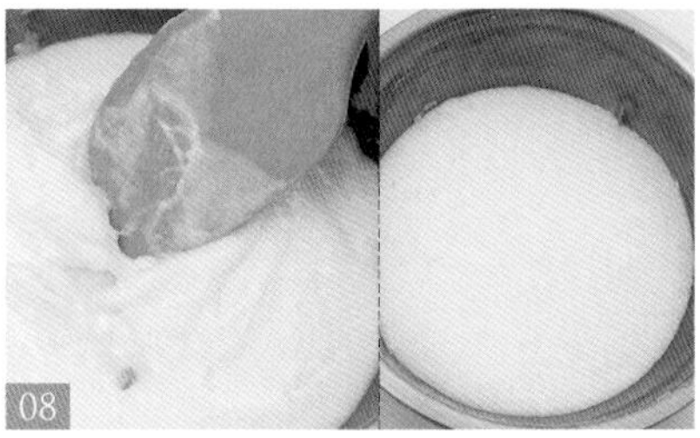

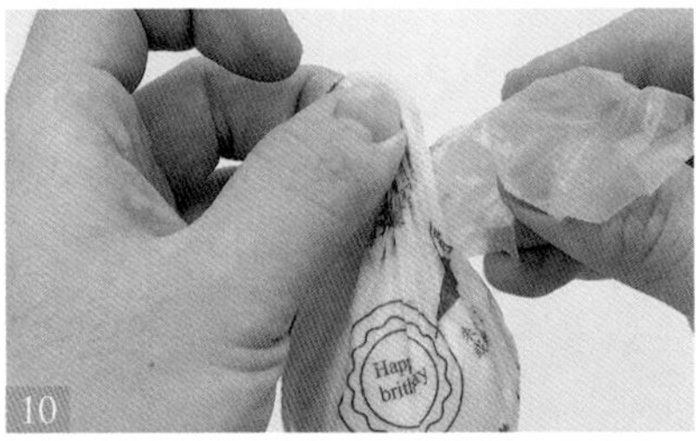

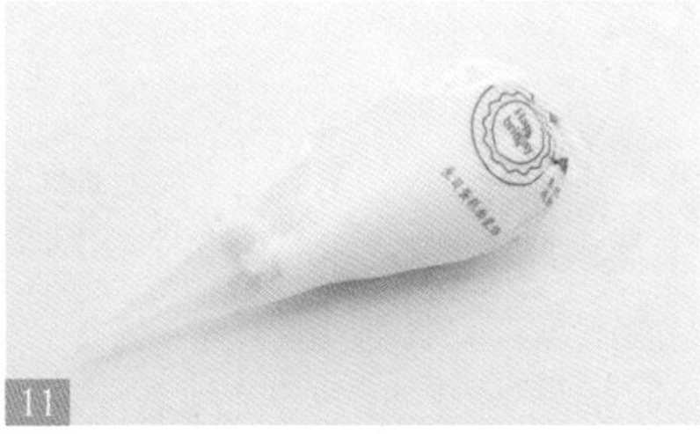

01　将白巧克力隔水加热至融化。

02　将葡萄糖浆隔水加热。

03　将葡萄糖浆加入鲜奶油中。

04　承步骤03，将葡萄糖浆与鲜奶油隔水加热拌匀。

05　承步骤04，拌匀后加入融化的白巧克力中。

06　将巧克力糊搅拌均匀。

07　搅拌均匀后，加入发酵奶油。

08　用刮刀搅拌均匀，放至冷却凝固后即可。

09　将内馅装入挤花袋中。

10　最后，将挤花袋尾端打结即可。

11　如图，内馅完成，在使用前，用剪刀将挤花袋尖端剪掉即可。

调色方法

◆ 面糊调色及装入挤花袋方法

步骤说明 Step Description

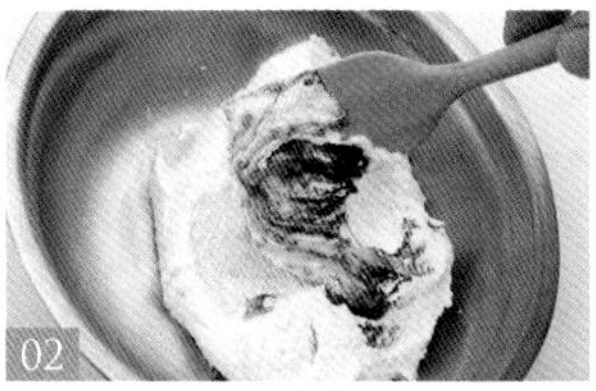

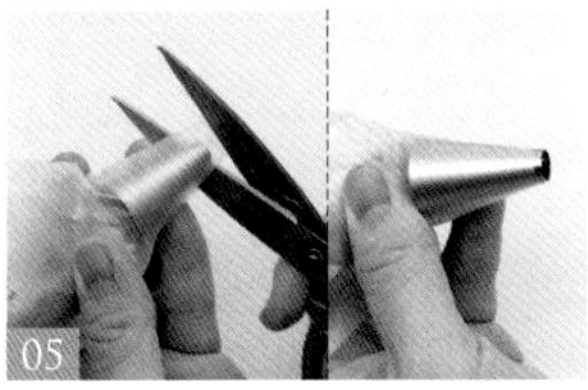

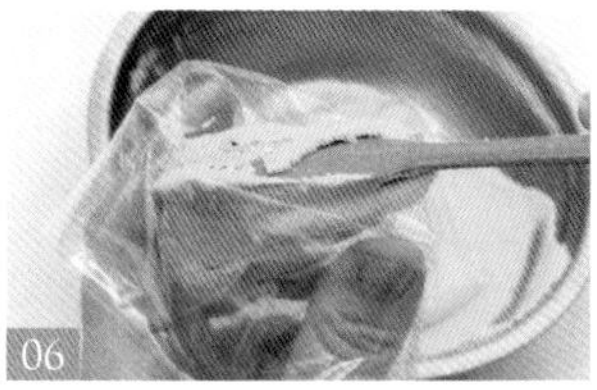

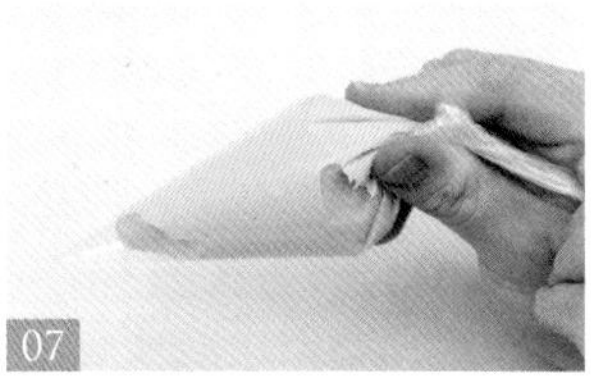

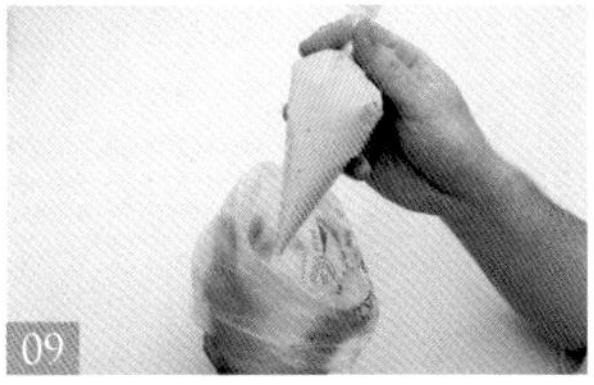

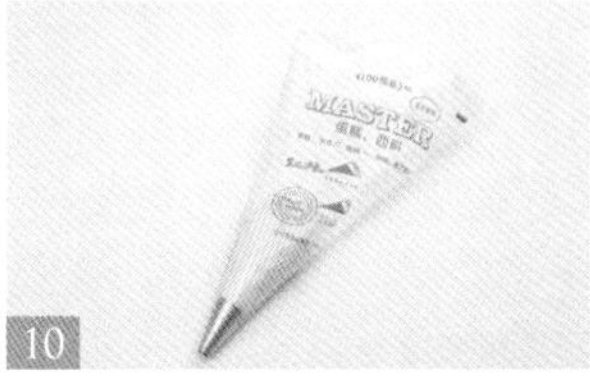

01 将适量色膏倒在面糊上。

02 将面糊与色膏拌匀。

03 如图，面糊调色完成。

04 将平口花嘴（#SN7066）放入挤花袋。

05 用剪刀将花嘴前多出的挤花袋尖端剪掉。

06 将调色面糊装入三明治袋中。

07 承步骤06，将装好调色面糊的三明治袋尾端打结。

08 用剪刀将装有调色面糊的三明治袋尖端剪掉。

09 最后，承步骤08，将三明治袋放入装好花嘴的挤花袋中即可。

10 如图，调色面糊挤花袋准备完成。（注：若要使用原色面糊，则跳过步骤01～03，直接将面糊装袋即可。）

调色 toning

原色　黄色　绿色　灰色　红色　粉红色

巧克力调色

步骤说明 Step Description

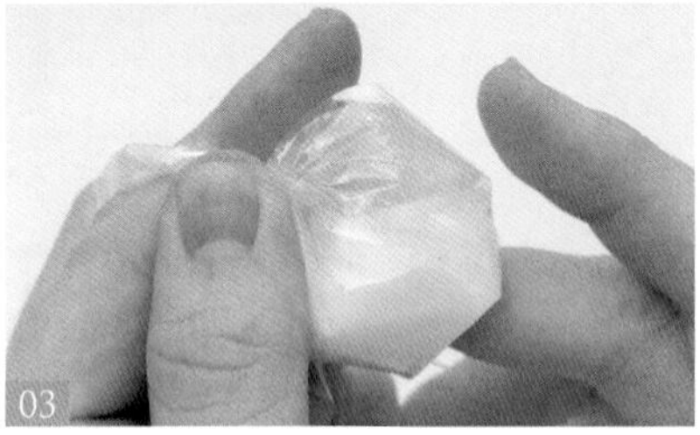

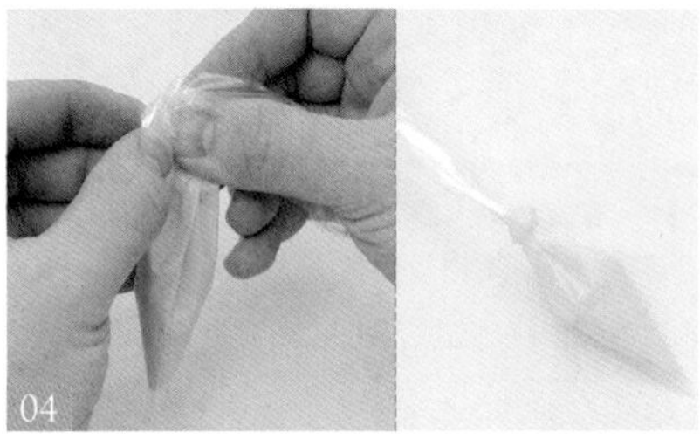

01 将融化后的巧克力装入三明治袋中。

02 滴少许色膏在巧克力上。

03 将色膏与巧克力混匀。

04 最后，将三明治袋尾端打结，要使用前，用剪刀将挤花袋尖端剪掉即可。（注：融化巧克力方法可参考P.228。）

调色 toning

白色 粉红色 红色 蓝色 绿色 黄色 咖啡色 浅咖啡色

龟兔赛跑

上火 160℃，下火 150℃
烘烤 13 ~ 15 分钟
约 30 个

兔子

材料 & 工具 Materials Tools

颜色 Color

面糊：○ 白色

巧克力：● 黑色 ● 粉红色 ● 红色 ● 白色

器具 Appliance

挤花袋、平口花嘴、烤盘、烤焙布、兔子纸形、三明治袋

步骤说明 Step Description

01 将兔子纸形放在烤盘上，并用烤焙布覆盖。

02 取白色面糊，用平口花嘴依照轮廓，挤出兔子头部。

03 承步骤02，挤出与头部相连的兔子身体。

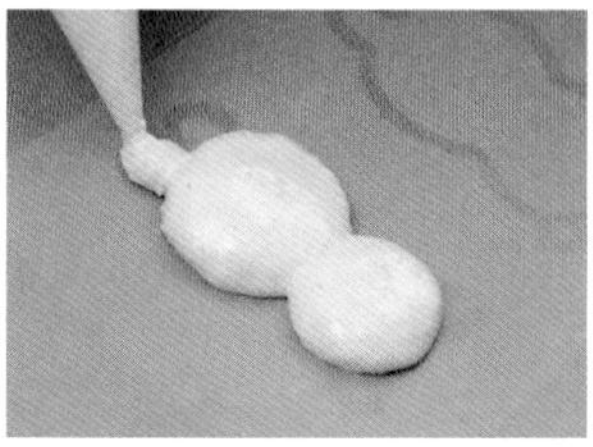

04 用白色面糊依照轮廓，挤出左耳。

05 重复步骤04，挤出右耳。

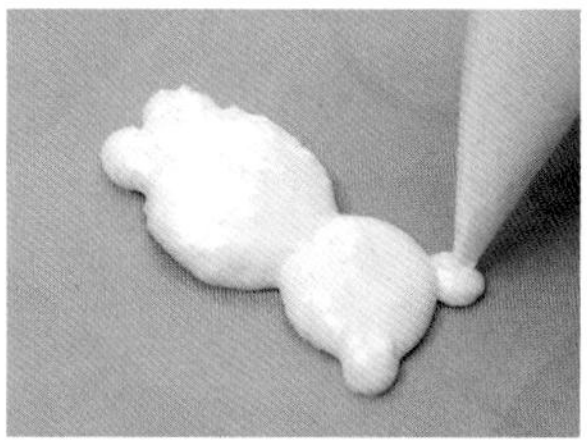

06 用白色面糊依照轮廓，挤出双脚。

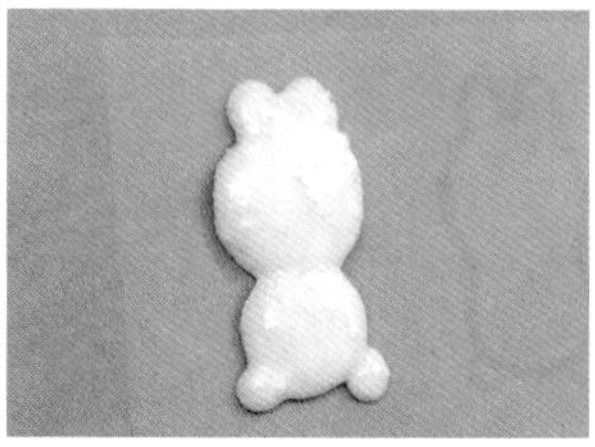

07 如图，兔子主体完成。

08 重复步骤01~07，完成兔子主体，并风干至结皮，再放进烤箱烘烤后出炉，即完成兔形马卡龙壳。

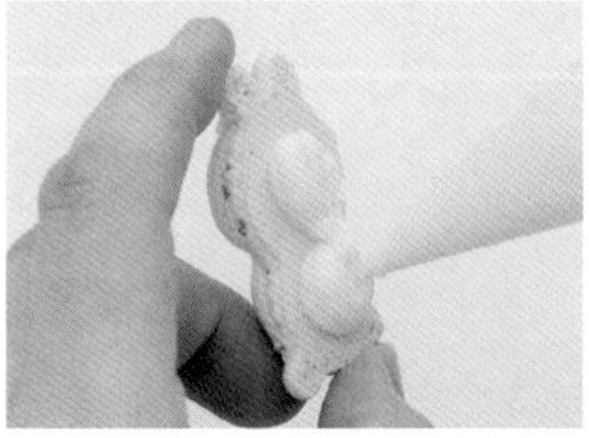

09 在兔形马卡龙壳背面挤出内馅。（注：内馅做法请参考P.90。）

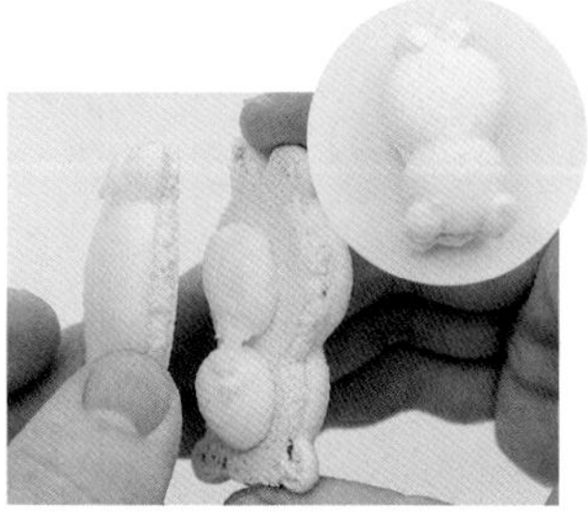

10 承步骤09，与另一个兔形马卡龙壳粘合。

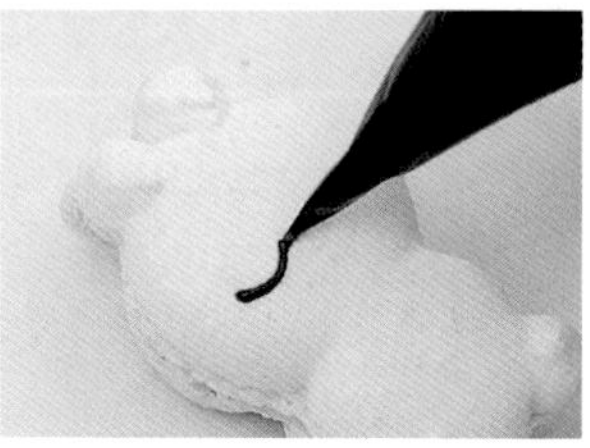

11 用黑色巧克力在脸部挤出弧形，为左眼。

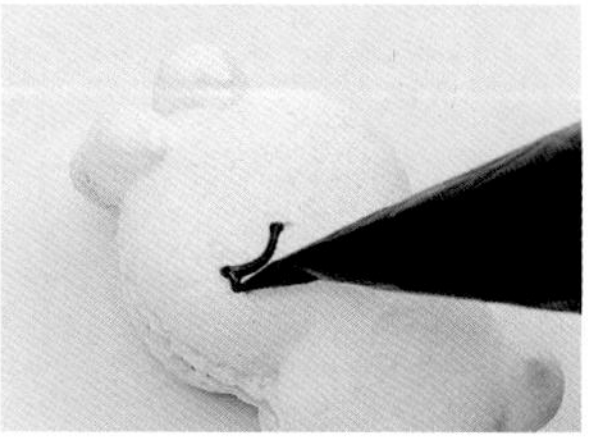

12 用黑色巧克力在眼尾下方点出睫毛。

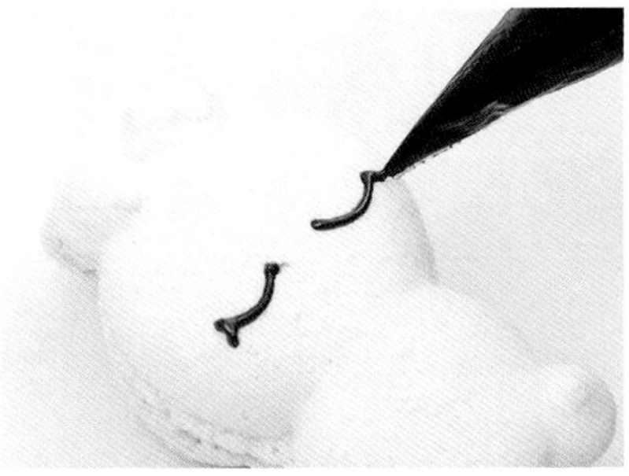

13 重复步骤11～12，完成右眼制作。

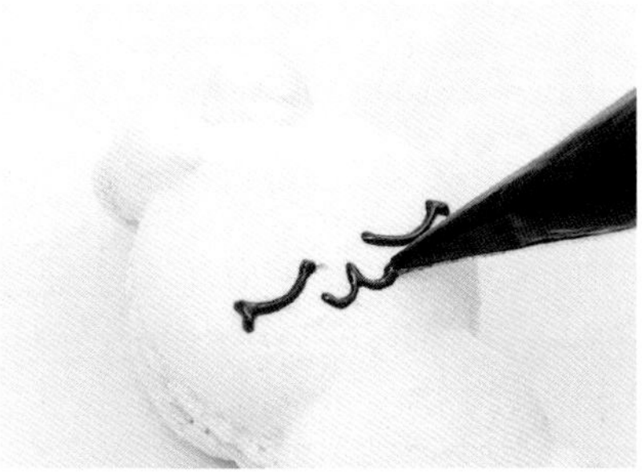

14 用黑色巧克力在双眼下方挤出w形，为嘴巴。

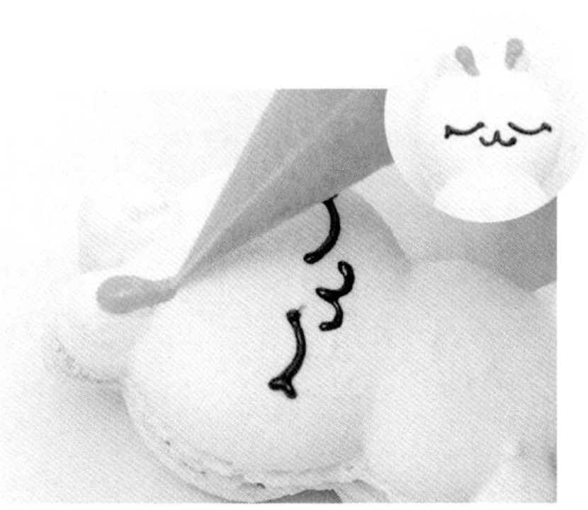

15 用粉红色巧克力分别挤在兔子的耳朵上，为耳窝。

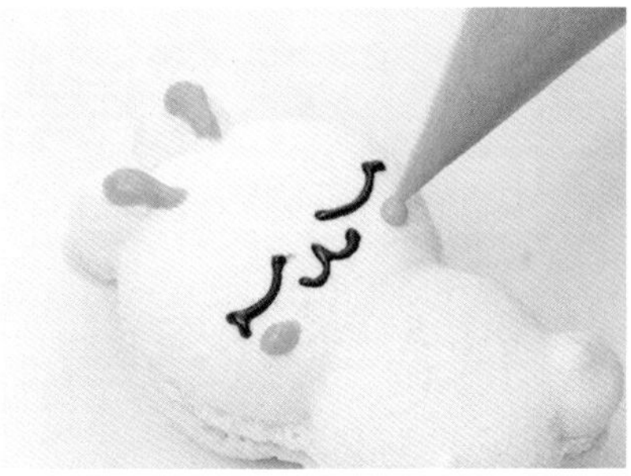

16 用粉红色巧克力挤在两侧睫毛下方，为腮红。

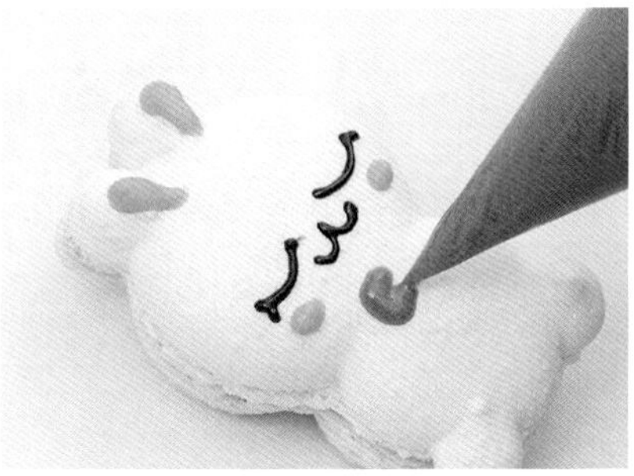

17 用红色巧克力在头部与身体的连接处挤出C形，为左侧缎带。

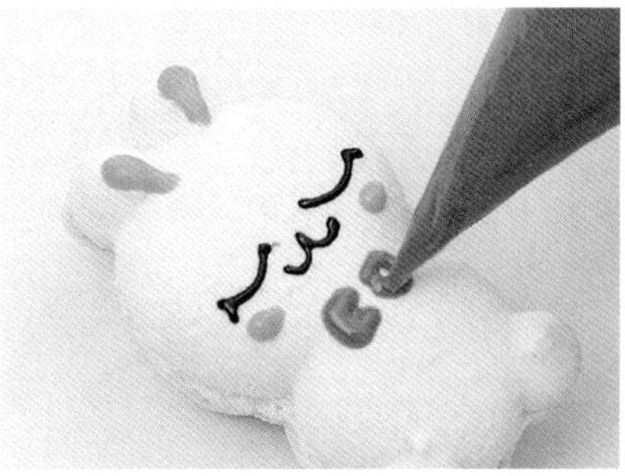

18 重复步骤17，完成右侧缎带。

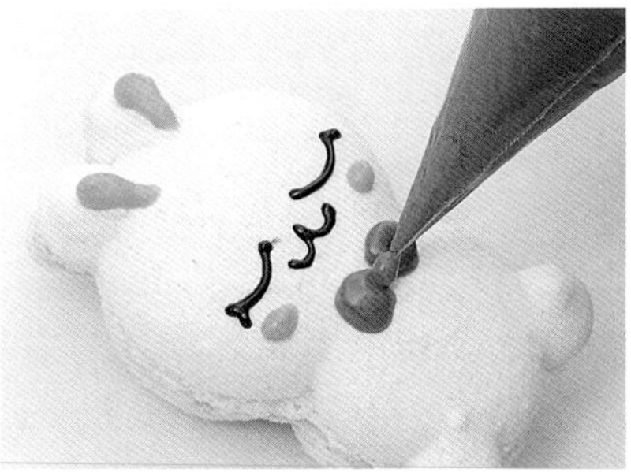

19 在领结中央挤出红色巧克力，为领结。

20 如图，蝴蝶结完成。

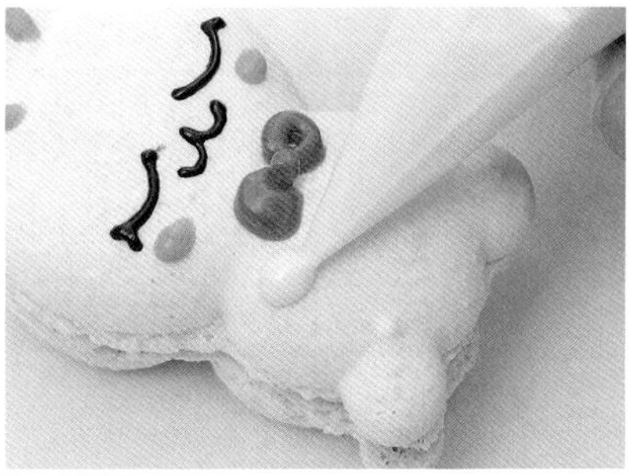

21 用白色巧克力在蝴蝶结左侧挤出圆形，为左手。

22 重复步骤21，完成右手制作。

23 用白色巧克力在左脚上挤出圆形，为肉球。

24 最后，重复步骤23，完成右边肉球制作即可。

乌龟

材料 & 工具 Materials Tools

颜色 Color
面糊：● 绿色
巧克力：● 黑色 ● 绿色 ● 红色 ● 蓝色

器具 Appliance
挤花袋、平口花嘴、烤盘、烤焙布、乌龟纸形、三明治袋

步骤说明 Step Description

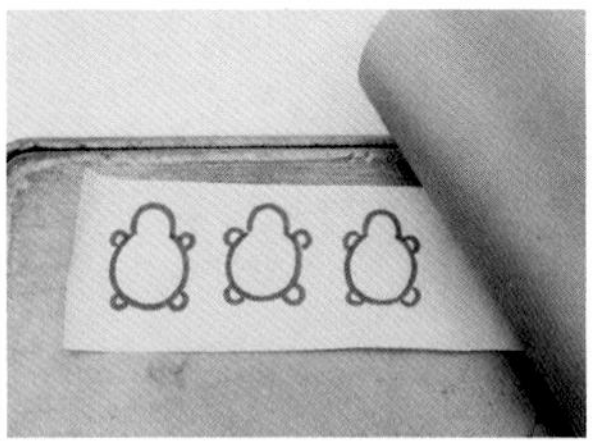

01 将乌龟纸形放在烤盘上，并以烤焙布覆盖。

02 取绿色面糊，以平口花嘴依照轮廓，挤出乌龟身体。

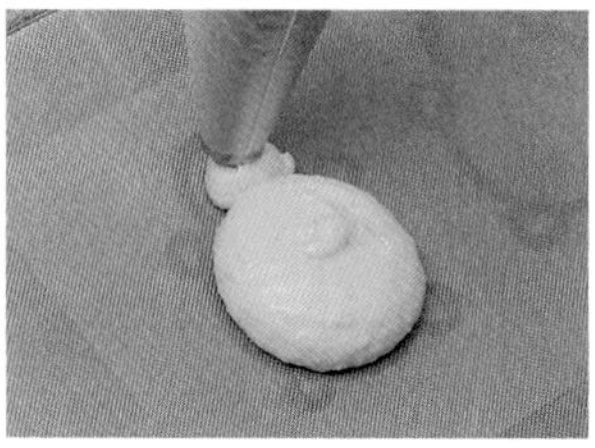

03 承步骤02，挤出与身体相连的乌龟头部。

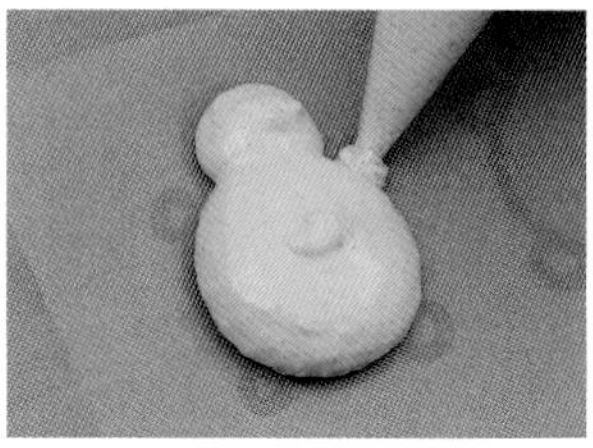

04 用绿色面糊依照轮廓，挤出乌龟的脚。

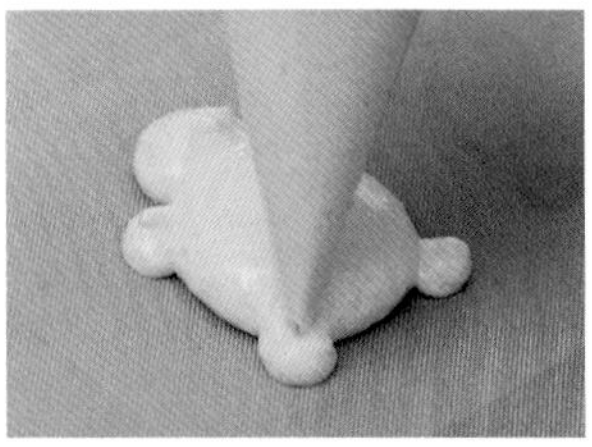

05 重复步骤04，完成另外三只脚。

06 如图，乌龟主体完成。

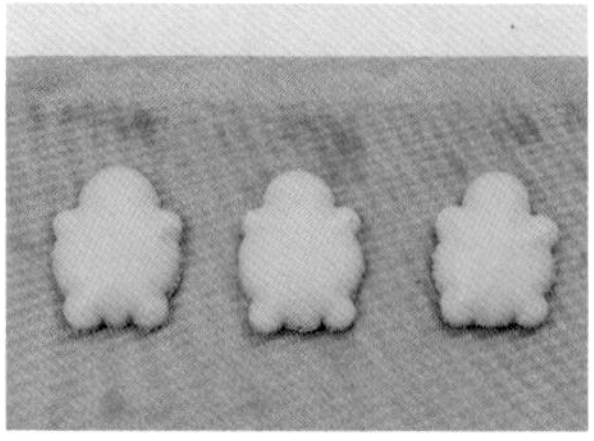

07 重复步骤01～06，完成乌龟主体，并风干至结皮，再放进烤箱烘烤后出炉，即完成乌龟马卡龙壳。

08 在乌龟马卡龙壳背面挤出内馅。（注：内馅做法请参考P.90。）

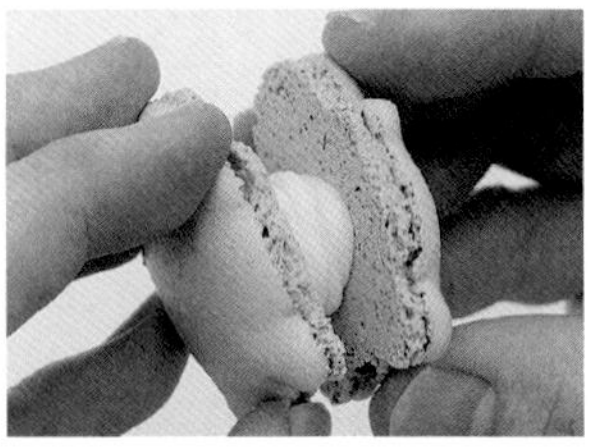

09 承步骤08，与另一个乌龟马卡龙壳粘合。

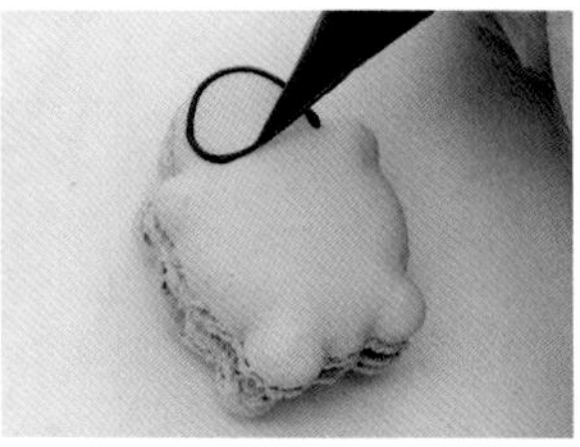

10 用黑色巧克力在头部挤出弯勾形。

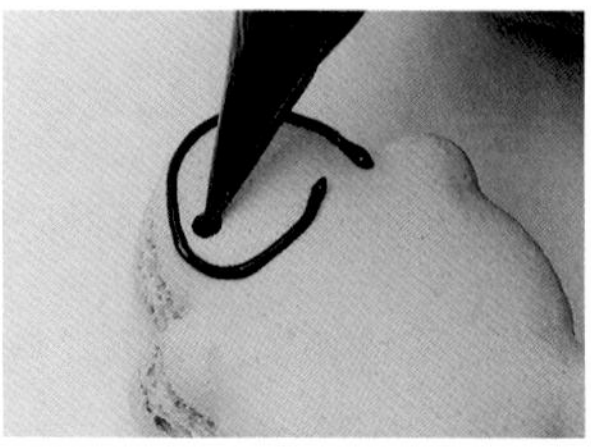

11 用黑色巧克力在脸部挤出一点，为左眼。

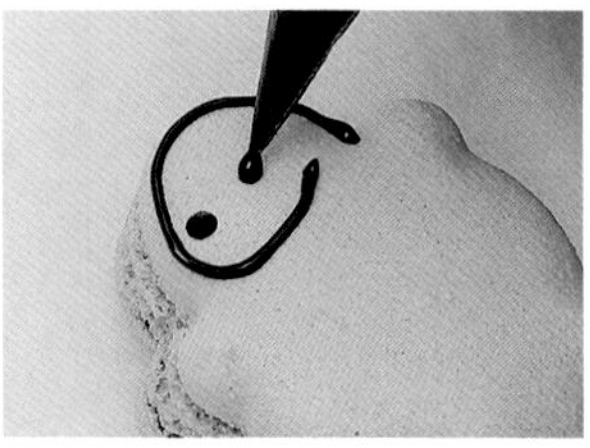

12 重复步骤11，完成右眼。

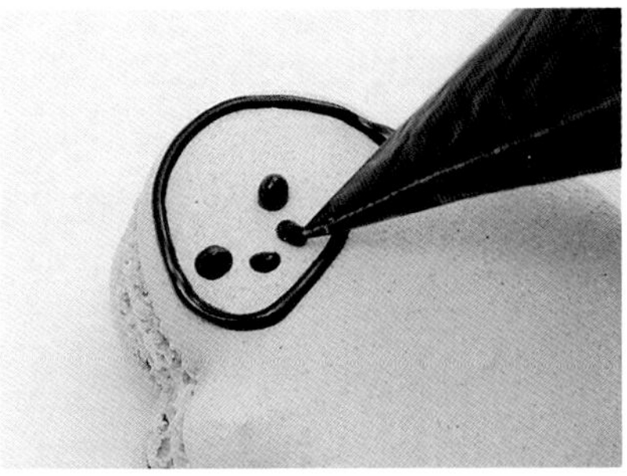

13 用黑色巧克力在脸部下方挤出两个鼻孔。

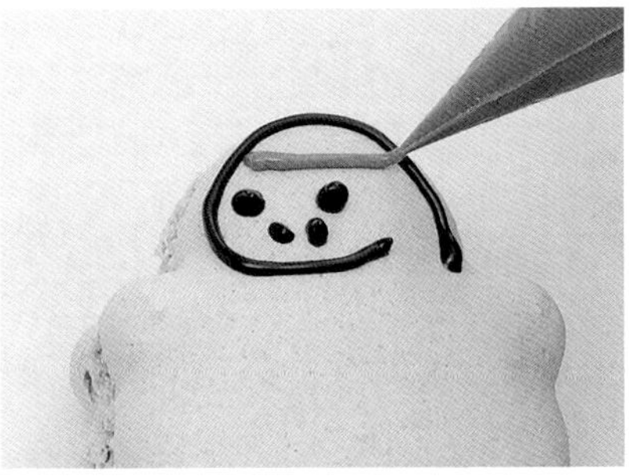

14 用红色巧克力挤一条横线在脸部上方，为头带。

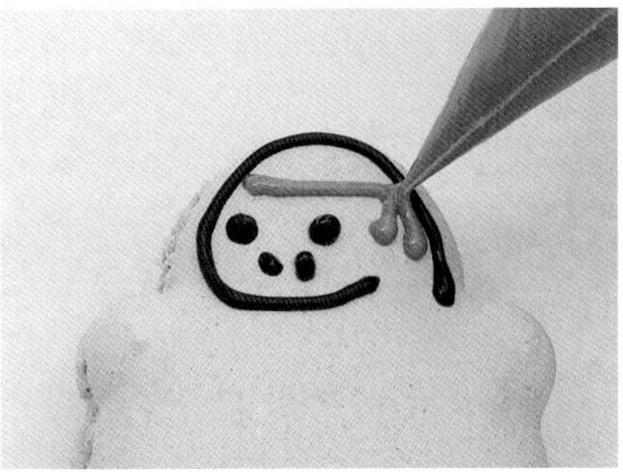

15 承步骤14，在横线尾端向下挤出两条短斜线。

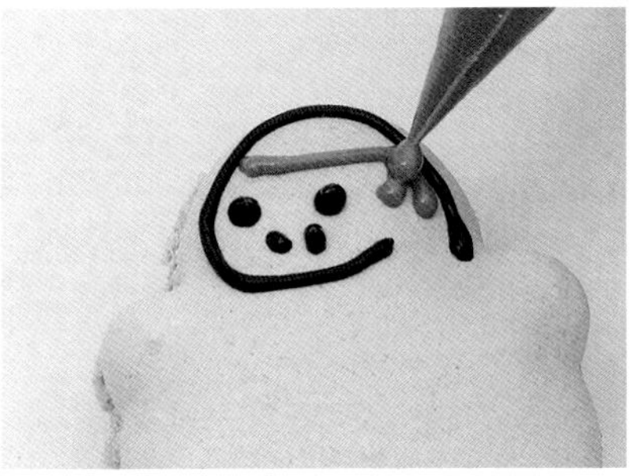

16 承步骤15，在短斜线间再点出一点，为绳结。

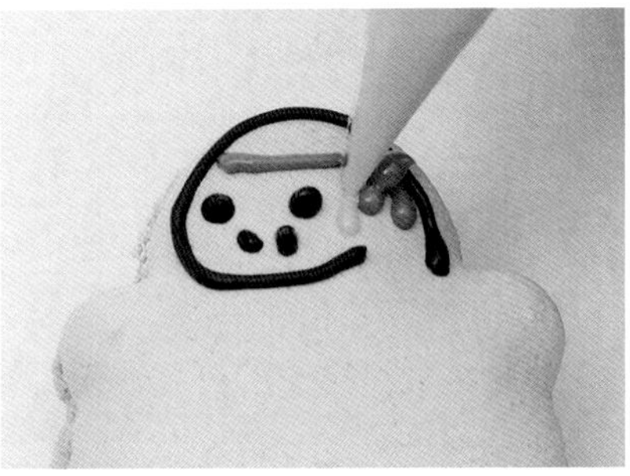

17 用蓝色巧克力在乌龟眼睛右侧挤出水滴形，为汗水。

18 用绿色巧克力在乌龟身体挤出圆形轮廓。

19 承步骤18，在中央挤出六边形。

20 将六边形的六个角，与身体轮廓以斜线相连，为纹路。

21 如图，龟壳完成。

22 用绿色巧克力在六边形中间挤出圆形。

23 在乌龟龟壳空白处，挤出梯形，为龟壳纹路。

24 最后，用绿色巧克力在乌龟双脚间挤出尾巴即可。

三只小猪

上火 160℃，下火 150℃
烘烤 13 ~ 15 分钟
约 30 个

Materials
材料 & 工具
Tools

颜色 Color　面糊：● 粉红色
巧克力：● 黑色　● 白色　● 粉红色

器具 Appliance　挤花袋、平口花嘴、烤焙布、烤盘、小猪纸形、三明治袋

Description
步骤 说明
Step

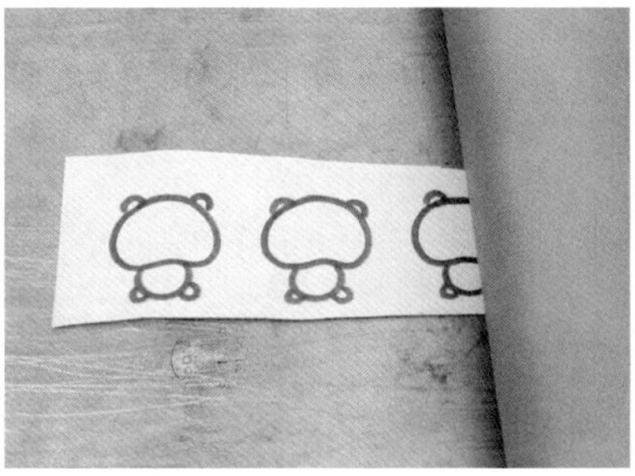

01 将小猪纸形放在烤盘上，并用烤焙布覆盖。

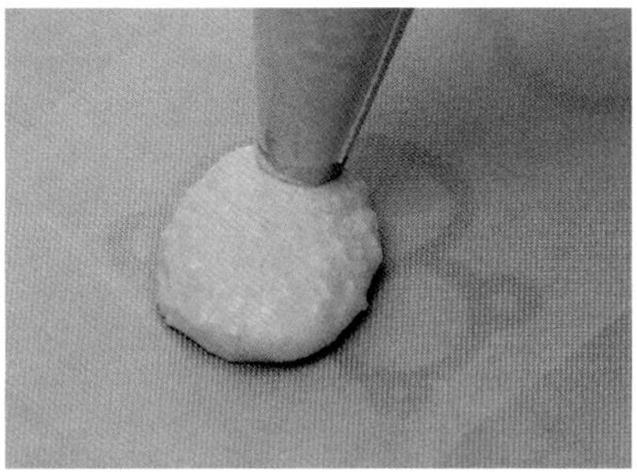

02 取粉红色面糊，用平口花嘴依照轮廓，挤出小猪头部。

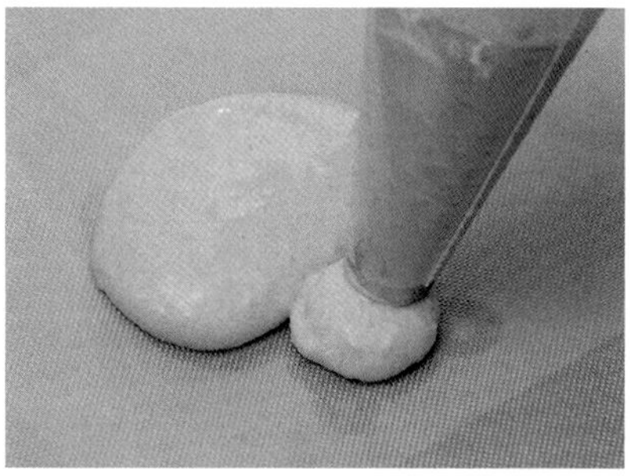

03 承步骤02，挤出与头部相连的小猪身体。

04 用粉红色面糊依照轮廓，挤出左耳。

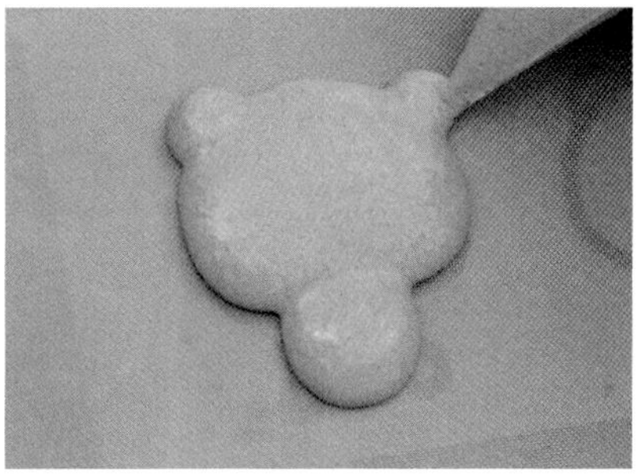

05 重复步骤04，完成右耳。

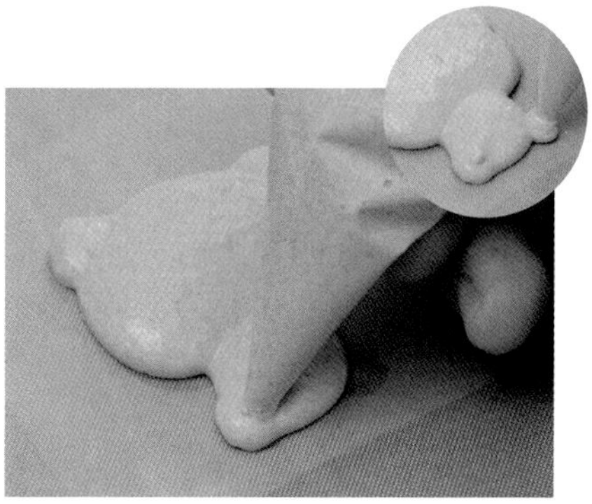

06 用粉红色面糊依照轮廓，挤出小猪双脚。

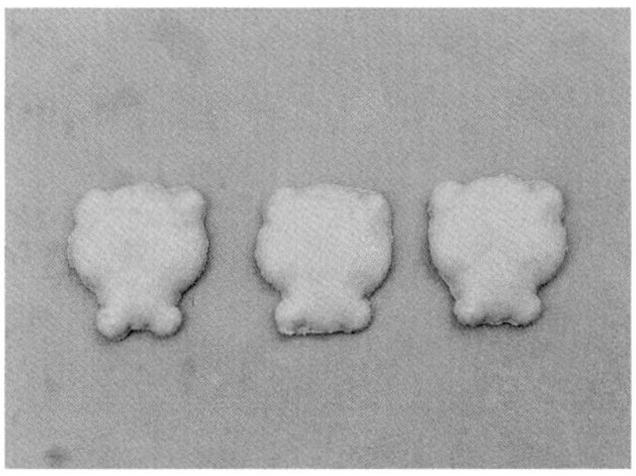

07 重复步骤01～06，完成小猪主体，并风干至结皮，再放进烤箱烘烤后出炉，即完成小猪马卡龙壳。

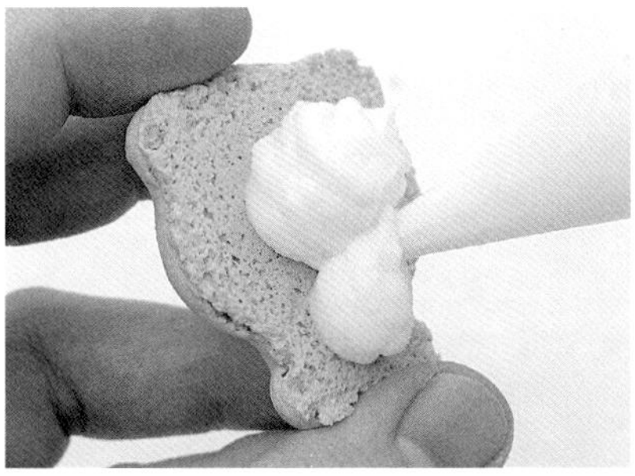

08 在小猪马卡龙壳背面挤出内馅。（注：内馅做法请参考P.90。）

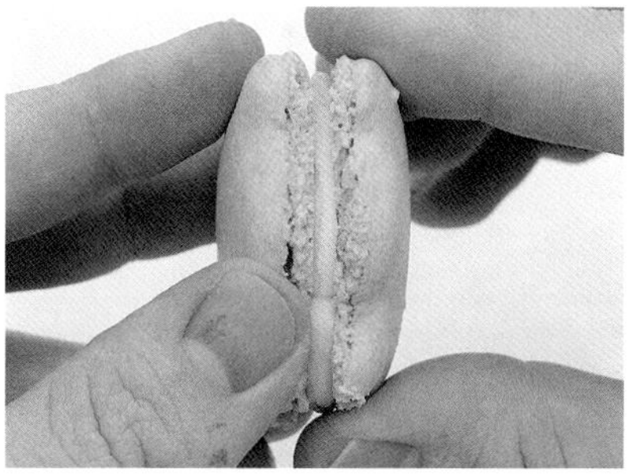

09 承步骤08，与另一个小猪马卡龙壳粘合。

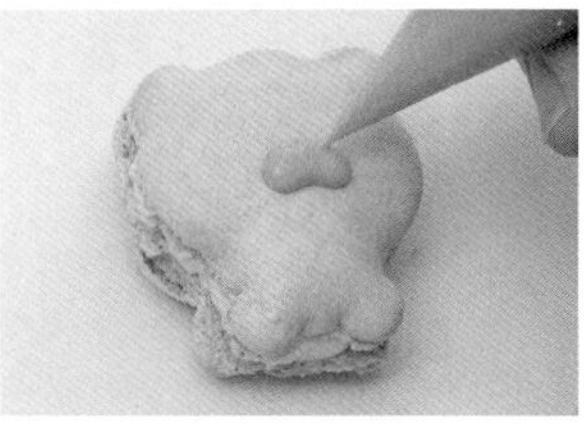

⑩ 用粉红色巧克力在脸部中央挤出倒爱心形，为鼻子。

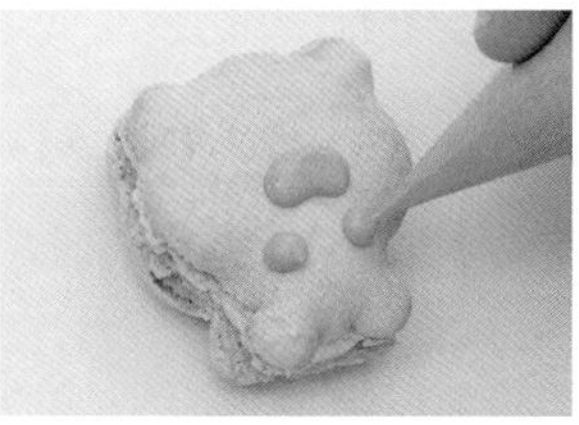

⑪ 用粉红色巧克力在身体两侧挤出圆形，为手部。

⑫ 用粉红色巧克力在身体下方挤出圆形，为脚部。

⑬ 用粉红色巧克力在右耳挤出水滴形。

⑭ 在步骤13水滴形侧边挤出另一个水滴形，呈现爱心形耳朵。

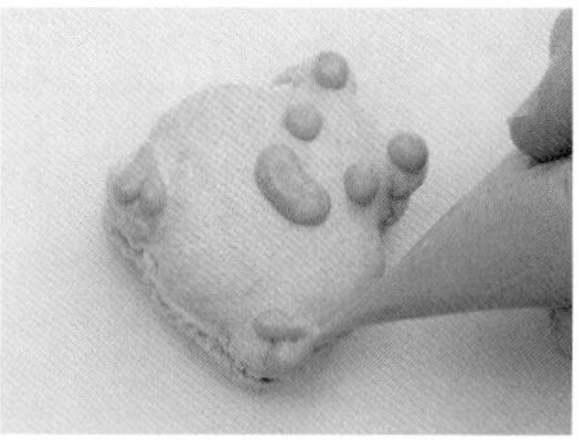

⑮ 重复步骤13～14，完成左耳。

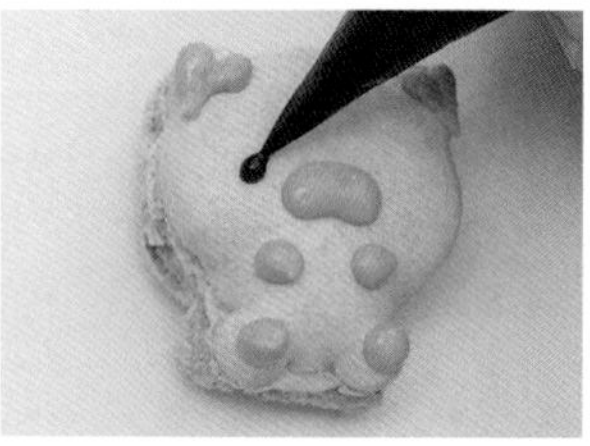

⑯ 用黑色巧克力在鼻子左侧挤出一点，为左眼。

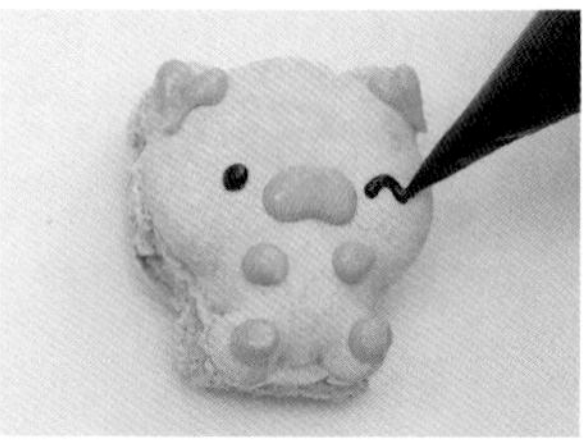

⑰ 用黑色巧克力挤出倒U形，为右眼。

⑱ 用黑色巧克力在左耳下侧挤出斜线，为眉毛。

⑲ 重复步骤18，完成右侧眉毛。

⑳ 用黑色巧克力在鼻子上挤出两个鼻孔。（注：叠加的巧克力须等巧克力稍微凝固后再挤，以免巧克力融合。）

㉑ 用黑色巧克力在左手上拉挤出两个锥形的蹄。

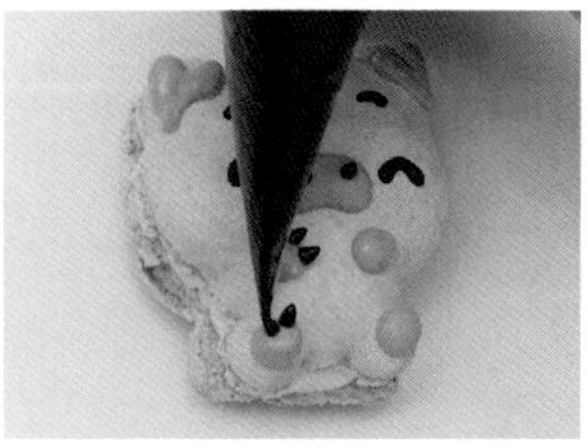

㉒ 重复步骤21，完成左脚脚蹄。

㉓ 重复步骤21～22，完成右手与右脚的蹄。

㉔ 最后，用白色巧克力在左眼挤出反光白点即可。

㉕ 如图，小猪马卡龙完成。

缤纷圣诞树

上火 160℃，下火 150℃
烘烤 13 ~ 15 分钟
约 30 个

Materials
材料 & 工具
Tools

颜色 Color 面糊：绿色
巧克力：白色 红色

器具 Appliance 挤花袋、平口花嘴、烤焙布、烤盘、金色糖珠、银色糖珠、圆形纸形、三明治袋

Description
步骤说明
Step

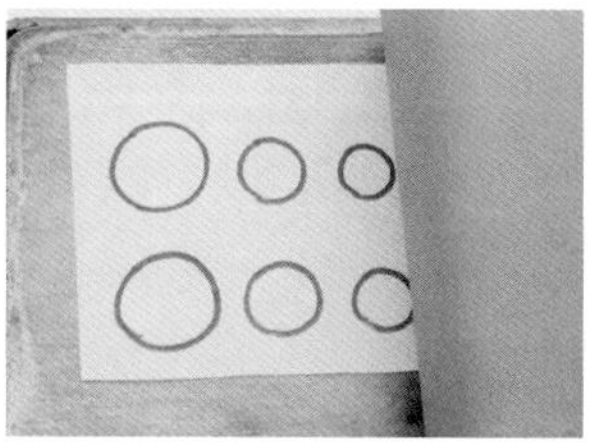

01 将圆形纸形放在烤盘上，并用烤焙布覆盖。

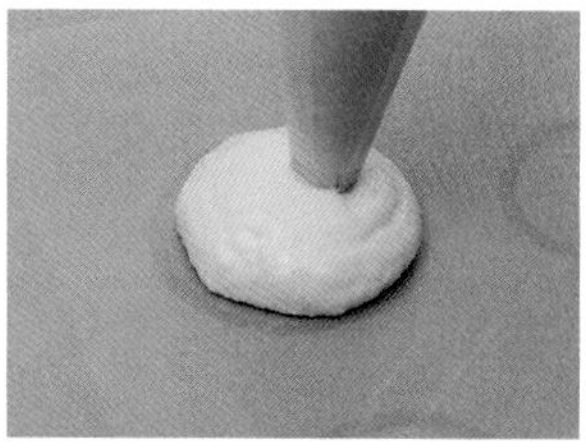

02 取绿色面糊，用口花嘴依照轮廓，挤出圆形。

03 如图，第一个圆形面糊完成。

04 重复步骤02，依照纸型挤出不同大小的圆形面糊。

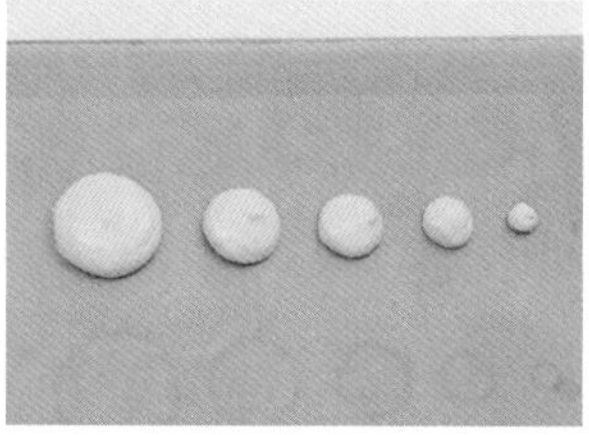

05 如图，圣诞树主体完成。

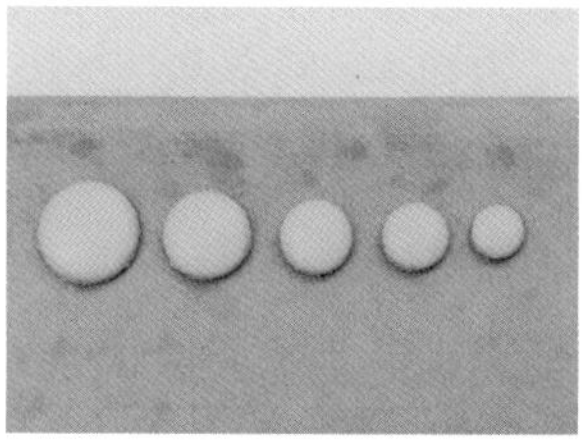

06 最后，将圣诞树主体风干至结皮，再放进烤箱烘烤后出炉，即完成圆形马卡龙壳。

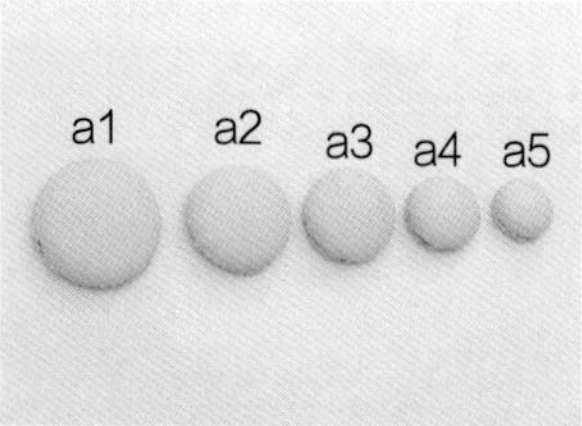

07 将圆形马卡龙壳排成一排，由大到小分别为a1～a5。

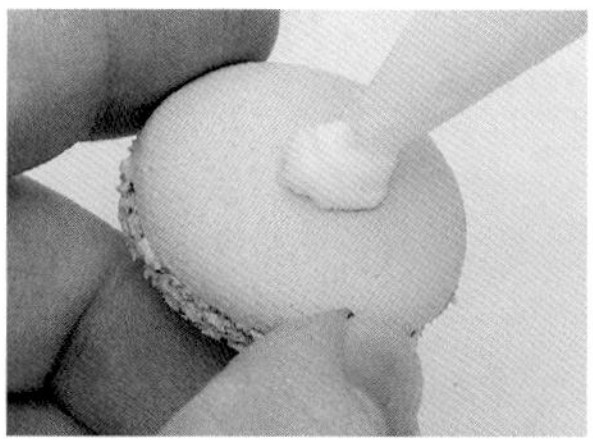

08 在圆形马卡龙壳a1正面中央挤出内馅。（注：内馅做法请参考P.90。）

09 承步骤08，与另一个圆形马卡龙壳a2粘合。

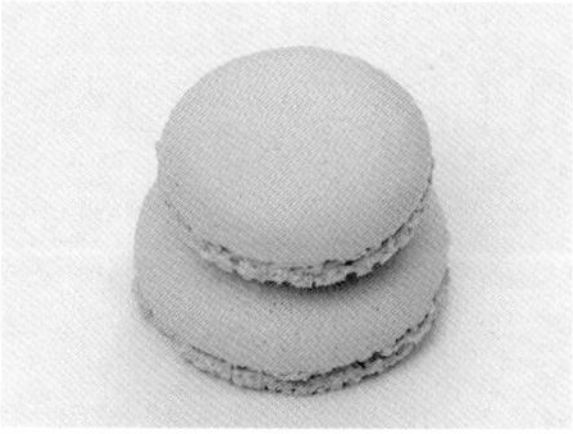

10 如图，a1与a2粘合完成。

11 重复步骤08～10，依序将圆形马卡龙壳a3～a5粘合。

12 如图，圣诞树主体完成。

⑬ 取出备好的金色与银色糖珠。

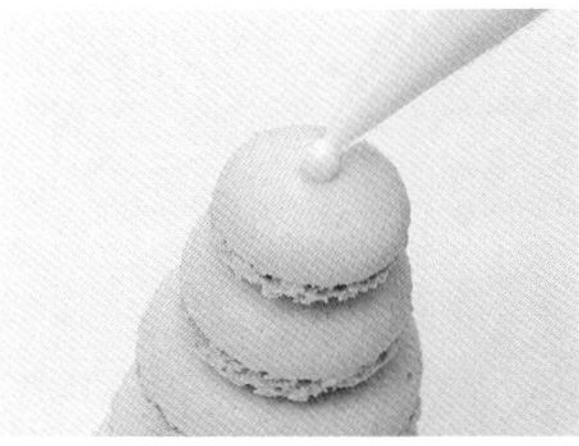

⑭ 将白色巧克力挤在圣诞树顶端中央。

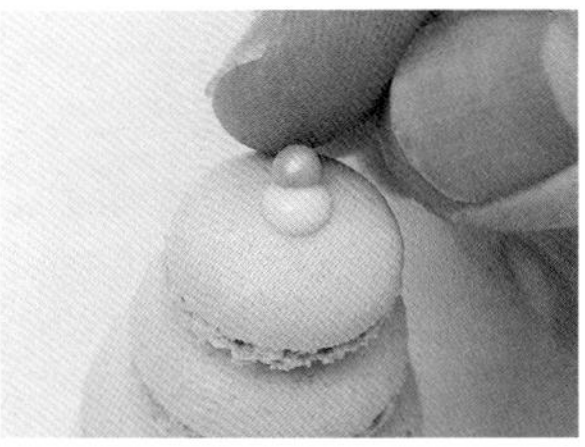

⑮ 承步骤14，将一颗金色糖珠放在白色巧克力侧边。

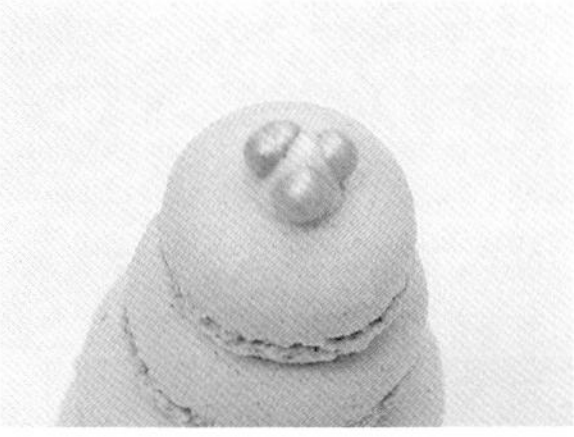

⑯ 重复步骤15，再将两颗金色糖珠放在两侧，使糖珠呈三角形。

⑰ 承步骤16，将一颗金色糖珠放在三角形顶端，为圣诞树树顶装饰。

⑱ 如图，金色糖珠装饰完成。

⑲ 用白色巧克力在圣诞树主体第二层侧边，挤出波浪状造型。

⑳ 趁巧克力未凝固，将银色糖珠放在白色巧克力上，并用指腹轻压固定。

㉑ 重复步骤20，将金、银两色糖珠以交错方式放在白色巧克力上。

㉒ 重复步骤19~21，完成圣诞树主体第三、四、五层的装饰。（注：糖珠的颜色与位置，可依照个人喜好调整。）

㉓ 如图，圣诞树装饰完成。

㉔ 用红色巧克力挤在圣诞树上做点缀。

㉕ 最后，重复步骤24，依序完成点缀即可。（注：点缀的位置与数量，可依照个人喜好调整。）

㉖ 如图，圣诞树完成。

可爱熊猫

上火 160℃，下火 150℃
烘烤 13 ~ 15 分钟
约 30 个

材料 & 工具 Materials Tools

颜色 Color　面糊：○ 白色
巧克力：● 黑色　白色　粉红色

器具 Appliance　挤花袋、平口花嘴、烤焙布、烤盘、熊猫纸形、三明治袋

步骤说明 Step Description

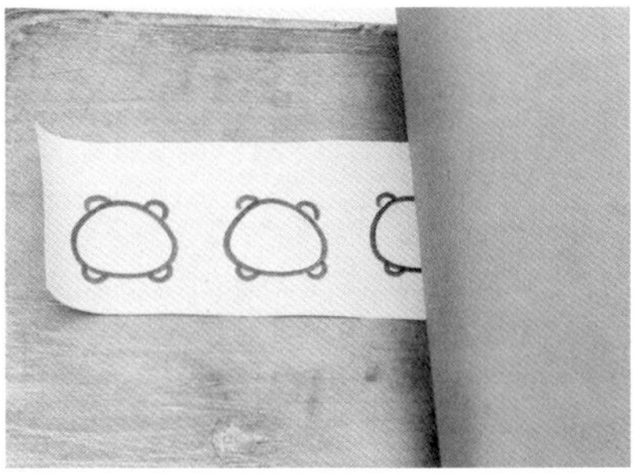

01 将熊猫纸形放在烤盘上，并用烤焙布覆盖。

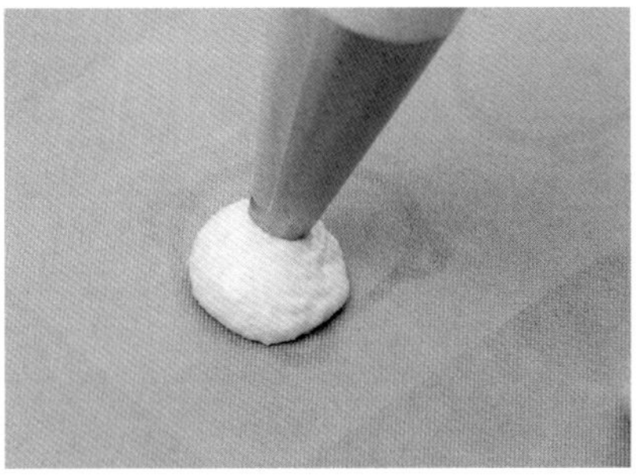

02 取白色面糊，用平口花嘴依照轮廓，挤出熊猫头部。

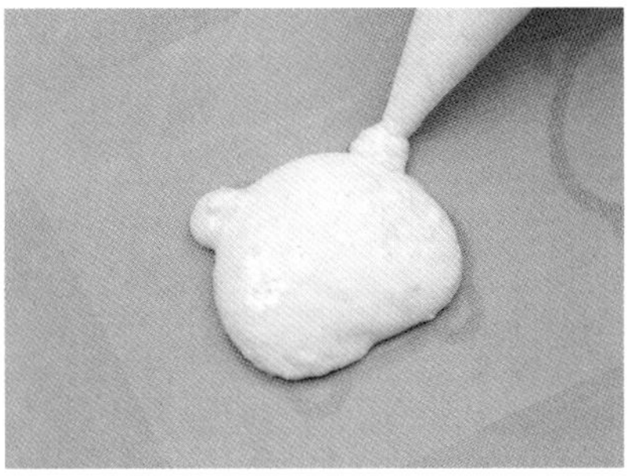

03 用白色面糊挤出与头部相连的耳朵。

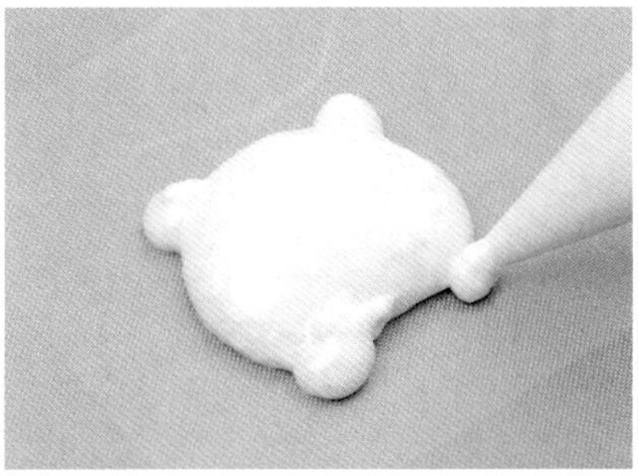

04 重复步骤03，挤出手部。

05 如图，熊猫主体完成。

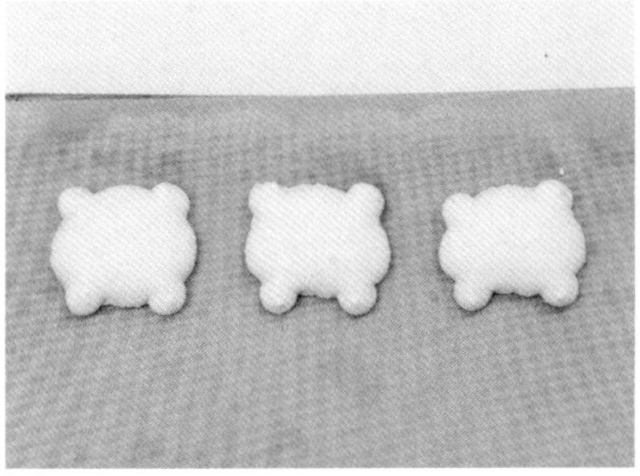

06 重复步骤01～05，完成熊猫主体，并风干至结皮，再放进烤箱烘烤后出炉，即完成熊猫马卡龙壳。

07 在熊猫马卡龙壳背面挤出内馅。（注：内馅做法请参考P.90。）

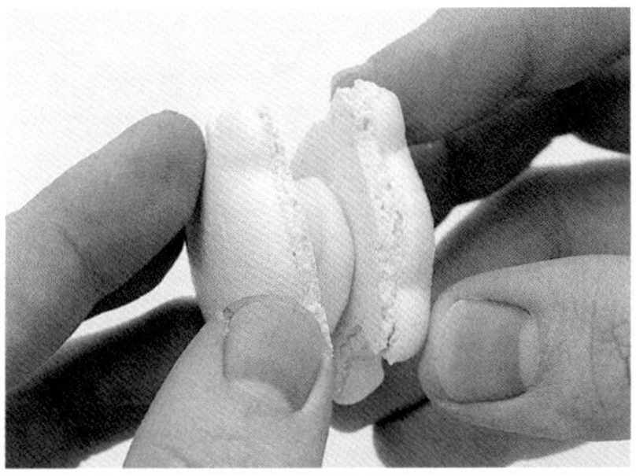

08 承步骤07，与另一个熊猫马卡龙壳粘合。

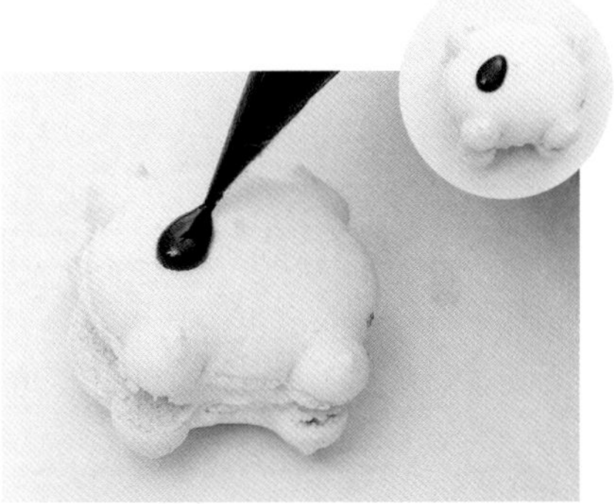

09 用黑色巧克力在熊猫左侧脸部挤出水滴形，为眼窝。

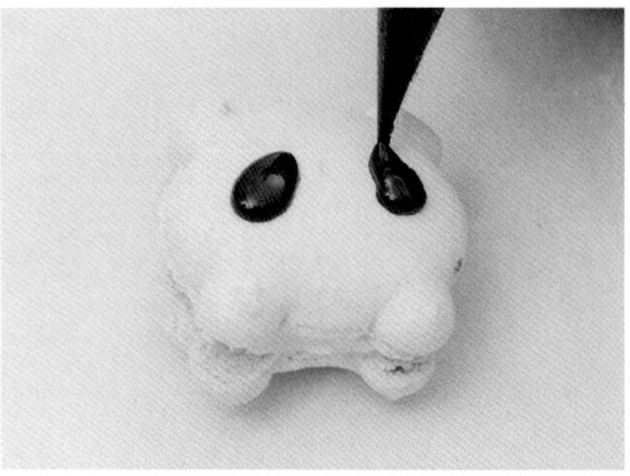

⑩ 重复步骤09，完成右侧眼窝。

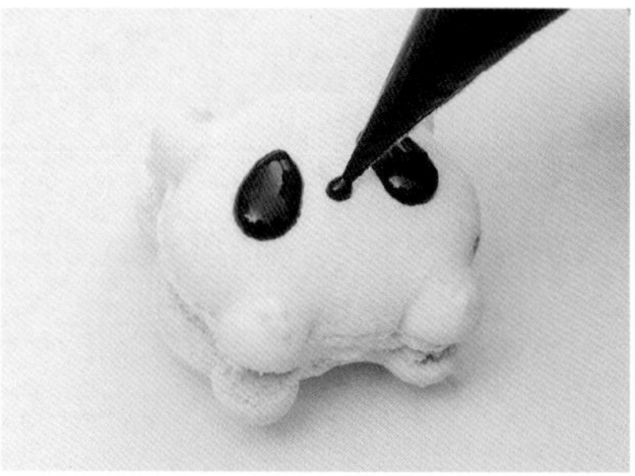

⑪ 用黑色巧克力在眼窝中间挤出圆点，为鼻子。

⑫ 用黑色巧克力在两侧耳朵挤出半圆形，为耳窝。

⑬ 用黑色巧克力在左、右两手位置挤出圆形。

⑭ 用粉红色巧克力在眼窝下侧挤出圆形，为腮红。

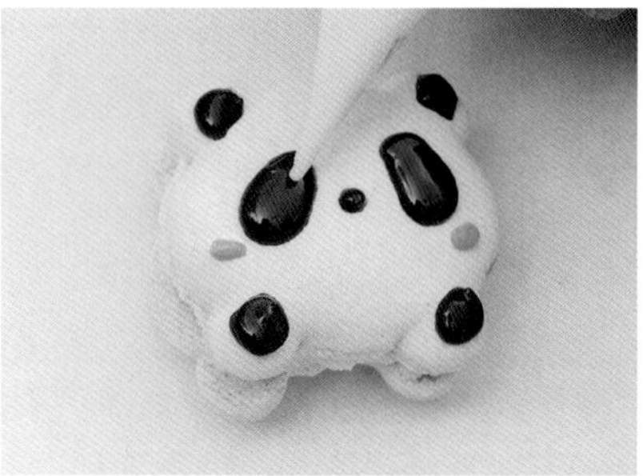

⑮ 用白色巧克力在左侧眼窝上挤出一点，为眼睛。（注：叠加的巧克力须等巧克力稍微凝固后再挤，以免巧克力融合。）

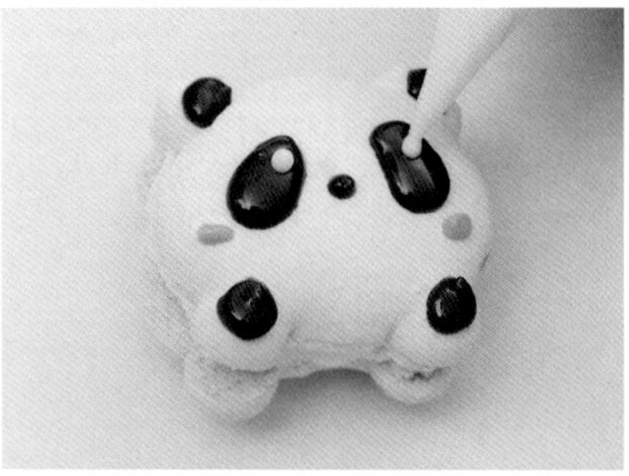

⑯ 最后，重复步骤15，完成右眼即可。

⑰ 如图，熊猫马卡龙完成。

梦幻独角兽

上火 160℃，下火 150℃
烘烤 13 ~ 15 分钟
约 30 个

Materials 材料 & 工具 Tools

颜色 Color 面糊：○ 白色

巧克力：● 黑色 ● 蓝色 ● 粉红色 ● 黄色 ● 绿色 ● 红色

器具 Appliance 挤花袋、平口花嘴、烤焙布、烤盘、独角兽纸形、三明治袋

步骤说明 Description Step

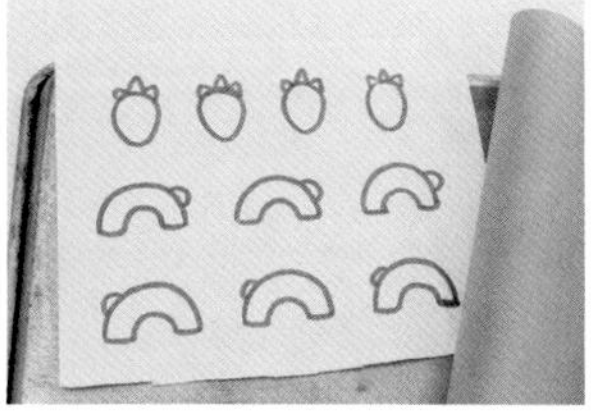

01 将独角兽纸形放在烤盘上，并用烤焙布覆盖。

02 取白色面糊，用平口花嘴依照轮廓，挤出独角兽头部。

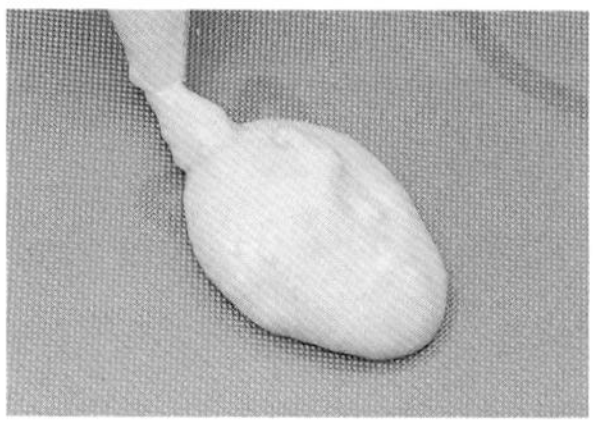

03 用白色面糊依照轮廓，挤出与头部相连的角。

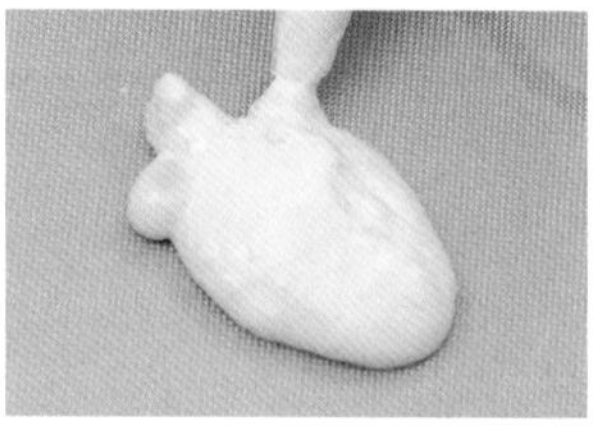

04 用白色面糊依照轮廓，挤出两侧的耳朵。

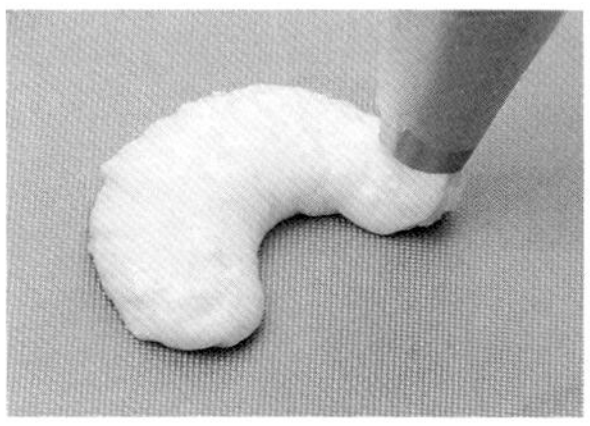

05 用平口花嘴依照轮廓，挤出独角兽身体。

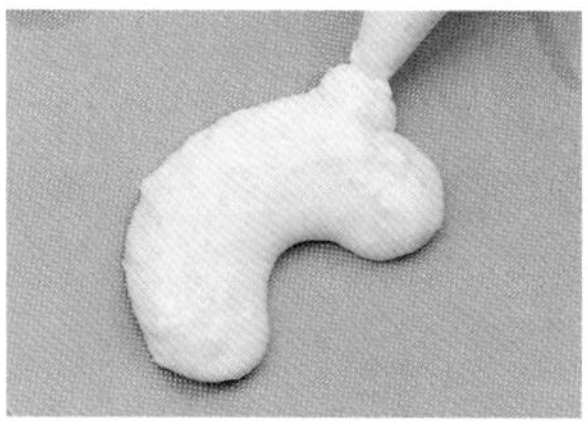

06 用白色面糊依照轮廓，挤出独角兽的尾巴（在右侧）。

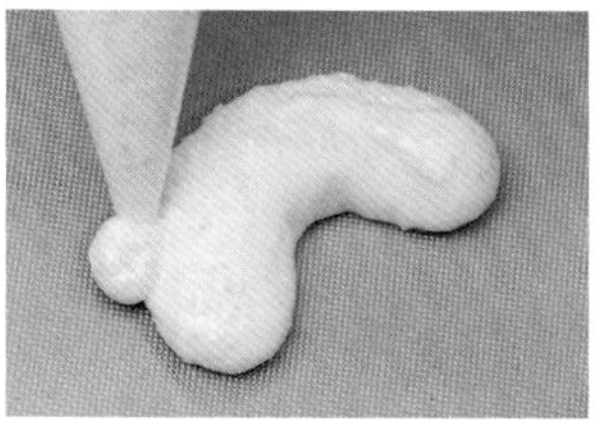

07 重复步骤05～06，完成另外一个身体与尾巴（在左侧）。

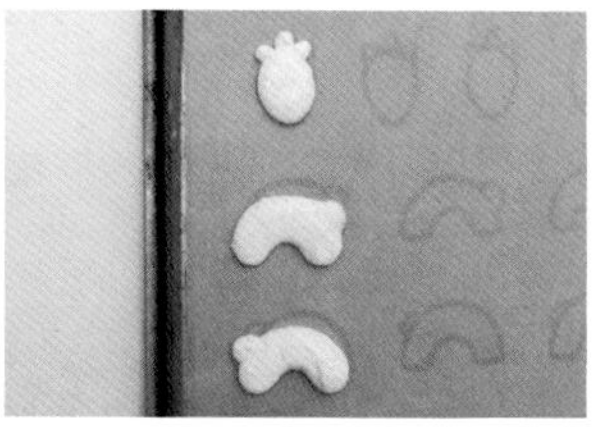

08 如图，独角兽主体完成。

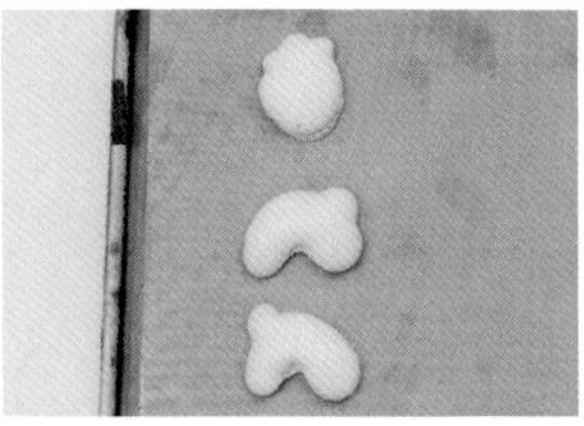

09 重复步骤01～07，完成独角兽主体，并风干至结皮，再放进烤箱烘烤后出炉，即完成独角兽马卡龙壳。

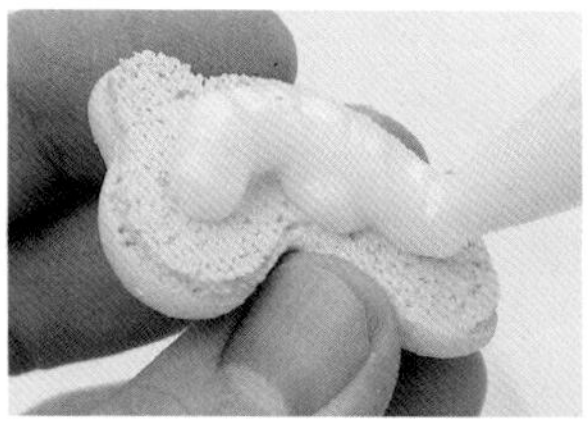

10 在独角兽马卡龙壳背面挤出内馅。（注：内馅做法请参考P.90。）

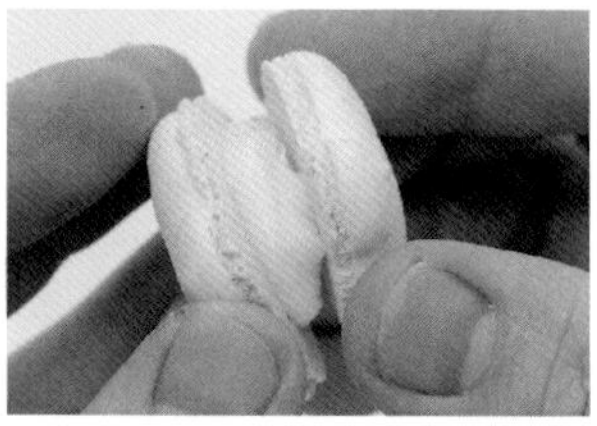

11 承步骤10，与另一个独角兽马卡龙壳粘合。

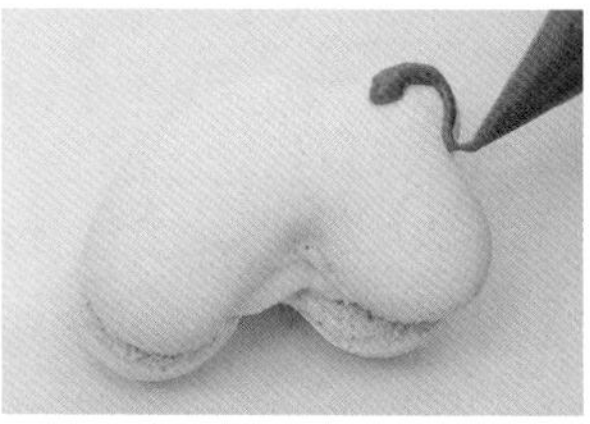

12 用红色巧克力在尾巴边缘挤出弧形装饰。

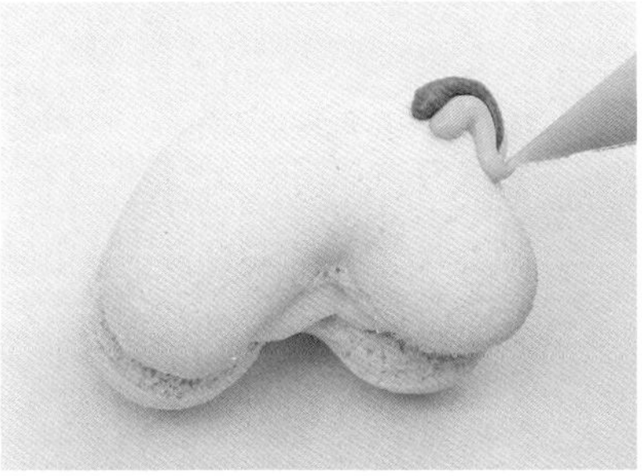

13 重复步骤12，挤出蓝色巧克力。

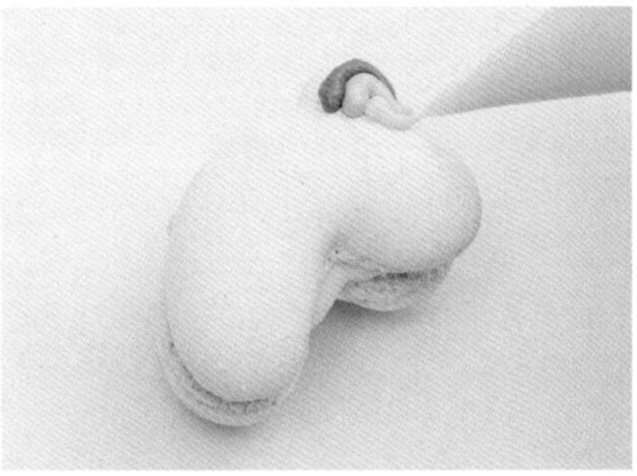

14 重复步骤13，挤出黄色巧克力。

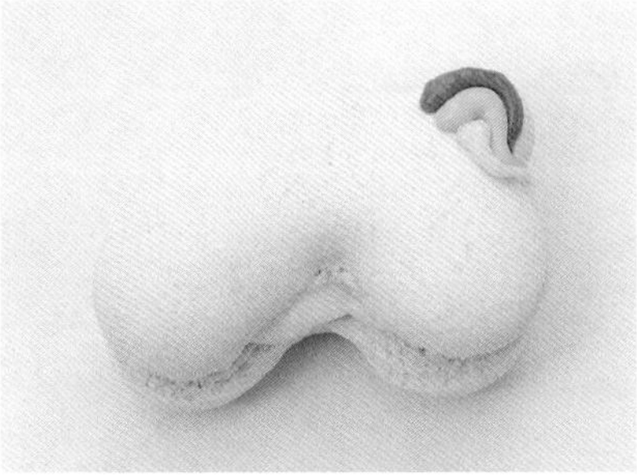

15 如图，尾巴装饰完成。

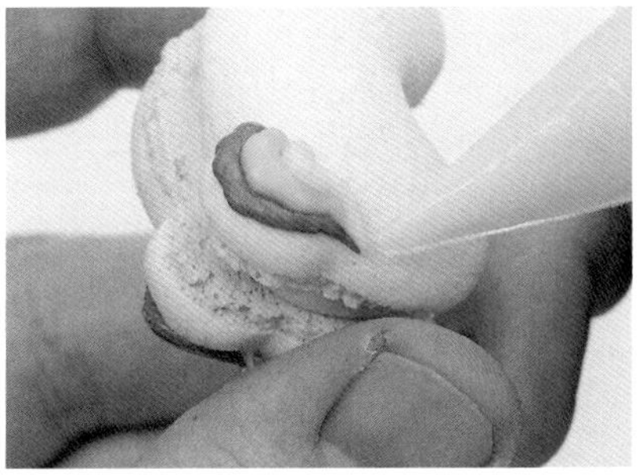

16 重复步骤12～14，完成另一面尾巴装饰。

17 如图，身体装饰完成。

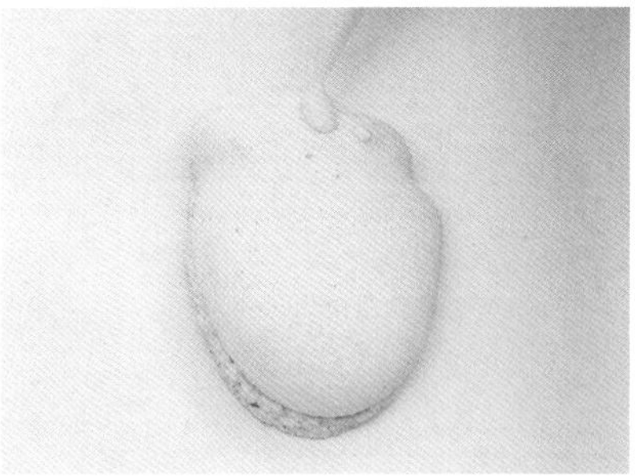

18 用黄色巧克力在尖角处，挤出水滴形，为独角。

19 用黄色巧克力在头部下侧，挤出两个鼻孔。

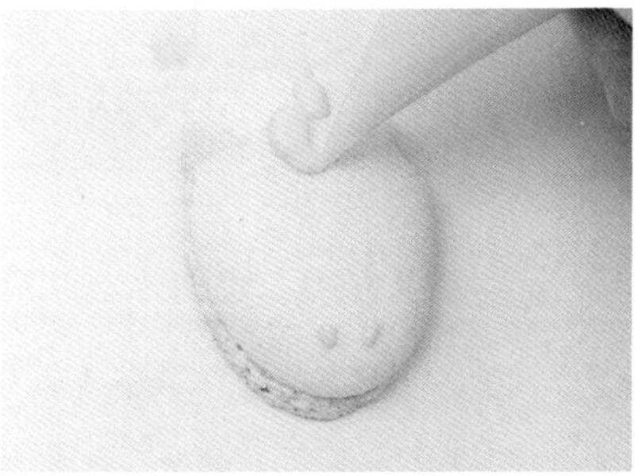

20 用黄色巧克力在独角下侧挤出し形鬃毛。

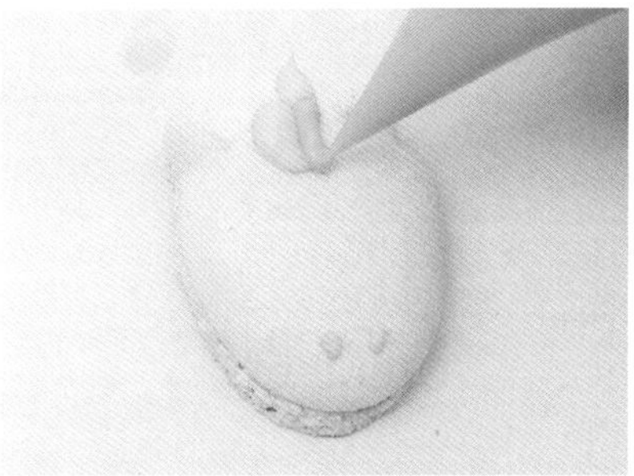

21 重复步骤20，在右侧挤出蓝色巧克力。

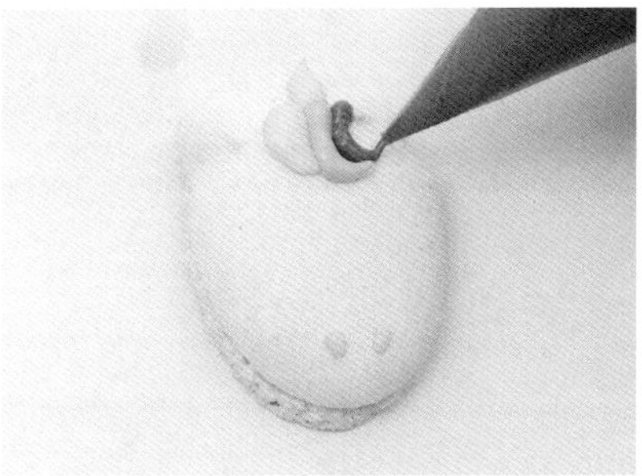

22 重复步骤20，挤出红色巧克力。

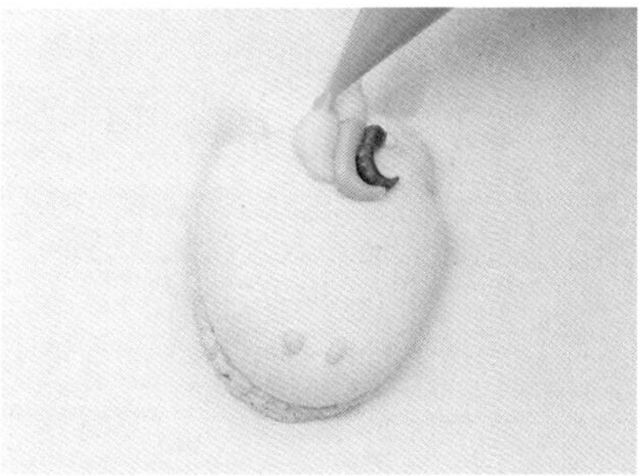

23 用绿色巧克力在独角下侧挤出圆点，为装饰。

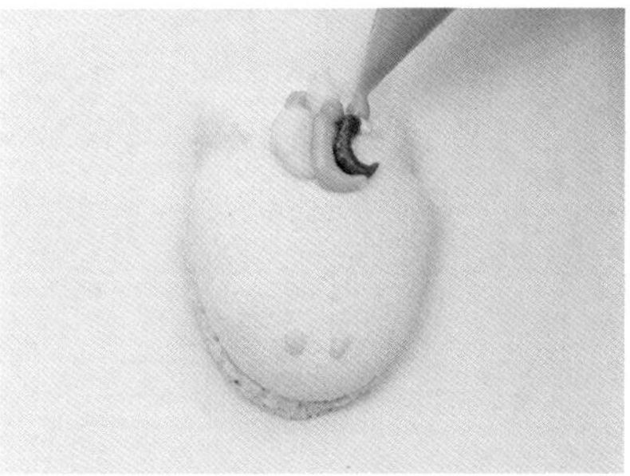

24 重复步骤23，完成独角装饰。

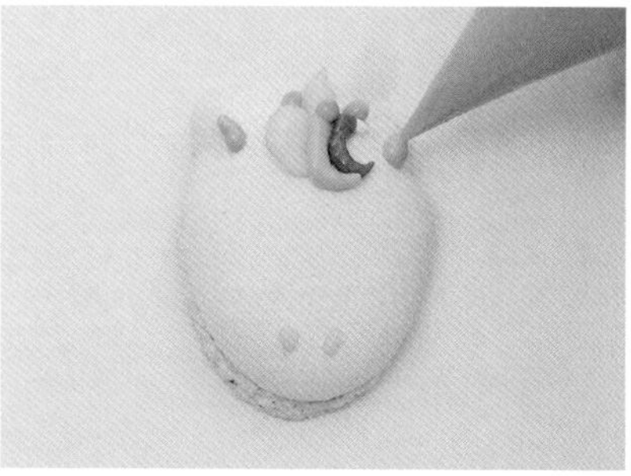

㉕ 用粉红色巧克力在耳朵的位置挤出水滴形，为耳窝。

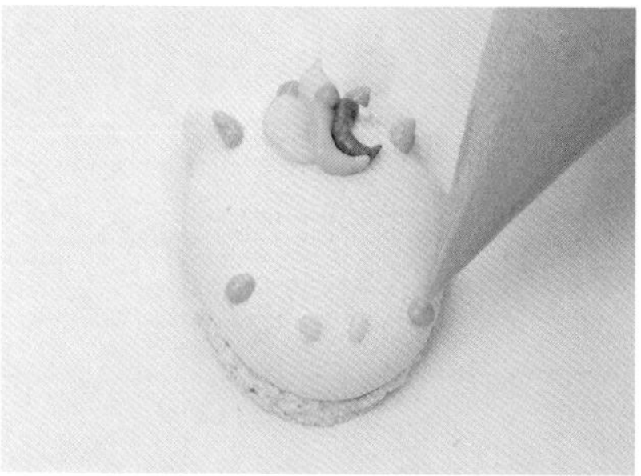

㉖ 用粉红色巧克力在鼻孔上侧挤出圆形，为腮红。

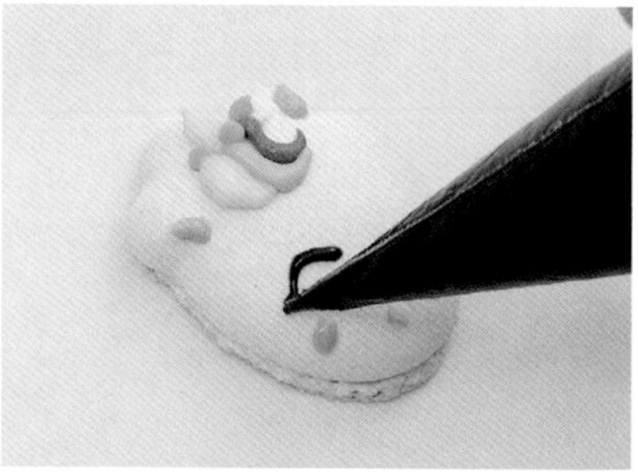

㉗ 用黑色巧克力在脸部挤出弧形，为眼睛。

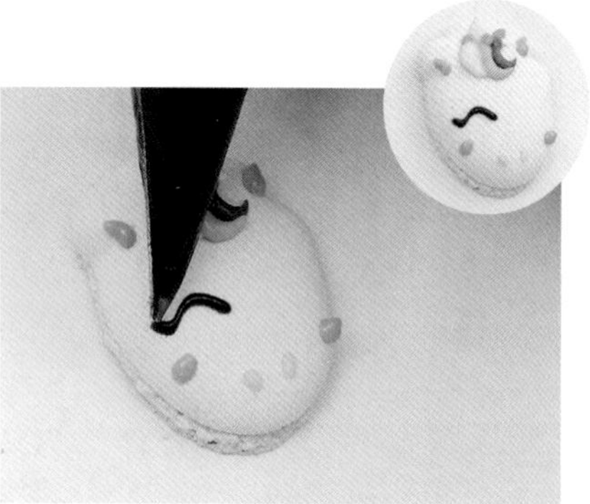

㉘ 承步骤27，在眼尾向上勾出短线，为睫毛。

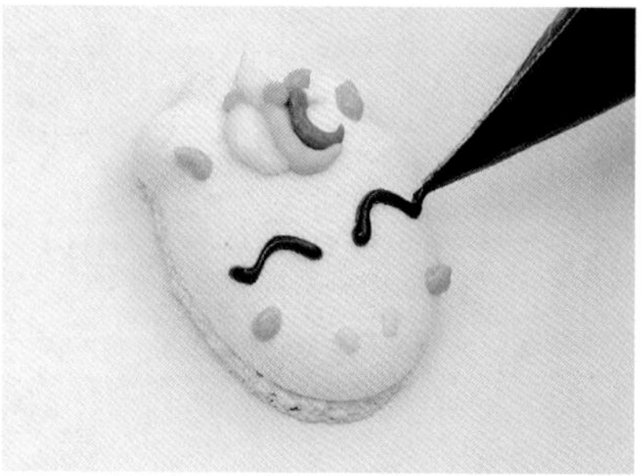

㉙ 重复步骤27～28，完成右眼与睫毛。

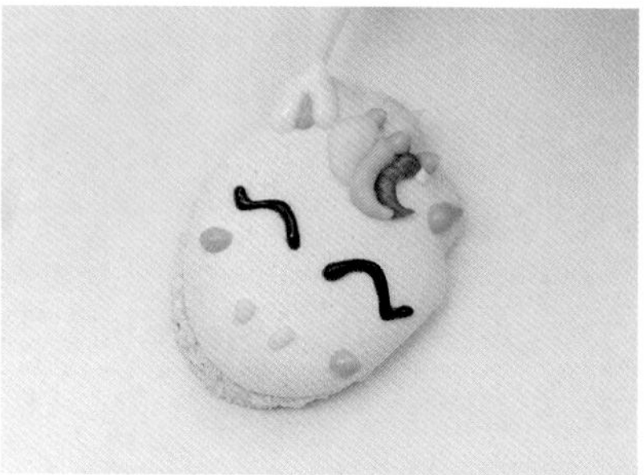

㉚ 用白色巧克力沿着粉红色耳窝边缘挤出倒V形，为耳朵。

㉛ 重复步骤30，完成右耳。

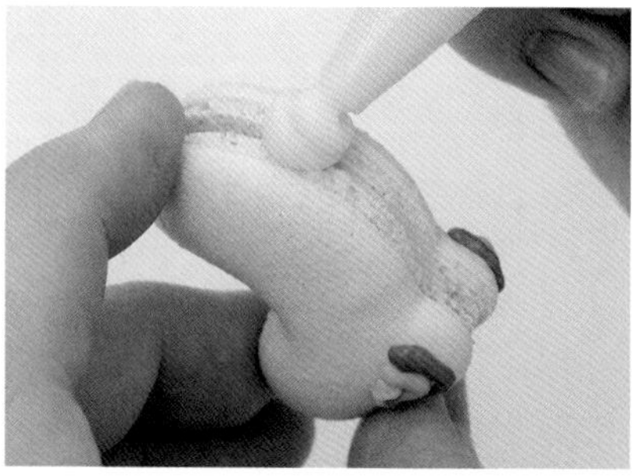

㉜ 在身体前端挤出内馅。

㉝ 最后，承步骤32，将头部与身体粘合即可。

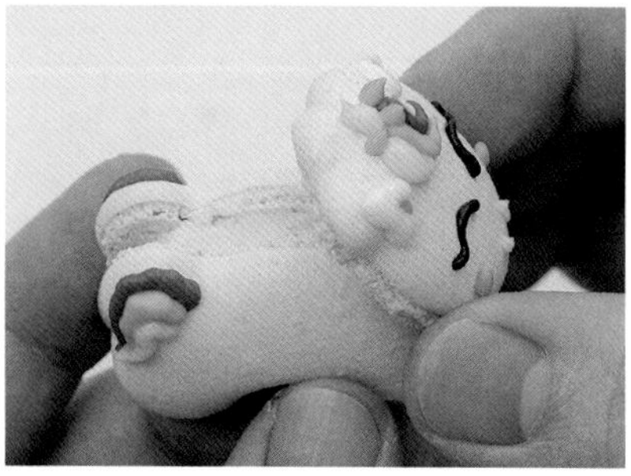

㉞ 如图，梦幻独角兽马卡龙完成。

黄色小鸭洗澡去

上火 160℃，下火 150℃
烘烤 13 ~ 15 分钟
约 30 个

材料 & 工具 Materials Tools

颜色 Color

面糊：● 灰色 ● 黄色

巧克力：● 黑色 ● 粉红色 ● 白色 ● 黄色

器具 Appliance

挤花袋、平口花嘴、烤焙布、烤盘、小鸭和泳圈纸形、三明治袋

步骤说明 Step Description

⋮外壳造型步骤

01 将小鸭和泳圈纸形放在烤盘上，并用烤焙布覆盖。

02 取灰色面糊，用平口花嘴依照轮廓，挤出同心圆外层。

03 用平口花嘴依照轮廓，挤出圆形。

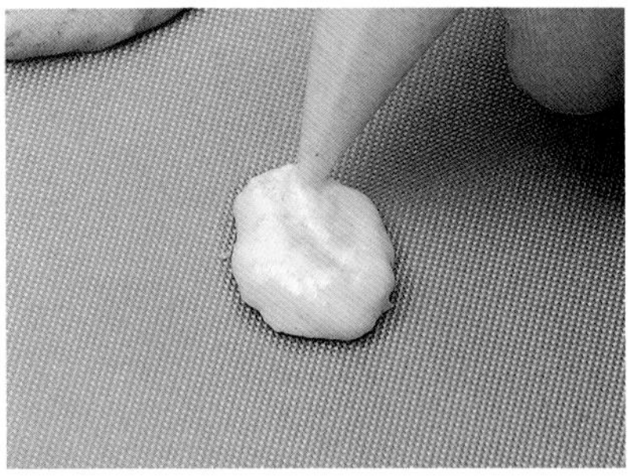

04 用黄色面糊依照轮廓，挤出小鸭身体。

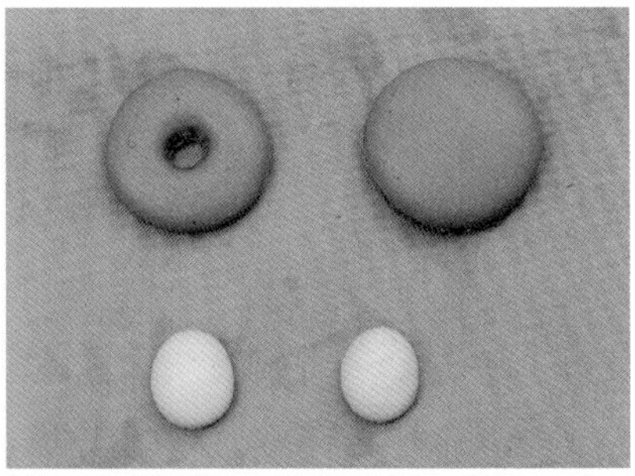

05 重复步骤01～04，完成小鸭身体后，将小鸭身体与圆形、泳圈风干至结皮，并放进烤箱烘烤后出炉，即完成小鸭、圆形、泳圈马卡龙壳。

06 在泳圈马卡龙壳背面挤出内馅。（注：内馅做法请参考P.90。）

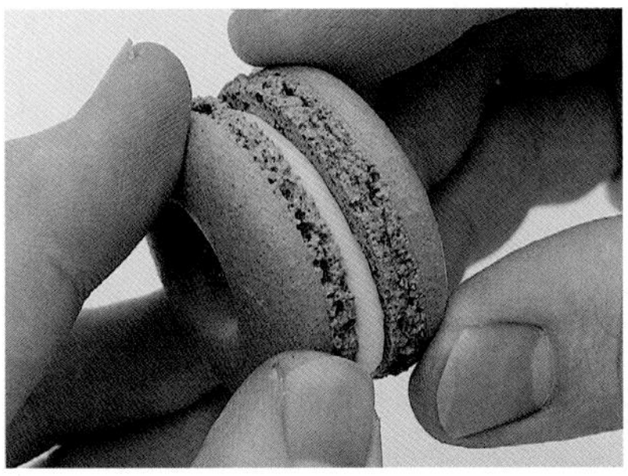

07 承步骤06，与圆形马卡龙壳粘合。

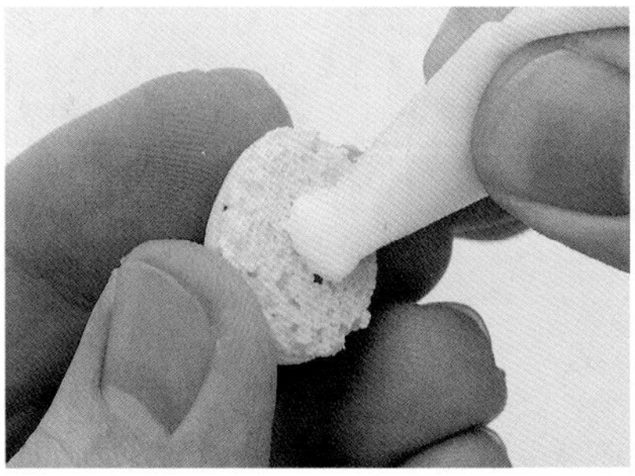

08 在小鸭身体背面挤出内馅。

09 承步骤08，与小鸭身体马卡龙壳粘合。

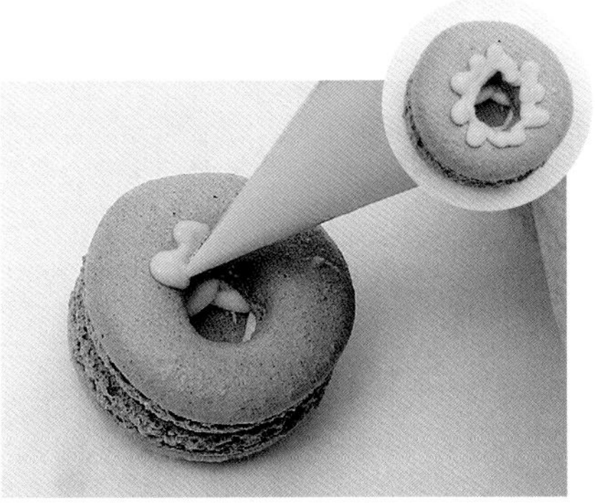

⑩ 用蓝色巧克力在澡盆边缘，挤出波浪形水花。

⑪ 趁巧克力未凝固，将小鸭身体直立放进泳圈凹洞里。

⑫ 用蓝色巧克力在澡盆边缘挤出水滴形，制造出喷溅水滴的效果。

⑬ 用白色巧克力在小鸭头部上侧挤出弧形，为浴帽。

⑭ 承步骤13，以粉红色巧克力在浴帽上挤出小圆点，为装饰。（注：叠加的巧克力须等巧克力稍微凝固后再挤，以免巧克力融合。）

⑮ 用粉红色巧克力在脸部两侧挤出椭圆形，为腮红。

⑯ 用黄色巧克力在腮红上侧挤出椭圆形，为嘴巴。

⑰ 最后，用黑色巧克力在鼻子两侧挤出圆形（为眼睛），即完成黄色小鸭洗澡去马卡龙。

草莓小熊

上火 160℃，下火 150℃
烘烤 13 ~ 15 分钟
约 30 个

材料 & 工具 Materials Tools

颜色 Color 面糊：桃红色

巧克力：黑色 绿色 红色 浅咖啡色 白色 粉红色

器具 Appliance 挤花袋、草莓纸形、烤焙布、烤盘、三明治袋

步骤说明 Description Step

⁝ 外壳造型步骤

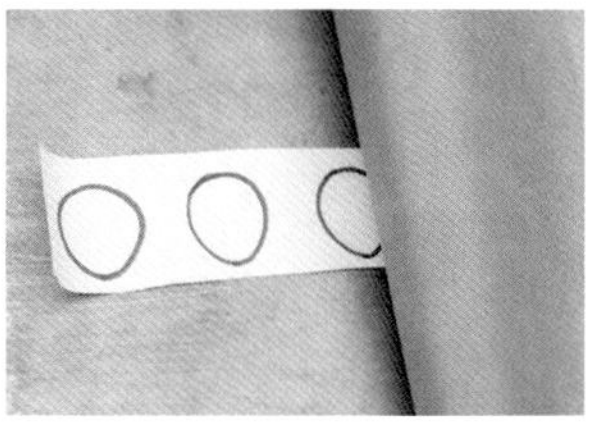

01 将草莓纸形放在烤盘上，并用烤焙布覆盖。

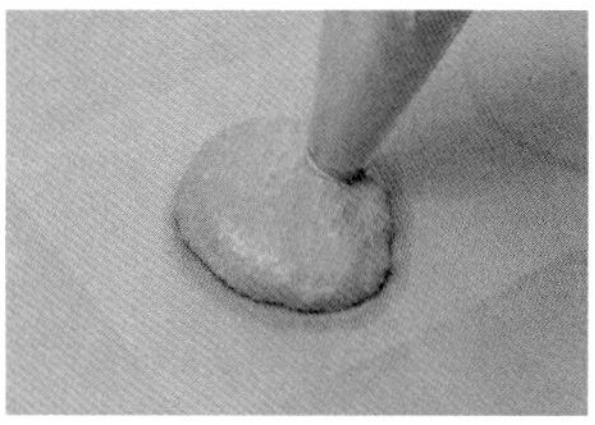

02 取桃红色面糊，用平口花嘴依照轮廓，挤出草莓。

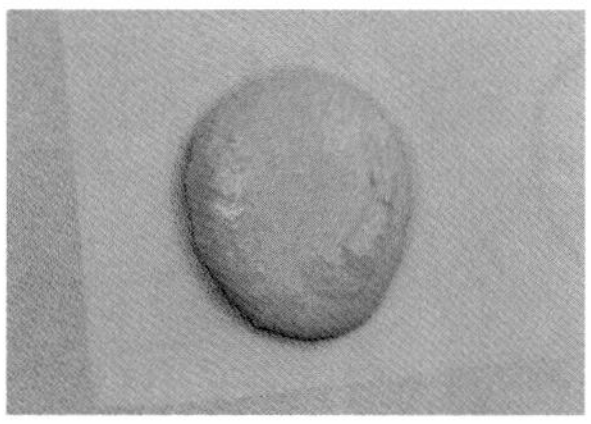

03 如图，草莓主体完成。

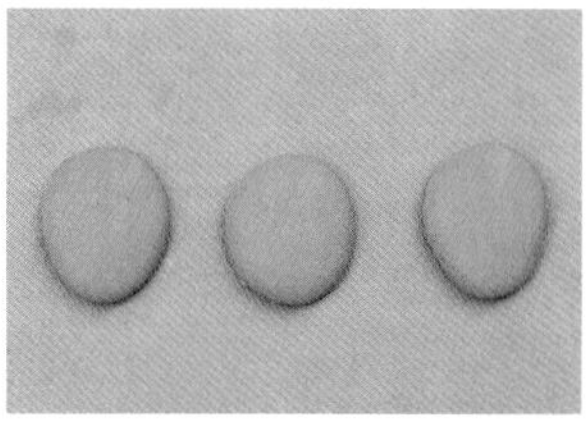

04 重复步骤01～03，完成草莓主体，并风干至结皮，再放进烤箱烘烤后出炉，即完成草莓马卡龙壳。

05 在草莓马卡龙壳背面挤出内馅。（注：内馅做法请参考P.90。）

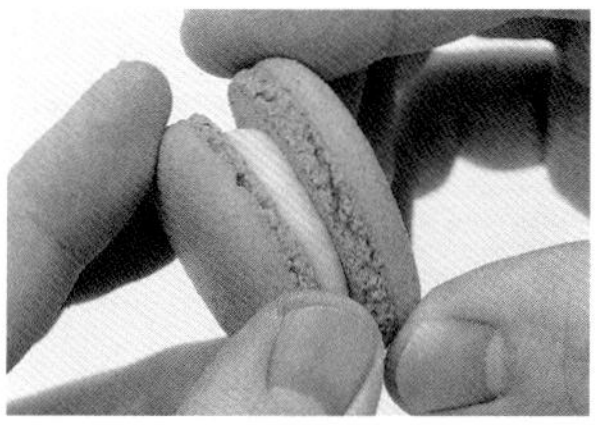

06 承步骤05，与另一个草莓马卡龙壳粘合。

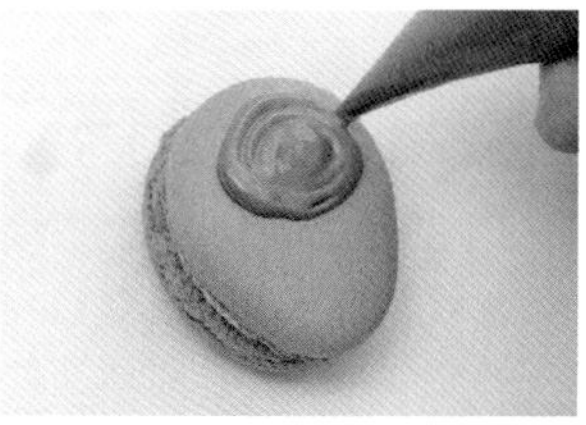

07 用浅咖啡色巧克力挤在草莓上半部，为小熊脸部。（注：草莓宽处向上，尖处向下。）

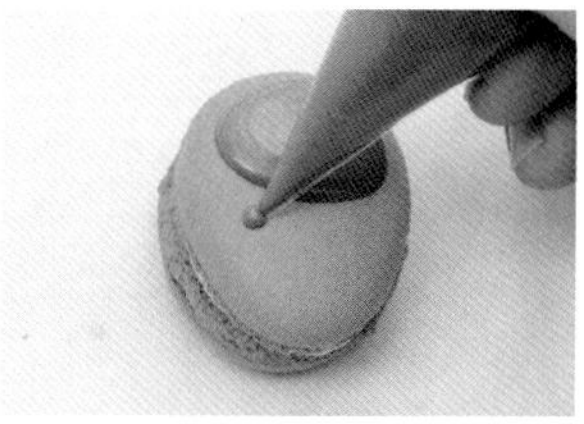

08 用浅咖啡色巧克力在脸部左下侧挤出圆形，为左手。

09 重复步骤08，完成右手。

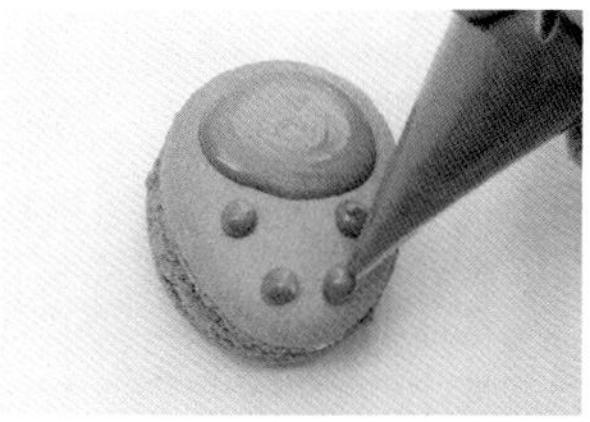

10 用浅咖啡色巧克力在手部下侧挤出两个圆形，为双脚。

11 用浅咖啡色巧克力在头部左上侧挤出锥形，为左耳。

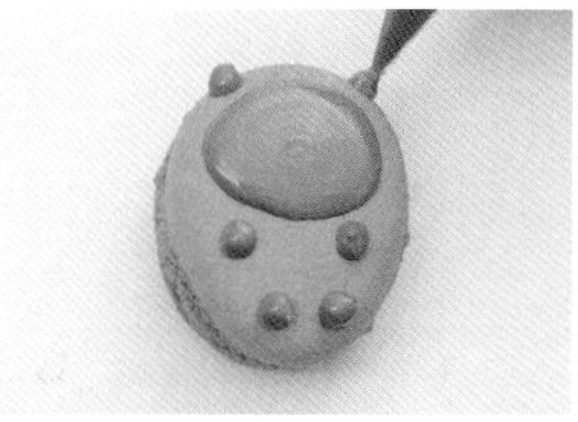

12 重复步骤11，完成右耳。

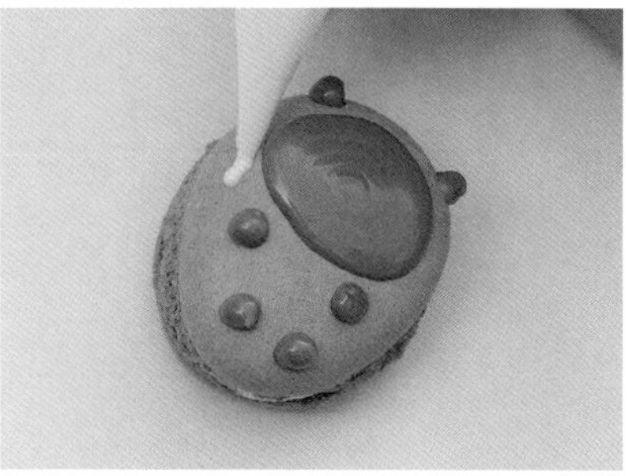

⑬ 用白色巧克力在草莓表面空白处，挤出水滴形，为种子。

⑭ 重复步骤13，依序添加种子。（注：种子的密度与位置，可依照个人喜好调整。）

⑮ 如图，种子完成。

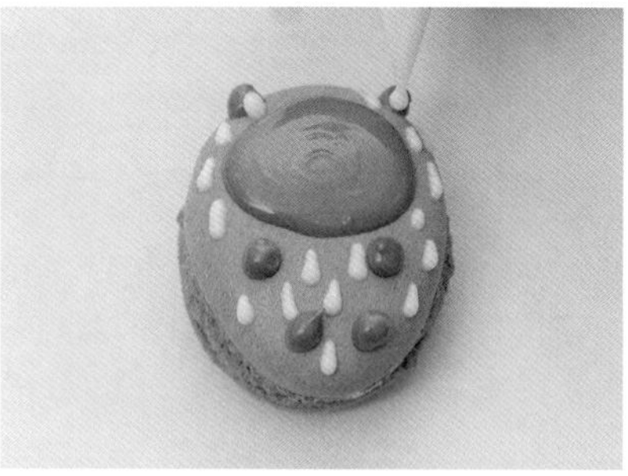

⑯ 用白色巧克力在小熊两耳上挤出圆形，为耳窝。（注：叠加的巧克力须等巧克力稍微凝固后再挤，以免巧克力融合。）

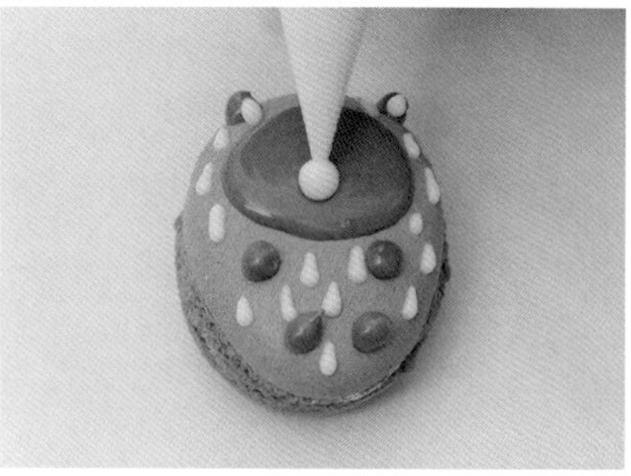

⑰ 用白色巧克力在脸部挤出圆形，为吻部。

⑱ 用黑色巧克力在吻部两侧挤出圆形，为眼睛。

⑲ 用黑色巧克力在吻部上方挤出圆形，为鼻子。

⑳ 用粉红色巧克力在左眼下侧挤出圆形，为腮红。

㉑ 重复步骤20，完成右侧腮红。

㉒ 用绿色巧克力在头部上侧挤出锥形，为绿叶。

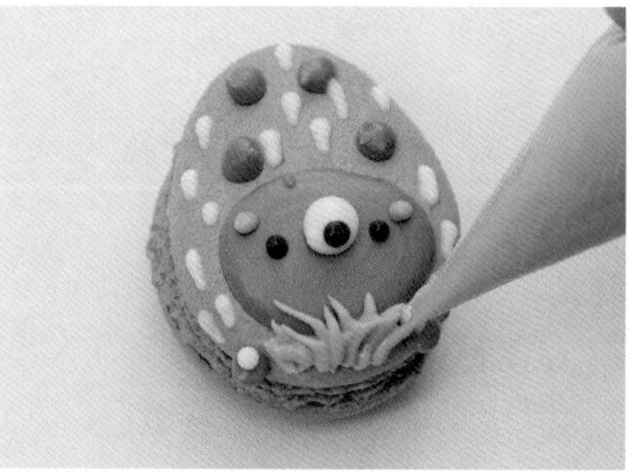

㉓ 最后，重复步骤22，依序挤出绿叶，并适时堆叠，使绿叶更自然即可。

㉔ 如图，草莓小熊马卡龙完成。

白雪公主的苹果

上火 160℃，下火 150℃
烘烤 13 ~ 15 分钟
约 30 个

Materials 材料 & 工具 Tools

颜色 Color
面糊：● 桃红色
巧克力：● 绿色 ● 咖啡色

器具 Appliance 挤花袋、平口花嘴、烤焙布、烤盘、苹果纸形、三明治袋

步骤说明 Description Step

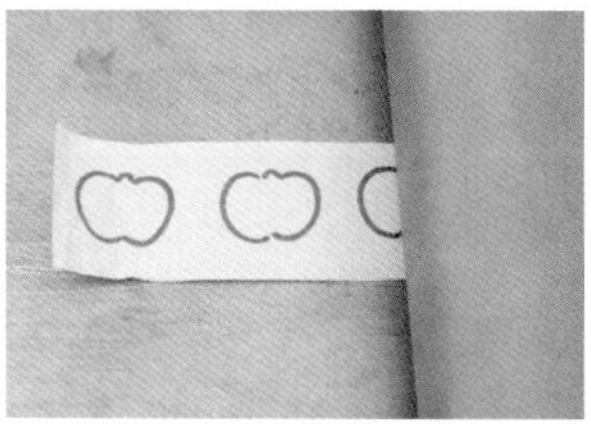

01 将苹果纸形放在烤盘上，并用烤焙布覆盖。

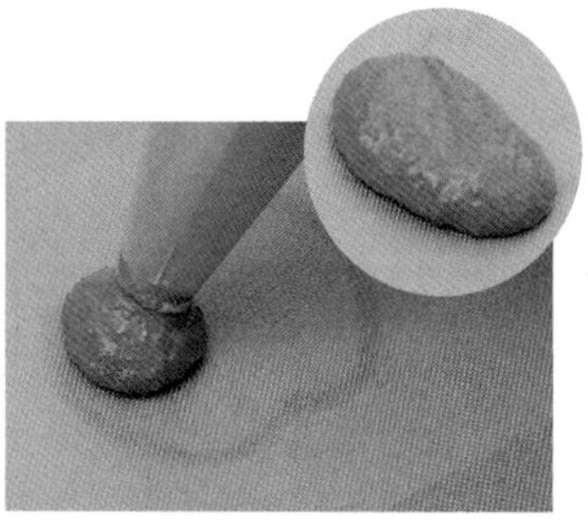

02 取桃红色面糊，用平口花嘴依照轮廓，挤出苹果。

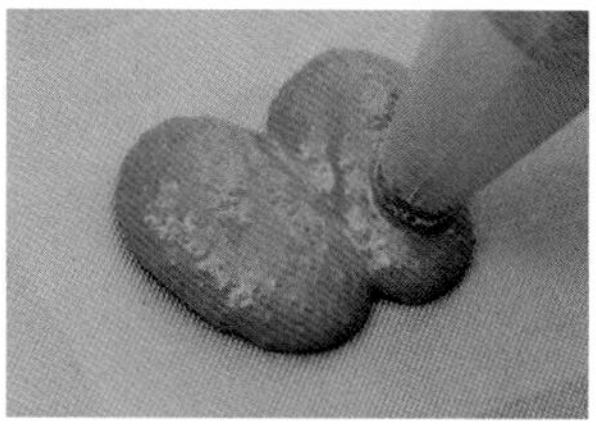

03 重复步骤02，挤出右半边的苹果。

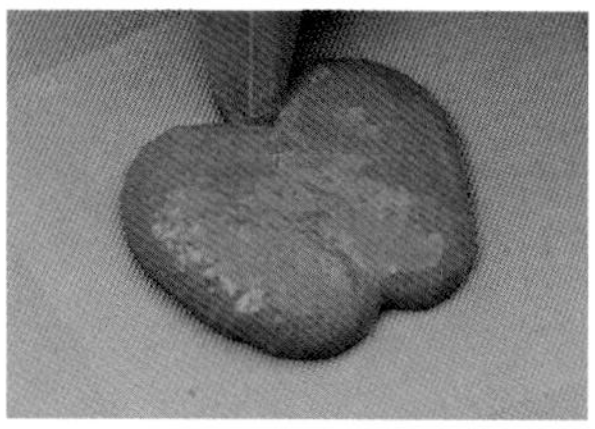

04 用桃红色面糊依照轮廓，挤出蒂头。

05 如图，苹果主体完成。

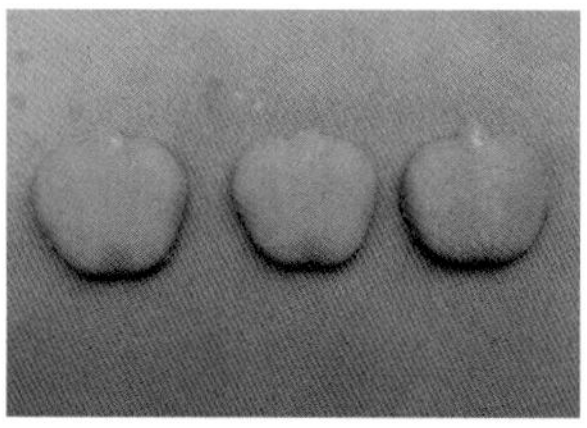

06 重复步骤01～05，完成苹果主体，并风干至结皮，再放进烤箱烘烤后出炉，即完成苹果马卡龙壳。

07 在苹果马卡龙壳背面挤出内馅。（注：内馅做法请参考P.90。）

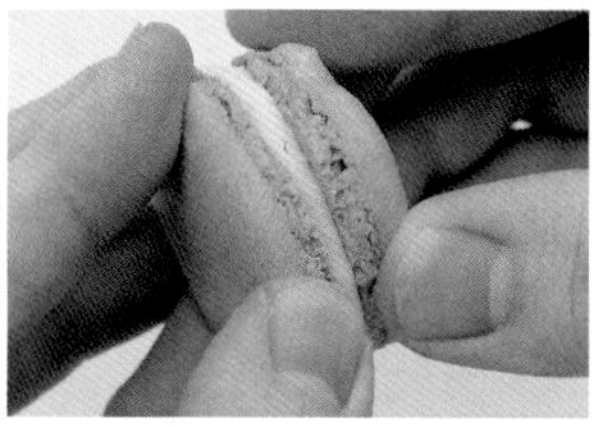

08 承步骤07，与另一个苹果马卡龙壳粘合。

09 如图，苹果马卡龙主体粘合完成。

10 用咖啡色巧克力在苹果蒂头处挤出长条形叶梗。

11 如图，叶梗完成。

12 用绿色巧克力在叶梗右侧挤出水滴形，为叶子。

13 最后，重复步骤12，再挤出一片叶子即可。

14 如图，苹果马卡龙完成。

CHAPTER
03

疗愈满点！

怀旧中式小点新创意

Yolk Pastry Preparation

蛋黄酥前置制作

油皮制作及调色方法

材料及工具 Ingredients & Tools

· **食材**

①中筋面粉 110克
②水 50克
③糖粉 7克
④猪油 42克

· **器具**

钢盆、塑料袋

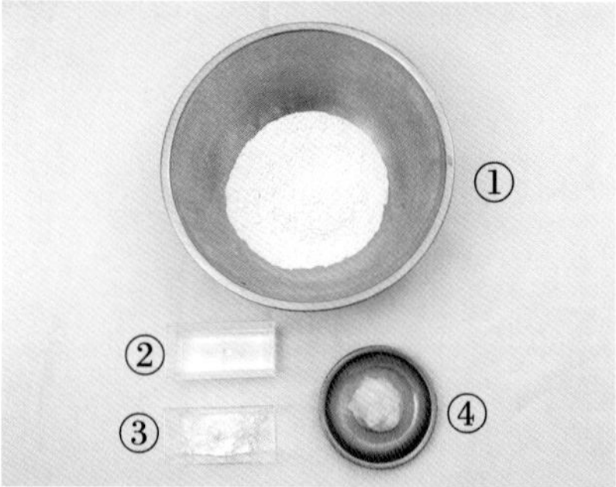

步骤说明 Step Description

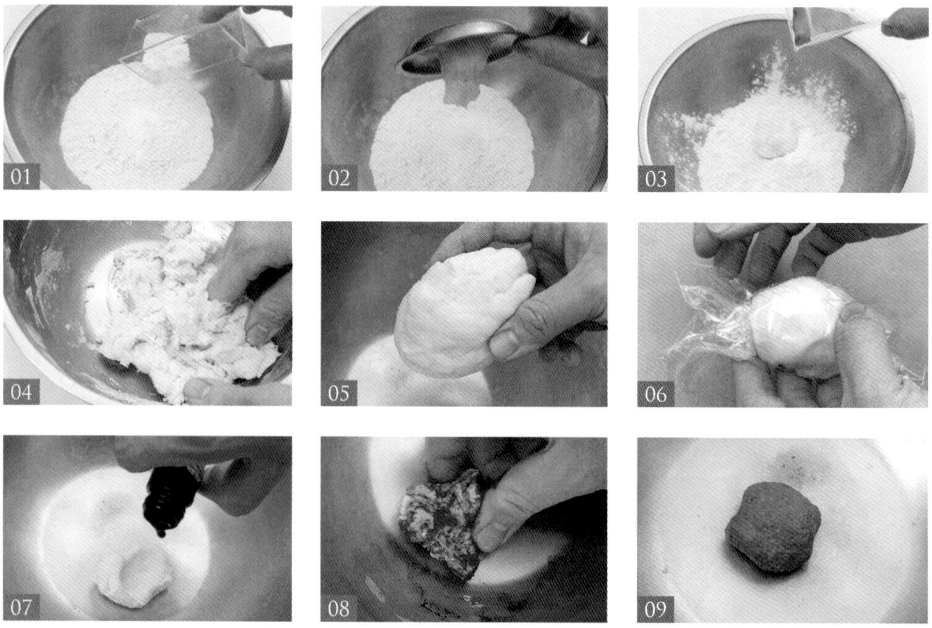

调色 toning

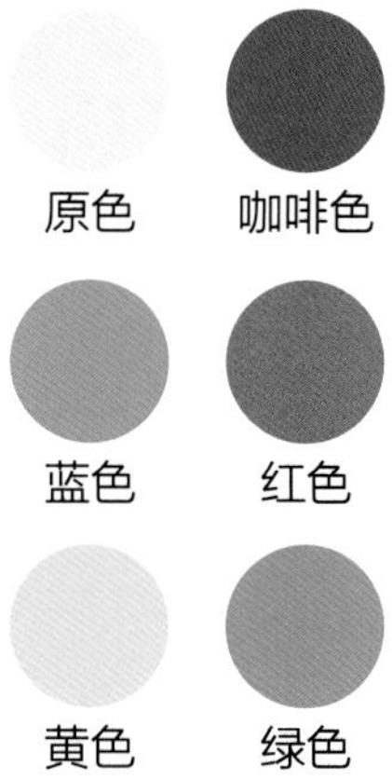

油皮制作视频

01 将糖粉倒入中筋面粉中。
02 将猪油倒入中筋面粉中。
03 将水倒入中筋面粉。
04 将食材在钢盆中搅拌均匀。
05 如图，油皮完成。
06 若尚未要使用，则须以塑料袋覆盖保存，避免结皮。
07 将适量色膏倒在油皮上。
08 最后，用手揉捏，使油皮颜色分布均匀即可。
09 如图，油皮染色完成。（注：若要使用原色油皮，则可跳过步骤07～09。）

TIPS

- 每份油皮 20 克。
- 蛋黄酥的尺寸可以随着包装或需求自行调整。
- 烘烤时须注意色泽，避免过度上色，按压有扎实感即可。
- 油皮在操作过程中须以保鲜膜或塑料袋盖好，避免结皮。
- 天气较热时可将油皮的水改成冰水。

油酥制作及调色方法

材料及工具 Ingredients & Tools

· **食材**

①低筋面粉 75克

②猪油 30克

· **器具**

钢盆

步骤说明 Step Description

01

02

03

04

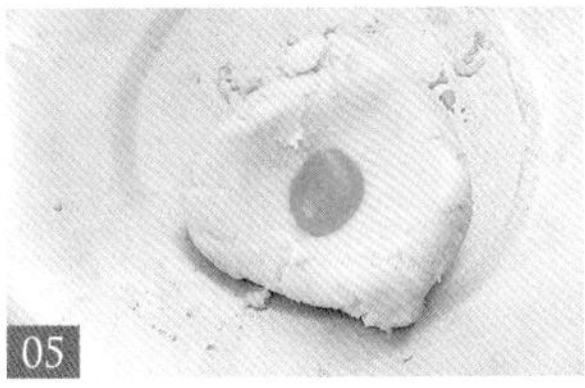
05

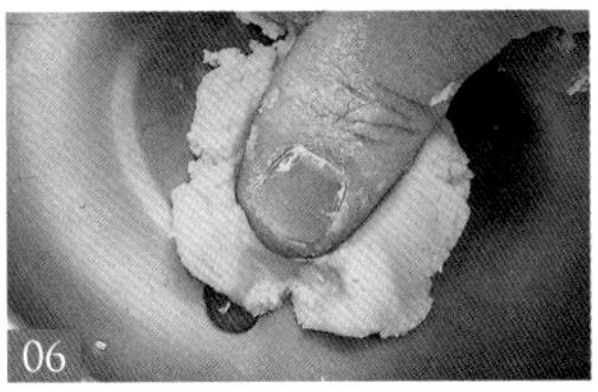
06

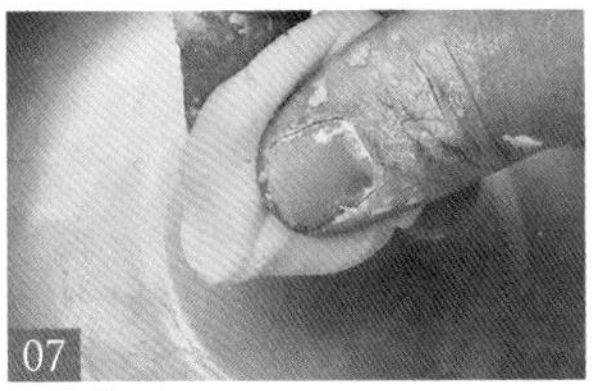
07

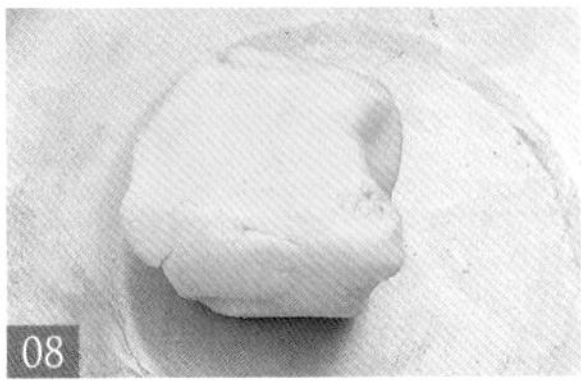
08

01 将猪油倒入低筋面粉中。

02 将面粉与猪油揉匀。

03 重复步骤02，继续将面粉与猪油揉成团。

04 如图，油酥完成。

05 将适量色膏倒在油酥上。

06 用手揉捏油酥，使颜色分布均匀。

07 最后，重复步骤06，继续揉捏油酥，让颜色均匀即可。

08 如图，油酥调色完成。（注：若要使用原色油酥，则可跳过步骤05～08。）

油酥制作视频

调色 toning

原色 红色 黄色

TIPS

- 每份油酥 10 克。
- 染色可依喜好调整浓淡，建议少量添加色膏，觉得不够深再增加色膏用量。
- 色膏也可使用色粉或是蔬菜粉替代（如甜菜根粉、南瓜粉、抹茶粉）。

内馅制作

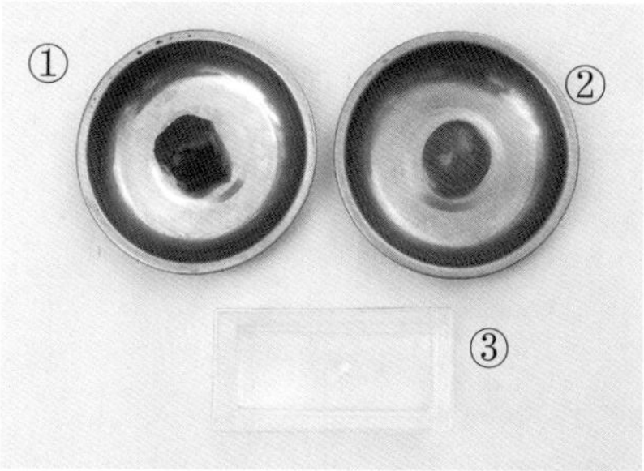

材料及工具 Ingredients & Tools

· 食材
- ①豆沙馅 150克
- ②咸蛋黄 10颗
- ③米酒 30克

步骤说明 Step Description

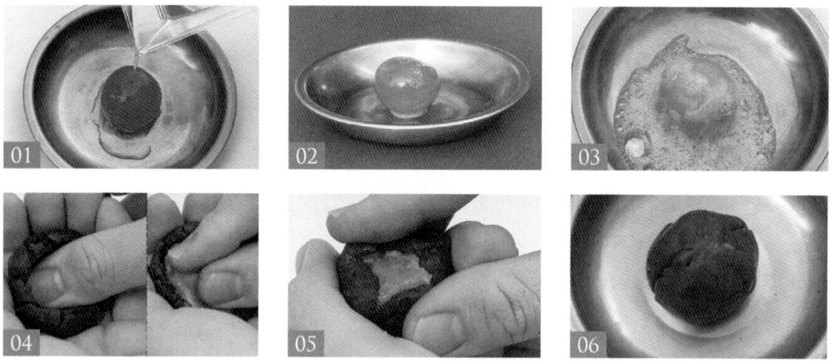

TIPS

- 每份豆沙馅 15 克。
- 内馅可使用其他口味豆沙馅取代，变化出更多口味。

01 将3克米酒淋在蛋黄上，以去除腥味。

02 将烤箱温度调至170～180℃，将蛋黄烤至冒油泡，约20分钟。

03 如图，蛋黄烘烤完成。

04 将15克豆沙馅中央用拇指压出凹洞，再放入蛋黄。

05 最后，用指腹将豆沙馅的开口向内收紧即可。

06 如图，内馅完成。

油皮包油酥方法

步骤说明 Step Description

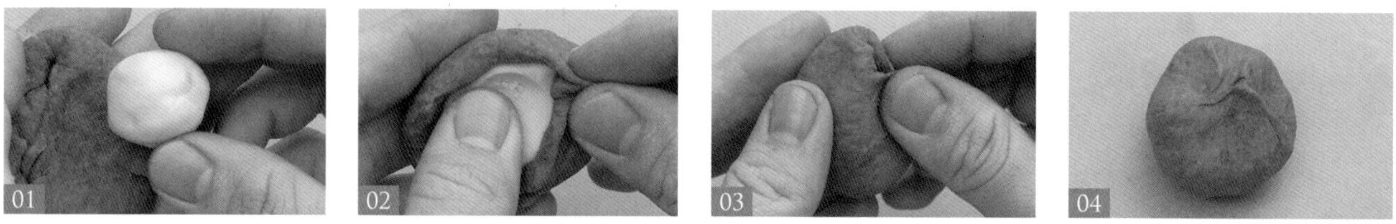

01 用指腹将油皮压出凹洞后，放入油酥。

02 将油皮从边缘往上收，以包住油酥。

03 最后，用指腹将油皮开口慢慢向内收合即可。

04 如图，包酥完成。

TIPS

- 皮包酥后或是擀卷松弛时，一定要盖保鲜膜避免结皮。

巧克力制作

调色 toning

黑色　红色　黄色

TIPS

- 融化巧克力方法可参考 P.228；调色方法可参考 P.91。

熊宝宝

上火 170℃，下火 170℃

烘烤 25 ~ 30 分钟

约 10 个

材料 & 工具

颜色 Color

油酥： 原色

油皮： 原色 ● 咖啡色 ● 蓝色

巧克力：● 黑色 ● 红色

器具 Appliance 雕塑工具组、油纸、擀面棍、三明治袋

步骤说明

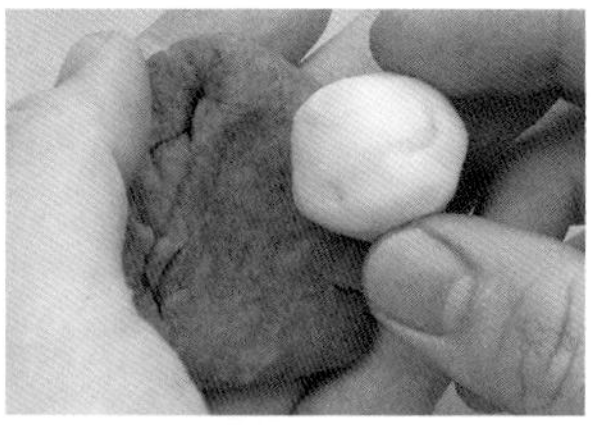

01 将原色油酥搓圆，并将咖啡色油皮压扁。

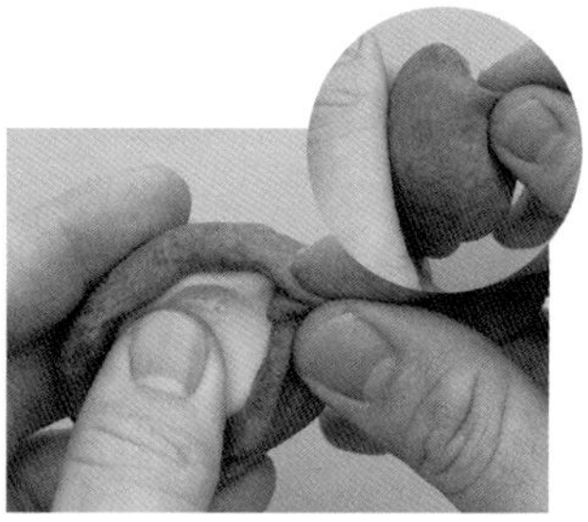

02 将原色油酥放进咖啡色油皮中，并用指腹将开口捏合，即完成面团。

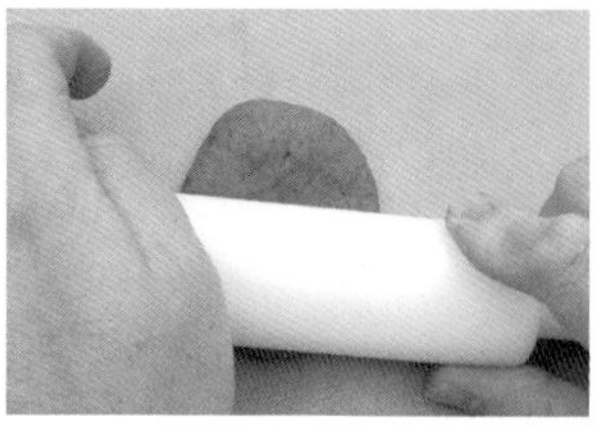

03 用擀面棍将面团擀平。

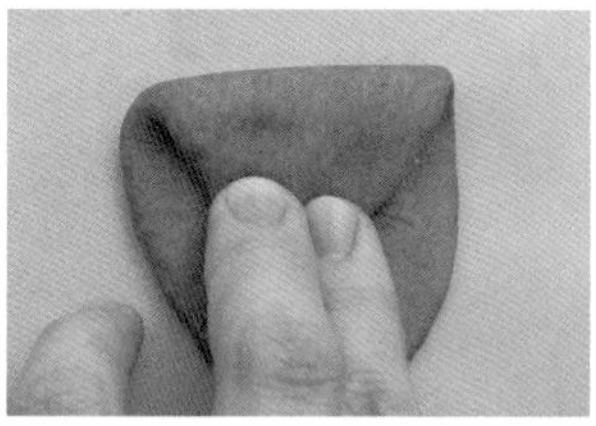

04 将擀平的面团由上往中间折。

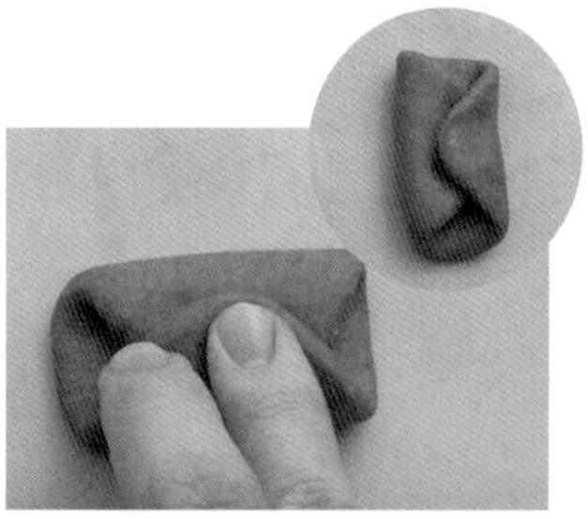

05 重复步骤04，将擀平的面团由下往中间折。

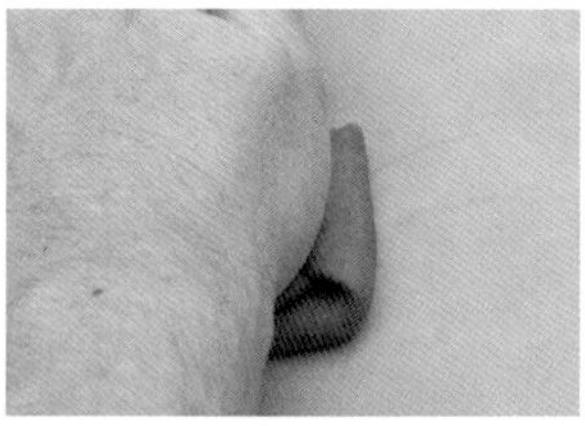

06 用手掌压扁面团。

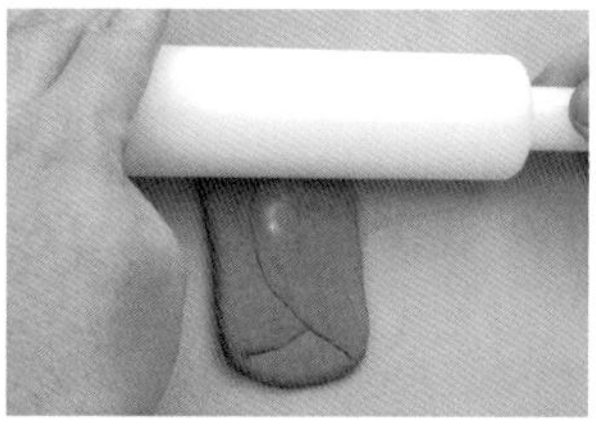

07 将面团转90°，用擀面棍将面团擀平。

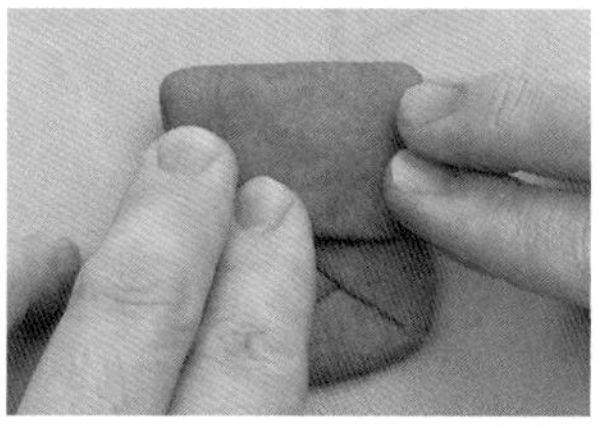

08 将擀平的面团往内卷。

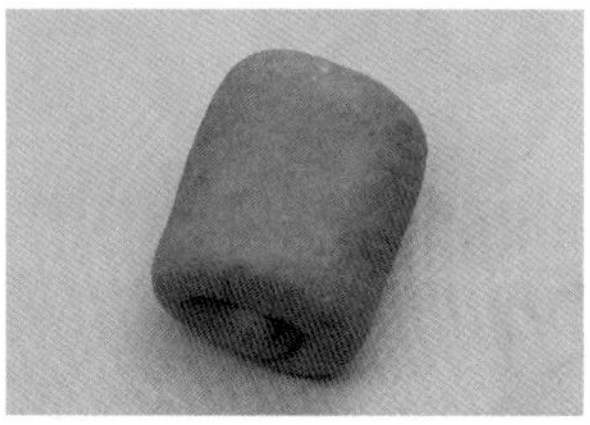

09 如图，面团卷起完成，松弛10～15分钟。

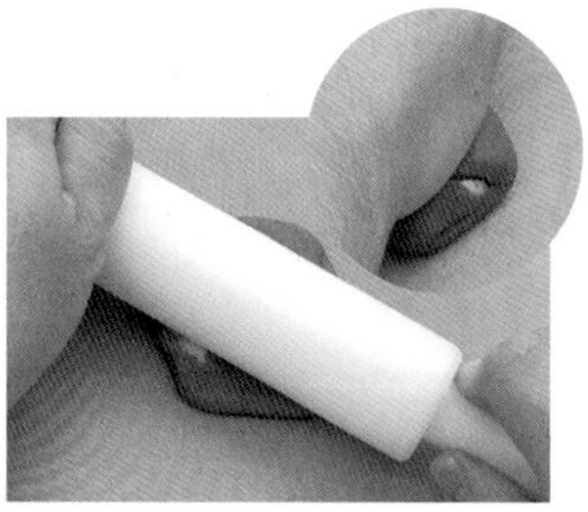

10 用手掌压扁卷起的面团后，以擀面棍擀平。

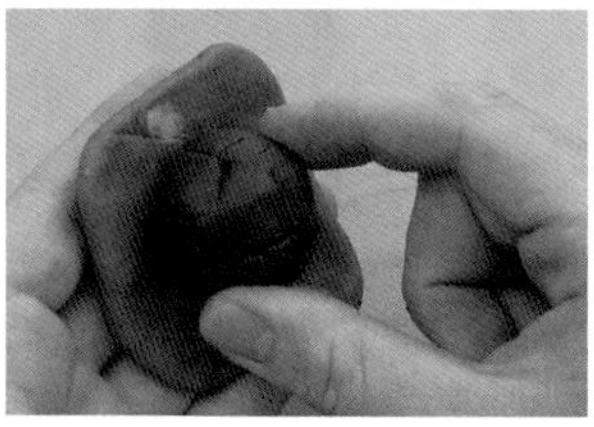

11 取内馅，放在擀平的面团上。（注：内馅制作方法，请参考P.122。）

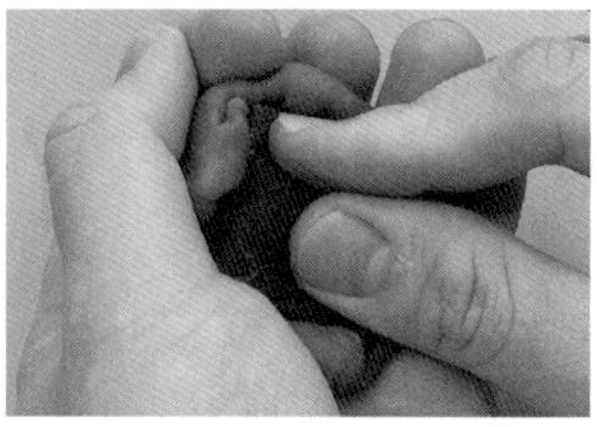

12 用指腹边将内馅往内压，边将面团向上推，以包覆内馅。

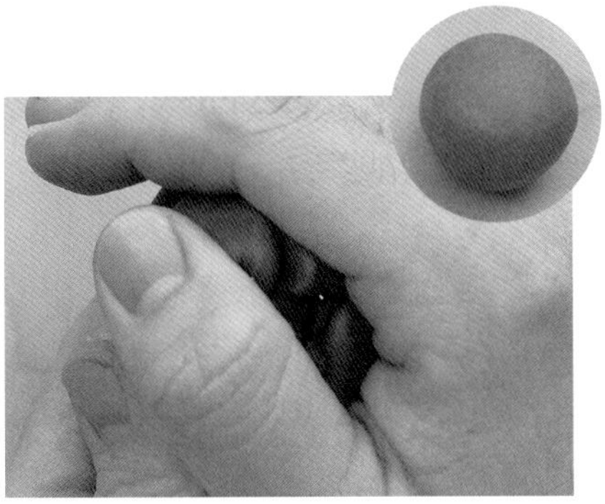

13 用大拇指和食指将开口捏紧后，将面团搓成圆形，为熊宝宝主体。

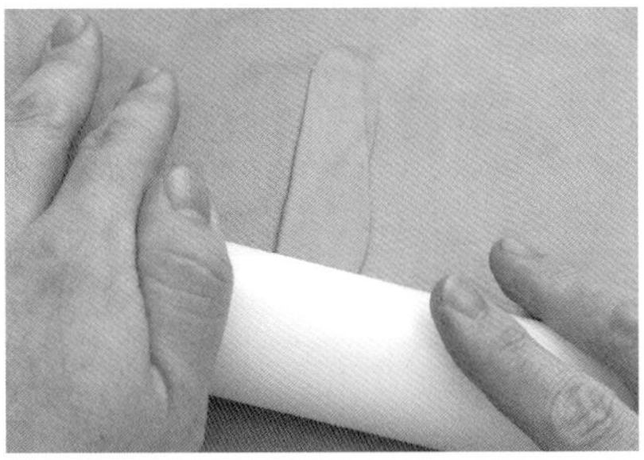

14 用擀面棍将蓝色油皮擀成长条状，为衣服。

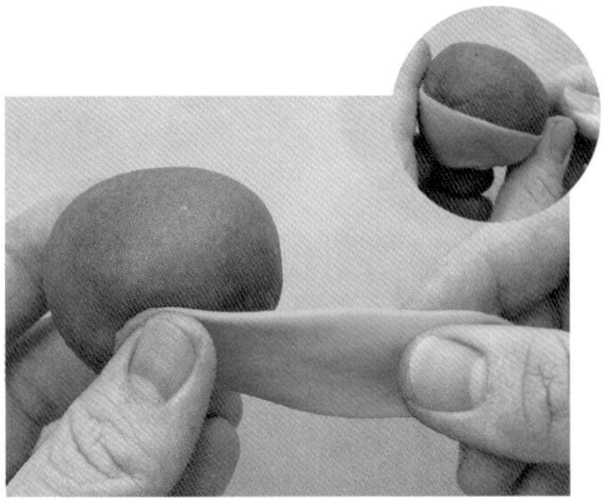

15 将衣服围在熊宝宝主体的下半部，并用指腹轻压固定。

16 用指腹将原色油皮搓成椭圆形，为吻部。

17 用食指指腹蘸取少许的水，涂在吻部欲放置的位置，以加强后续固定。

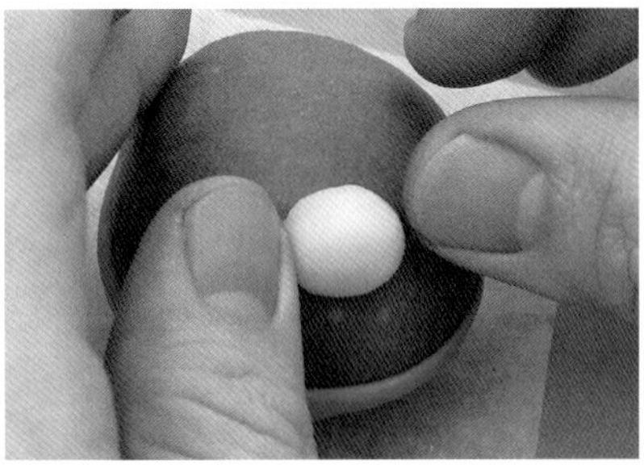

18 承步骤17，将吻部放在沾水处，并用指腹轻按固定。

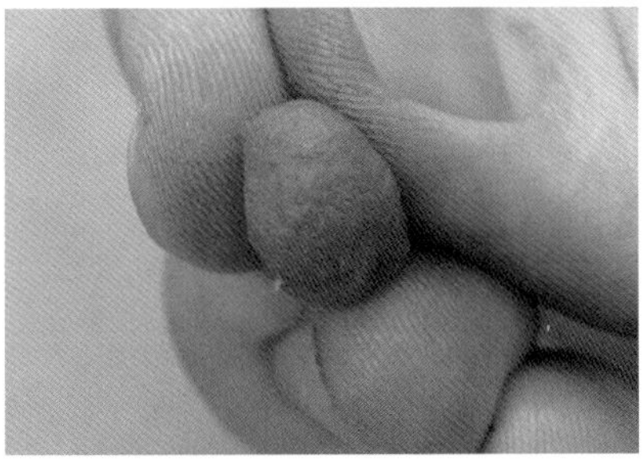

19 用指腹将咖啡色油皮搓成圆形，为耳朵。

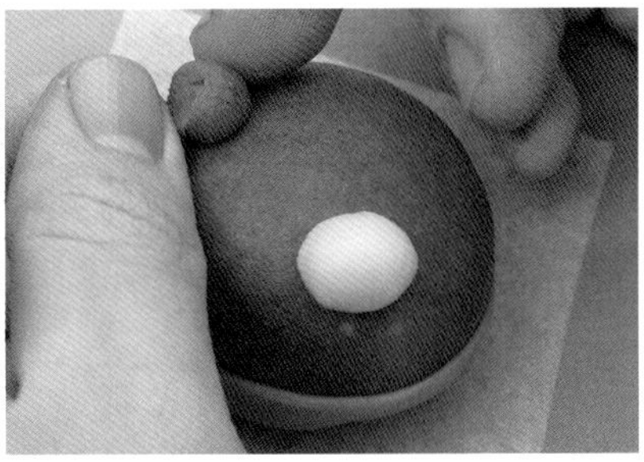

20 先在欲放置耳朵处蘸上少许水后，再将左耳固定在熊宝宝主体上。

21 重复步骤20，完成右耳。

22 重复步骤20~21，完成熊宝宝的手部，并固定在吻部两侧。

23 用指腹将原色油皮搓成圆形，并放在耳朵中央，用指腹轻压固定，为耳窝。

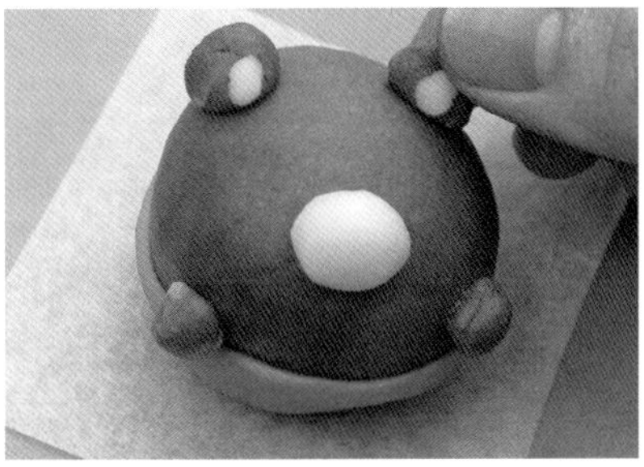

24 重复步骤23，完成右侧耳窝。

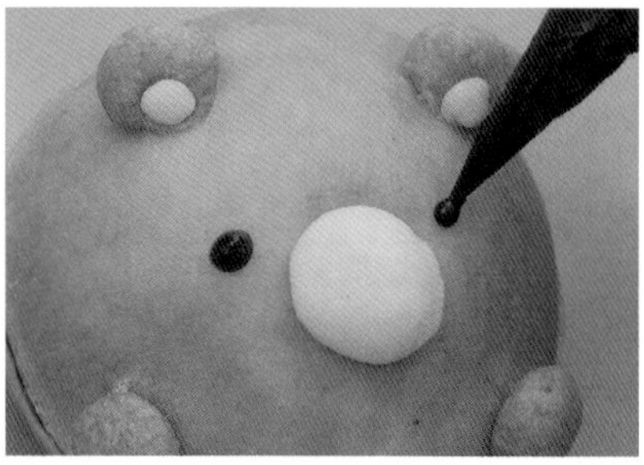

25 待烘烤放凉后，用黑色巧克力在吻部两侧分别挤出两个圆形，为眼睛。

26 用黑色巧克力在双眼上侧挤出斜线，为眉毛。

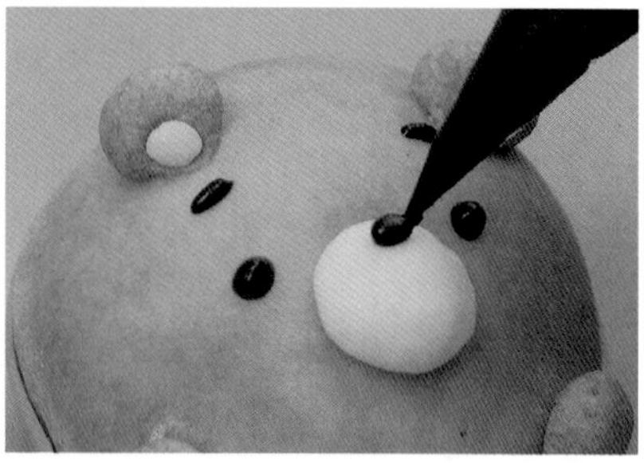

27 用黑色巧克力在吻部上方挤出圆形，为鼻子。

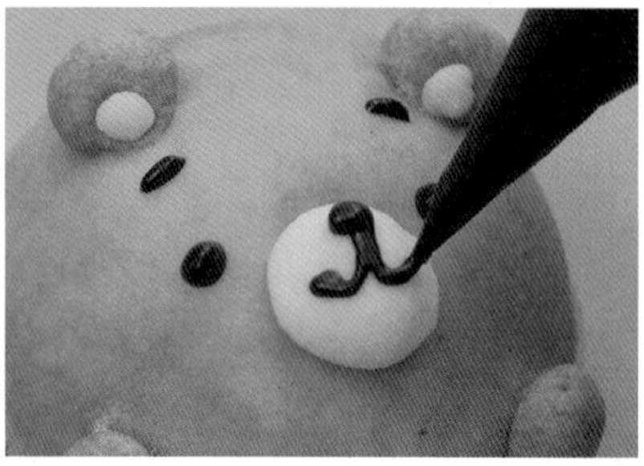

28 承步骤27，在鼻子下侧挤出W形，为嘴巴。

29 用黑色巧克力在熊宝宝手部挤出椭圆形后，再挤出四个圆点，即完成熊掌。

30 重复步骤29，完成右手手掌。

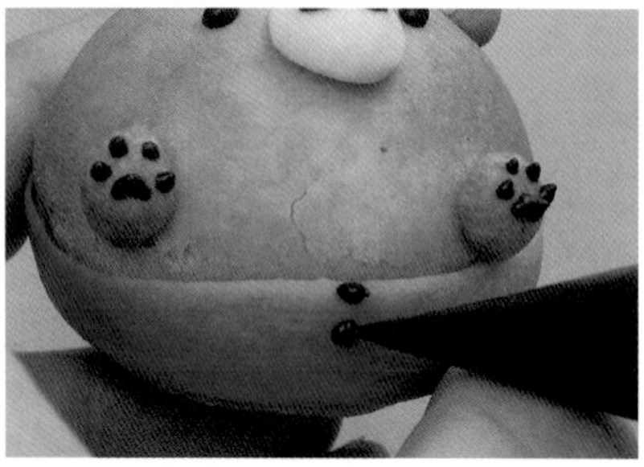

31 用黑色巧克力在衣服中间挤出两个圆形，为扣子。

32 用红色巧克力在衣服上侧挤出三角形，为左侧缎带。

33 重复步骤32，完成右侧缎带。

34 最后，用红色巧克力在缎带中间挤出圆形（为领结）即可。

35 如图，熊宝宝完成。

猫咪

Materials 材料&工具 Tools

颜色 Color

油酥：原色

油皮：原色　咖啡色　红色

巧克力：黑色　红色

器具 Appliance　油纸、擀面棍、三明治袋

Description 步骤说明 Step

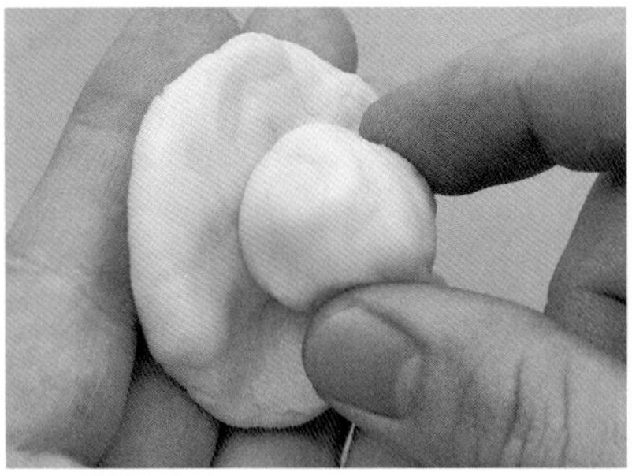

01 将原色油酥搓圆，并将原色油皮压扁。

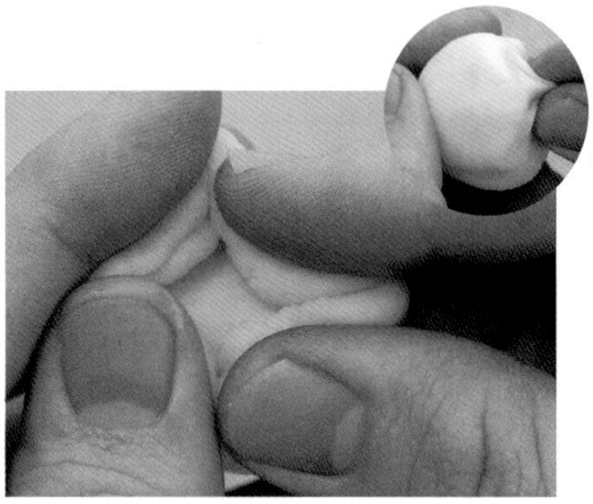

02 将原色油酥放进原色油皮中，并用指腹将开口捏合，即完成面团。

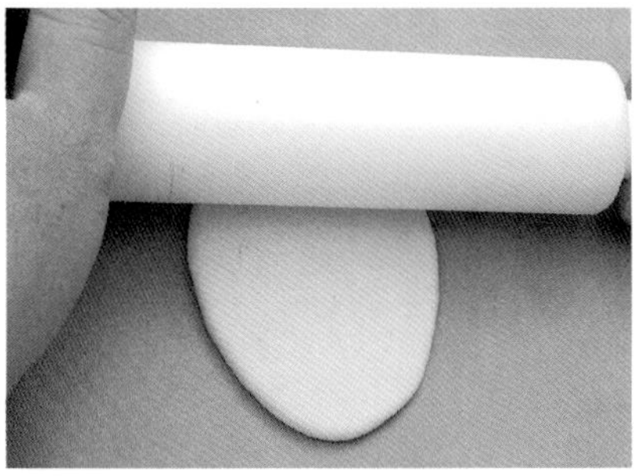

03 先用手将面团压扁后，再用擀面棍将面团擀平。

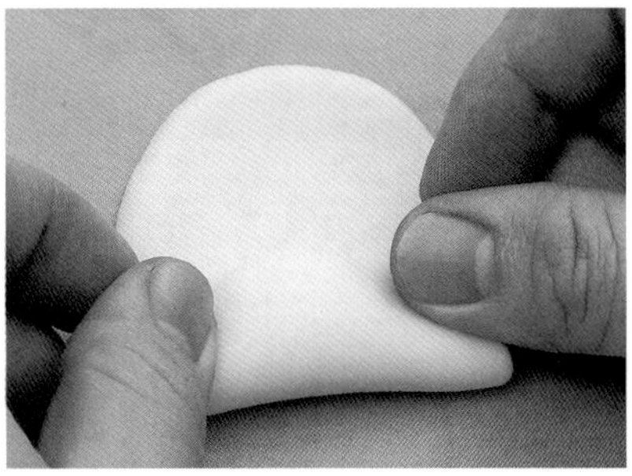

04 将擀平的面团由下往中间折。

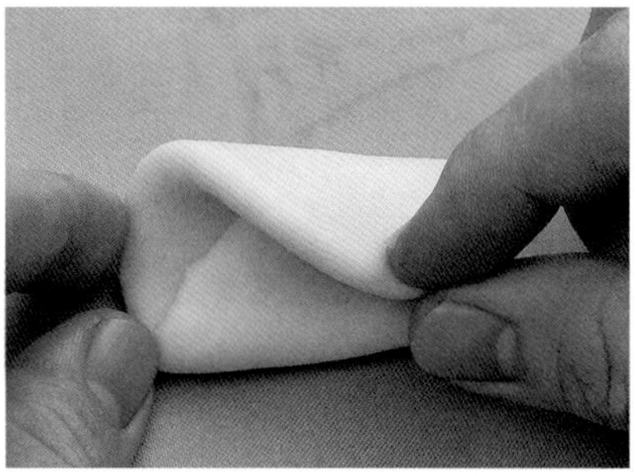

05 重复步骤04，将擀平的面团由下往中间折。

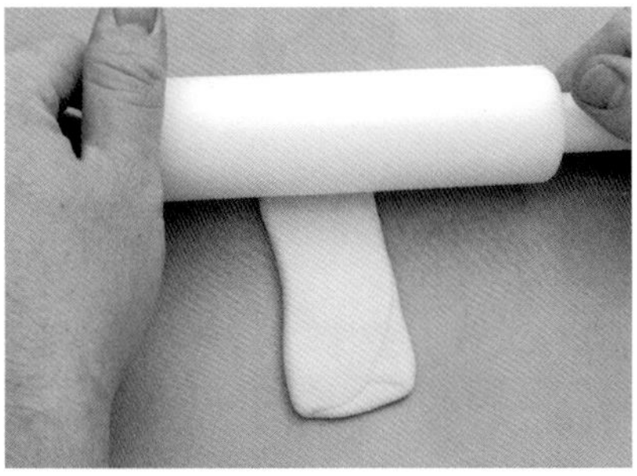

06 将面团转90°，用擀面棍将面团擀平。

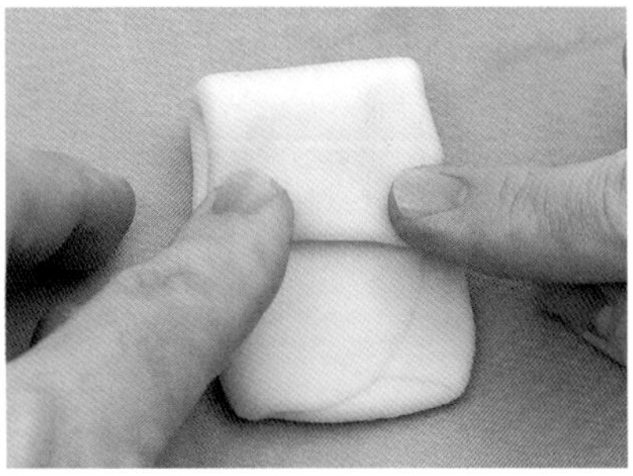

07 将擀平的面团往内卷。

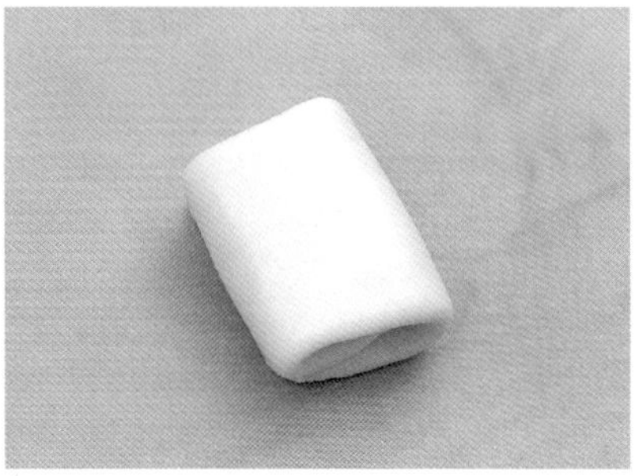

08 如图，面团卷起完成，松弛10~15分钟。

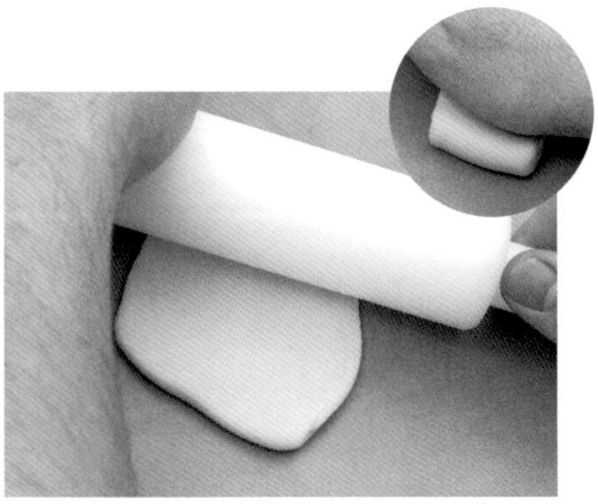

09 用手掌压扁卷起的面团后，用擀面棍擀平。

⑩ 取内馅，放在擀平的面团上。（注：内馅制作方法，请参考P.122。）

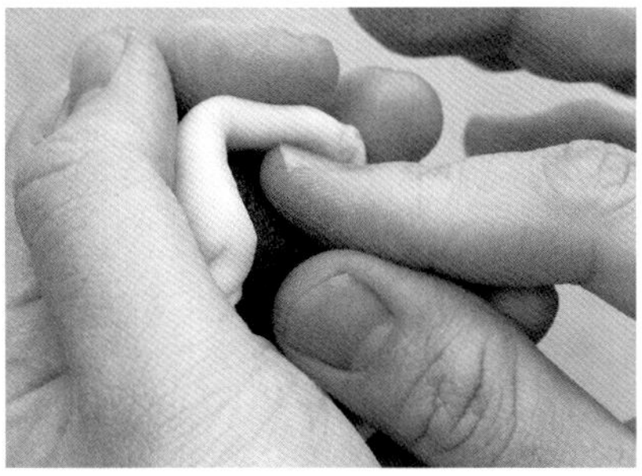

⑪ 用指腹边将内馅往内压，边将面团向上推，以包覆内馅。

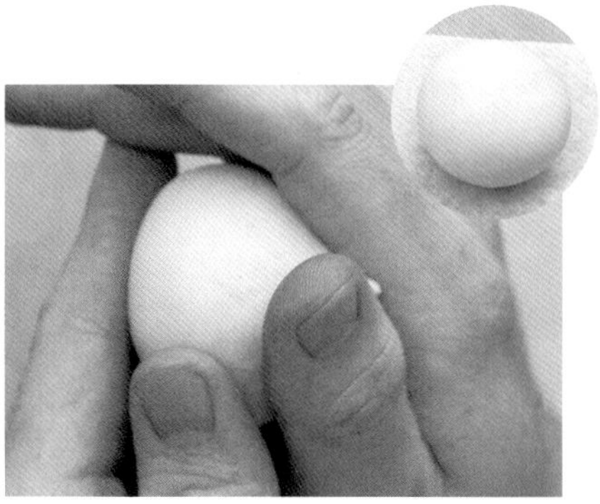

⑫ 用大拇指和食指将开口捏紧后，将面团搓成圆形，为猫咪主体。

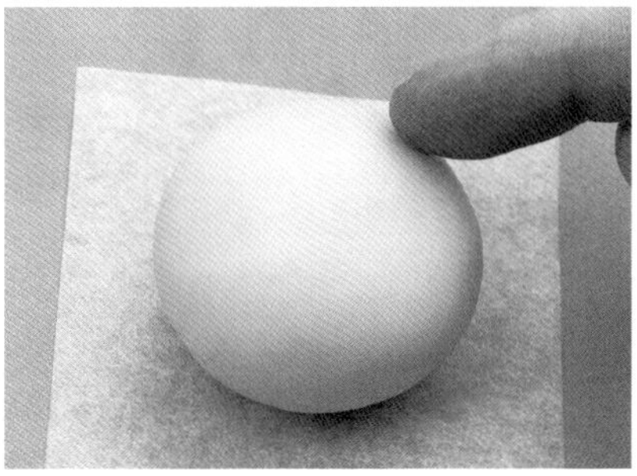

⑬ 用指腹蘸取少许的水，涂在猫咪主体两侧，为耳朵位置。

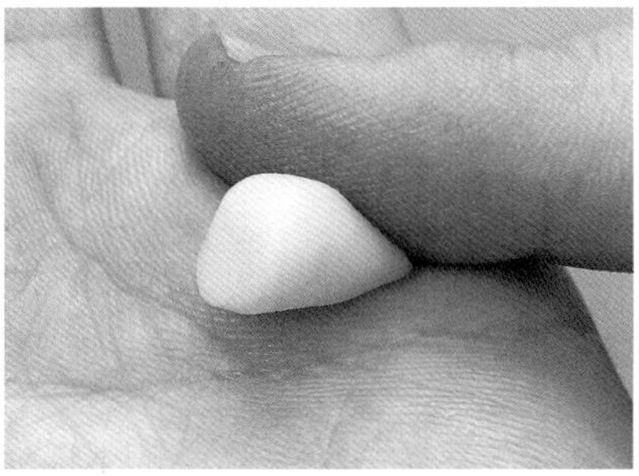

⑭ 用指腹将原色油皮搓成三角锥形，为耳朵。

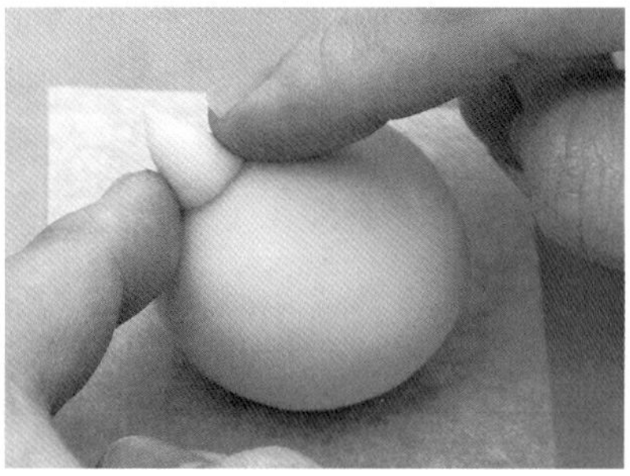

⑮ 将耳朵放在已蘸水处，并用指腹轻压固定，为左耳。

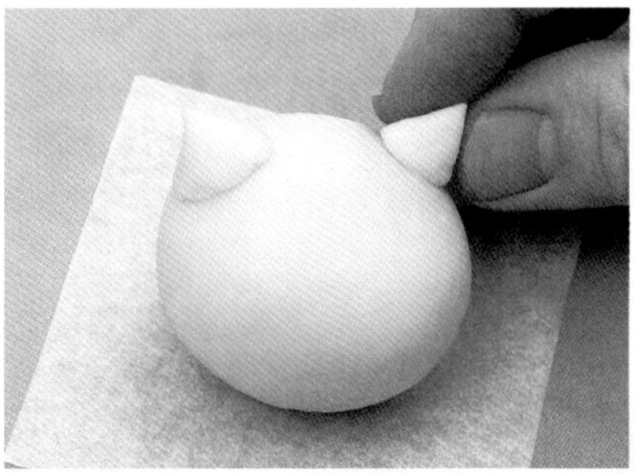

⑯ 重复步骤14～15，完成右耳制作。

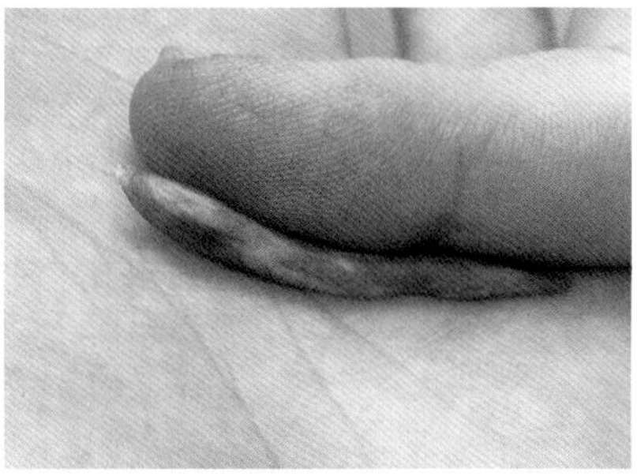

⑰ 用指腹将咖啡色油皮搓成长条形，为猫咪斑纹。

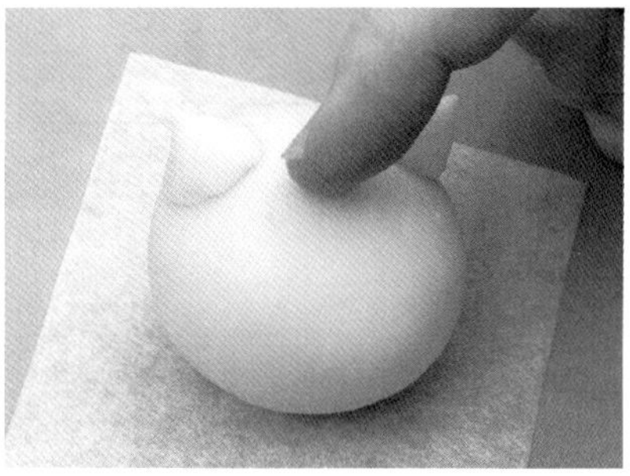

⑱ 在欲放置斑纹处蘸少许水。

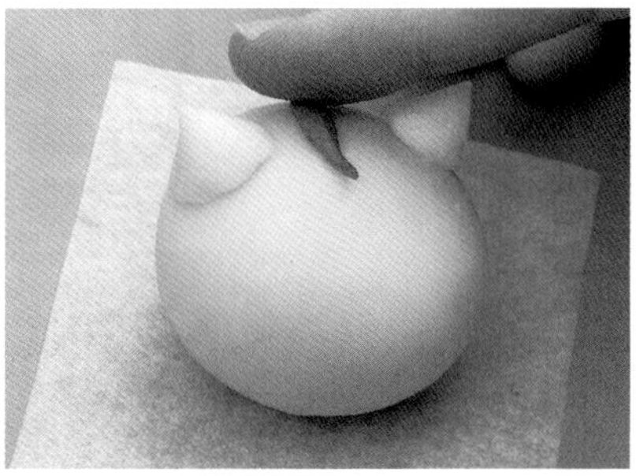

⑲ 将咖啡色长条形斑纹放在已蘸水处，并用指腹轻压固定。

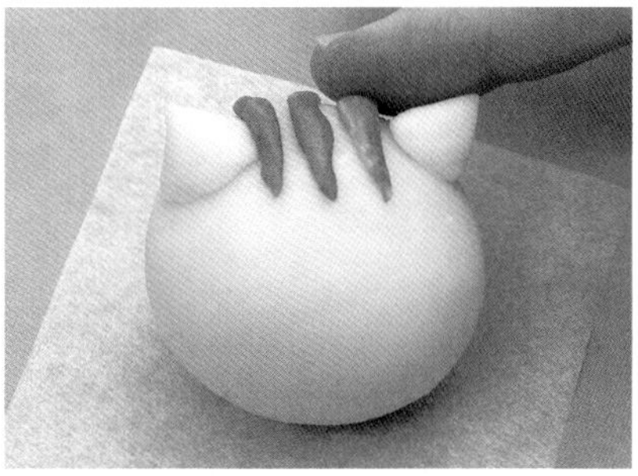

⑳ 重复步骤18～19，完成另外两条斑纹的制作。

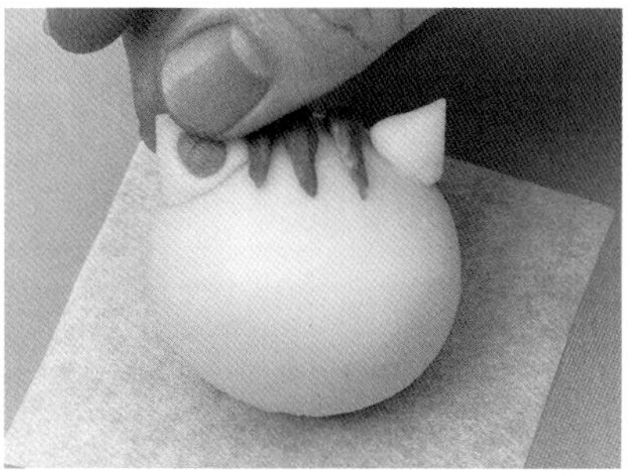

㉑ 用指腹将红色油皮搓成水滴形，并用指腹轻压固定在耳朵中央，为耳窝。

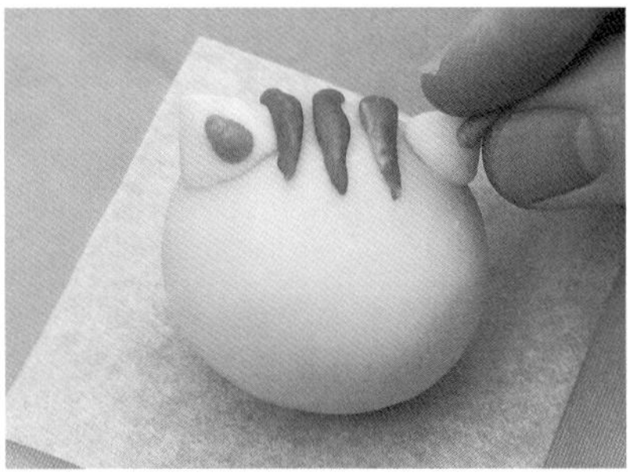

22 重复步骤21，完成右侧耳窝。

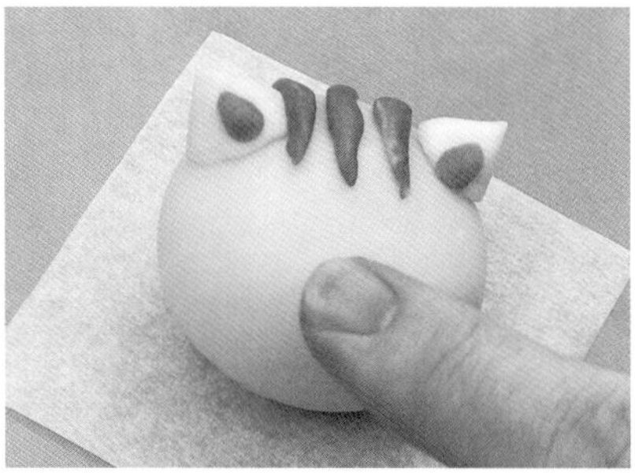

23 在欲放置吻部处蘸少许水。

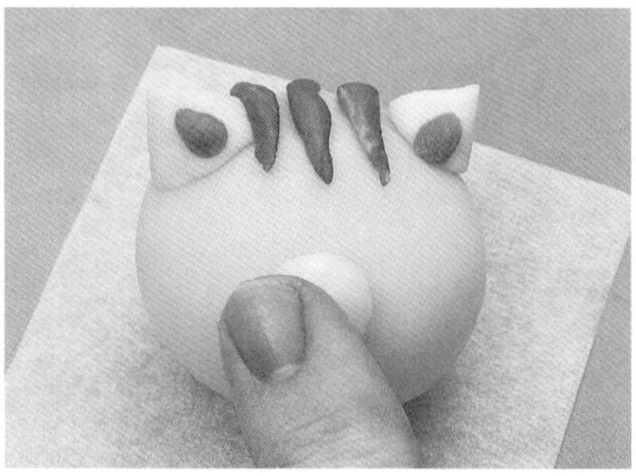

24 取已搓成圆形的原色油皮，放在步骤23蘸水处，并用指腹轻压固定，即完成吻部。

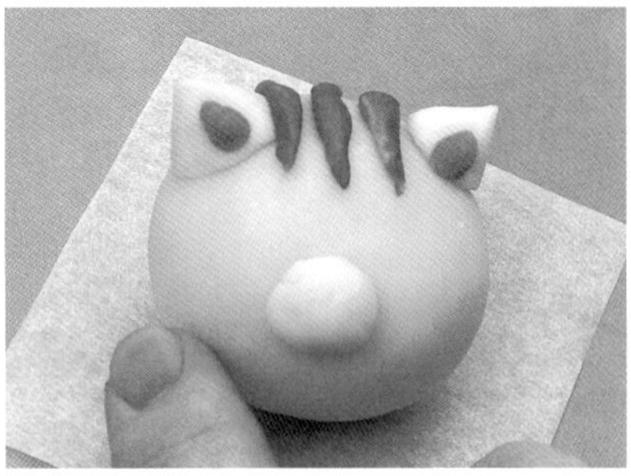

25 在欲放置手部处蘸少许水。

26 取已搓成圆形的原色油皮，放在步骤25蘸水处，并用指腹轻压固定，即完成手部。

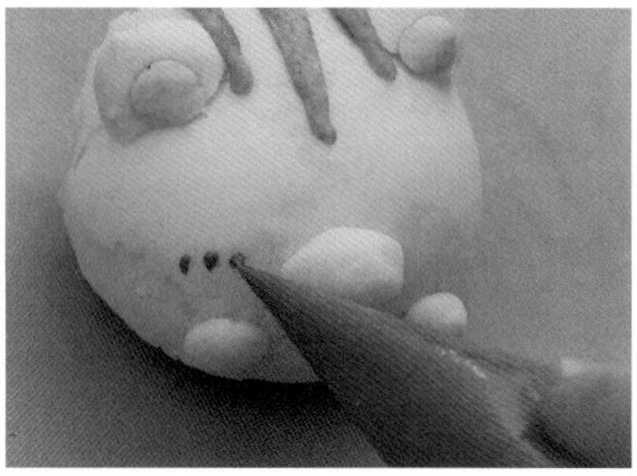

27 待烘烤放凉后，再用红色巧克力在猫咪脸部左侧挤出腮红。

28 重复步骤27，完成右侧腮红。

29 用黑色巧克力在猫咪手部各挤出两只爪子。

30 用黑色巧克力在吻部左上侧挤出圆形，为左眼。

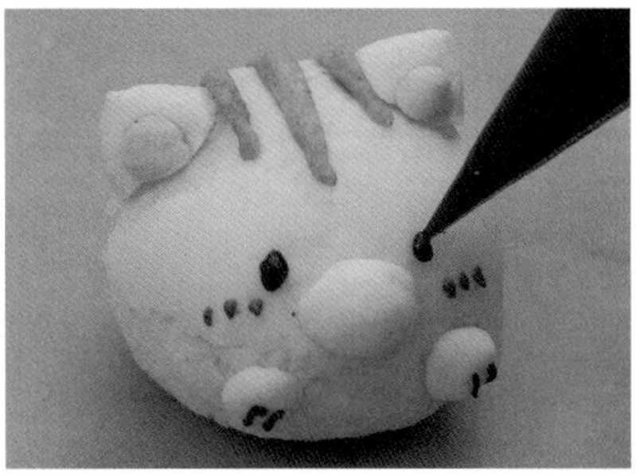

31 重复步骤30，完成右眼制作。

32 最后，用黑色巧克力在吻部上方挤出圆形（为鼻子）即可。

33 如图，猫咪完成。

小猪

上火 170℃，下火 170℃
烘烤 25 ~ 30 分钟
约 10 个

Materials 材料 & 工具 Tools

颜色 Color 油酥：原色
油皮：红色 原色
巧克力：黑色 红色 黄色

器具 Appliance 油纸、擀面棍、三明治袋

Description 步骤说明 Step

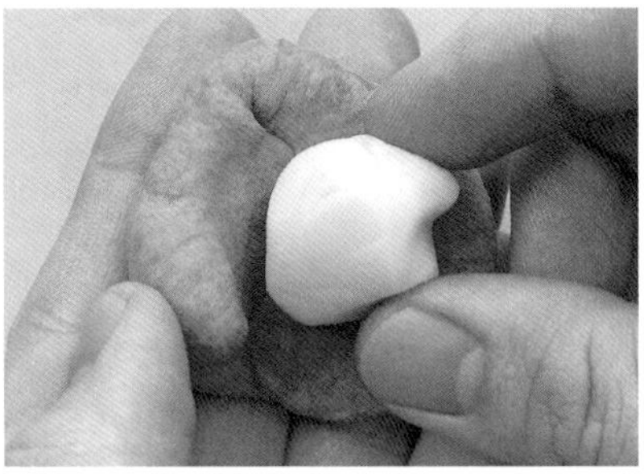

01 将原色油酥搓圆，并将红色油皮压扁。

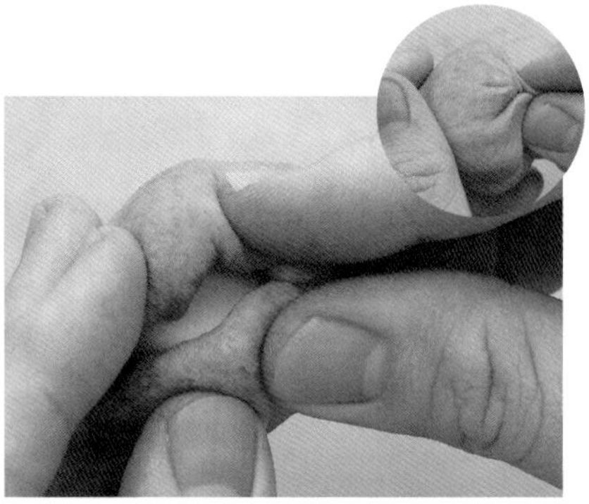

02 将原色油酥放进红色油皮中，并用指腹将开口捏合，即完成面团。

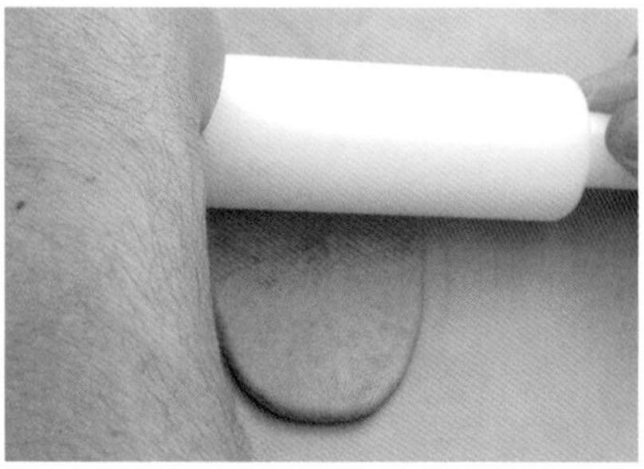

03 先用手将面团压扁后，再用擀面棍将面团擀平。

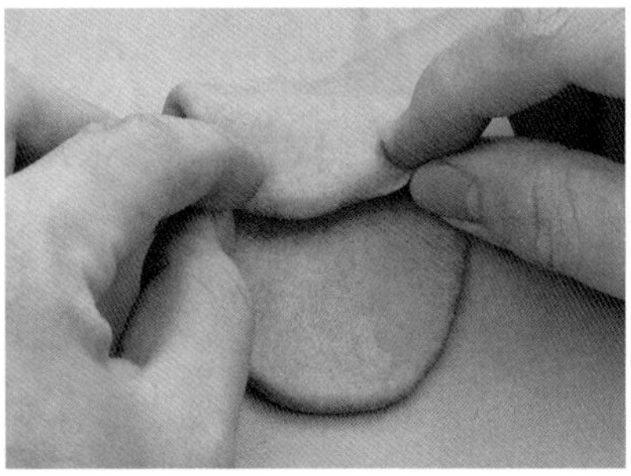

04 将擀平的面团由下往中间折。

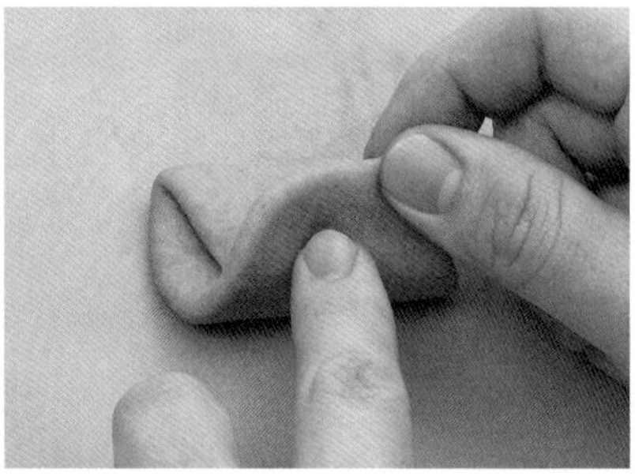

05 重复步骤04，将擀平的面团由下往中间折。

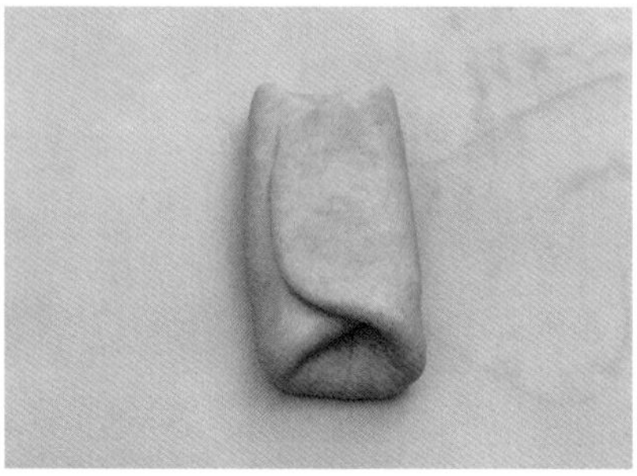

06 如图，面团折叠完成。

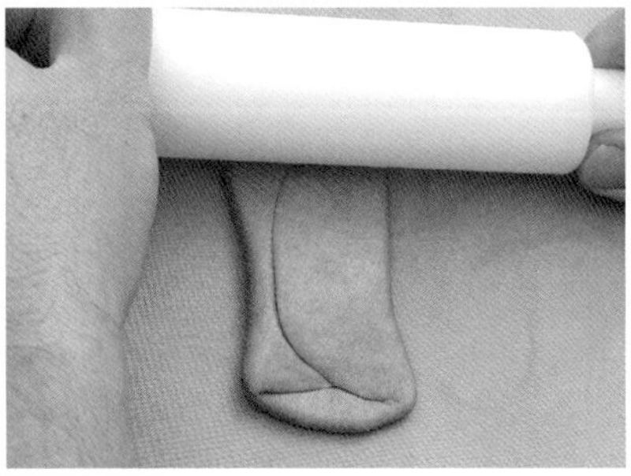

07 将面团转90°，用擀面棍将面团擀平。

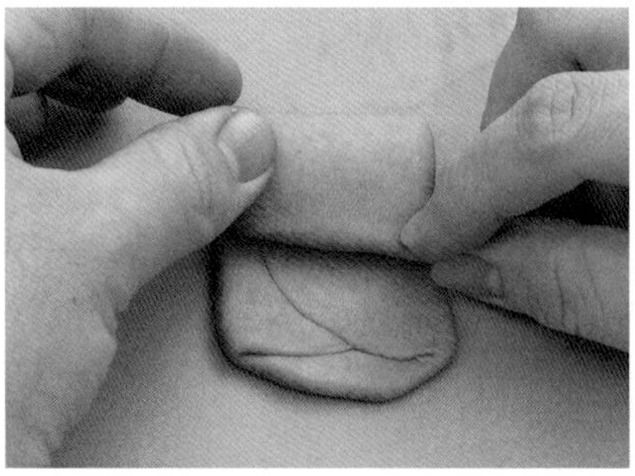

08 将擀平的面团往内卷。

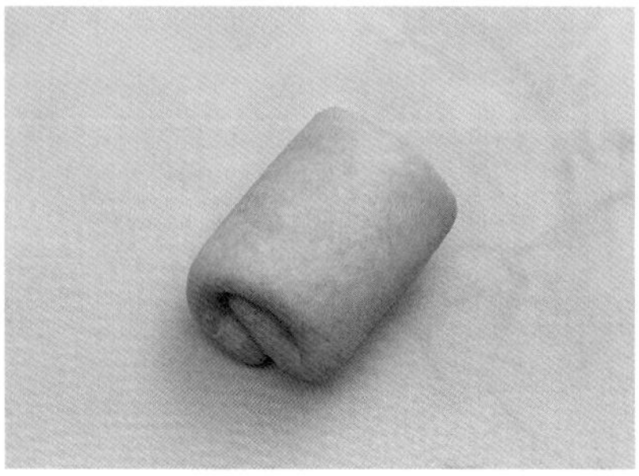

09 如图，面团卷起完成，松弛10～15分钟。

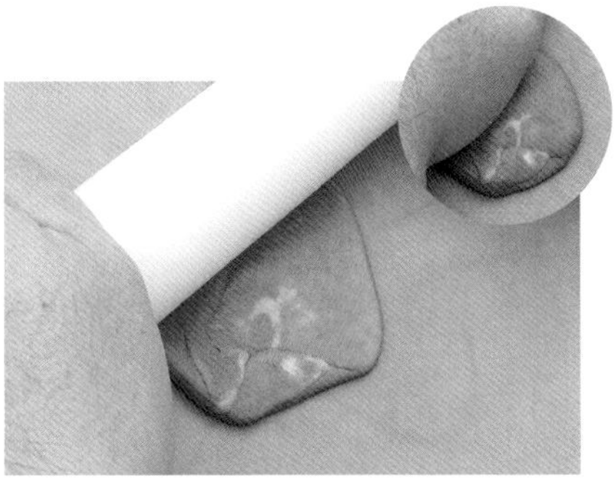

10 用手掌压扁卷起的面团后，用擀面棍擀平。

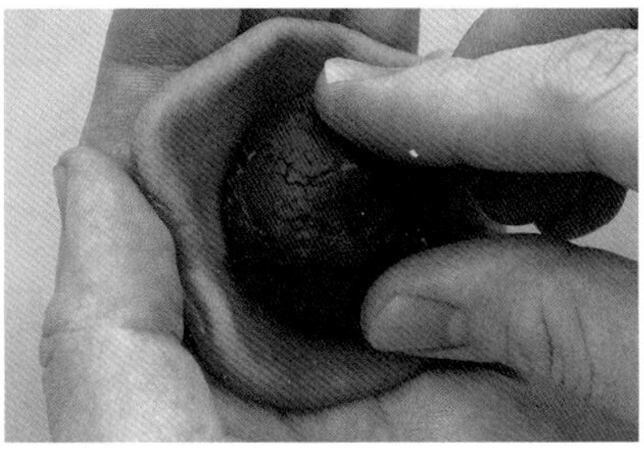

11 取内馅，放在擀平的面团上。（注：内馅制作方法，请参考P.122。）

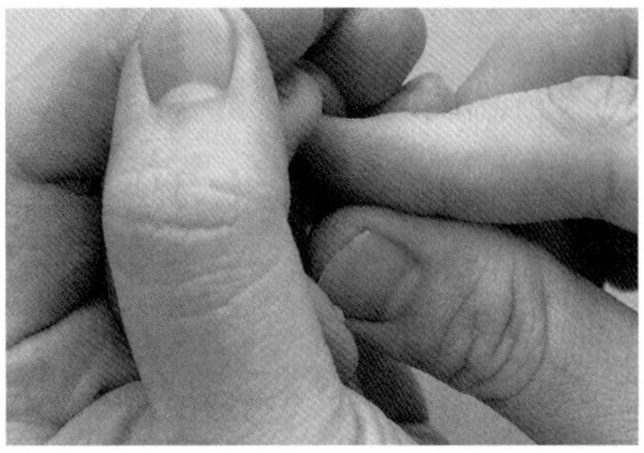

12 用指腹边将内馅往内压，边将面团向上推，以包覆内馅。

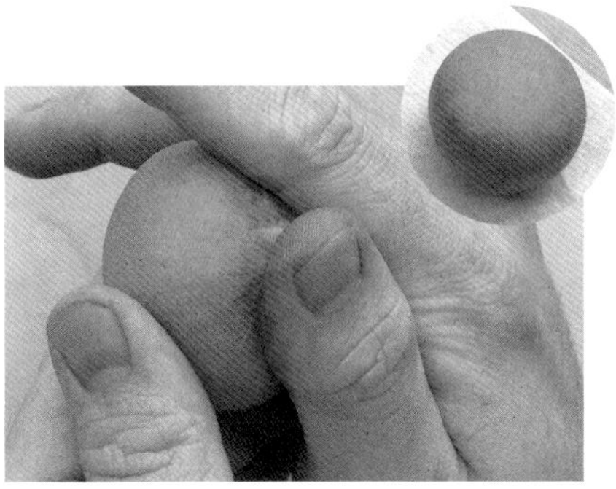

13 用大拇指和食指将开口捏紧后，将面团搓成圆形，为小猪主体。

14 用指腹蘸取少许的水，涂在小猪主体顶端，以加强后续固定。

15 用指腹将原色油皮搓成椭圆形后放在蘸水处，并用指腹轻按固定，为小鸡身体。

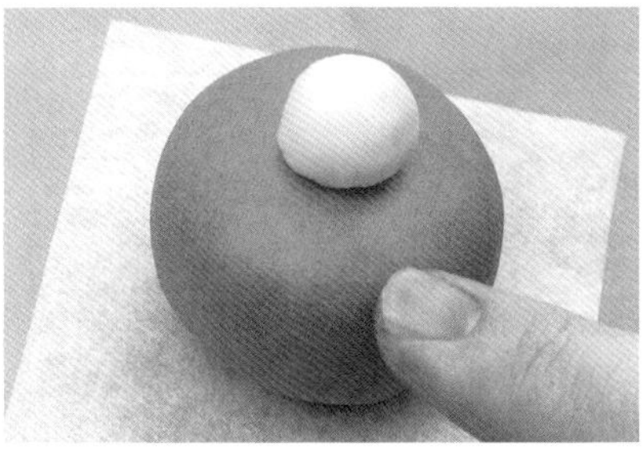

16 在欲放置鼻子处蘸少许水。

17 将搓成椭圆形的红色油皮放在蘸水处，并用指腹轻压固定，为鼻子。

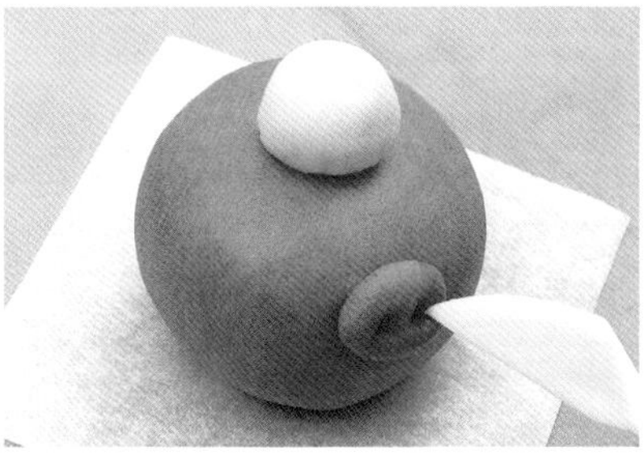

18 用雕塑工具在鼻子上戳两个洞，为鼻孔。

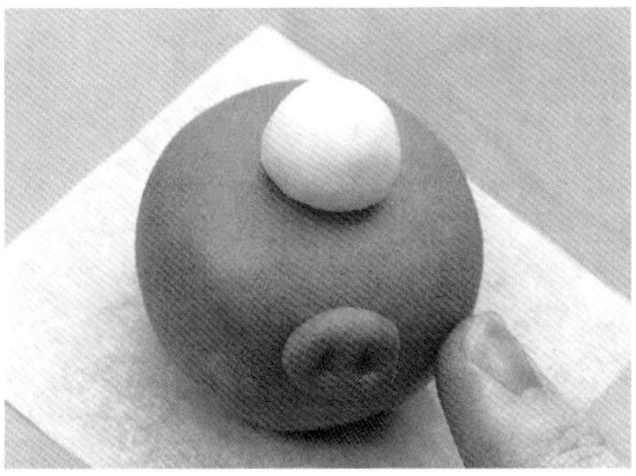

19 用指腹蘸取少许的水，涂在小猪主体左右两侧，为双手的位置。

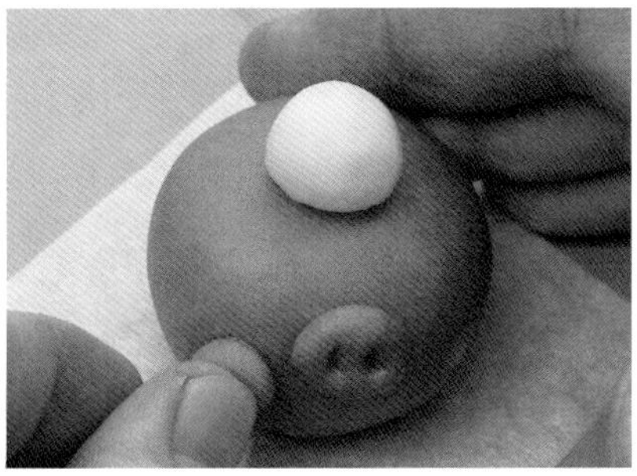

20 将搓成圆形的红色油皮放在左侧蘸水处，并用指腹轻压固定。

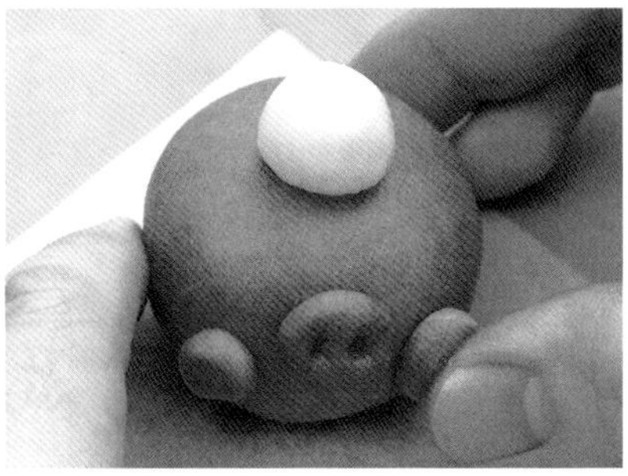

21 重复步骤20，完成右手制作。

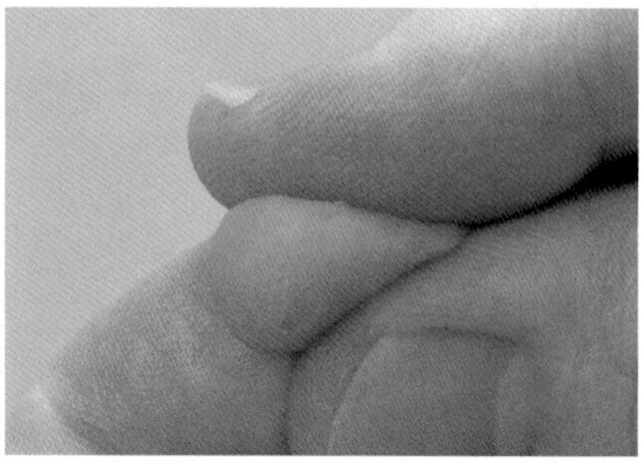

22 用指腹将红色油皮搓揉成水滴形，为耳朵。

23 用食指指腹沾取少许的水，涂在小猪主体右上侧，为耳朵的位置。

24 承步骤23，将耳朵放在沾水处，并用指腹轻压固定。

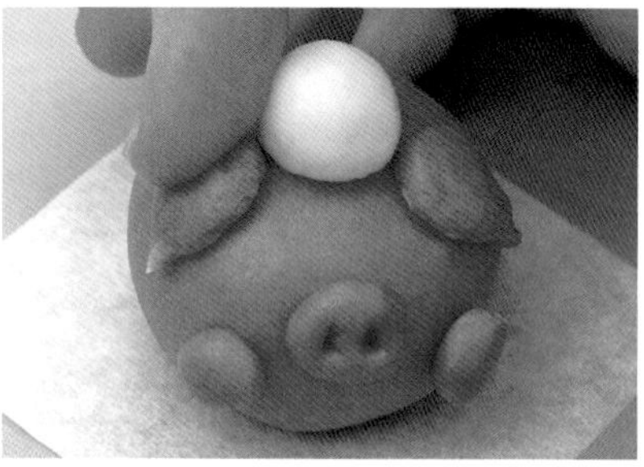

25 重复步骤23~24，完成左耳制作。

26 待烘烤放凉后，再用红色巧克力在小猪鼻子右下侧挤出圆形，为舌头。

27 如图，舌头完成。

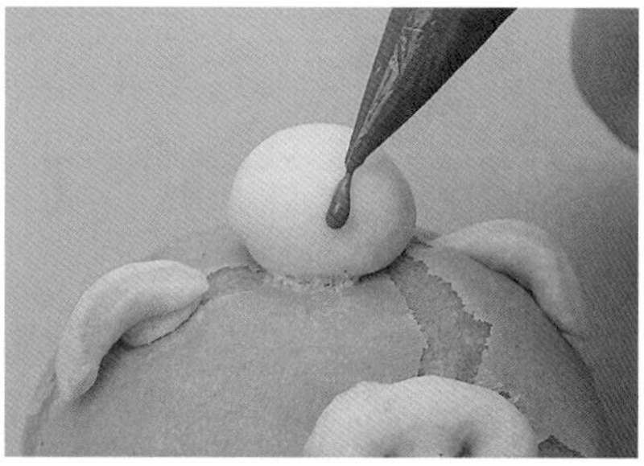

28 用红色巧克力在小鸡中央挤出水滴形，为肉髯。

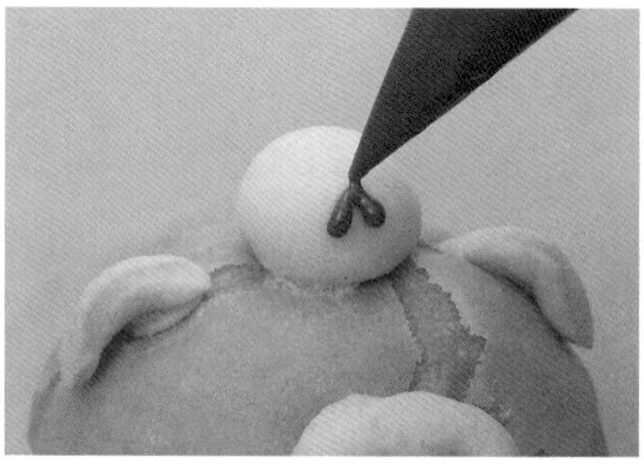

29 重复步骤28，完成另一个肉髯。

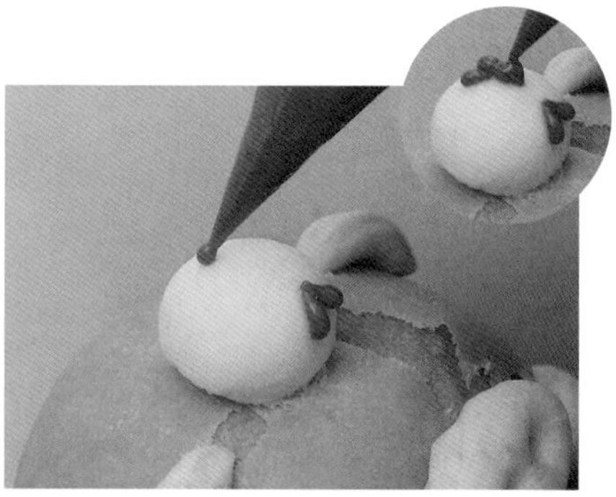

30 用红色巧克力在小鸡顶端，挤出三个圆形并堆叠，为鸡冠。

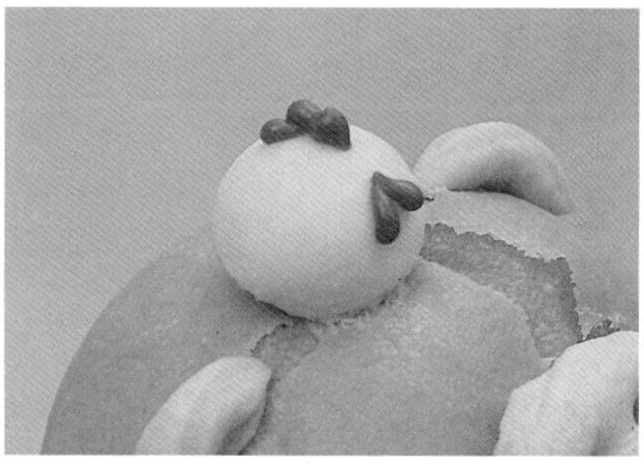

31 如图，鸡冠完成。

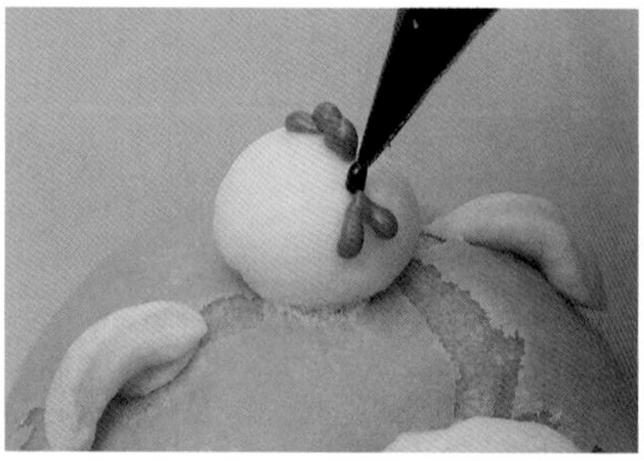

32 用黑色巧克力在小鸡肉髯上方挤出椭圆形，为嘴巴底部纹路。

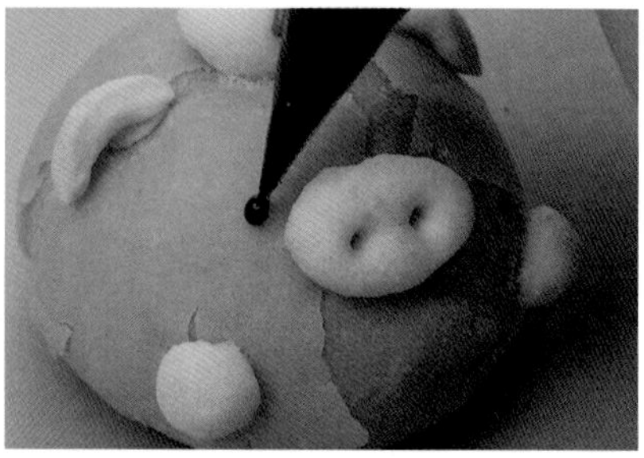

33 用黑色巧克力在小猪鼻子左上侧挤出圆形，为眼睛。

34 重复步骤33，完成右眼。

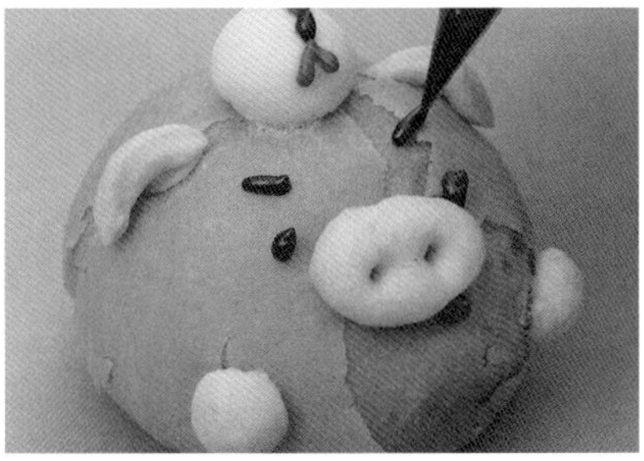

35 用黑色巧克力在小猪双眼上侧挤出斜线，为眉毛。

36 如图，眉毛完成。

37 用黑色巧克力在小鸡嘴巴底部纹路两侧分别挤出圆形，为眼睛。

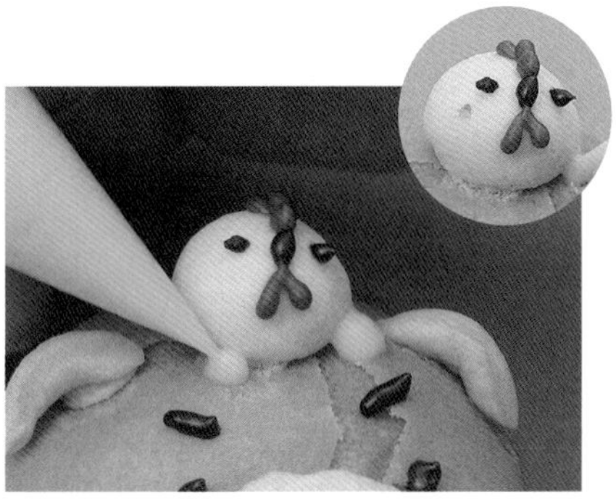

38 用黄色巧克力在小鸡身体两侧各挤出圆形，为鸡脚。

39 如图，鸡脚完成。

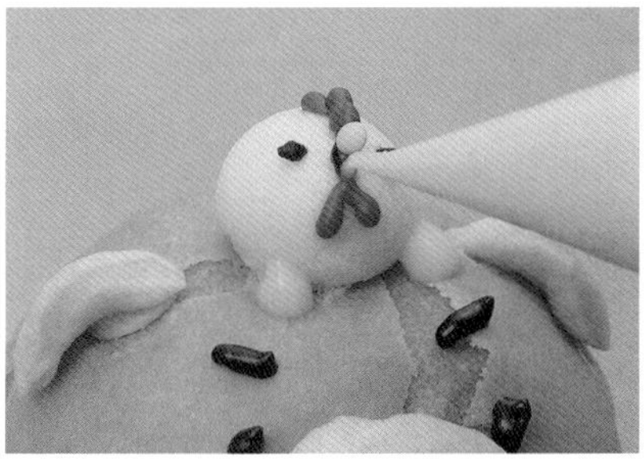

40 用黄色巧克力在小鸡嘴巴底部纹路上挤出圆形，为嘴巴。

41 如图，嘴巴完成。

42 最后，再用黑色巧克力在小猪手部前端拉挤出两个锥形的蹄即可。

43 如图，小猪完成。

西洋梨

上火 170℃，下火 170℃
烘烤 25 ~ 30 分钟
约 10 个

Materials 材料 & 工具 Tools

颜色 Color 油酥：黄色
油皮：黄色 咖啡色 绿色

器具 Appliance 雕塑工具组、油纸、擀面棍

Description 步骤说明 Step

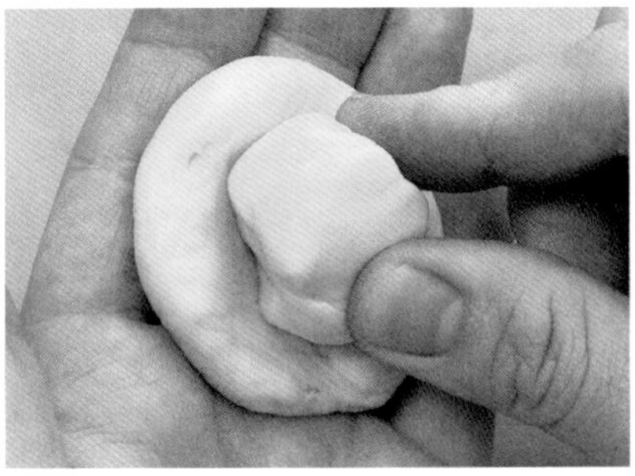

01 将黄色油酥搓圆，并将黄油皮压扁。（注：此油皮、油酥重量比是一般的2倍=40g：20g。）

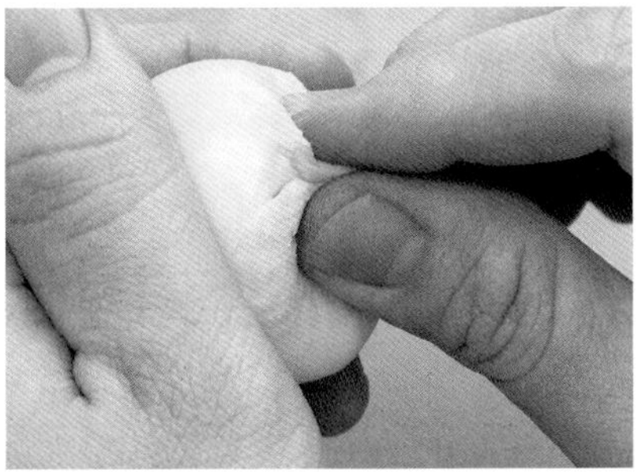

02 将黄色油酥放进黄色油皮中，并用指腹将开口捏合，即完成面团。

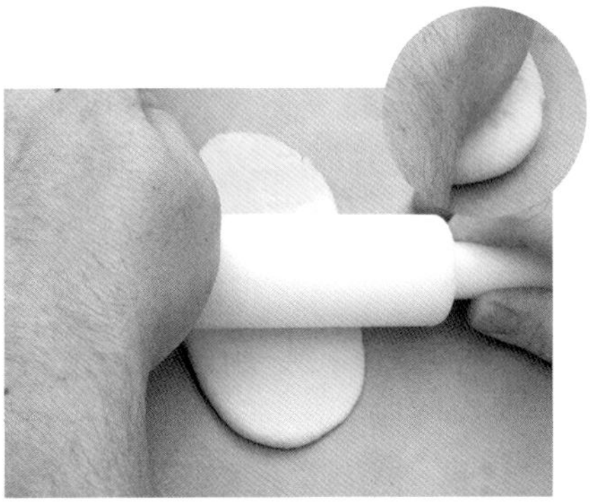

03 先用手将面团压扁后，再用擀面棍将面团擀平。

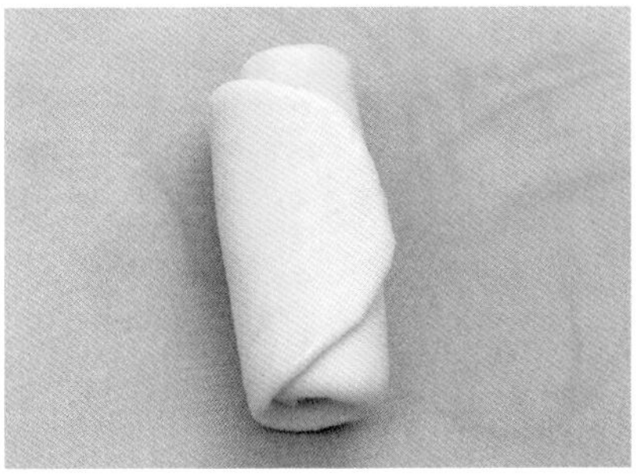

04 将擀平的面团卷起，松弛10~15分钟。

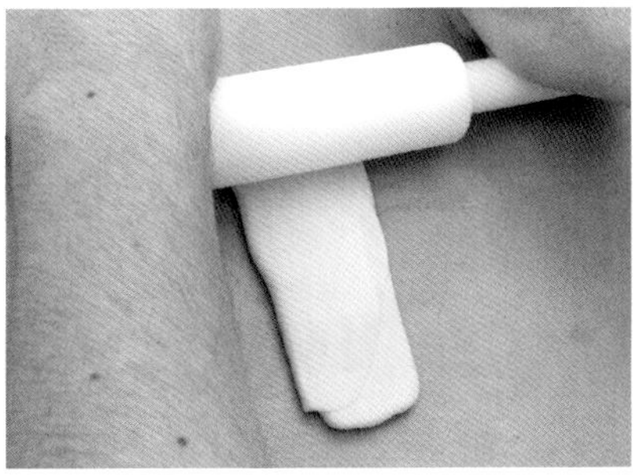

05 将面团转90°，先用手将面团压扁后，再用擀面棍将面团擀平。

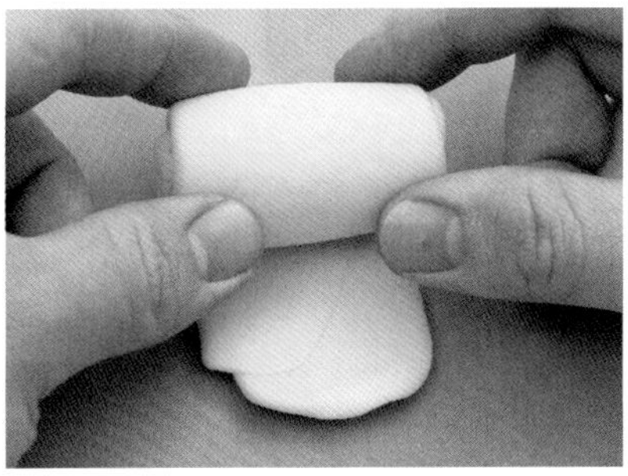

06 将擀平的面团往内卷。

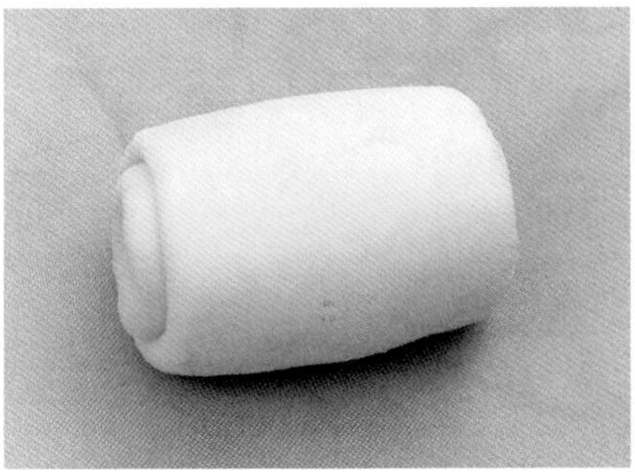

07 如图，面团卷起完成，松弛10~15分钟。

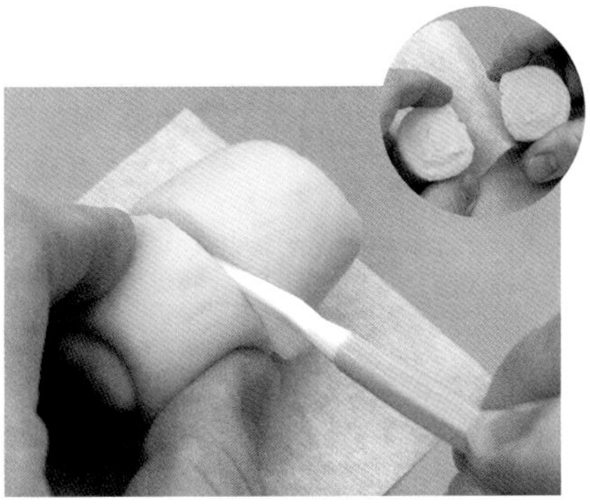

08 用雕塑工具将面团对切。

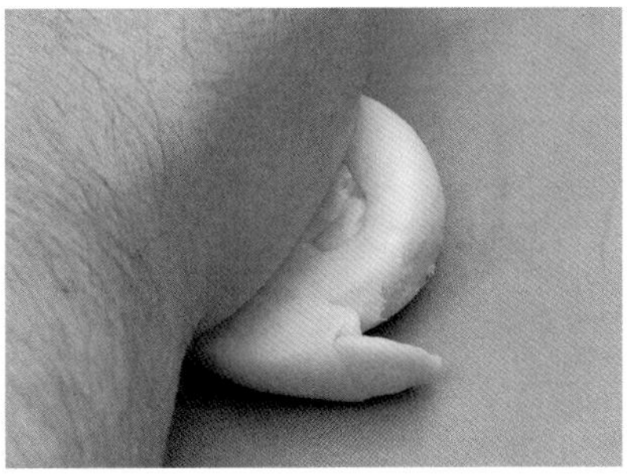

09 取1/2面团，将有纹路的面朝上，并用手掌压扁。

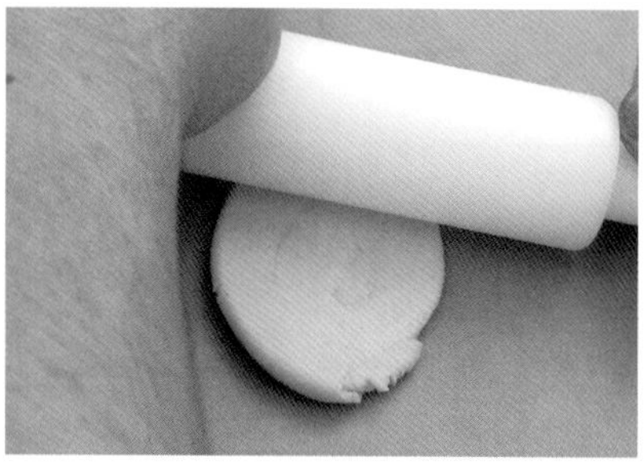

10 用擀面棍将面团擀平。

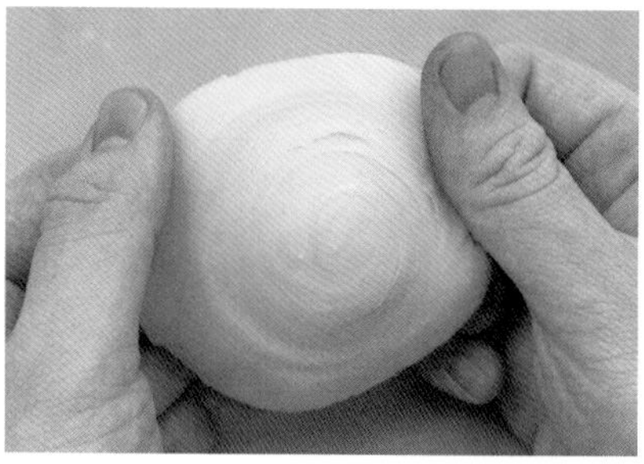

11 面团擀平后，用指腹将面团往内凹，为西洋梨皮。

12 在西洋梨皮背面，放入7.5g的内馅。（注：内馅制作方法，请参考P.122。）

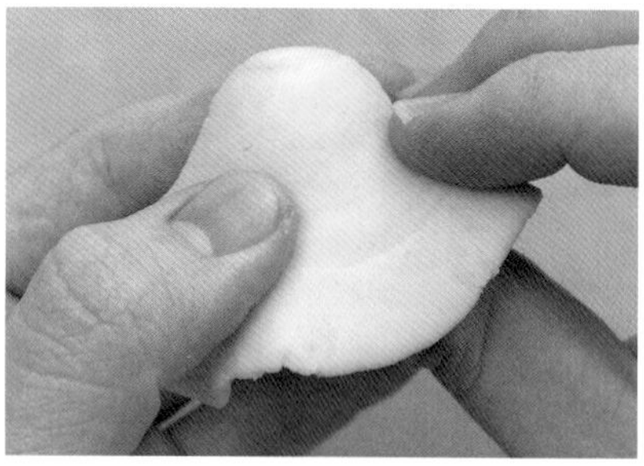

13 承步骤12，用指腹将内馅往凹处推，以做出西洋梨的曲线。

14 另取7.5克的馅包入蛋黄后，放在7.5克内馅下方。

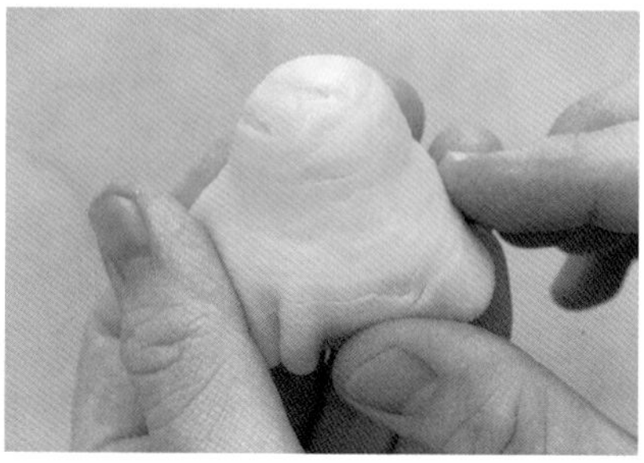

15 承步骤14，将内馅包起来后，取西洋梨皮往内包覆。

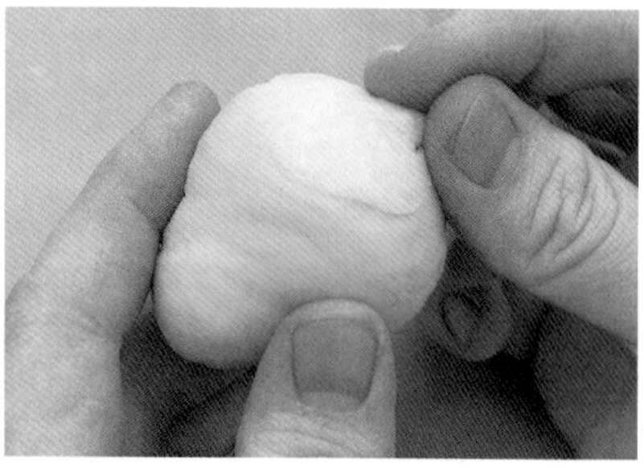

16 用大拇指和食指将西洋梨皮底部收口捏紧。

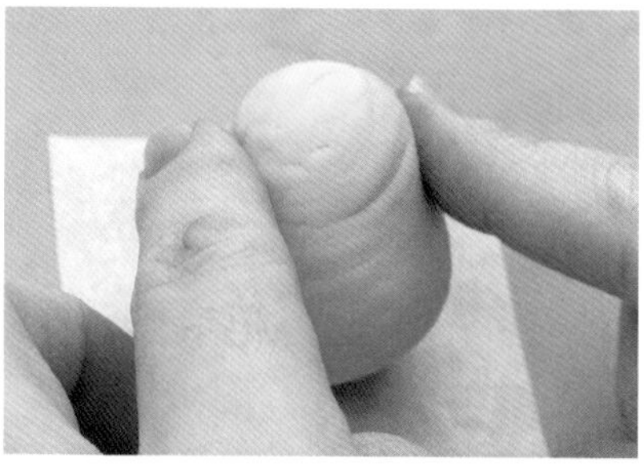

17 将西洋梨放在油纸上，并用食指指腹调整形状，即完成西洋梨主体。

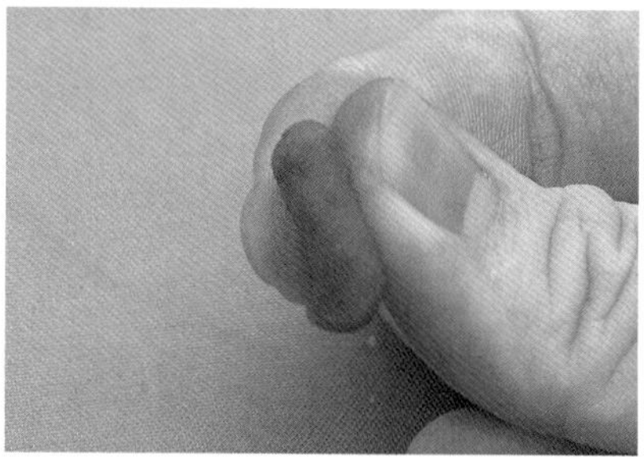

18 用指腹将咖啡色油皮搓成长条形，为叶梗。

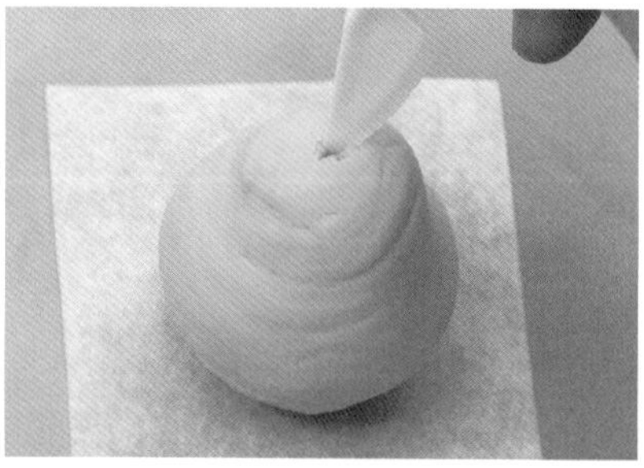

19 用雕塑工具在西洋梨主体顶端戳一个洞，为叶梗位置。

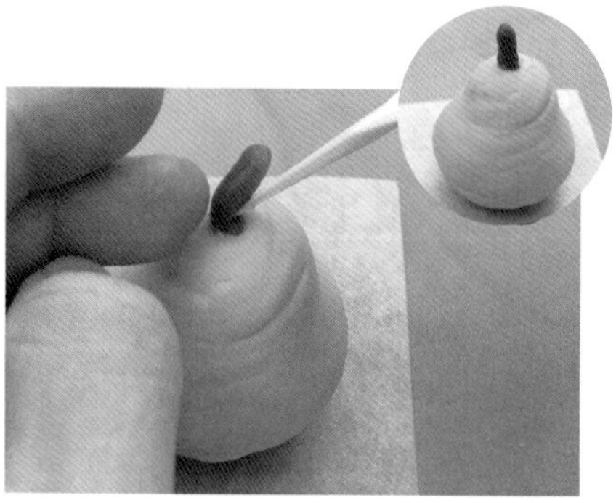

20 在叶梗位置涂抹少许水后，以雕塑工具为辅助，放入叶梗并轻压固定。

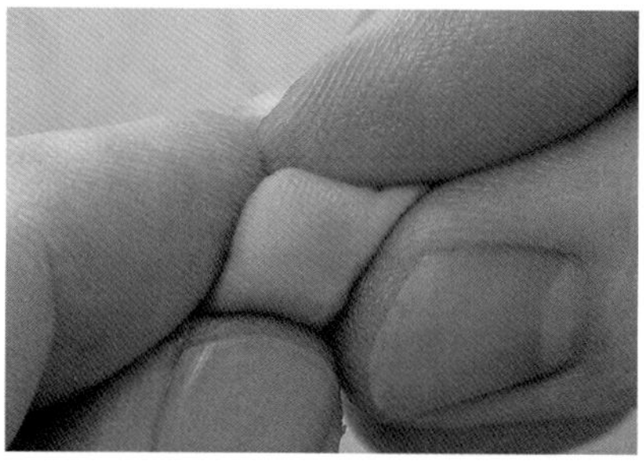

21 用指腹将绿色油皮捏成菱形，为叶子。

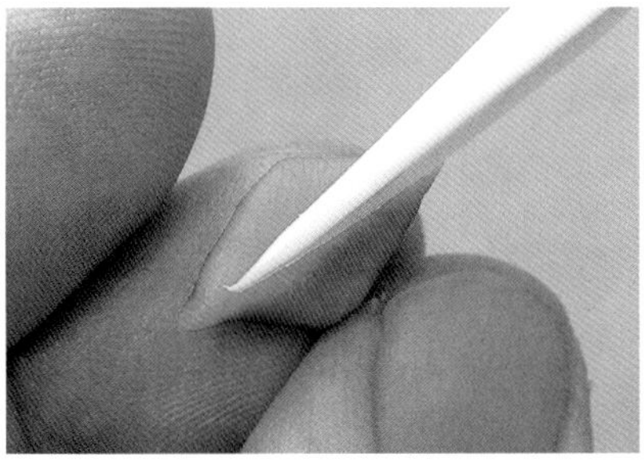

22 用雕塑工具在叶子中间压出叶梗。

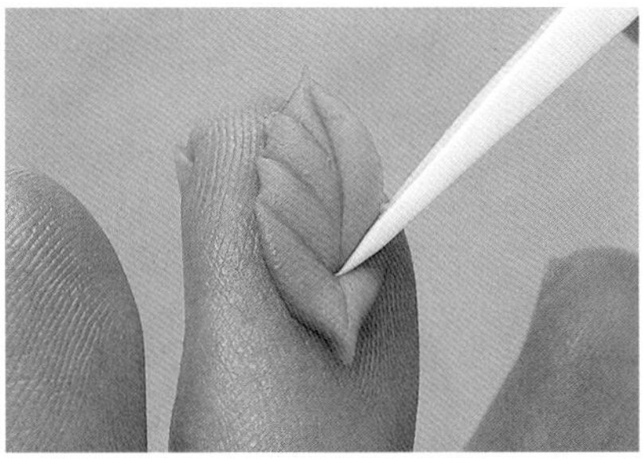

23 用雕塑工具在叶梗两侧，压出叶脉。

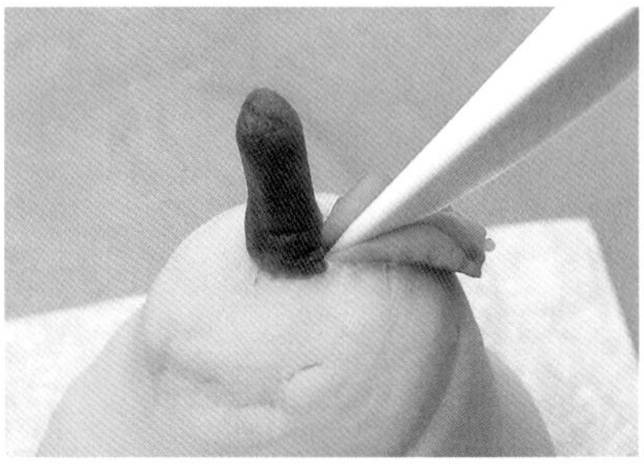

24 最后，在西洋梨主体右侧涂抹少许水后，以雕塑工具为辅助，将叶子轻压固定即可。

25 如图，西洋梨完成。

红苹果

上火 170℃，下火 170℃
烘烤 25 ~ 30 分钟
约 10 个

材料 & 工具 Materials Tools

颜色 Color　油酥：● 红色
油皮：● 红色　● 咖啡色　● 绿色

器具 Appliance　雕塑工具组、油纸、擀面棍

步骤说明 Step Description

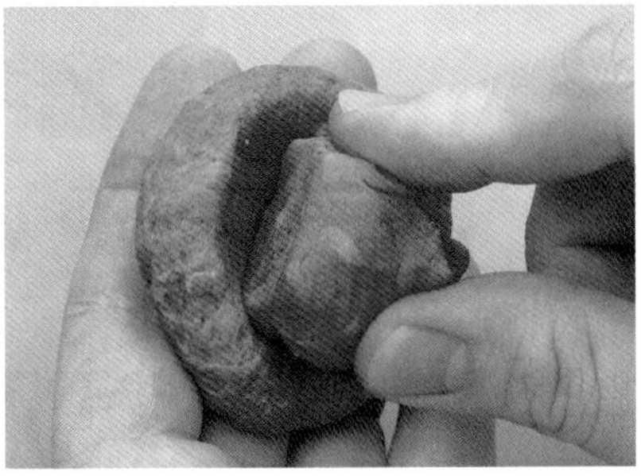

01 将红色油酥搓圆，并将红油皮压扁。（注：此油皮、油酥重量比是一般的2倍=40克：20克。）

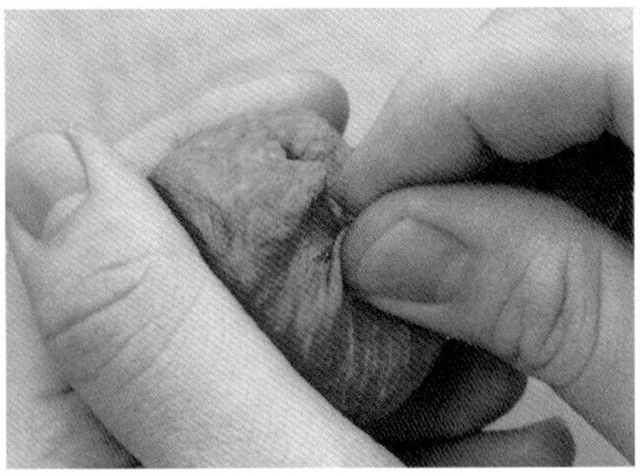

02 将红色油酥放进红色油皮中，并用指腹将开口捏合，即完成面团。

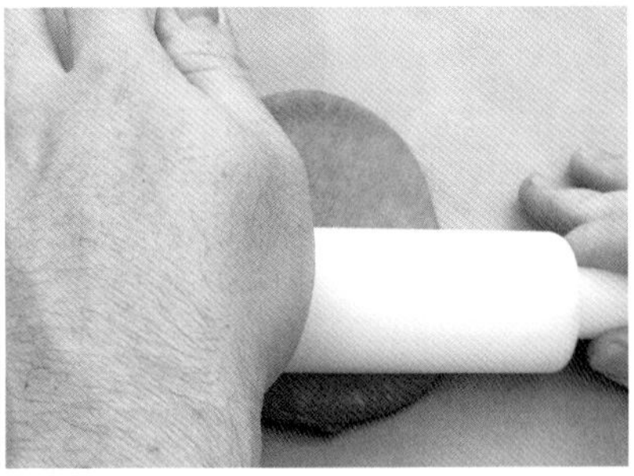

03 先用手将面团压扁后，再用擀面棍将面团擀平。

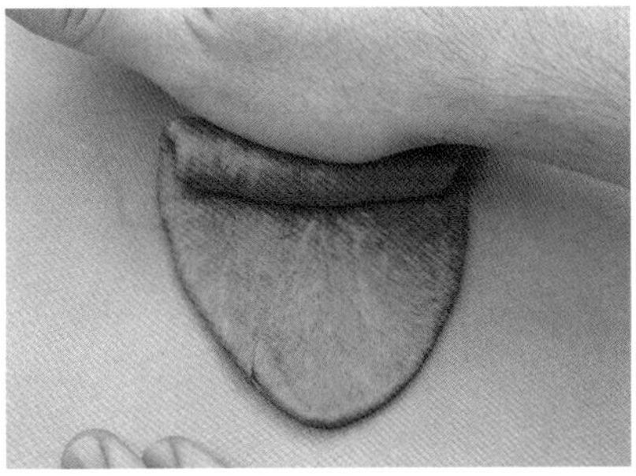

04 将面团擀平后，由上往下往中间卷。

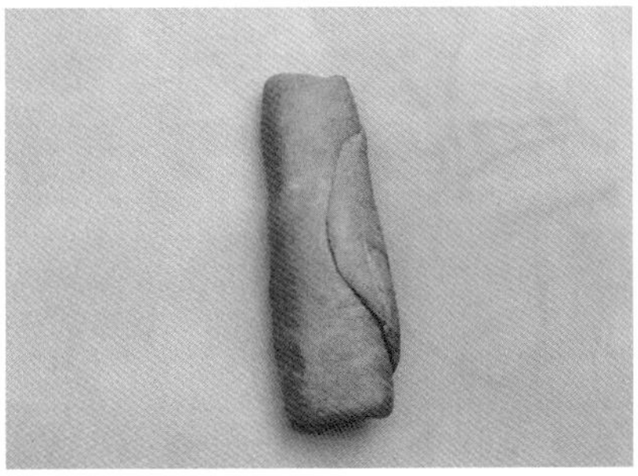

05 将擀平的面团卷起，松弛10~15分钟。

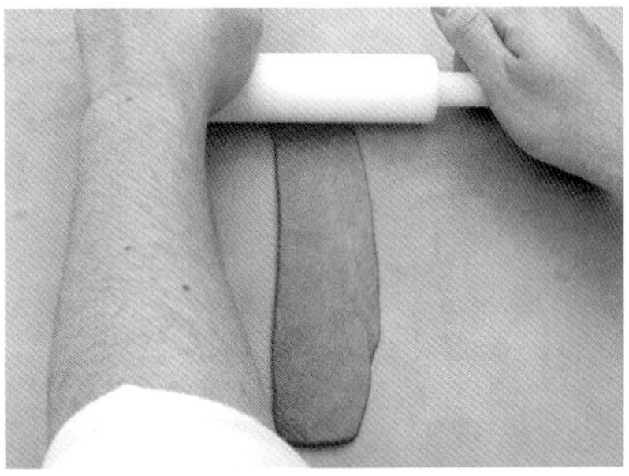

06 将面团转90°后，先用手将面团压扁，再用擀面棍将面团擀平。

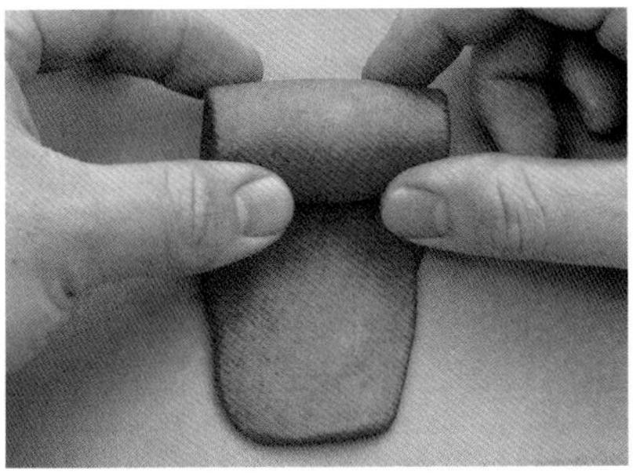

07 将擀平的面团往内卷。

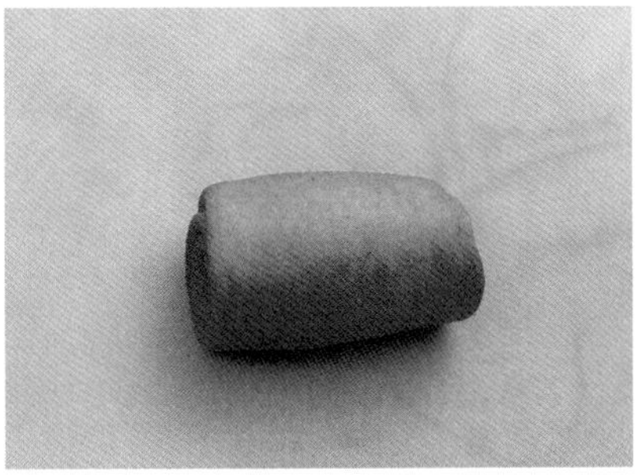

08 如图，面团卷起完成，松弛10~15分钟。

09 用雕塑工具将面团对切。

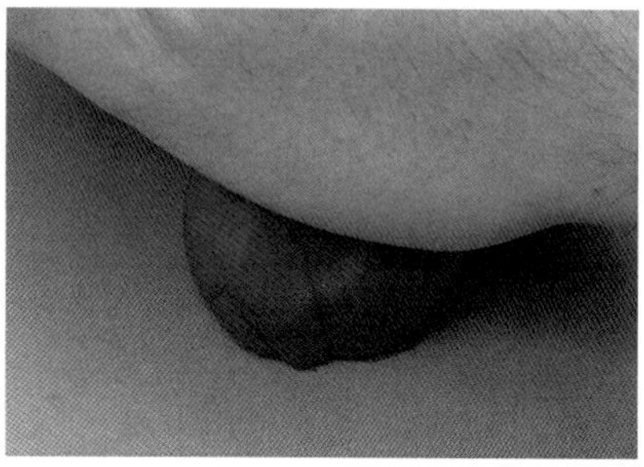

10 取1/2面团，将有纹路的面朝上，并用手掌压扁。

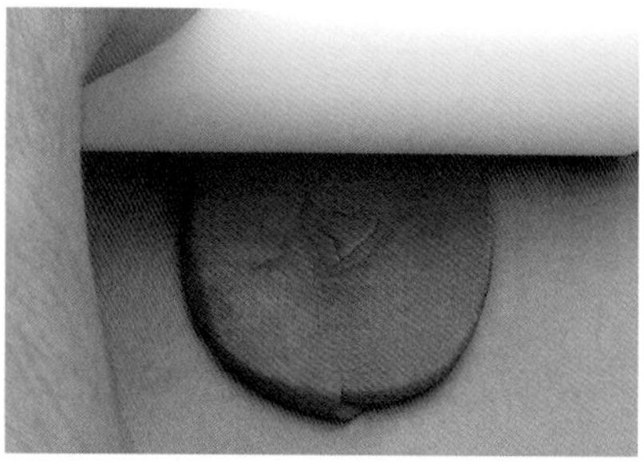

11 用擀面棍将面团擀平。

12 将面团擀平后，用指腹将面团往内凹，为苹果皮。

13 在苹果皮背面放入内馅。（注：内馅制作方法，请参考P.122。）

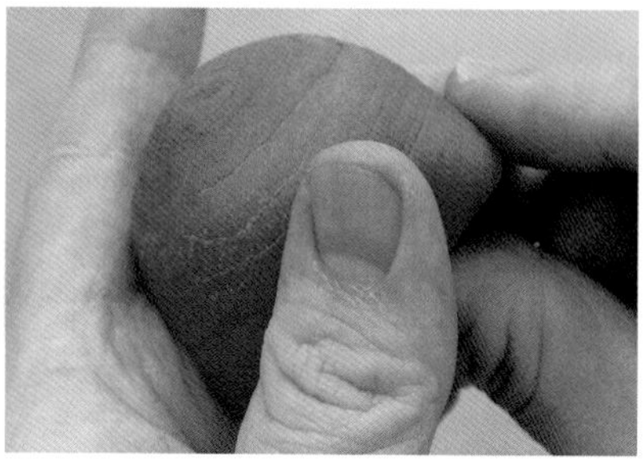

14 承步骤13，用指腹将内馅往凹处推，以固定位置。

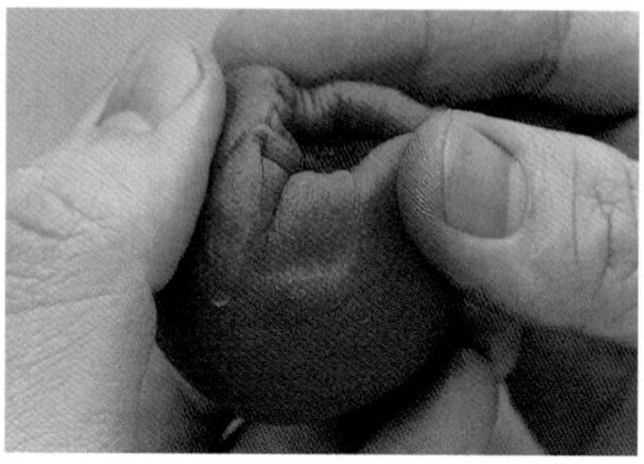

15 用大拇指和食指将开口捏紧。

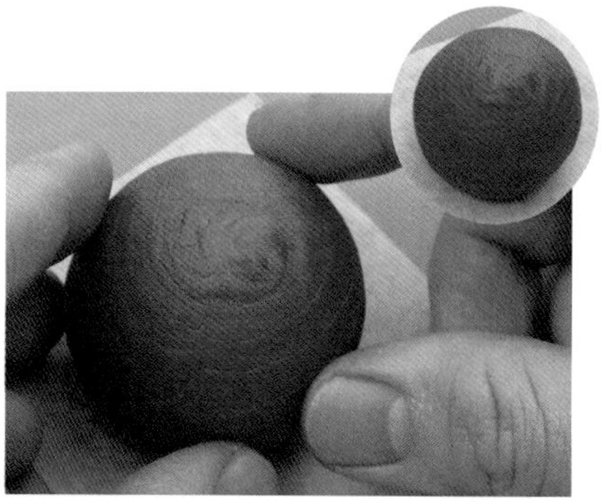

16 将苹果放在油纸上，并用食指指腹调整形状，完成苹果主体。

17 用雕塑工具在苹果主体顶端戳一个洞，为叶梗位置。

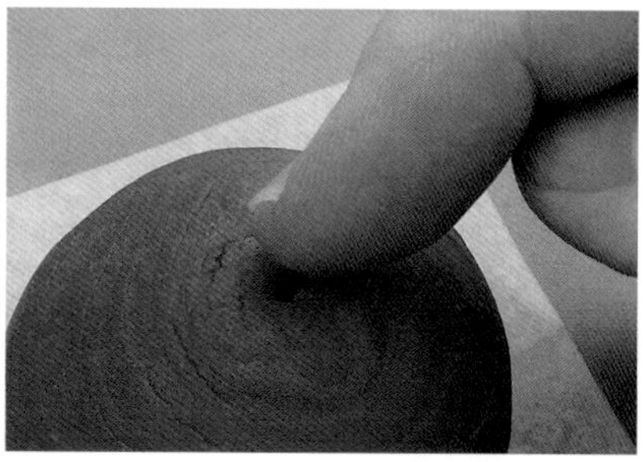

18 承步骤17，用食指指腹蘸取少许的水，涂在戳洞上。

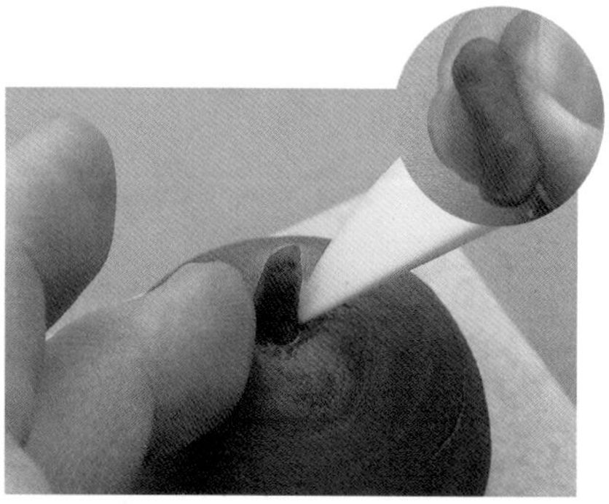

19 用雕塑工具为辅助，放入搓成长条形的咖啡色叶梗并轻压固定。

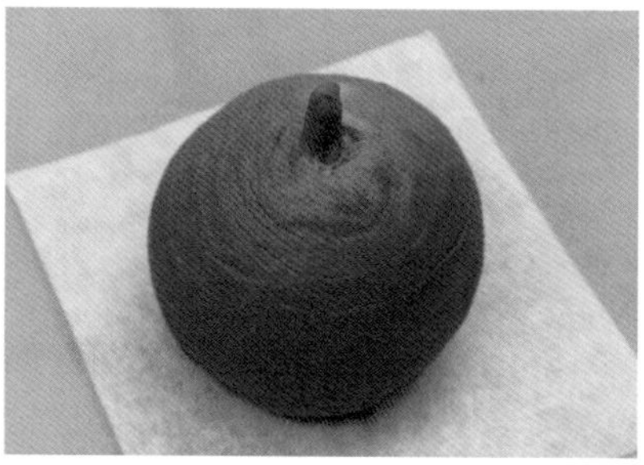

20 如图，叶梗完成。

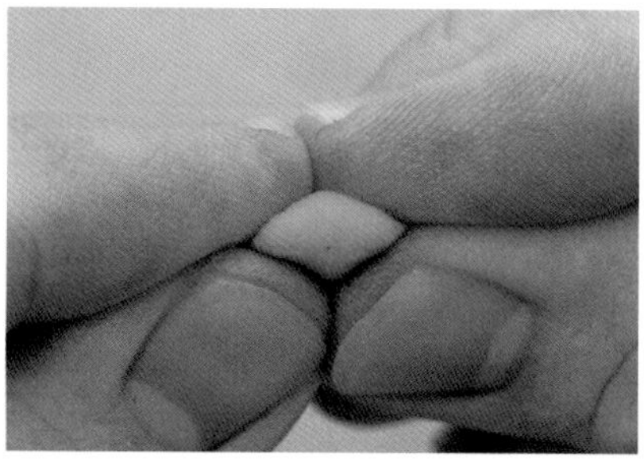

21 用指腹将绿色油皮捏成菱形，为叶子。

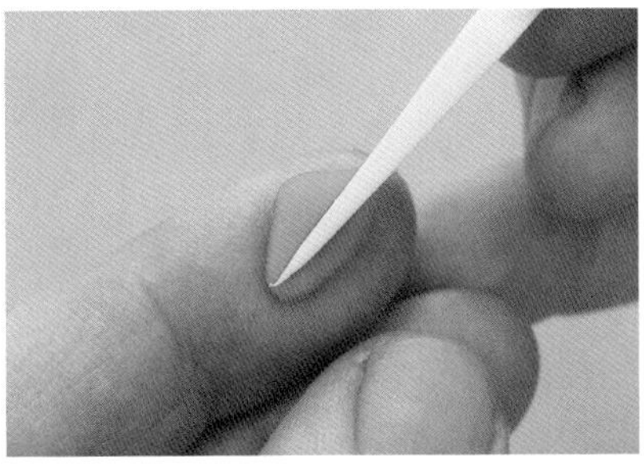

22 用雕塑工具在叶子中间压出叶梗。

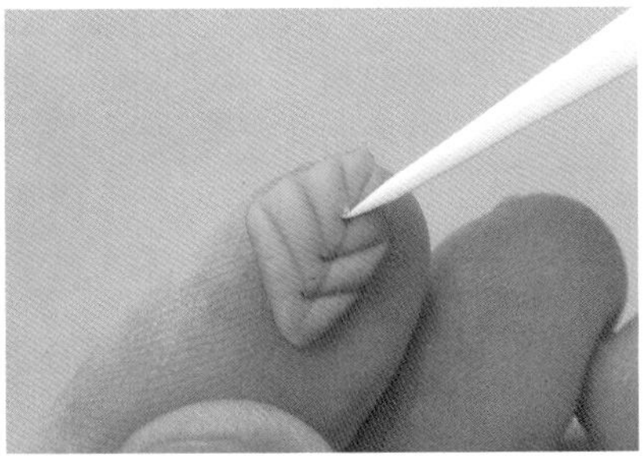

23 用雕塑工具在叶梗两侧，压出叶脉。

24 在苹果主体右侧涂抹少许水后，将叶子放在已蘸水处。

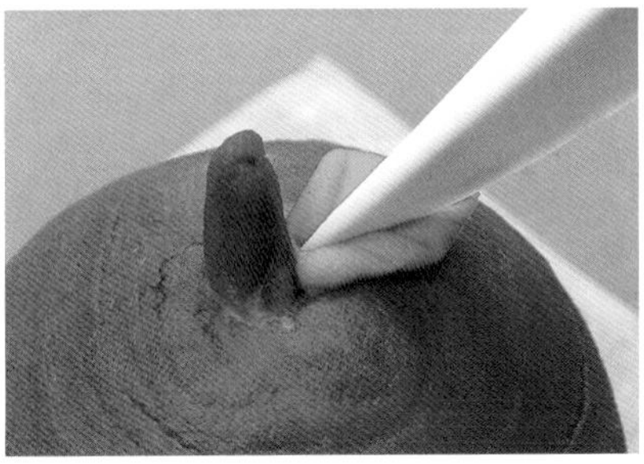

25 最后，承步骤24，用雕塑工具将叶子轻压固定即可。

26 如图，苹果完成。

Tiny Crispy Cookies Preparation

一口酥前置制作

面团制作

材料及工具 Ingredients & Tools

· 食材

①高筋面粉 250克
②糖粉 60克
③奶粉 60克
④盐 2克
⑤发酵奶油 150克
⑥全蛋 50克

· 器具

电动搅拌机、刮刀、筛网

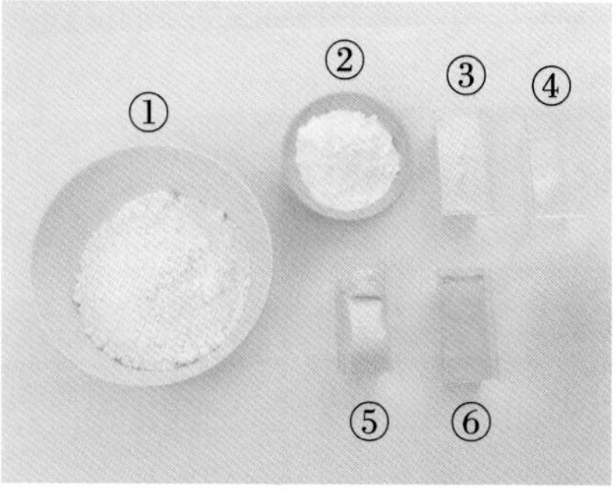

步骤说明 Step Description

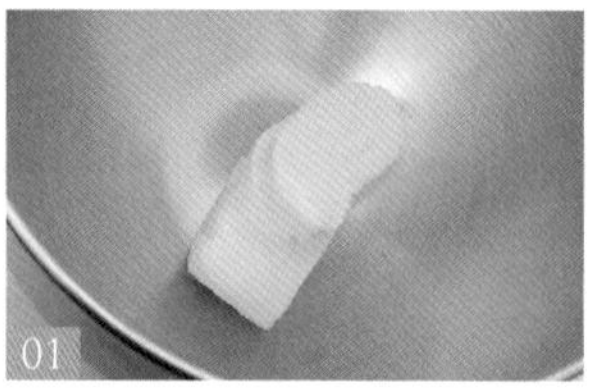

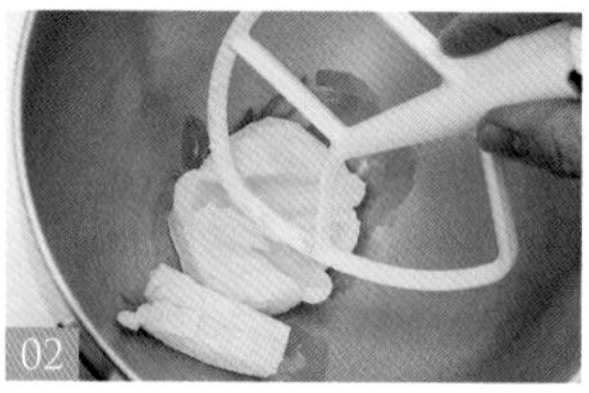

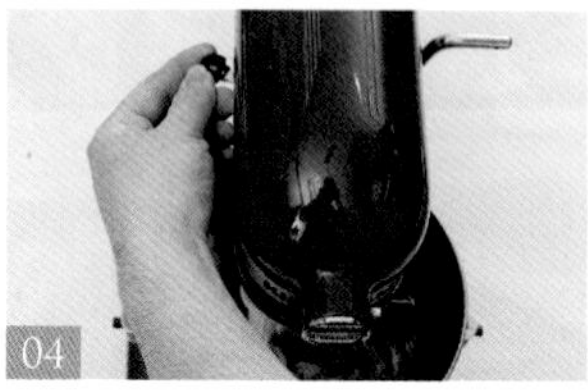

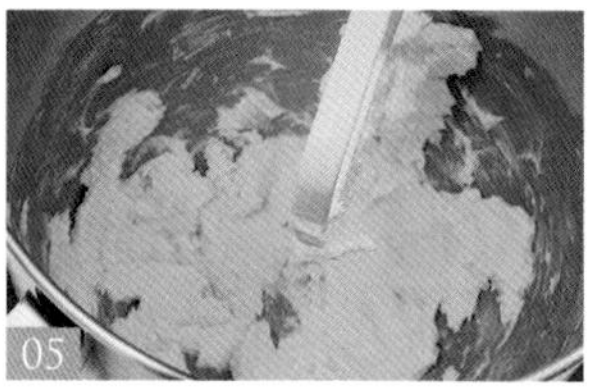

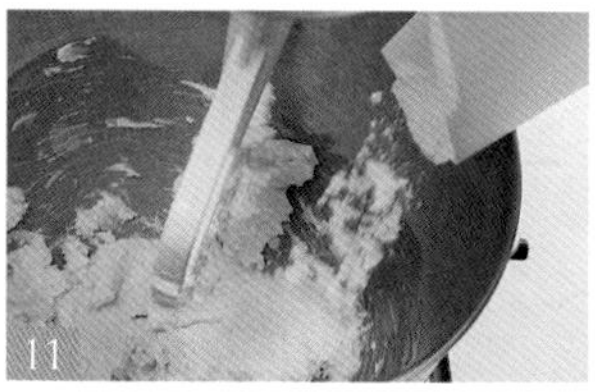

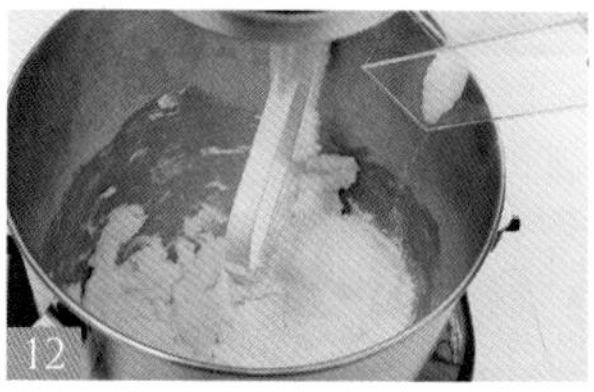

01 取发酵奶油倒入搅拌缸中。

02 将发酵奶油放在室温下软化。（注：手指或桨状拌打器可下压之软硬度。）

03 将搅拌器装上电动搅拌机，并固定搅拌缸。

04 将电动搅拌机左侧开关打开，以低速打散发酵奶油。

05 重复步骤04，继续将发酵奶油打散。

06 发酵奶油打散后，将电动搅拌机暂停，备用。

07 取糖粉和筛网，准备过筛。

08 将糖粉倒进筛网后，将糖粉筛在纸上。

09 重复步骤08，持续将糖粉过筛。（注：过筛时可用手指按压结块或颗粒较大的糖粉。）

10 如图，糖粉过筛完成。

11 将过筛好的糖粉倒入搅拌缸中。

12 加入盐巴。

面团制作视频

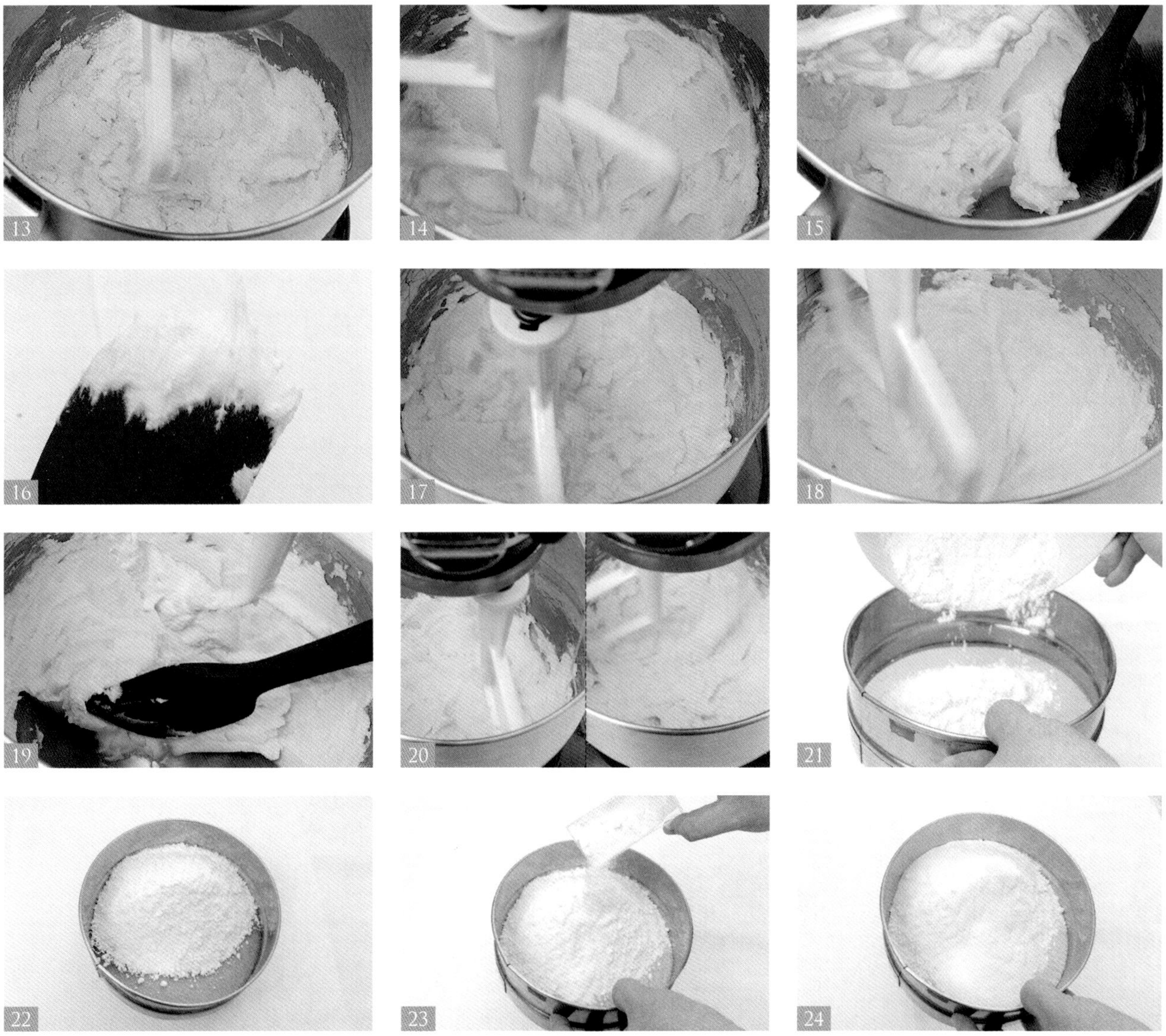

13 将电动搅拌机打开，以中低速搅拌发酵奶油、糖粉、盐。

14 重复步骤13，继续搅拌发酵奶油与糖粉至均匀。

15 承步骤14，打至发酵奶油差不多膨发后，关闭电动搅拌机，并以刮刀刮起少量发酵奶油，以确认发酵奶油状态。

16 如图，发酵奶油打发完成，须打至发酵奶油表面蓬松，且不会滴下。

17 将电动搅拌机开启，并加入1/3的蛋液。

18 承步骤17，继续搅拌发酵奶油与蛋液。

19 搅拌至蛋液与发酵奶油混合后，用刮刀将搅拌缸两侧发酵奶油糊刮下。

20 重复步骤17~19，将剩下的蛋液分两次倒进搅拌缸，搅拌均匀。

21 将低筋面粉倒入筛网中。

22 如图，低筋面粉倒入完成。

23 取奶粉倒入筛网中。

24 如图，将奶粉倒入筛网完成。

25 将面粉与奶粉筛在纸上。

26 如图，面粉与奶粉过筛完成。

27 将电动搅拌机暂停，并将过筛后的面粉与奶粉倒入搅拌缸中。

28 如图，面粉与奶粉倒入完成。

29 最后，将电动搅拌机打开，先以低速将粉类稍微打匀后，再转中低速打成团即可。

30 如图，面团完成。

TIPS

- 发酵奶油须室温回软、请勿融化。
- 鸡蛋分次加入，避免油水分离。
- 一口酥的尺寸可以随着包装或需求自行调整。
- 烘烤时须注意色泽，避免过度上色，按压有扎实感即可。

调色方法

步骤说明 Step Description

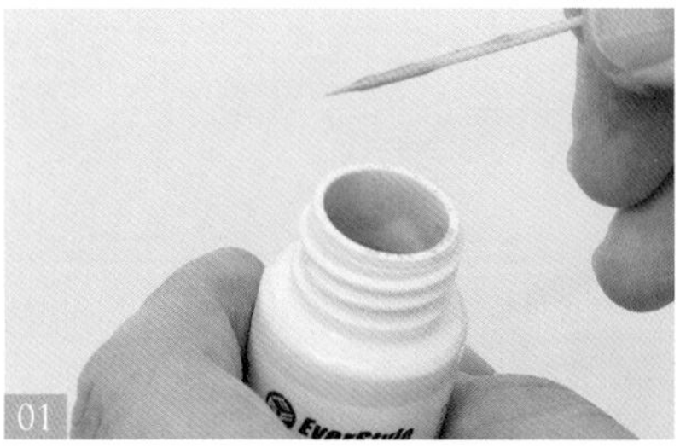

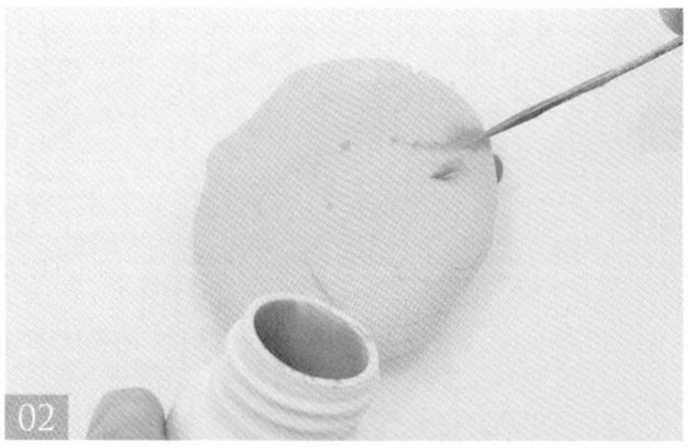

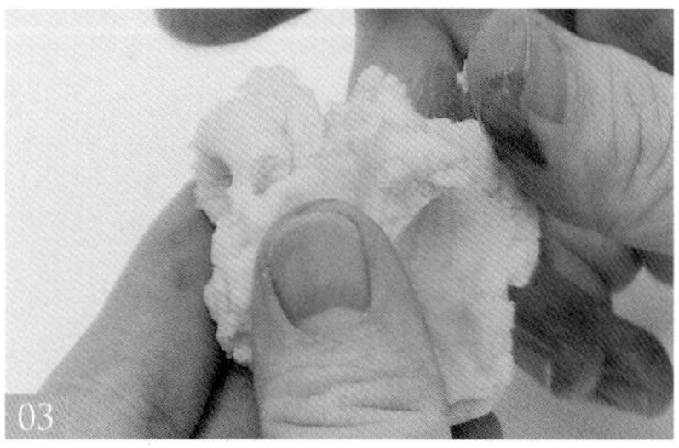

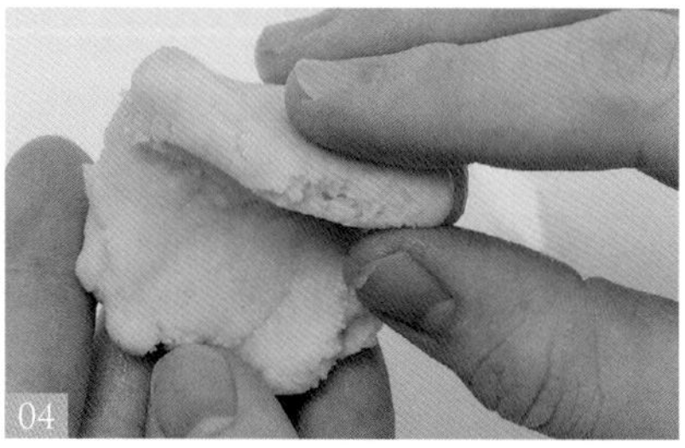

01 用牙签蘸取少量色膏。

02 将色膏沾在面团上。

03 将面团蘸有色膏的部分和其他部分揉捏混合。

04 重复步骤03，持续揉捏面团，使颜色染上整个面团。

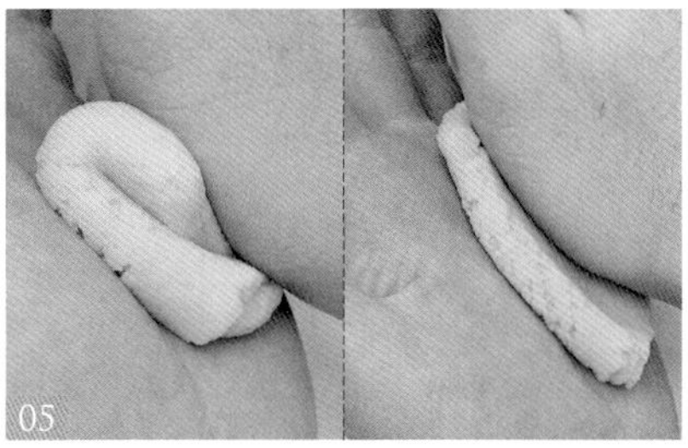

05 最后，面团大致染色后，将面团对折并用手掌压扁，使颜色更均匀即可。

06 如图，面团调色完成。

调色 toning

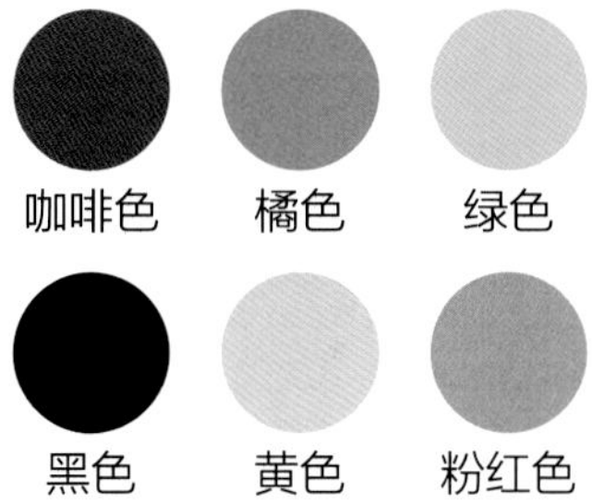

TIPS

- 染色可依喜好调整浓淡，建议少量添加，觉得不够深再增加用量。
- 色膏也可使用色粉或是蔬菜粉替代（如甜菜根粉、南瓜粉、抹茶粉）。

包馅方法

步骤说明 Step Description

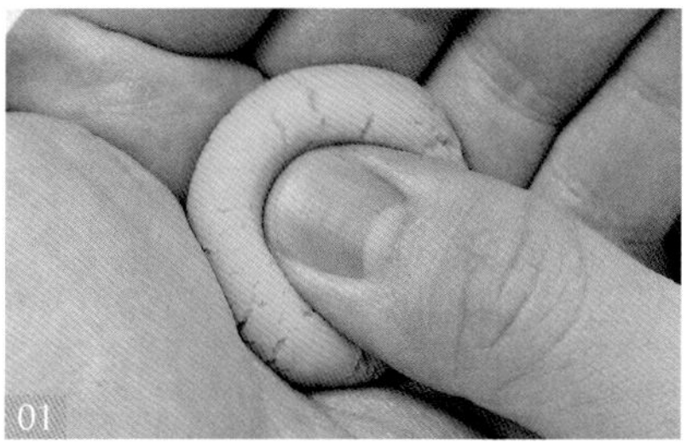

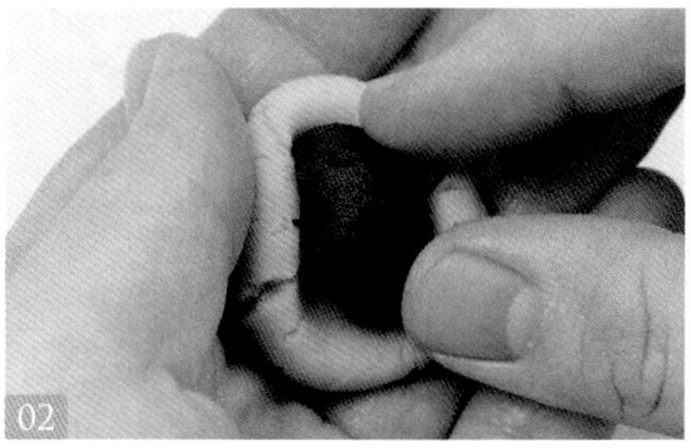

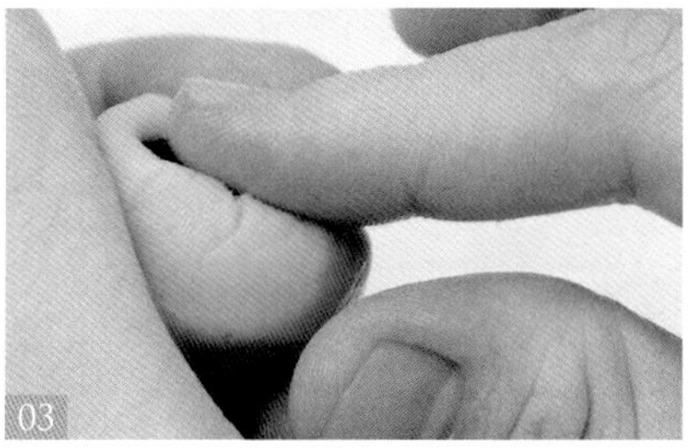

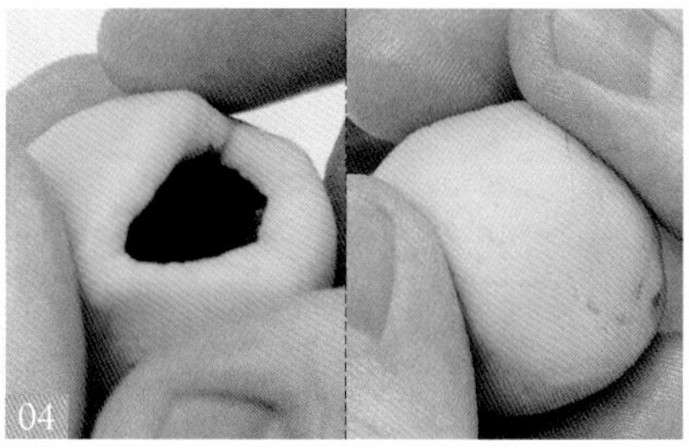

01 取20克面团，并用指腹将面团压出凹槽。

02 承步骤02，取5克红豆沙馅，放入凹槽中。

03 承步骤02，将面团从边缘往上收，以包住内馅。

04 最后，用指腹将面团开口慢慢向内收紧即可。

TIPS

- 内馅也可使用其他口味豆沙馅取代，变化出更多口味。

大吉大利橘子酥

上火 180℃，下火 130℃
烘烤 20 ~ 25 分钟
约 25 个

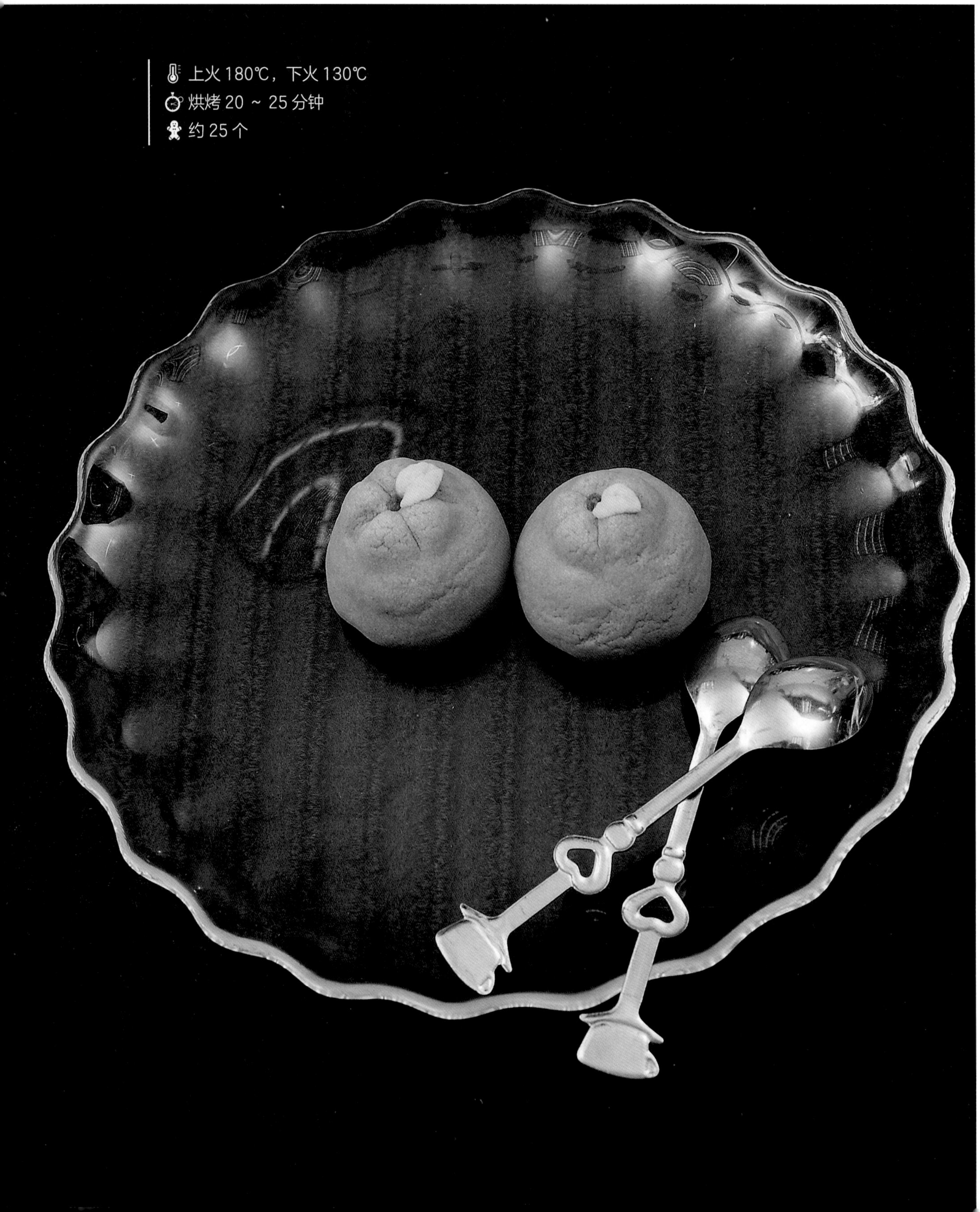

Materials
材料 & 工具
Tools

颜色 Color ● 橘色 ● 咖啡色 ● 绿色

器具 Appliance 雕塑工具组、塑料袋或保鲜膜（垫底用）

Description
步骤 说明
Step

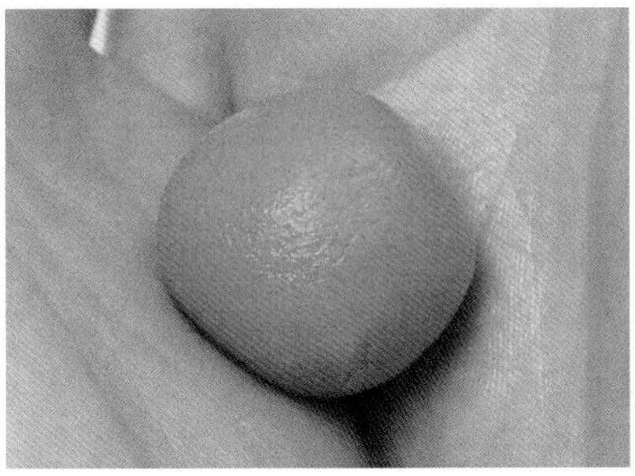

01 取已包馅橘色面团，用掌心搓成圆形。（注：包馅方法请参考P.147。）

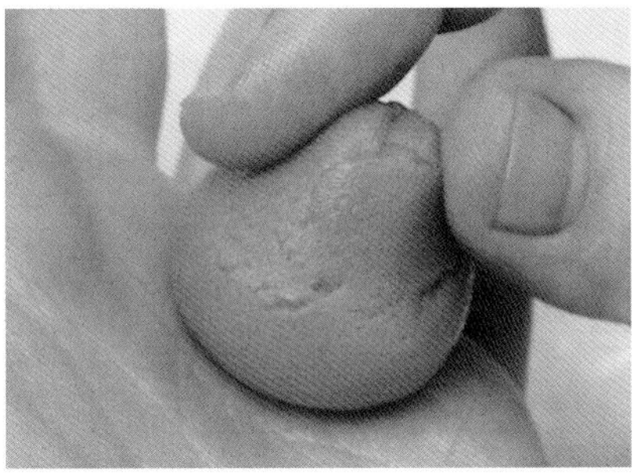

02 用指腹将圆形一端向上捏，捏出橘子头。

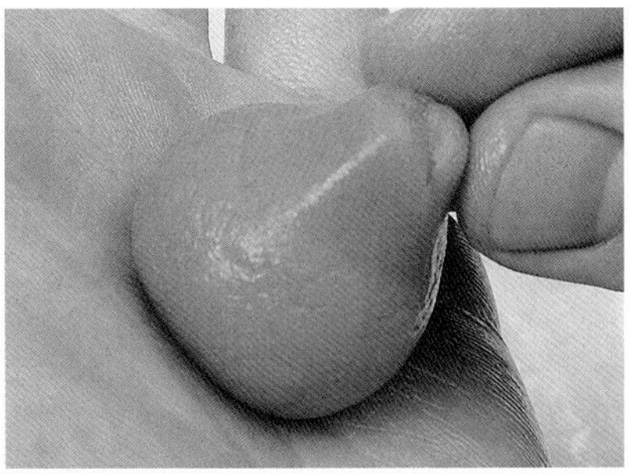

03 重复步骤02，继续捏出橘子头，并用指腹调整上拉面团时产生裂痕。

04 如图，橘子塑形完成。

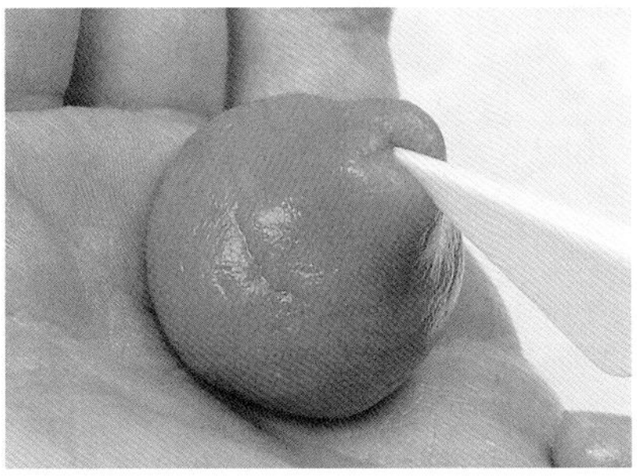

05 用雕塑工具从橘子头的中心，压出放射状线条，为橘皮的皱褶。

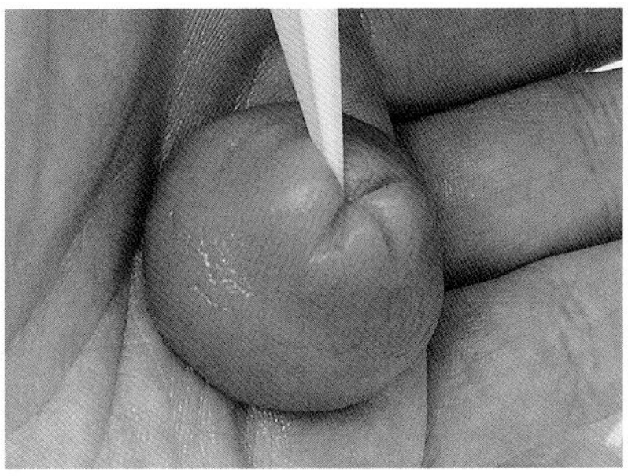

06 重复步骤05，继续用雕塑工具压出橘皮皱褶。

07 如图，橘皮皱褶完成。

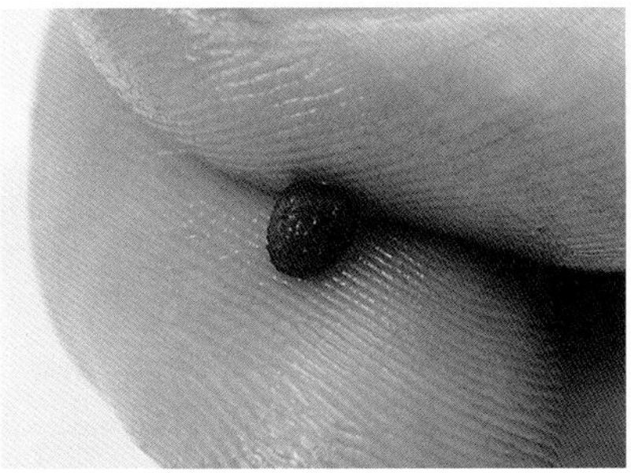

08 取咖啡色面团，用指腹将咖啡色面团搓成圆形，为蒂头。

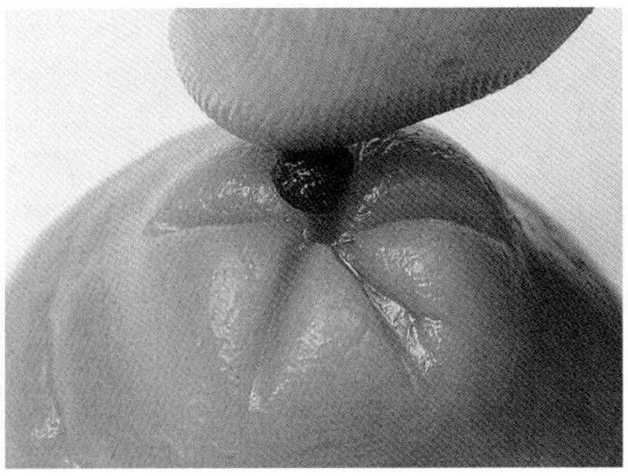

09 承步骤08，用指腹将蒂头放上橘皮皱褶的中心点。

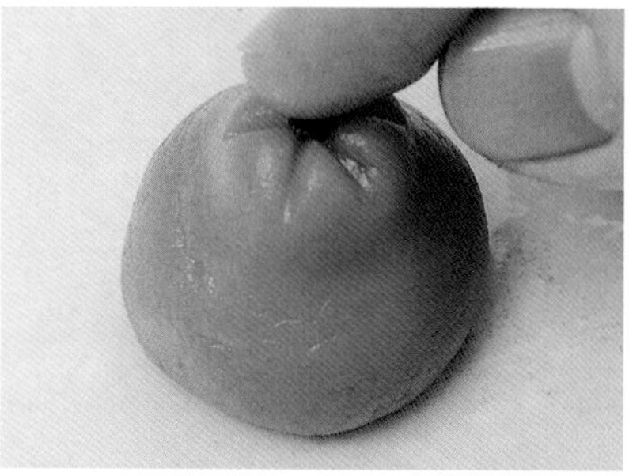

10 承步骤09，用指腹轻压固定。

11 如图，蒂头完成。

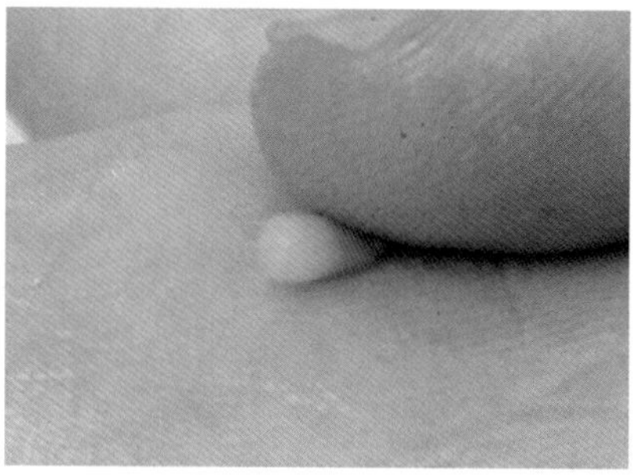

12 取绿色面团，用指腹将绿色面团搓成水滴形，为叶子。

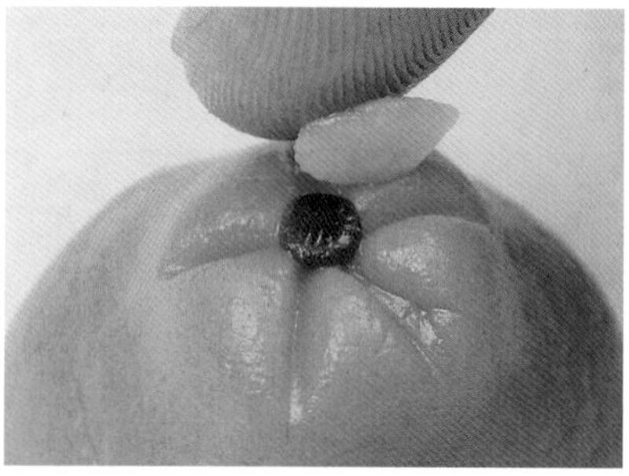

13 用指腹将叶子放在蒂头侧边，并轻压固定。

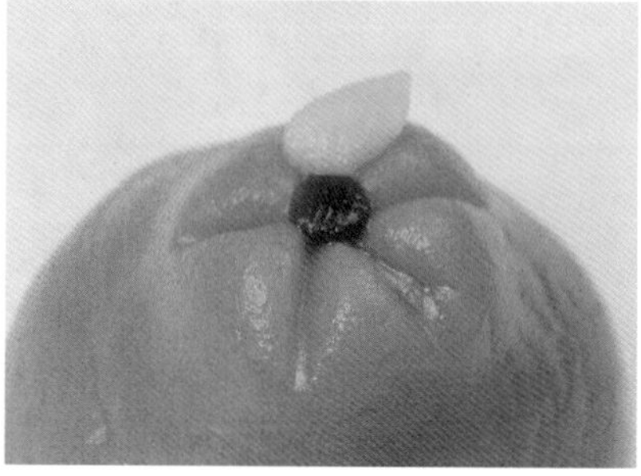

14 如图，叶子完成。

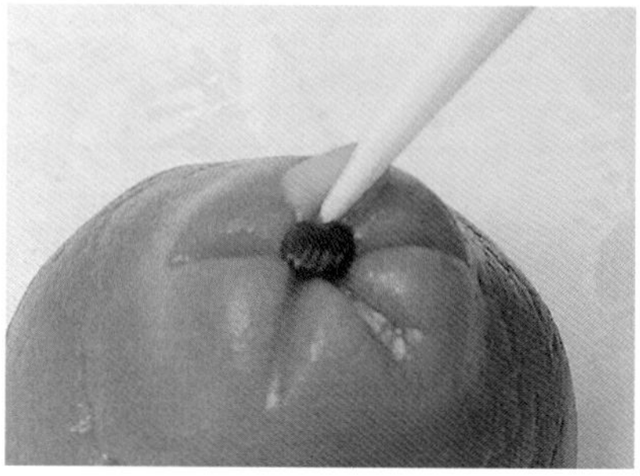

15 用雕塑工具在叶子中间轻压出叶脉。

16 如图，橘子完成。

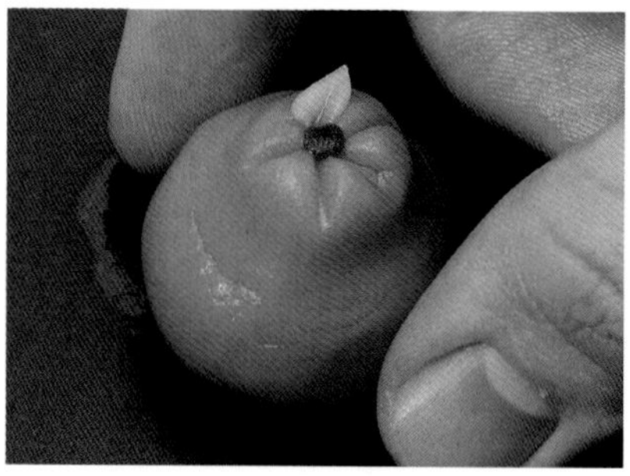

17 最后，将橘子放上烤盘即可。

旺旺来小凤梨

上火 180℃，下火 130℃
烘烤 20 ~ 25 分钟
约 25 个

材料 & 工具 Materials Tools

颜色 Color ● 黄色 ● 绿色

器具 Appliance 雕塑工具组、塑料袋或保鲜膜（垫底用）

步骤说明 Step Description

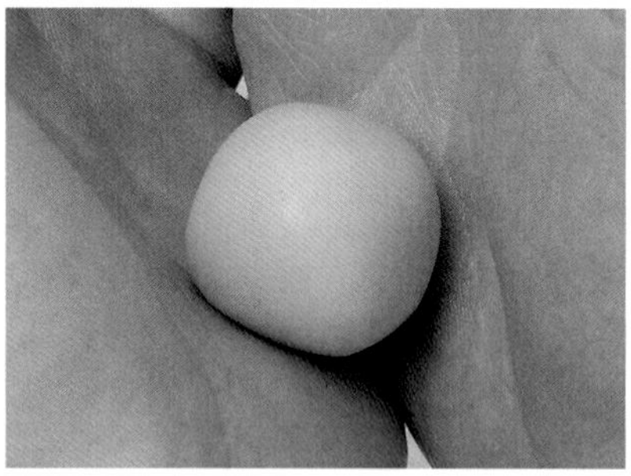

01 取已包馅黄色面团，用掌心搓成圆形。（注：包馅方法请参考P.147。）

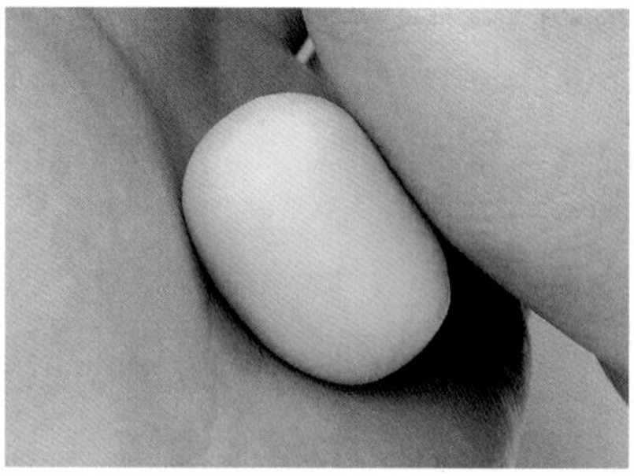

02 承步骤01，将黄色面团搓成圆柱形。

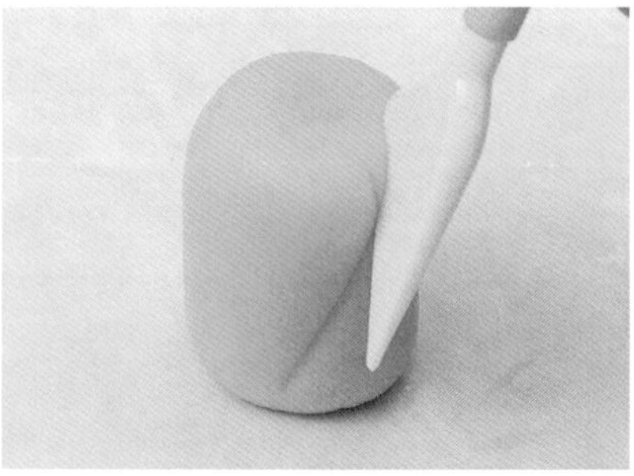

03 将雕塑工具反拿，由下往上在圆柱形面团表面压出斜线纹路。

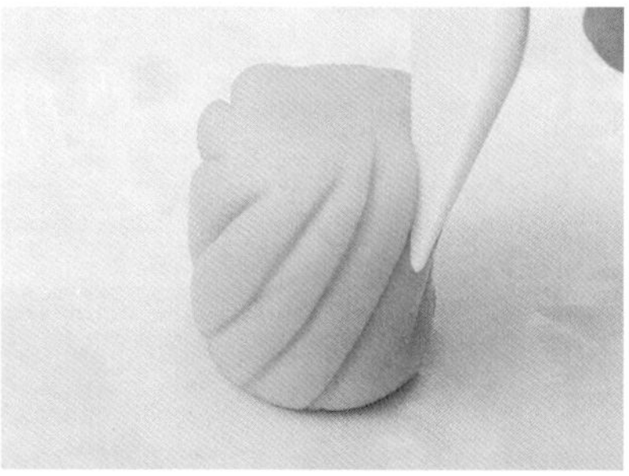

04 重复步骤03，将圆柱形面团表面压出斜线纹路。

05 承步骤04，在圆柱形面团表面压出反向斜线。

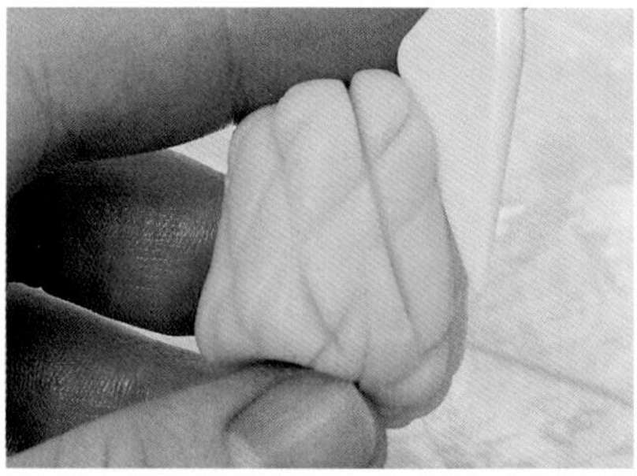

06 重复步骤05，继续将圆柱形面团压出反向斜线，交错成菱格纹。

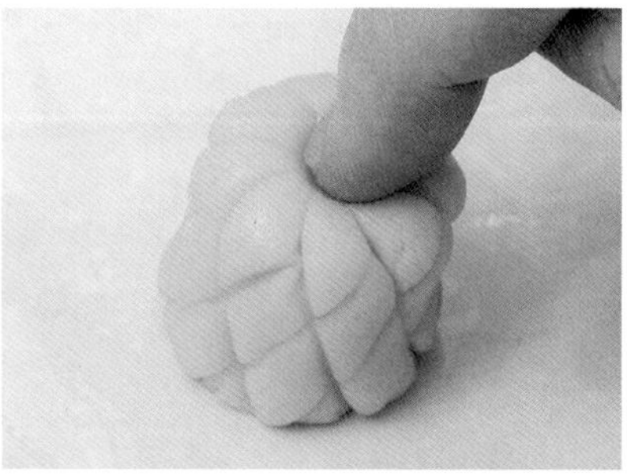

07 用指腹将圆柱形面团顶端往下压凹。

08 如图，凤梨主体完成。

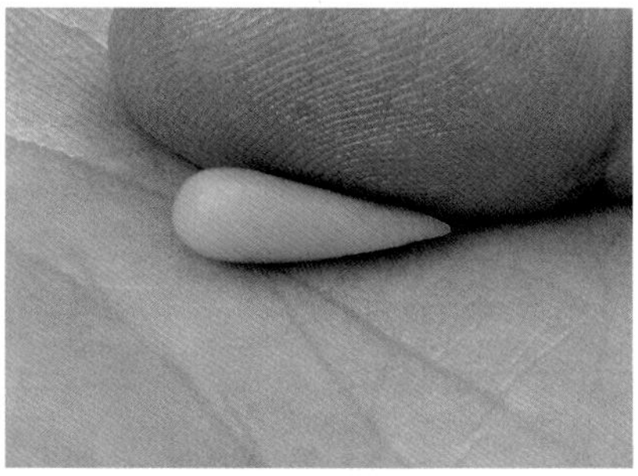

09 取绿色面团，用指腹将绿色面团搓成水滴形，为凤梨尾叶。

⑩ 重复步骤09，共完成7片尾叶，为a1～a7。

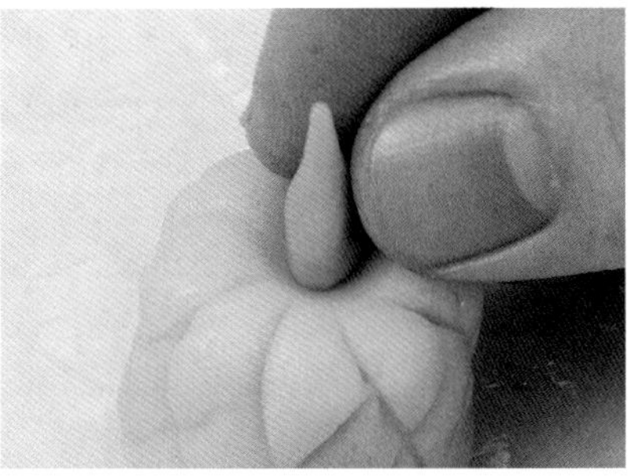

⑪ 取尾叶a1，放在凤梨主体凹陷处中央，并用指腹轻压固定。

⑫ 重复步骤11，依序将尾叶a2～a5沿着a1摆放。（注：将尾叶尖端向外弯，会更自然。）

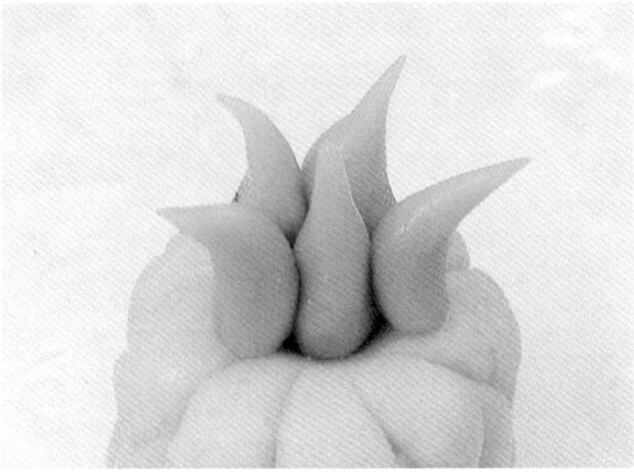

⑬ 如图，a1～a5尾叶摆放完成。

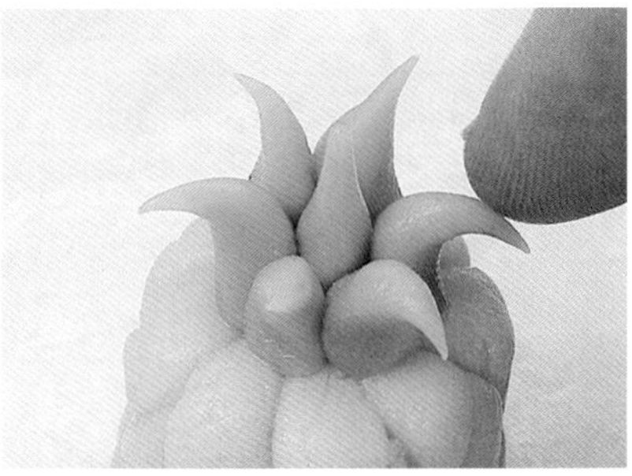

⑭ 重复步骤12，将尾叶a6、a7放上凤梨主体。

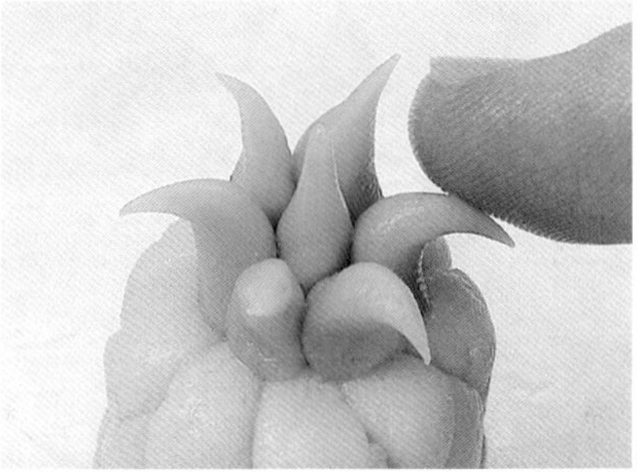

⑮ 用指腹轻轻调整尾叶的弯度。

⑯ 如图，凤梨完成。

⑰ 最后，将凤梨放上烤盘即可。

甜蜜蜜水蜜桃

材料 & 工具 Materials Tools

颜色 Color ● 粉红色 ● 绿色

器具 Appliance 雕塑工具组、塑料袋或保鲜膜（垫底用）

步骤说明 Description Step

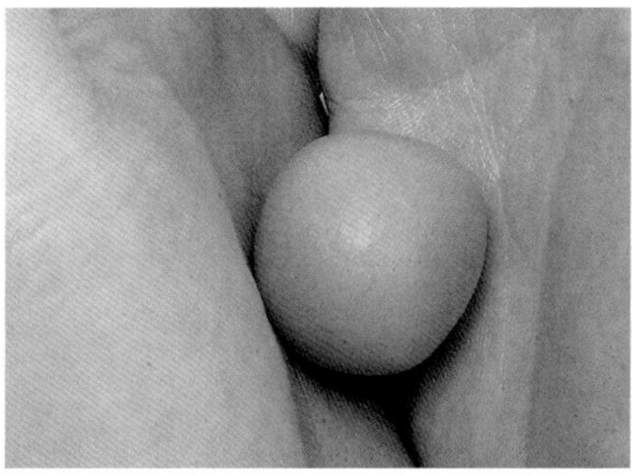

01 取已包馅粉红色面团，用掌心搓成圆形。（注：包馅方法请参考P.147。）

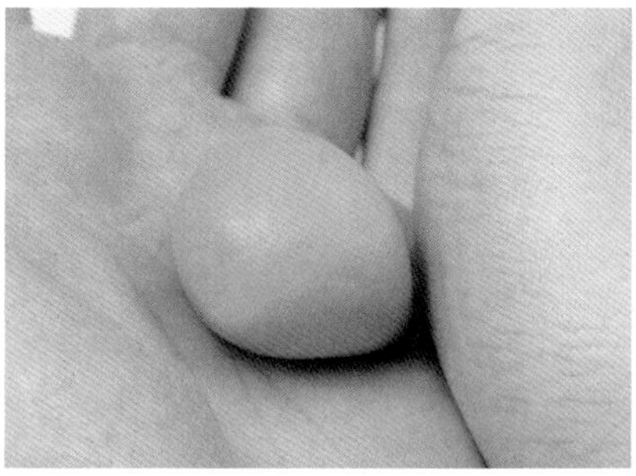

02 承步骤01，将面团搓成水滴形。

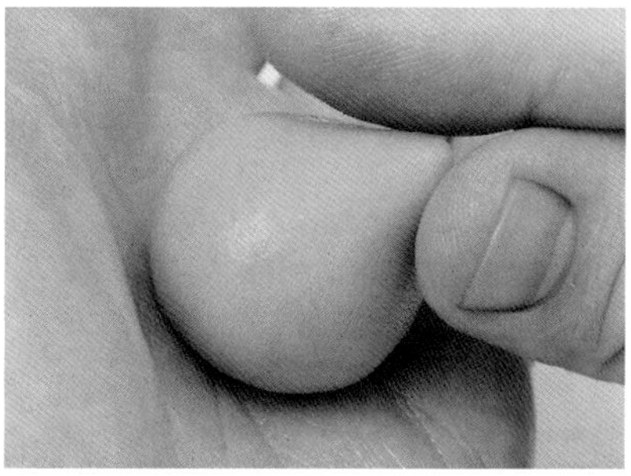

03 用指腹将水滴形尖端向上捏，为桃子主体。

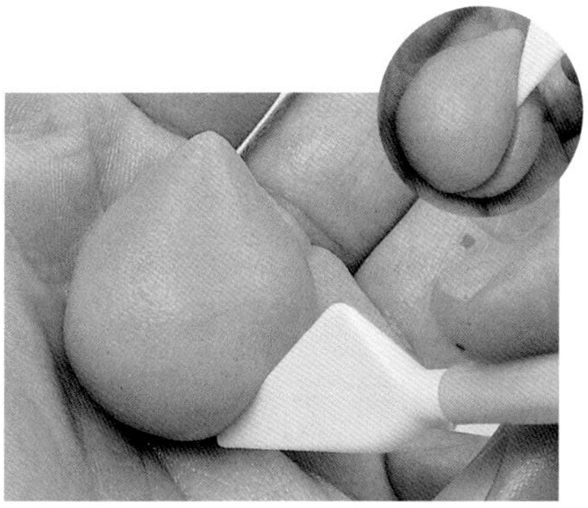

04 用雕塑工具由下往上，在桃子主体侧边压出一条裂缝。

05 如图，裂缝完成。

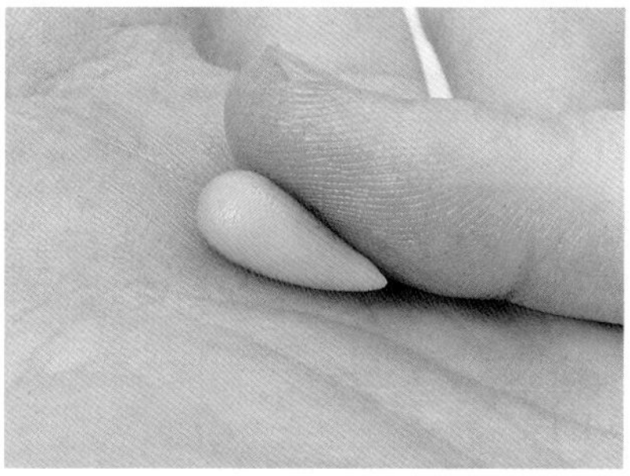

06 用指腹将绿色面团搓成水滴形，为叶子。

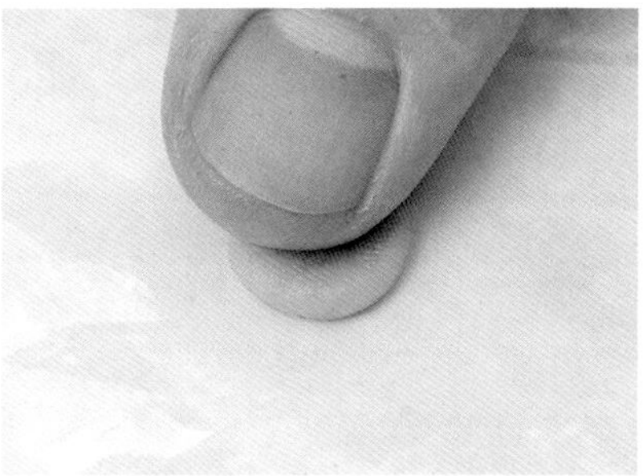

07 承步骤06，用拇指指腹将水滴状面团压扁，为叶子a1。

08 如图，叶子a1完成。

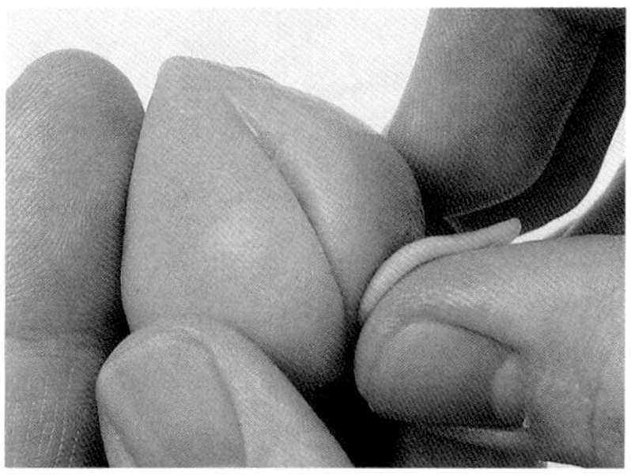

09 将叶子a1放在桃子右下方，并用指腹轻压固定。

⑩ 重复步骤06～09，将叶子a2固定在桃子左下方。

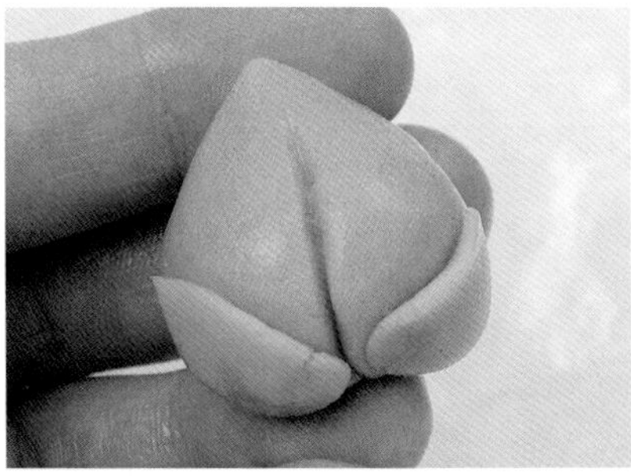

⑪ 如图，叶子完成。

⑫ 用雕塑工具在叶子a1上压出叶梗。

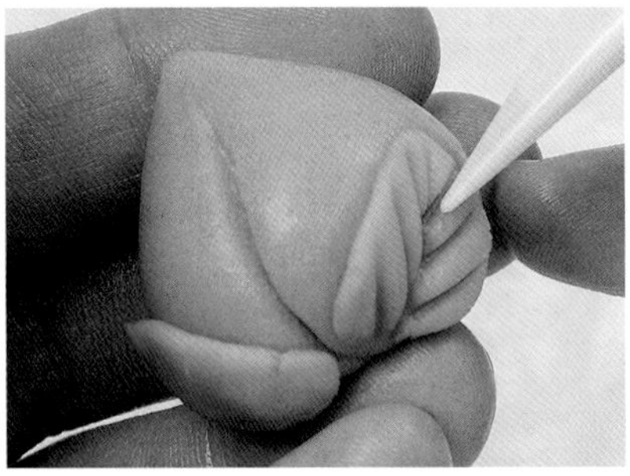

⑬ 承步骤12，在叶梗的两侧，压出叶脉。

⑭ 重复步骤12，完成叶子a2的叶梗制作。

⑮ 重复步骤13，完成叶子a2的叶脉制作。

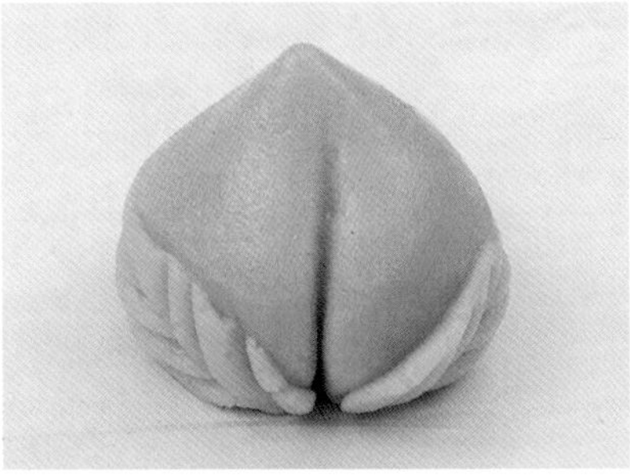

⑯ 如图，水蜜桃完成。

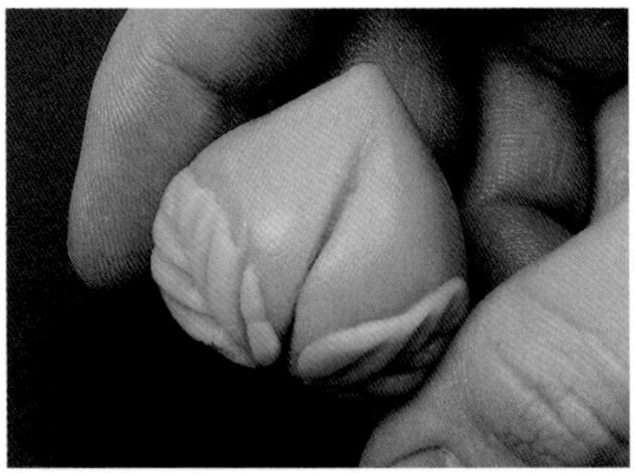

⑰ 最后，将水蜜桃放上烤盘即可。

柿柿如意小柿子

上火 180℃，下火 130℃
烘烤 20 ~ 25 分钟
约 25 个

Materials 材料 & 工具 Tools

颜色 Color ● 橘色 ● 绿色 ● 咖啡色

器具 Appliance 塑料袋或保鲜膜（垫底用）

Description 步骤说明 Step

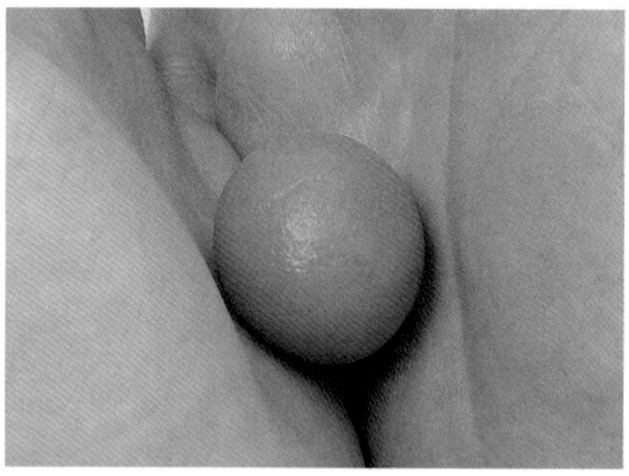

01 取已包馅橘色面团，用掌心搓成圆形。（注：包馅方法请参考P.147。）

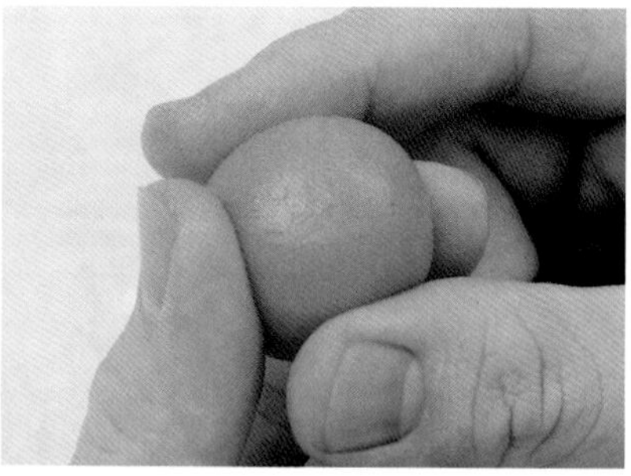

02 承步骤01，将面团捏成正方体。

03 用指腹将正方体顶端往下压凹。

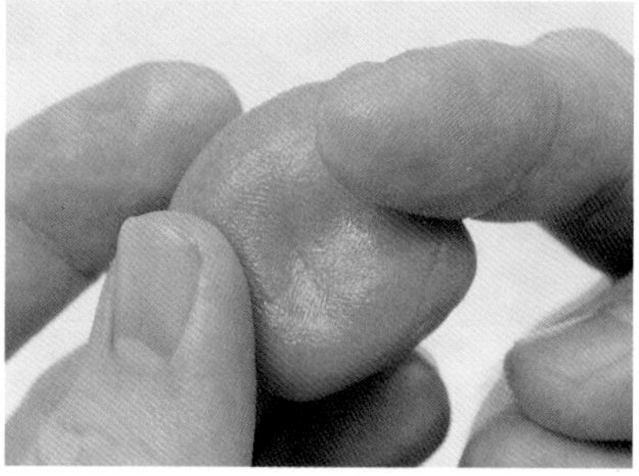

04 承步骤03，用食指侧面轻推正方体右侧，使边缘往内凹。

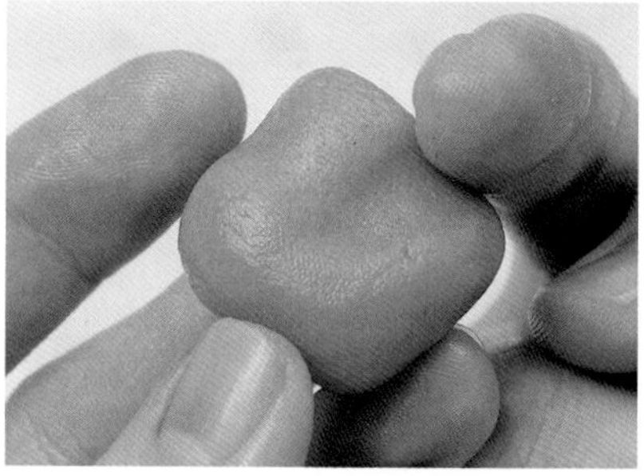

05 承步骤04，边旋转面团，边以食指侧面将边缘往内推凹。

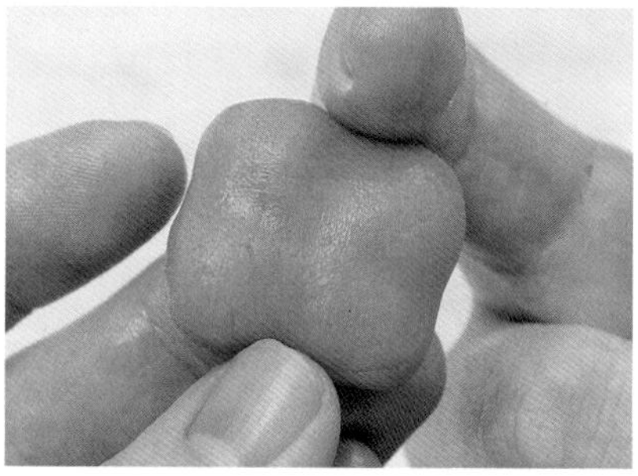

06 重复步骤05，将四面往内推凹。

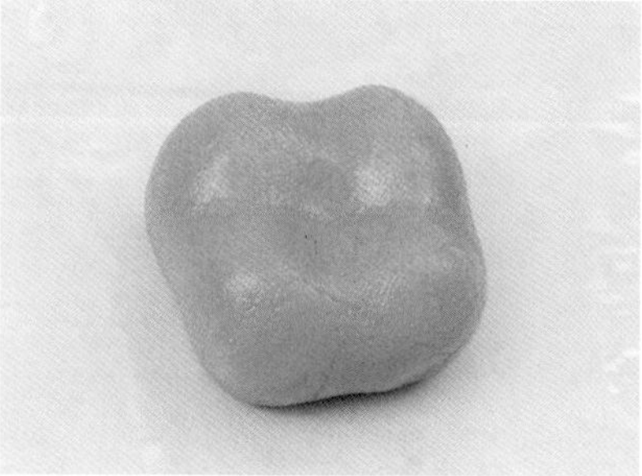

07 如图，柿子主体完成。

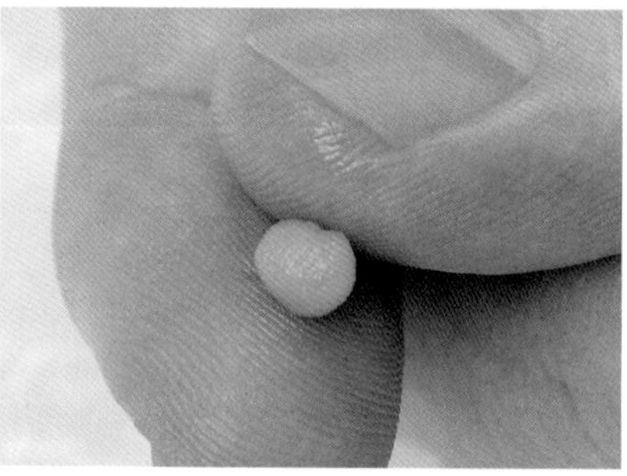

08 用指腹将绿色面团搓成圆形。

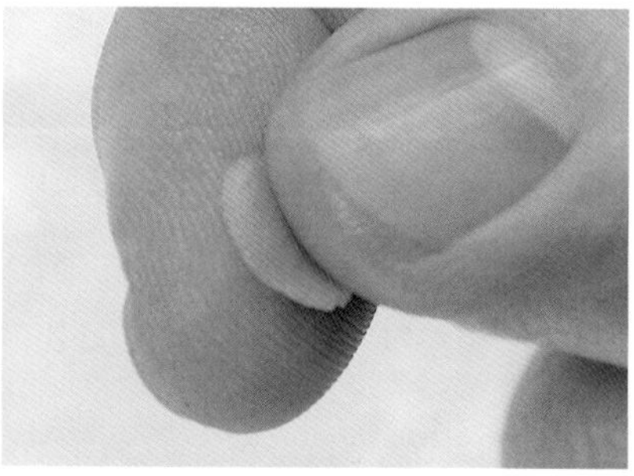

09 承步骤08，用指腹将面团压扁，为叶子。

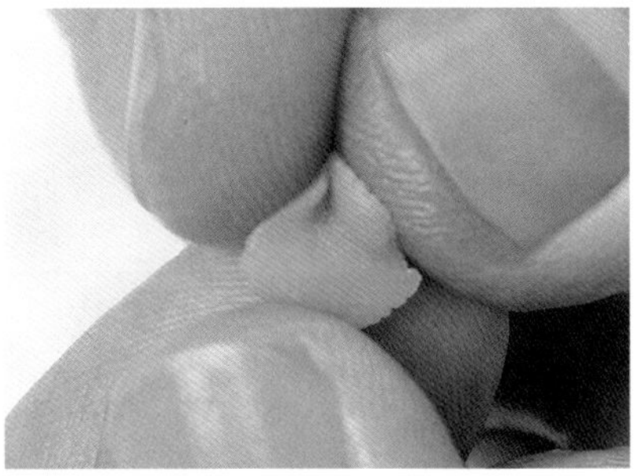

10 用指腹将叶子的前端捏尖。

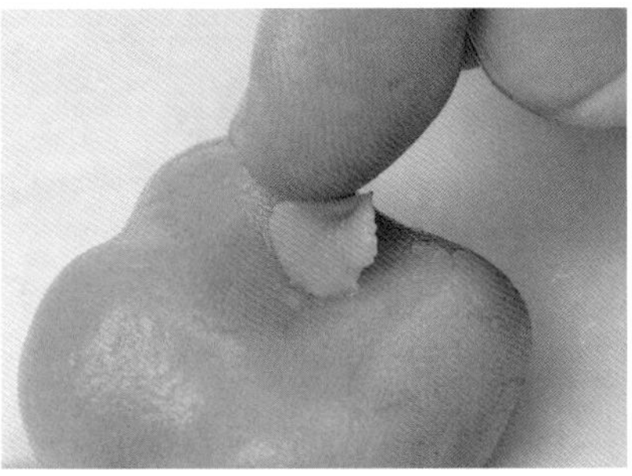

11 将叶子放在柿子顶端。

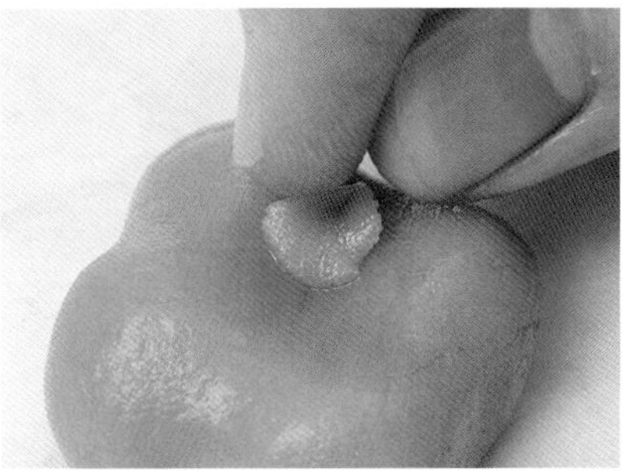

12 用指腹将叶子轻压固定。

13 重复步骤08~12，完成另外三片叶子。

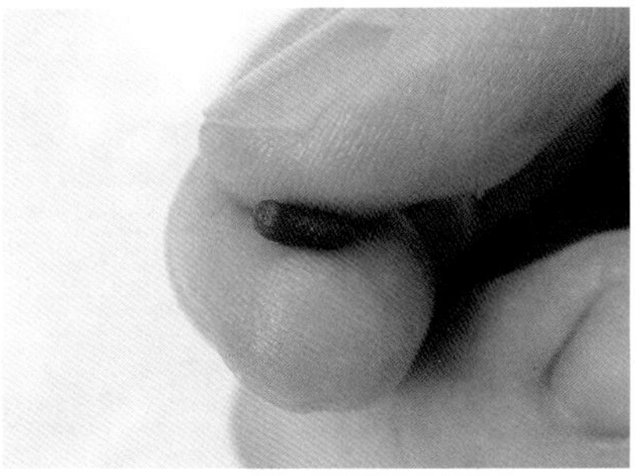

14 用指腹将咖啡色面团搓成长条形，为叶梗。

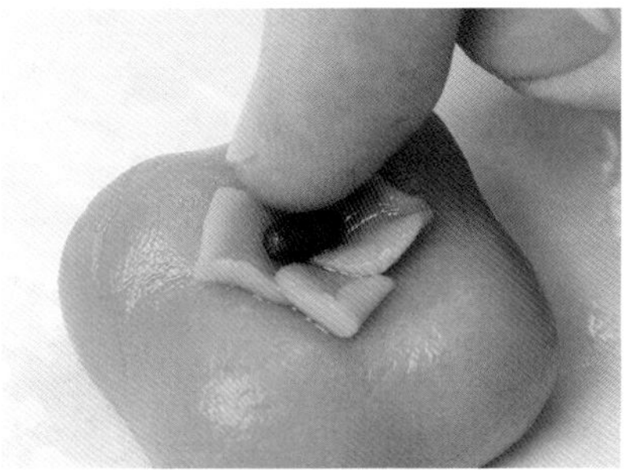

15 将叶梗放在叶子中央，并用指腹轻压固定。

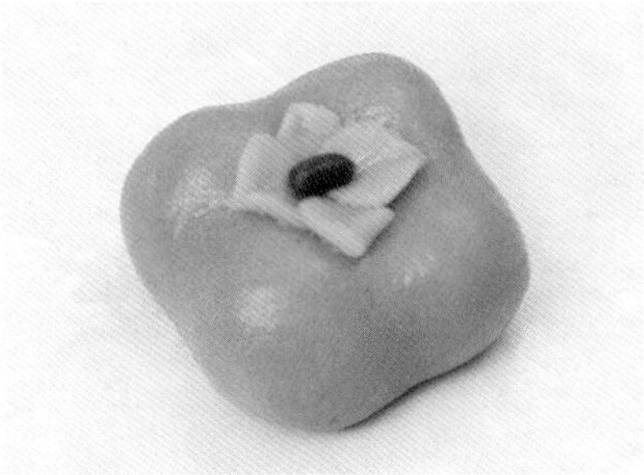

16 如图，柿子完成。

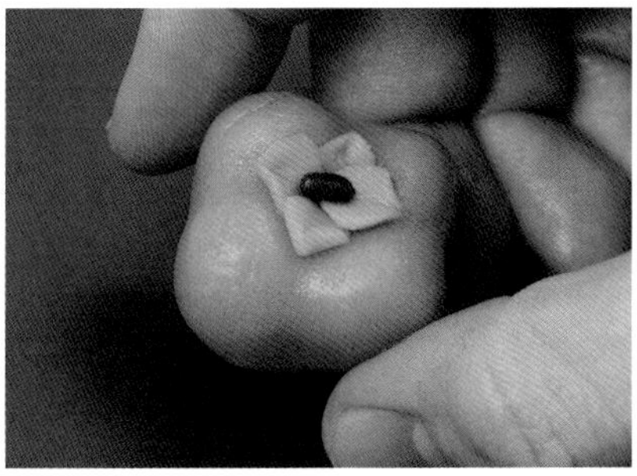

17 最后，将柿子放上烤盘即可。

炎炎夏日来个西瓜吧

上火 180℃，下火 130℃
烘烤 20 ~ 25 分钟
约 25 个

材料 & 工具 Materials Tools

颜色 Color　● 绿色　● 黑色

器具 Appliance　塑料袋或保鲜膜（垫底用）

步骤说明 Description Step

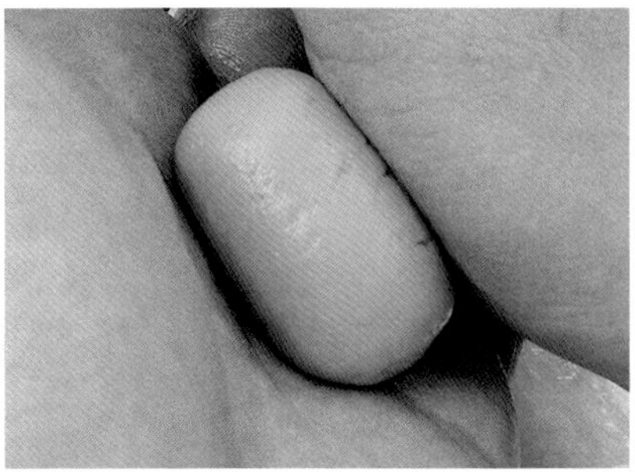

01 取已包馅绿色面团，用掌心搓成椭圆形，即完成西瓜主体。（注：包馅方法请参考P.147。）

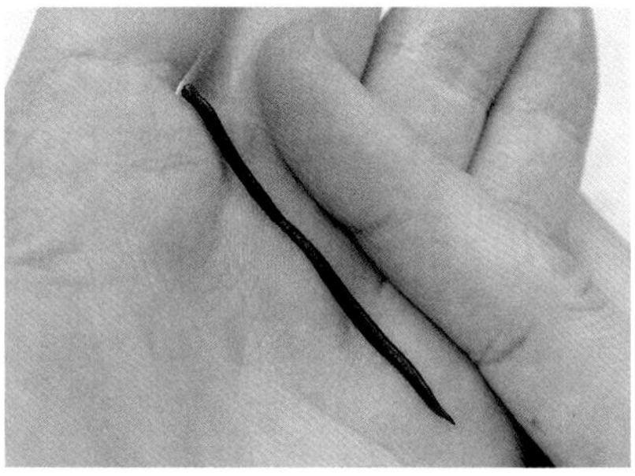

02 取黑色面团，用指腹将面团搓成长条形。

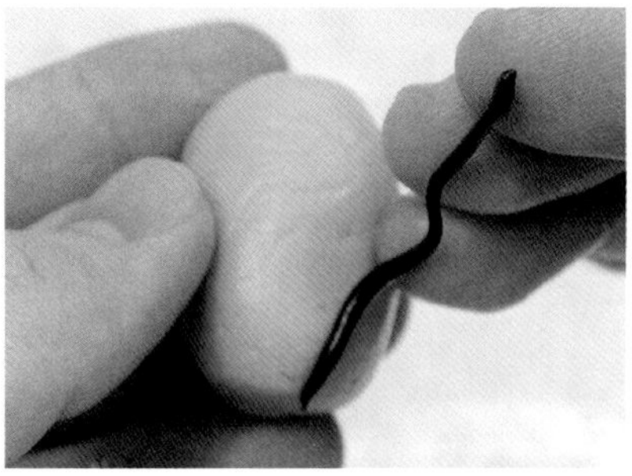

03 承步骤02，将黑色长条形面团一端先固定。

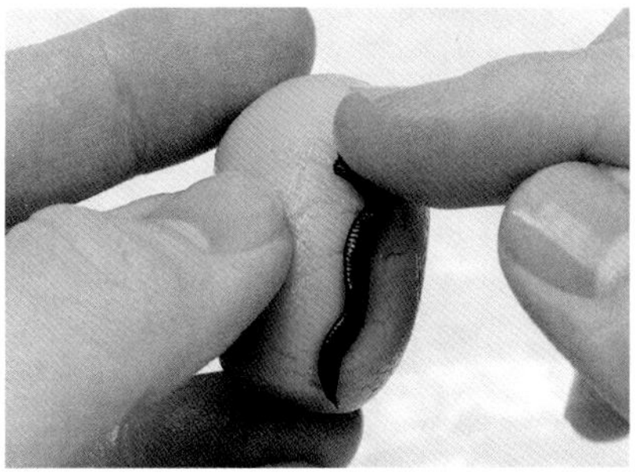

04 将面团以波浪形放在西瓜主体上，并用指腹轻压固定，为西瓜纹路。

05 重复步骤03~04，制作西瓜纹路。

06 重复步骤03~05，制作西瓜纹路。

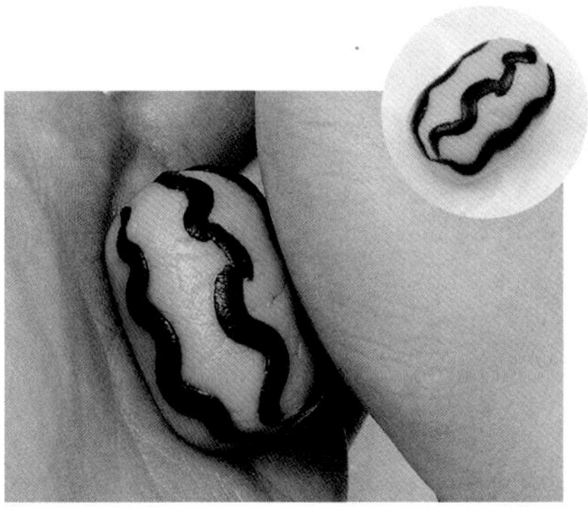

07 用手掌轻搓西瓜，使纹路与西瓜主体粘合，并使表面更平整。

08 最后，将西瓜放上烤盘即可。

Pineapple Cakes Preparation

凤梨酥前置制作

面团制作

材料及工具 Ingredients & Tools

· 食材

①低筋面粉　250克

②糖粉　80克

③奶粉　30克

④发酵奶油　100克

⑤全蛋　60克

· 器具

电动搅拌机、刮刀、筛网

步骤说明 Step Description

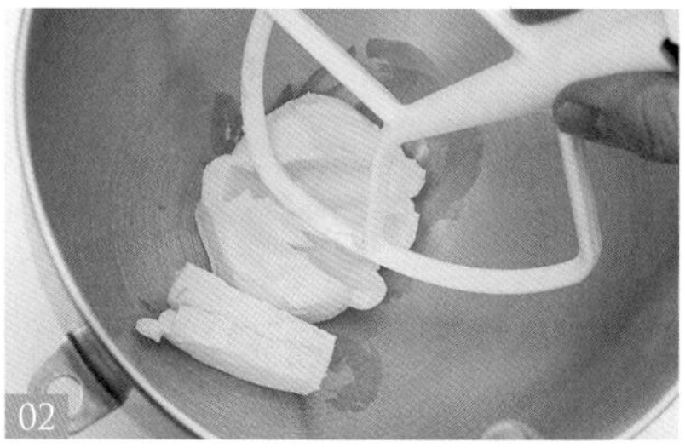

01　取发酵奶油倒入搅拌缸中。

02　将发酵奶油放在室温下软化。（注：手指或桨状拌打器可下压之软硬度。）

03　以低速打散发酵奶油。

04　将糖粉倒入筛网中，并将糖粉筛在纸上。

05　重复步骤04，持续将糖粉过筛。（注：过筛时可用手指按压结块或颗粒较大的糖粉。）

06　如图，糖粉过筛完成。

面团制作视频

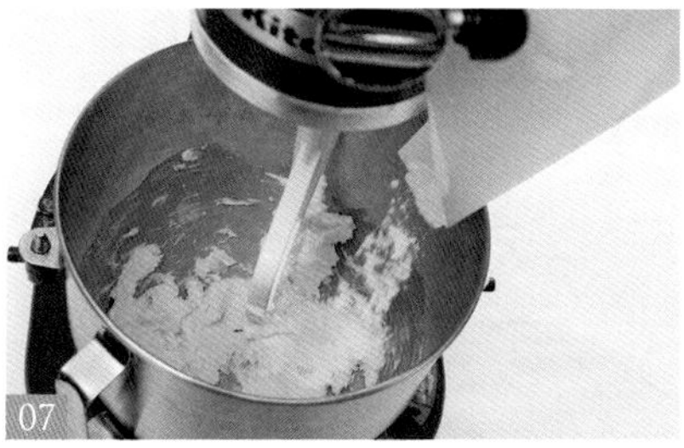

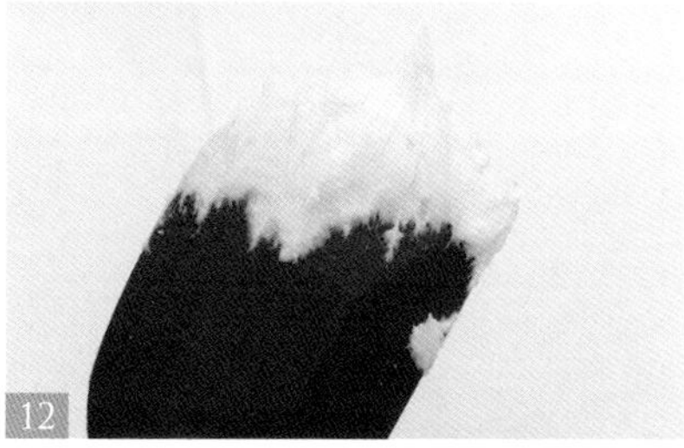

07 将过筛的糖粉倒入搅拌缸中。

08 如图，糖粉添加完成。

09 糖粉倒入后，再将电动搅拌机打开，以中低速搅拌发酵奶油与糖粉。

10 重复步骤09，搅拌至发酵奶油与糖粉至打发。

11 承步骤10，打至发酵奶油差不多膨发后，关闭电动搅拌机，并用刮刀刮起少量发酵奶油，以确认发酵奶油状态。

12 如图，发酵奶油打发完成，须打至发酵奶油表面蓬松，且不会滴下。

13 将电动搅拌机开启，并加入1/3的蛋液。

14 承步骤13，继续搅拌发酵奶油与蛋液。

15 搅拌至蛋液与发酵奶油混合后，用刮刀将搅拌缸两侧发酵奶油糊刮下。

16 重复步骤13～15，将剩下的蛋液分两次倒进搅拌缸中，搅拌均匀。

17 将低筋面粉倒入筛网中。

18 如图，低筋面粉倒入完成。

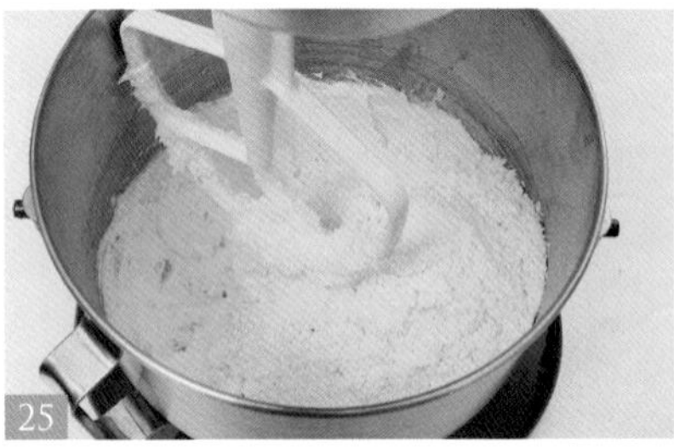

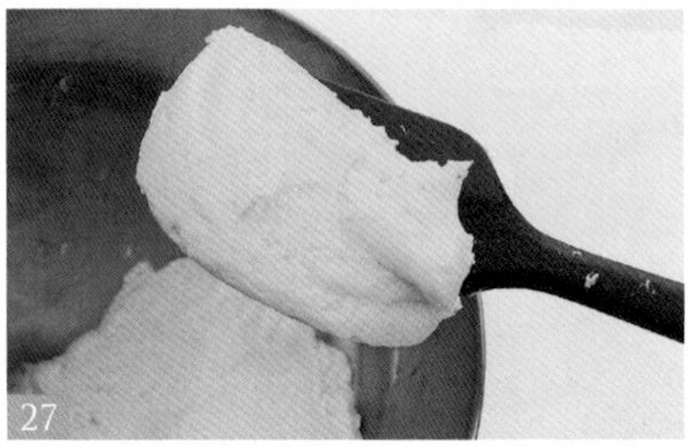

19 将奶粉倒入筛网中。

20 如图，奶粉倒入完成。

21 将面粉与奶粉筛在纸上。

22 重复步骤21，持续将面粉与奶粉过筛。（注：过筛时可用手指按压结块或颗粒较大的面粉或奶粉。）

23 如图，面粉与奶粉过筛完成。

24 将电动搅拌机暂停，并将过筛后的面粉与奶粉倒入搅拌缸中。

25 如图，面粉与奶粉倒入完成。

26 将电动搅拌机打开，先以低速将粉类稍微打匀后，再转中低速打成团。

27 如图，面团完成。

TIPS

- 发酵奶油须室温回软、请勿融化。
- 鸡蛋分次加入，避免油水分离。
- 染色可依喜好调整浓淡，建议少量添加，觉得不够深再增加用量。
- 色膏也可使用色粉或是蔬菜粉替代（如甜菜根粉、南瓜粉、紫薯粉）。
- 烘烤时须注意色泽，避免过度上色，按压有扎实感即可。
- 制作造型时如果配件容易掉落，也可蘸水或蛋白加强黏着。

调色方法

步骤说明 Step Description

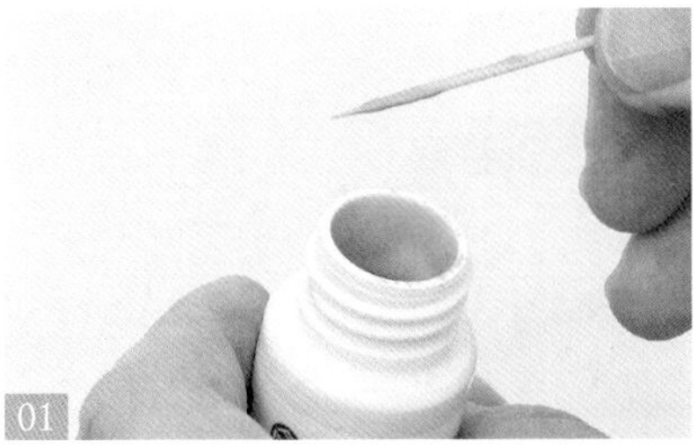

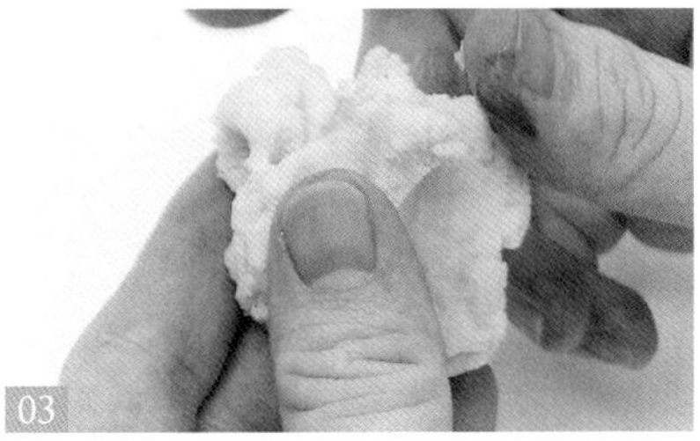

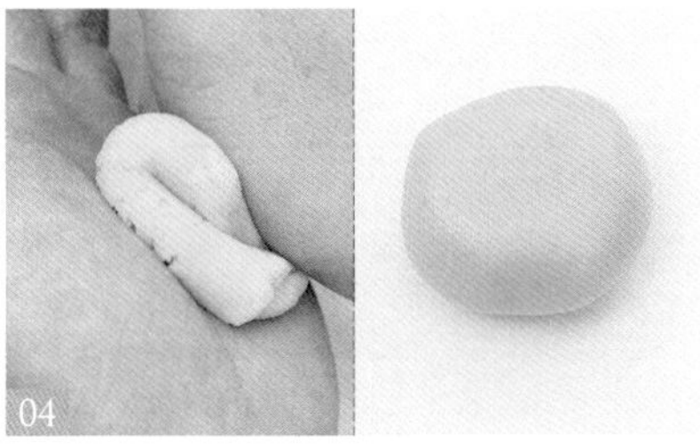

01 用牙签蘸取少量色膏。

02 将色膏沾在面团上。

03 将面团与色膏揉捏混合。

04 最后，重复步骤03，持续揉捏面团，直至面团颜色均匀即可。

调色 toning

包馅方法

步骤说明 Step Description

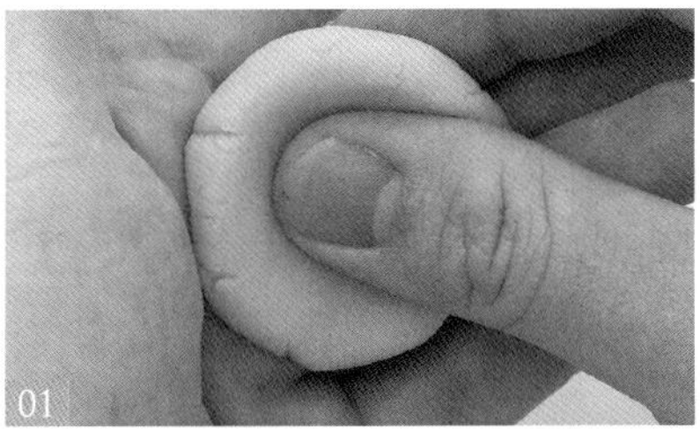

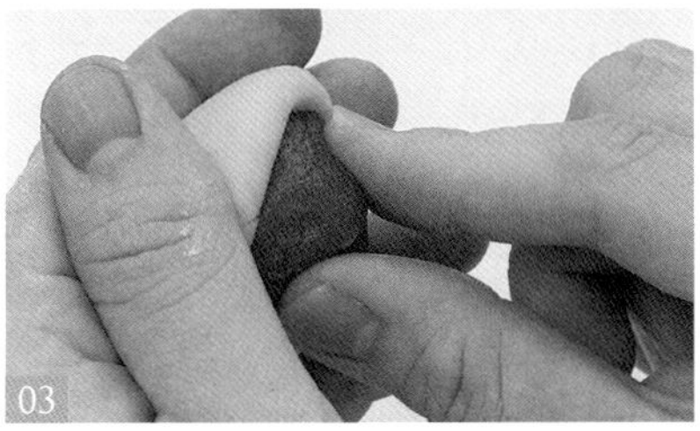

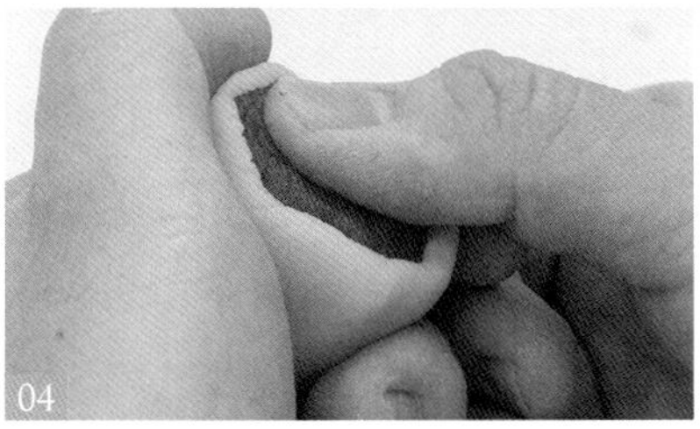

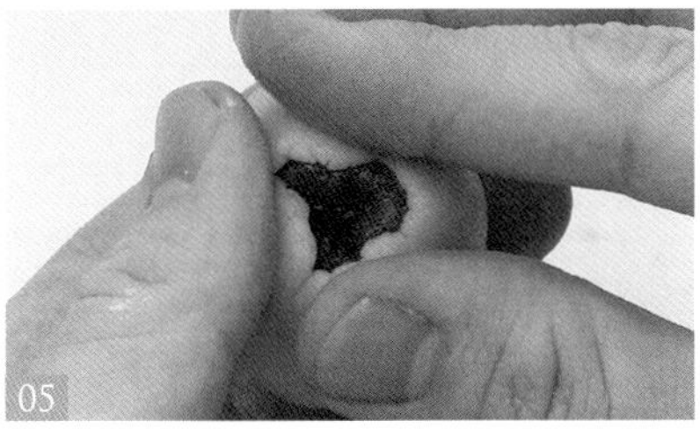

01 取30克面团，并用指腹将面团压出凹槽。

02 承步骤02，取20克凤梨馅，放入凹槽中。（注：内馅可使用其他口味水果馅取代，变化出更多口味。）

03 用指腹边将内馅往内压，边将面团向上推，以包覆内馅。

04 承步骤03，将面团从边缘往上收，以包住内馅。

05 用指腹将面团开口慢慢向内收合。

06 最后，重复步骤05，继续将面团开口收合即可。

模具使用及脱模方法

◆ 放入模具方法

步骤说明 Step Description

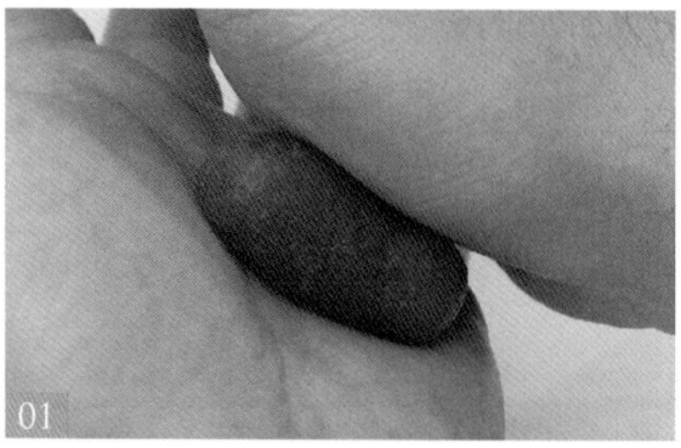

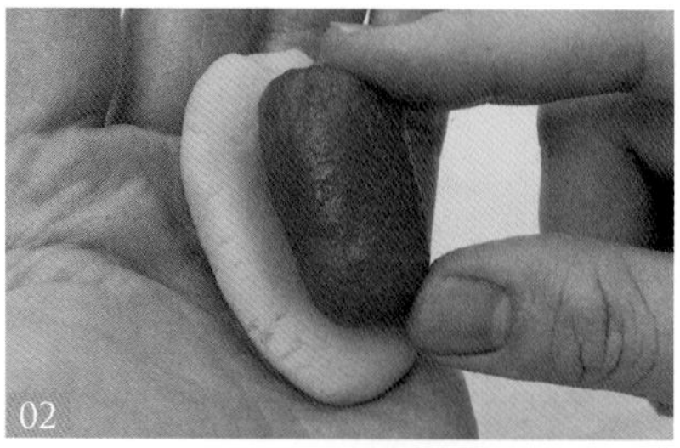

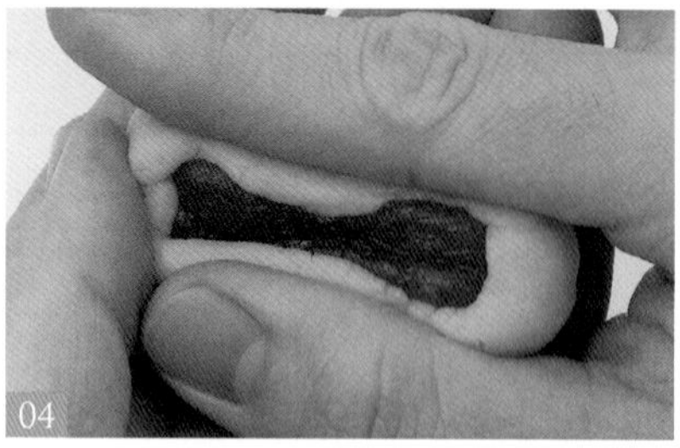

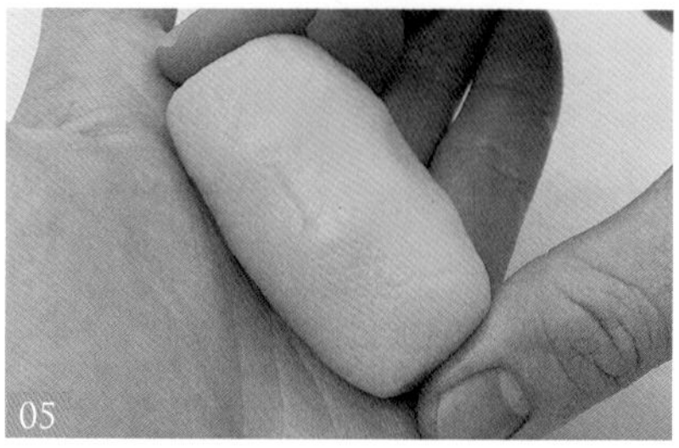

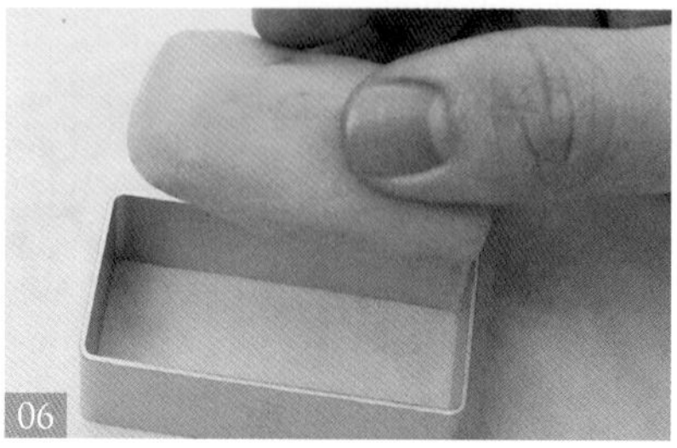

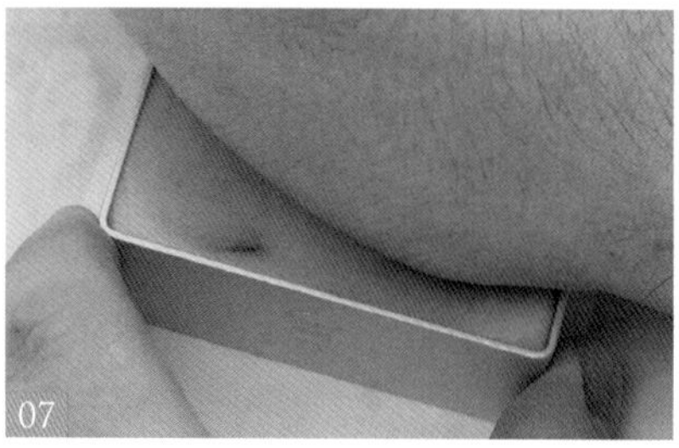

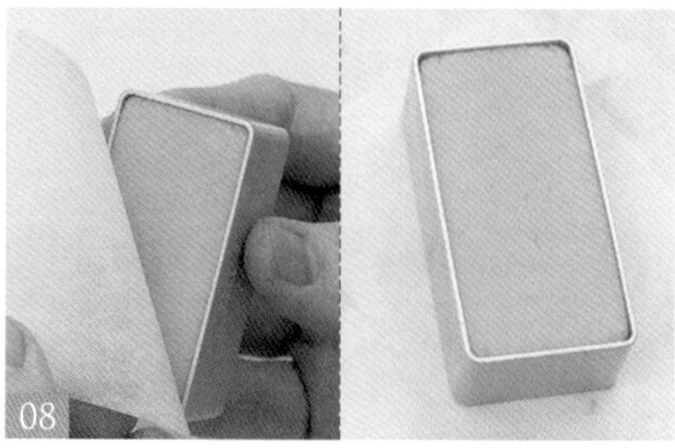

01 用掌心将20克凤梨馅搓成圆柱形。

02 承步骤01，将凤梨馅放在30克面团上。

03 用指腹边将内馅往内压，边将面团向上推，以包覆内馅。

04 承步骤03，将面团从边缘往上收，以包住内馅。

05 如图，凤梨馅收合完成，为圆柱形。

06 将圆柱形面团放进垫有油纸的凤梨酥模内。

07 承步骤06，用手掌将面团压平，以填满凤梨酥模。

08 最后，承步骤07，把面团在凤梨酥模中压平之后，再取下油纸即可。

脱模方法

步骤说明 Step Description

01 凤梨酥烘焙完成后，放凉。

02 用食指轻推出凤梨酥。

03 如图，脱模完成。

小狗酥

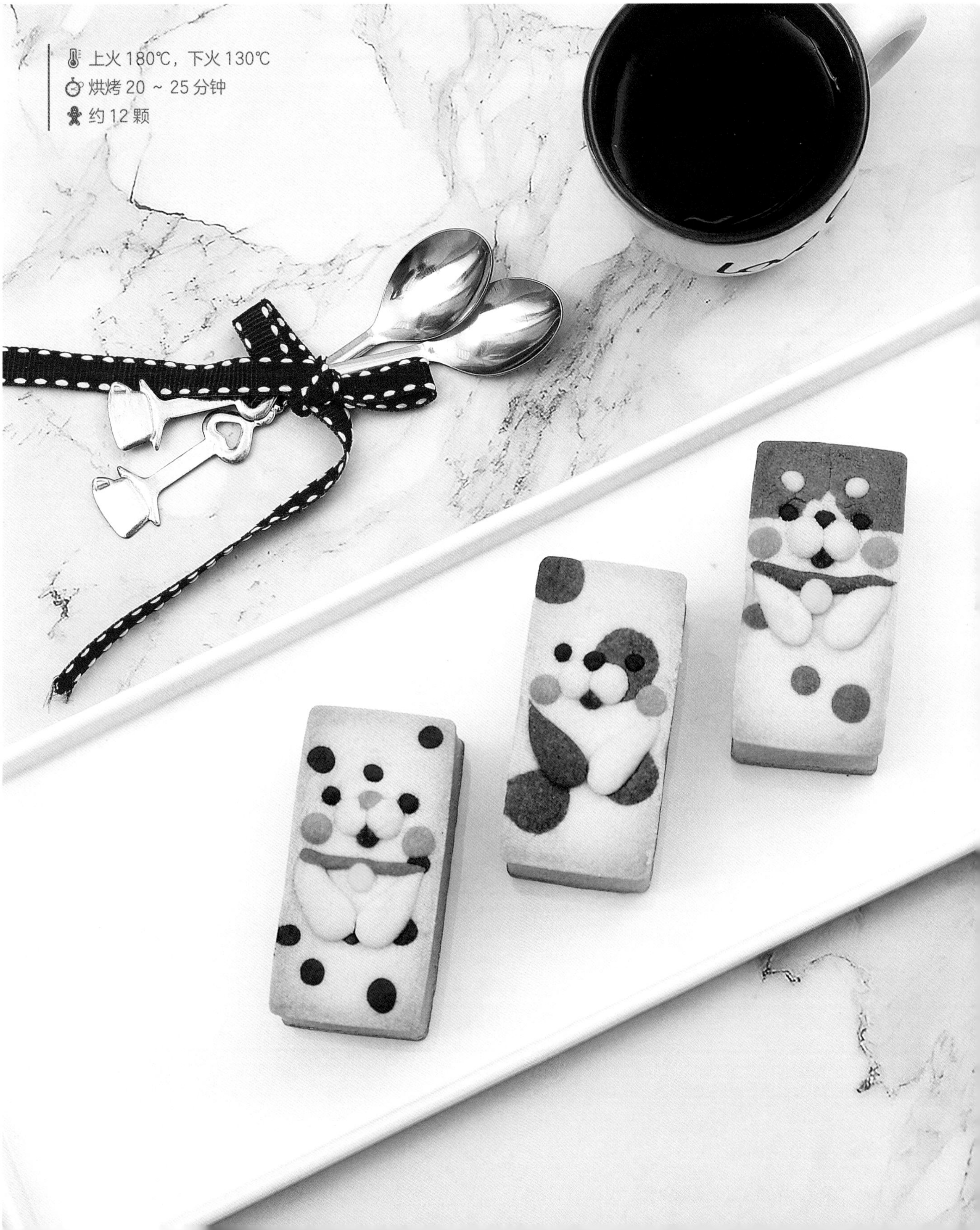
上火 180℃，下火 130℃
烘烤 20 ~ 25 分钟
约 12 颗

棕纹狗

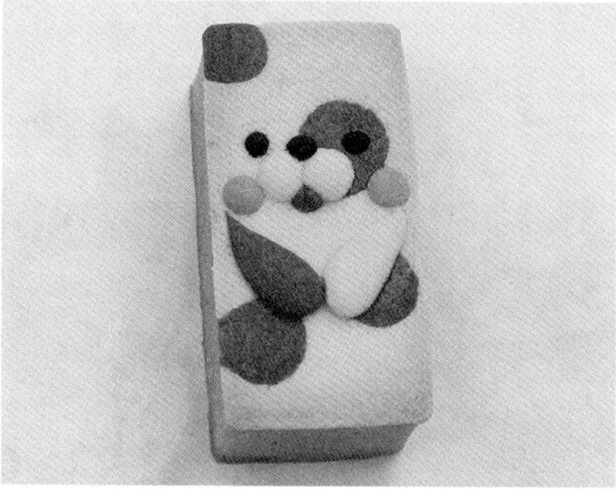

材料 & 工具 Materials Tools

颜色 Color 原色　咖啡色　粉红色　黑色　红色

器具 Appliance 雕塑工具组、油纸、凤梨酥模

步骤说明 Step Description

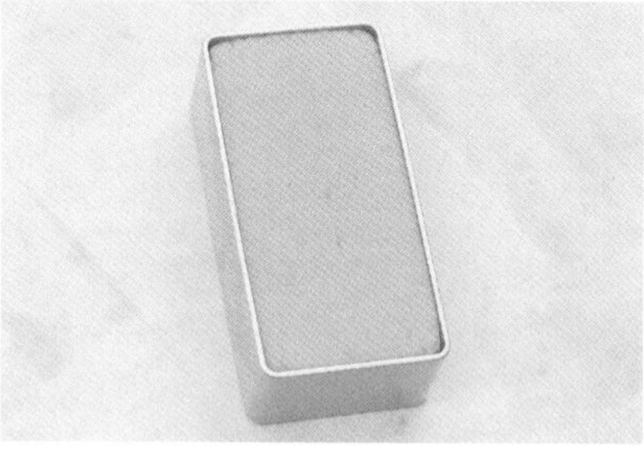

01 取放入已包入馅料的面团，并压入凤梨酥模中。（注：平整面须朝上；包馅方法请参考P.165。）

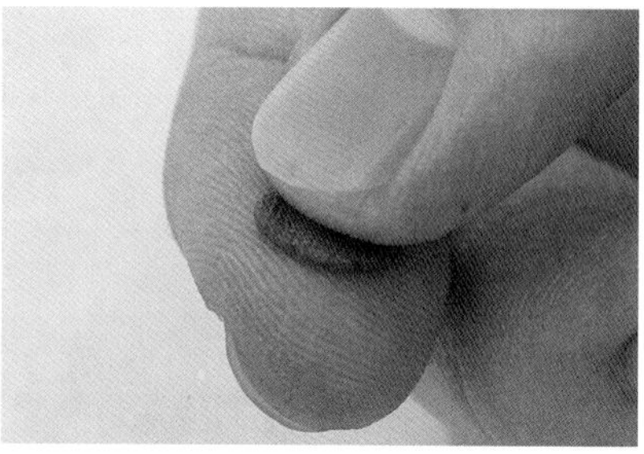

02 取咖啡色面团，用指腹将面团揉成圆形后压扁。

03 承步骤02，将压扁的面团放在身体的左上角，为斑纹。（注：斑纹位置、密度与大小，可依个人喜好调整。）

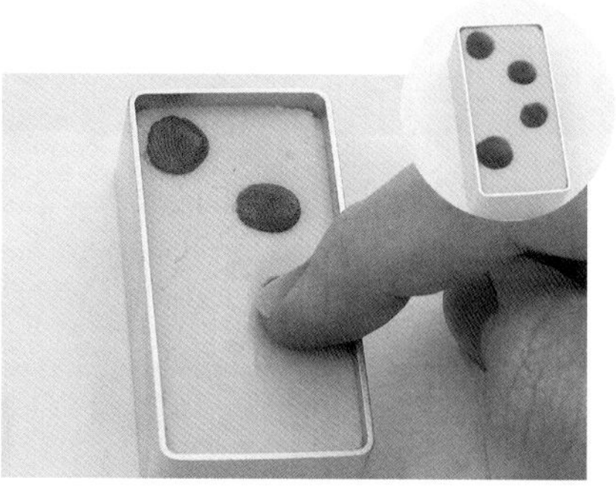

04 重复步骤02~03，依序在凤梨酥表面加上斑纹。

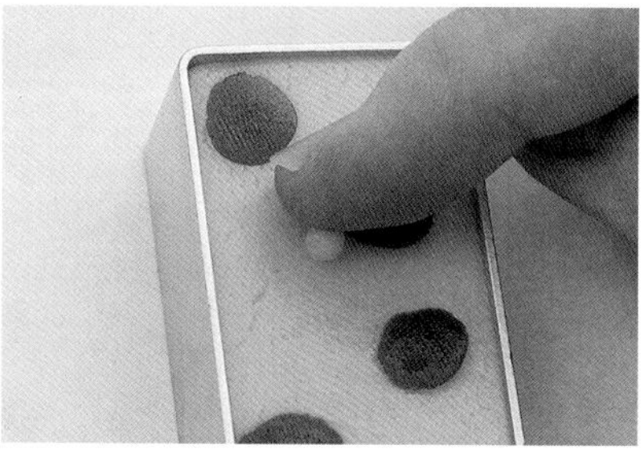

05 用指腹将原色面团搓成圆形，放在身体上半部，并用指腹轻压固定，为吻部。

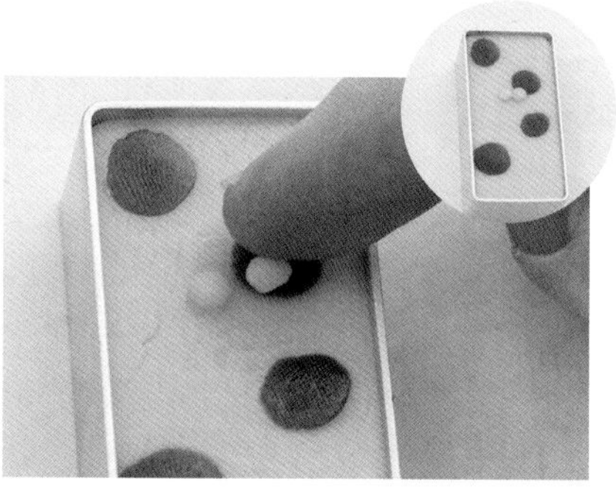

06 重复步骤05，完成右侧吻部。

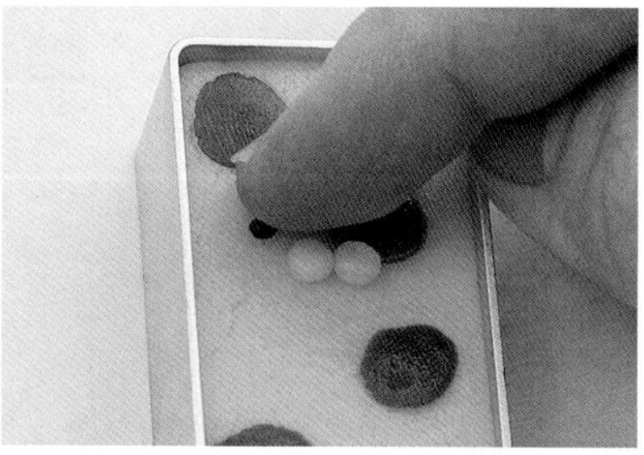

07 用指腹将黑色面团搓成圆形后，放在鼻子左侧，并用指腹轻压固定，为左眼。

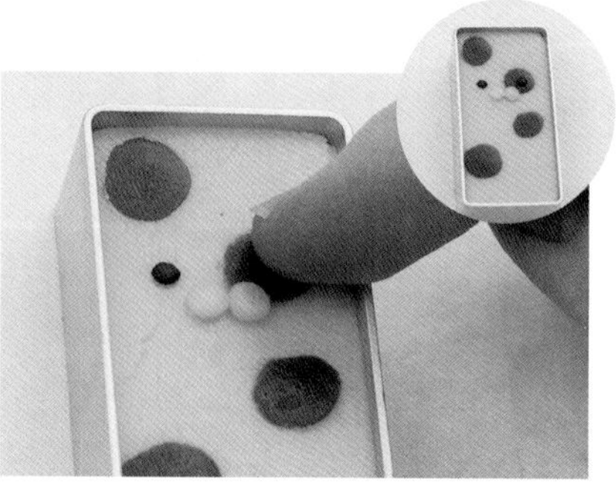

08 重复步骤07，完成右眼制作。

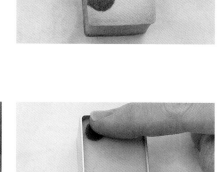

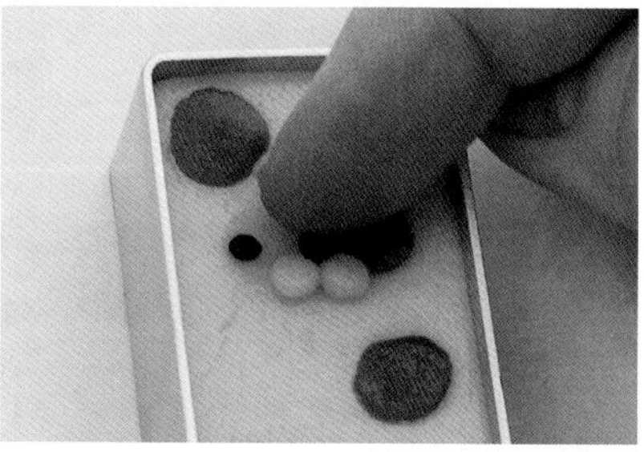

09 用指腹将黑色面团搓成圆形，放在吻部上方，并用指腹轻压固定，为鼻子。

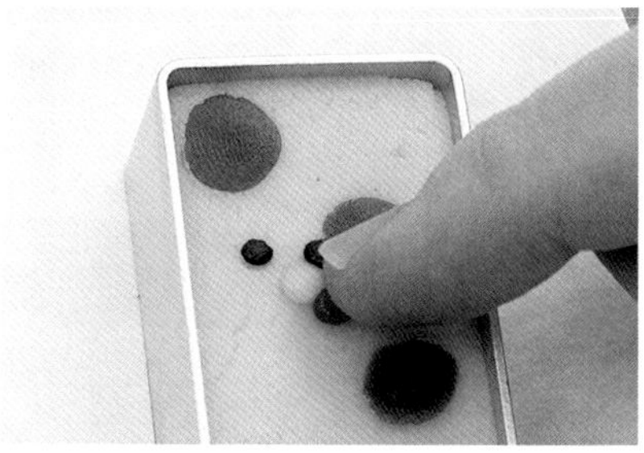

10 用指腹将红色面团搓成圆形，放在鼻子下方，并用指腹轻压固定，为舌头。

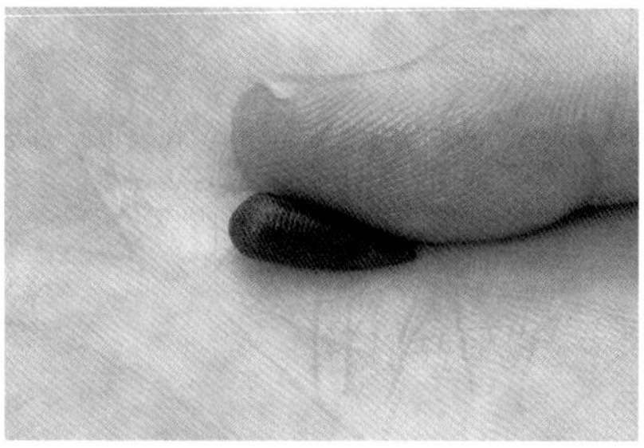

11 取咖啡色面团，用指腹将面团搓成水滴形，为手部。

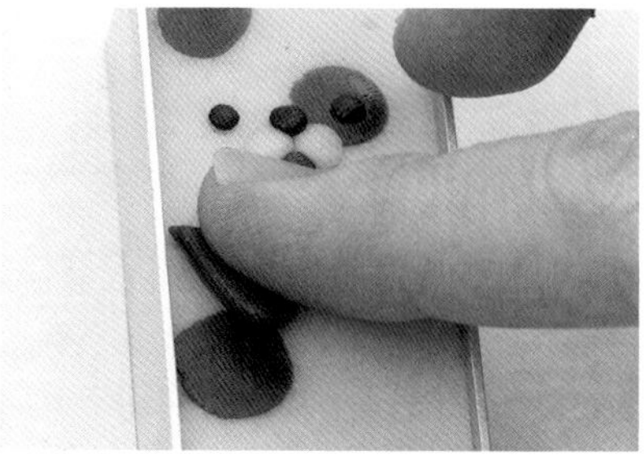

12 承步骤11，将手斜放在身体左侧，并用指腹轻压固定，为左手。

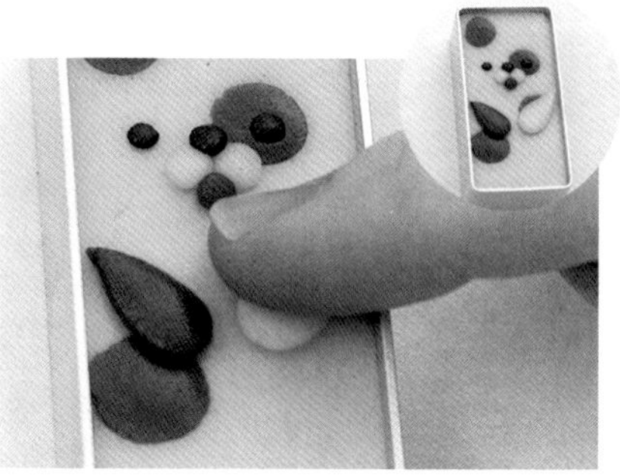

13 重复步骤11～12，取原色面团用指腹搓出右手后，放在身体右侧并用指腹轻压固定。

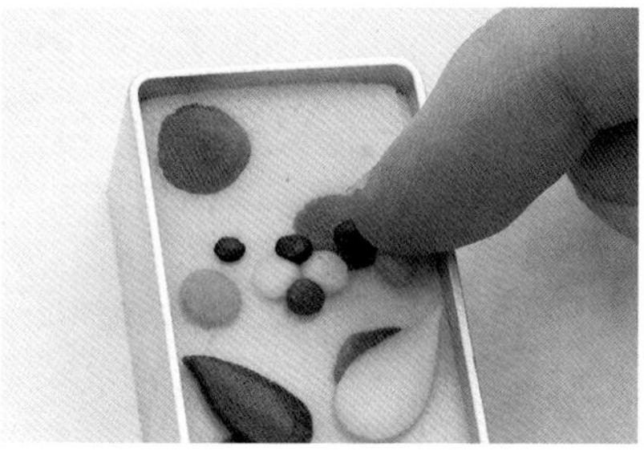

14 最后，用指腹将粉红色面团搓成圆形，放在吻部两侧，并用指腹轻压固定（为腮红）即可。

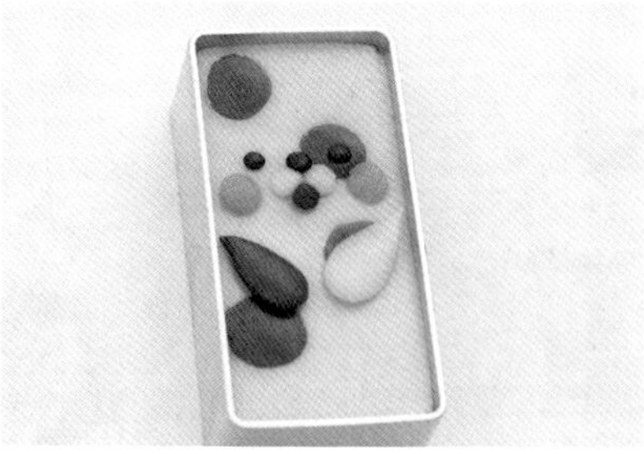

15 如图，棕纹狗酥完成。

小狗酥

斑点狗

Materials 材料 & 工具 Tools

颜色 Color 原色 咖啡色 粉红色 黑色 橘色 黄色 红色

器具 Appliance 雕塑工具组、油纸、凤梨酥模

Description 步骤说明 Step

01 取已包入馅料的面团，并压入凤梨酥模中。（注：平整面须朝上；包馅方法请参考P.165。）

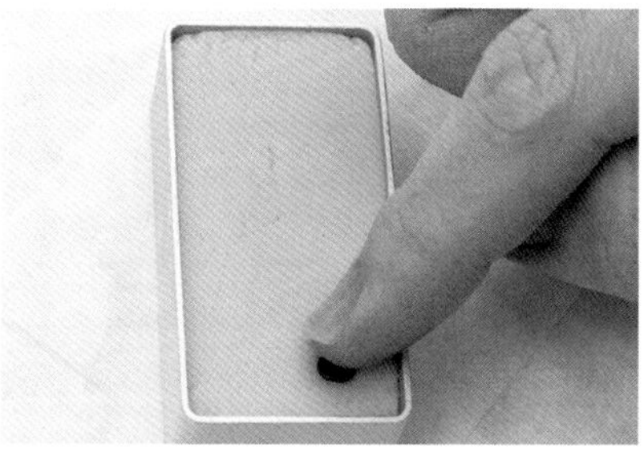

02 取黑色面团，用指腹将面团搓成圆形，放在身体的右下角，为斑纹。（注：斑纹位置、密度与大小，可依个人喜好调整。）

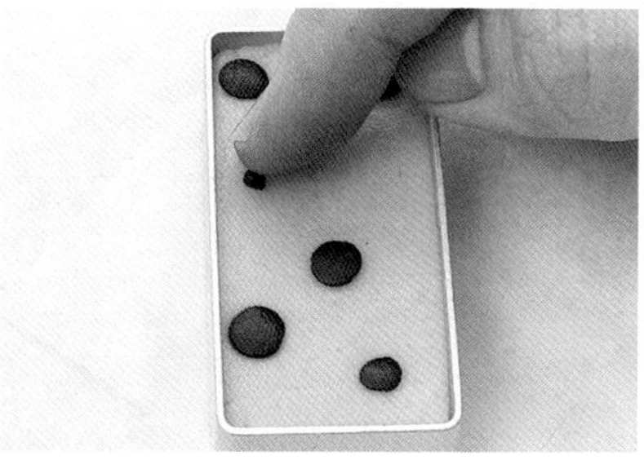

03 重复步骤02，依序在面团表面加上斑纹。

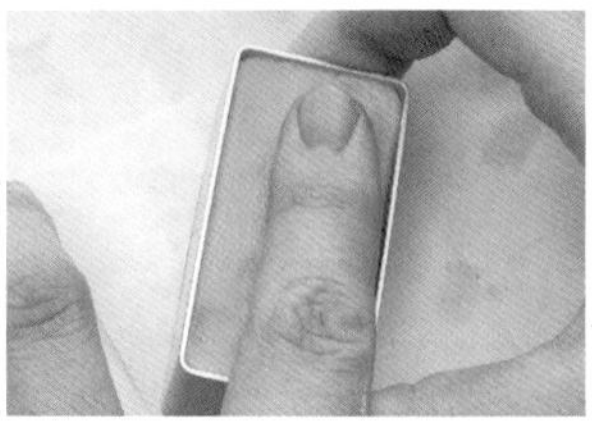

04 将整个凤梨酥模翻面，并用指腹将面团往下压，使斑纹面更平整。

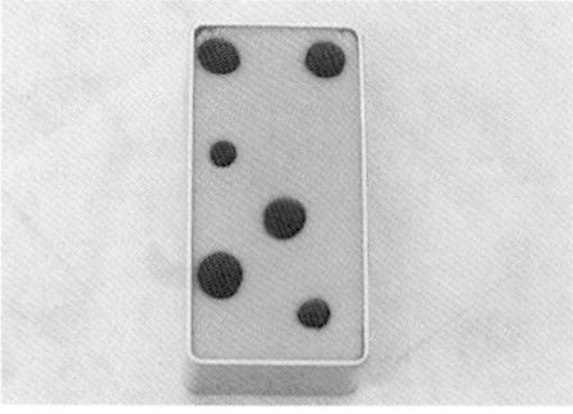

05 如图，斑纹完成。

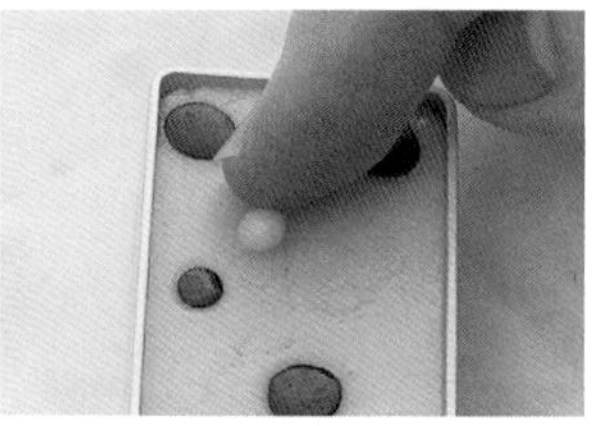

06 用指腹将原色面团搓成圆形，放在身体上半部，并用指腹轻压固定，为吻部。

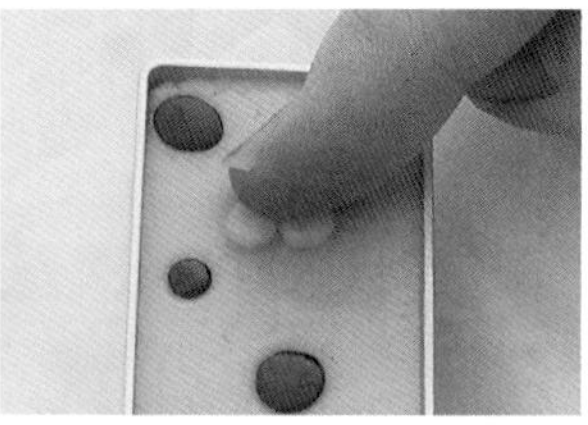

07 重复步骤06，完成右侧吻部。

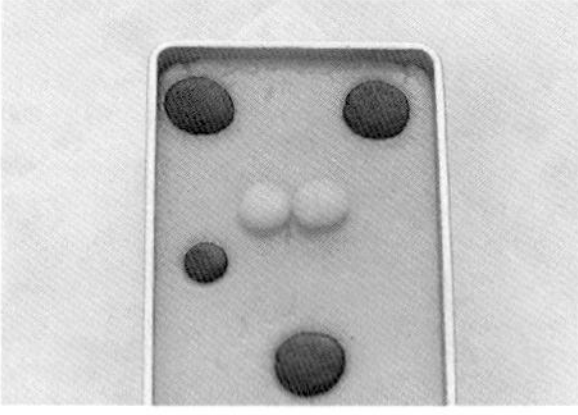

08 如图，吻部完成。

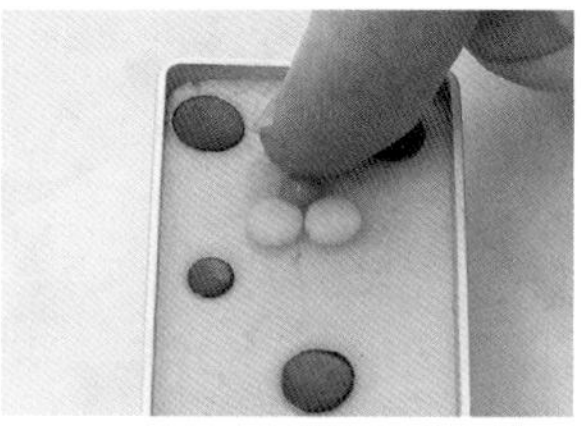

09 用指腹将粉红色面团搓成圆形，放在吻部的上方，并用指腹轻压固定，为鼻子。

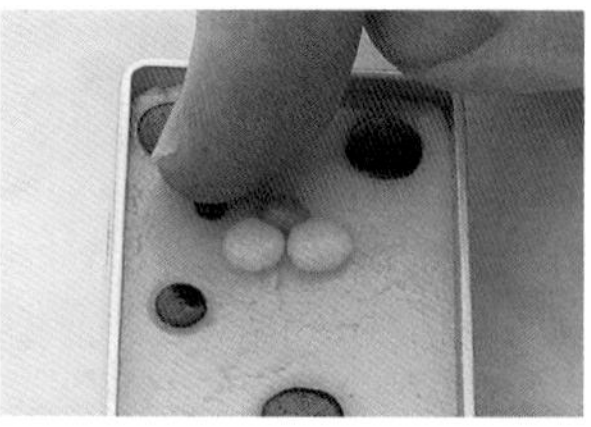

10 用指腹将黑色面团搓成圆形，放在鼻子左侧，并用指腹轻压固定，为左眼。

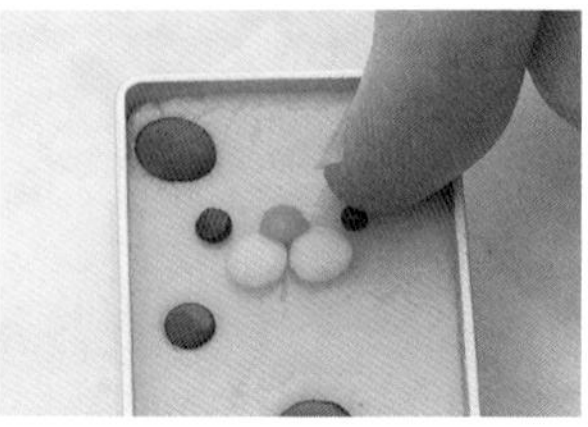

11 重复步骤10，完成右眼的制作。

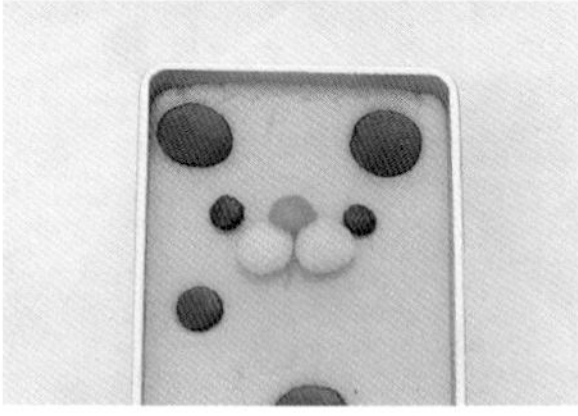

12 如图，双眼完成。

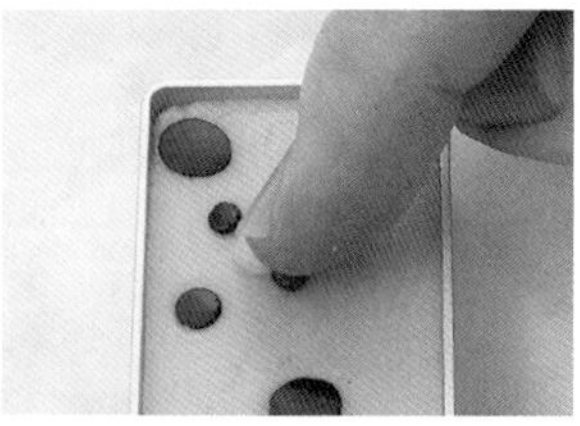

13 用指腹将红色面团搓成圆形，放在吻部下方，并用指腹轻压固定，为舌头。

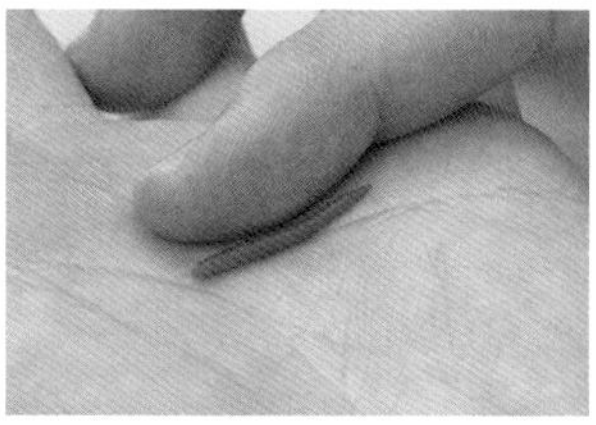

14 用指腹将橘色面团搓成长条形，为项圈。

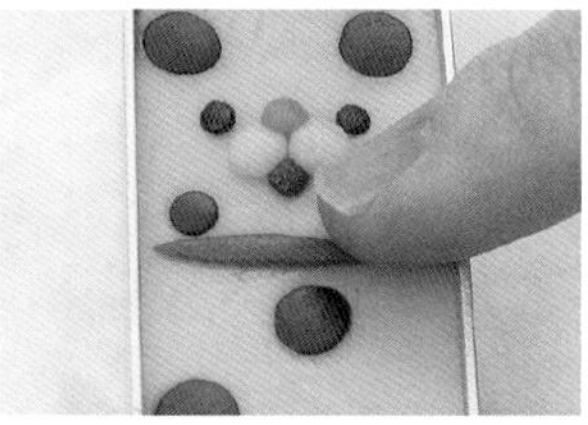

15 将项圈横放在身体中央，并用指腹轻压固定。

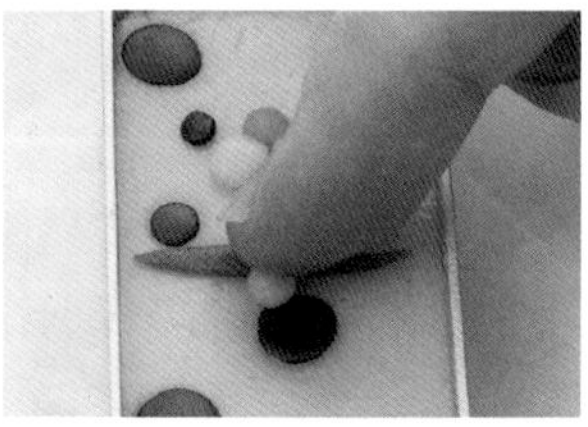

16 用指腹将黄色面团搓成圆形，放在项圈下方，并用指腹轻压固定，为铃铛。

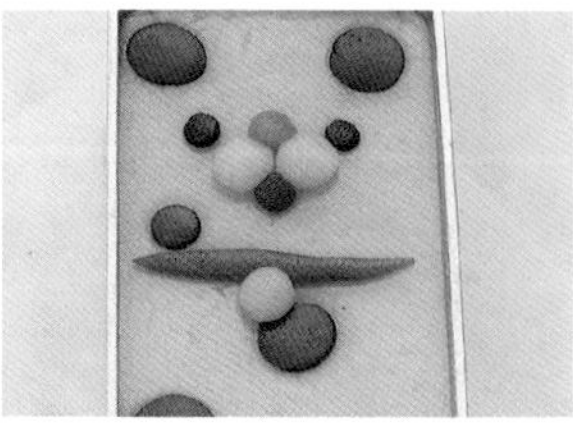

17 如图，铃铛完成。

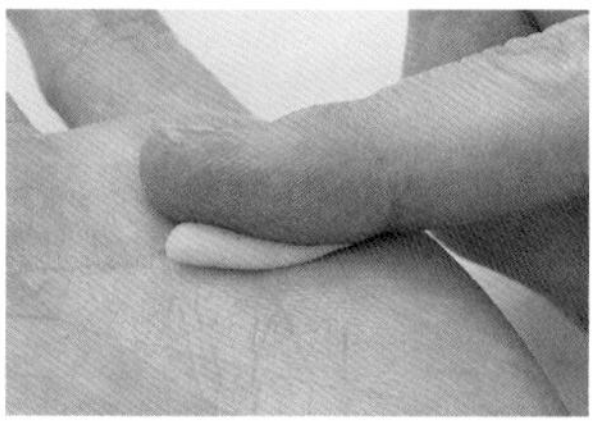

18 用指腹将原色面团搓成水滴形，为手部。

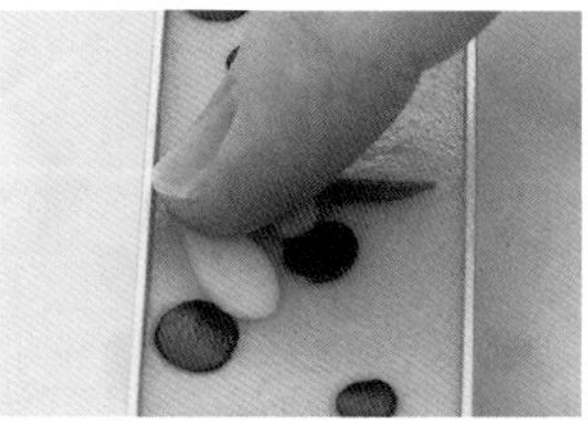

19 承步骤18，将手斜放在身体左侧，并用指腹轻压固定，为左手。

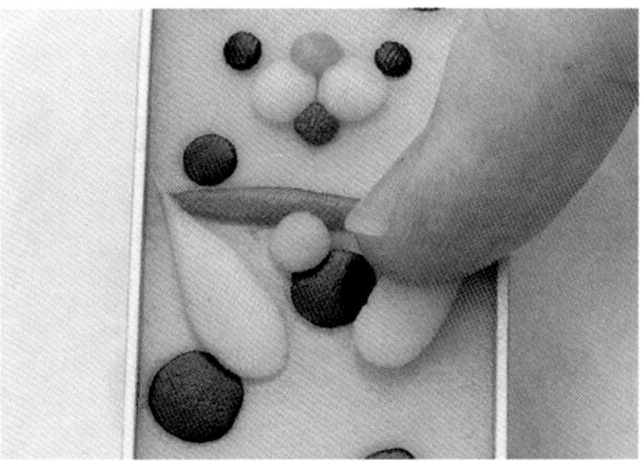

20 重复步骤18～19，完成右手。

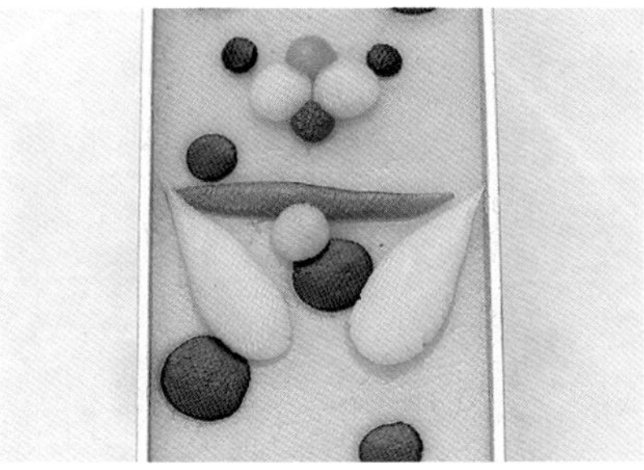

21 如图，双手完成。

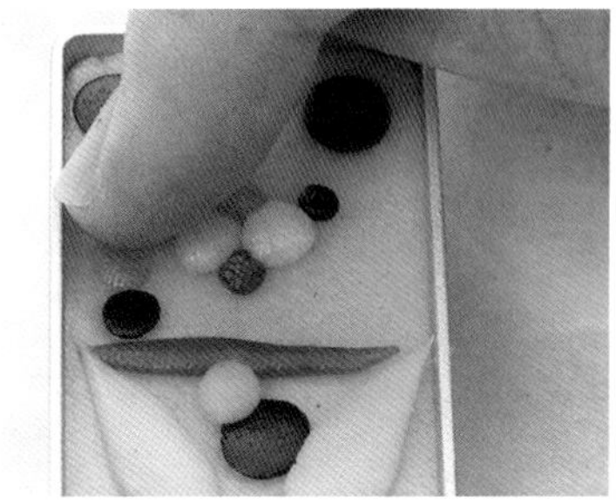

22 先用指腹将粉红色面团搓成圆形后，放在吻部左侧，并用指腹轻压固定，为腮红。

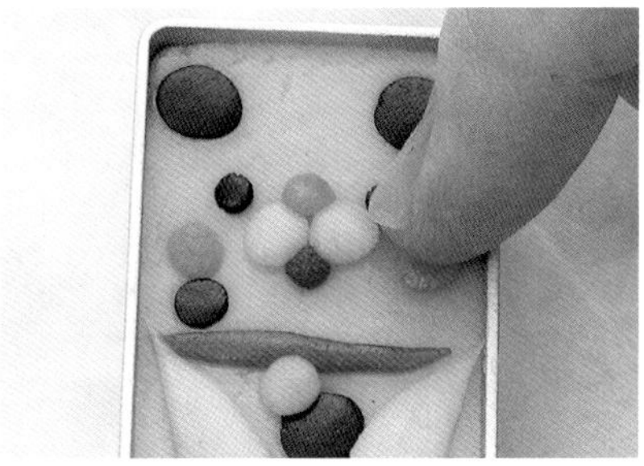

23 最后，重复步骤22，完成右侧腮红即可。

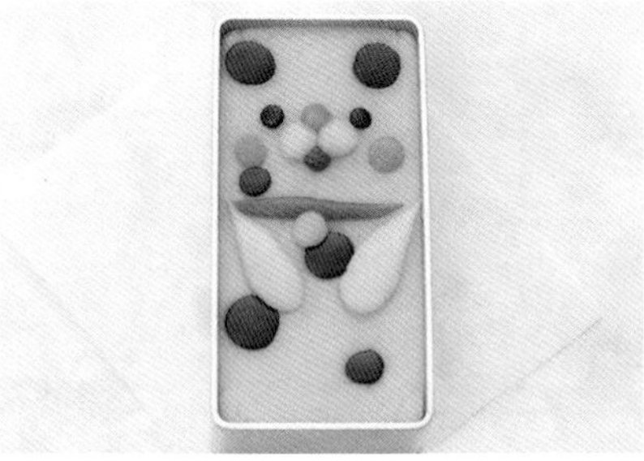

24 如图，斑点狗酥完成。

小狗酥

橘斑狗

Materials 材料 & 工具 Tools

颜色 Color　原色　咖啡色　粉红色　黑色　橘色　黄色　红色

器具 Appliance　雕塑工具组、油纸、凤梨酥模

Description 步骤 说明 Step

01 取已包入馅料的面团，并压入凤梨酥模中。（注：平整面须朝上；包馅方法请参考P.165。）

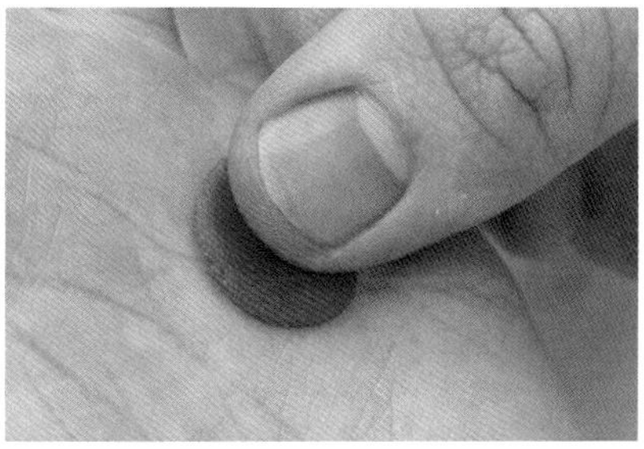

02 用指腹将橘色面团揉成圆形，并将面团压扁，共需完成两个。

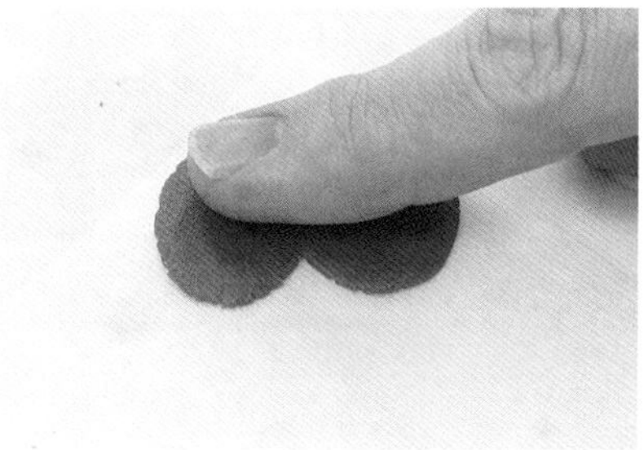

03 承步骤02，将压扁的橘色面团并排，放在油纸的其中一角。

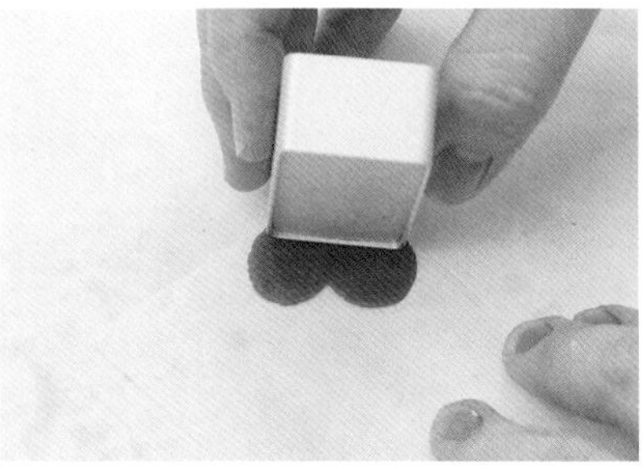

04 取放好原色面团的凤梨酥模，将任一短边放在橘色面团上。

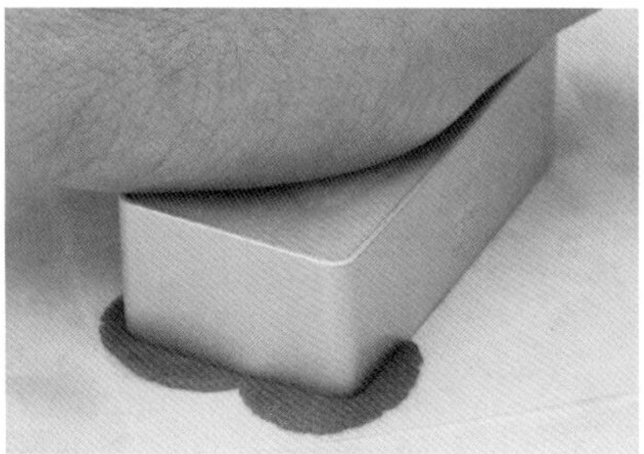

05 承步骤04，将凤梨酥模往下压。

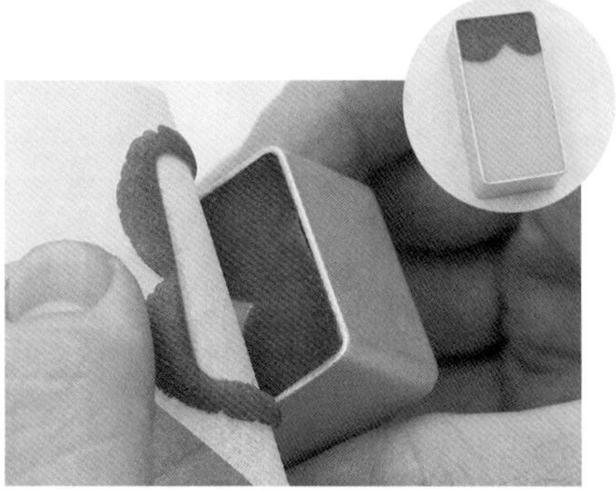

06 承步骤05，将油纸轻轻从凤梨酥模上剥除，即完成毛色制作。

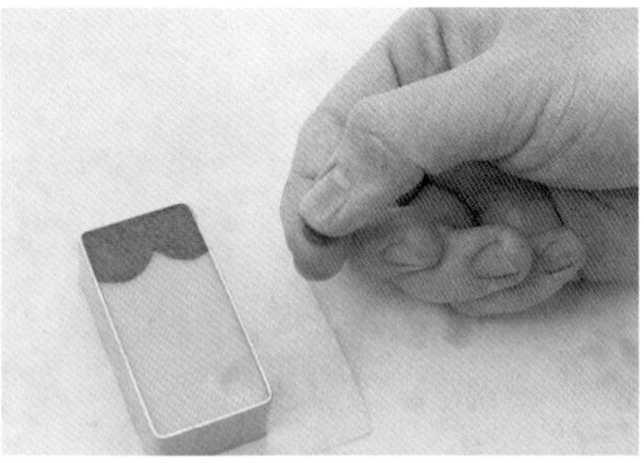

07 用指腹将橘色面团搓成圆形，并将面团压扁。

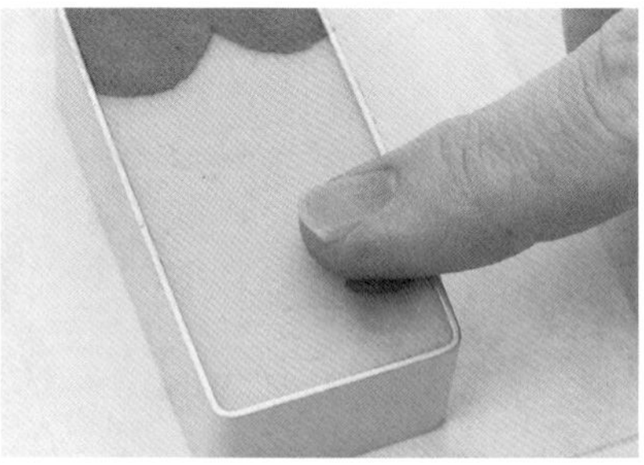

08 承步骤07，将面团放在身体的右下角，为斑纹。

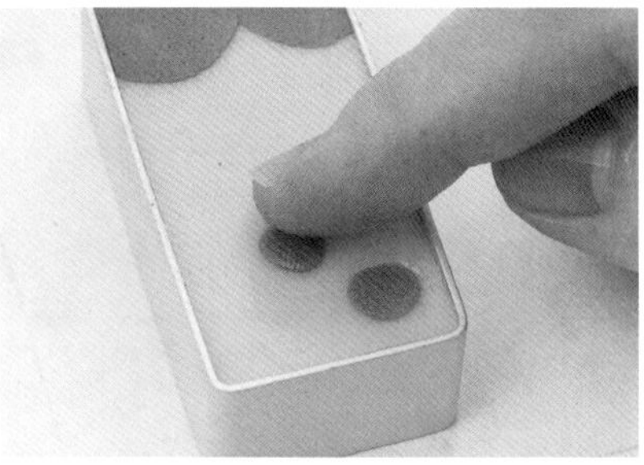

09 重复步骤07~08，依序制作斑纹。

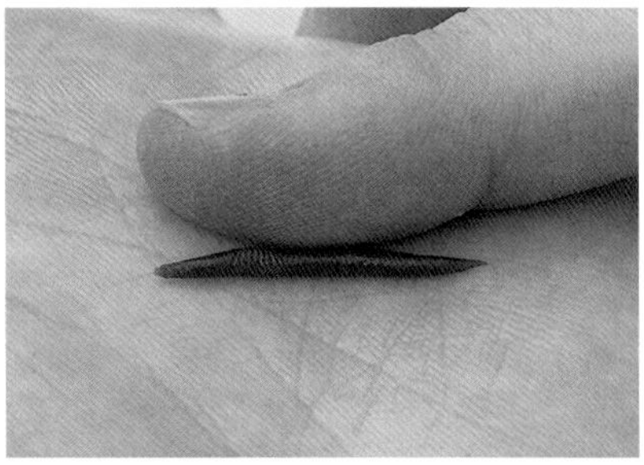

10 用指腹将咖啡色面团搓成长条形，为项圈。

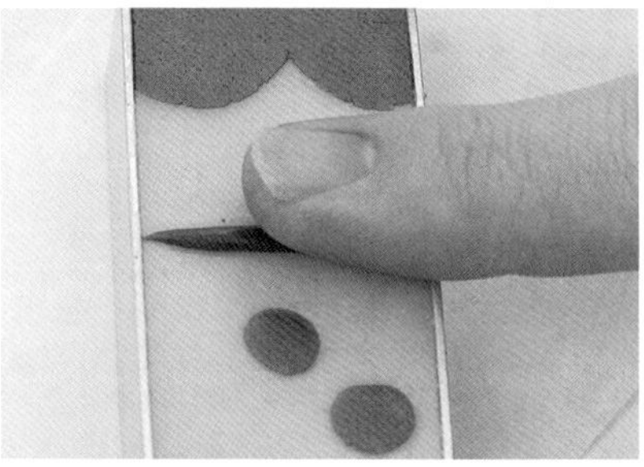

11 将项圈横放在身体中央，并用指腹轻压固定。

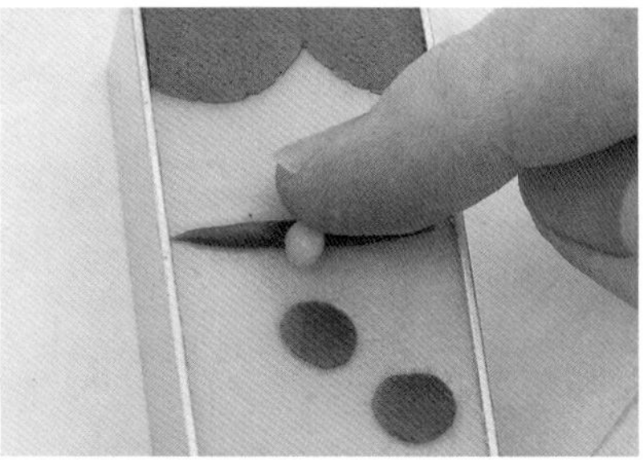

12 用指腹将黄色面团搓成圆形，放在项圈下方，并用指腹轻压固定，为铃铛。

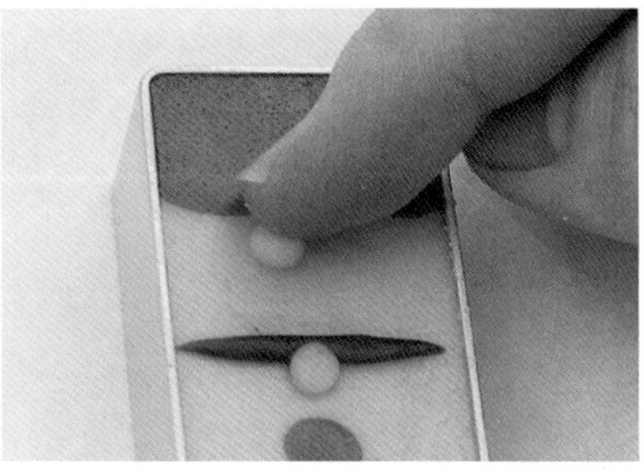

13 用指腹将原色面团搓成圆形，放在身体上半部，并用指腹轻压固定，为吻部。

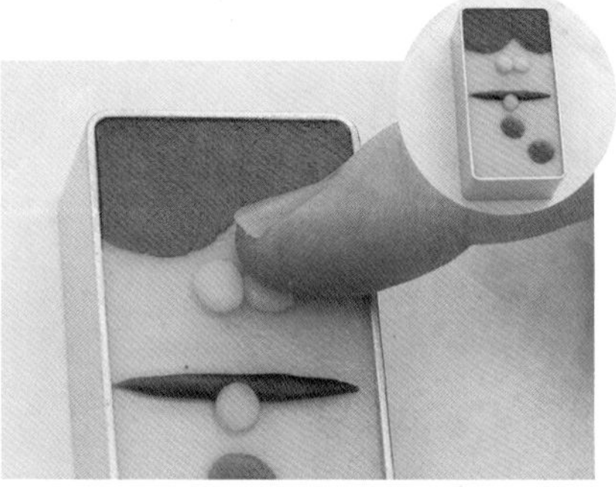

14 重复步骤13，完成右侧吻部。

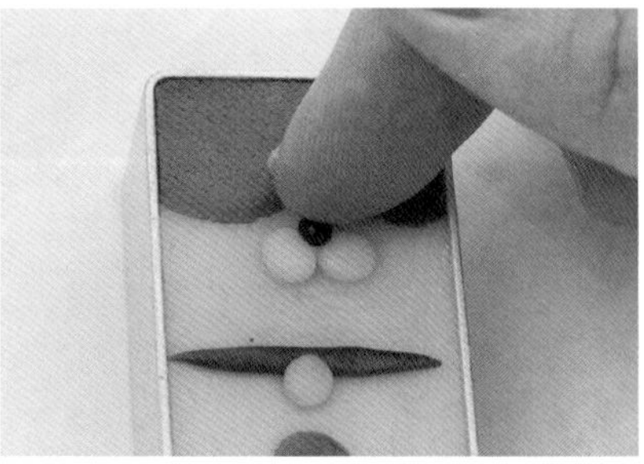

15 用指腹将黑色面团搓成圆形，放在吻部的上方，并用指腹轻压固定，为鼻子。

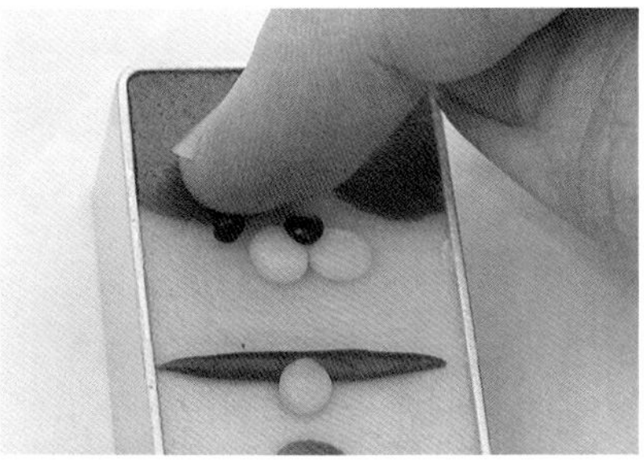

16 用指腹将黑色面团搓成圆形，放在鼻子左侧，并用指腹轻压固定，为左眼。

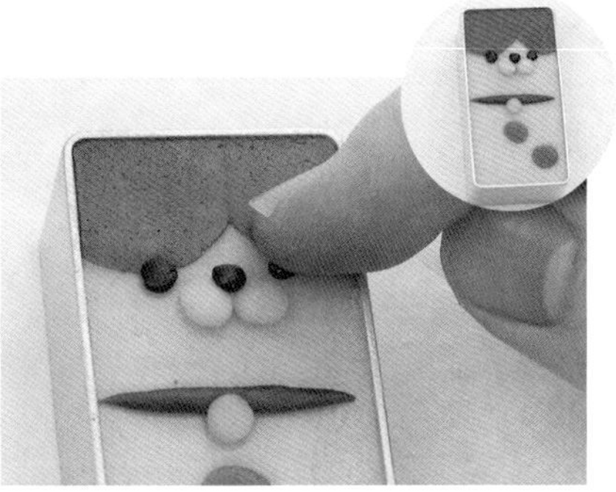

17 重复步骤16，完成右眼制作。

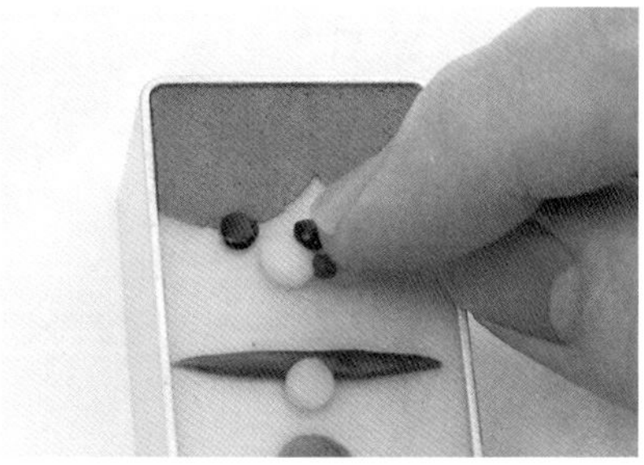

18 用指腹将红色面团搓成圆形，放在吻部下方，并用指腹轻压固定，为舌头。

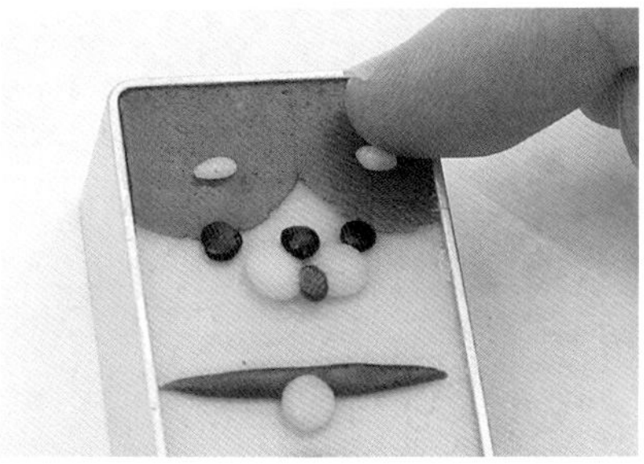

19 用指腹将原色面团搓成椭圆形，放在眼睛上方，并用指腹轻压固定，为眉毛。

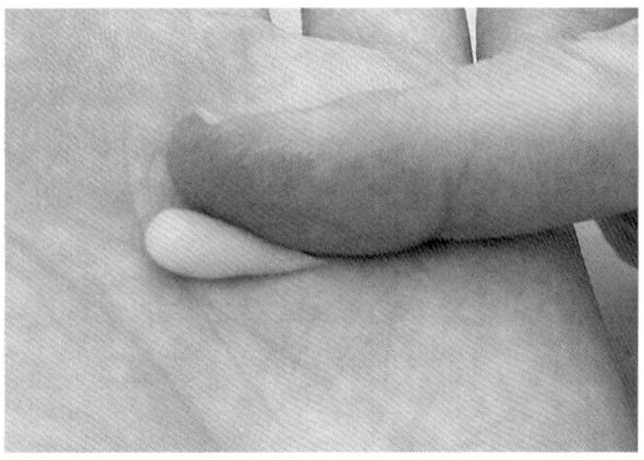

20 用指腹将原色面团搓成水滴形，为手部。

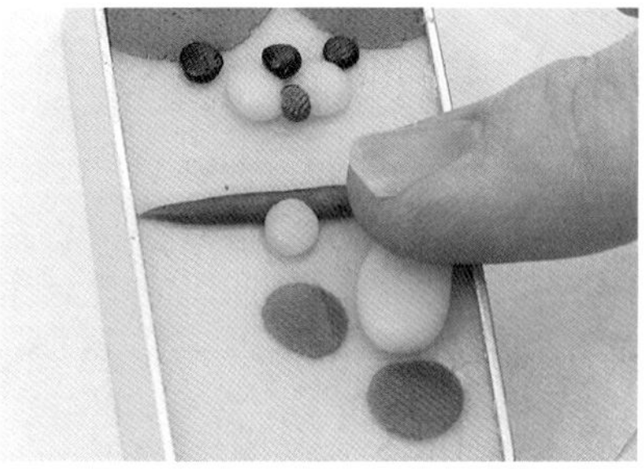

21 承步骤20，将手斜放在身体右侧，并用指腹轻压固定，为右手。

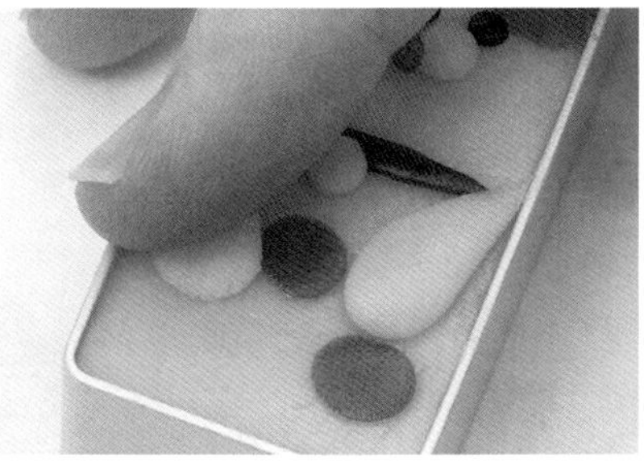

22 重复步骤20~21，完成左手制作。

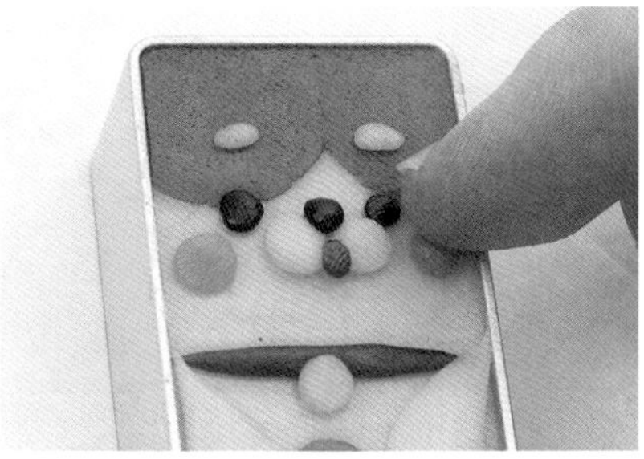

23 最后，用指腹将粉红色面团搓成圆形，放在吻部两侧，并用指腹轻压固定（为腮红）即可。

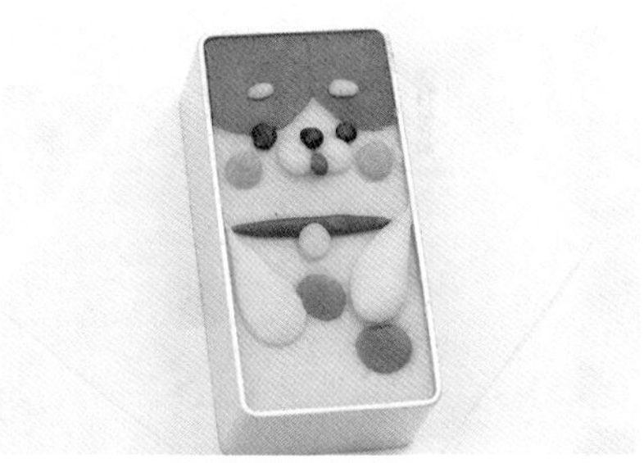

24 如图，橘斑狗酥完成。

猫咪酥

上火 180℃，下火 130℃
烘烤 20 ~ 25 分钟
约 12 颗

Materials
材料&工具
Tools

颜色 Color　原色　咖啡色　粉红色　黑色　红色　绿色

器具 Appliance　雕塑工具组、油纸

Description
步骤 说明
Step

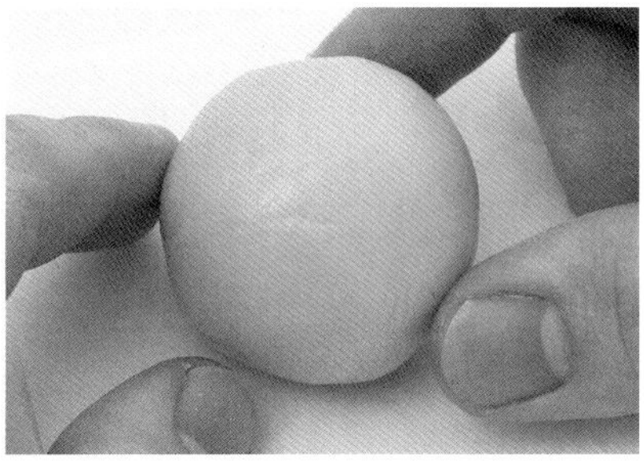

01 取已包入馅料的面团，并放在油纸上。（注：包馅方法请参考P.165。）

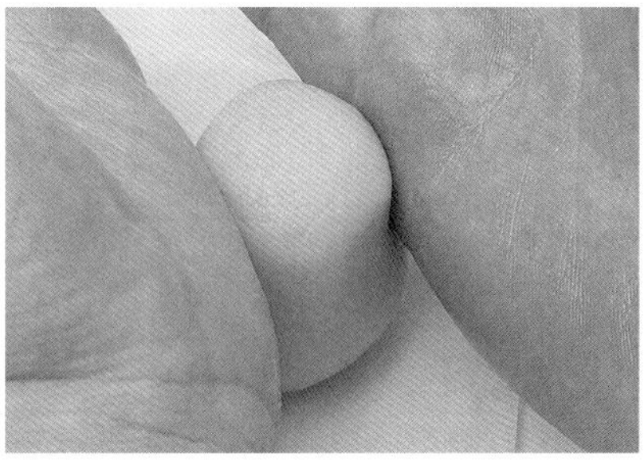

02 用手掌两侧将面团搓出弧度，形成葫芦形。

03 如图，猫咪主体完成。

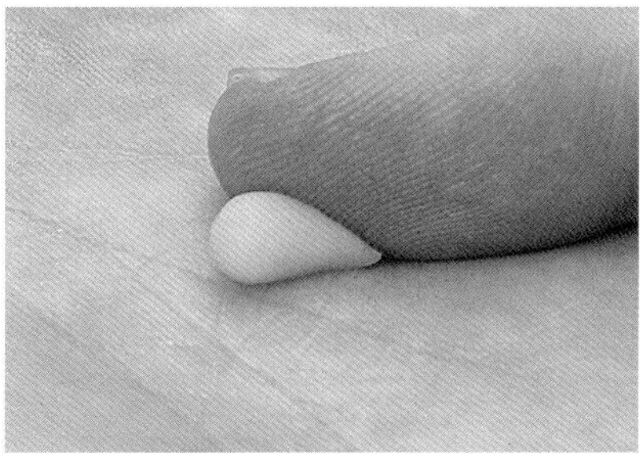

04 用指腹将原色面团搓成水滴形，为耳朵。

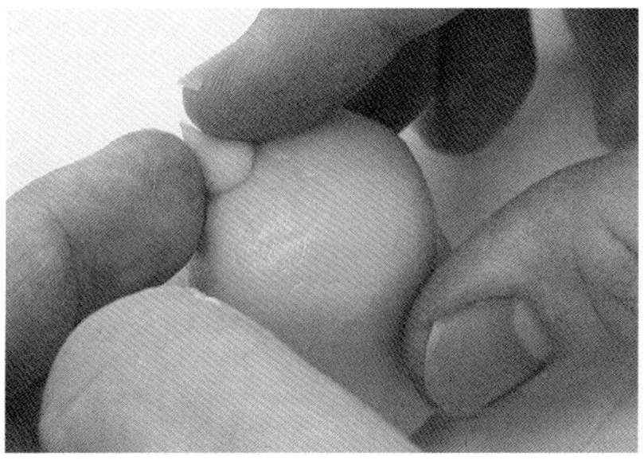

05 承步骤04，将耳朵放在主体左侧，并用指腹轻压固定。

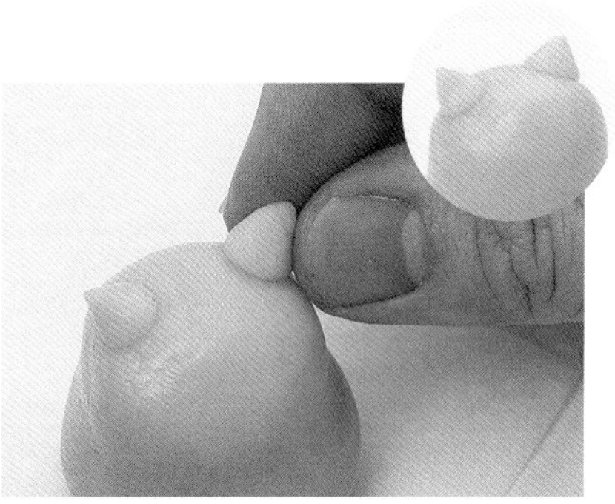

06 重复步骤04~05，完成右耳。

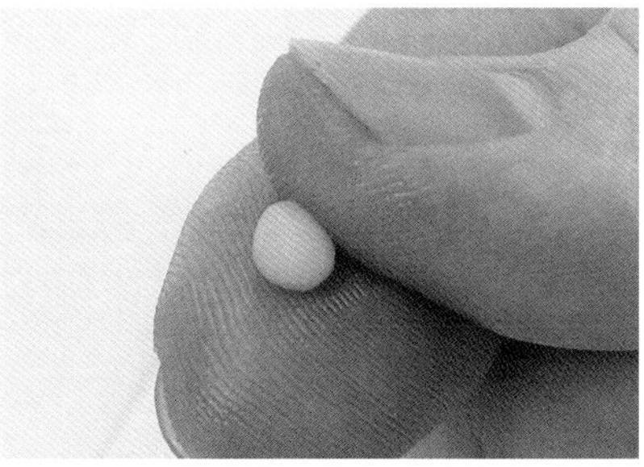

07 用指腹将原色面团搓成圆形，为吻部。

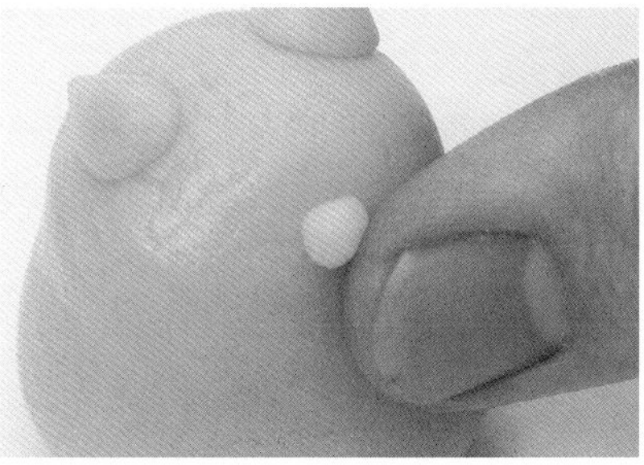

08 将吻部放在猫咪主体中央，并用指腹轻压固定。

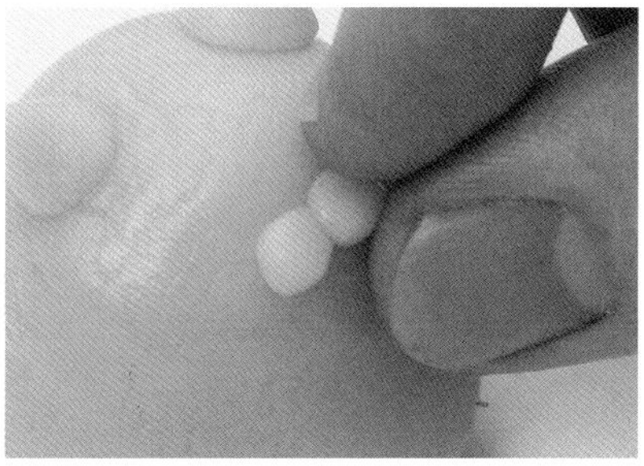

09 重复步骤07~08，完成右侧吻部。

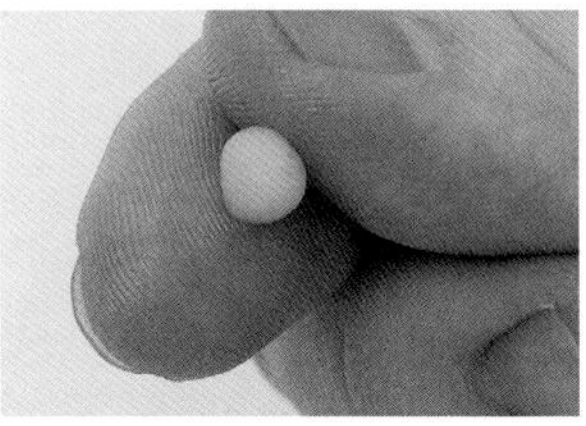

⑩ 用指腹将原色面团搓成圆形，为手部。

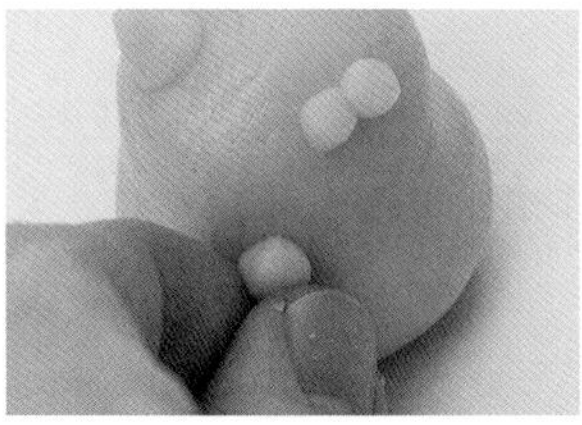

⑪ 将手部放在猫咪主体下半部，并用指腹轻压固定，为左手。

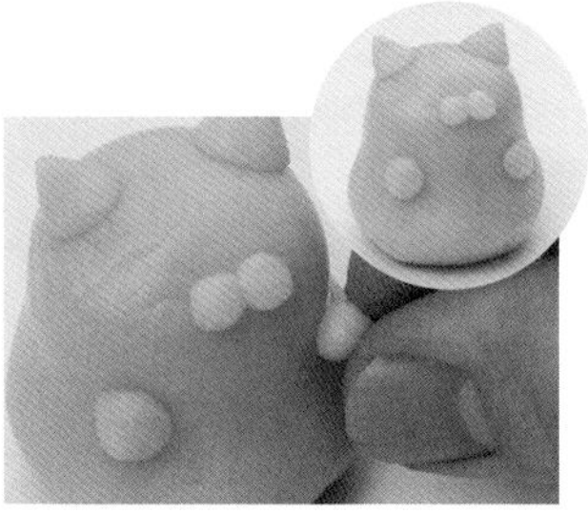

⑫ 重复步骤10~11，完成右手。

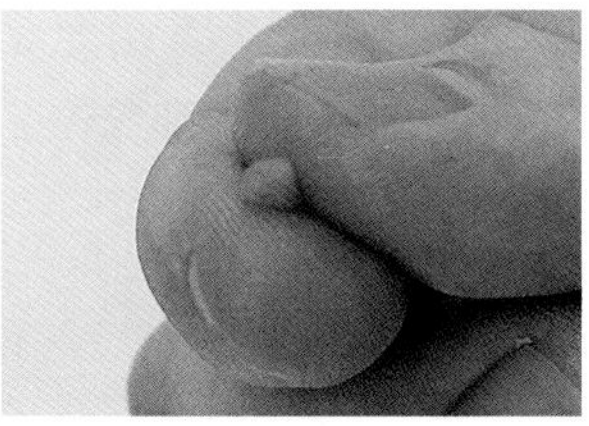

⑬ 用指腹将粉红色面团搓成水滴形，为耳窝。

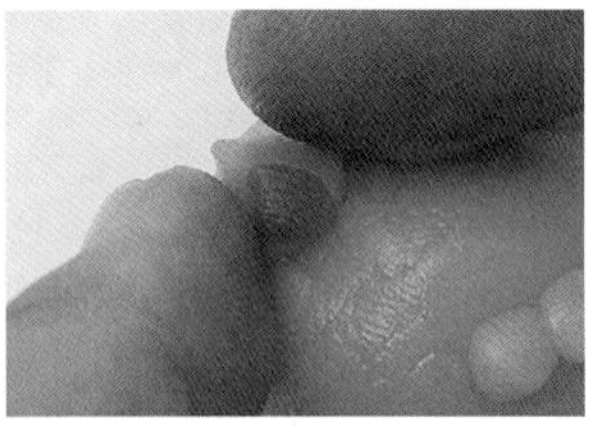

⑭ 将耳窝放在左耳正面，并用指腹轻压固定。

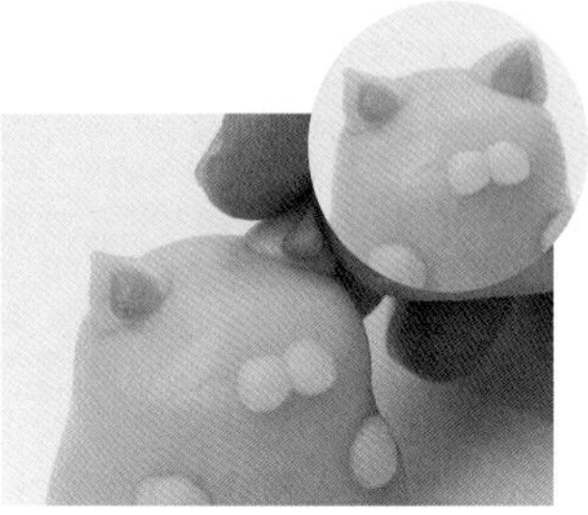

⑮ 重复步骤13~14，完成右耳耳窝。

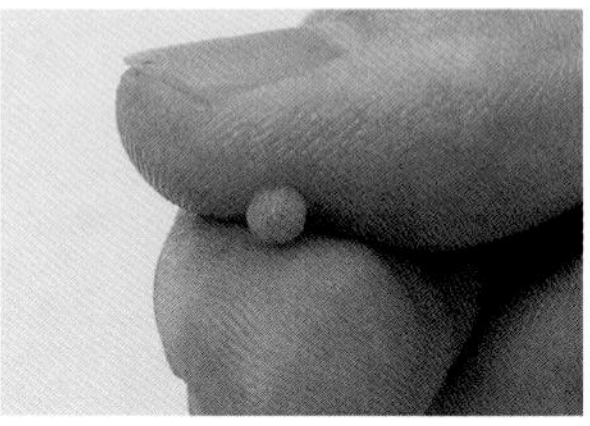

⑯ 用指腹将粉红色面团搓成圆形，为鼻子。

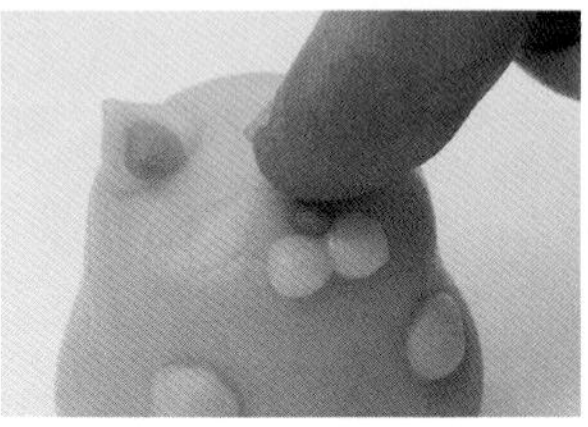

⑰ 将鼻子放在吻部上方，并用指腹轻压固定。

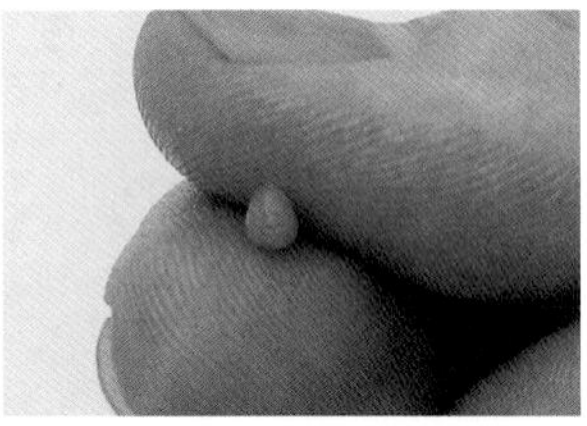

⑱ 用指腹将粉红色面团搓成圆形，为腮红。

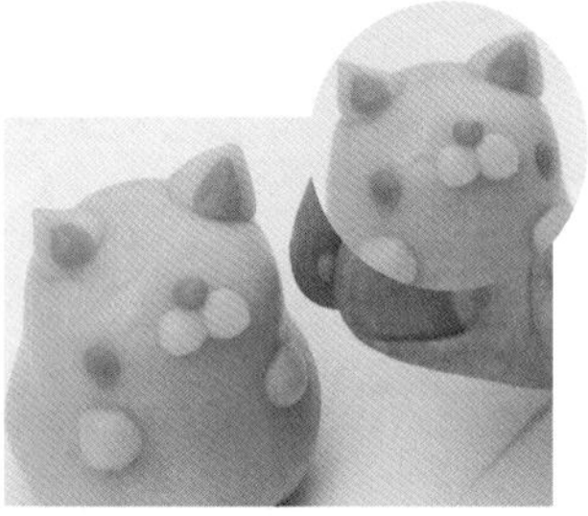

⑲ 将腮红放在脸颊两侧，并用指腹轻压固定。

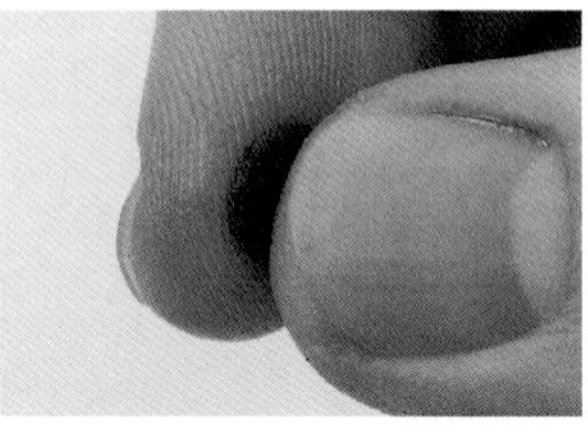

⑳ 用指腹将咖啡色面团搓成圆形后捏扁，为斑纹。

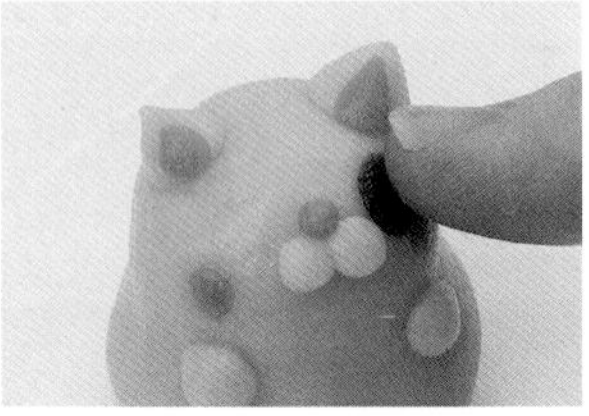

㉑ 将斑纹放在吻部右上方，并用指腹轻压固定。

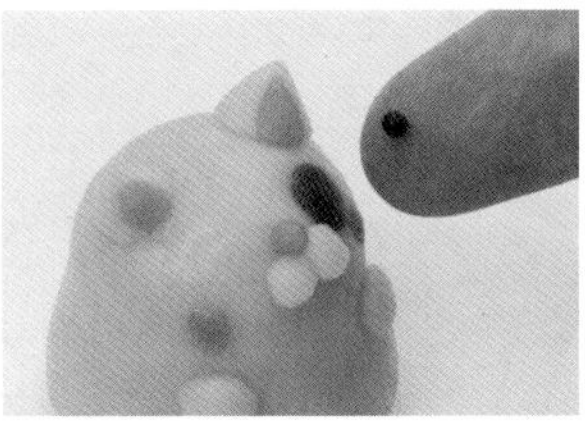

㉒ 用指腹将黑色面团搓成圆形，为眼睛。

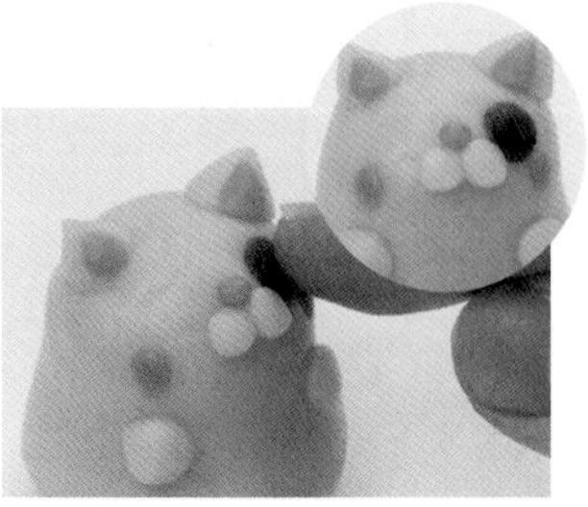

㉓ 将眼睛放在斑纹上，并用指腹轻压固定。

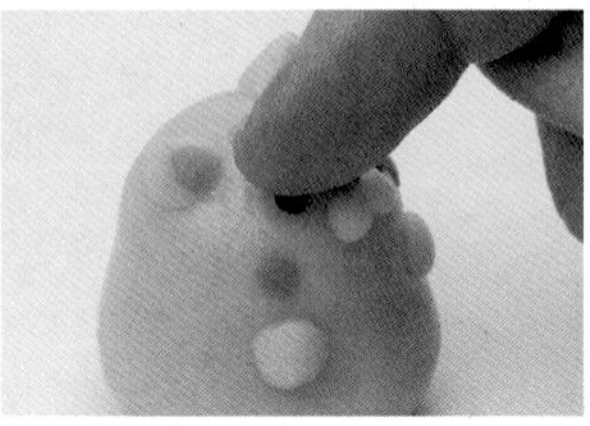

㉔ 重复步骤22~23，完成左眼。

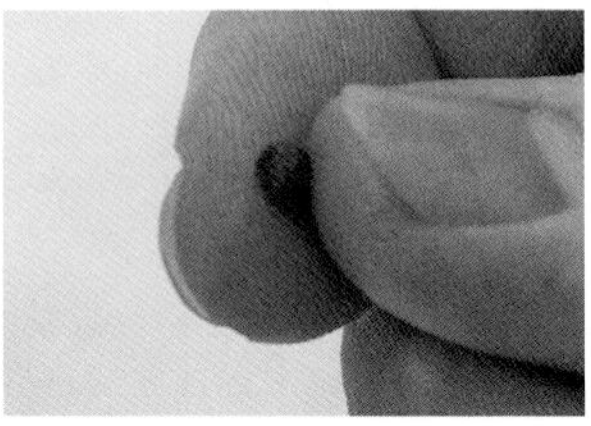

㉕ 用指腹将红色面团搓成圆形，为舌头。

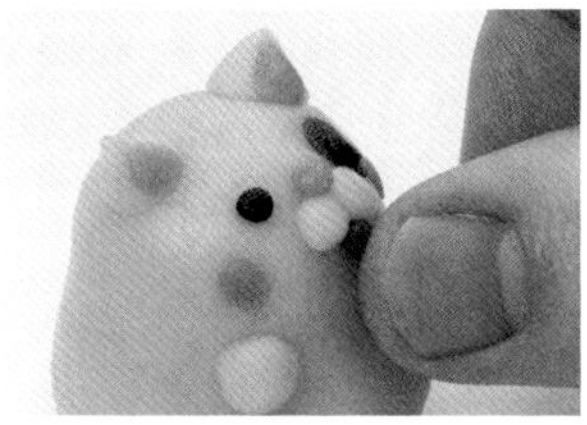

26 将舌头放在吻部下方，并用指腹轻压固定。

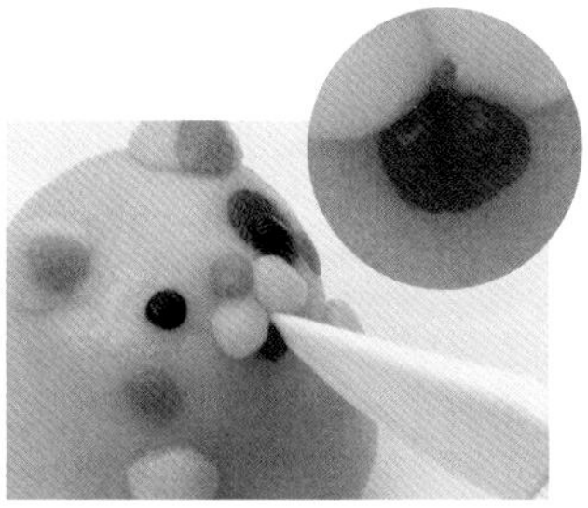

27 承步骤26，用雕塑工具在舌头中央压出直线。

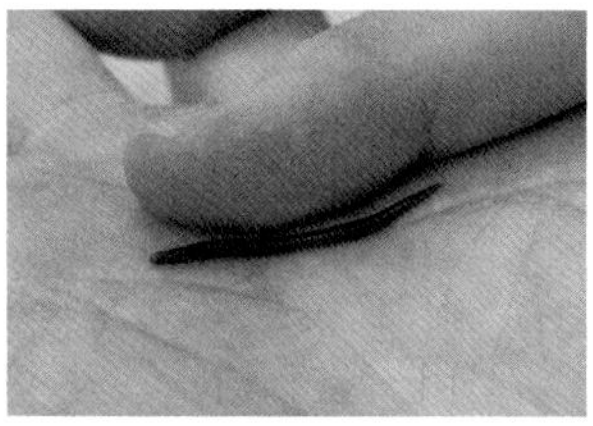

28 用指腹将咖啡色面团搓成长条形。

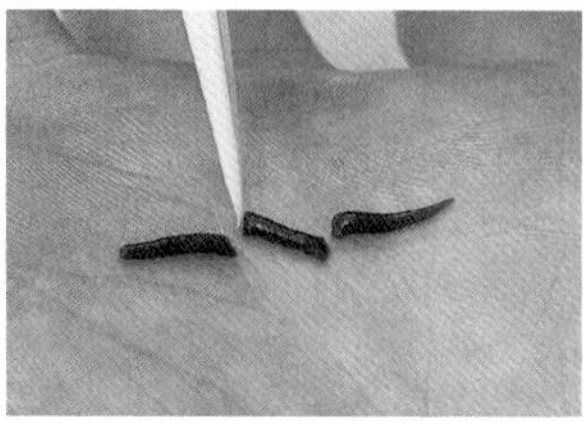

29 用雕塑工具将长条形面团切成三等份。

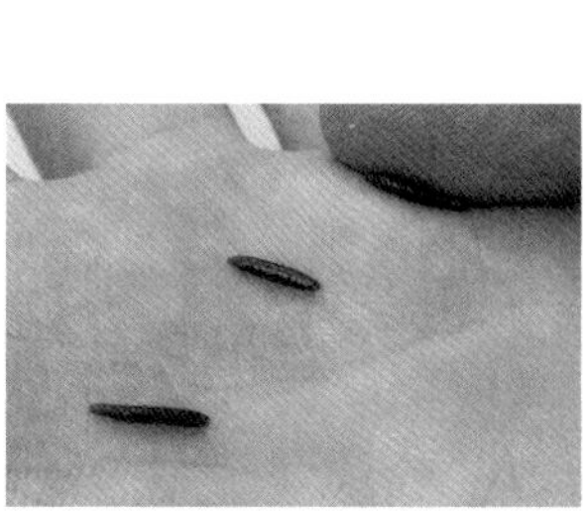

30 承步骤29，用指腹将面团搓成长条形，为斑纹。

31 将斑纹依序放在猫咪头顶，并用指腹轻压固定。

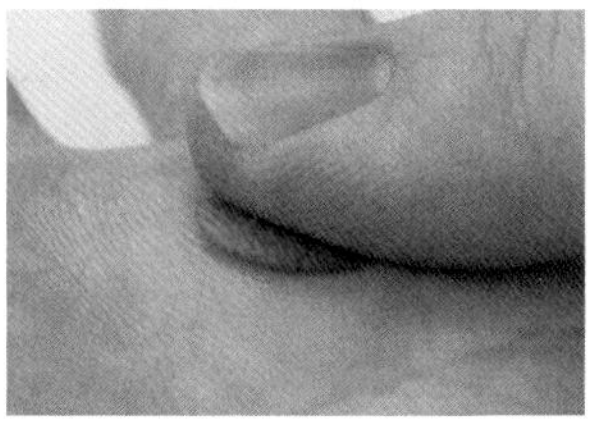

32 用指腹将绿色面团搓成水滴形后压扁，为叶子。

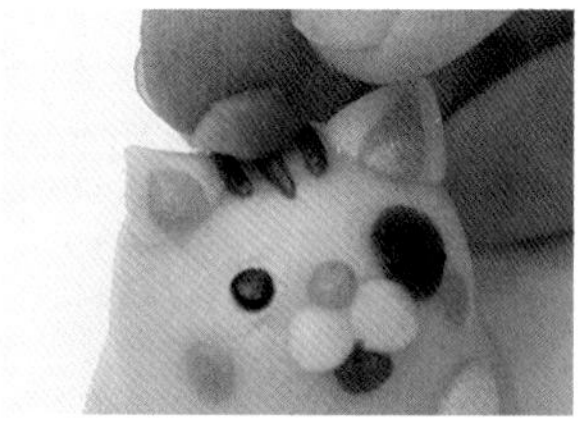

33 将叶子放在斑纹上方，并用指腹轻压固定。

34 最后，承步骤33，用雕塑工具在叶子上压出叶脉即可。

35 如图，猫咪酥完成。

小猪酥

上火 180℃，下火 130℃
烘烤 20 ~ 25 分钟
约 12 颗

材料 & 工具 Materials Tools

颜色 Color ● 粉红色 ● 黑色

器具 Appliance 雕塑工具组、油纸

步骤说明 Description Step

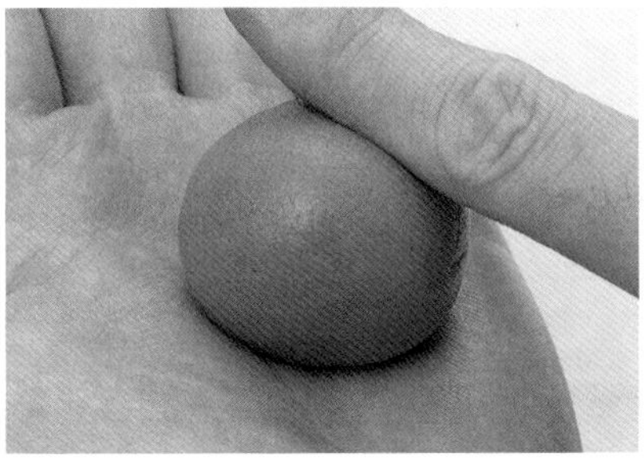

01 取已包入馅料的面团，并找出头身位置。（注：包馅方法请参考P.165。）

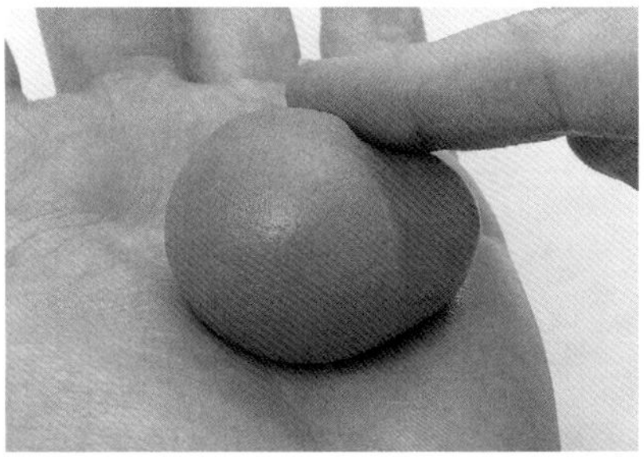

02 承步骤01，用指腹搓出弧度，区分头部和身体。

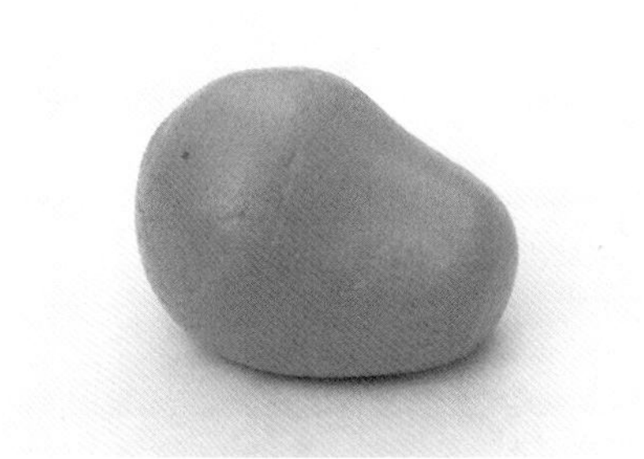

03 如图，小猪主体完成。

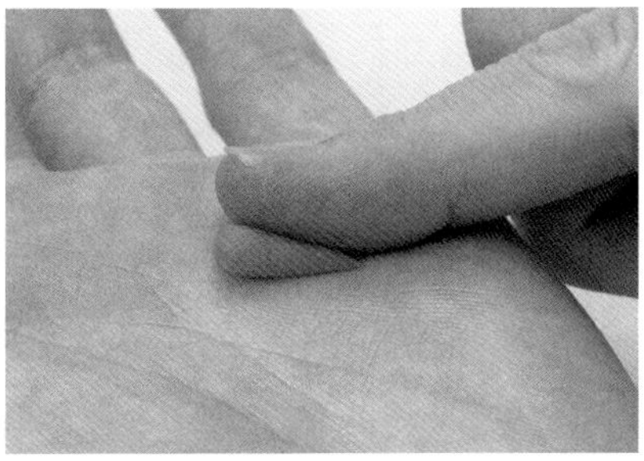

04 用指腹将粉红色面团搓成水滴形，为脚。

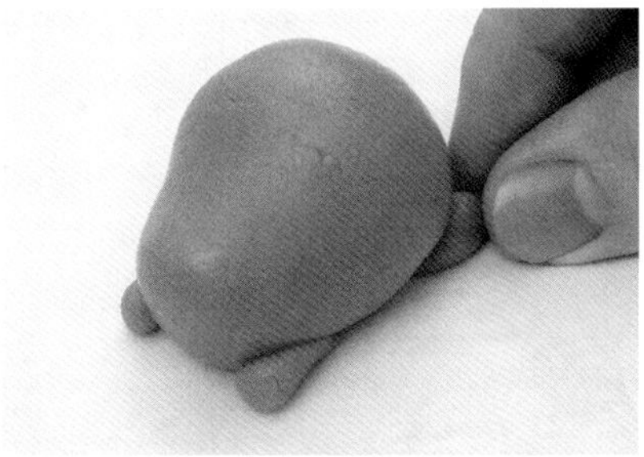

05 重复步骤04，共完成四只脚，先放在主体四边后，用指腹轻压固定。

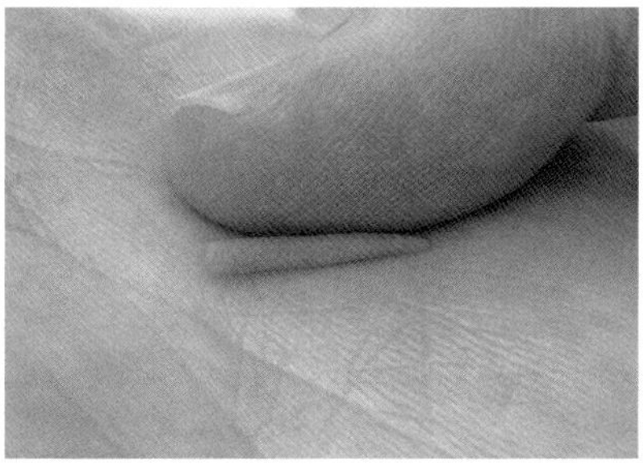

06 用指腹将粉红色面团搓成长条形，为尾巴。

07 承步骤06，将尾巴放在身体尾端，并绕一圈放在小猪身体上。

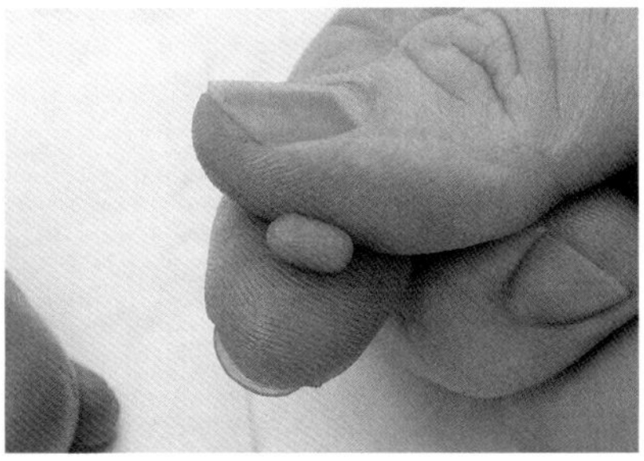

08 用指腹将粉红色面团搓成椭圆形，为鼻子。

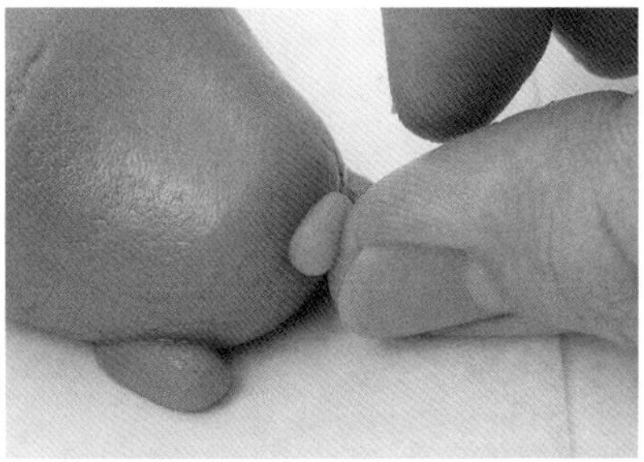

09 将鼻子放在脸部中央，并用指腹轻压固定。

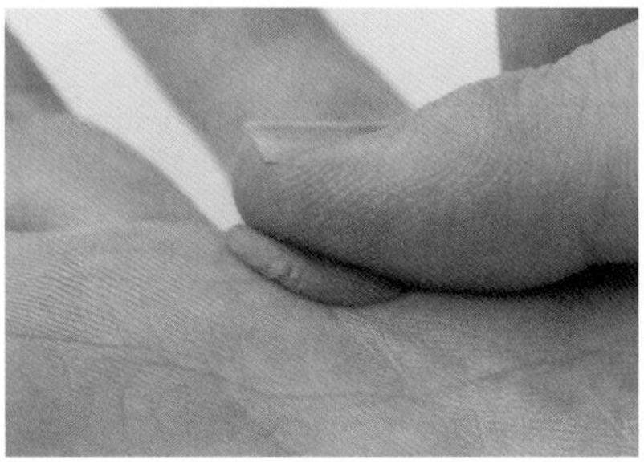

⑩ 用指腹将粉红色面团搓成水滴形并压扁，为耳朵。

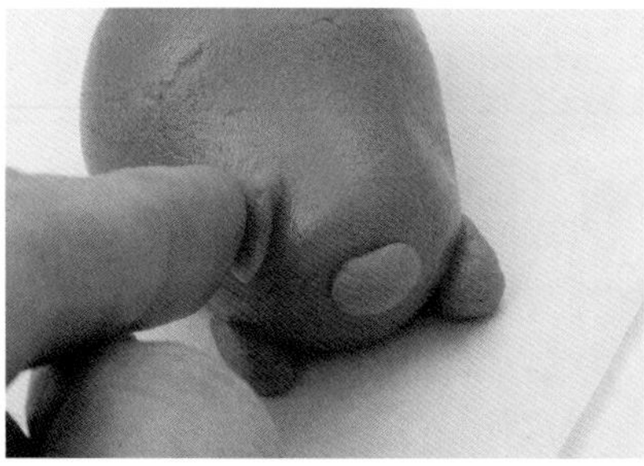

⑪ 将耳朵放在头部左侧，并用指腹轻压固定。

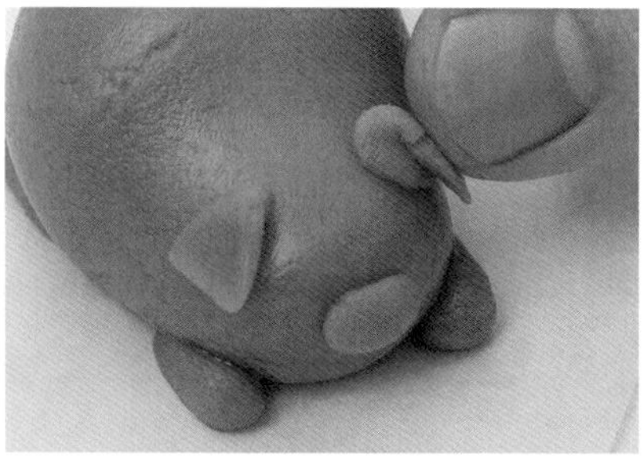

⑫ 重复步骤10~11，完成右耳。（注：将耳朵微微反折，使小猪看起来更活泼。）

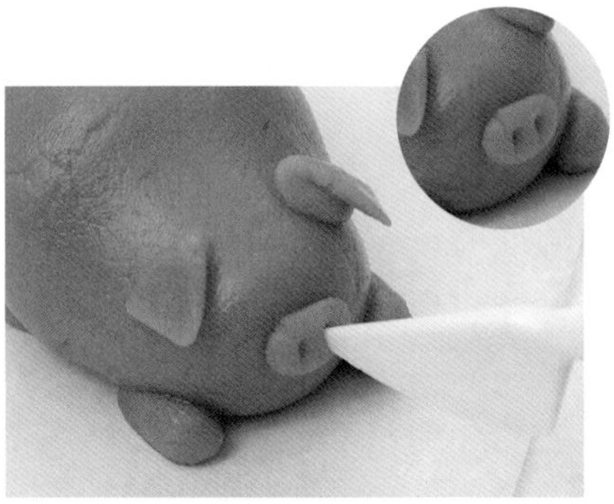

⑬ 用雕塑工具在鼻子上戳两个洞，为鼻孔。

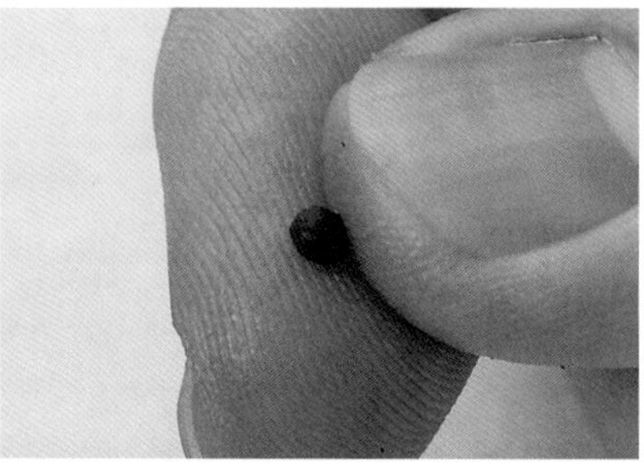

⑭ 用指腹将黑色面团搓成圆形，为眼睛。

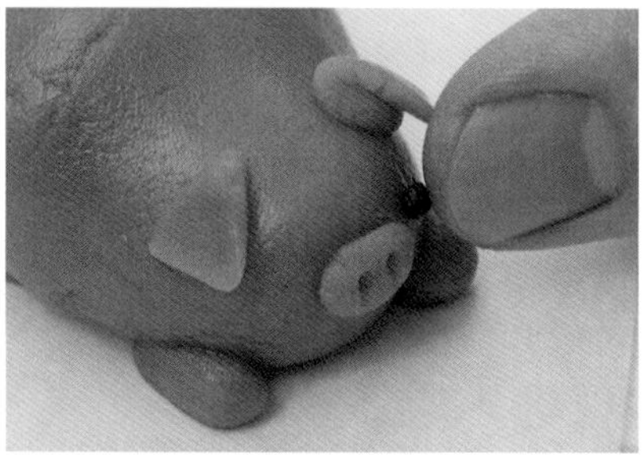

⑮ 将眼睛放在鼻子右上方，并用指腹轻压固定。

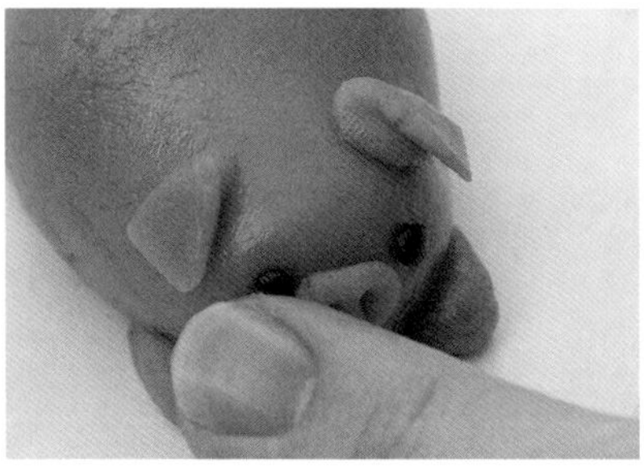

⑯ 最后，重复步骤14~15，完成左眼即可。

⑰ 如图，小猪酥完成。

公鸡酥

上火 180℃，下火 130℃
烘烤 20 ~ 25 分钟
约 12 颗

材料＆工具 Materials Tools

颜色 Color：原色 红色 黑色 黄色

器具 Appliance：雕塑工具组、油纸

步骤说明 Description Step

01 取已包入馅料的面团，并放在油纸上，为公鸡主体。（注：包馅方法请参考P.165。）

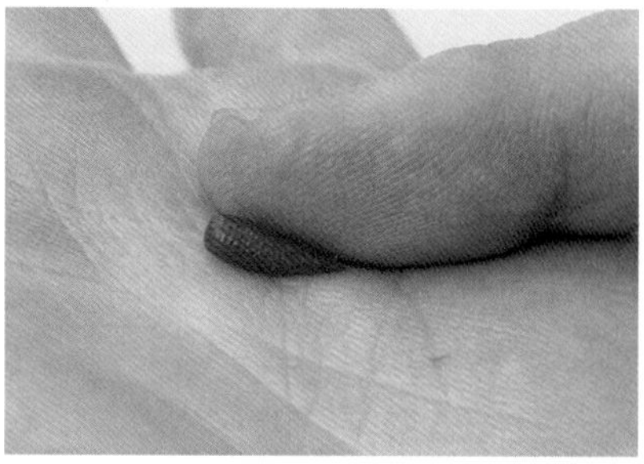

02 用指腹将红色面团搓成水滴形。

03 将水滴形面团放在公鸡主体顶端，并用指腹轻压固定。

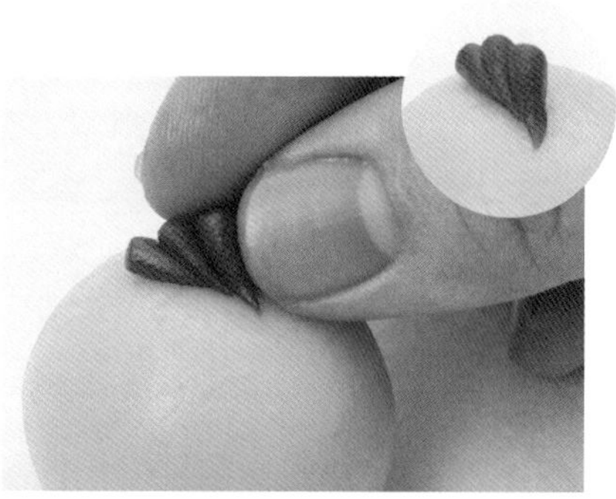

04 重复步骤02～03，依序将水滴状面团叠加在步骤03水滴形面团上，并用指腹轻压固定，即完成鸡冠。

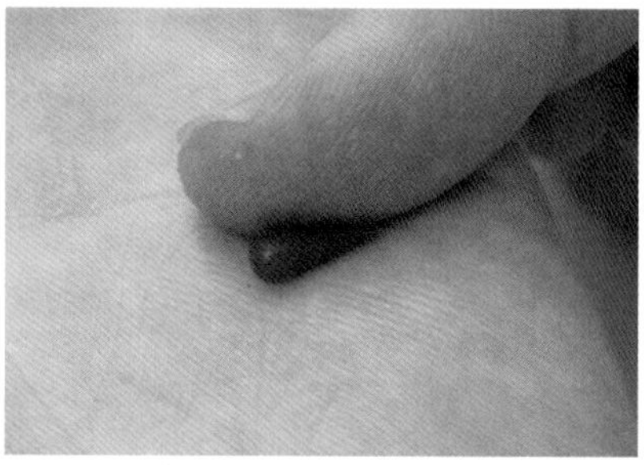

05 用指腹将红色面团搓成水滴形，为肉髯。

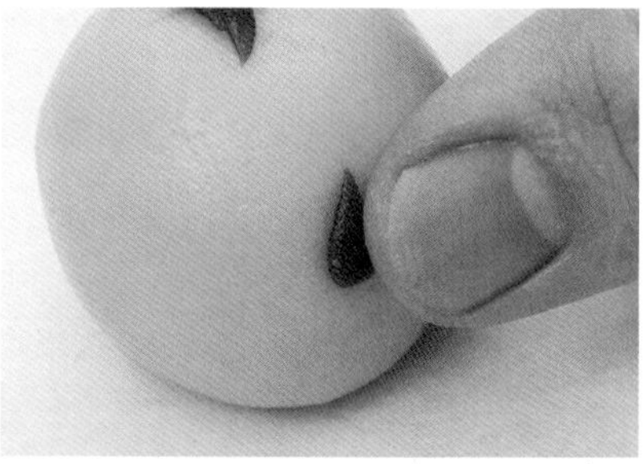

06 将肉髯斜放在公鸡脸部中央，并用指腹轻压固定。

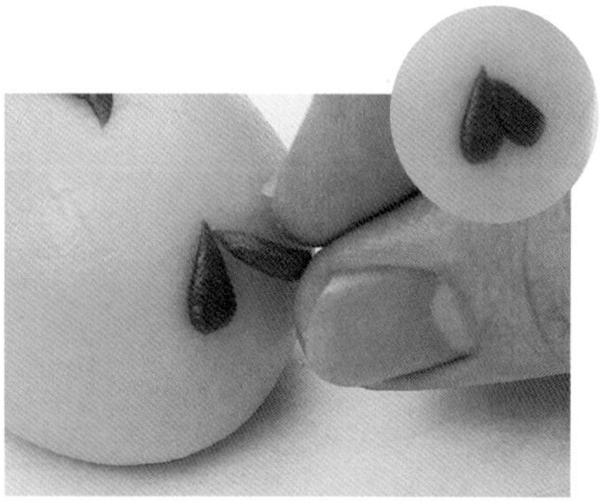

07 重复步骤05～06，完成右侧肉髯。

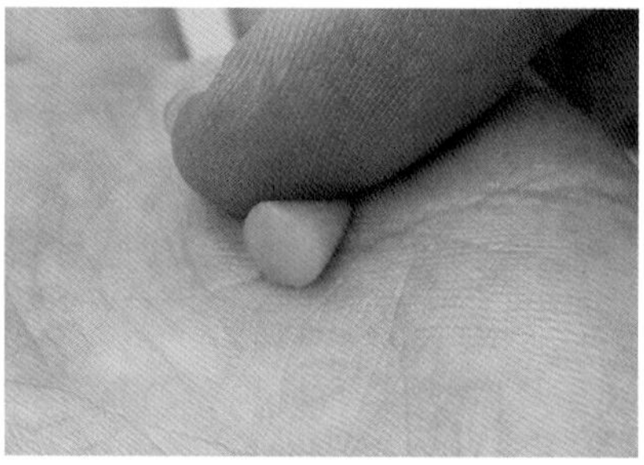

08 用指腹将黄色面团搓成三角锥形，为鸡喙。

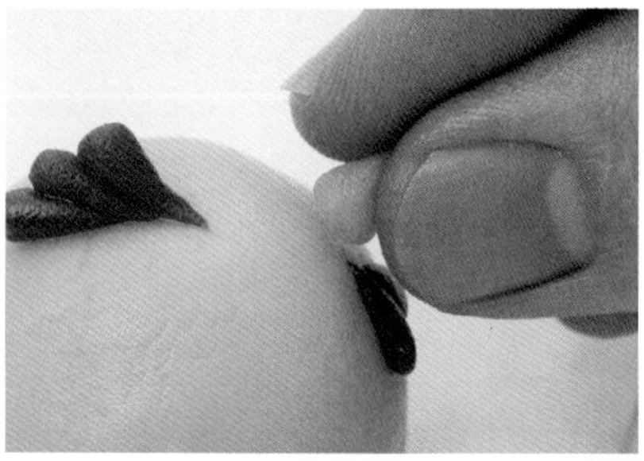

09 将鸡喙尖端朝外，放在肉髯上方，并用指腹轻压固定。

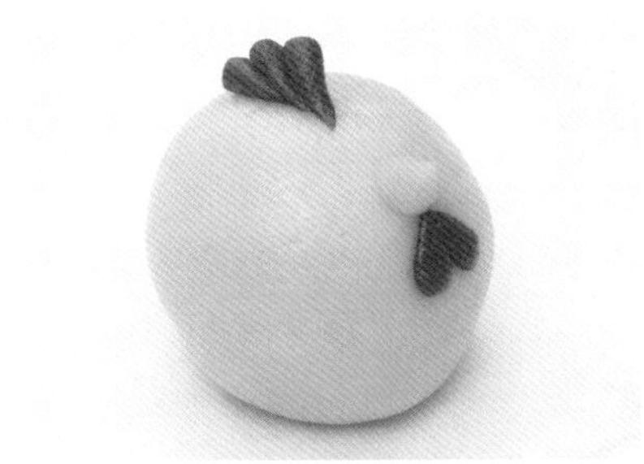

⑩ 如图，鸡喙完成。

⑪ 用指腹将黑色面团搓成圆形，并放在鸡喙右上方，为右眼。

⑫ 重复步骤11，完成左眼。

⑬ 如图，眼睛完成。

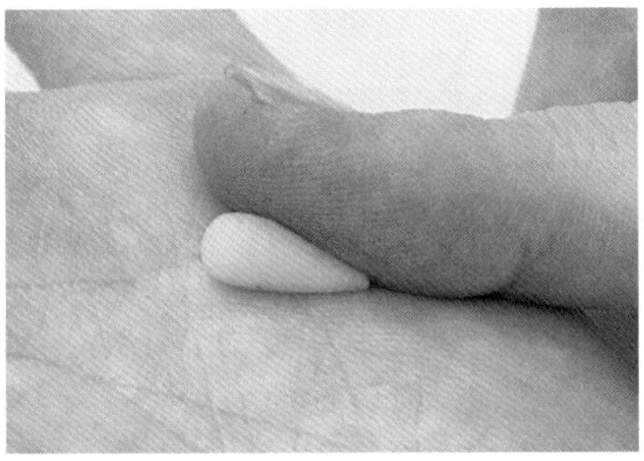

⑭ 用指腹将原色面团搓成水滴形，为翅膀。

⑮ 将翅膀尖端朝斜前方摆放在公鸡身体右侧，并用指腹轻压固定。

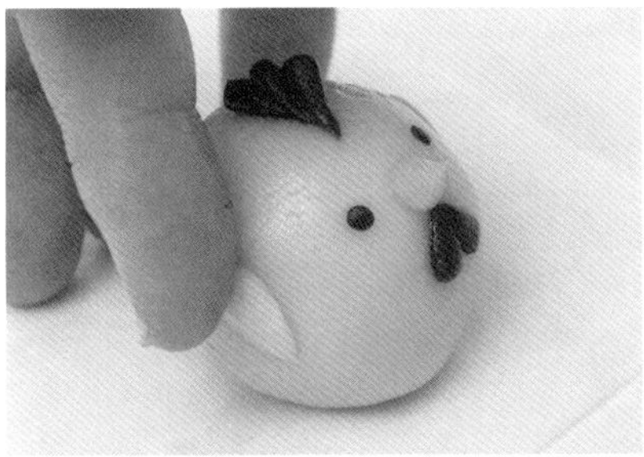

⑯ 最后，重复步骤15，完成左侧翅膀即可。

⑰ 如图，公鸡酥完成。

黑熊酥

上火 180℃，下火 130℃
烘烤 20 ～ 25 分钟
约 12 颗

材料 & 工具 Materials Tools

颜色 Color　原色　● 黑色

器具 Appliance　雕塑工具组、油纸

步骤说明 Step Description

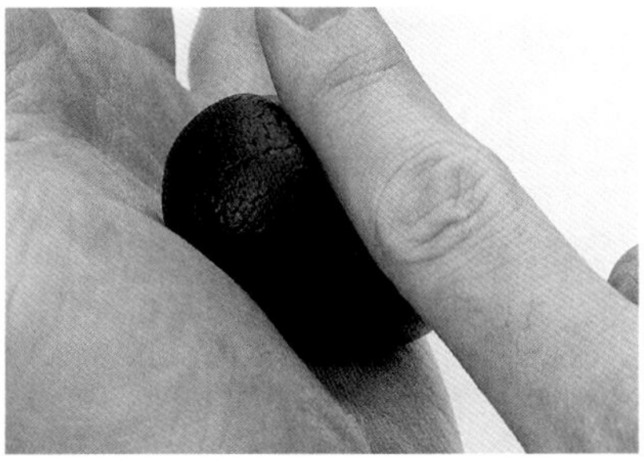

01 取已包入馅料的面团，并找出头身位置。（注：包馅方法请参考P.165。）

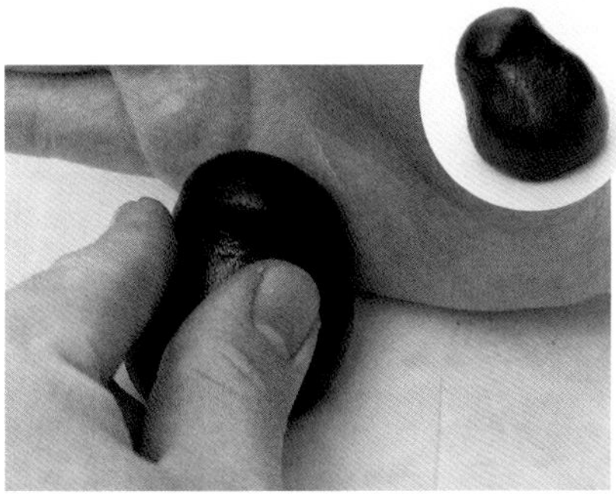

02 承步骤01，用两指指腹推压出弧度，区分头部和身体，即完成黑熊主体。

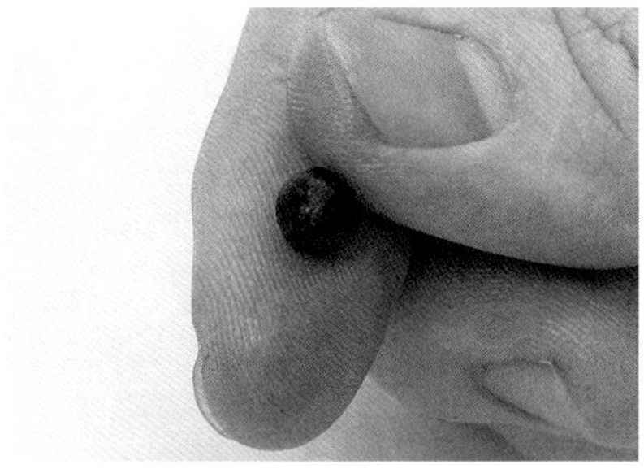

03 用指腹将黑色面团搓成圆形，为手部。

04 将手放在身体左侧，并用指腹轻压固定。

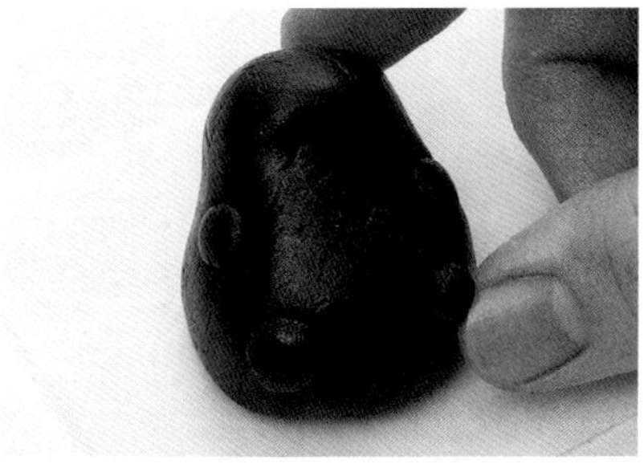

05 重复步骤03~04，完成黑熊四肢。

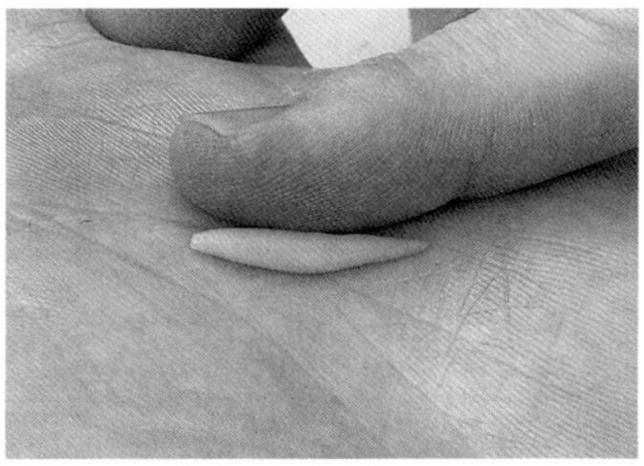

06 用指腹将原色面团搓成长条形。

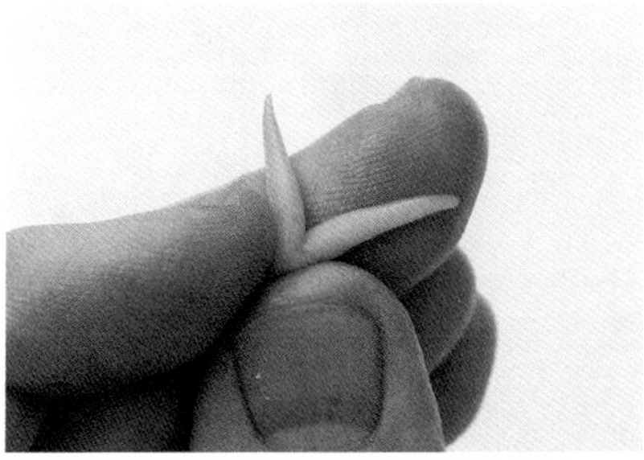

07 承步骤06，将面团对折成V字形。

08 将V字形面团放在双手间，并用指腹轻压固定，为胸毛。

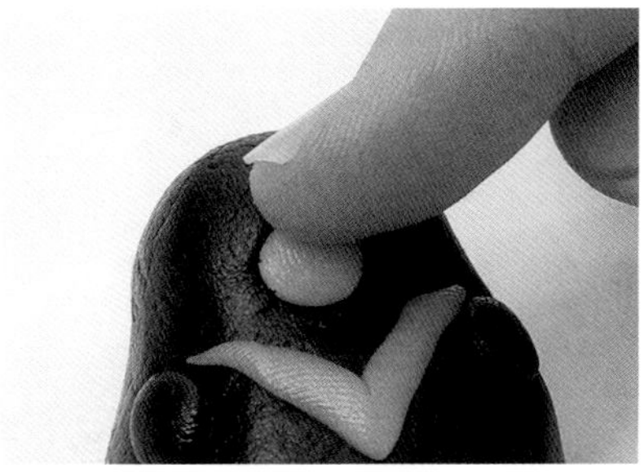

09 用指腹将原色面团搓成圆形，放在脸部后，用指腹轻压固定，为吻部。

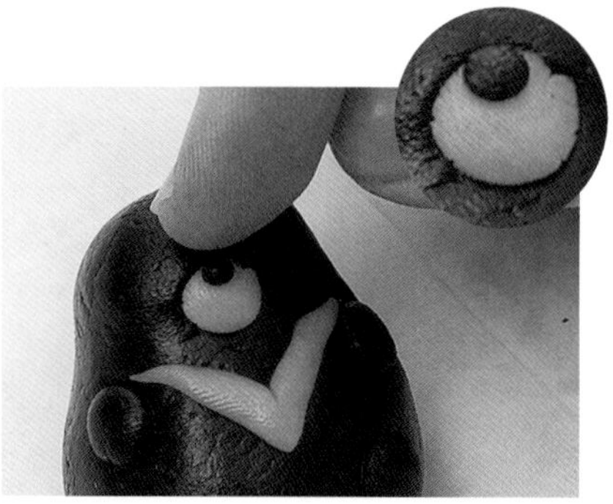

⑩ 用指腹将黑色面团搓成圆形，放在吻部上方后，用指腹轻压固定，即完成鼻子。

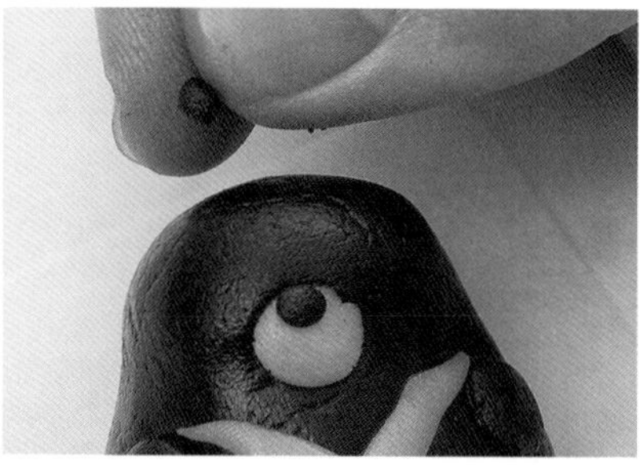

⑪ 用指腹将黑色面团搓成圆形，为耳朵。

⑫ 将耳朵放在黑熊头顶两侧，并用指腹轻压固定。

⑬ 用指腹将原色面团搓成圆形，放在耳朵正面，并用指腹轻压固定，为耳窝。

⑭ 用指腹将原色面团搓成圆形，为眼白。

⑮ 将眼白放在吻部左右两侧，并用指腹轻压固定。

⑯ 最后，用指腹将黑色面团搓成圆形，并用指腹轻压固定（为眼珠）即可。

⑰ 如图，黑熊酥完成。

CHAPTER
04

怦然心动!

人气西式小点

Meringue Cookies Preparation

马林糖前置制作

蛋白霜制作

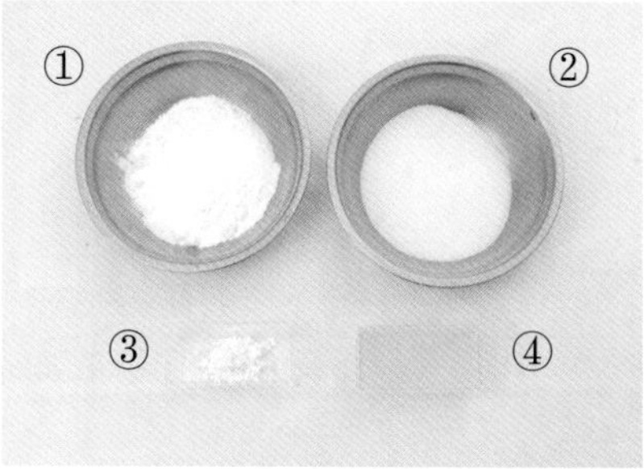

材料及工具 Ingredients & Tools

· 食材

①糖粉　100克
②砂糖　100克
③玉米粉　5克
④蛋白　100克

· 器具

手持电动搅拌机、单柄锅、刮刀、筛网

步骤说明 Step Description

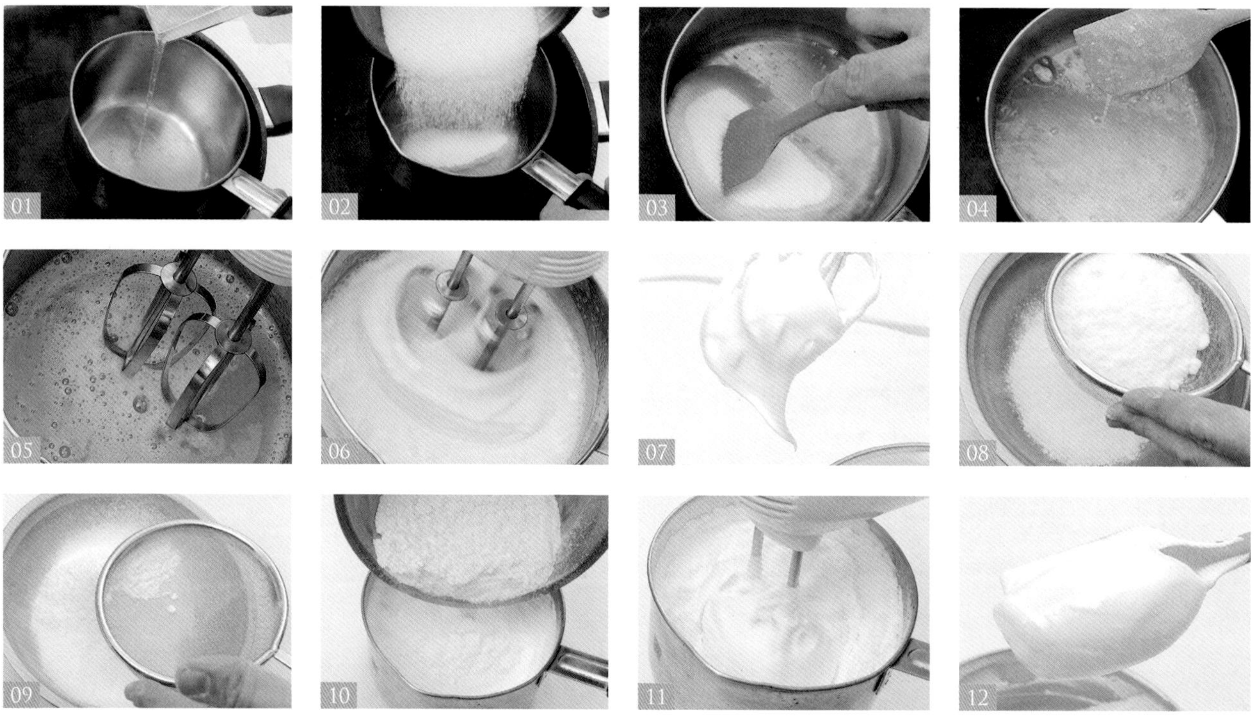

01　将蛋白倒入单柄锅。

02　加入砂糖。

03　将蛋白与砂糖隔水加热，并用刮刀适时搅拌。

04　重复步骤03，隔水加热至砂糖完全熔化。

05　用手持电动搅拌机将蛋白糖打发。

06　重复步骤05，继续将蛋白打发。

07　如图，蛋白打发完成，呈弯勾状。

08　将糖粉过筛至钢盆中。

09　将玉米粉过筛至钢盆中。

10　将过筛后的玉米粉与糖粉加入打发的蛋白中。

11　最后，手持电动搅拌机将蛋白与糖粉打匀即可。

12　如图，蛋白霜完成。

蛋白霜制作视频

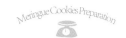

调色方法

步骤说明 Step Description

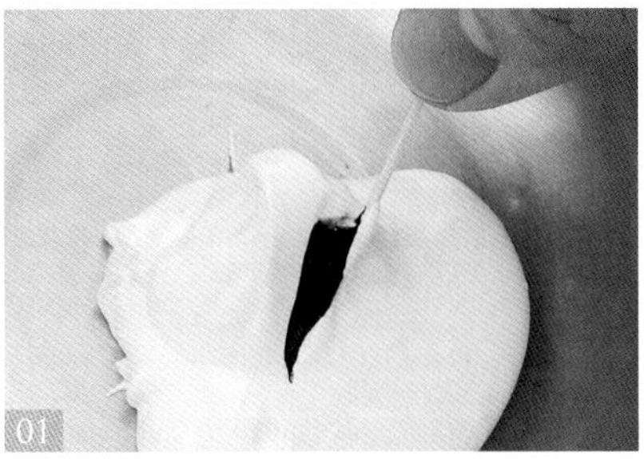

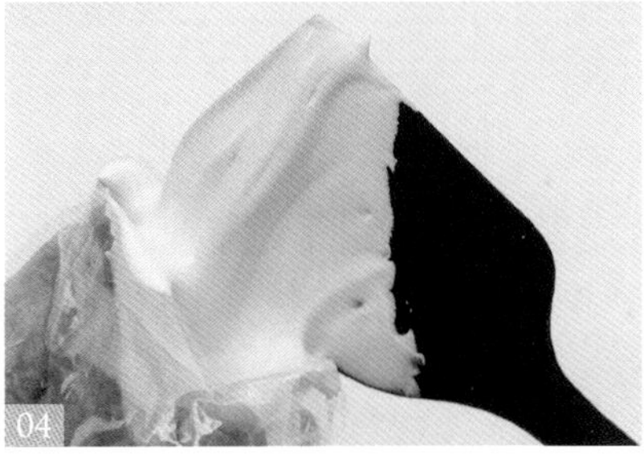

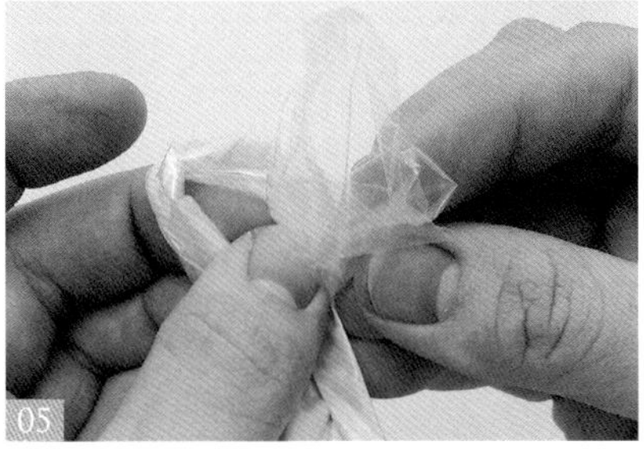

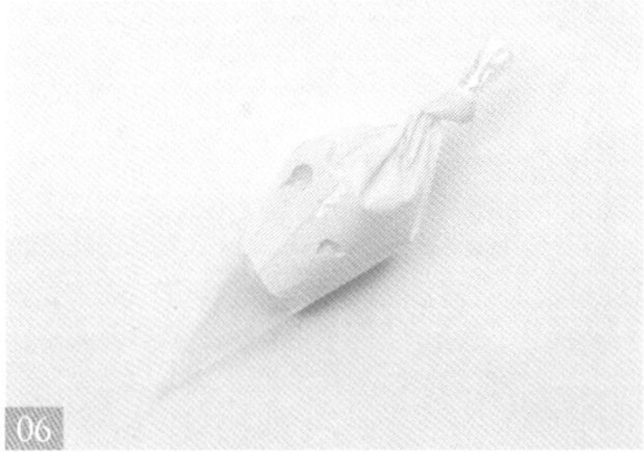

01 用牙签蘸取色膏后，沾染在蛋白霜上。

02 用刮刀将蛋白霜与色膏拌匀。

03 重复步骤02，继续将色膏与蛋白霜拌至颜色均匀。

04 将蛋白霜装入三明治袋中。

05 最后，将三明治袋尾端打结，在使用前，用剪刀将三明治袋尖端平剪小洞即可。

06 如图，调色蛋白霜填装完成。（注：若需要原色蛋白霜，则可以跳过步骤01～03，进行装填步骤。）

调色 Toning

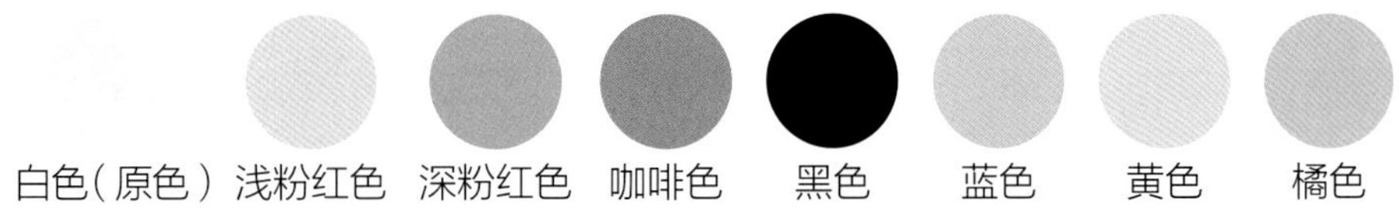

TIPS

- 使用时，随时保持蛋白霜湿润，可以湿布或塑料袋盖住防止干燥。
- 添加少量玉米粉可减缓蛋白霜受潮速度。
- 挤出主体时，三明治袋须饱和，袋口勿剪太大，才能挤出圆润的造型。
- 染色可依喜好调整浓淡，建议少量添加，觉得不够深再增加用量。

小花猫

🌡 50℃
⏱ 烘烤约 2 小时
约 50 颗

Materials 材料 & 工具 Tools

颜色 Color　深粉红色　橘色　黑色　咖啡色

器具 Appliance　油纸、三明治袋、针车钻

Description 步骤说明 Step

半身造型

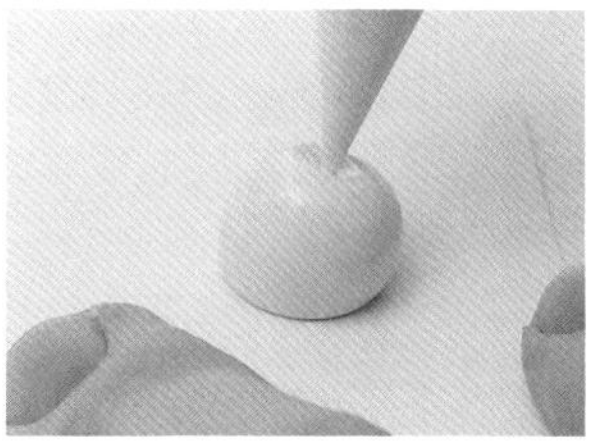

01 用橘色蛋白霜在油纸上挤出一个半圆球体。（注：三明治袋在挤蛋白霜时须饱和，袋口勿剪太大，才能挤出细致的造型。）

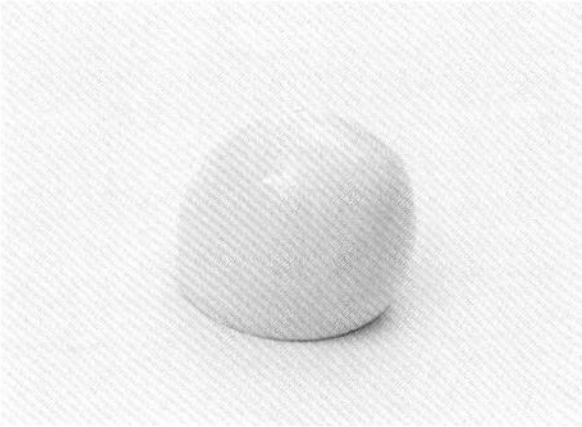

02 如图，猫头完成。

03 用橘色蛋白霜在猫头顶端两侧挤出三角锥形，为耳朵。

04 用橘色蛋白霜在猫头前方两侧挤出半圆球体，为双手。

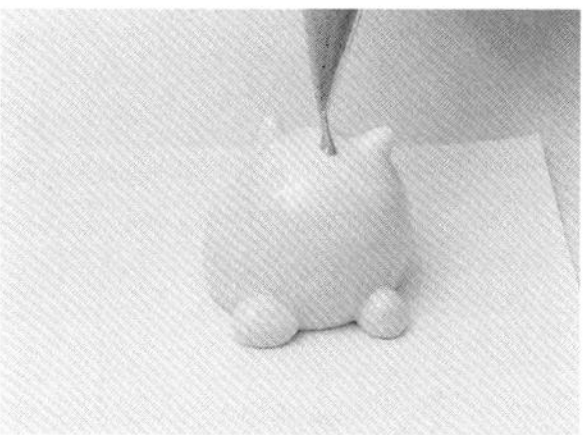

05 用咖啡色蛋白霜在猫咪双耳间挤出直向线条，为斑纹。

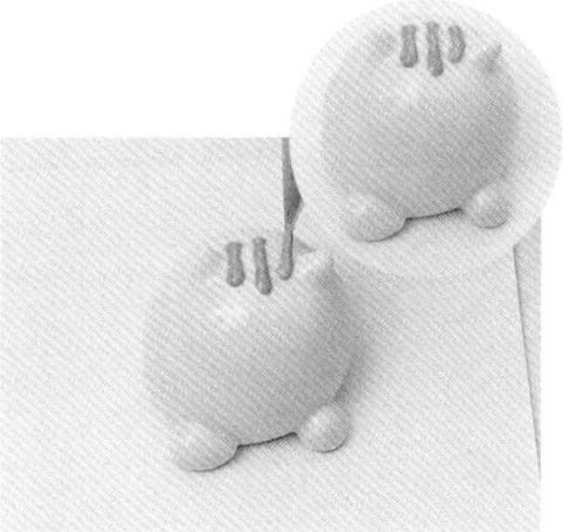

06 重复步骤05，在双耳间挤出共三条斑纹。

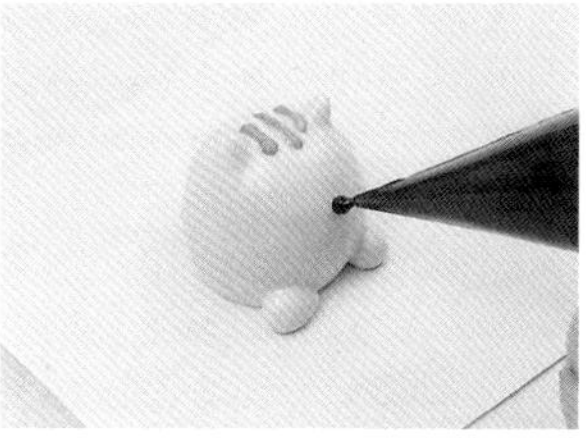

07 用黑色蛋白霜在猫头正中间挤出圆点，为鼻子。

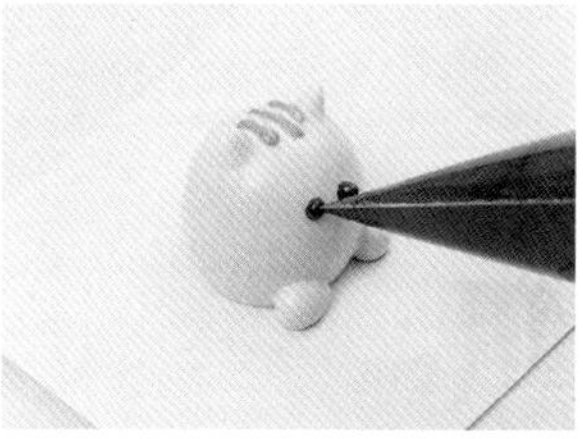

08 用黑色蛋白霜在鼻子左侧挤出圆点，为左眼。

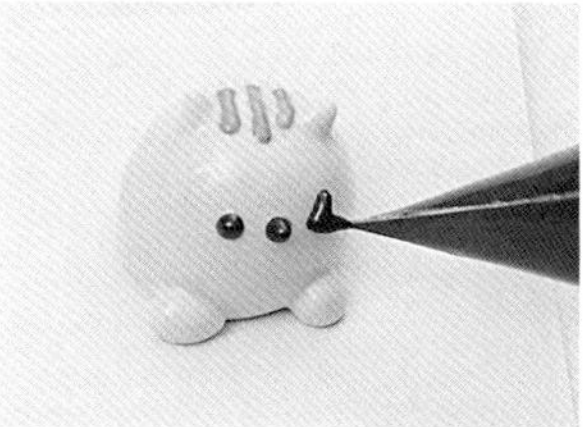

09 承步骤08，在鼻子右侧挤出＜形的右眼。

10 用深粉红色蛋白霜在猫咪嘴巴两侧挤出圆形，为腮红。

11 最后，将猫咪摆至干燥定型即可。

全身造型

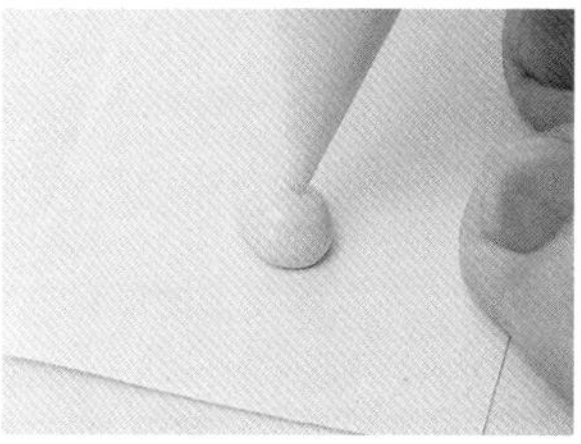

12 用橘色蛋白霜在油纸上挤出一个半圆球体。（注：三明治袋在挤蛋白霜时须饱和，袋口勿剪太大，才能挤出细致的造型。）

13 如图，猫头完成。

14 用橘色蛋白霜在猫头后方挤出另一个半圆球体。

15 如图，猫咪身体完成。

16 用橘色蛋白霜在猫咪身体右侧挤出半圆球体，为右前脚。

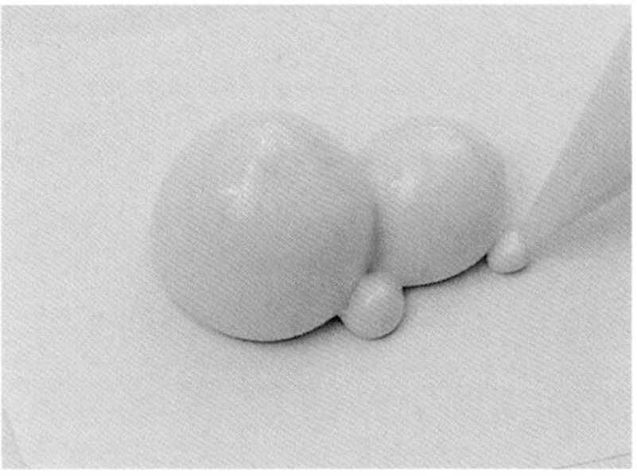

17 用橘色蛋白霜在猫咪身体右下侧挤出半圆球体，为右后脚。

18 重复步骤17，完成猫咪左后脚。

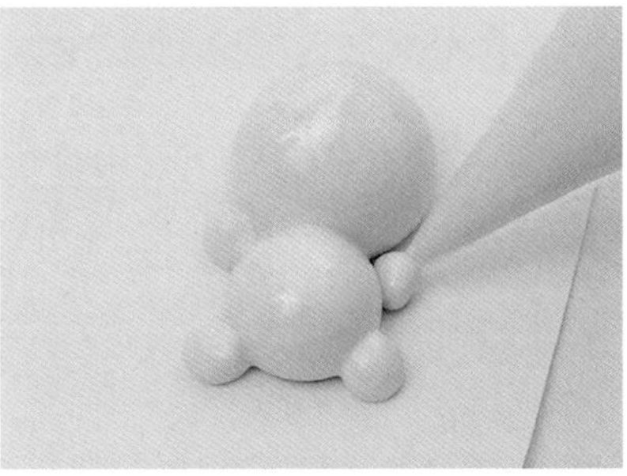

19 重复步骤16，完成猫咪左前脚。

20 如图，四肢完成。

21 用橘色蛋白霜在猫头顶端两侧挤出三角锥形，为耳朵。

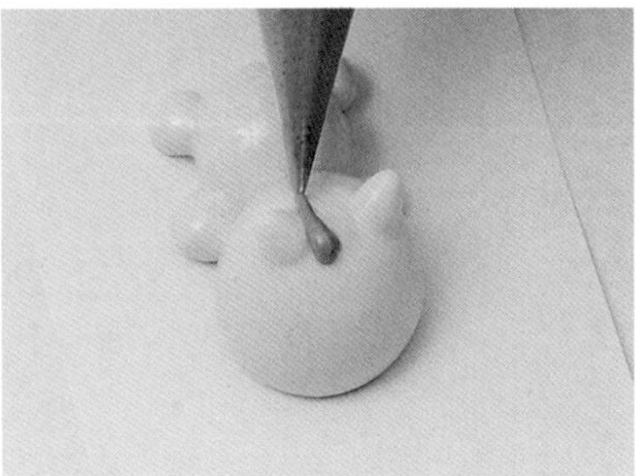

22 用咖啡色蛋白霜在猫咪双耳间挤出直向线条，为斑纹。

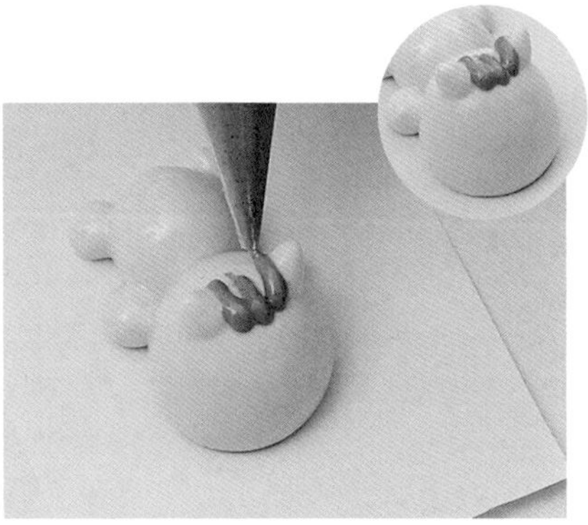

23 重复步骤22，在双耳间挤出共三条直向线条。

24 用黑色蛋白霜在猫头正中间挤出圆点，为鼻子。

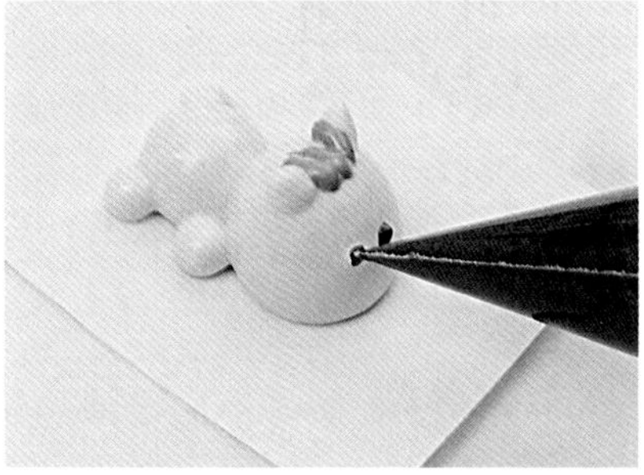

25 用黑色蛋白霜在鼻子两侧挤出圆点，为眼睛。

26 如图，眼睛完成。

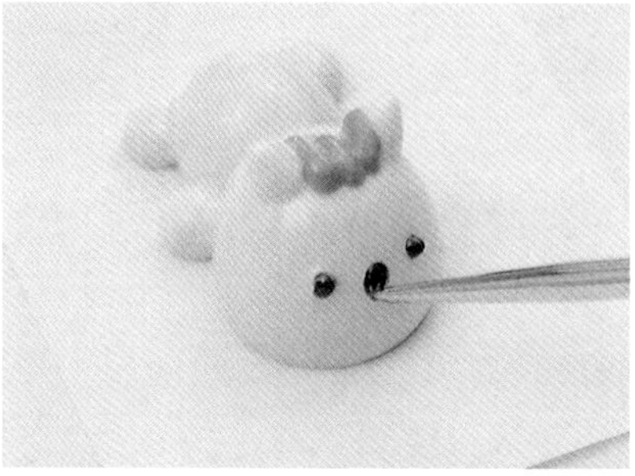

27 用针车钻将鼻子的黑色蛋白霜往下划，为左侧的嘴巴弧线。

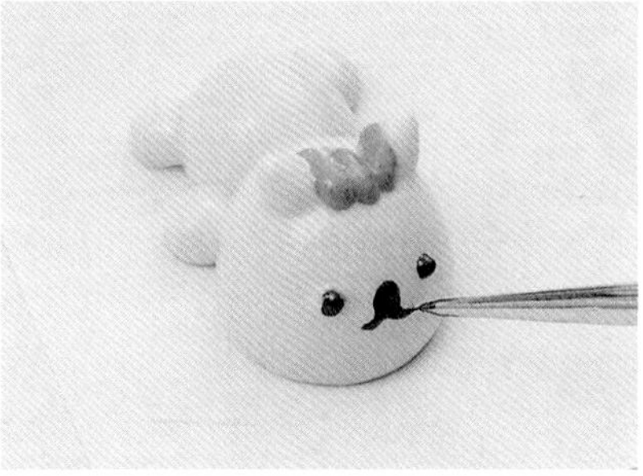

28 重复步骤27，完成右侧的嘴巴弧线。

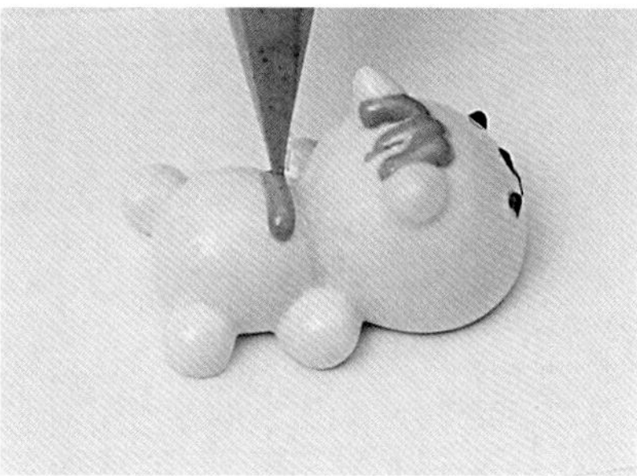

29 用咖啡色蛋白霜在猫咪身体上挤出横向线条，为斑纹。

30 重复步骤29，在身体背部挤出共三条斑纹。

31 如图，身体斑纹完成。

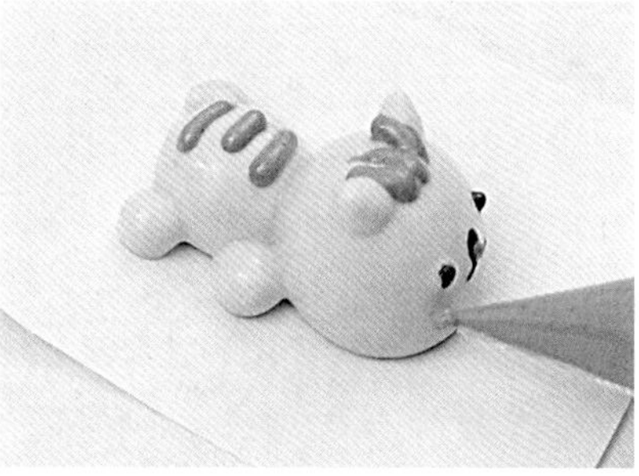

32 用深粉红色蛋白霜在嘴巴左侧挤出圆形，为腮红。

33 重复步骤32，完成右侧腮红。

34 最后，将猫咪摆至干燥定型即可。

企鹅

50℃

烘烤约 2 小时

约 50 颗

材料 & 工具 Materials Tools

颜色 Color 白色 蓝色 深粉红色 黄色 黑色

器具 Appliance 油纸、三明治袋、针车钻

步骤说明 Description Step

: 半身造型

01 用蓝色蛋白霜在油纸上挤出一个半圆球体。（注：三明治袋在挤蛋白霜时须饱和，袋口勿剪太大，才能挤出细致的造型。）

02 如图，为企鹅头部。

03 用白色蛋白霜在企鹅头部挤出爱心形。

04 如图，企鹅脸部完成。

05 用黑色蛋白霜在企鹅脸部左上方挤出圆点，为左眼。

06 重复步骤05，完成右眼制作。

07 用黄色蛋白霜在眼睛下侧挤出圆形，为嘴巴。

08 如图，嘴巴完成。

09 用深粉红色蛋白霜在嘴巴左侧挤出爱心形，为腮红。

⑩ 重复步骤09，完成右侧腮红。

⑪ 最后，将企鹅摆至干燥定型即可。

: 全身造型

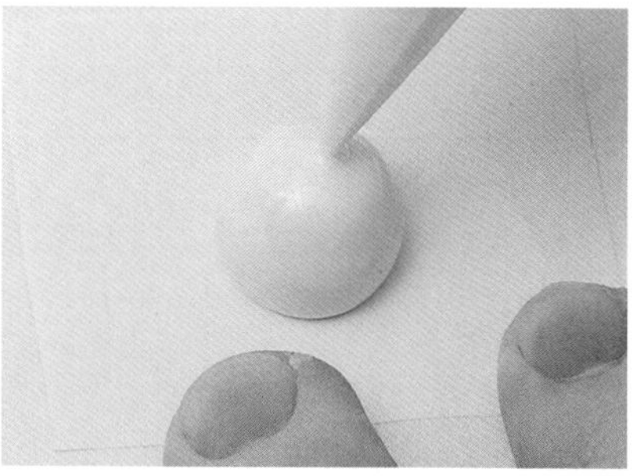

⑫ 用蓝色蛋白霜在油纸上挤出一个半圆球体。（注：三明治袋在挤蛋白霜时须饱和，袋口勿剪太大，才能挤出细致的造型。）

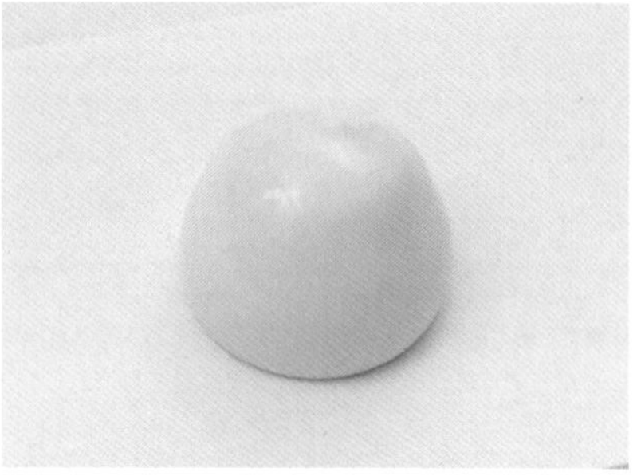

⑬ 如图，企鹅身体完成。

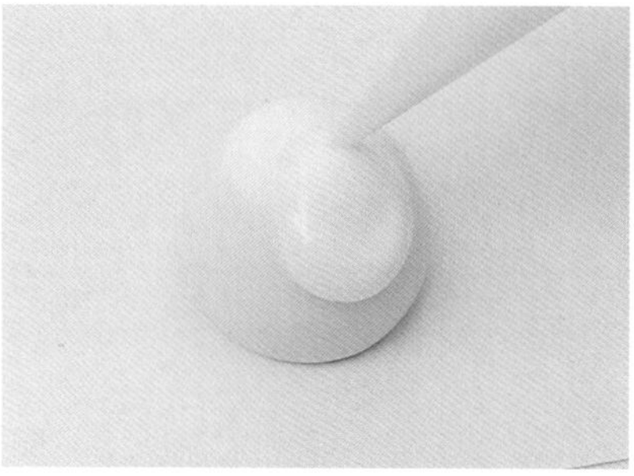

⑭ 用白色蛋白霜在企鹅身体上挤出椭圆形，为肚毛。

⑮ 用黄色蛋白霜在企鹅身体底部的左侧，挤出圆形，为脚部。

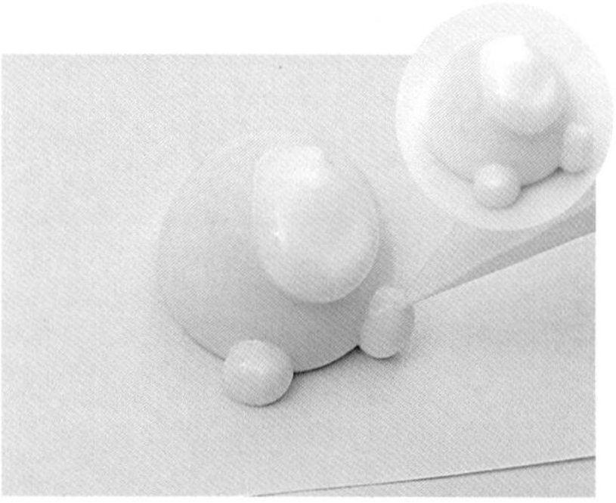

⑯ 重复步骤15，完成右脚。

⑰ 用蓝色蛋白霜在身体上方挤出一个半圆球体，为企鹅头部。

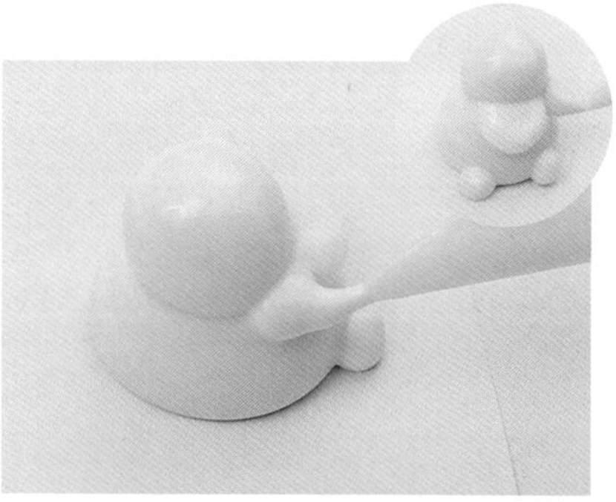

⑱ 用蓝色蛋白霜在身体两侧挤出三角锥形，为翅膀。

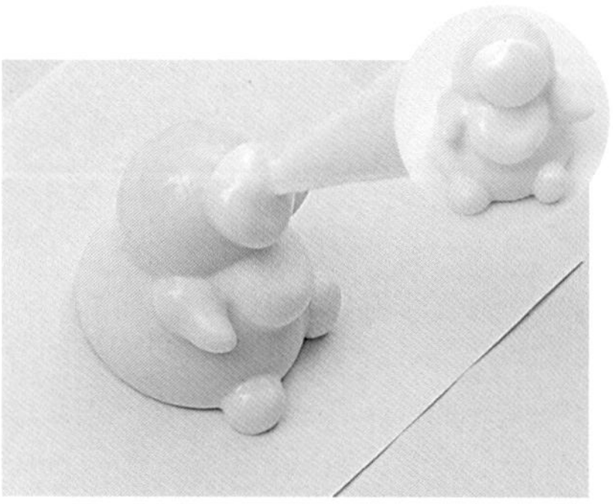

⑲ 用白色蛋白霜在企鹅头部正面挤出圆形，为企鹅脸部。

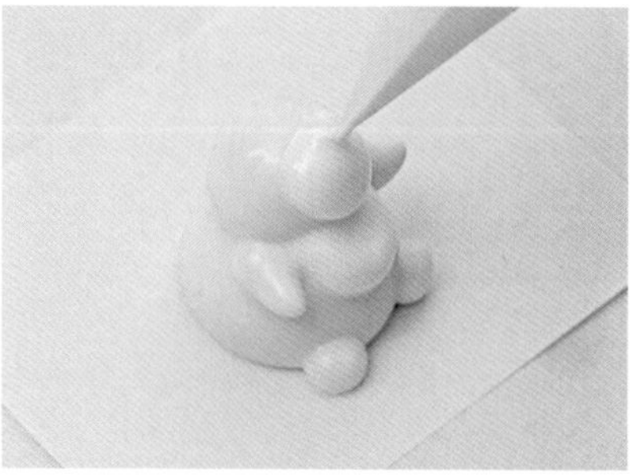

⑳ 用蓝色蛋白霜在脸部上端挤出J形，为额毛。

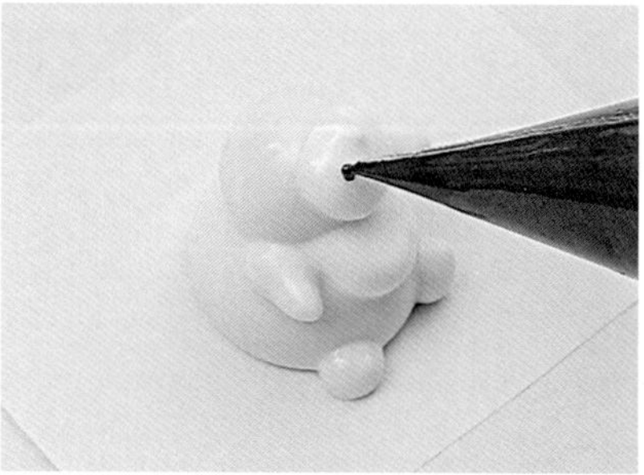

㉑ 用黑色蛋白霜在脸部左侧挤出圆点，为左眼。

22 重复步骤21，完成右眼。

23 用黄色蛋白霜在眼睛下侧挤出三角锥形，为嘴巴。

24 用黑色蛋白霜在左眼上方挤出弧形，为眉毛。

25 重复步骤24，完成右侧眉毛。

26 最后，将企鹅摆至干燥定型即可。

粉红猪

材料 & 工具 Materials Tools

颜色 Color ● 深粉红色 ● 浅粉红色 ● 黑色

器具 Appliance 油纸、三明治袋、针车钻

步骤说明 Description Step

：单只造型

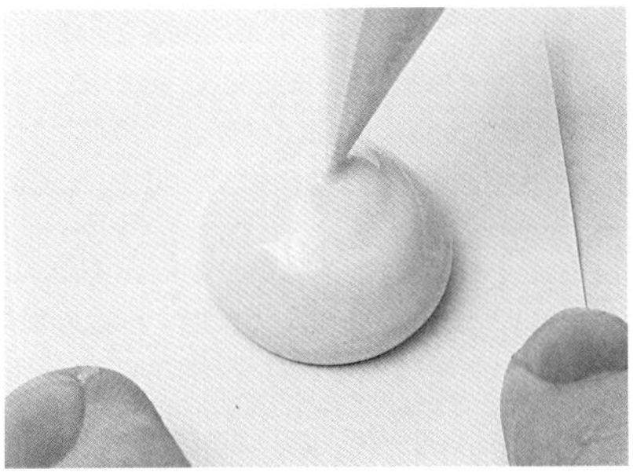

01 用浅粉红色蛋白霜在油纸上挤出一个较扁的半圆球体。（注：三明治袋在挤蛋白霜时须饱和，袋口勿剪太大，才能挤出细致的造型。）

02 如图，头部完成。

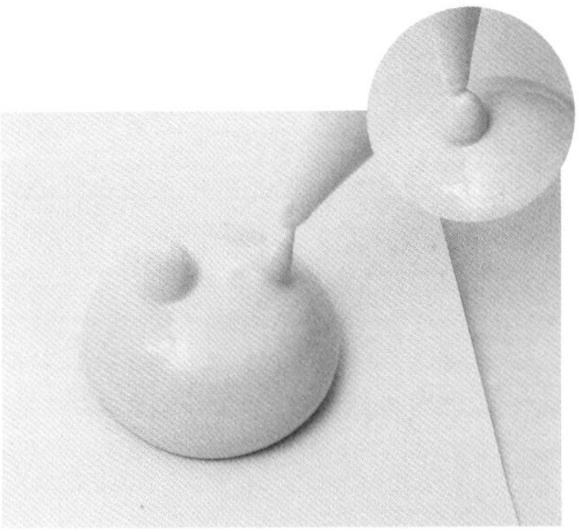

03 用浅粉红色蛋白霜在头部两侧挤出三角锥形，为耳朵。

04 用浅粉红色蛋白霜在脸部中央挤出椭圆形，为猪鼻子。

05 用浅粉红色蛋白霜在头部前方两侧挤出半圆球体，为双手。

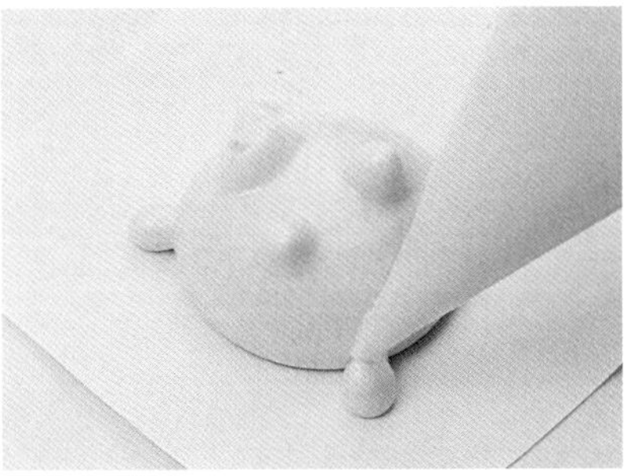

06 用浅粉红色蛋白霜在头部后方两侧挤出半圆球体，为双脚。

07 用深粉红色蛋白霜在鼻子上挤出两个圆点，为鼻孔。

08 用深粉红色蛋白霜在鼻子左侧挤出圆形，为腮红。

09 重复步骤08，完成右侧腮红。

10 用黑色蛋白霜在脸部挤出圆点，为左眼。

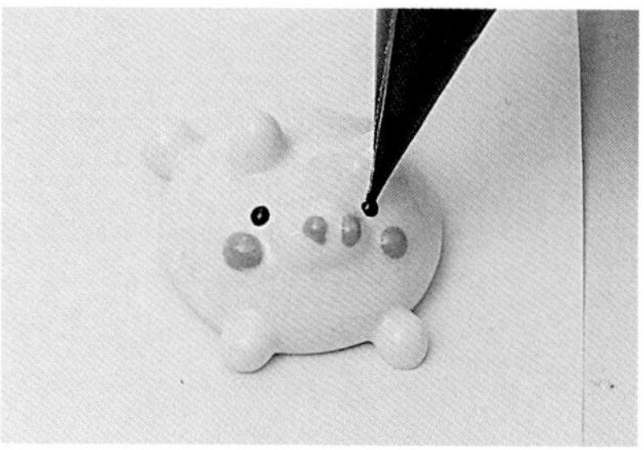

11 重复步骤10，完成右眼制作。

12 最后，将小猪摆至干燥定型即可。

猪屁股造型

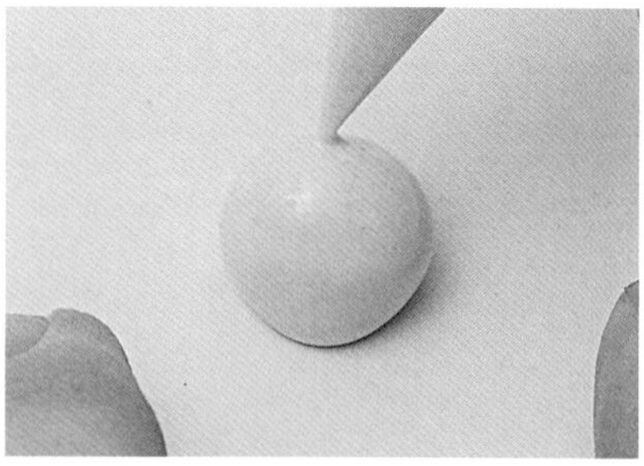

13 用浅粉红色蛋白霜在油纸上挤出一个半圆球体。（注：三明治袋在挤蛋白霜时须饱和，袋口勿剪太大，才能挤出细致的造型。）

14 如图，屁股完成。

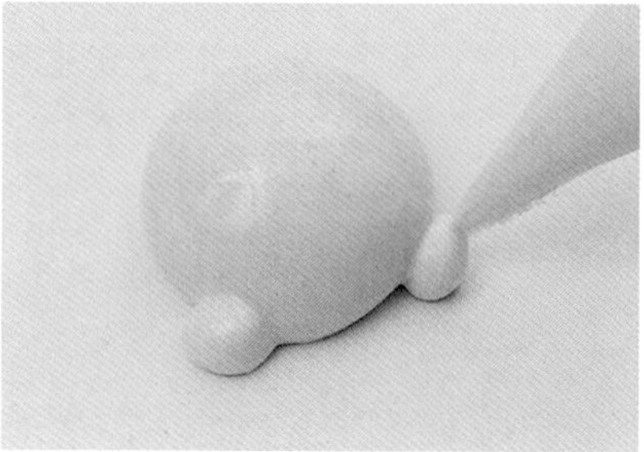

15 用浅粉红色蛋白霜在屁股后方两侧挤出半圆球体，为后脚。

16 用浅粉红色蛋白霜在屁股上方绕出螺旋形，以挤出猪尾巴。

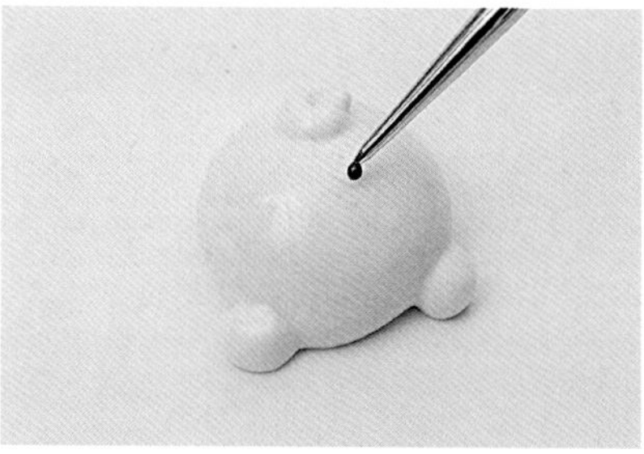

17 用针车钻蘸取黑色蛋白霜，并点在猪尾巴下方。

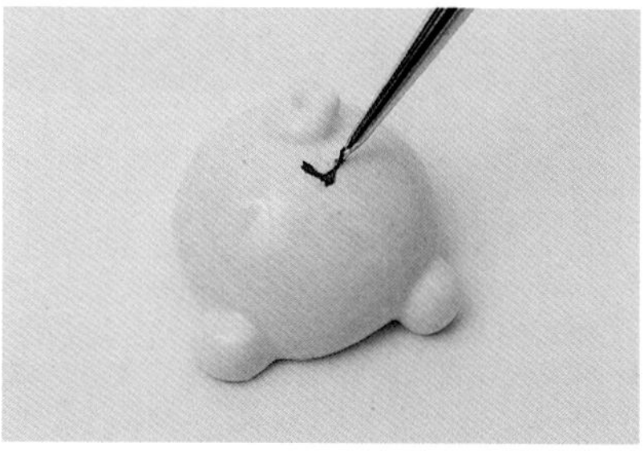

18 承步骤17，用针车钻将尾巴下方的黑色蛋白霜勾划成V字形。

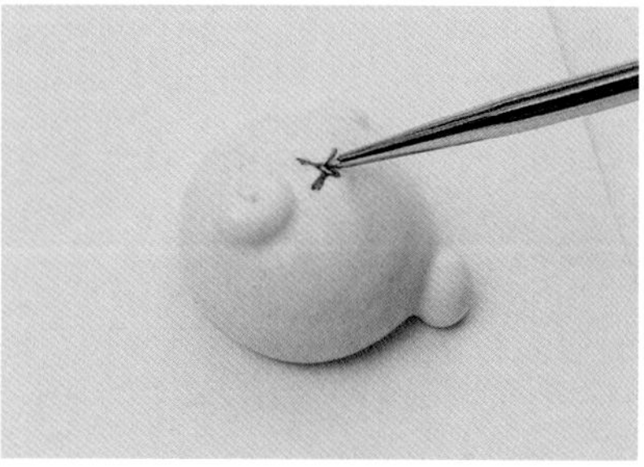

19 承步骤18，用针车钻将V字形再往下勾划成X字形。

20 最后，将猪屁股摆至干燥定型即可。

两只猪堆迭造型

21 用浅粉红色蛋白霜在油纸上挤出一个半圆球体。（注：三明治袋在挤蛋白霜时须饱和，袋口勿剪太大，才能挤出细致的造型。）

22 如图，大猪头部完成。

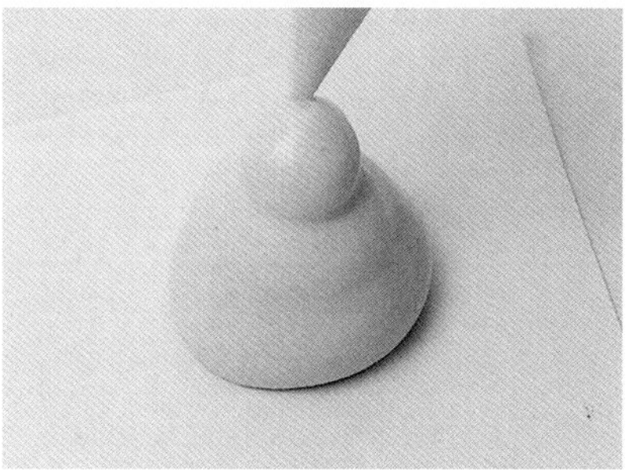

23 在大猪头部上方，以浅粉红色蛋白霜挤出半圆球体。

24 如图，小猪头部完成。

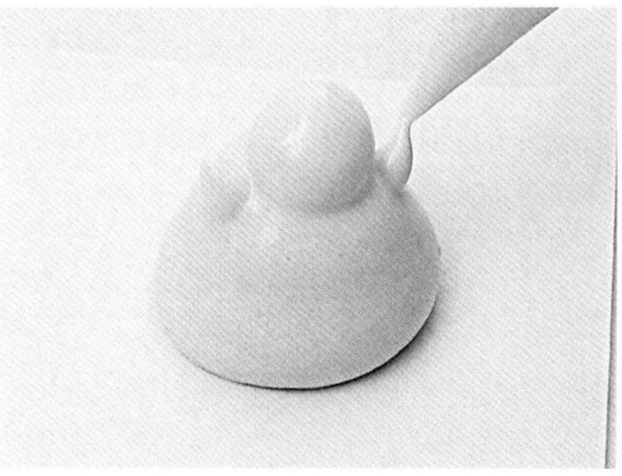

25 用浅粉红色蛋白霜在大猪头部两侧挤出三角锥形，为耳朵。

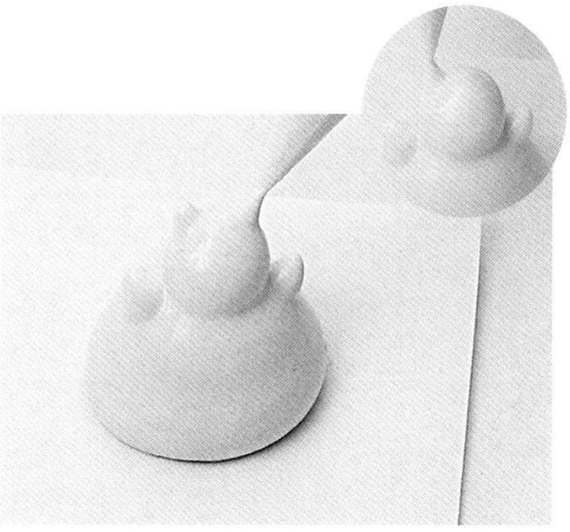

26 重复步骤25，完成小猪耳朵。

27 如图，小猪耳朵完成。

28 用浅粉红色蛋白霜在头部两侧挤出半圆球体，作为双手。

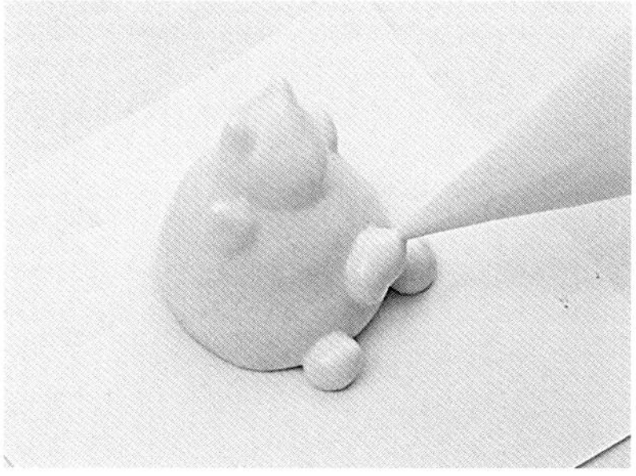

29 用浅粉红色蛋白霜在大猪脸部中央挤出椭圆形的猪鼻子。

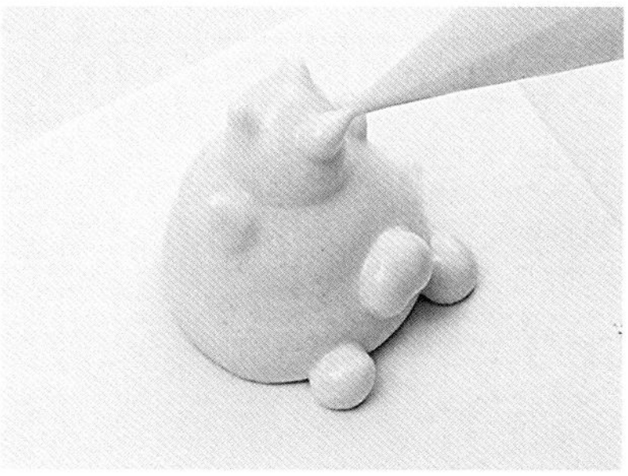

30 重复步骤29，在小猪脸部中央挤出椭圆形的猪鼻子。

31 如图，猪鼻子完成。

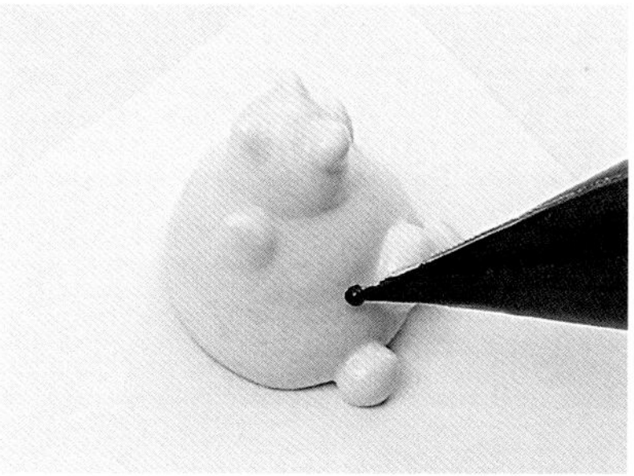

32 用黑色蛋白霜，在大猪脸部挤出圆点，为左眼。

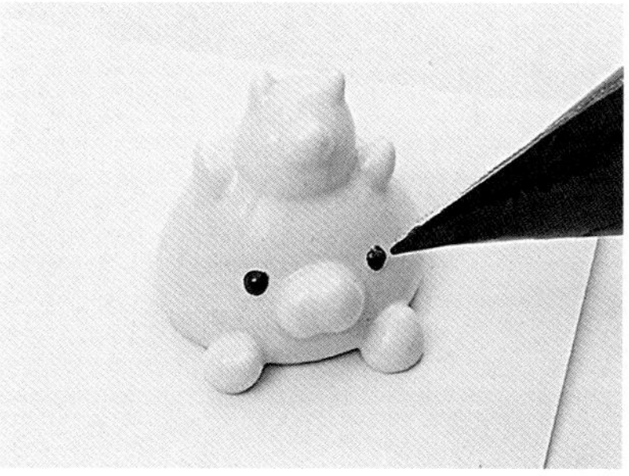

33 重复步骤32，完成右眼。

34 用针车钻蘸取黑色蛋白霜，并在小猪脸部点出圆点，为左眼。（注：可以针车钻为辅助，制作较精细的细节。）

35 重复步骤34，完成右眼。

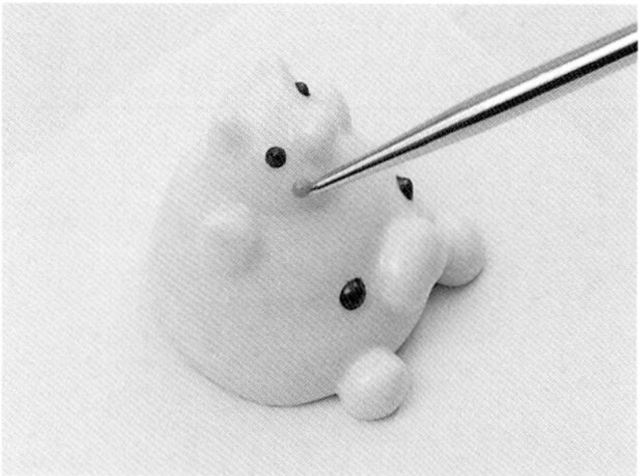

36 用针车钻蘸取深粉色蛋白霜，并在小猪脸部左侧点出腮红。

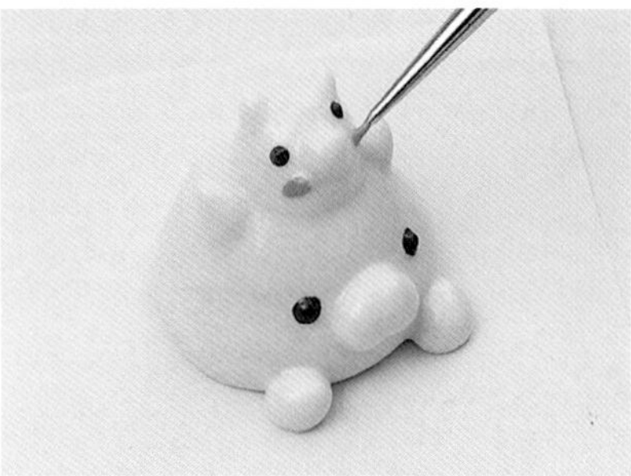

37 重复步骤36，完成右侧腮红。

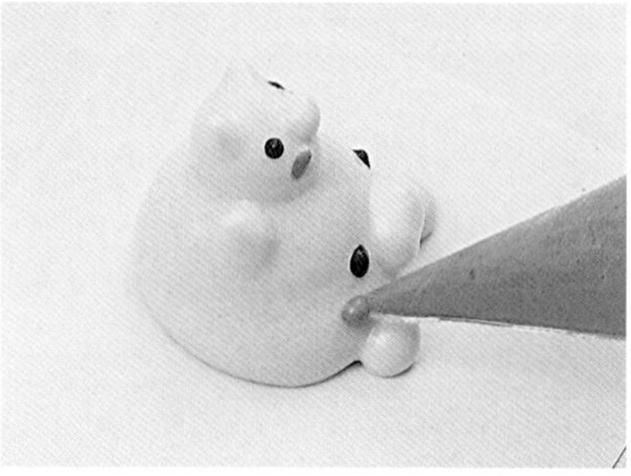

38 用深粉红色蛋白霜在大猪脸部左侧挤出圆形，为腮红。

39 重复步骤38，完成右侧腮红。

40 最后，先用深粉红色蛋白霜在大小猪鼻上各挤出两个圆点，完成鼻孔后，将两只猪摆至干燥定型即可。

小白兔

50℃
烘烤约 2 小时
约 50 颗

材料 & 工具 Materials Tools

颜色 Color　白色　● 黑色　粉红色　深粉红色

器具 Appliance　油纸、三明治袋、针车钻

步骤说明 Step Description

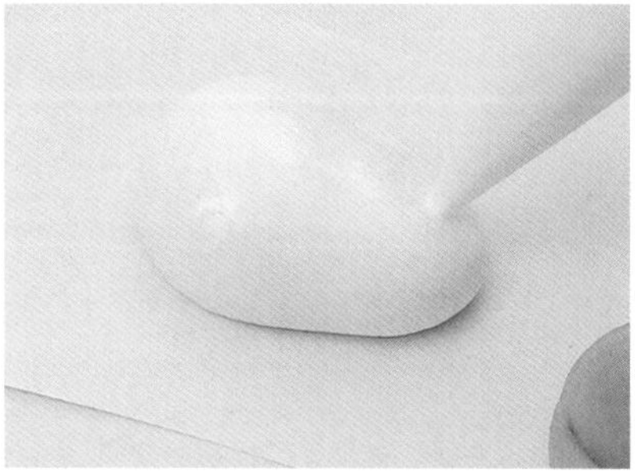

01 用白色蛋白霜在油纸上挤出葫芦形状。（注：三明治袋在挤蛋白霜时须饱和，袋口勿剪太大，才能挤出细致的造型。）

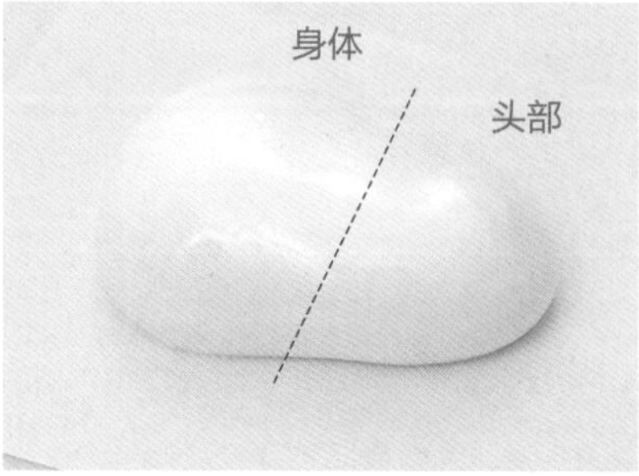

02 如图，兔子主体完成，分为头部和身体。

03 用白色蛋白霜在兔子头部两侧挤出水滴形，为耳朵。

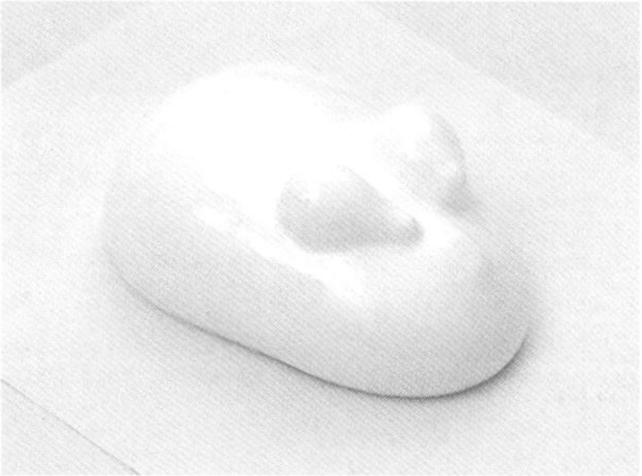

04 如图，兔子耳朵制作完成。

05 用白色蛋白霜在兔子身体后端挤出半圆球体，为尾巴。

06 用粉红色蛋白霜在兔子的左耳上挤出水滴形，为耳窝。

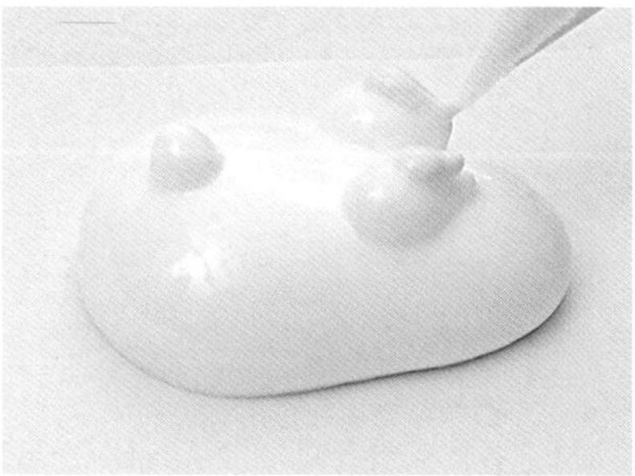

07 重复步骤06，完成右耳耳窝。

08 如图，耳窝完成。

09 用黑色蛋白霜在兔子脸部中间挤出圆点，为鼻子。

⑩ 如图，鼻子制作完成。

⑪ 用黑色蛋白霜在兔子鼻子左上角挤出圆点，为眼睛。

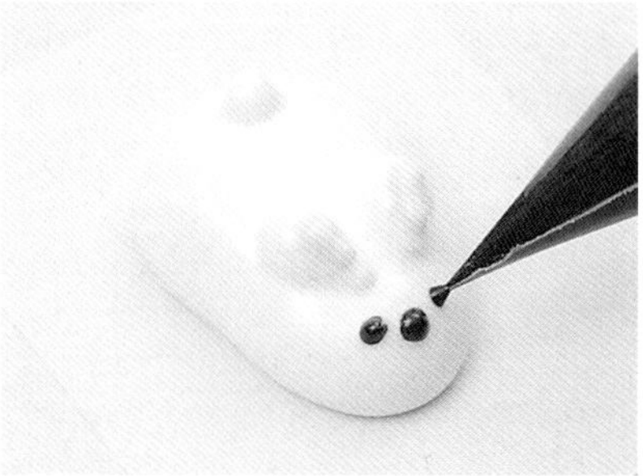

⑫ 重复步骤11，完成右眼。

⑬ 如图，双眼制作完成。

⑭ 用深粉红色蛋白霜在兔子的嘴巴左侧挤出圆形，为腮红。

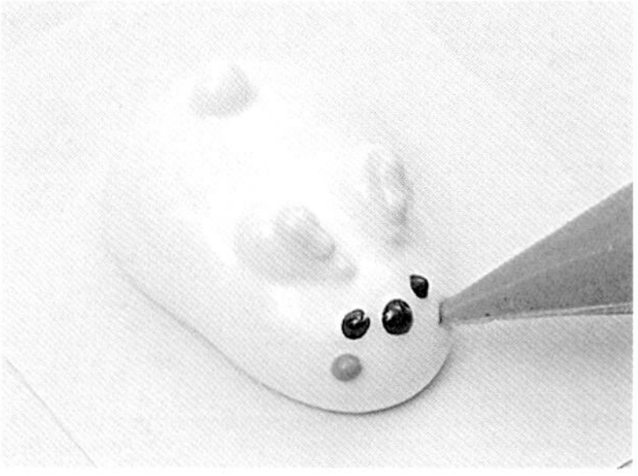

⑮ 重复步骤14，完成右侧腮红。

⑯ 最后，将兔子摆至干燥定型即可。

北极熊

50℃
烘烤约 2 小时
约 50 颗

Materials 材料 & 工具 Tools

颜色 Color　白色 ● 黑色 ● 深粉红色

器具 Appliance　油纸、三明治袋、针车钻

Description 步骤说明 Step

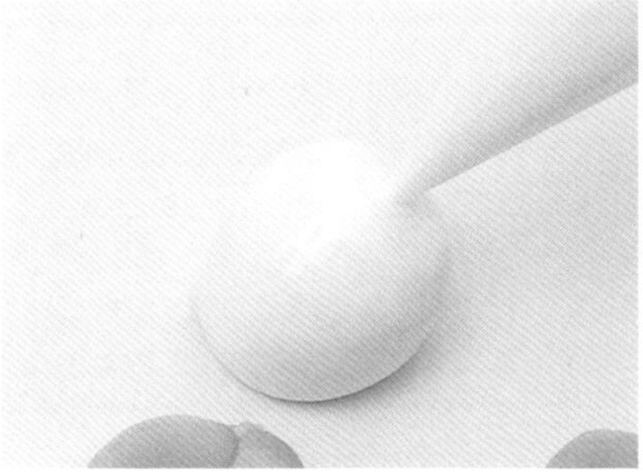

01 用白色蛋白霜在油纸上挤出一个半圆球体。（注：三明治袋在挤蛋白霜时须饱和，袋口勿剪太大，才能挤出细致的造型。）

02 如图，北极熊身体完成。

03 用白色蛋白霜在北极熊身体顶端两侧挤出半圆球体，作为耳朵。

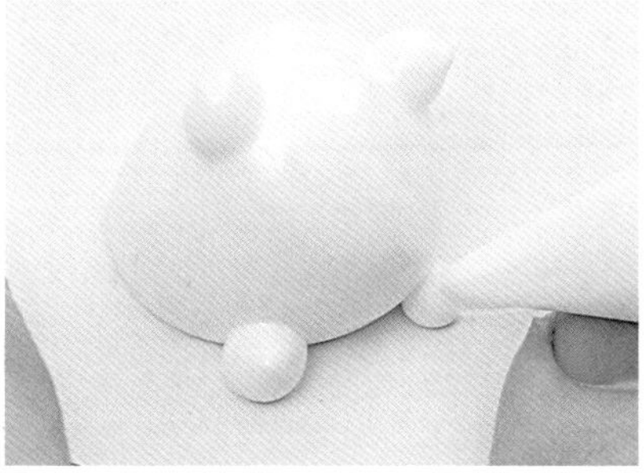

04 用白色蛋白霜在北极熊身体前方两侧挤出半圆球体，作为双手。

05 如图，双手完成。

06 用黑色蛋白霜在北极熊身体中间挤出圆点，作为鼻子。

07 用黑色蛋白霜在北极熊鼻子左上角挤出圆点，作为眼睛。

08 重复步骤07，完成右眼制作。

09 用黑色蛋白霜在左耳上挤出圆点，作为耳窝。

10 重复步骤09，完成右耳耳窝。

11 用针车钻将鼻子的黑色蛋白霜往左下勾划，为左侧的嘴巴弧线。

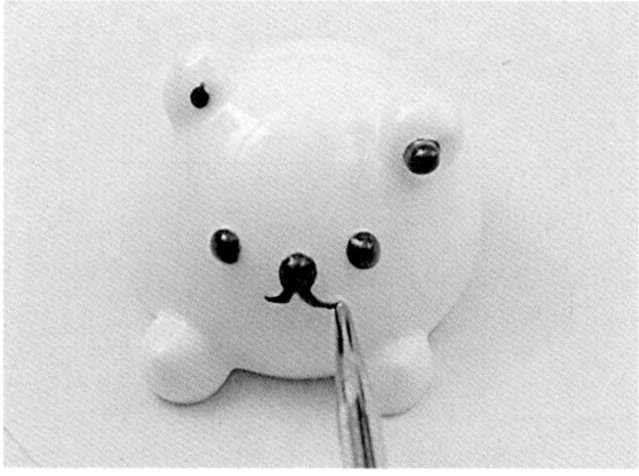

12 重复步骤11，完成右侧的嘴巴弧线。

13 如图，北极熊嘴巴完成。

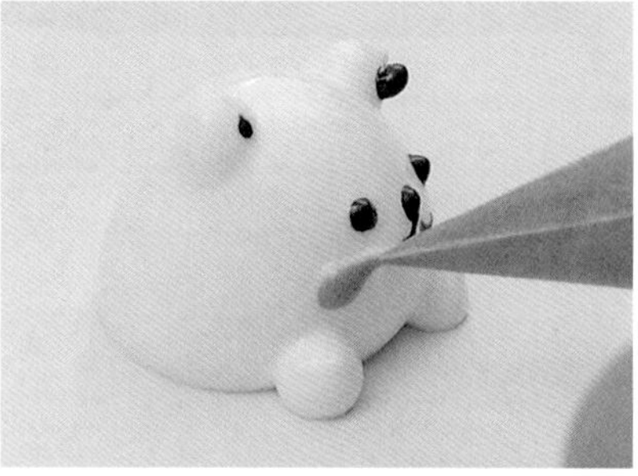

14 用深粉红色蛋白霜在北极熊的嘴巴左侧挤出圆形，作为腮红。

15 重复步骤14，完成右侧腮红。

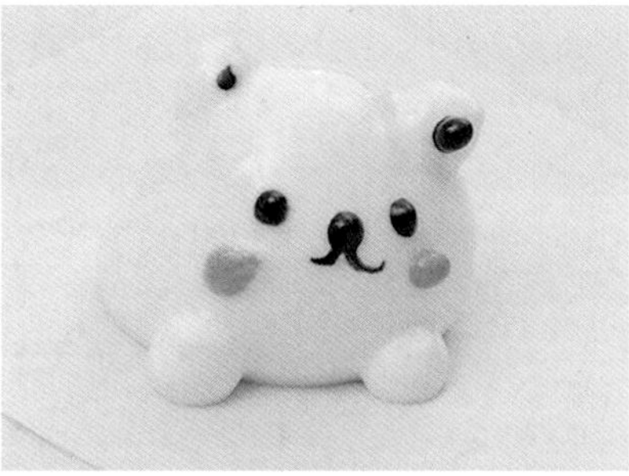

16 最后，将北极熊摆至干燥定型即可。

Marshmallow Preparation

棉花糖前置制作

棉花糖糊制作

材料及工具 Ingredients & Tools

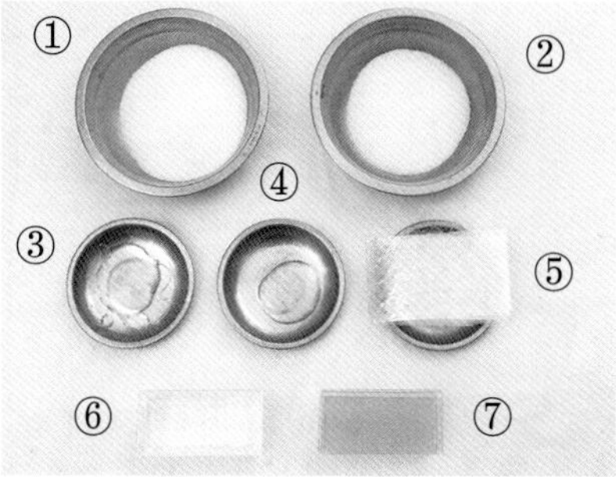

·食材

①细砂糖A　160克
②细砂糖B　75克
③水麦芽A　25克
④水麦芽B　17克
⑤吉利丁片　6.5片
⑥水　83克
⑦柳丁汁　75克

·器具

电动搅拌机、刮刀、筛网、温度计、卡式炉、单柄锅

步骤说明 Step Description

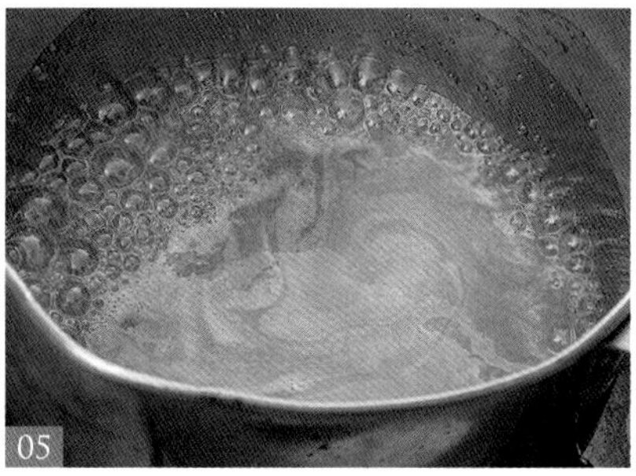

01　将吉利丁片用冷水泡软。(注：须使用冰饮用水。)
02　将柳丁汁倒入单柄锅中。
03　将砂糖B加入单柄锅中。
04　将水麦芽B加入单柄锅中。
05　将水麦芽、柳丁汁与砂糖煮滚。
06　承步骤05，煮滚后倒入搅拌缸中备用。

棉花糖糊制作
视频

07 将水倒入单柄锅中。

08 将砂糖A倒入单柄锅中。

09 用刮刀将水麦芽A加入单柄锅中。

10 将泡软的吉利丁取出，并挤去多余水分备用。

11 将水、砂糖与水麦芽煮至113℃。

12 承步骤11，加入泡软的吉利丁片。

13 用刮刀确认吉利丁片已经在单柄锅中溶化。

14 将溶有吉利丁片的糖水倒入搅拌缸中。

15 承步骤14，用电动搅拌机打发。

16 重复步骤15，继续用电动搅拌机打发搅拌缸内的材料。

17 最后，打发至有明显纹路且不易滴落即可。

18 如图，棉花糖糊完成。

TIPS

- 棉花糖糊须尽快使用，勿放置冷却，否则会凝固无法挤出。
- 万一温度太低凝固了，可微波 2 ~ 5 秒加热。
- 可利用烤箱约 50℃保温棉花糖糊。
- 棉花糖糊软硬度可以依照操作需求调整，可利用打发程度来控制。
- 玉米粉以 150 ~ 160℃烘烤 10 ~ 15 分钟，放凉，在烤盘上撒上薄薄一层玉米粉备用。

调色方法

步骤说明 Step Description

01

02

03

04

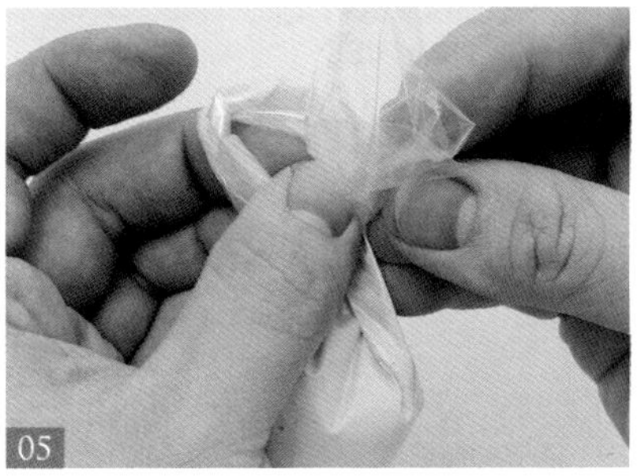
05

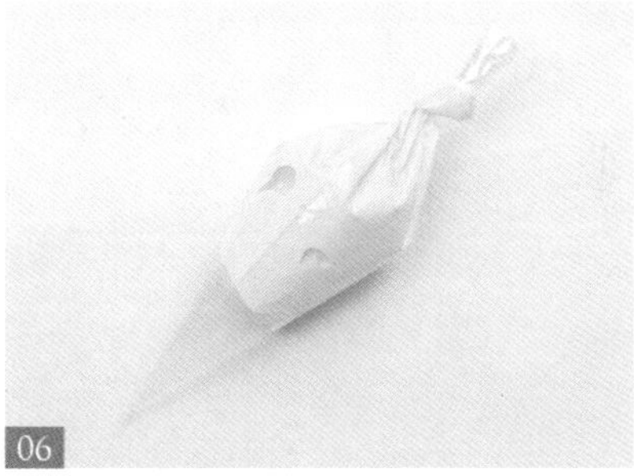
06

01 用牙签将色膏蘸染在棉花糖糊上。（注：染色可依喜好调整浓淡，建议少量添加，觉得不够深再增加用量。）

02 将棉花糖糊与色膏拌匀。

03 重复步骤02，将色膏与棉花糖糊搅匀。

04 将棉花糖糊装入三明治袋中。

05 最后，承步骤04，将三明治袋尾端打结，在使用前，用剪刀将三明治袋尖端平剪小洞即可。

06 如图，棉花糖糊填装完成。（注：若需要使用原色棉花糖糊，则可跳过步骤01~03，进行填装步骤。）

调色 Toning

白色（原色） 灰色 黑色 咖啡色 黄色 肤色 橘色 粉红色 绿色

猫掌

约 40 颗

材料 & 工具 Materials Tools

颜色 Color　白色　● 粉红色

器具 Appliance　三明治袋、烤盘、筛网、毛刷

步骤说明 Description Step

01 用白色棉花糖糊在撒有熟玉米粉的烤盘上挤出圆形，即完成猫掌主体。

02 用粉红色棉花糖糊在猫掌主体下方，挤出倒爱心形，为掌心肉球。

03 用粉红色棉花糖糊在掌心肉球上方由左至右挤出四个圆形，为指间肉球，即完成猫掌。

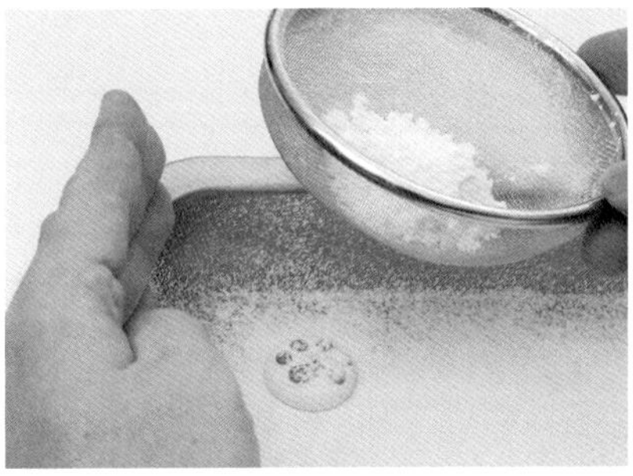

04 待凝固，以筛网为辅助，将玉米粉撒在棉花糖表面，以防止粘黏。

05 将棉花糖放入筛网中。

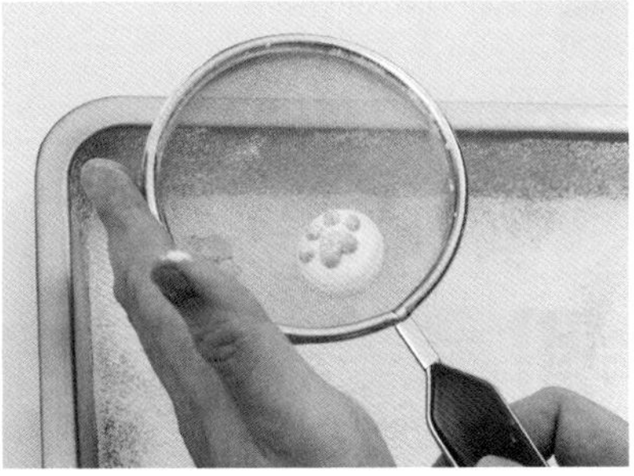

06 用手轻拍筛网边缘，将棉花糖上的玉米粉拍落。

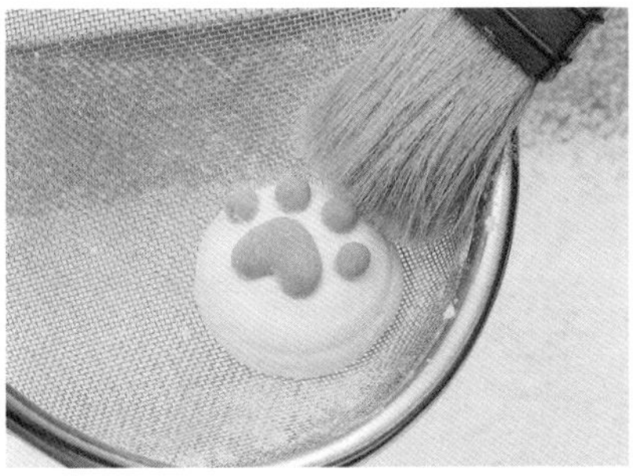

07 最后，用毛刷将棉花糖表面的玉米粉刷落即可。

08 如图，猫掌完成。

小老虎

约 40 颗

材料 & 工具 Materials Tools

颜色 Color　白色 ● 粉红色 ● 黑色 ● 橘色

器具 Appliance　三明治袋、烤盘、筛网、毛刷

步骤说明 Description Step

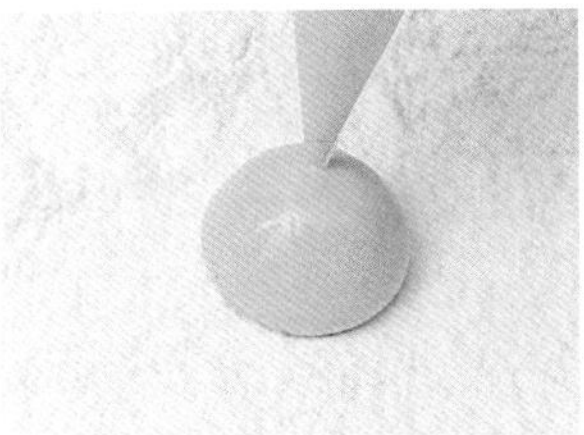

01 用橘色棉花糖糊在撒有熟玉米粉的烤盘上，挤出半圆球体。

02 如图，老虎头部完成。

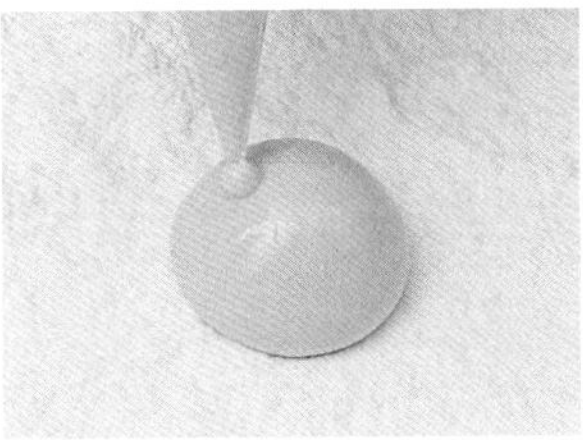

03 用橘色棉花糖糊在头部顶端左侧挤出三角锥形，为左耳。

04 重复步骤03，在头顶右侧挤出右耳。

05 用橘色棉花糖糊在头部前方两侧挤出半圆球体，为双手。

06 用白色棉花糖糊在脸部中央挤出圆形，为左侧吻部。

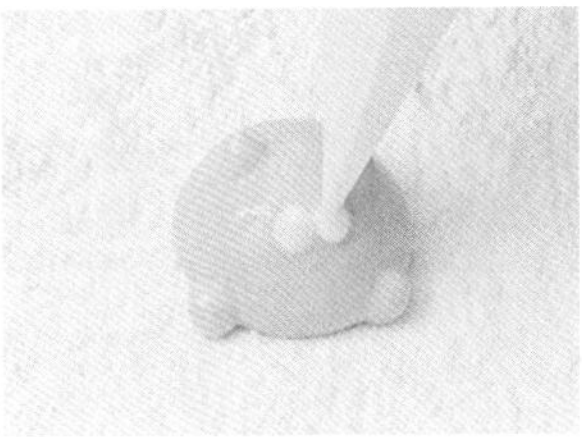

07 重复步骤06，完成右侧吻部。

08 如图，吻部完成。

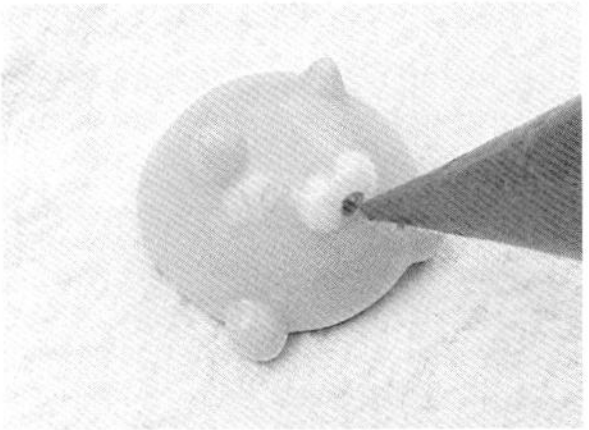

09 用粉红色棉花糖糊在吻部下侧挤出圆点，为舌头。

10 用粉红色棉花糖糊在吻部两侧点出圆形，为腮红。

11 如图，腮红完成。

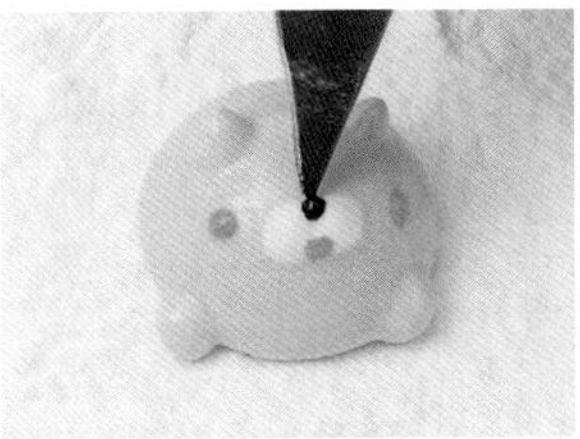

12 用黑色棉花糖糊在吻部上方挤出圆点，为鼻子。

⑬ 用黑色棉花糖糊在鼻子左上方挤出圆点，为左眼。

⑭ 重复步骤13，完成右眼制作。

⑮ 如图，双眼完成。

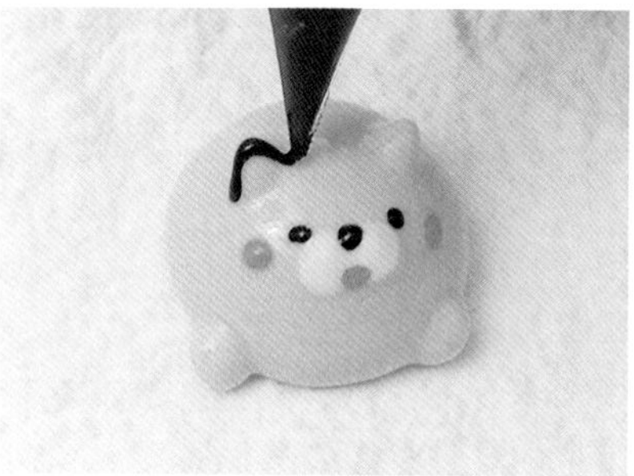

⑯ 用黑色棉花糖糊顺着耳朵的形状，挤出黑色轮廓线。

⑰ 重复步骤16，完成右耳轮廓线制作。

⑱ 用黑色棉花糖糊在双耳间挤出“王”字老虎斑纹。

⑲ 如图，“王”字斑纹完成。

⑳ 待凝固，以筛网为辅助，将玉米粉撒在棉花糖表面，以防止粘黏。

㉑ 如图，玉米粉撒落完成。

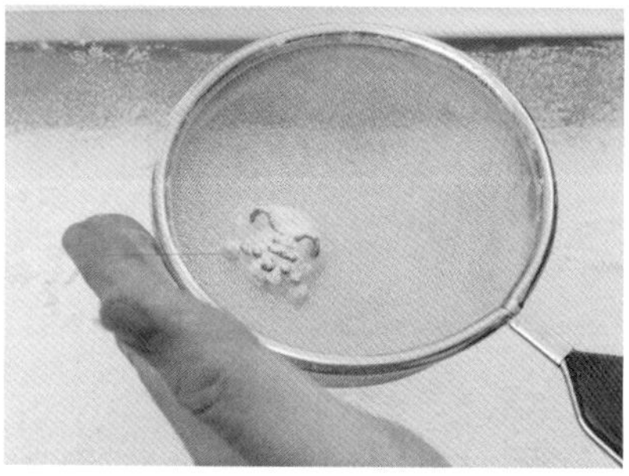

㉒ 将棉花糖放入筛网中，并用手轻拍筛网边缘把棉花糖上的玉米粉拍落。

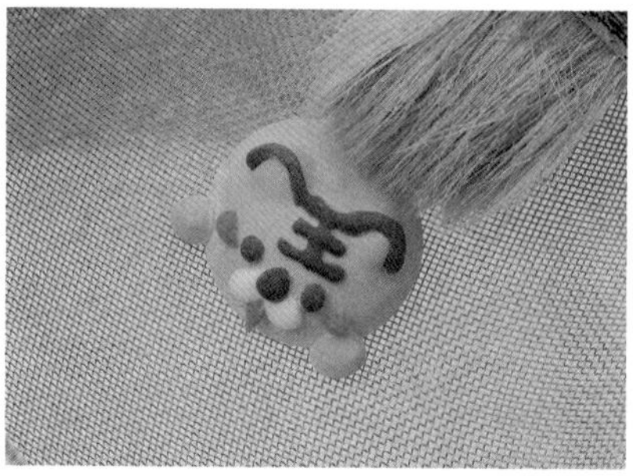

㉓ 最后，用毛刷将棉花糖表面的玉米粉刷落即可。

㉔ 如图，小老虎完成。

绵绵羊

约 40 颗

Materials 材料 & 工具 Tools

颜色 Color 白色 ● 粉红色 ● 肤色 ● 黑色 ● 咖啡色

器具 Appliance 挤花袋、三明治袋、烤盘、筛网、毛刷

Description 步骤 说明 Step

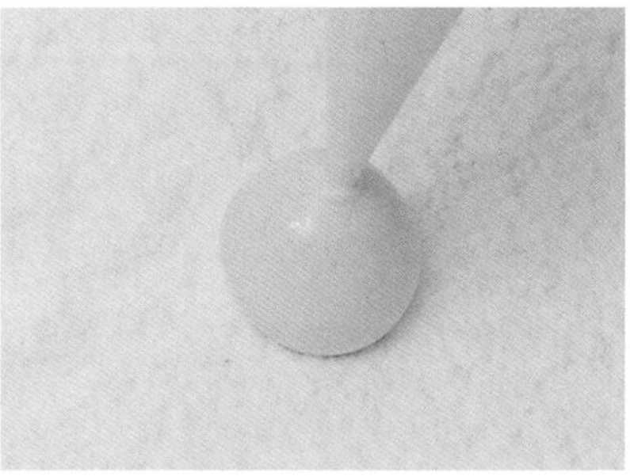

01 用肤色棉花糖糊在撒有熟玉米粉的烤盘上，挤出半圆球体。

02 如图，绵羊身体完成。

03 用白色棉花糖糊沿着绵羊身体后方挤出半圆球体，为羊毛。

04 重复步骤03，依序沿着身体边缘挤出半圈羊毛。

05 重复步骤04，顺着身体边缘挤出半圈羊毛。

06 用白色棉花糖糊在绵羊身体中间，挤出羊毛。

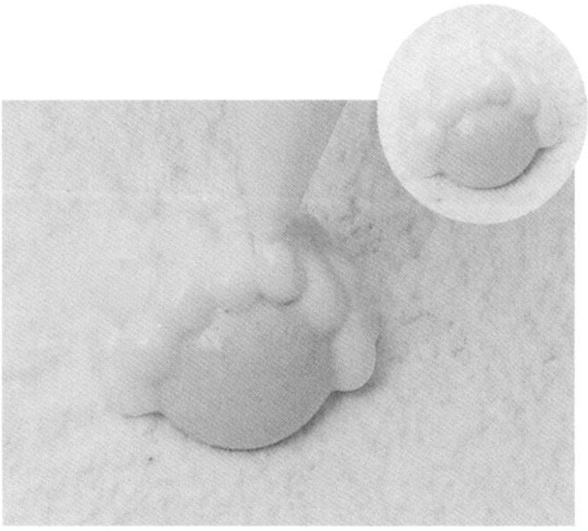

07 重复步骤06，依序挤出羊毛。（注：保留脸部不挤。）

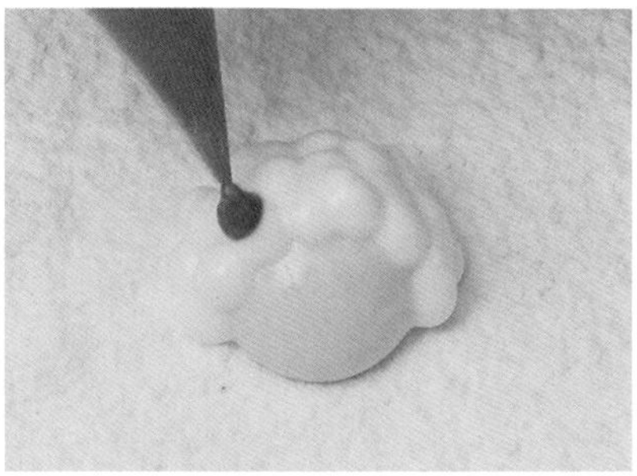

08 用咖啡色棉花糖糊在羊毛顶端的左侧挤出三角锥形，为羊角。

09 重复步骤08，完成右侧羊角制作。

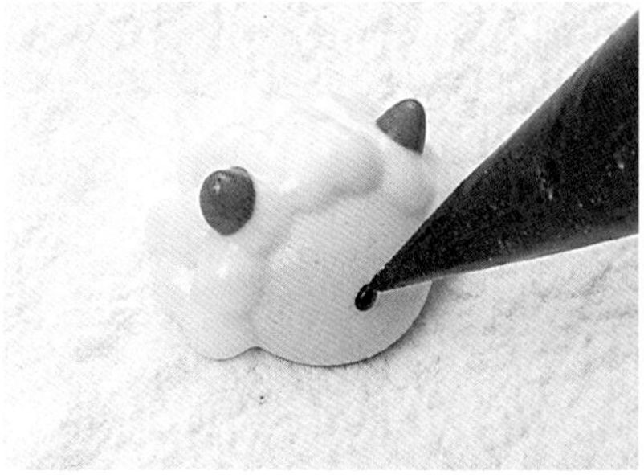

⑩ 用黑色棉花糖糊在脸部中央挤出圆点，为鼻子。

⑪ 用黑色棉花糖糊在鼻子左侧挤出圆点，为眼睛。

⑫ 重复步骤11，完成右眼制作。

⑬ 用粉红色棉花糖糊在脸部两侧挤出圆形，为腮红。

⑭ 待凝固，以筛网为辅助，将玉米粉撒在棉花糖表面，以防止粘黏。

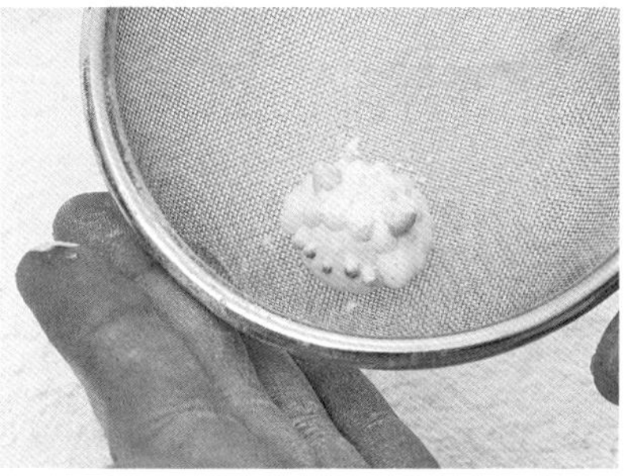

⑮ 将棉花糖放入筛网中，并用手轻拍筛网边缘，把棉花糖上多余的玉米粉拍落。

⑯ 最后，用毛刷将棉花糖表面的玉米粉刷落即可。

⑰ 如图，绵绵羊完成。

蜜蜂

约 40 颗

Materials 材料 & 工具 Tools

颜色 Color　白色 ● 粉红色 ● 绿色 ● 黄色 ● 黑色

器具 Appliance　挤花袋、三明治袋、烤盘、筛网、毛刷

Description 步骤说明 Step

01 用绿色棉花糖糊在撒有熟玉米粉的烤盘上，挤出O形。

02 如图，花圈完成。

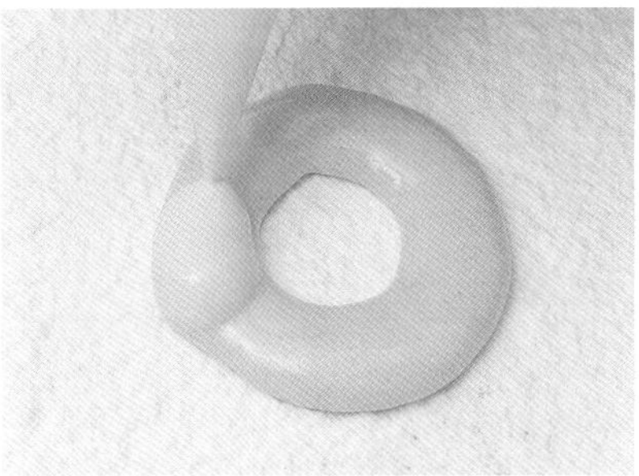

03 用黄色棉花糊在花圈左侧挤出椭圆形，为蜜蜂身体。

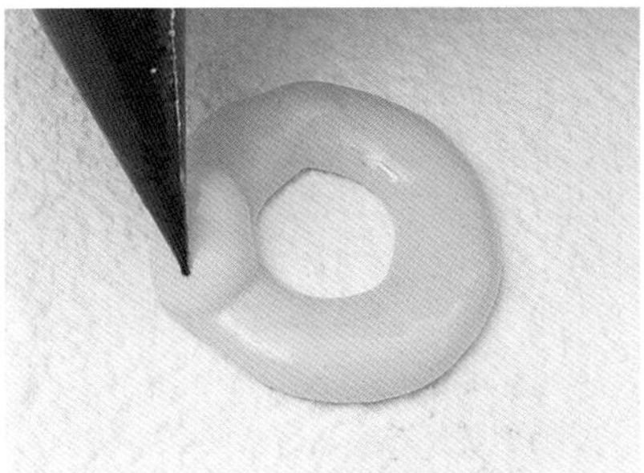

04 用黑色棉花糖糊在蜜蜂身体前端点上圆点，为眼睛。

05 重复步骤04，完成右眼制作。

06 用黑色棉花糖糊在蜜蜂双眼后方挤出横线，为纹路。

07 重复步骤06，依序在蜜蜂身体挤出纹路。

08 用白色棉花糖糊在蜜蜂背部左侧挤出水滴形，为翅膀。

09 重复步骤08，完成右侧翅膀制作。

⑩ 用粉红色棉花糖糊在花圈右侧挤出水滴形，为花瓣。

⑪ 重复步骤10，以第一片花瓣的尖端为中心，依序挤出共五片花瓣。

⑫ 重复步骤10~11，在花圈右上方再挤出五片花瓣。

⑬ 用黄色棉花糖糊依序在花瓣中心挤出圆形，为花蕊。

⑭ 待凝固，以筛网为辅助，将玉米粉撒在棉花糖表面，以防止粘黏。

⑮ 将棉花糖放入筛网中，并用手轻拍筛网边缘，把棉花糖上多余的玉米粉拍落。

⑯ 最后，用毛刷将棉花糖表面的玉米粉刷落即可。

⑰ 如图，蜜蜂完成。

小海豹

约 40 颗

材料 & 工具 Materials Tools

颜色 Color　白色　● 粉红色　● 灰色　● 黑色

器具 Appliance　挤花袋、三明治袋、烤盘、筛网、毛刷

步骤说明 Description Step

⋮ 正趴姿势

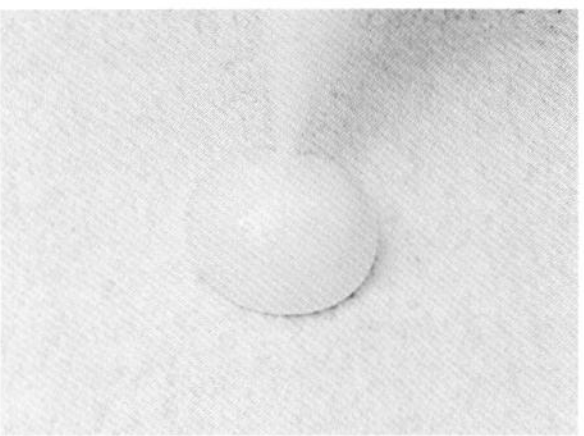

01 用白色棉花糖糊在撒有熟玉米粉的烤盘上，挤出水滴形。

02 如图，海豹身体完成。

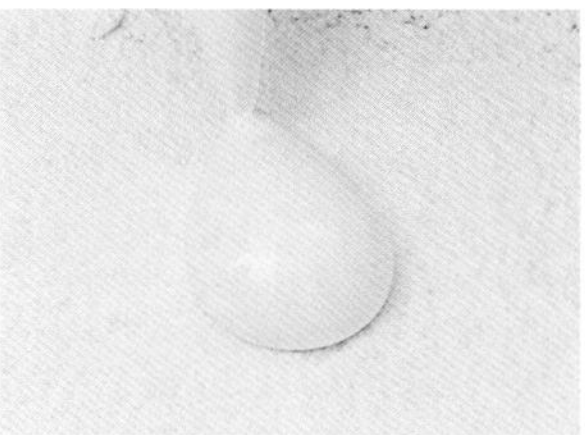

03 用白色棉花糖糊在身体尾端一侧，朝上挤出水滴形，为尾巴。

04 重复步骤03，在另一侧朝上挤出水滴形，呈现V形，为尾巴。

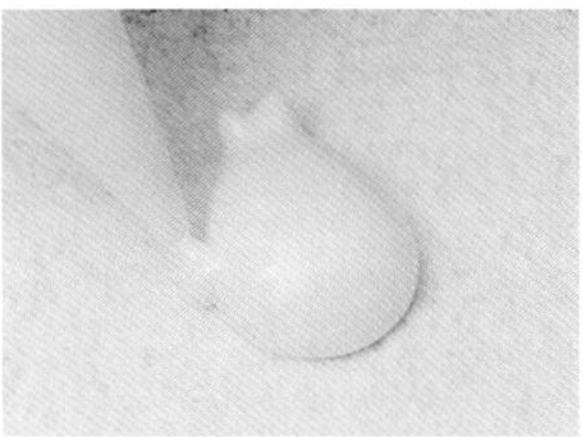

05 用白色棉花糖糊在身体左侧挤出三角锥形，为左手。

06 重复步骤05，完成右手制作。

07 用灰色棉花糖糊在脸部中央挤出圆形。

08 在步骤07圆形侧边挤出圆形，为吻部。

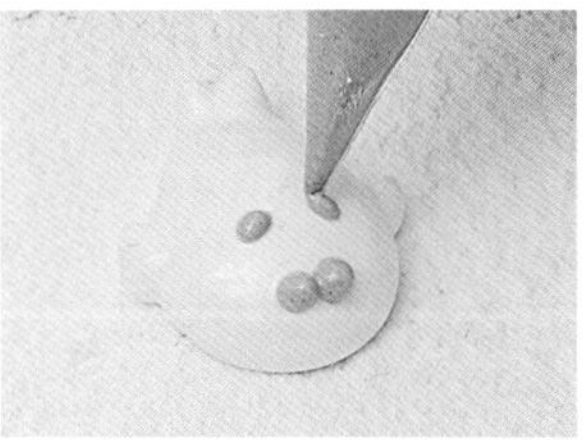

09 用灰色棉花糖糊在脸部两侧挤出椭圆形，为眉毛。

10 用黑色棉花糖糊在吻部上方挤出圆形，为鼻子。

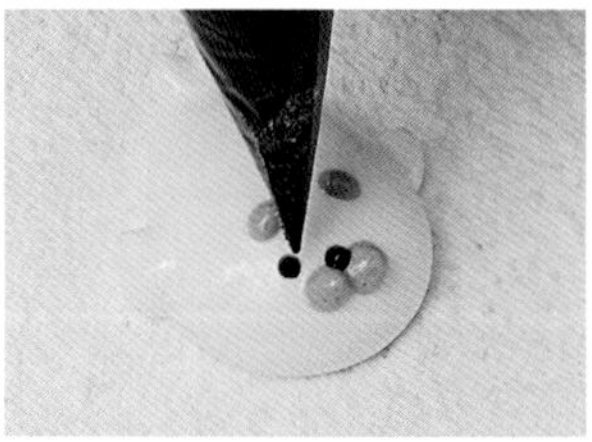

11 用黑色棉花糖糊在鼻子左上侧点出圆形，为左眼。

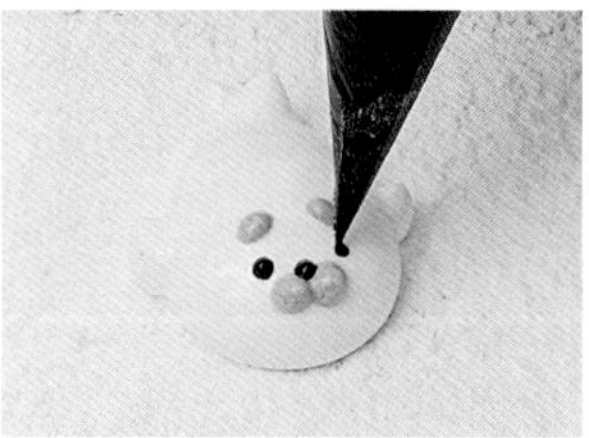

12 重复步骤11，完成右眼制作。

13 待凝固，将玉米粉撒在已定型的棉花糖表面，以防止粘黏。

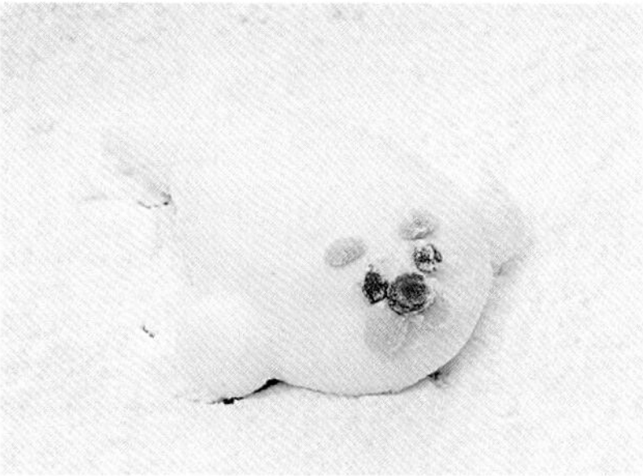

14 如图，玉米粉撒落完成。

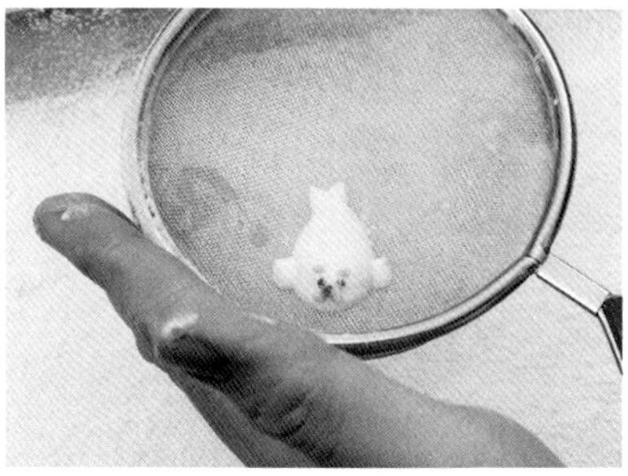

15 将棉花糖放入筛网中，并用手轻拍筛网边缘，把棉花糖上多余的玉米粉拍落。

16 最后，用毛刷将棉花糖表面的玉米粉刷落即可。

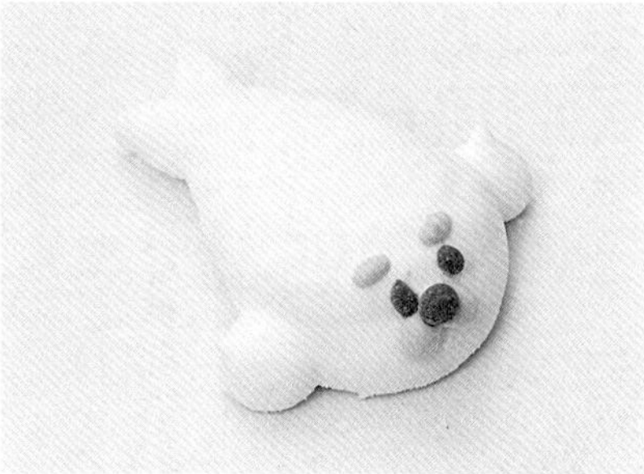

17 如图，正趴姿势海豹制作完成。

⁝ 正躺姿势

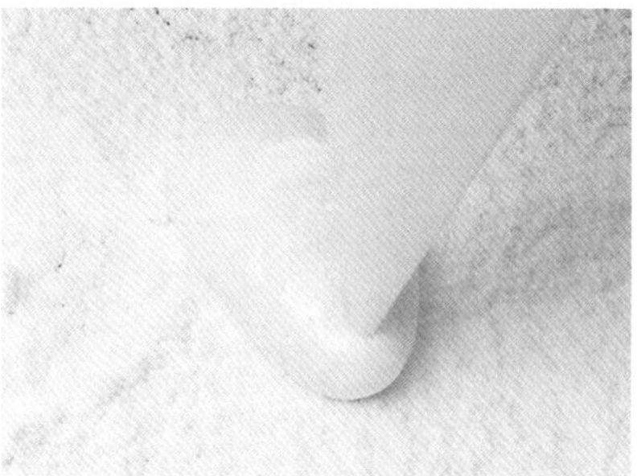

18 用白色棉花糖糊在撒有熟玉米粉的烤盘上，挤出倒水滴形。

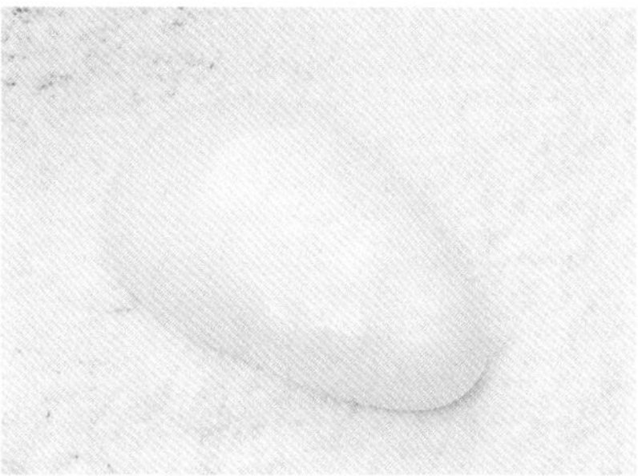

19 如图，海豹身体完成。

20 用白色棉花糖糊在身体尾端一侧，朝下挤出水滴形，为尾巴。

21 重复步骤20，在身体尾端另一侧朝下挤出水滴形，呈现倒V形，为尾巴。

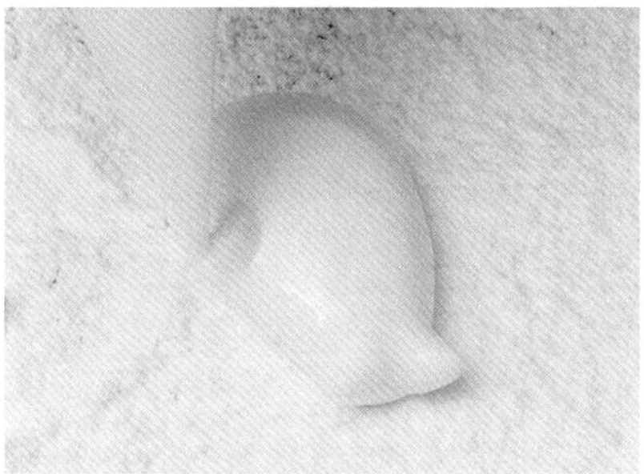

22 用白色棉花糖糊在身体左侧挤出三角锥形，为左手。

23 重复步骤22，完成右手制作。

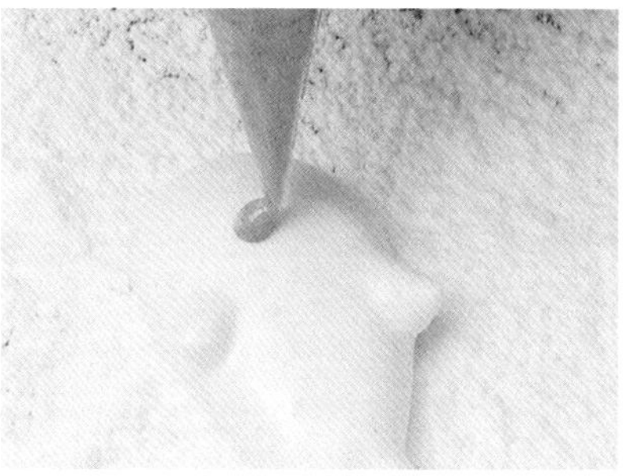

24 用灰色棉花糖糊在海豹上半身挤出圆形。

25 在步骤24圆形侧边挤出圆形，为吻部。

26 用黑色棉花糖糊在吻部上方挤出圆形，为鼻子。

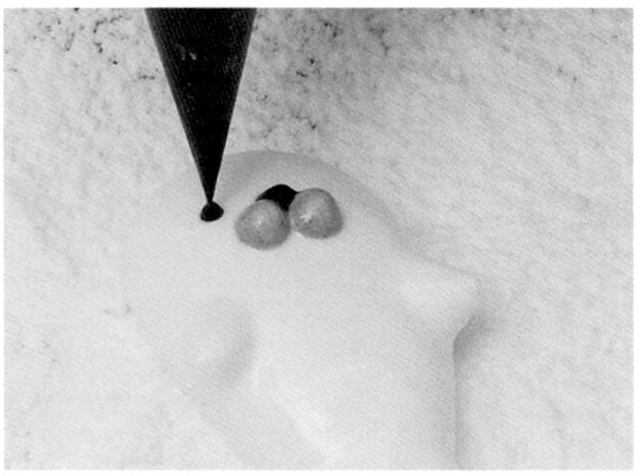

27 用黑色棉花糖糊在鼻子左上方点出圆形，为左眼。

28 重复步骤27，完成右眼制作。

29 用灰色棉花糖糊在眼睛上方挤出椭圆形，为眉毛。

30 用粉红色棉花糖糊在吻部两侧挤出圆形，为腮红。

31 待凝固，将玉米粉撒在已定型的棉花糖表面，以防止粘黏。

32 将棉花糖放入筛网中，并用手轻拍筛网边缘，把棉花糖上多余的玉米粉拍落。

33 最后，用毛刷将棉花糖表面的玉米粉刷落即可。

34 如图，正躺姿势海豹制作完成。

CHAPTER

05

吸睛度 100%！

经典装饰小物

巧克力装饰片前置制作

融化巧克力方法

◆白巧克力

步骤说明 Step Description

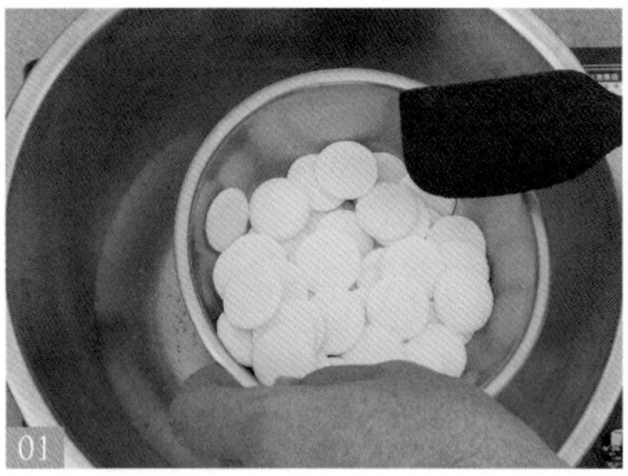

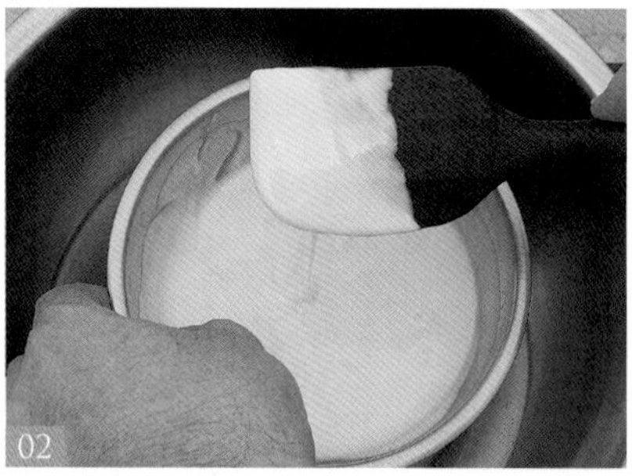

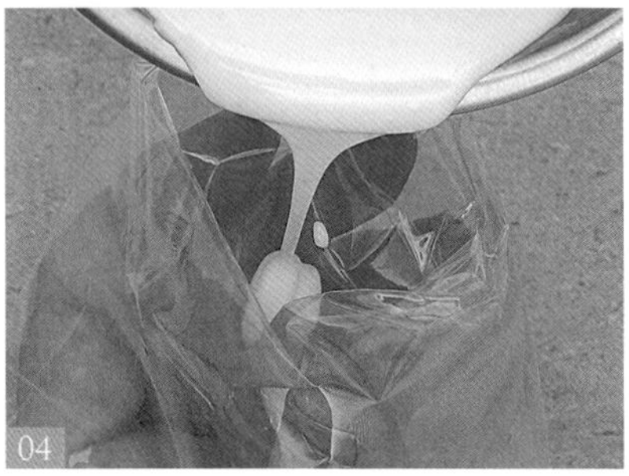

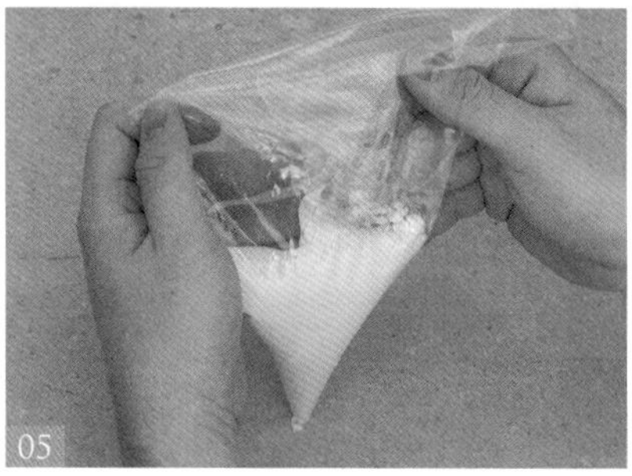

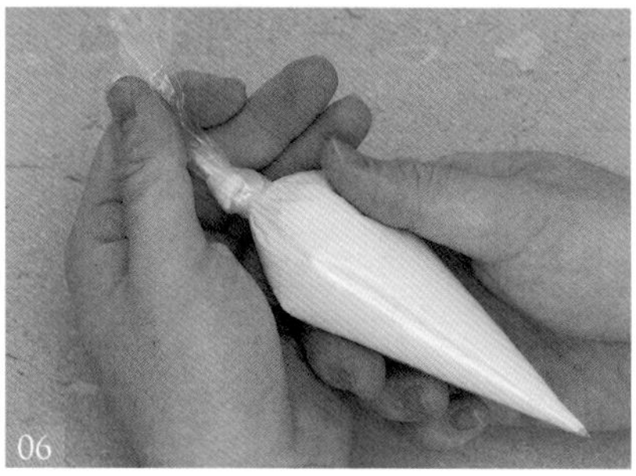

01 将白巧克力倒入小钢盆中。

02 将白巧克力隔水加热至35~40℃备用。

03 取干净挤花袋，并用手撑开。

04 将白巧克力倒入三明治袋中。

05 如图，白巧克力填装完成。

06 最后，将白巧克力聚集，袋口打8字结，在使用前，用剪刀将三明治袋尖端平剪小洞即可。

TIPS

- 巧克力融化时小心避免碰到水、温度也不能过高。
- 所有盛装、接触巧克力的容器及器具皆须保持干燥，不得有水。
- 须反复操作的巧克力，可以再倒回锅中加热融化，须溶至无颗粒再进行操作。
- 巧克力染色可依喜好调整浓淡，建议少量添加，觉得不够深再增加用量。
- 如需饱和、较浓的色彩建议使用油性色膏调色，淡色的巧克力用一般水性色膏即可。

◆黑巧克力

步骤说明 Step Description

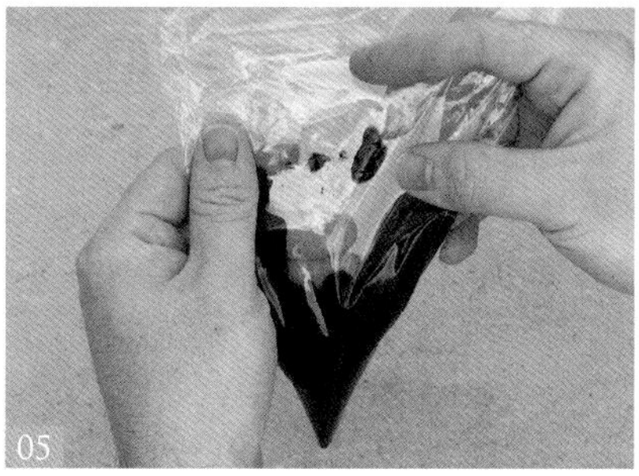
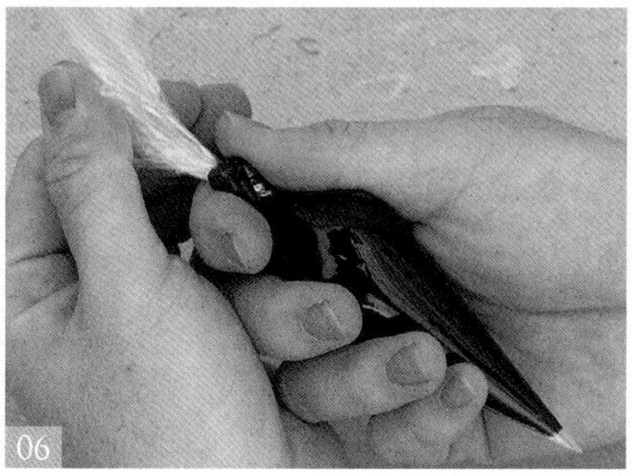

01 将黑巧克力倒入小钢盆中。

02 将黑巧克力隔水加热至35~40℃备用。

03 取干净挤花袋，并用手撑开。

04 将黑巧克力倒入三明治袋中。

05 如图，黑巧克力填装完成。

06 最后，将黑巧克力聚集，袋口打8字结，在使用前，用剪刀将三明治袋尖端平剪小洞即可。

融化巧克力方法
视频

基础手绘

Materials
材料 & 工具
Tools

颜色 Color ● 黑色

器具 Appliance 投影片、三明治袋

Description
步骤说明
Step

图样 1

01 用黑色巧克力在投影片上挤出斜线。

02 承步骤01，挤出横线。（注：横线与斜线相连。）

03 承步骤02，挤出圆形。

04 承步骤03，顺势挤出向左下侧的斜线，即完成三角形图样绘制。

05 重复步骤01～04，完成第二个图样绘制。（注：三角形图样会越来越细长。）

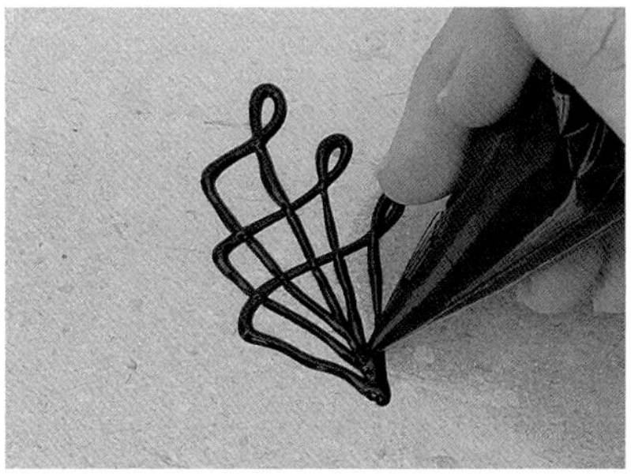

06 最后，重复步骤01～04，完成共三个图样绘制即可。

07 如图，图样1完成。

图样 2

08 用黑色巧克力在投影片上挤出圆点a1。

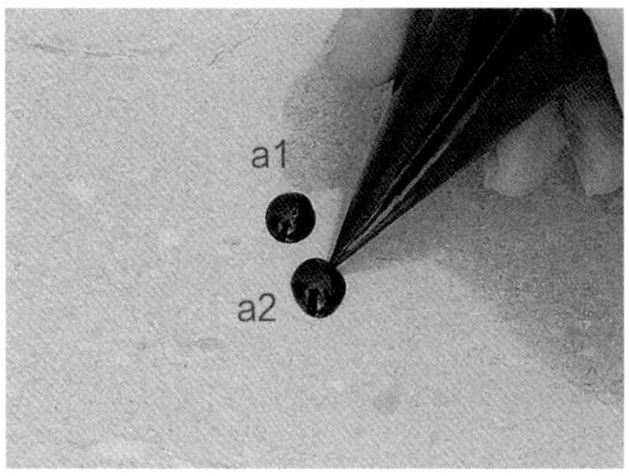

09 在圆点a1下侧挤出圆点a2。

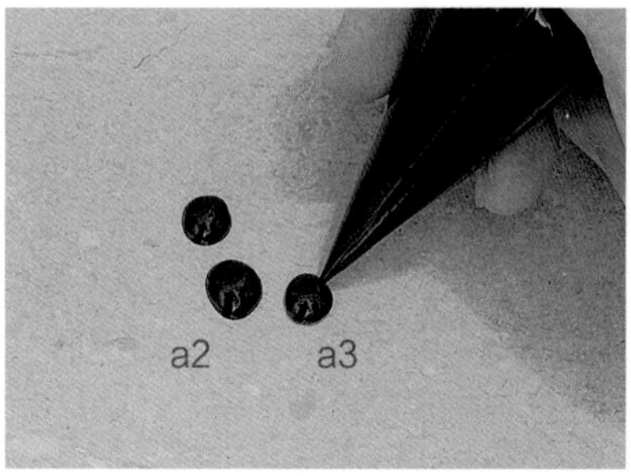

⑩ 在圆点a2下侧挤出圆点a3。

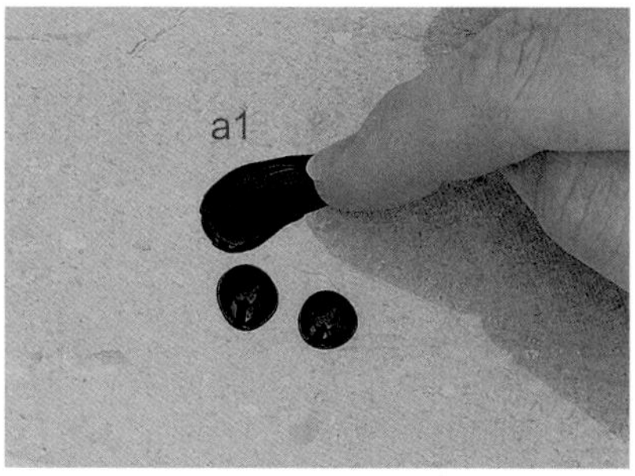

⑪ 用指腹将圆点a1往右侧拉画。

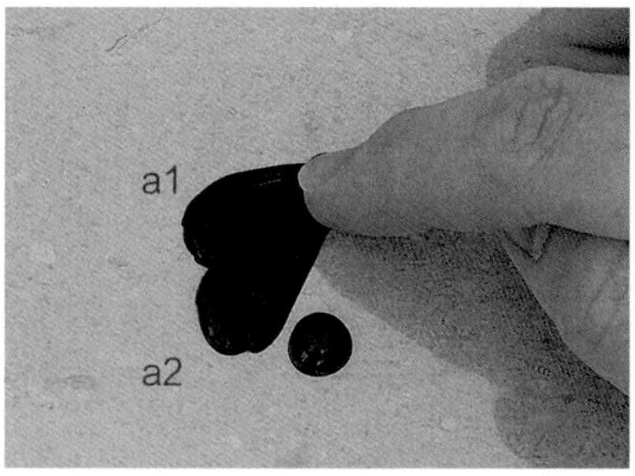

⑫ 用指腹将圆点a2往圆点a1尾端拉画。

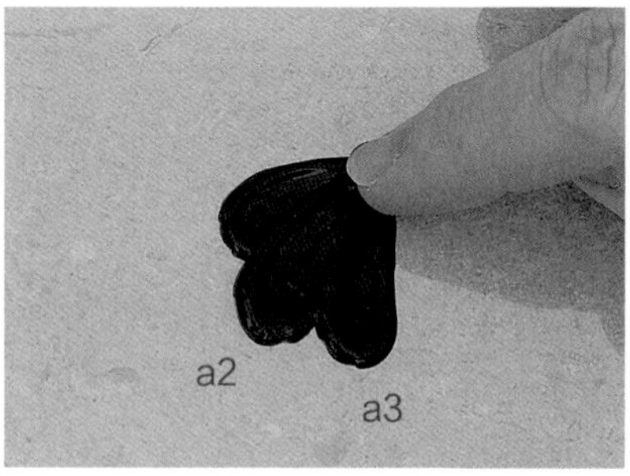

⑬ 最后，用指腹将圆点a3往圆点a2尾端拉画即可。

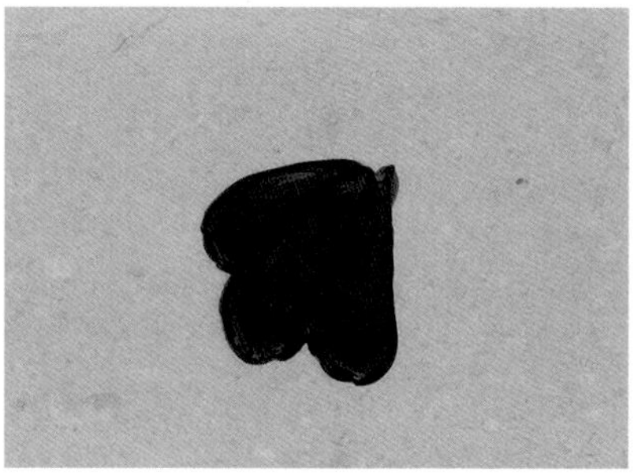

⑭ 如图，图样2完成。

线条曲线

Materials 材料 & 工具 Tools

颜色 Color 白色

器具 Appliance 擀面棍、投影片、橡皮筋、锯齿三角板、三明治袋

Description 步骤说明 Step

造型 1

01 用白色巧克力在投影片上挤出圆点。

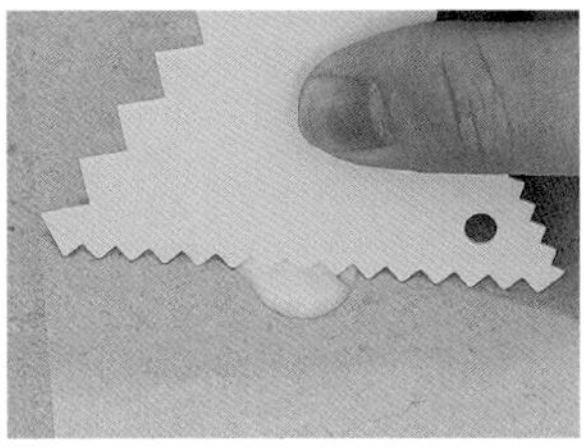

02 将锯齿三角板放在白色巧克力上。

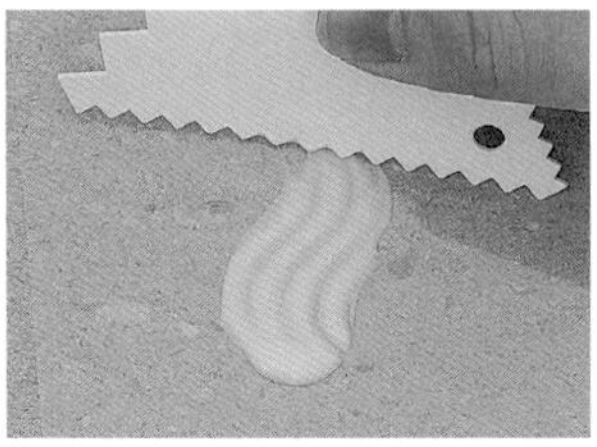

03 承步骤02，顺势向上刮出线条曲线。

04 重复步骤01～03，完成线条曲线。

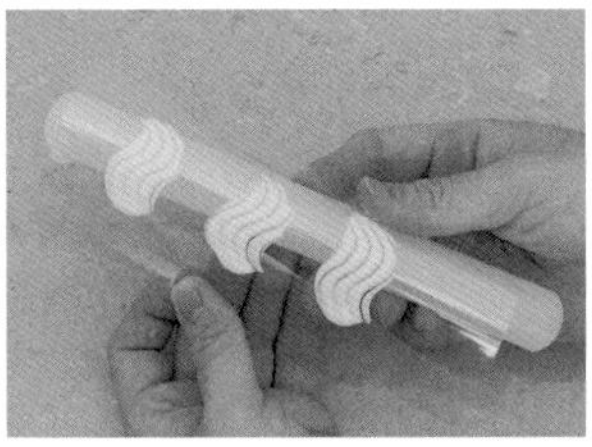

05 用投影片包覆擀面棍。（注：须在巧克力凝固前包覆，以免凝固碎裂导致失败。）

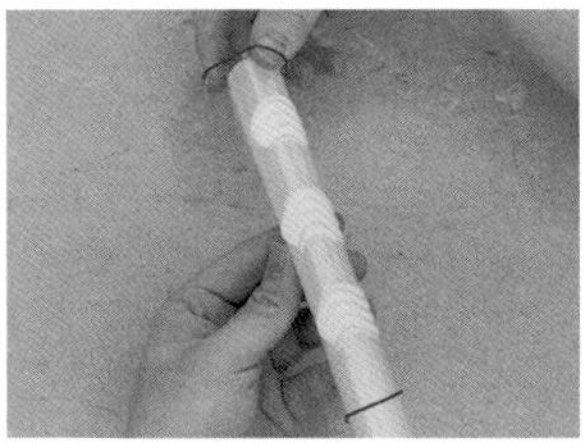

06 用橡皮筋将投影片两侧捆绑固定。

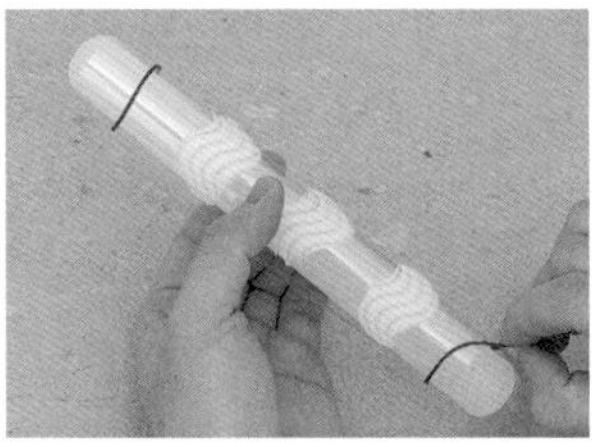

07 放入冷藏，待巧克力凝固后取下橡皮筋。

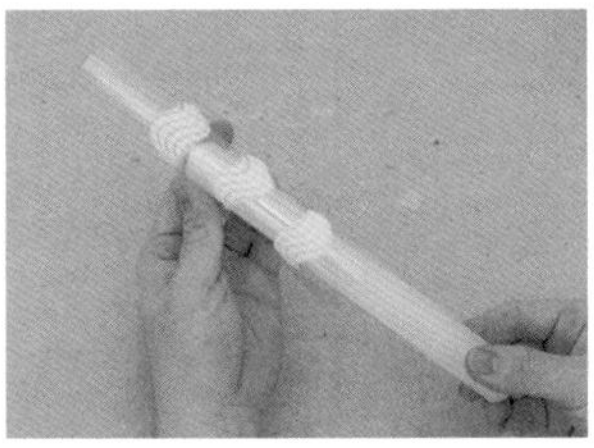

08 取出擀面棍。

09 最后，将图样1从投影片上剥除即可。

10 如图，图样1完成。

造型 2

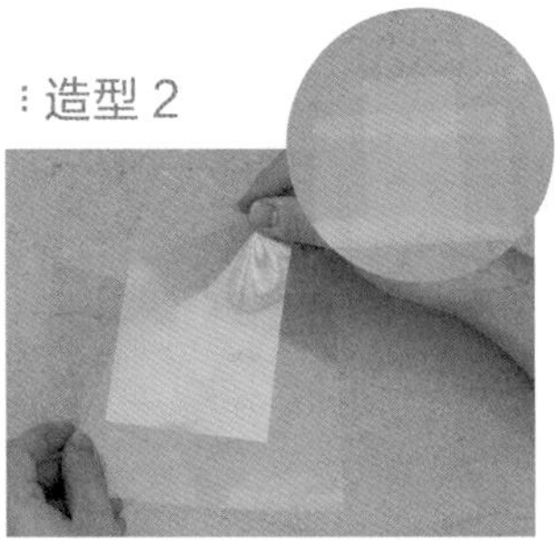

11 将两张投影片交叠。（注：小张投影片为图样范围，下面垫大张投影片会较好剥除凝固巧克力。）

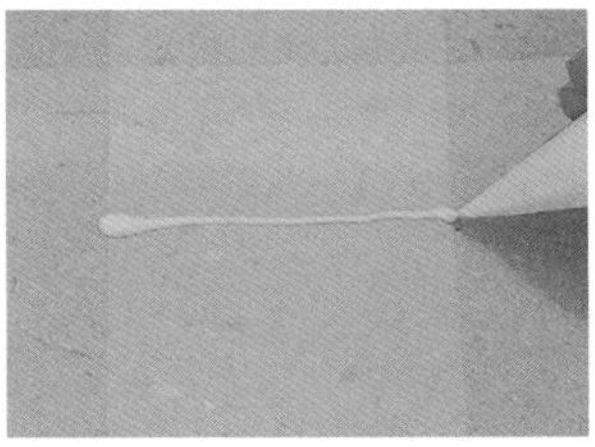

12 用白色巧克力在投影片上挤出横线。（注：横线距离投影片边界的距离长短，会决定成品卷起后的直径，可自行调整。）

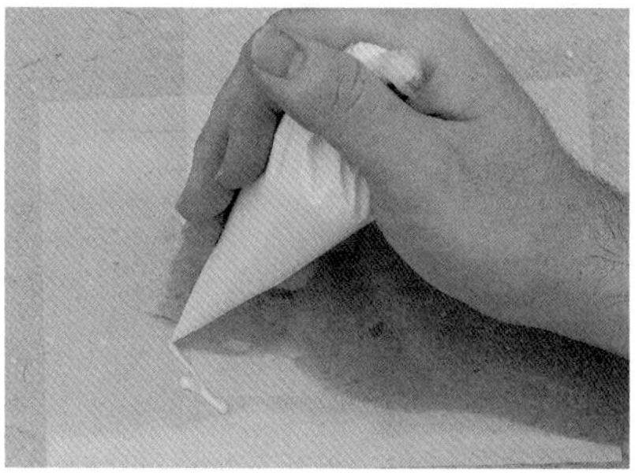

13 用白色巧克力在投影片左下方挤出斜线。

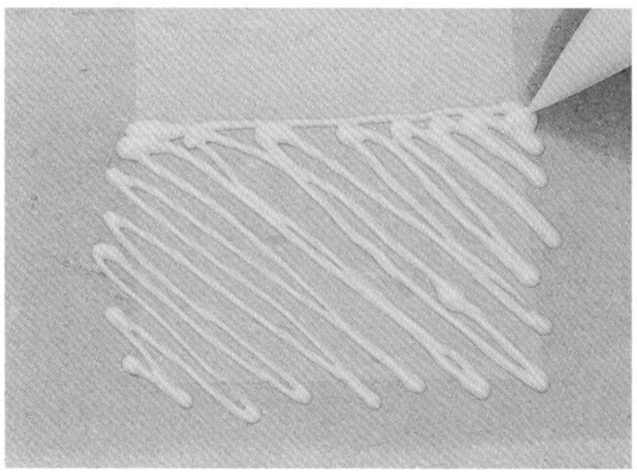

14 重复步骤13，依序向右上方挤出斜线。

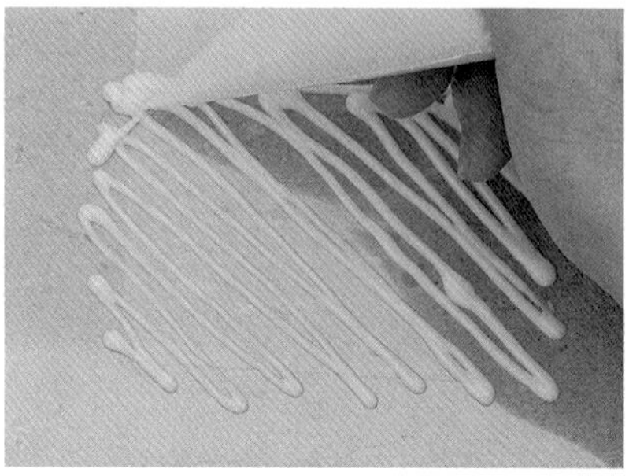

15 用白色巧克力在投影片左上方挤出斜线。

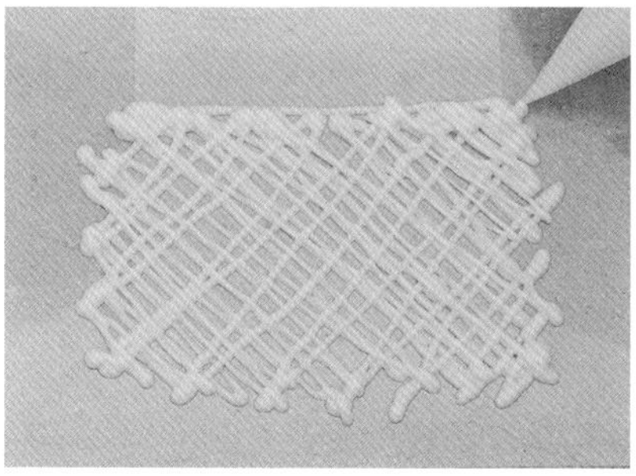

16 重复步骤15，依序向右下侧挤出斜线。

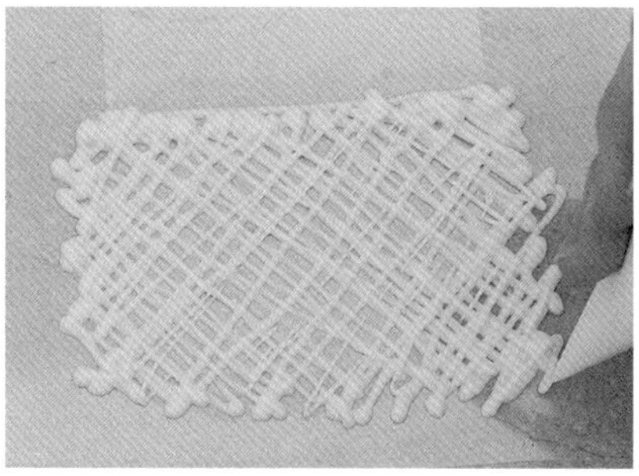

17 重复步骤13~16，依序绘制，以增加斜线密集度。

18 将有图样的投影片拿起。

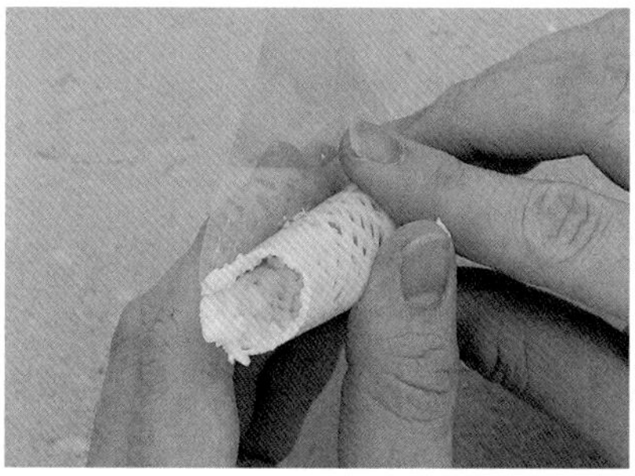

19 承步骤18，趁巧克力未凝固，将有图样的投影片向内卷起。（注：图样须包覆在投影片内。）

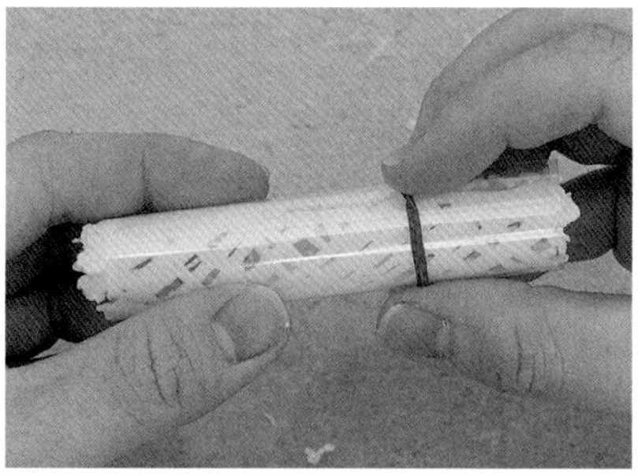

20 用橡皮筋将投影片捆绑固定。（注：投影片卷起的大小，为曲线成形后的大小，可依个人喜好调整。）

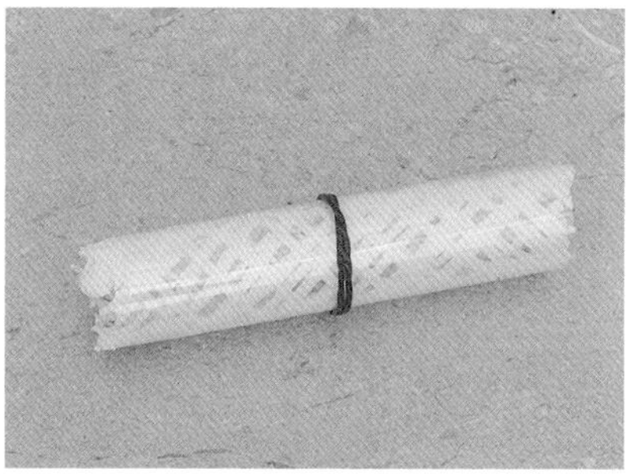

21 如图，橡皮筋捆绑完成。

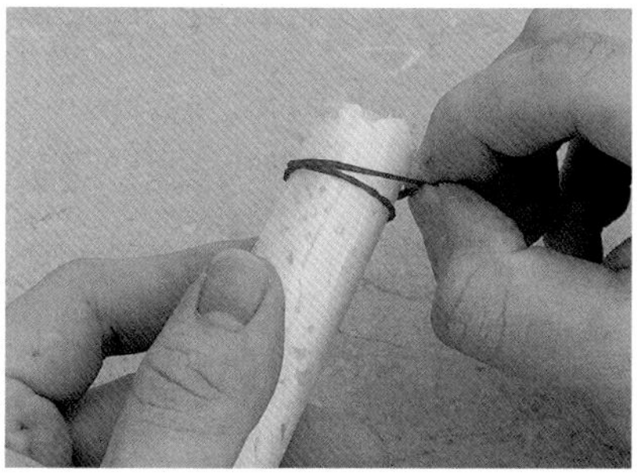

22 放入冷藏，待巧克力凝固后取下橡皮筋。

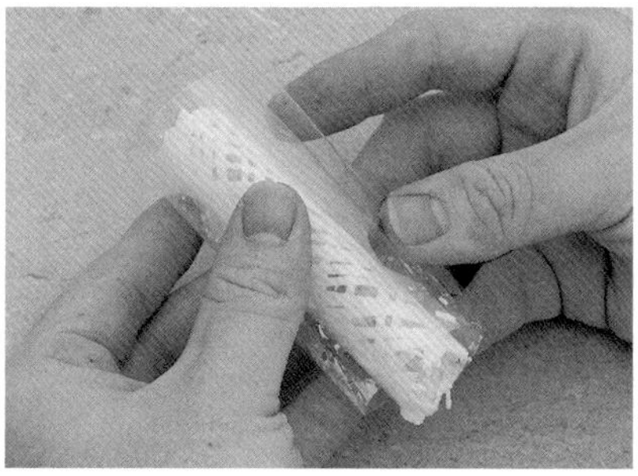

23 最后，轻轻松开投影片，将图样2从投影片上剥离即可。

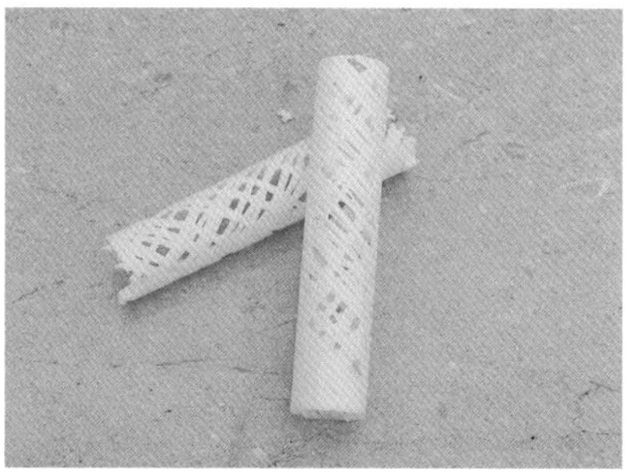

24 如图，图样2完成。

转印技巧

材料 & 工具 Materials Tools

颜色 Color　白色 ● 黑色

器具 Appliance　投影片、三明治袋、转写纸、剪刀、秋叶刀

步骤说明 Description Step

技巧 1

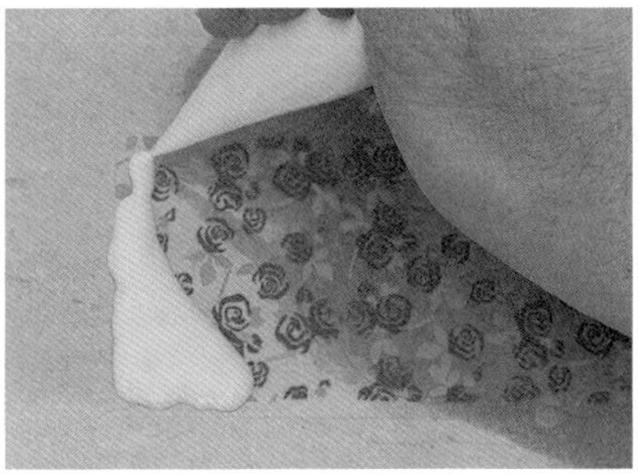

01 将转写纸放在投影片上，以白色巧克力填满转写纸。（注：巧克力温度须够热，维持约40℃图样较易转印成功，温度过低则不易转印。）

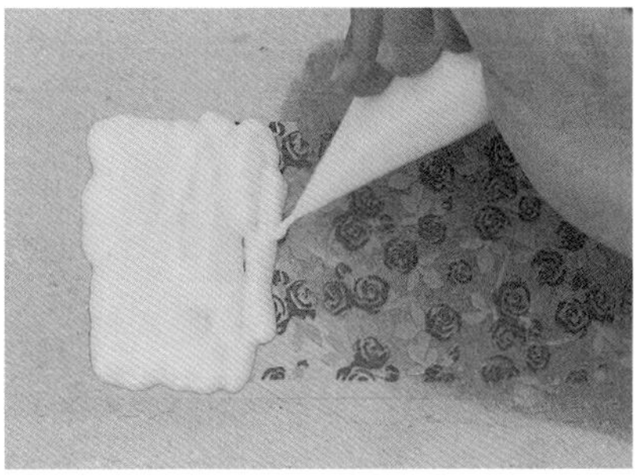

02 承步骤01，依序向右挤出白色巧克力。

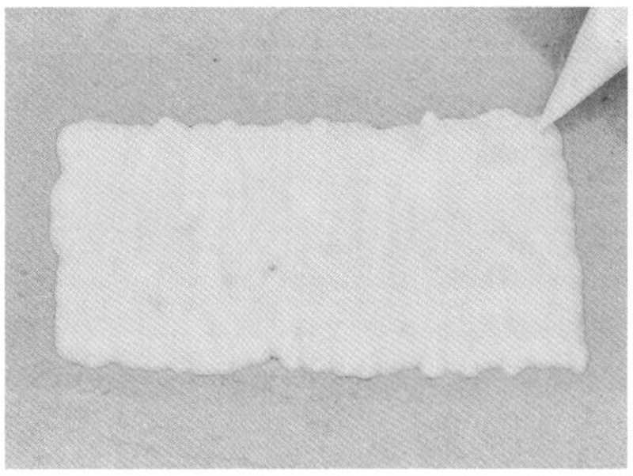

03 重复步骤01～02，白色巧克力挤出完成。

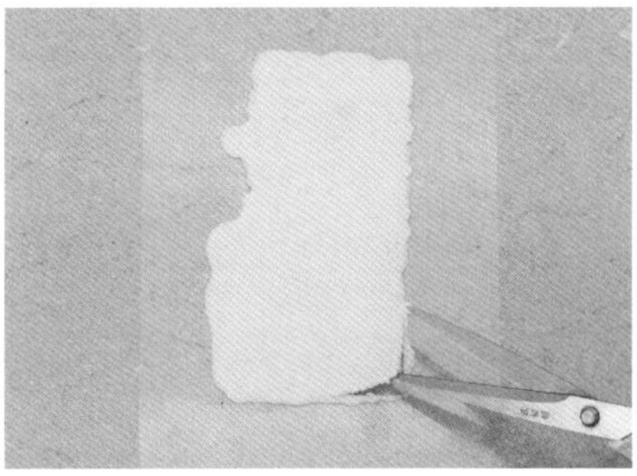

04 趁白巧克力未凝固，以剪刀为辅助，将白色巧克力片一角撬开。

05 承步骤04，用手将白色巧克力片从投影片上剥离。

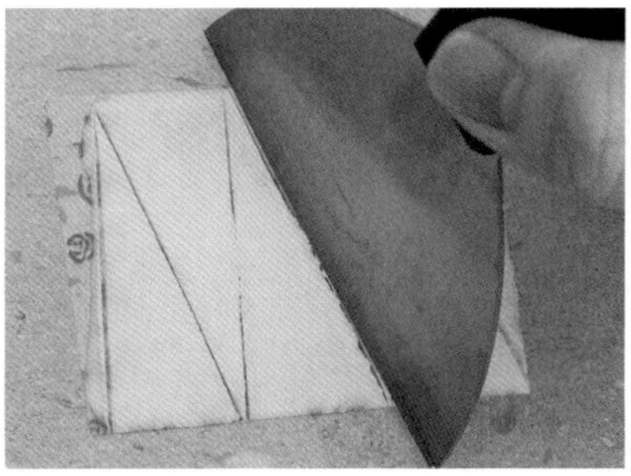

06 待表面凝固，用秋叶刀切割，以便取下巧克力片。

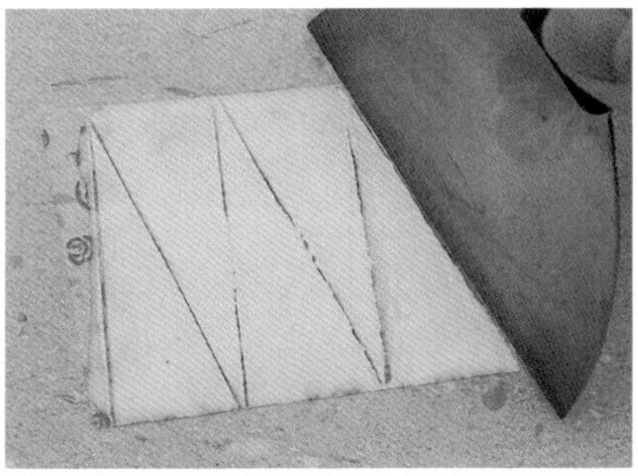

07 重复步骤06，继续切割完成，放入冰箱冷藏。（注：可依个人喜好调整形状及尺寸。）

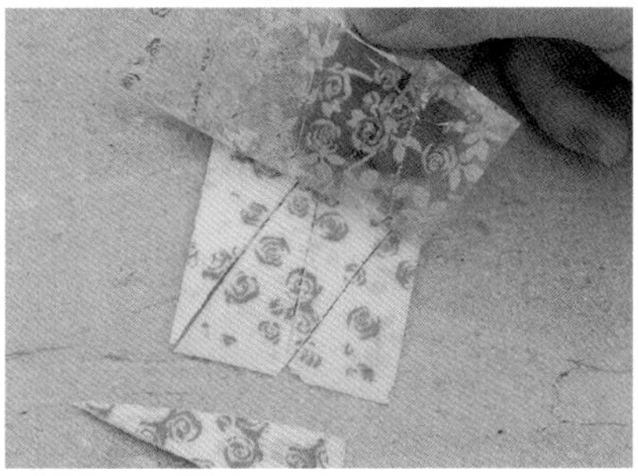

08 最后，待白巧克力凝固后，将图样从转写纸上剥离即可。

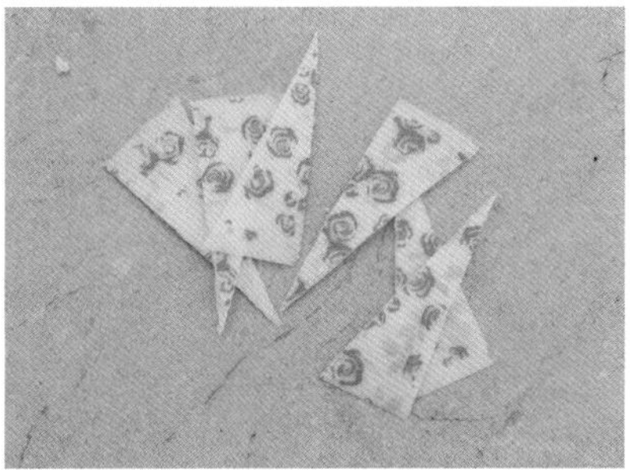

09 如图，技巧1完成。

技巧 2

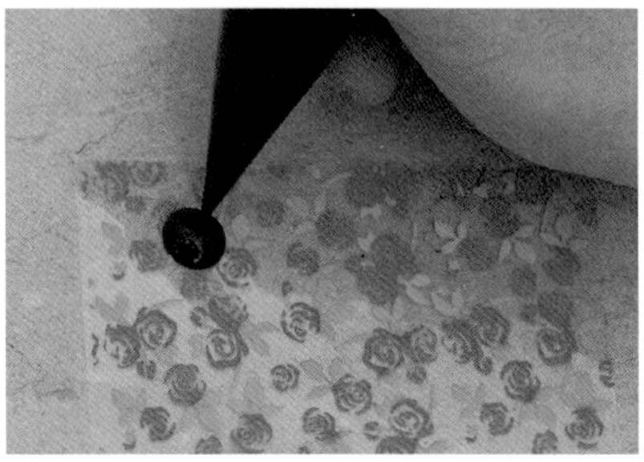

10 用黑色巧克力在转写纸上挤出圆形。

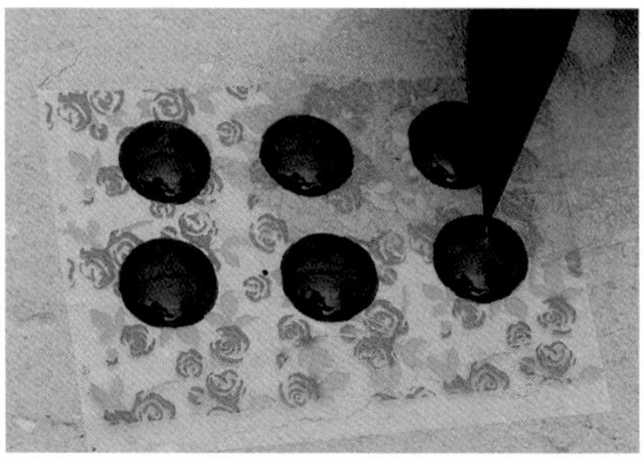

11 重复步骤10，完成共六个圆形。

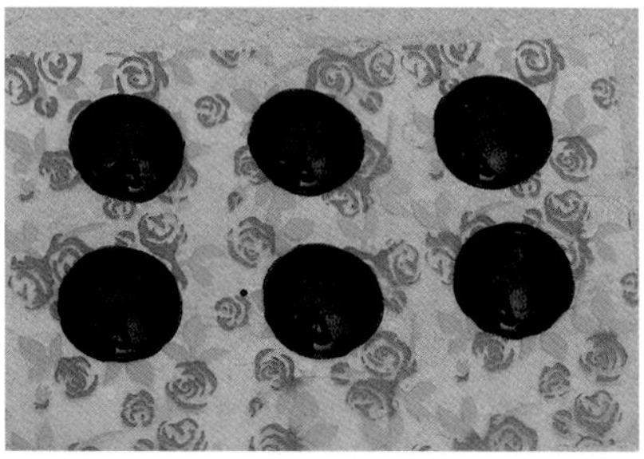

12 如图，黑色巧克力挤出完成，放入冰箱冷藏。

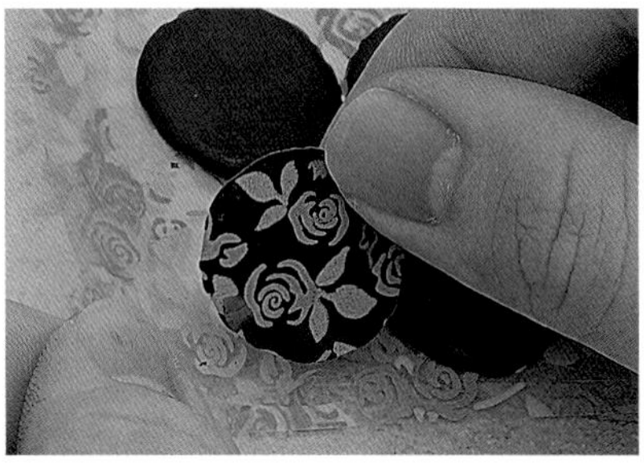

13 最后，待黑巧克力凝固后，将图样从转写纸剥离即可。

14 如图，技巧2完成。

烟卷

材料 & 工具 Materials Tools

颜色 Color ● 黑色

器具 Appliance 西餐刀、秋叶刀、大理石板

步骤说明 Description Step

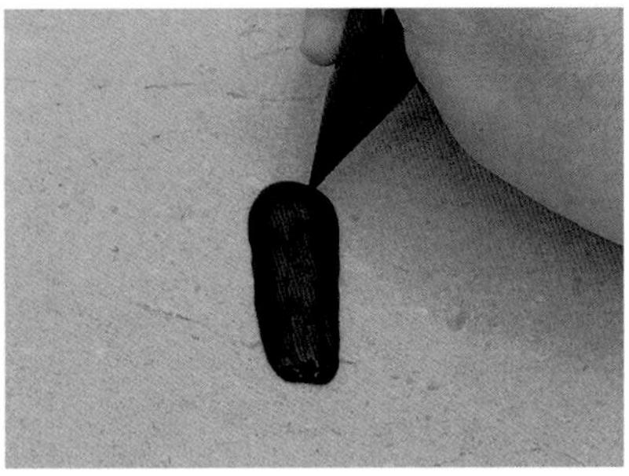

01 用黑色巧克力挤在大理石板上。

02 将秋叶刀放在1/2黑色巧克力上。

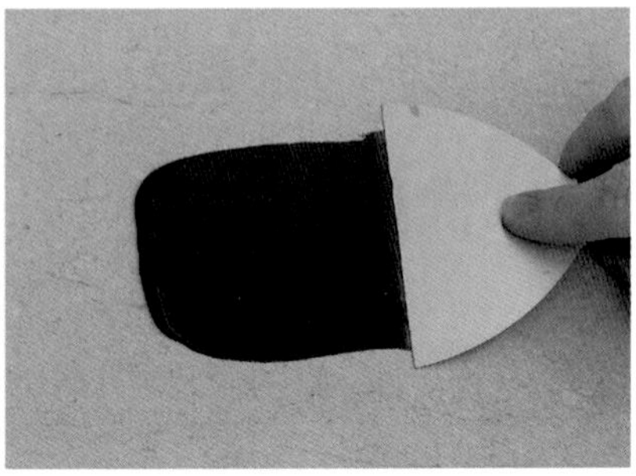

03 承步骤02，向右平刮巧克力。

04 重复步骤03，依序向右平刮巧克力。

05 重复步骤02～04，将另1/2黑色巧克力向右抹平至呈雾面状。

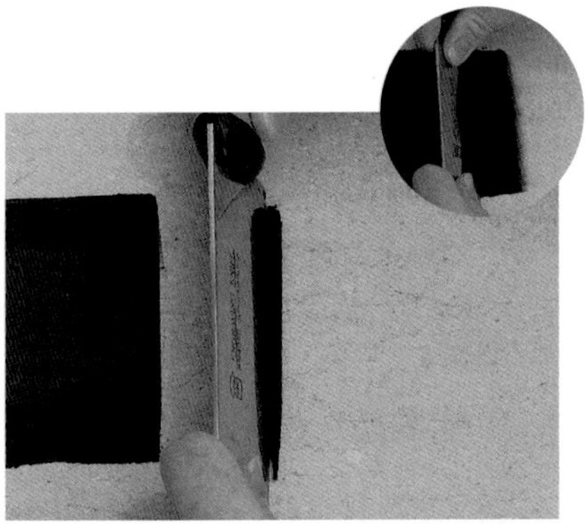

06 用西餐刀将黑色巧克力快速向右平刮，使巧克力顺势卷起。（注：刀面对桌面的角度约为45° 角。）

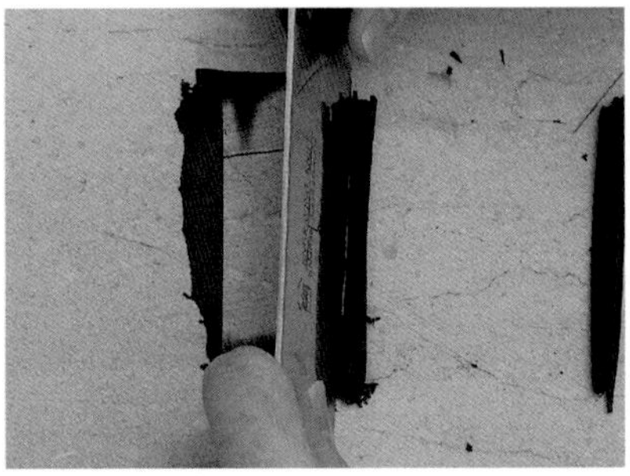

07 最后，重复步骤06，依序刮出烟卷即可。

08 如图，烟卷完成。

扇形秋叶

Materials
材料 & 工具
Tools

颜色 Color ● 黑色

器具 Appliance 秋叶刀 、大理石板

Description
步骤 说明
Step

01 将黑色巧克力倒在大理石板上。

02 将秋叶刀放在黑色巧克力上。

03 承步骤02，向右平刮巧克力。

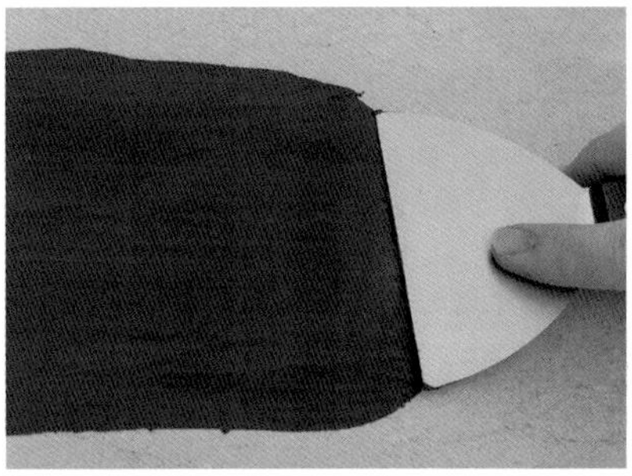

04 重复步骤02~03，将黑色巧克力向右抹平至巧克力呈雾面状。

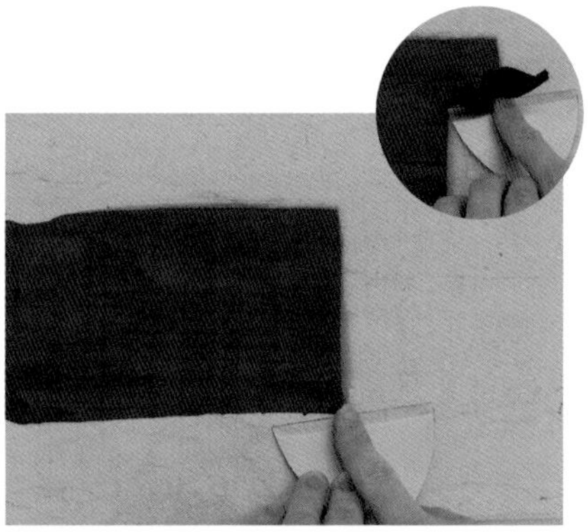

05 将秋叶刀放在约2厘米宽黑色巧克力下方，手指轻触巧克力约0.5厘米。（注：刀面对桌面的角度约为15°。）

06 以秋叶刀快速向前刮，使巧克力顺势卷起，并呈扇形。

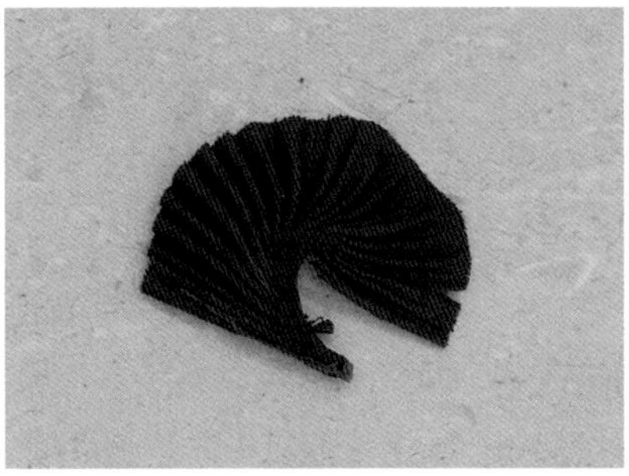

07 最后，重复步骤05~06，依序刮出扇形秋叶即可。

08 如图，扇形秋叶完成。

Choco Deco Flower Preparation

巧克力花前置制作

塑形巧克力制作

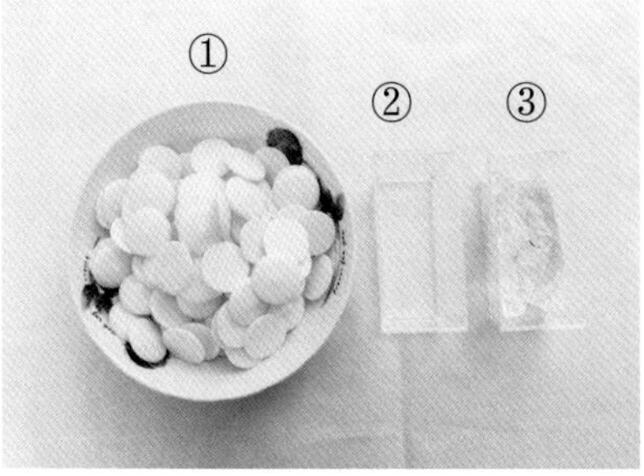

材料及工具 Ingredients & Tools

· **食材**

①白巧克力　265克

②饮用水　10克

③86%水麦芽　100克

· **器具**

钢盆、刮刀、单柄锅、塑料袋

步骤说明 Step Description

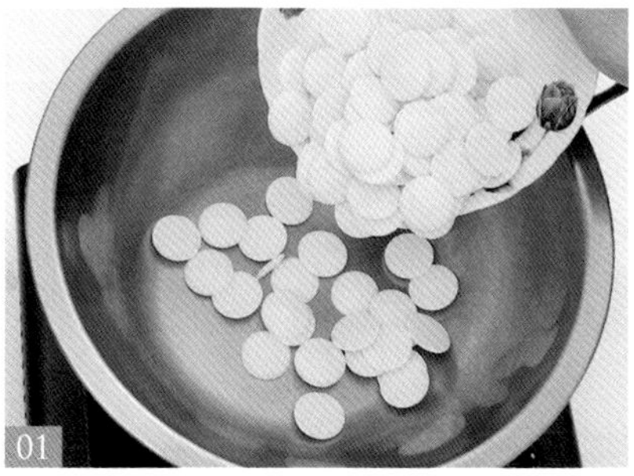

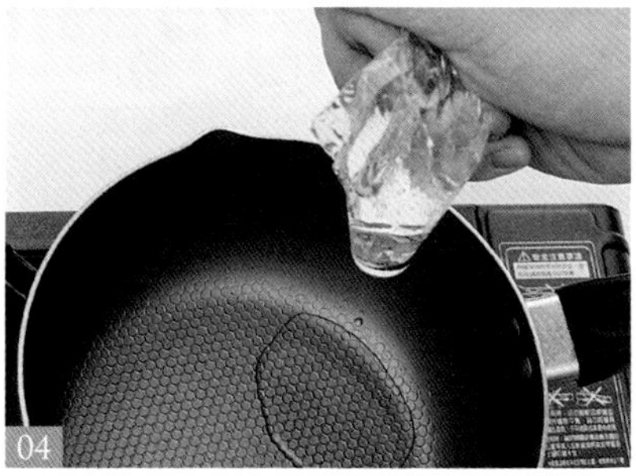

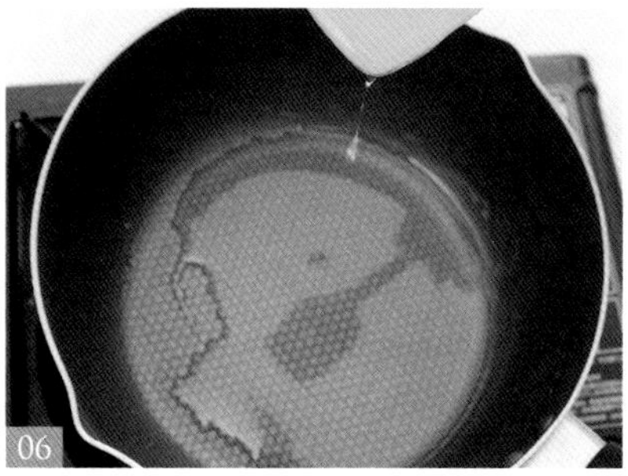

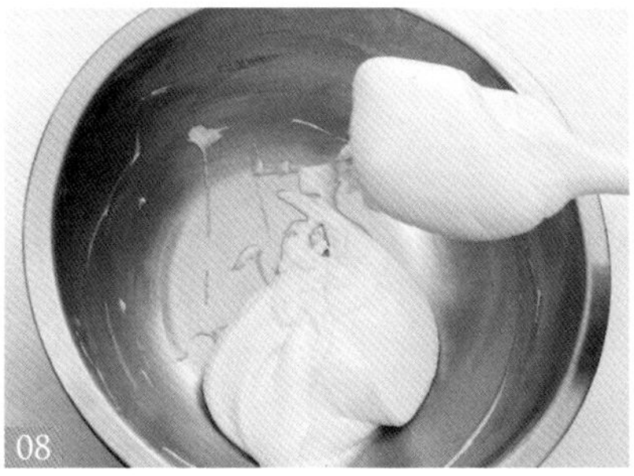

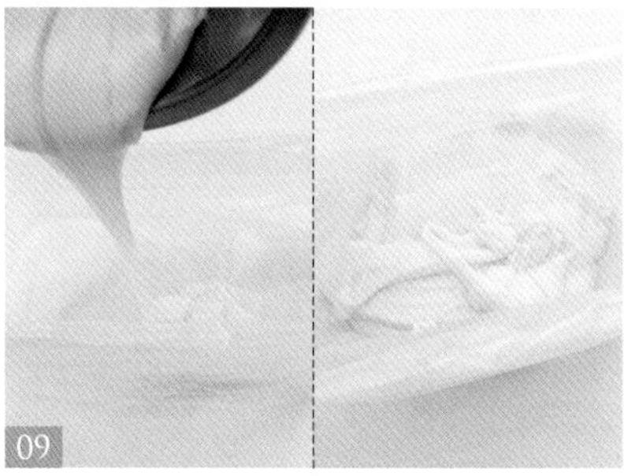

01　将白巧克力倒入钢盆中。

02　将白巧克力以隔水融化至35～40℃备用。

03　将水倒入单柄锅中。

04　将水麦芽加入单柄锅中。

05　将水麦芽及水，以小火拌匀至35～40℃。

06　如图，拌匀完成，备用。

07　将水麦芽倒入已融化白巧克力中。

08　承步骤07，用刮刀将两者拌匀至呈现雾面状，即完成白巧克力泥。

09　将白巧克力泥倒入塑料袋中。

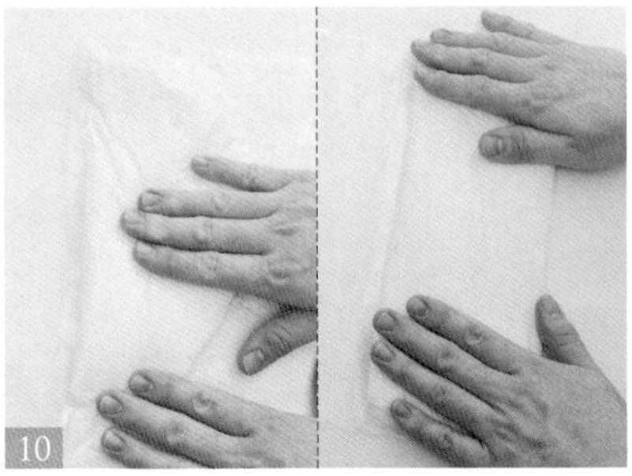

塑形巧克力制作视频

10 最后，将白巧克力泥压至平整即可。

11 如图，塑形巧克力完成，待冷却凝固即可使用。

TIPS

- 巧克力融化时可用隔水加热或微波融化，切记温度不可过高。
- 水麦芽及水一同加热使麦芽融化即可，不用煮滚。
- 两者拌匀时均匀即可，勿一直搅拌，会油水分离。
- 没用完的塑形巧克力短期可放在阴凉处储存，如要长时间保存建议冷冻，前一天取出退冰即可使用。
- 巧克力可依季节调整用量，天热时可用270 ~ 280克、天冷时可用260 ~ 265克，操作时觉得太软，再次制作时可增加巧克力，太硬则减少巧克力。

调色方法

步骤说明 Step Description

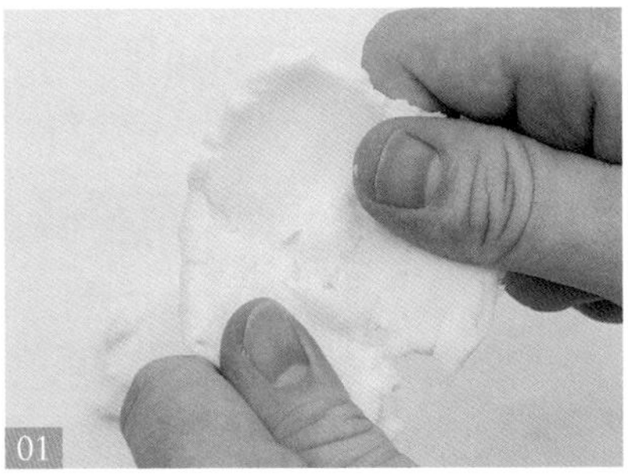

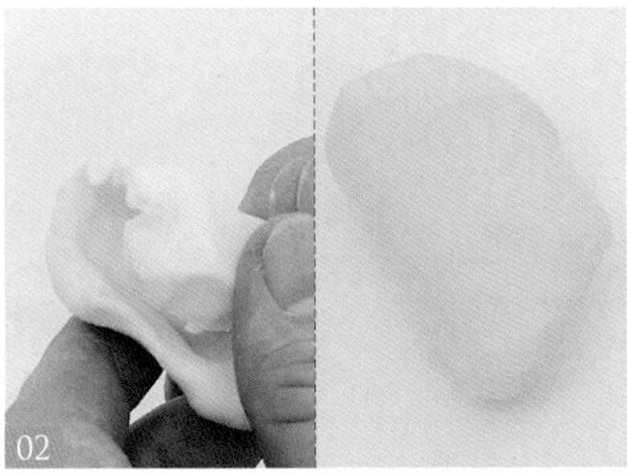

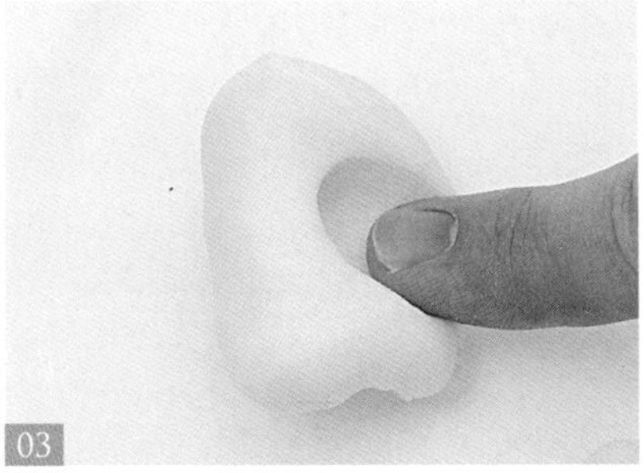

01 将凝固的塑形巧克力捏软。

02 重复步骤01，持续将塑形巧克力捏软。（注：将塑形巧克力揉匀，染色时颜色较容易均匀。）

03 用食指指腹将塑形巧克力压出凹陷。

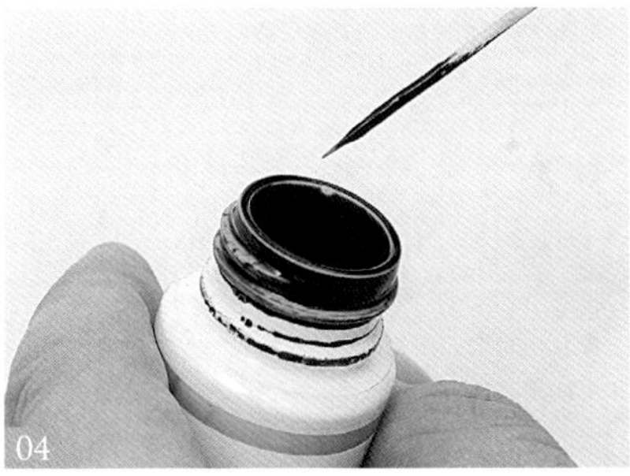

04

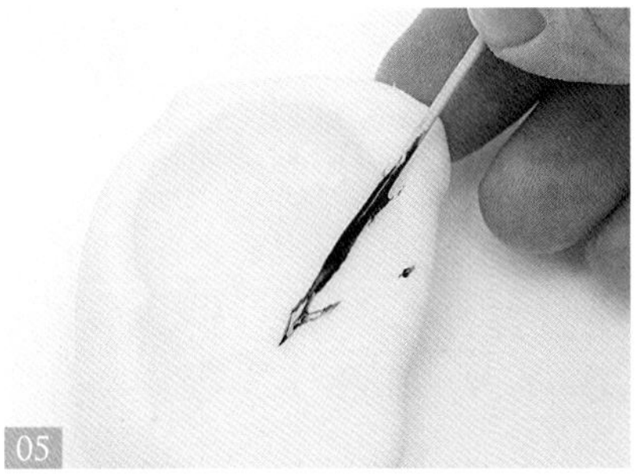

05

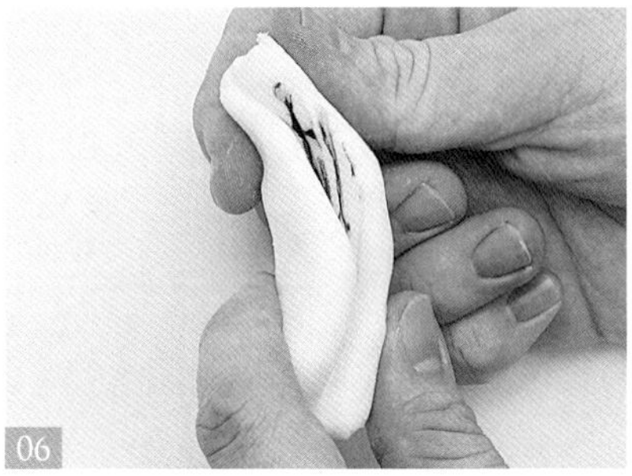

06

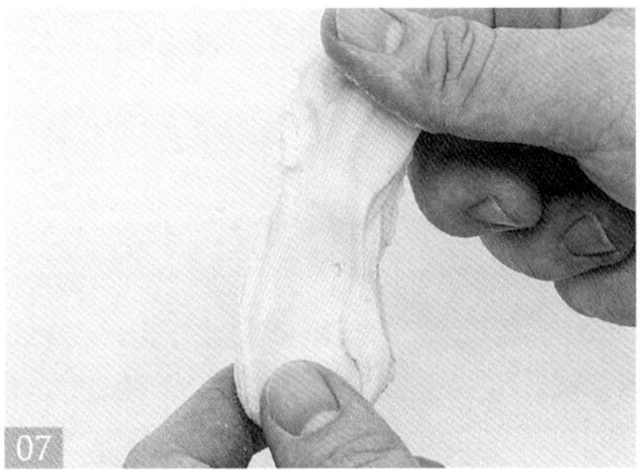

07

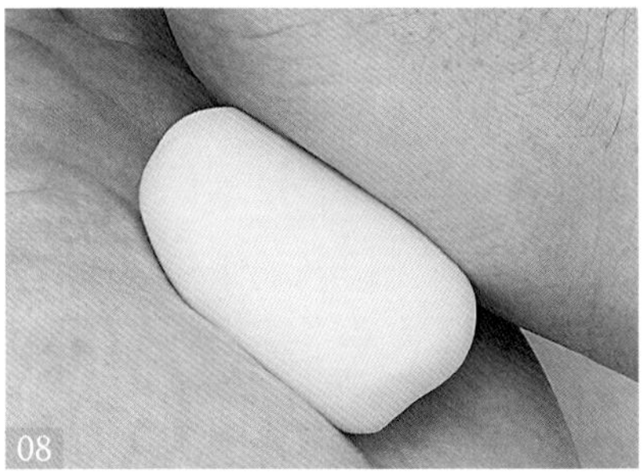

08

04 用牙签蘸取少量色膏。

05 将色膏粘在塑形巧克力的凹陷处。

06 将塑形巧克力两侧包覆色膏，使色膏不会溢出。

07 承步骤06，持续揉捏塑形巧克力，使颜色均匀。

08 最后，揉捏至颜色均匀即可。

TIPS

- 染色可依喜好调整浓淡，建议少量添加，觉得不够深再增加用量。
- 色膏也可使用色粉，但须先用开水调成膏状后，再加入揉匀。
- 染色前皆须将巧克力揉均匀，再进行染色，颜色比较容易均匀。

调色 toning

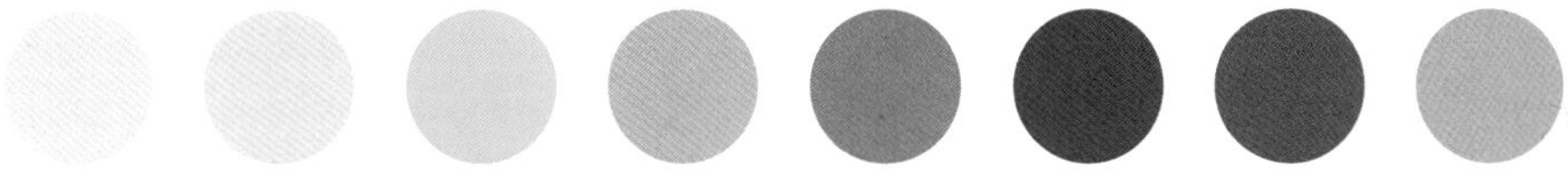

原色 黄色 绿色 蓝色 浅紫色 深紫色 咖啡色 粉红色 白色

梅花

材料 & 工具 Materials Tools

颜色 Color　白色　咖啡色　绿色　黄色

器具 Appliance　雕塑工具组、擀面棍、印模、花形切模、保鲜膜或塑料袋（垫底用）

步骤说明 Description Step

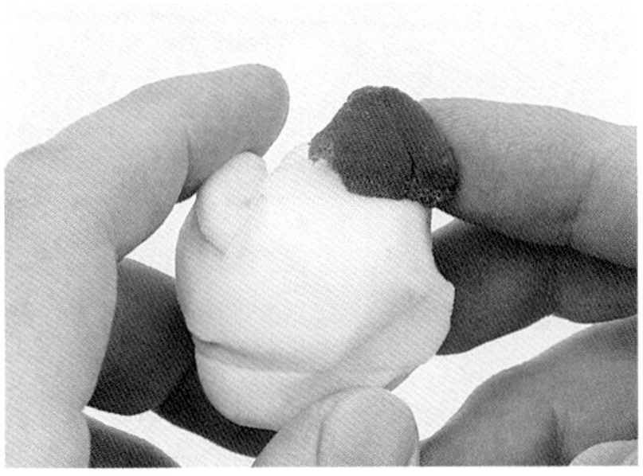

01 取白色巧克力与咖啡色巧克力。

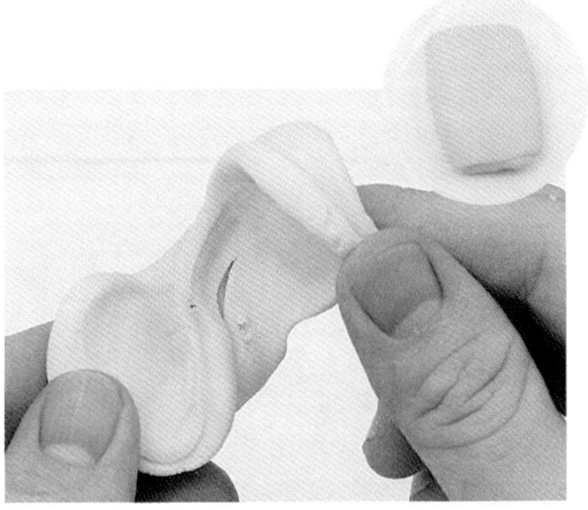

02 将咖啡色巧克力与白色巧克力混合，为浅咖啡色巧克力。

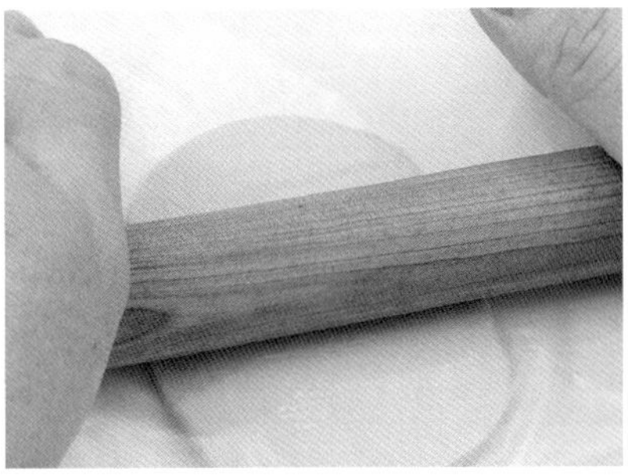

03 将浅咖啡色巧克力放入塑料袋中，并用擀面棍擀平。

04 将花形切模放在巧克力上，用指腹将花形切模外的巧克力取出后，拿起花形切模。

05 如图，背景完成。

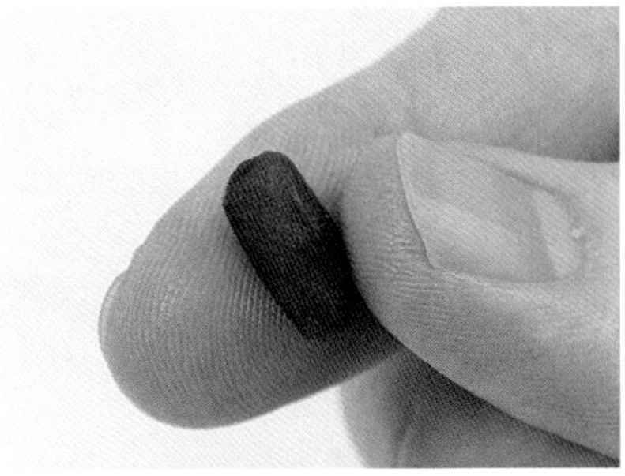

06 取咖啡色巧克力。

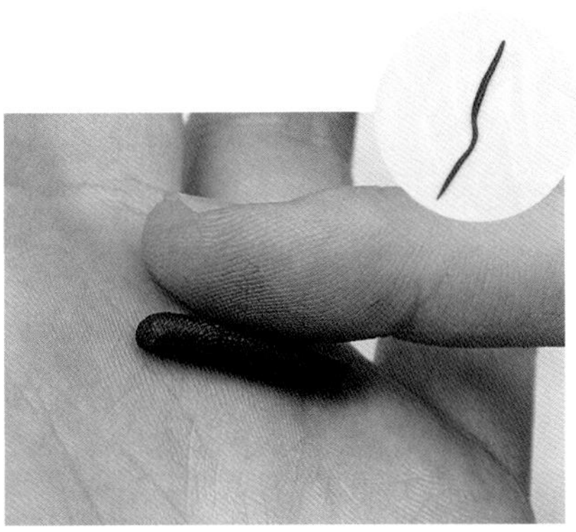

07 承步骤06，用指腹将巧克力搓成长条形，为树枝。

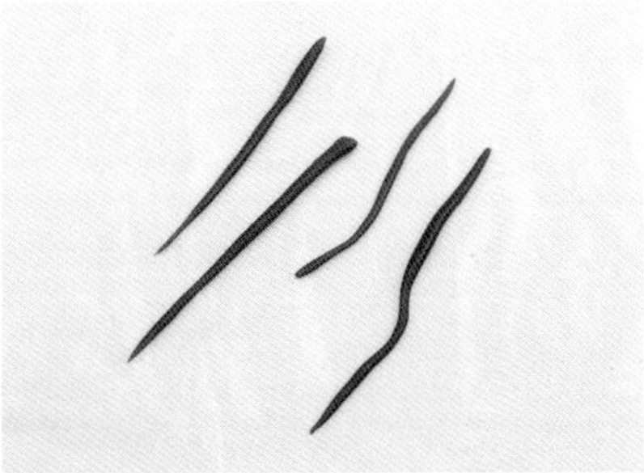

08 重复步骤07，完成共四根树枝。

09 将树枝放在背景上。

10 承步骤09，在树枝顶端放另一枝树枝，使图样呈现倒E状。

11 重复步骤09～10，完成树枝摆放。

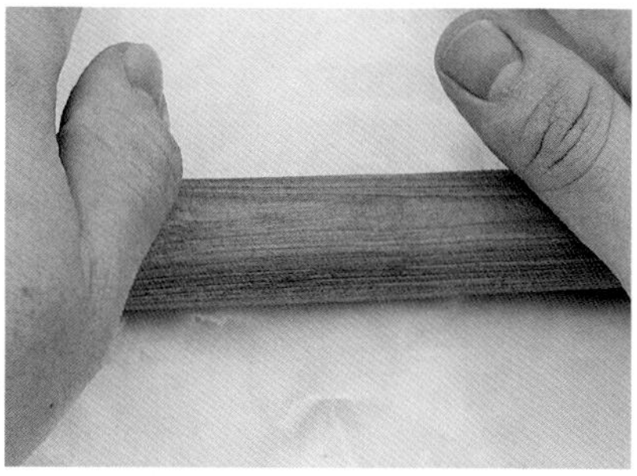

12 取白色巧克力，放入塑料袋中，并用擀面棍将巧克力擀平。

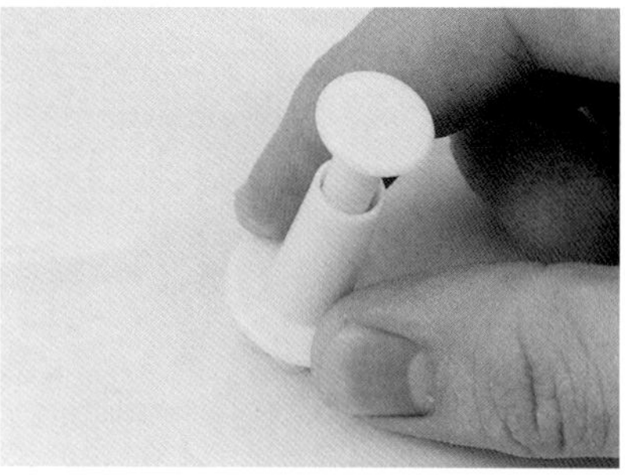

13 用印模在白色巧克力上压出纹路，为花瓣。

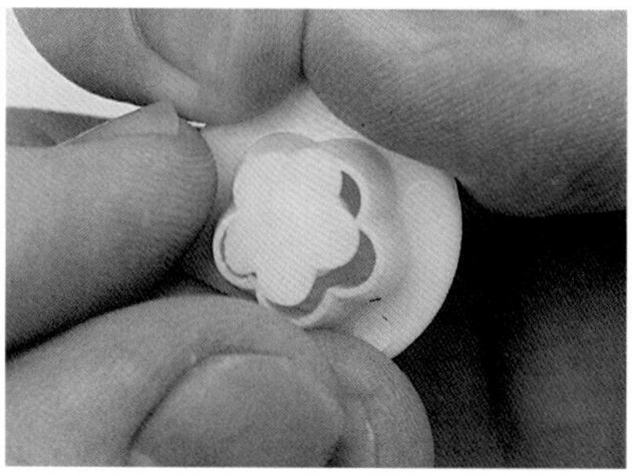

14 承步骤13，将花瓣从印模中取出。

15 重复步骤13～14，完成共七朵花瓣。

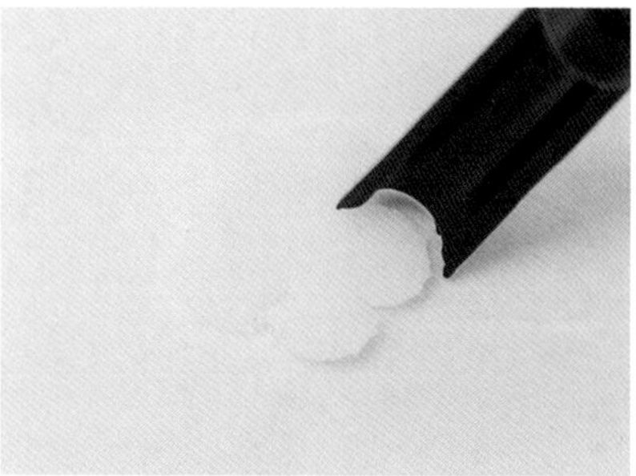

16 用雕塑工具在花瓣上压出花纹。

17 承步骤16，用手为辅助，将花瓣底部向上推，以制作出花形。

18 用塑型工具为辅助，将花瓣放在树枝上。

19 重复步骤16～18，花瓣摆放完成。

20 用塑型工具为辅助，取黄色巧克力放在花瓣中间，为花蕊。

21 重复步骤20，花蕊摆放完成。

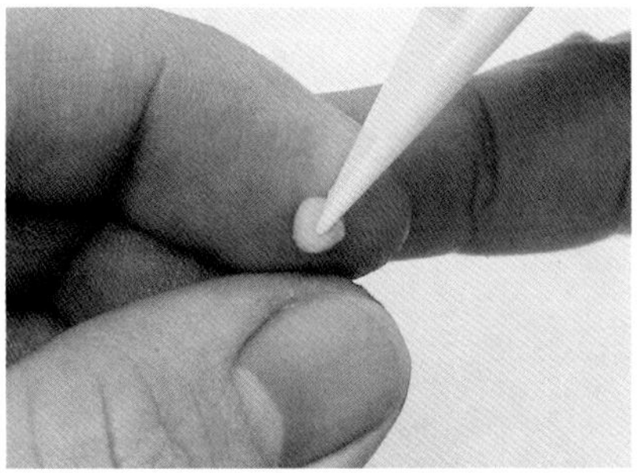

22 用雕塑工具在绿色巧克力中心压出凹洞。

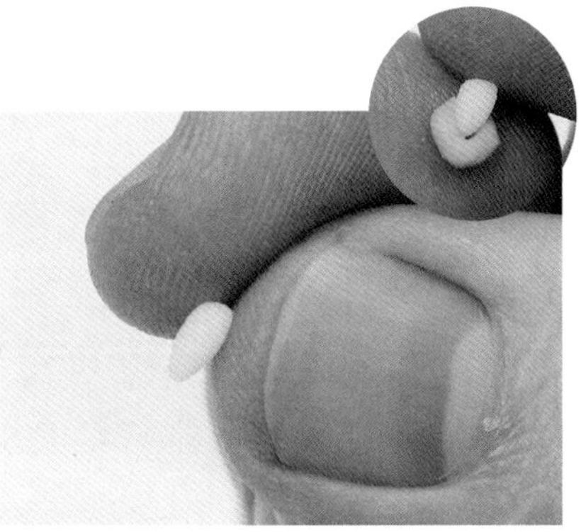

23 承步骤22，取白色巧克力，将巧克力放在凹洞处，为花苞。

24 用塑型工具为辅助，将花苞放在花瓣旁边。

25 最后，重复步骤22~24，将花苞摆放完成即可。

26 如图，梅花完成。

绣球花

Materials 材料 & 工具 Tools

颜色 Color 原色 黄色 绿色 蓝色 紫色

器具 Appliance 雕塑工具组、擀面棍、花边切模、印模、保鲜膜或塑料袋（垫底用）

Description 步骤说明 Step

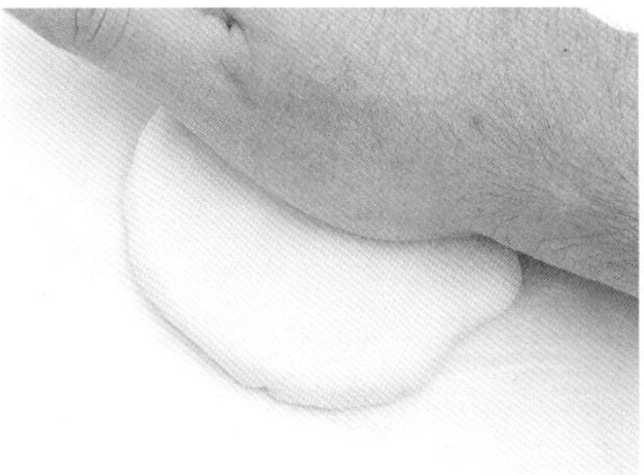

01 取原色巧克力，用手掌将巧克力压扁。

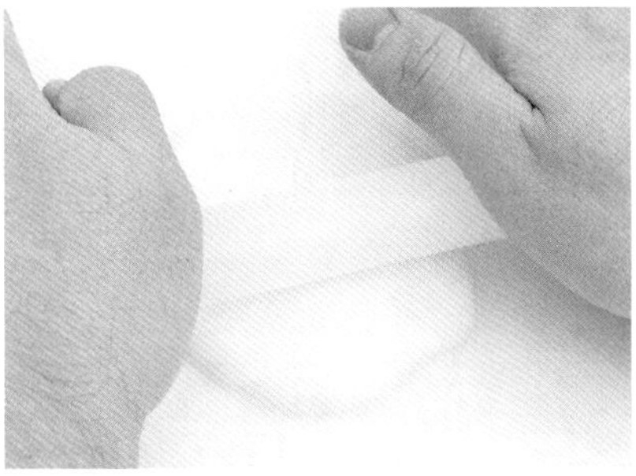

02 将原色巧克力放入塑料袋中，并用擀面棍将巧克力擀平。

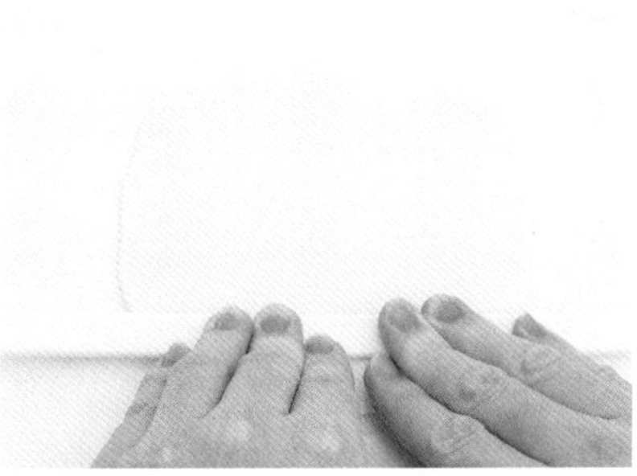

03 将花边切模放在巧克力底部。

04 承步骤03，用花边切模将巧克力多余的部分去除，呈锯齿形。

05 重复步骤03～04，切成三角形，并将多余的部分去除，即完成背景。

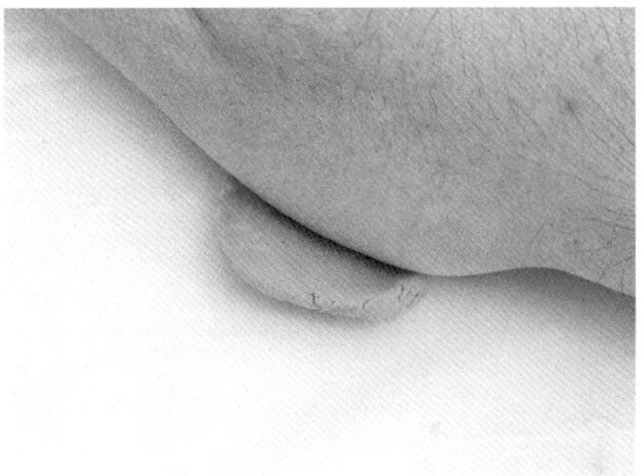

06 取蓝色巧克力，用手掌将巧克力压扁。

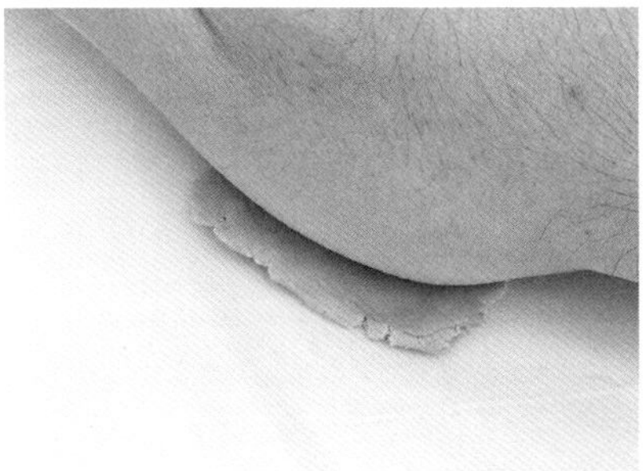

07 取紫色巧克力，用手掌将巧克力压扁。

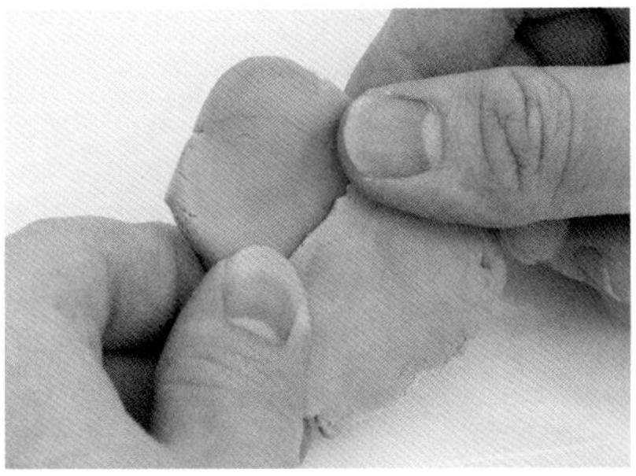

08 将压扁的蓝色与紫色巧克力交叠。

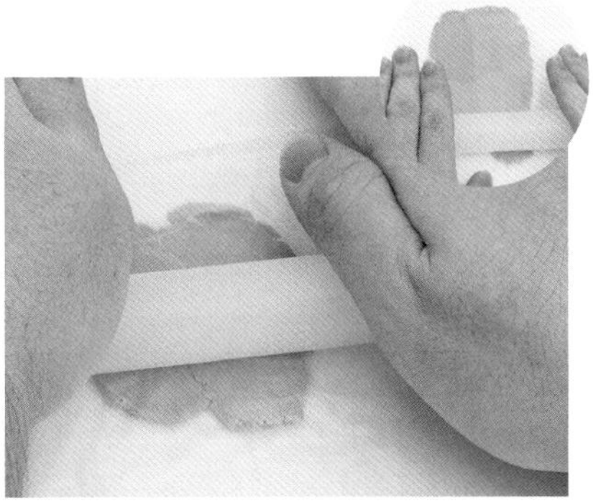

09 承步骤08，将交叠的蓝色与紫色巧克力放入塑料袋中，并用擀面棍将巧克力擀平。

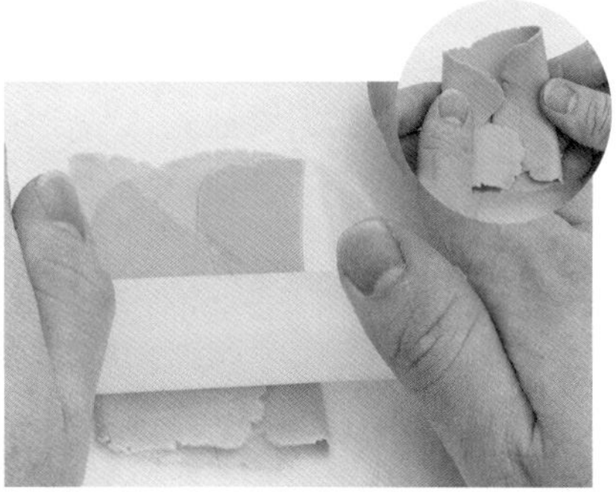

10 将擀平的蓝色与紫色巧克力从两侧往中间对折后，再放入塑料袋中，用擀面棍擀平。

11 重复步骤10，将巧克力擀平并对折后，重新放入塑料袋中，再用擀面棍擀平，呈蓝紫色巧克力。

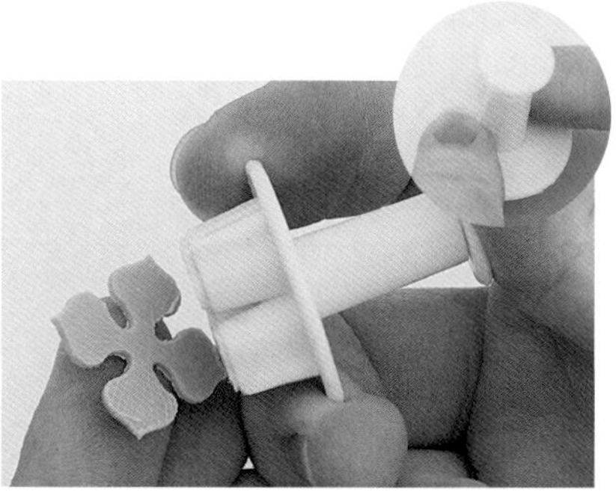

12 用印模在蓝紫色巧克力上压出花形后取出。

13 重复步骤12，完成共十四朵花瓣。

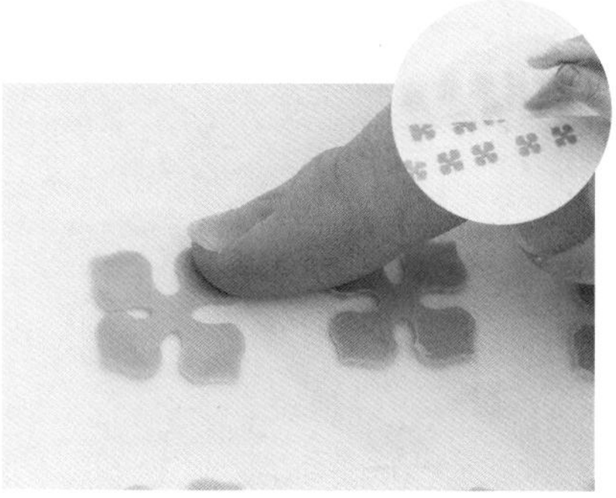

14 用塑料袋覆盖花瓣，并用指腹将花瓣轻压扁。

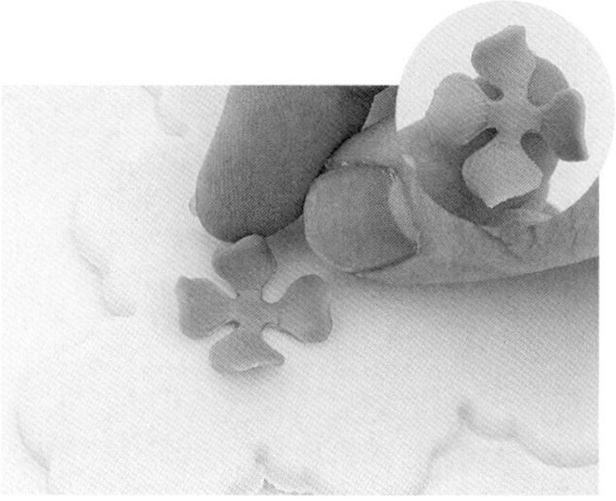

15 将花瓣从塑料袋取出，并放在背景上。

16 重复步骤15，将花瓣以交叠方式摆放在背景上，并用雕塑工具将花瓣中心向上推，以制作花丛。

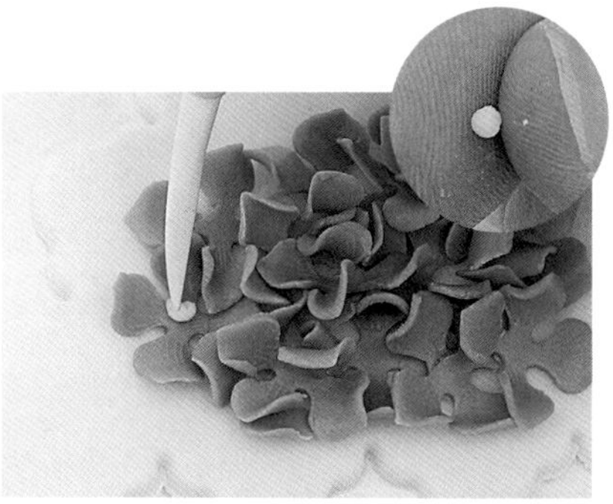

17 用指腹将黄色巧克力搓成圆形，并以雕塑工具为辅助，放在花瓣中间，为花蕊。

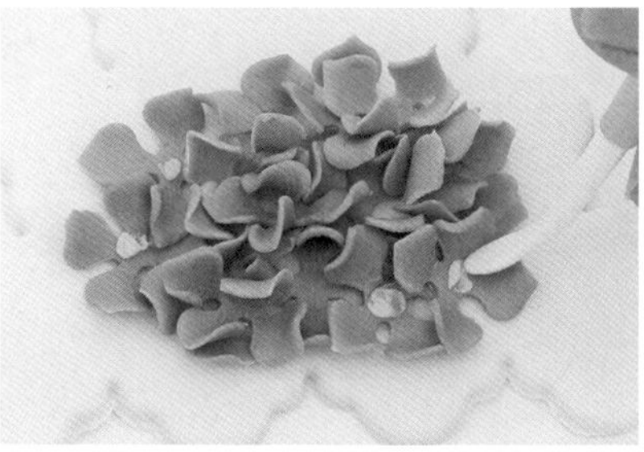

18 重复步骤17，花蕊摆放完成。

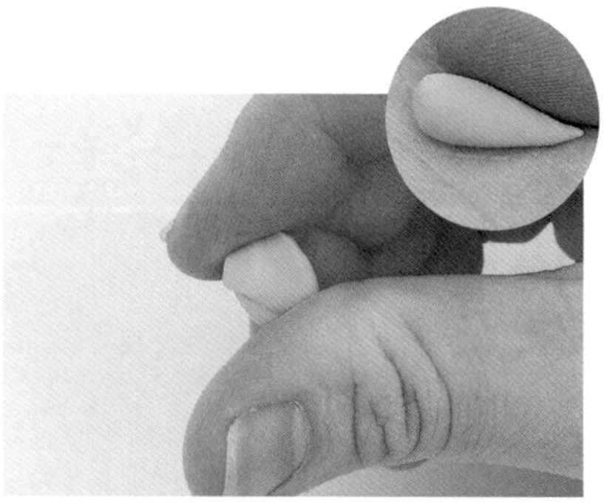

19 取绿色巧克力，用指腹将巧克力搓成水滴形，为叶子。

20 重复步骤19，完成共四片叶子。

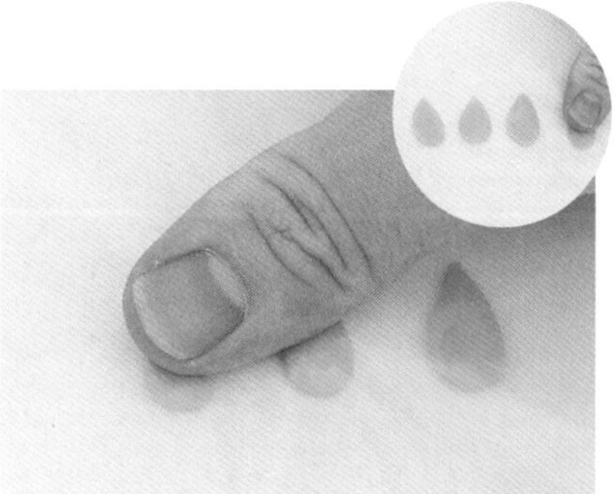

21 将叶子放入塑料袋中，并用指腹将叶子压扁。

22 先将塑料袋掀开后，再用雕塑工具在叶子上压出叶梗。

23 用雕塑工具在叶子上压出叶脉。

24 重复步骤22～23，完成叶子。

25 以雕塑工具为辅助，将叶子放在花瓣旁边。

26 最后，重复步骤25，将叶子摆放完成即可。

康乃馨

Materials 材料 & 工具 Tools

颜色 Color　原色　粉红色　绿色

器具 Appliance　雕塑工具组、擀面棍、花形切模、花边切模、保鲜膜或塑料袋（垫底用）

Description 步骤说明 Step

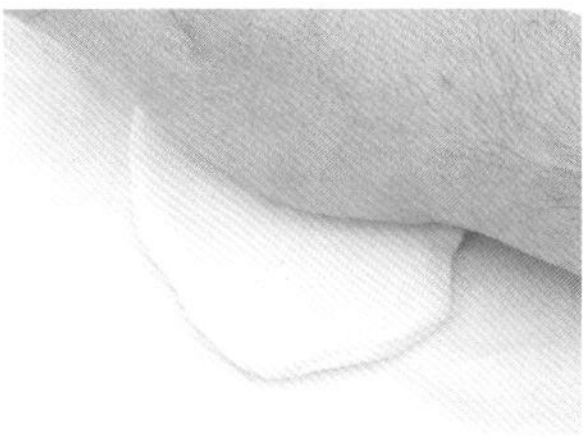

01 取原色巧克力，用手掌将巧克力压扁。

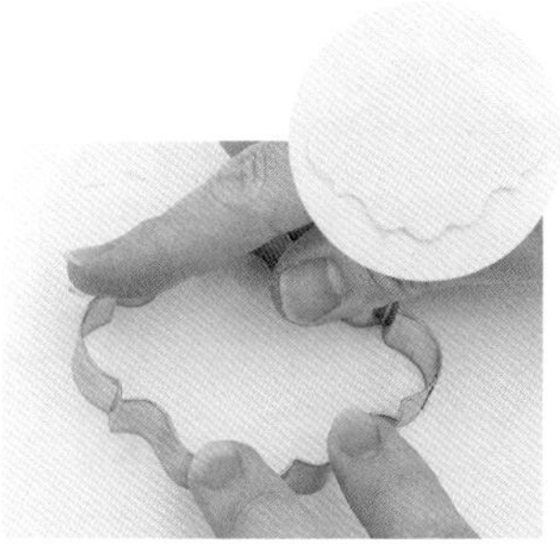

02 将花形切模放在巧克力上，用指腹将模具外的巧克力去除后，拿起花形切模，即完成背景。

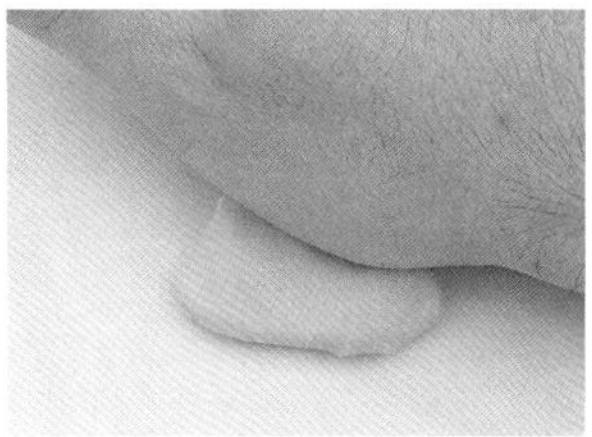

03 取粉红色巧克力，用手掌将巧克力压扁。

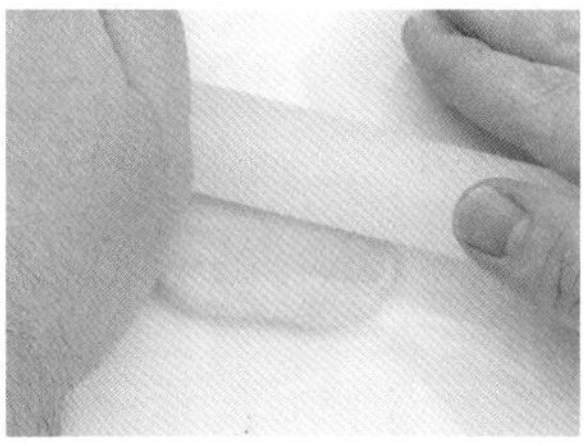

04 将粉红色巧克力放入塑料袋中，并用擀面棍将巧克力擀平。

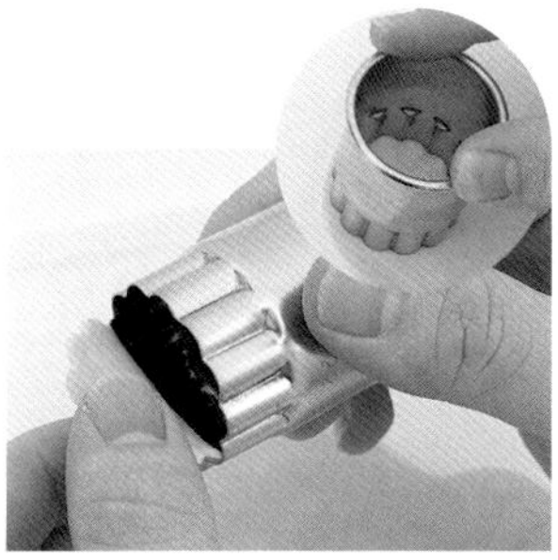

05 用花边切模工具在粉红色巧克力压出花形后，取出。

06 重复步骤05，完成共七片花瓣。

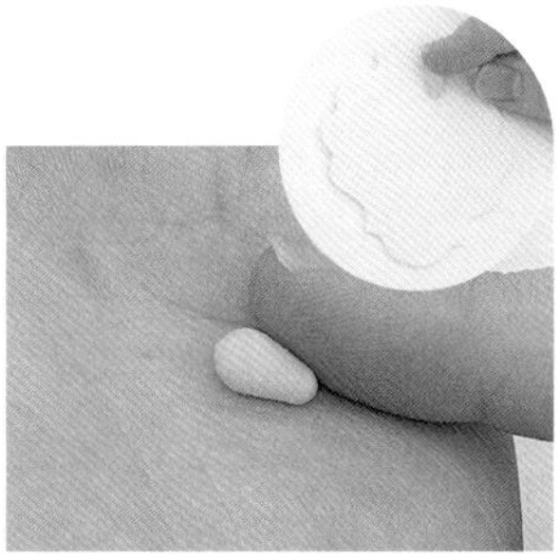

07 用指腹将粉红色巧克力搓成水滴形，并放在背景上，为花苞。

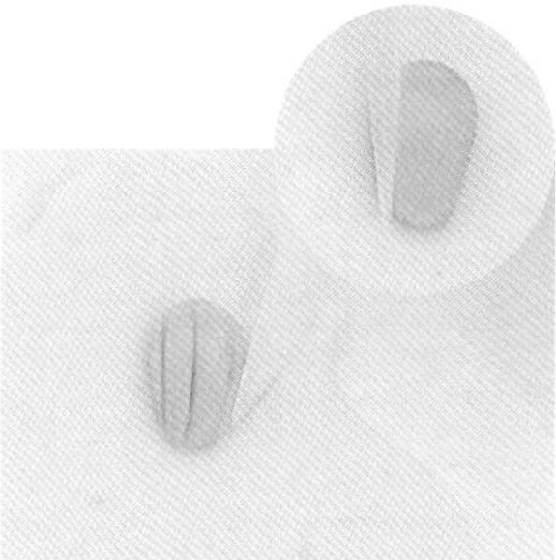

08 用雕塑工具在花苞上压出切痕，为纹路。

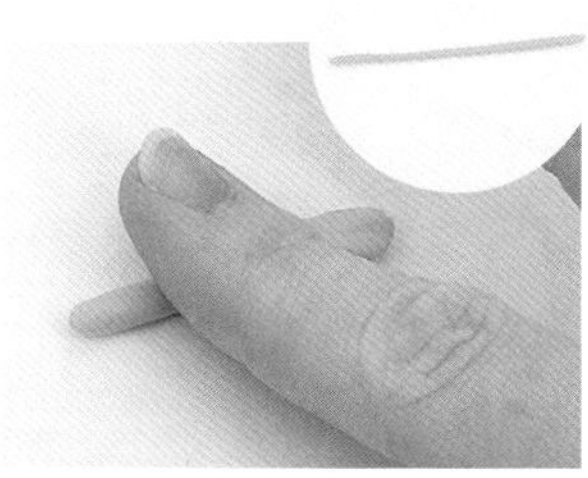

09 取绿色巧克力，用指腹将巧克力搓成长条形，为花梗。

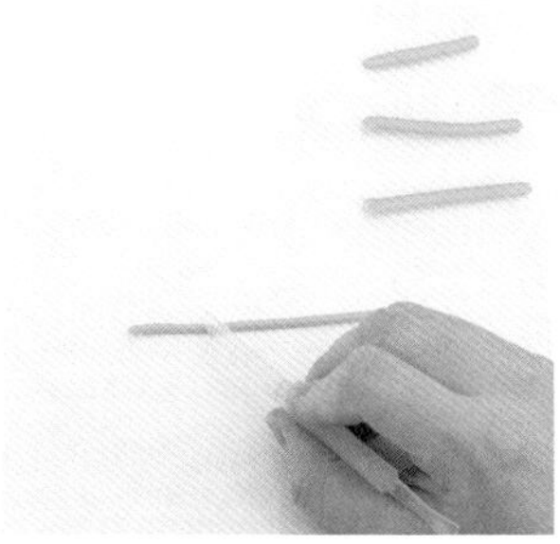

10 承步骤09，用雕塑工具将花梗切成三段。

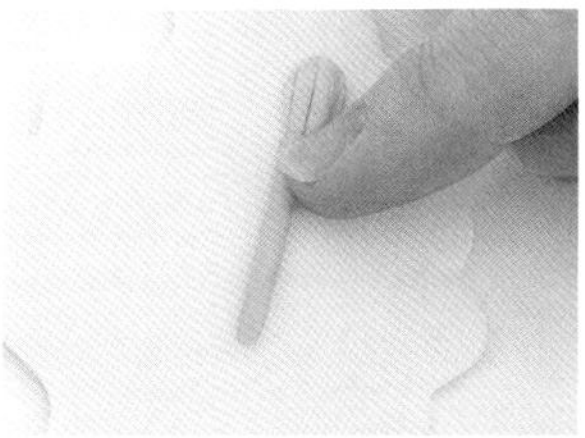

11 将花梗与背景上的花苞相连。

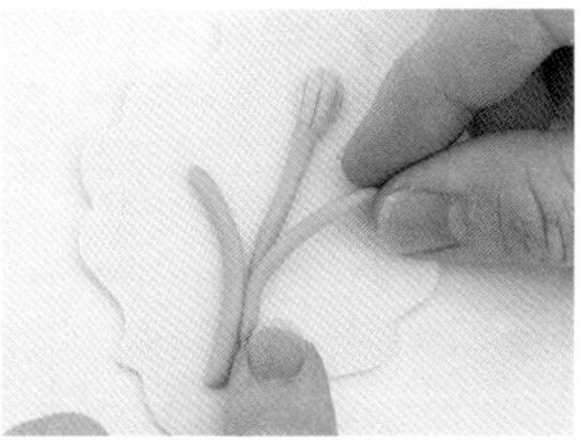

12 重复步骤11，依序摆放花梗。（注：可弯曲叶梗，使花形更自然。）

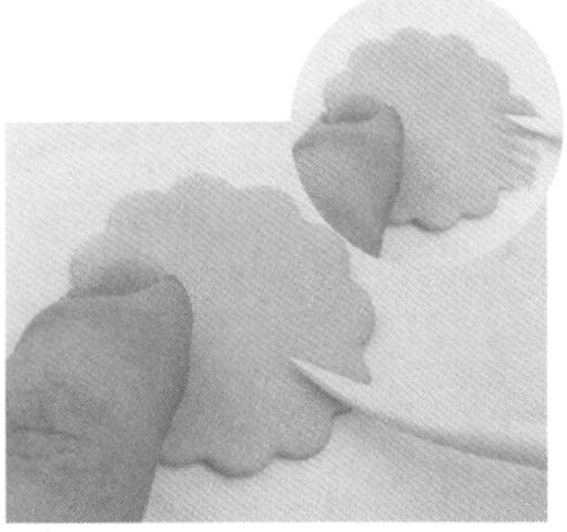

13 用雕塑工具在花瓣侧边压出纹路。

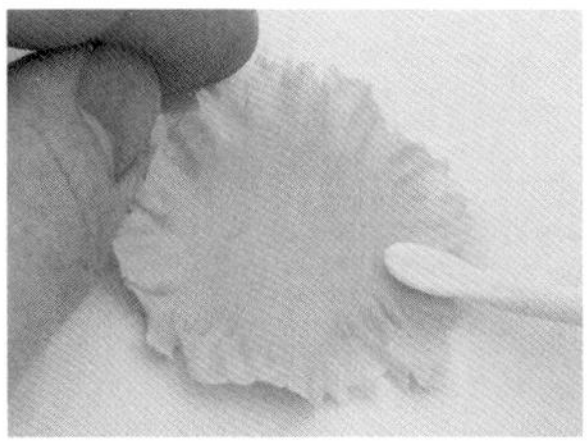

14 用雕塑工具将花瓣边缘压薄。

15 用手将花瓣对折后，再从两侧往中间挤压，以制作花形。

16 重复步骤15，取四片制作好的花瓣放在左侧花梗上。

17 重复步骤15，将两片花瓣向上堆叠。

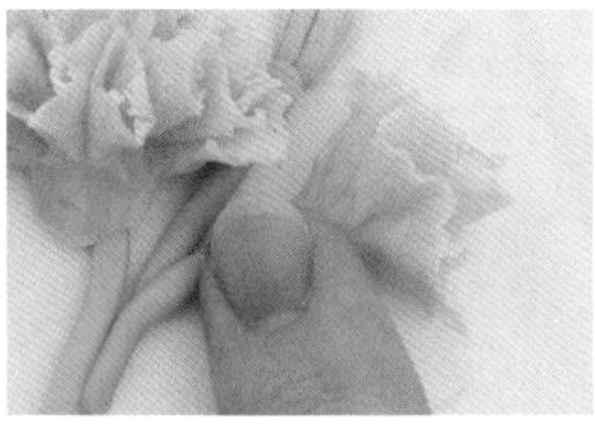

18 重复步骤15，将一片花瓣放在右侧花梗上。

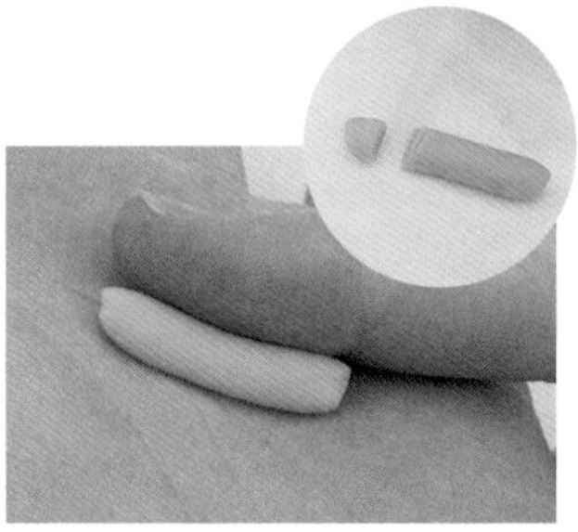

19 用指腹将绿色巧克力搓成长条形，并以雕塑工具切割成小段。

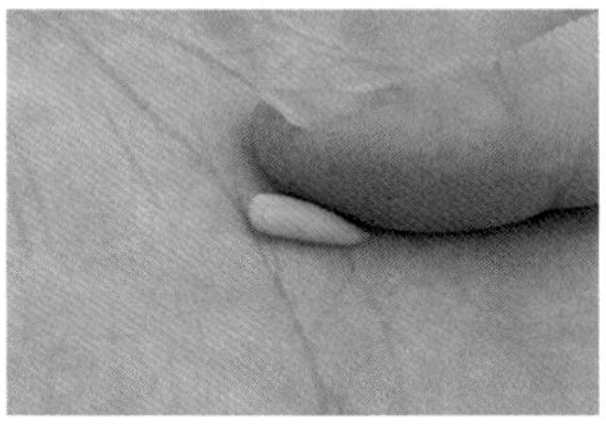

20 承步骤19，将巧克力用指腹搓成水滴形，为叶子。

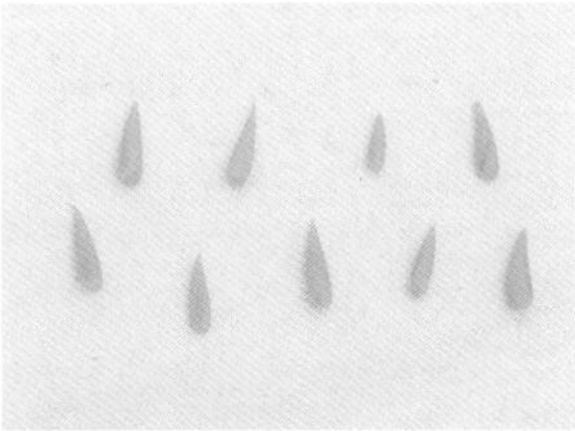

21 重复步骤19~20，完成共九片叶子。

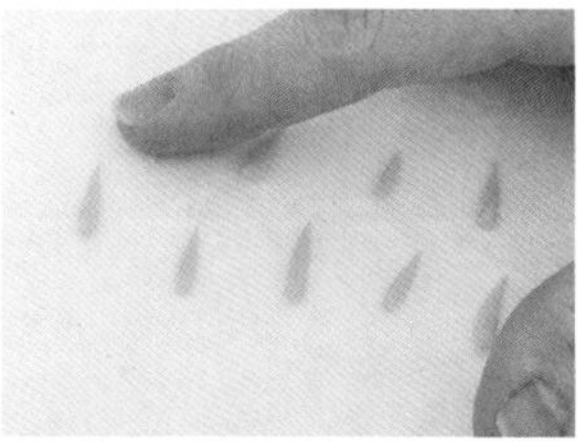

22 用塑料袋覆盖叶子，并用指腹将叶子压扁。

23 重复步骤22，将叶子压扁后，将塑料袋掀开。

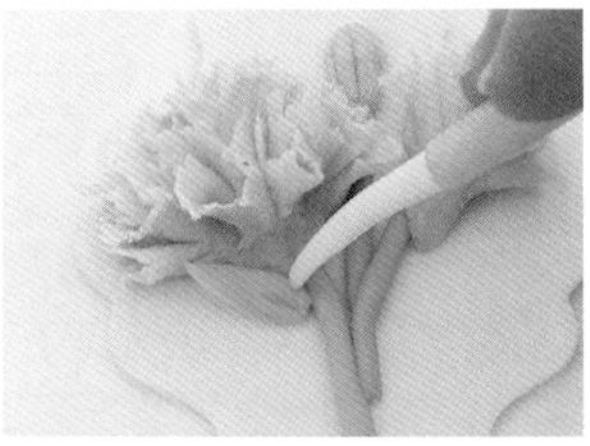

24 将叶子放在花梗上，并用雕塑工具压出叶脉。

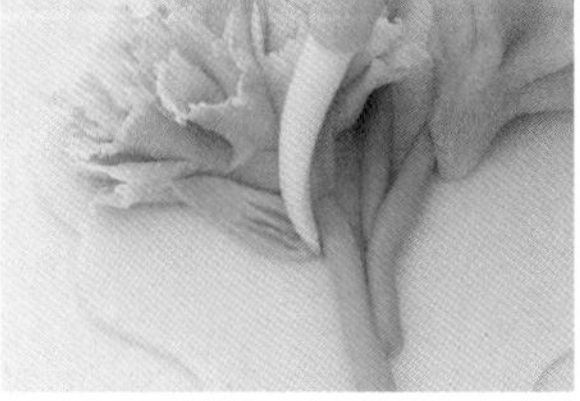

25 承步骤24，依序在叶子上压出叶脉。

26 最后，重复步骤24~25，完成叶子摆放即可。

三色堇

Materials
材料 & 工具
Tools

颜色 Color　白色　黄色　紫色

器具 Appliance　雕塑工具组、保鲜膜或塑料袋（垫底用）

Description
步骤 说明
Step

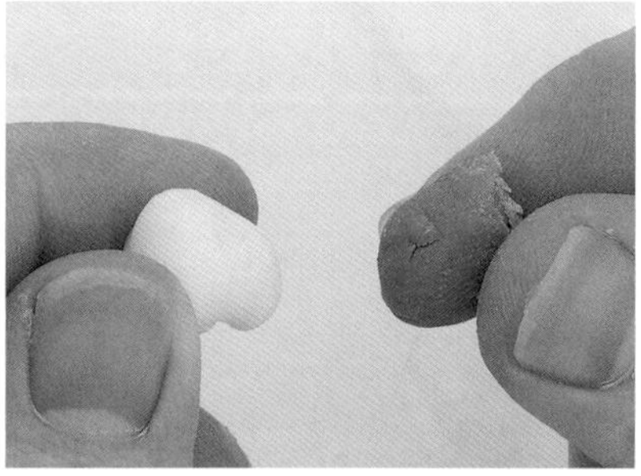

01 取白色巧克力与紫色巧克力。

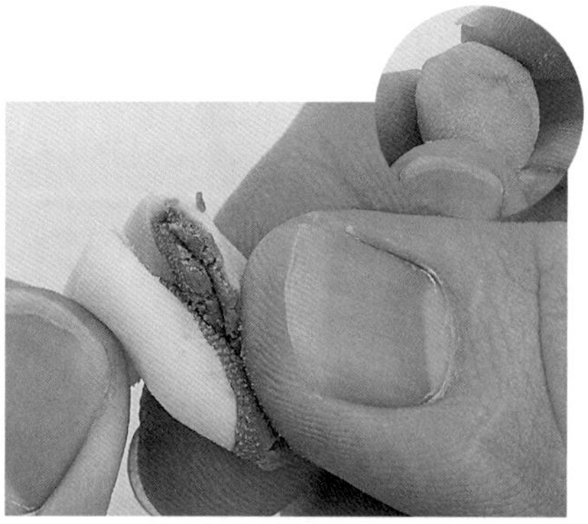

02 将白色巧克力与紫色巧克力混合，为浅紫色巧克力。

03 取两个白色圆形巧克力、两个浅紫色巧克力、一个紫色巧克力。

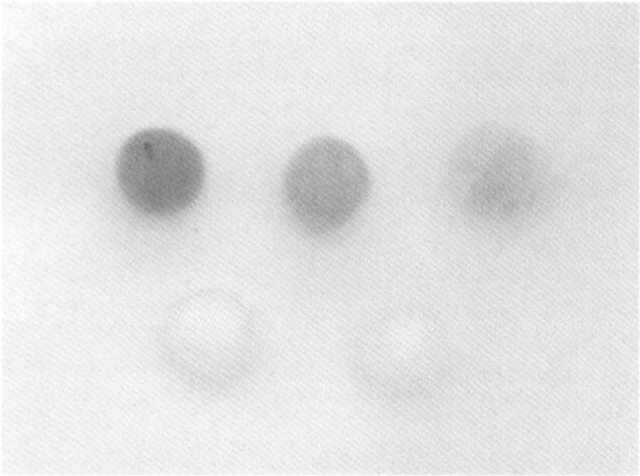

04 承步骤03，用塑料袋覆盖巧克力。

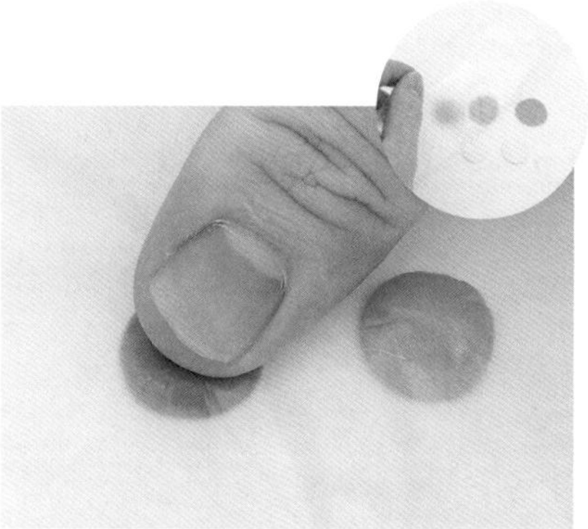

05 用指腹将巧克力压扁后，将塑料袋掀开，即完成花瓣。

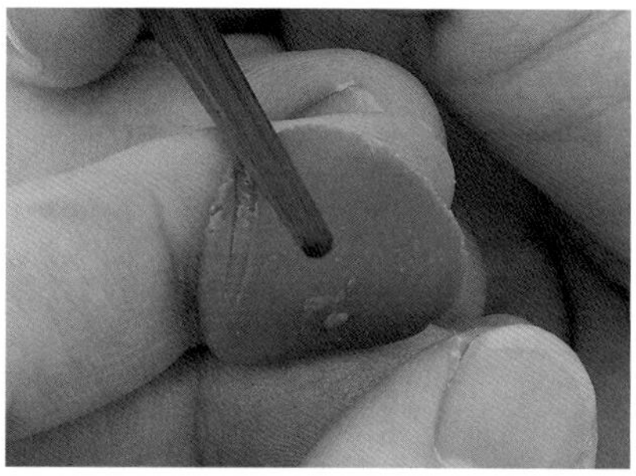

06 用雕塑工具在紫色花瓣上压出切痕，为花纹。

07 承步骤06，依序压出花纹。

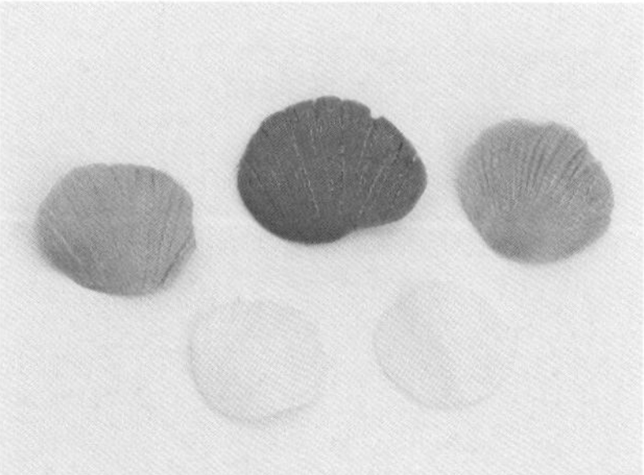

08 重复步骤06～07，完成花瓣制作。

09 以手为辅助，将紫色花瓣底部向上推，并用雕塑工具加深内部花纹。

10 承步骤09，以雕塑工具将浅紫色花瓣与紫色花瓣相粘。

11 重复步骤10，将另一片浅紫色花瓣对称相粘。

12 承步骤11，将白色花瓣相粘在两片浅紫色花瓣中间。

13 重复步骤12，粘合另外一片白色花瓣。

14 用指腹调整花形。

15 用雕塑工具在紫色花瓣底部压出凹洞。

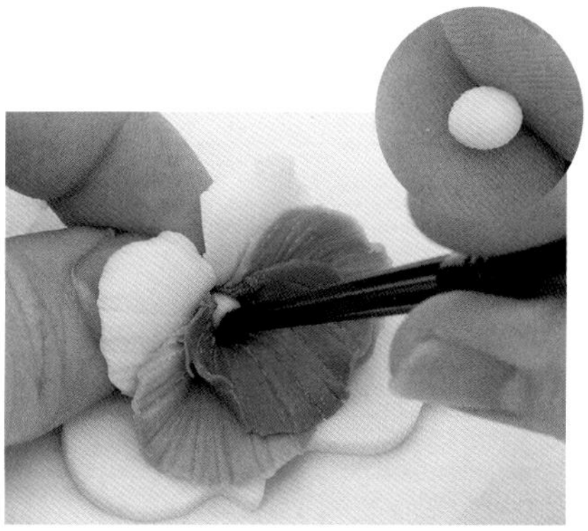

16 用指腹将黄色巧克力搓成圆形，并用雕塑工具将花蕊放在紫色花瓣凹洞处，为花蕊。

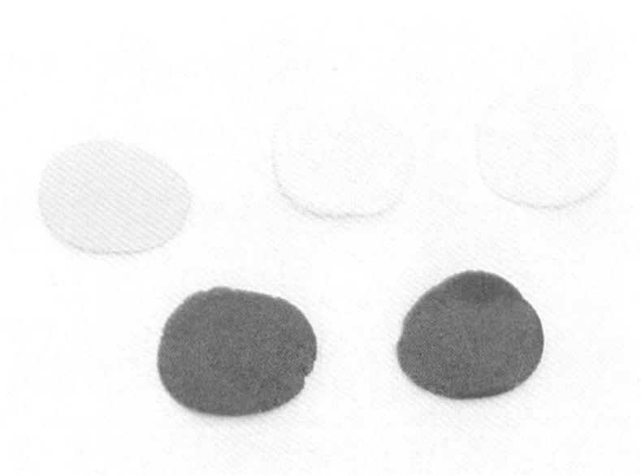

17 取一个黄色巧克力、两个白色巧克力与两个紫色巧克力，并用手将巧克力压扁，为花瓣。

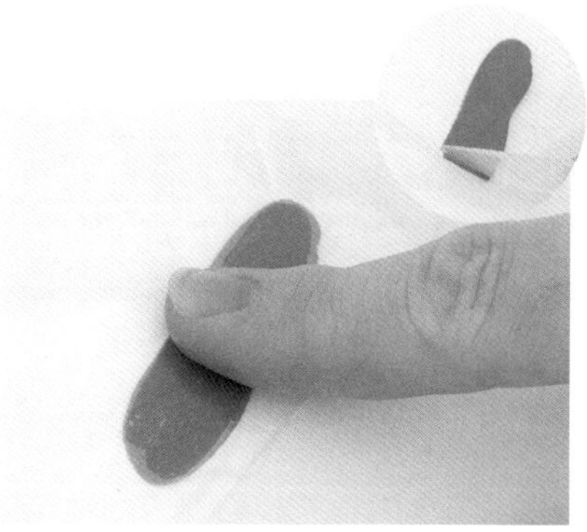

18 取另一块紫色巧克力，用指腹将巧克力压成椭圆形，并用雕塑工具切成条状。

19 以雕塑工具为辅助，将紫色条状巧克力放在黄色花瓣上。

20 重复步骤19，完成共三个条状巧克力的摆放。

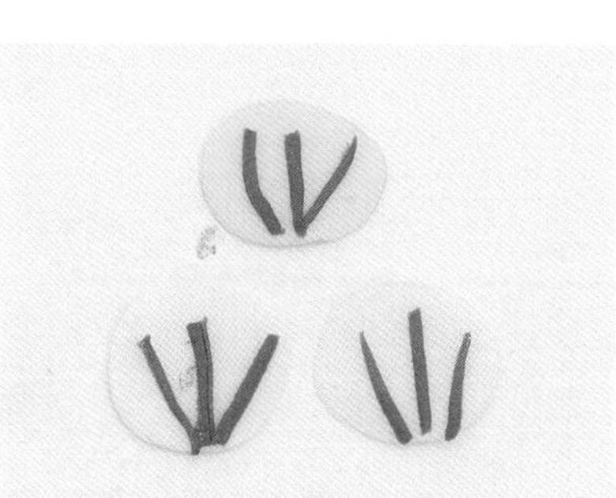

21 重复步骤18～20，依序在白色巧克力上摆放条状巧克力。

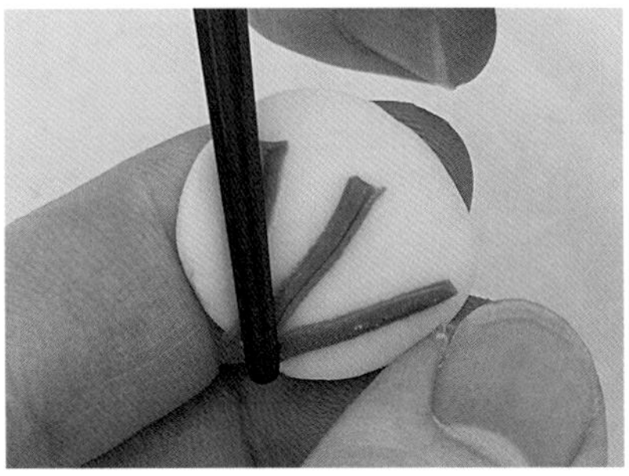

22 用雕塑工具在白色巧克力以加强固定。

23 用雕塑工具压出花瓣纹路。

24 重复步骤22～23，完成花瓣。

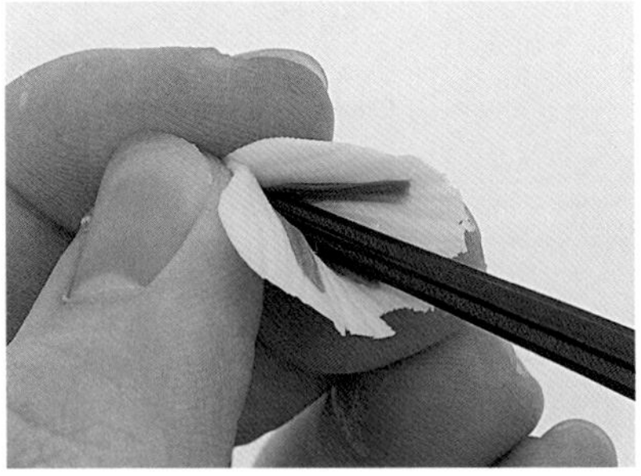

25 以手为辅助，将黄色花瓣底部向上推出花形，并以雕塑工具为辅助压出花朵立体感。

26 承步骤25，用雕塑工具将白色花瓣与黄色花瓣相粘。

27 重复步骤26，将另一片白色花瓣对称相粘。

28 承步骤27，将紫色花瓣粘在两片白色花瓣中间。

29 重复步骤28，粘合另外一片紫色花瓣。

30 以雕塑工具为辅助，将花瓣摆放在背景上，并用雕塑工具在黄色花瓣底部压出凹洞。

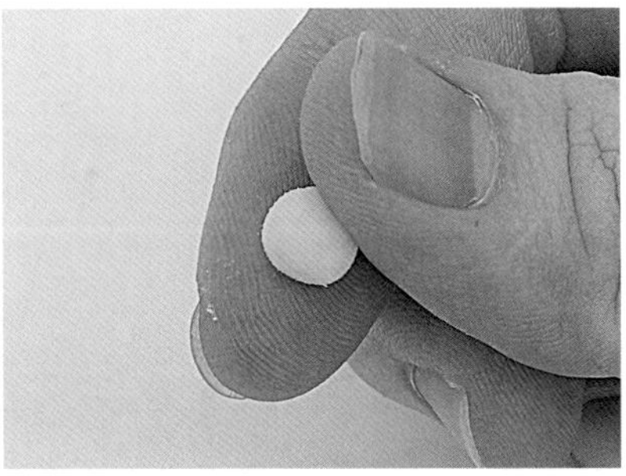

31 用指腹将黄色巧克力搓成圆形。

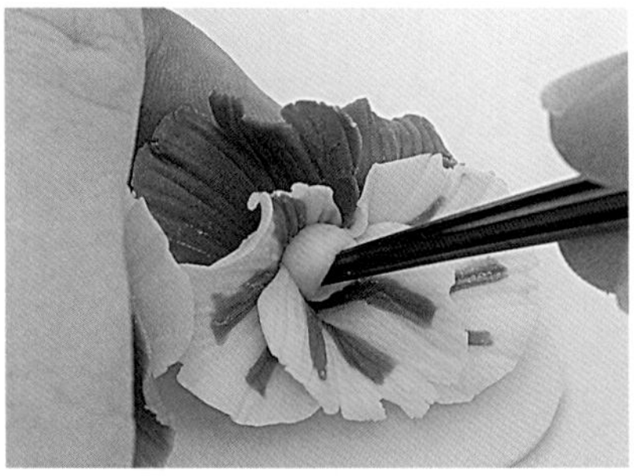

32 最后，承步骤31，用雕塑工具将花蕊放在黄色花瓣凹洞处即可。

玫瑰

XIANDOV
tous
Atzel
VIE EN R
n' y a pas de rose sans épin
Nous amusons!

材料 & 工具 Materials Tools

颜色 Color 粉红色　白色

器具 Appliance 雕塑工具组、保鲜膜或塑料袋（垫底用）

步骤说明 Description Step

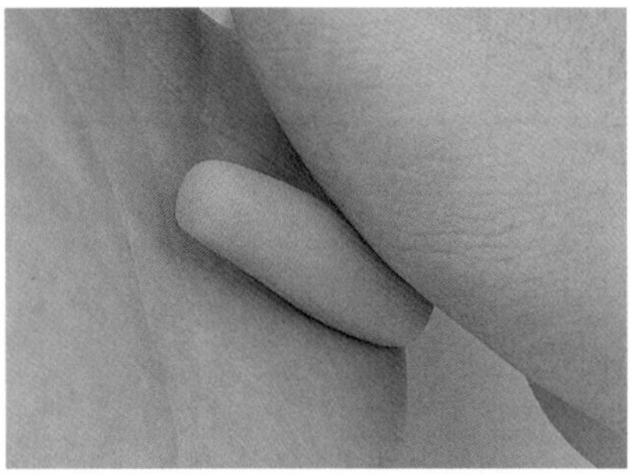

01 取粉红色巧克力，用手掌将巧克力搓成长条形。

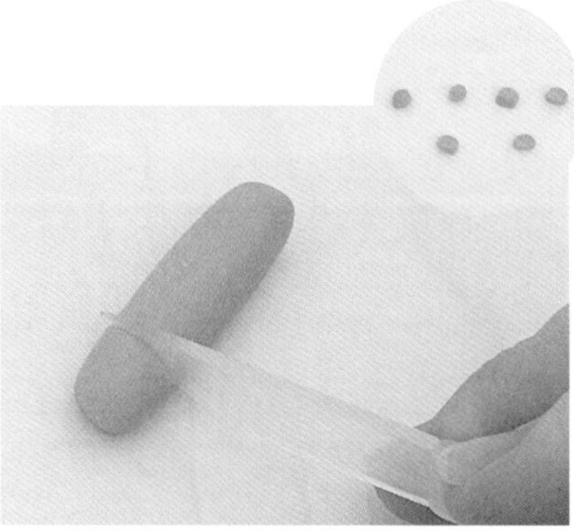

02 用雕塑工具将长条形巧克力切成六块，为粉红色花瓣。

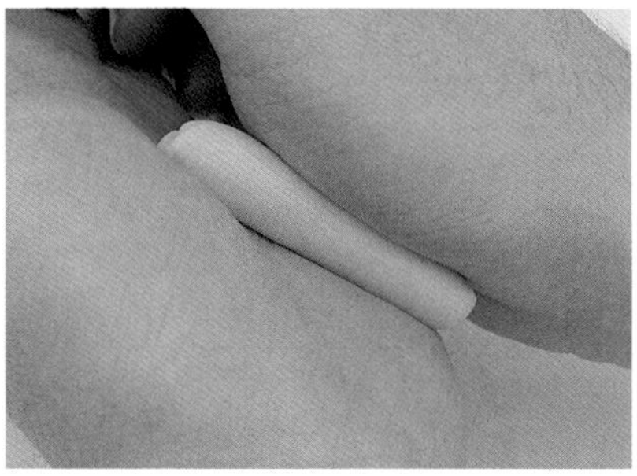

03 先将粉红色巧克力加入少量白色巧克力调成淡粉色后，再用手掌将巧克力搓成长条形。

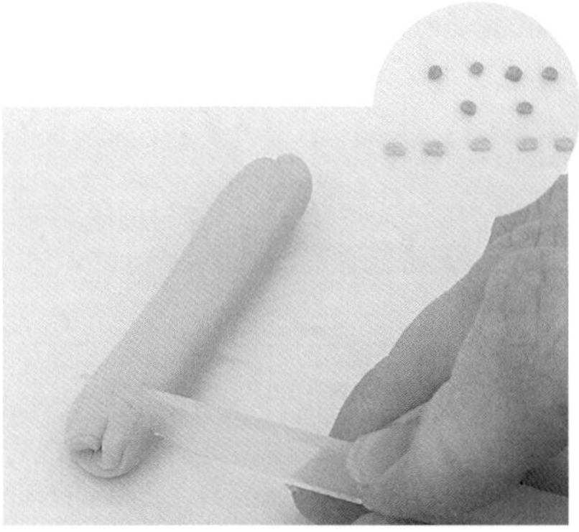

04 用雕塑工具将长条形巧克力切成五块，为淡粉色花瓣。

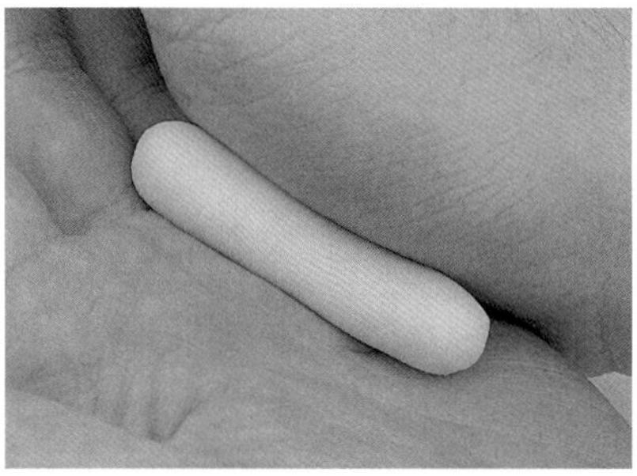

05 先将淡粉色巧克力加入少量白色巧克力调成粉白色后，再用手掌将巧克力搓成长条形。

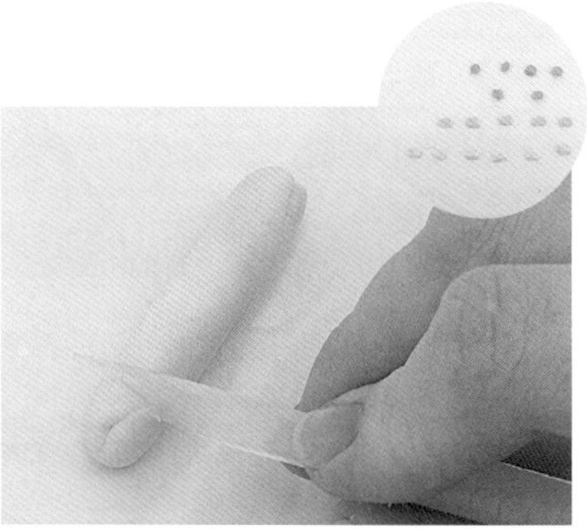

06 用雕塑工具将长条形巧克力切成六块，为粉白色花瓣。

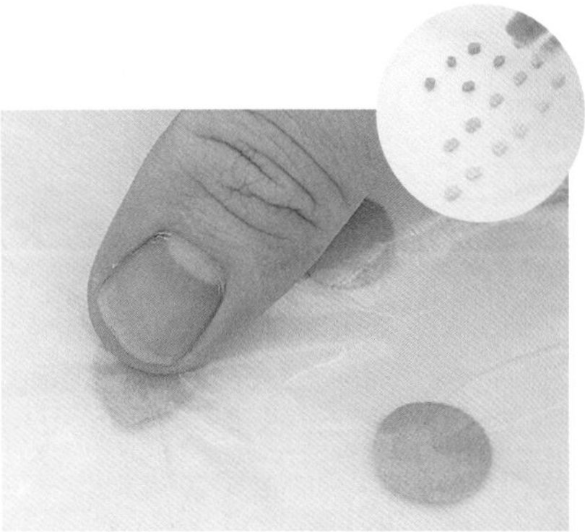

07 先用塑料袋覆盖花瓣，再用指腹压扁。

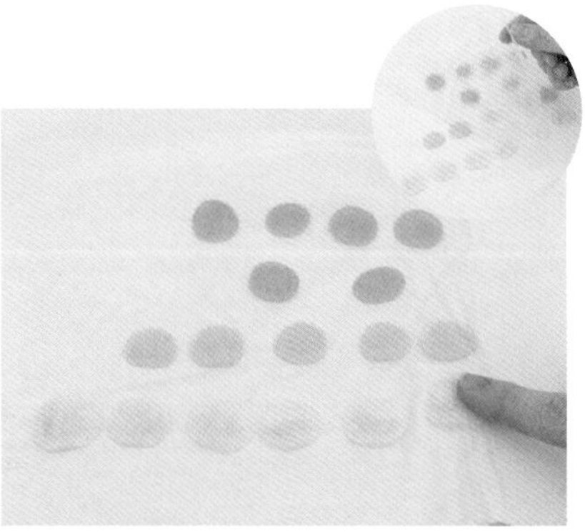

08 重复步骤07，依序将巧克力边缘压薄后，将塑料袋掀开。

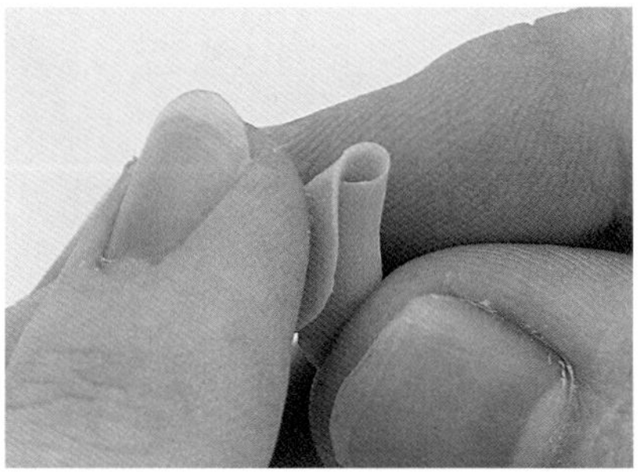

09 取一片粉红色花瓣，将花瓣卷起，为花心。

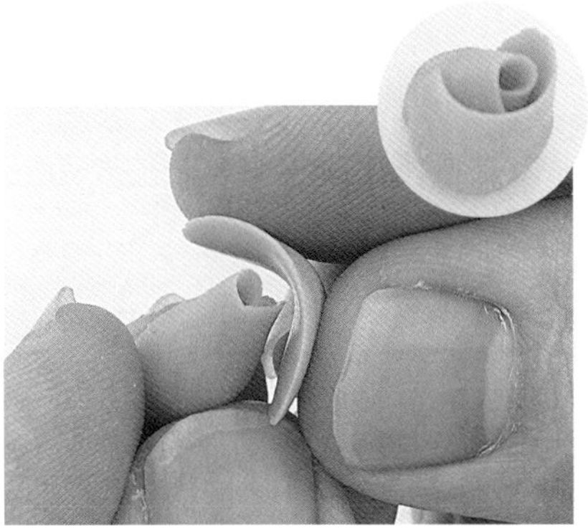

10 承步骤09，取另外一片粉红色花瓣，将花瓣包覆粘合。

11 重复步骤10，粉红色花瓣包覆完成。

12 取一片淡粉色花瓣，包覆内层的粉红色花瓣。

13 用指腹调整花瓣，呈盛开状。

14 取另外一片淡粉色花瓣，继续包覆粉红色花瓣。

15 重复步骤12～14，将淡粉色花瓣包覆完成。

16 取一片粉白色花瓣，包覆内层的粉红色与淡粉色花瓣。（注：花瓣须往外倒，以呈现绽放感。）

17 最后，重复步骤17，将最外层的粉白色花瓣包覆完成即可。

Modeling Chocolate Fondant Preparation

巧克力糖偶前置制作

塑形巧克力制作

材料及工具 Ingredients & Tools

· 食材

①白巧克力　265克

②饮用水　10克

③86%水麦芽　100克

· 器具

钢盆、刮刀、单柄锅、塑料袋

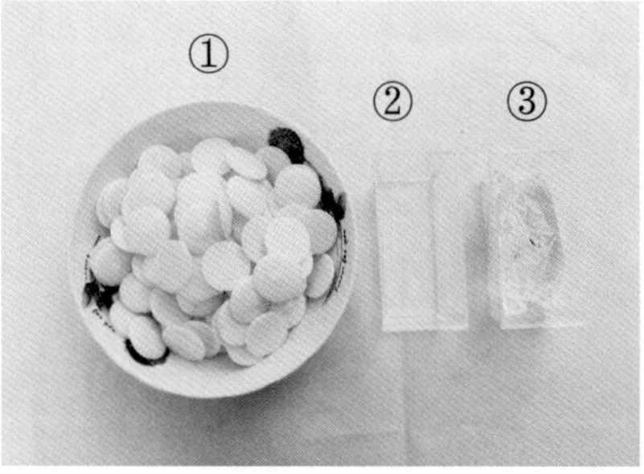

步骤说明 Step Description

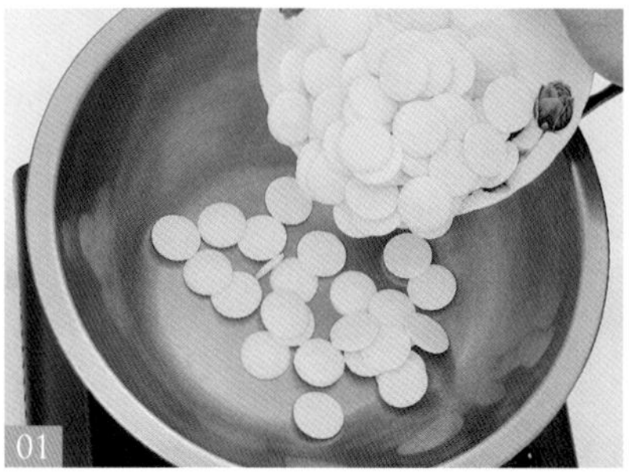

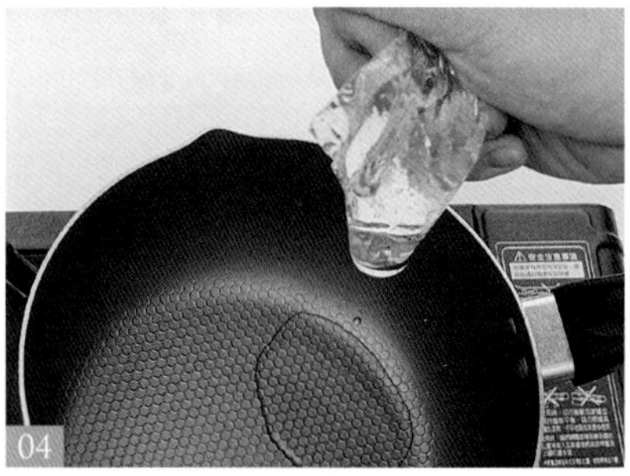

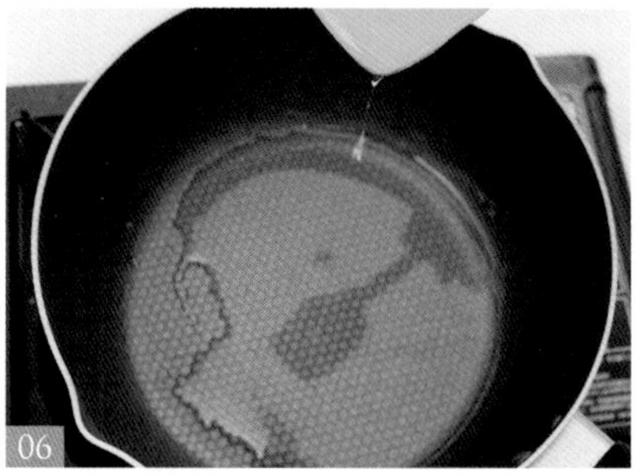

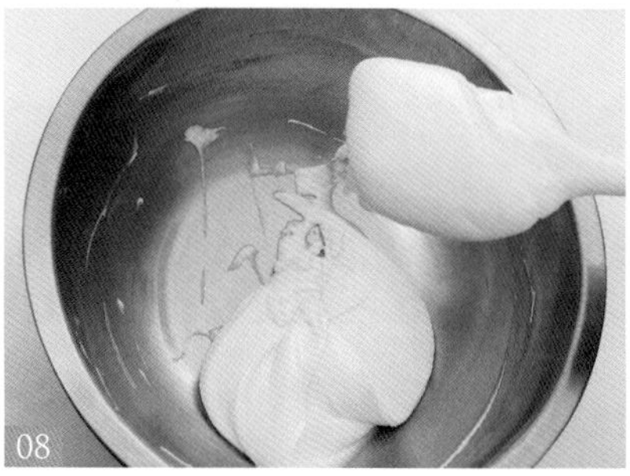

01　将白巧克力倒入钢盆中。

02　将白巧克力以隔水融化至35～40℃备用。

03　将水倒入单柄锅中。

04　将水麦芽加入单柄锅中。

05　将水麦芽及水，以小火拌匀至35～40℃。

06　如图，拌匀完成，备用。

07　将水麦芽倒入已融化白巧克力中。

08　承步骤07，用刮刀将两者拌匀至呈现雾面状，即完成白巧克力泥。

09　将白巧克力泥倒入塑料袋中。

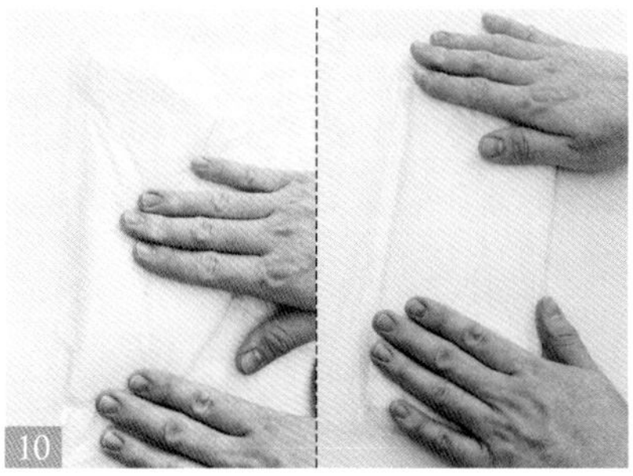

塑形巧克力制作视频

10 最后，将白巧克力泥压至平整即可。

11 如图，塑形巧克力完成，待冷却凝固即可使用。

TIPS

- 巧克力融化时可用隔水加热或微波融化，切记温度不可以过高。
- 水麦芽及水一同加热使麦芽溶化即可，不用煮滚。
- 两者拌匀时均匀即可，勿一直搅拌，会油水分离。
- 没用完的塑形巧克力短期可放在阴凉处储存，如要长时间保存建议冷冻，前一天取出退冰即可使用。
- 巧克力可依季节调整用量，天热时可用270 ~ 280克、天冷时可用260 ~ 265克，操作时觉得太软，再次制作时可增加巧克力，太硬则减少巧克力。

调色方法

步骤说明 Step Description

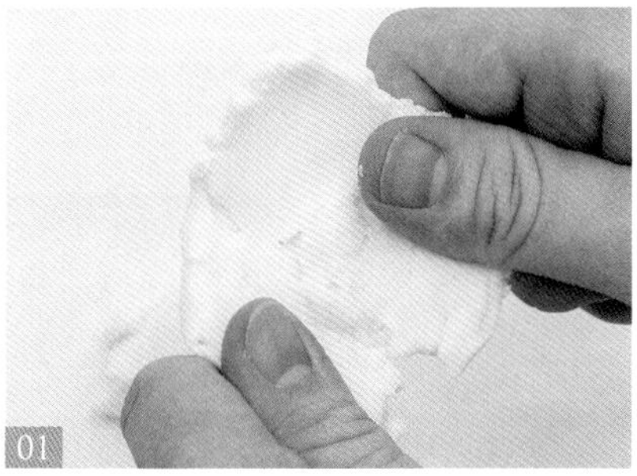

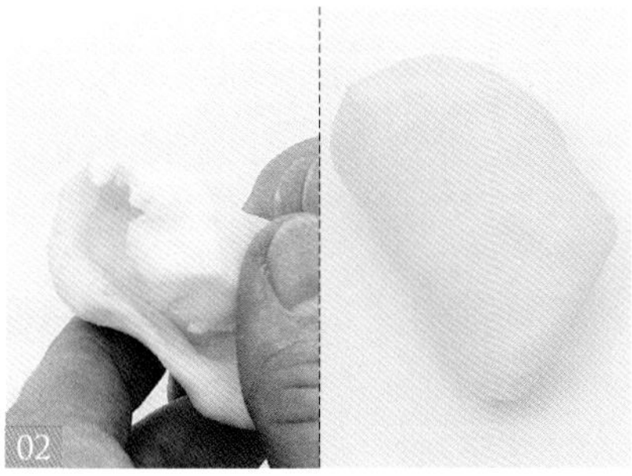

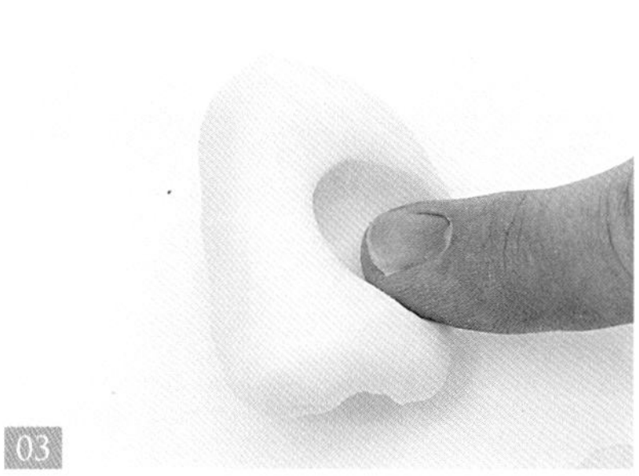

01 将凝固的塑形巧克力捏软。

02 重复步骤01，持续将塑形巧克力捏软。（注：将塑形巧克力揉匀，染色时颜色较容易均匀。）

03 用食指指腹将塑形巧克力压出凹陷。

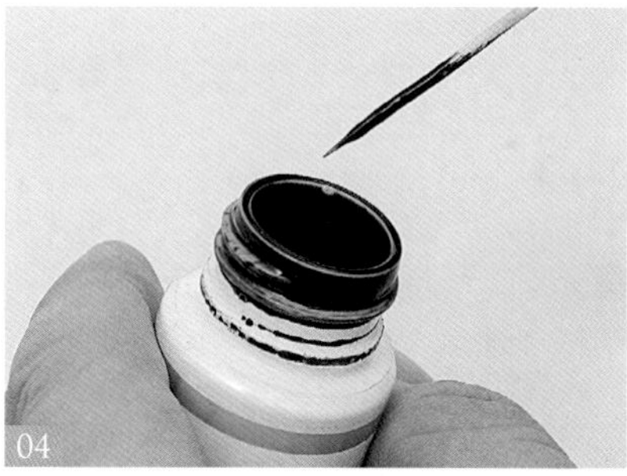

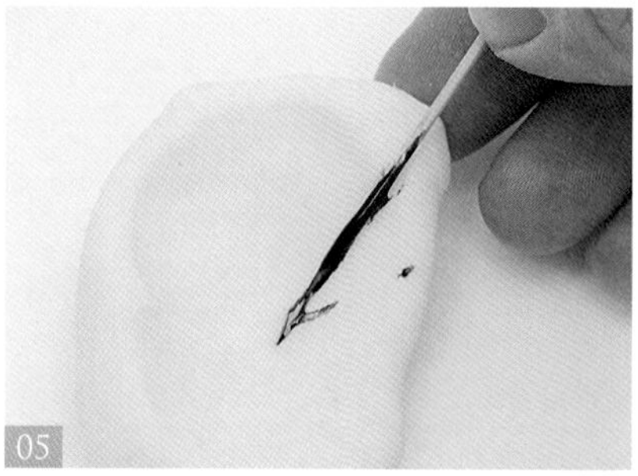

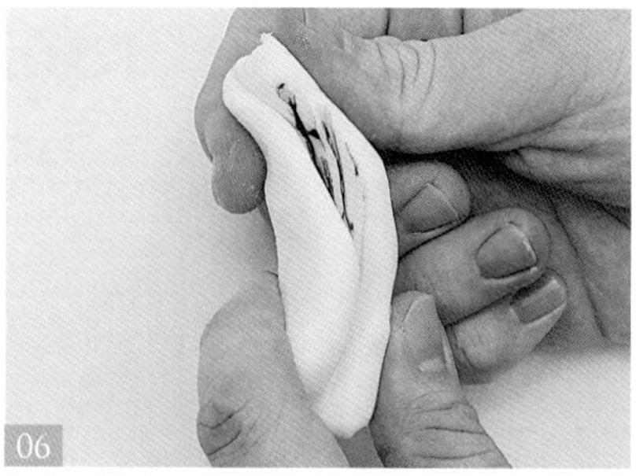

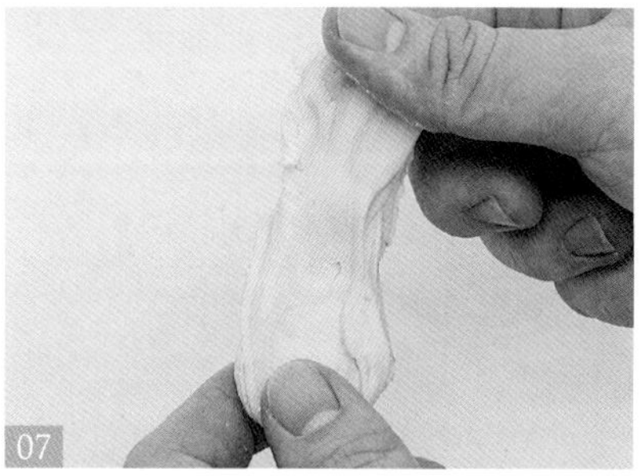

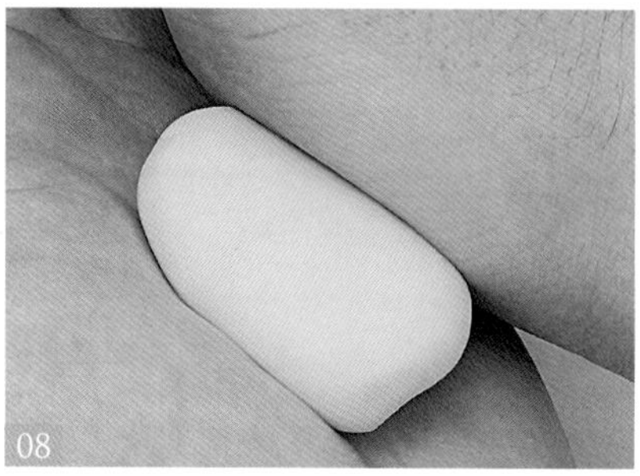

04 用牙签蘸取少量色膏。

05 将色膏粘在塑形巧克力的凹陷处。

06 将塑形巧克力两侧包覆色膏，使色膏不会溢出。

07 承步骤06，持续揉捏塑形巧克力，使颜色均匀。

08 最后，揉捏至颜色均匀即可。

TIPS

- 染色可依喜好调整浓淡，建议少量添加，觉得不够深再增加用量。
- 色膏也可使用色粉，但须先以开水调成膏状后，再加入揉匀。
- 染色前皆须将巧克力揉均匀，再进行染色，颜色比较容易均匀。

调色 Toning

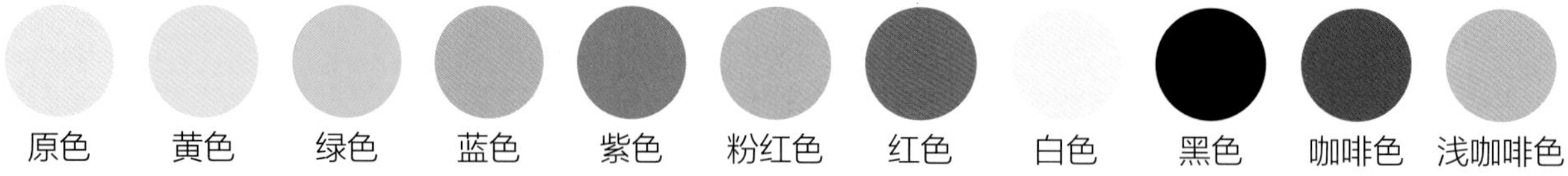

美人鱼

Materials 材料 & 工具 Tools

颜色 Color ● 黑色　● 白色　● 绿色　● 原色　● 粉红色　● 红色　● 浅咖啡色

器具 Appliance 雕塑工具组、塑料袋或保鲜膜（垫底用）

步骤说明 Step Description

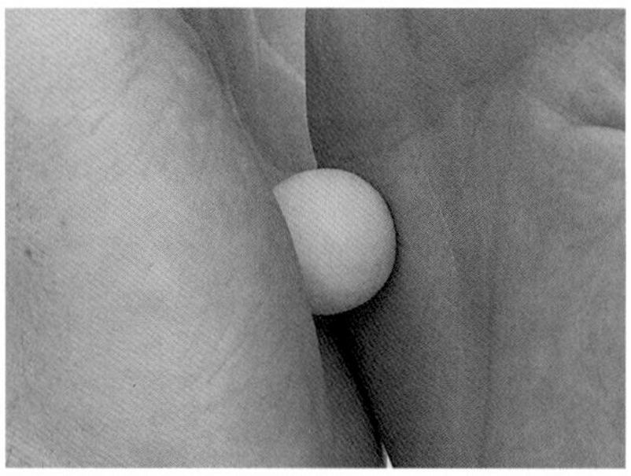

01 用手掌将原色巧克力搓成圆形。

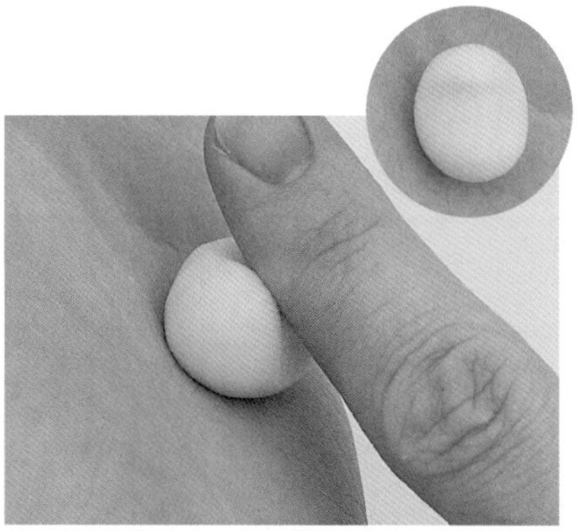

02 用手指在中间处压出眼窝凹痕，为头部。

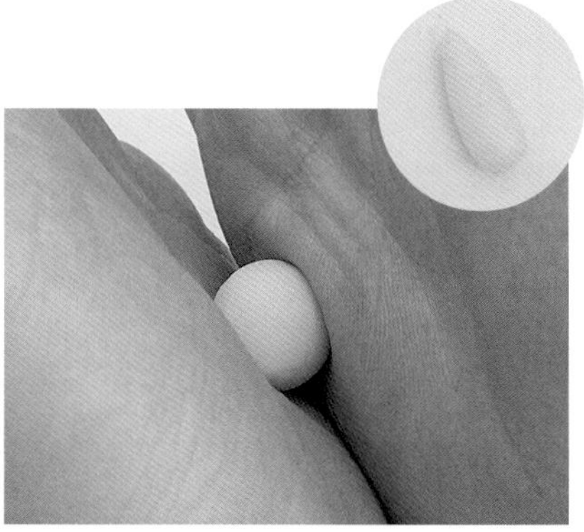

03 用手掌将原色巧克力搓成水滴形，为身体。

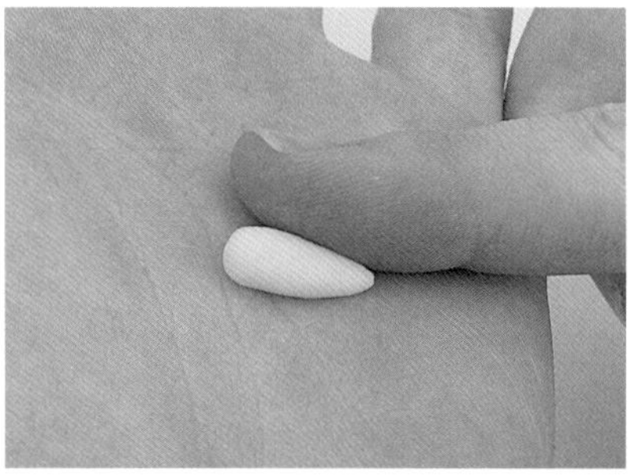

04 用指腹将原色巧克力搓成水滴形，为手部。

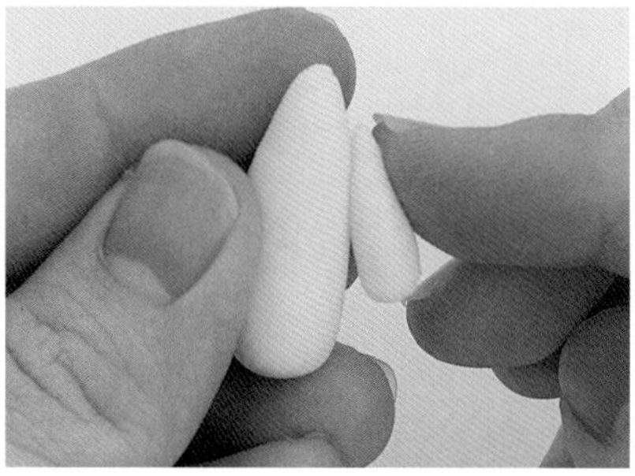

05 将手部与身体粘合，为右手。

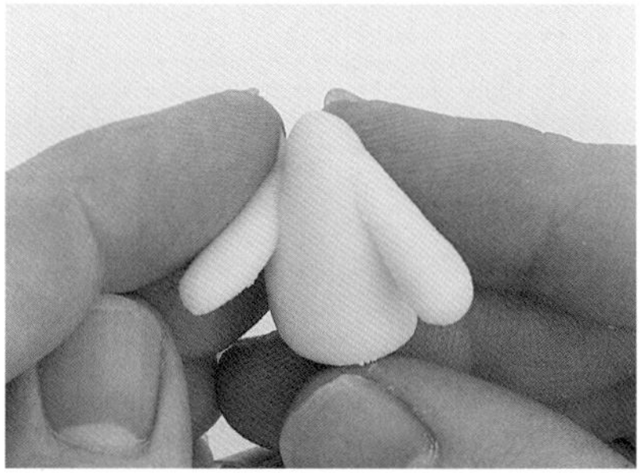

06 重复步骤04~05，完成左手。

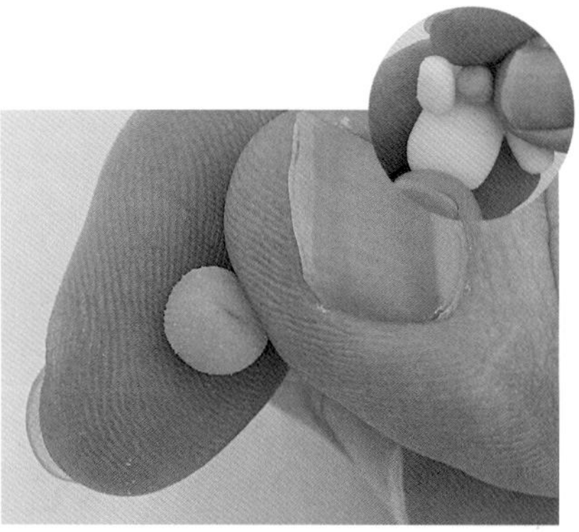

07 用指腹将粉红色巧克力搓成圆形，并放在身体上，为贝壳。

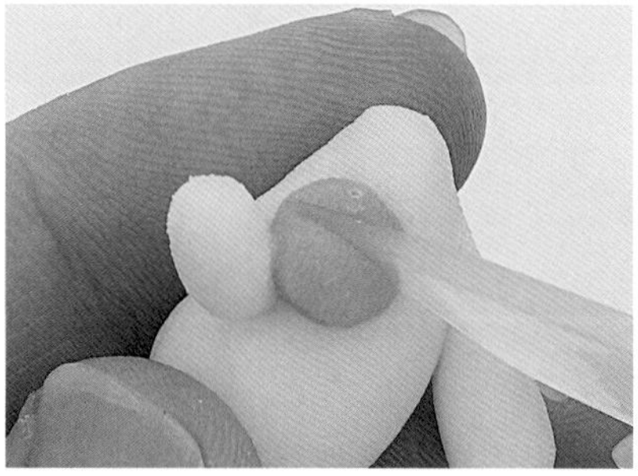

08 用雕塑工具在贝壳上压出两条切痕。

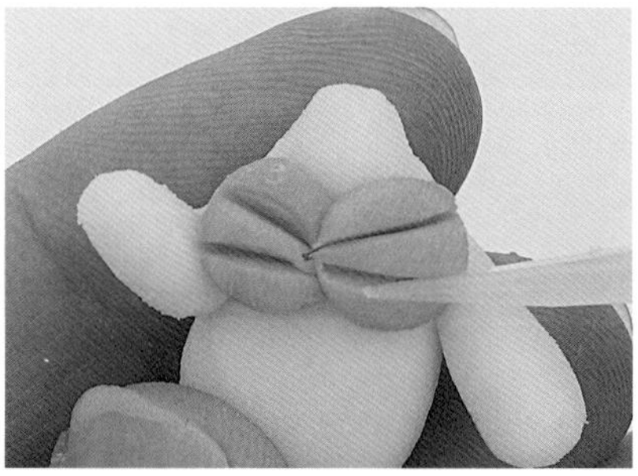

09 重复步骤07~08，完成右侧贝壳纹路。

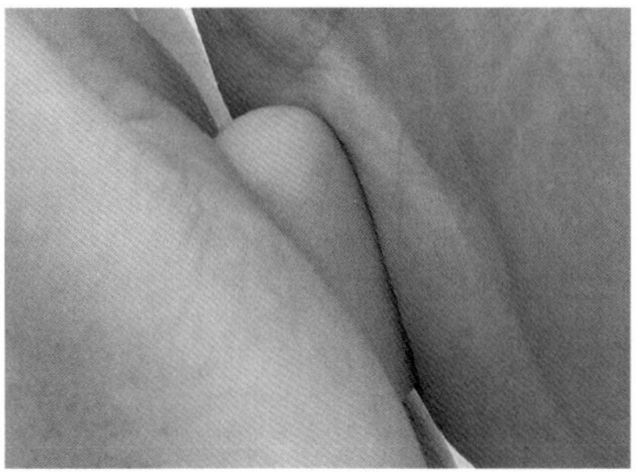

10 用手掌将浅咖啡色巧克力搓成椭圆形。

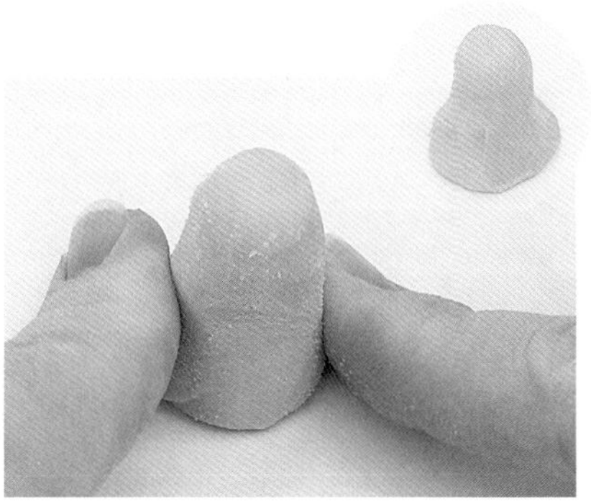

11 将椭圆形浅咖啡色巧克力放在桌面上，再用指腹将巧克力底部往两侧压，为石头。

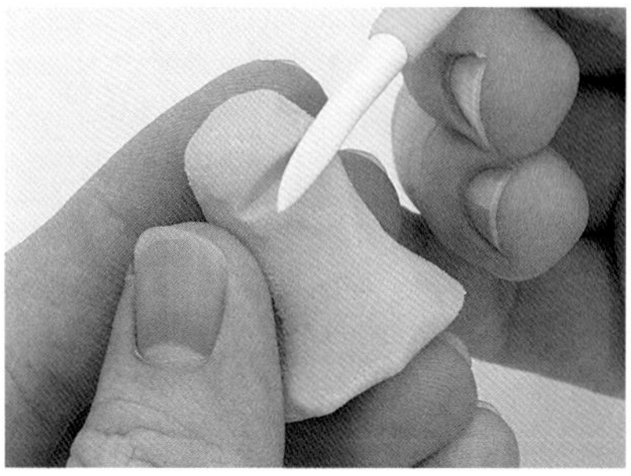

12 用雕塑工具在石头侧边压出切痕，为纹路。

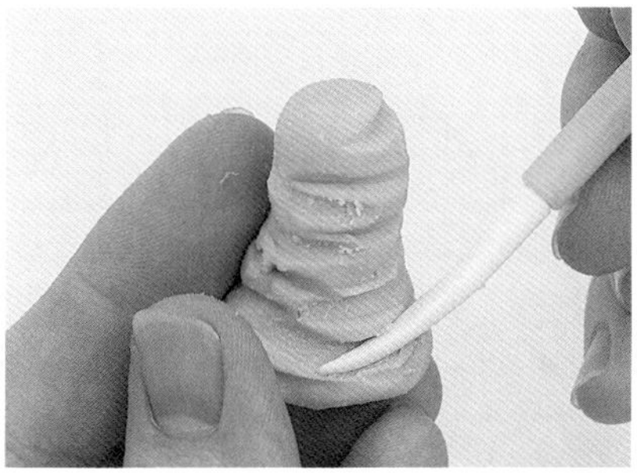

13 重复步骤12，完成石头侧边纹路。

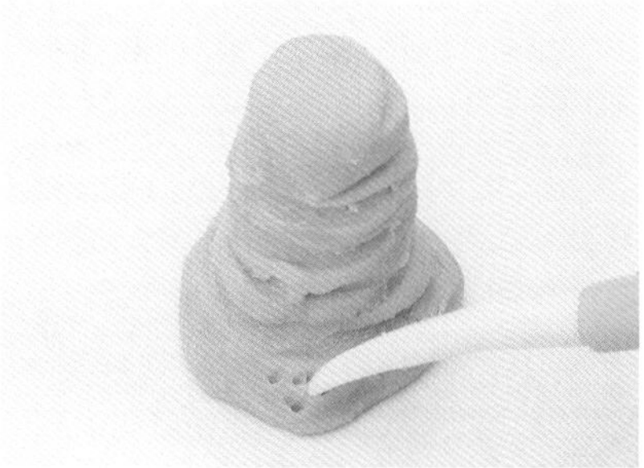

14 用雕塑工具在石头底部戳洞。

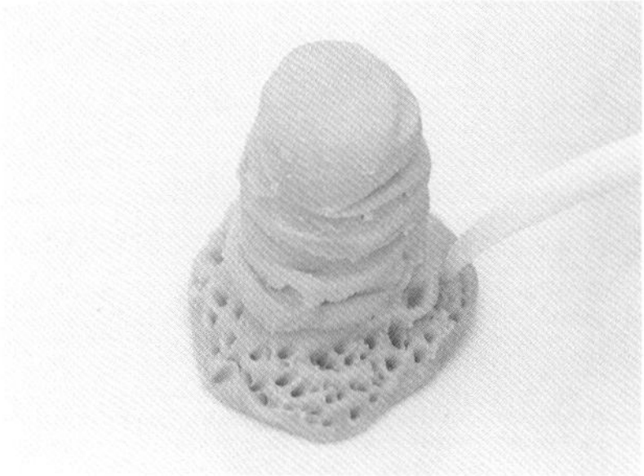

15 重复步骤14，完成石头底部孔洞制作。

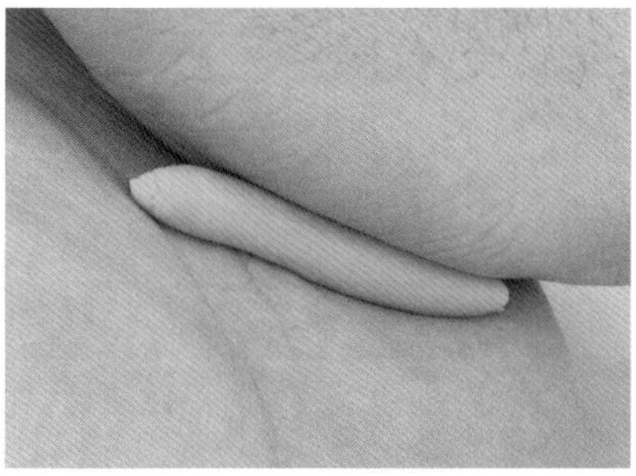

16 用手掌将绿色巧克力搓成长条形。

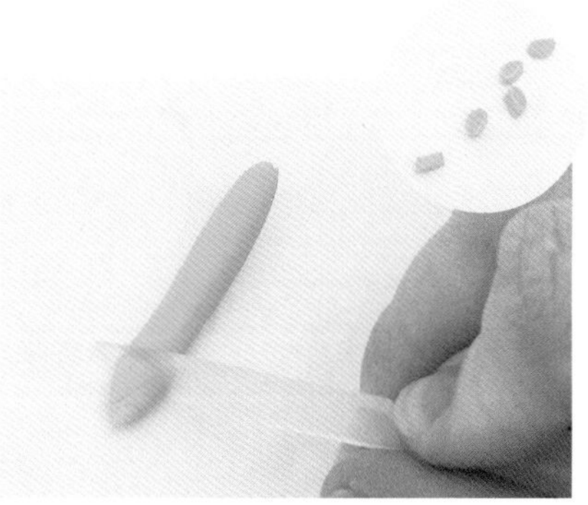

17 承步骤16，用雕塑工具切成五小块。

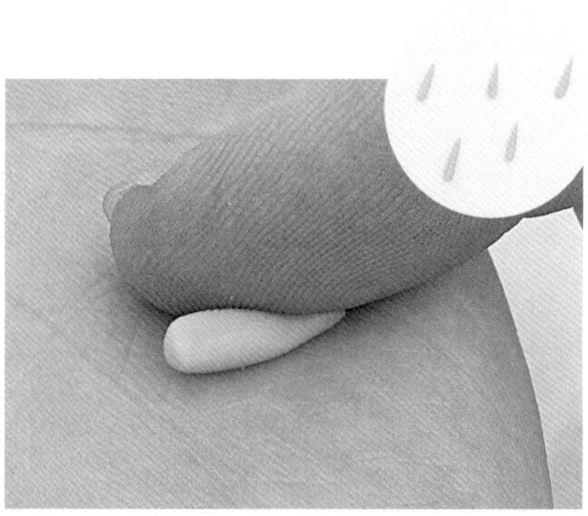

18 承步骤17，将切下的小块巧克力用指腹搓成水滴形，为海草。

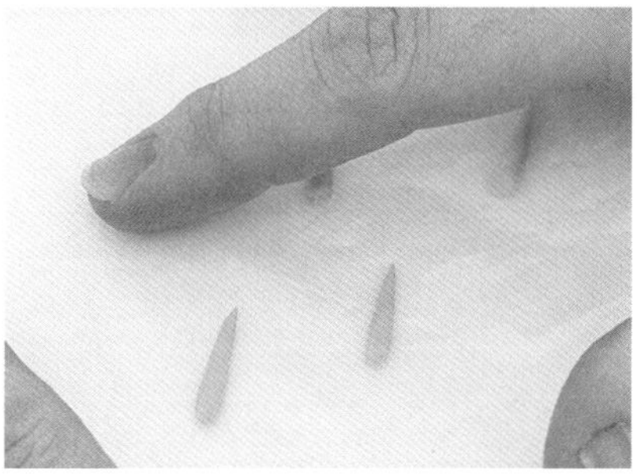

19 用塑料袋覆盖，将海草压扁。

20 重复步骤19，将海草压扁后，把塑料袋掀开。

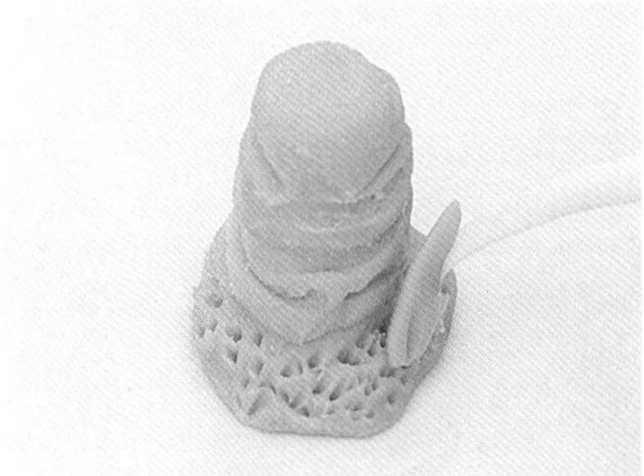

21 以雕塑工具为辅助，将海草放在石头侧边。

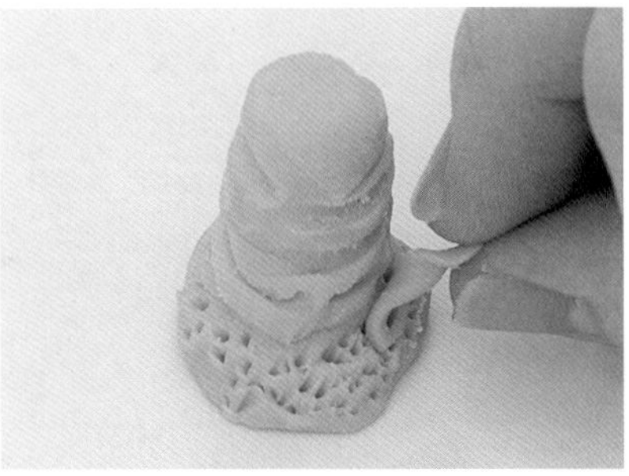

22 用指腹调整海草的形状。

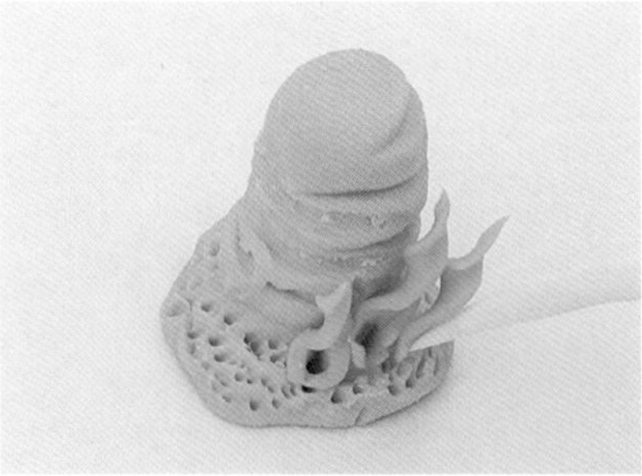

23 重复步骤21～22，完成右侧海草的摆放。

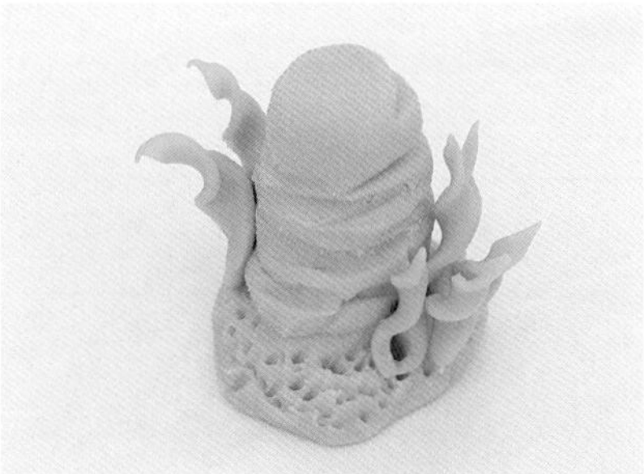

24 重复步骤21～22，完成左侧海草的摆放。

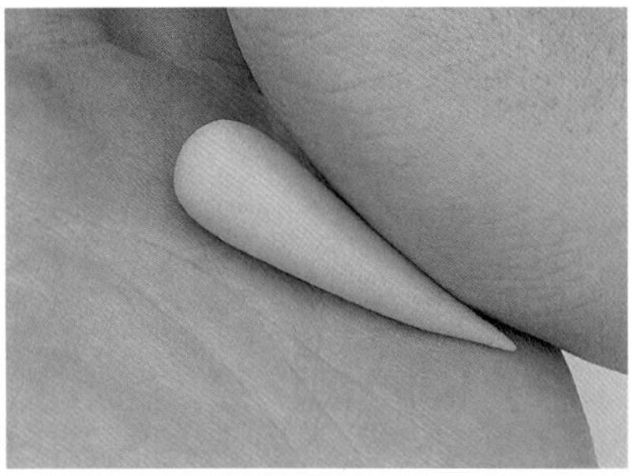

25 用手掌将粉红色巧克力搓成水滴形。

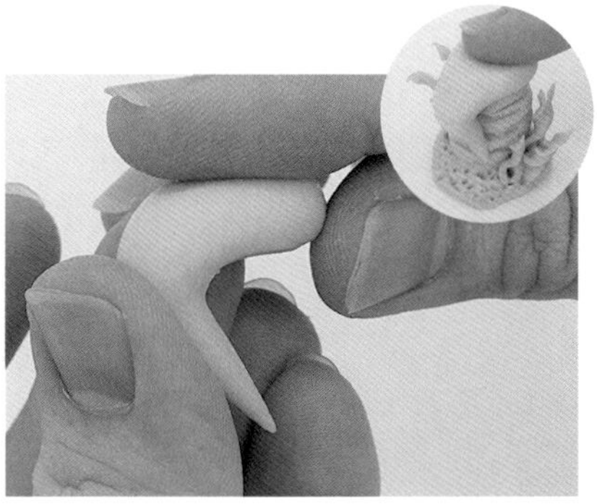

26 承步骤25，用指腹将巧克力弯曲，为美人鱼尾巴。

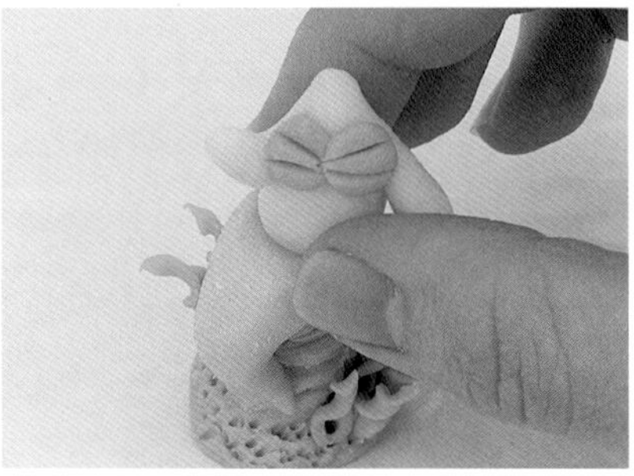

27 将身体与尾巴粘合。

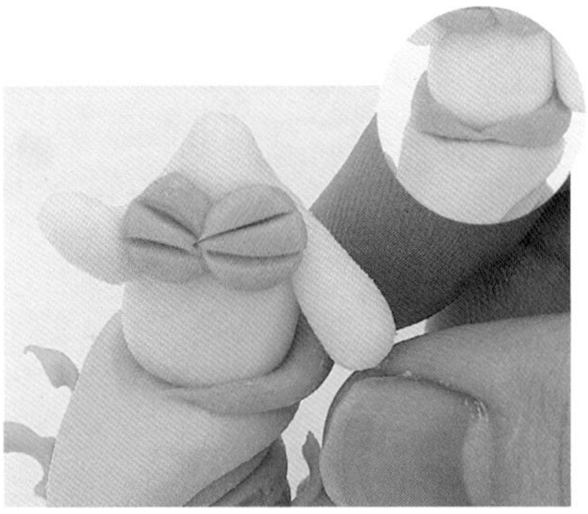

28 用指腹将粉红色巧克力搓成长条形，并放在身体与尾巴相连处，为臀鳍。

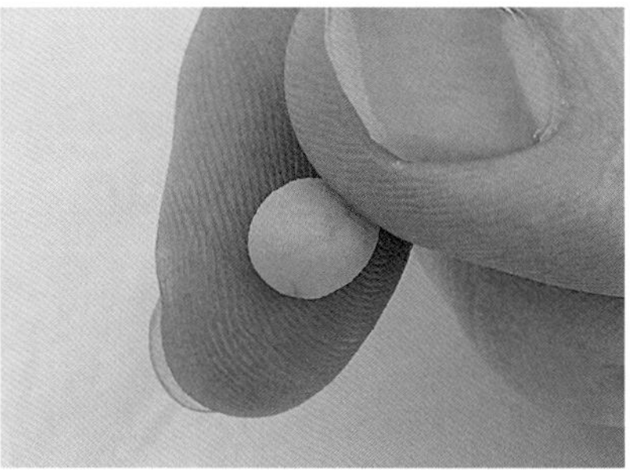

29 用指腹将粉红色巧克力搓成圆形。

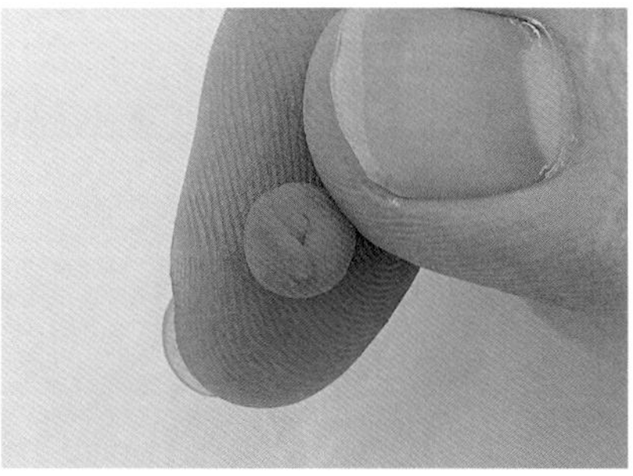

30 用指腹将红色巧克力搓成圆形。

31 重复步骤29～30，共完成两个粉红色圆形巧克力与四个红色圆形巧克力。

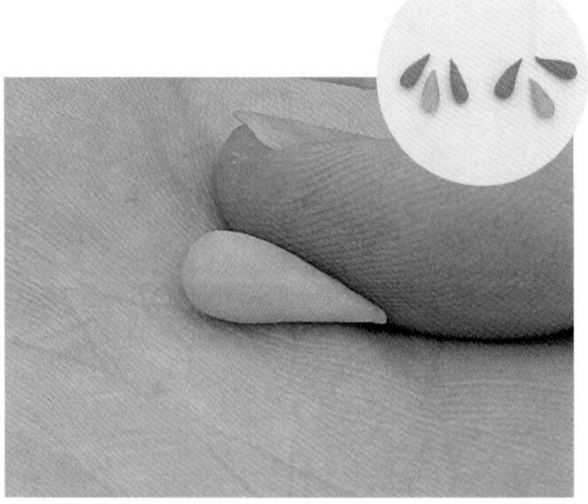

32 承步骤31，将粉红色及红色巧克力搓成水滴形。

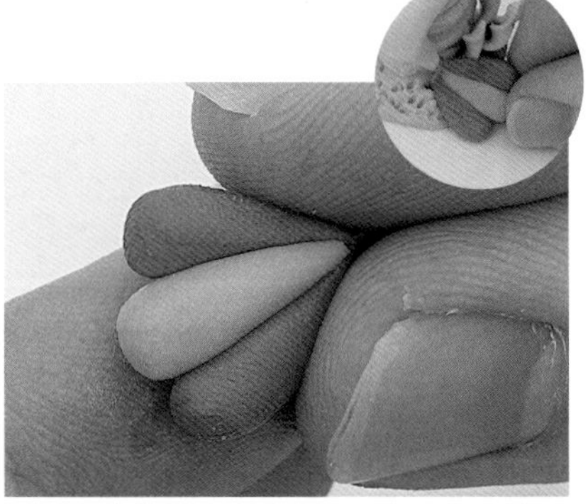

33 将粉红色水滴形巧克力与两个红色巧克力粘合，为尾鳍，并放在尾巴下侧。

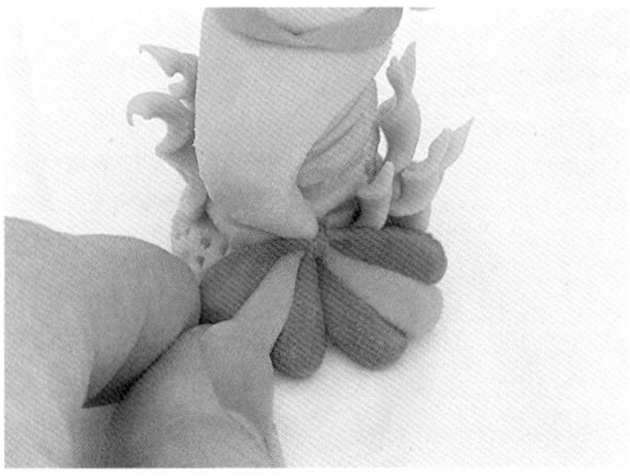

34 重复步骤33，完成左侧尾鳍。

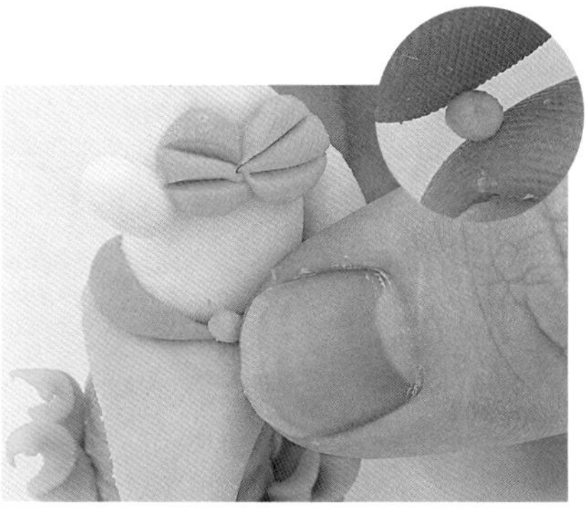

35 用指腹将粉红色巧克力搓成圆形，并放在臀鳍上，为装饰。

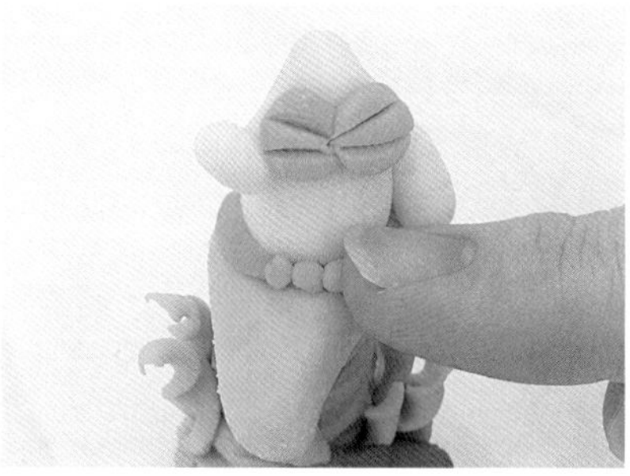

36 重复步骤35，臀鳍装饰完成。

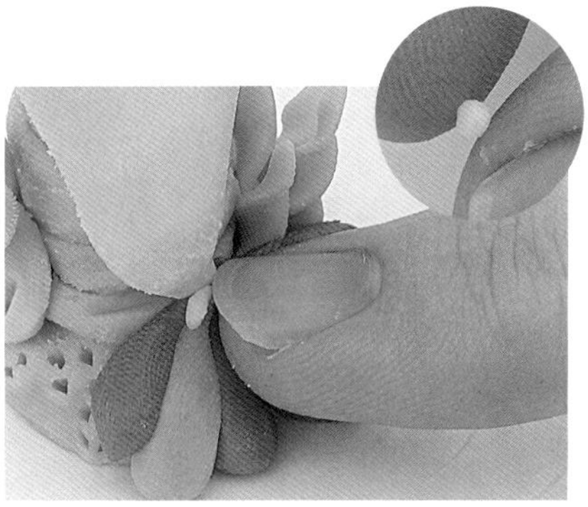

37 用指腹将白色巧克力搓成圆形，并放在尾鳍上侧，为装饰。

38 重复步骤37，尾鳍装饰完成。

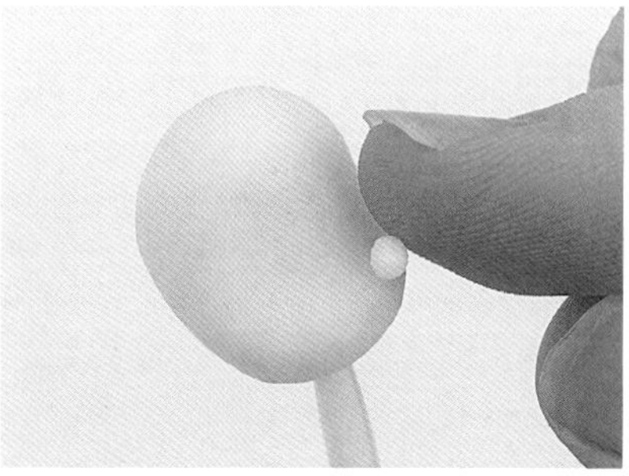

39 用雕塑工具固定头部，将原色巧克力放在头部凹陷处，为鼻子。

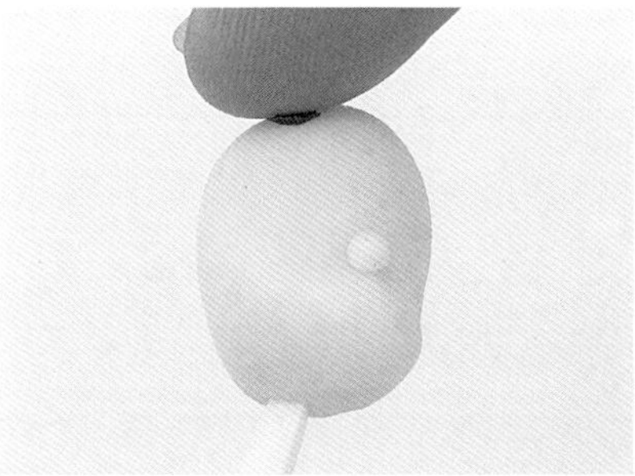

40 取黑色巧克力，将小段巧克力放在头部顶端处，为眉毛。

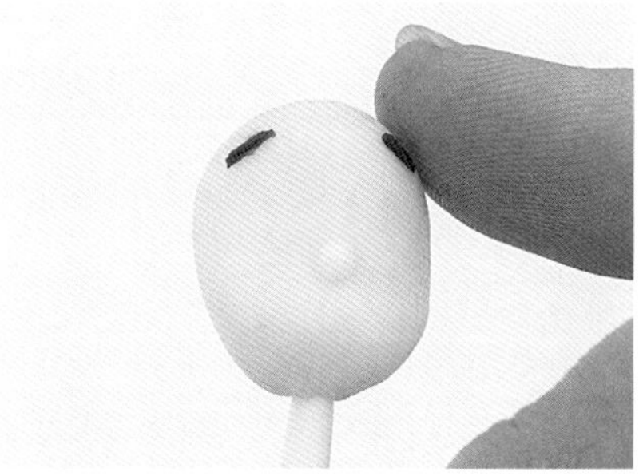

41 重复步骤40，完成右侧眉毛。

42 用雕塑工具为辅助，将小段黑色巧克力放在眉毛下侧，并调整成倒U形后，即完成眼睛。

43 重复步骤42，完成左侧眼睛。

44 用雕塑工具在鼻子下侧戳洞。

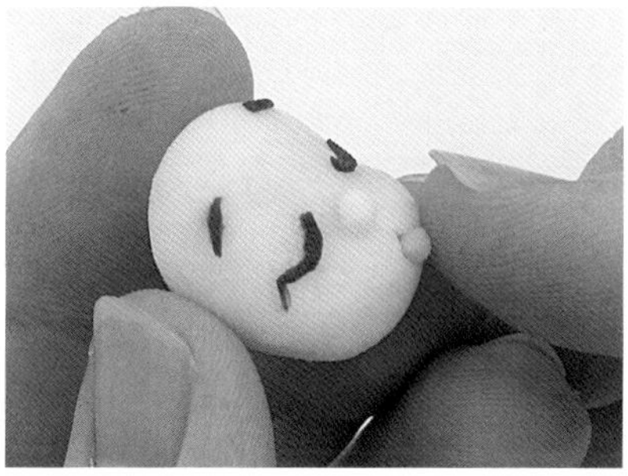

45 将粉红色巧克力搓成圆形后，放在鼻子下侧，为嘴巴。

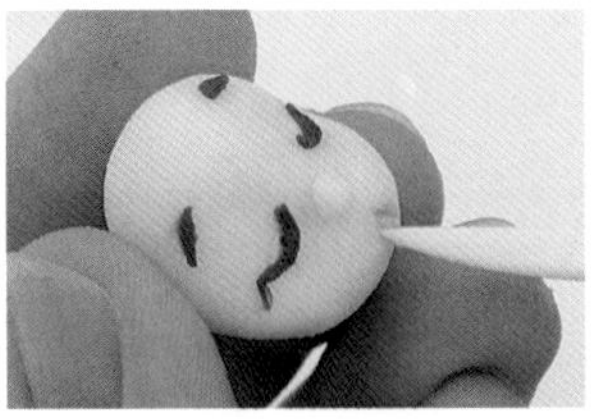

46 用雕塑工具在嘴巴上压出切痕，为嘴唇。

47 用雕塑工具将头部底端戳洞，并将头部与身体粘合。

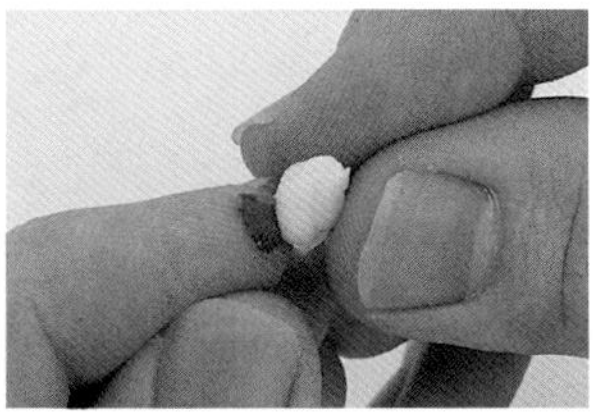

48 将白色巧克力与黑色巧克力混合，为灰色巧克力。

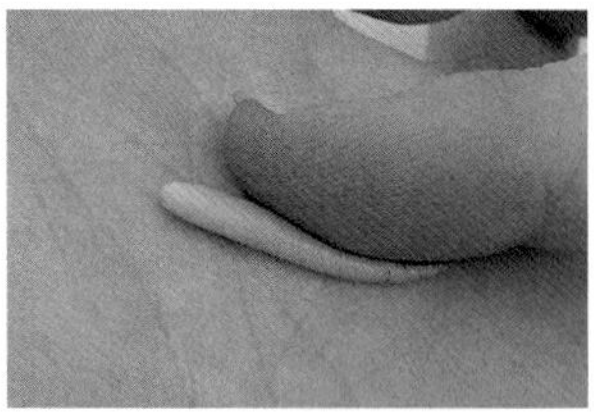

49 用指腹将灰色巧克力搓成长条形。

50 将灰色长条形巧克力以螺旋形方式卷起，并放在左手上，为海螺。

51 用手掌将红色巧克力压扁，再用雕塑工具切成正方形。

52 用雕塑工具在红色正方形巧克力上压出切痕，为头发线条。

53 重复步骤52，依序压出头发线条。

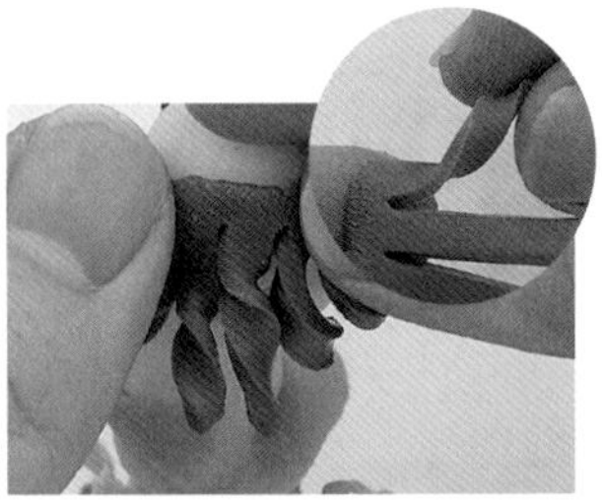

54 用指腹将头发线条分开搓卷，并粘贴在头部背面。（注：将头发线条分开，可使头发更自然。）

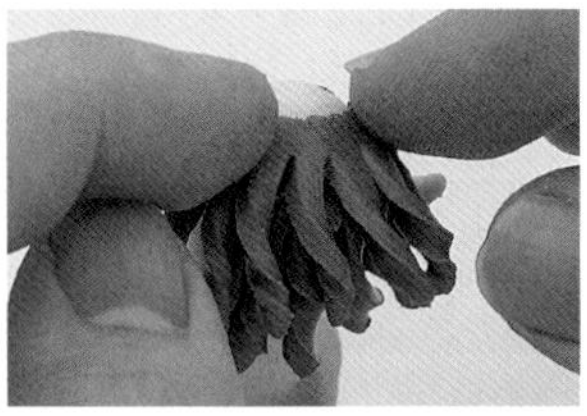

55 重复步骤51～54，再制作一层头发。

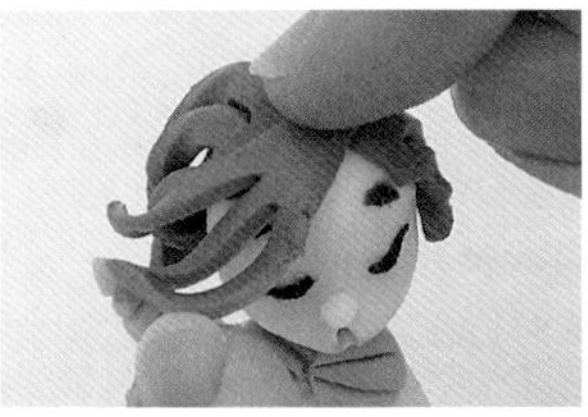

56 重复步骤51～55，完成正面头发的制作。

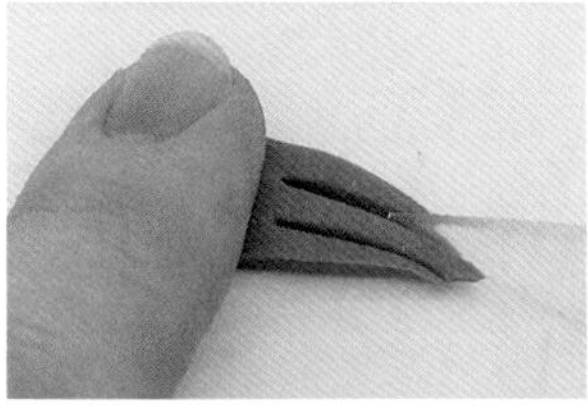

57 重复步骤51，先制作红色水滴形巧克力后，再用雕塑工具压出切痕，为刘海。

58 将刘海放在正面的头发上。

59 用雕塑工具在头皮上压出切痕，为头发分线。

60 最后，重复步骤59，完成头发分线后即可。

61 如图，美人鱼完成。

小木偶

材料 & 工具 Materials Tools

颜色 Color ● 浅咖啡色 ● 咖啡色 ● 蓝色 ● 绿色 ● 黄色 ● 红色 ● 白色 ● 黑色 ● 原色

器具 Appliance 雕塑工具组、塑料袋或保鲜膜（垫底用）

步骤说明 Description Step

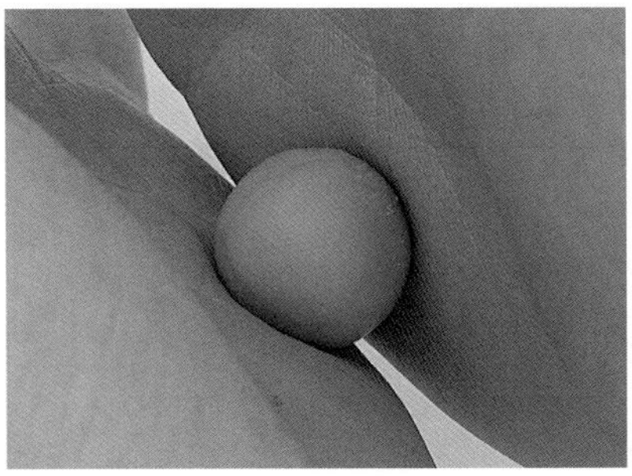

01 用手掌将巧克力搓成圆形。

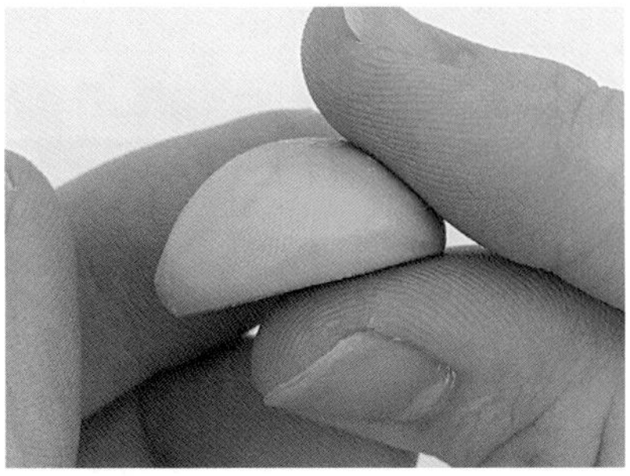

02 用指腹将圆形巧克力捏成半圆形。

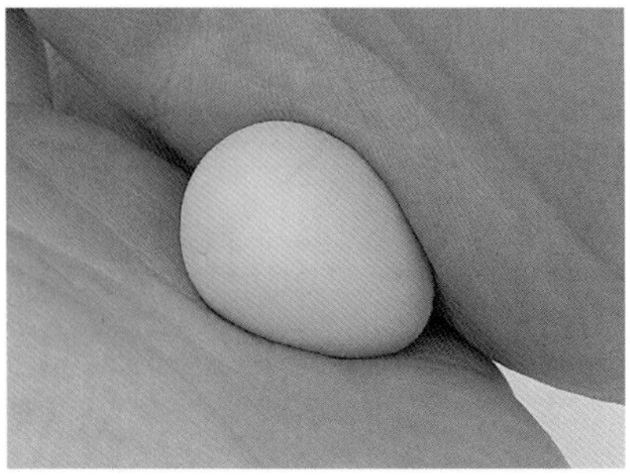

03 用手掌将黄色巧克力搓成水滴形。

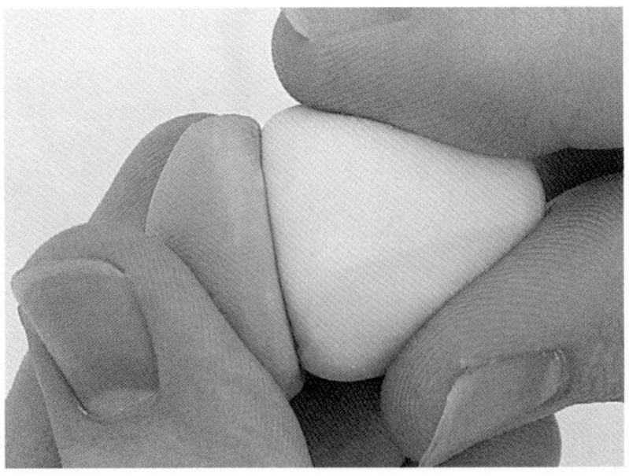

04 将蓝色半圆形巧克力与黄色水滴形巧克力粘合，为衣服与裤子。

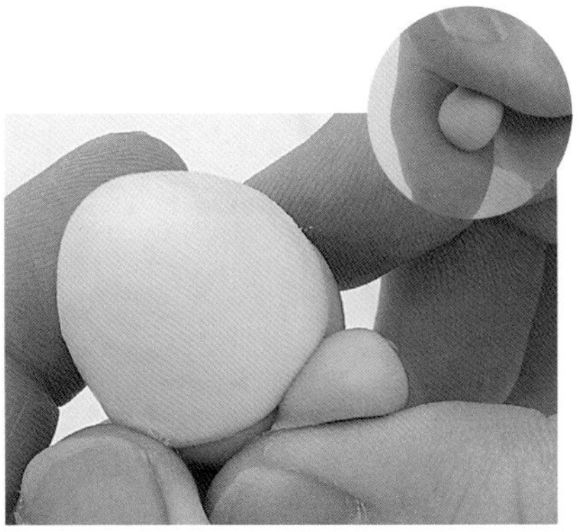

05 用指腹将蓝色巧克力搓成三角形，并放在裤子的左侧，为左脚。

06 重复步骤05，完成右脚制作。

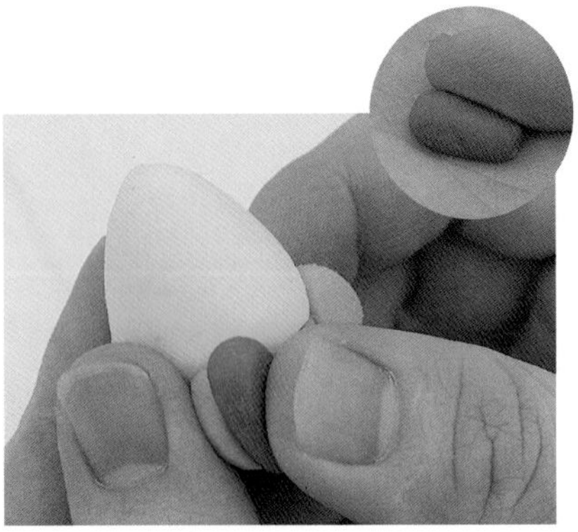

07 用指腹将咖啡色巧克力搓成椭圆形后放在脚上，为鞋子。

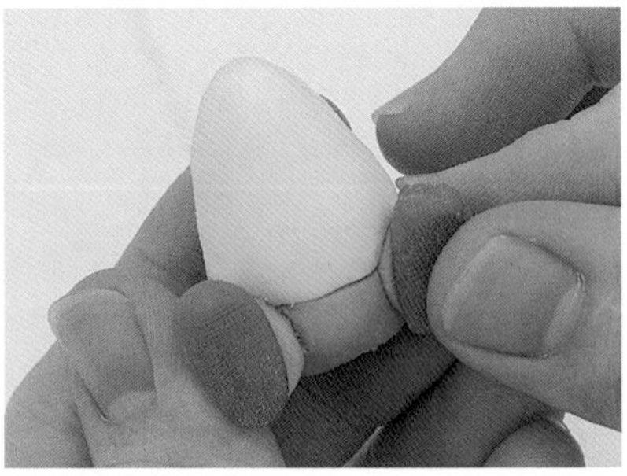

08 重复步骤07，完成右侧鞋子制作。

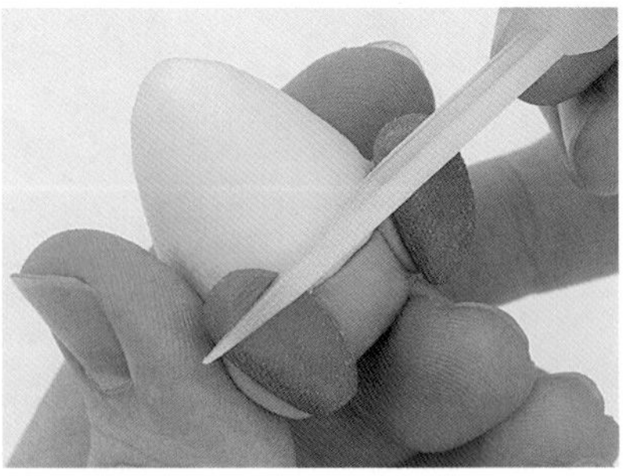

09 用雕塑工具在鞋子上压出切痕，为鞋底纹路。

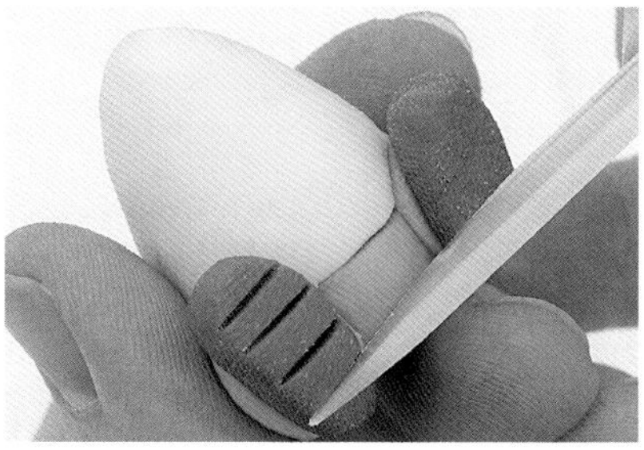

10 重复步骤09，继续压出左侧鞋底纹路。

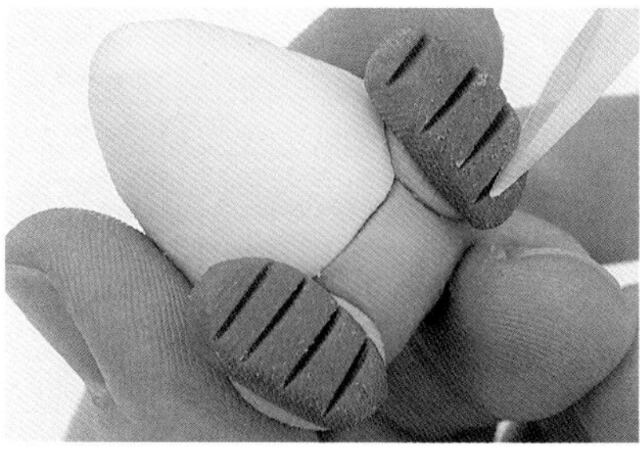

11 重复步骤09～10，完成右侧鞋底纹路。

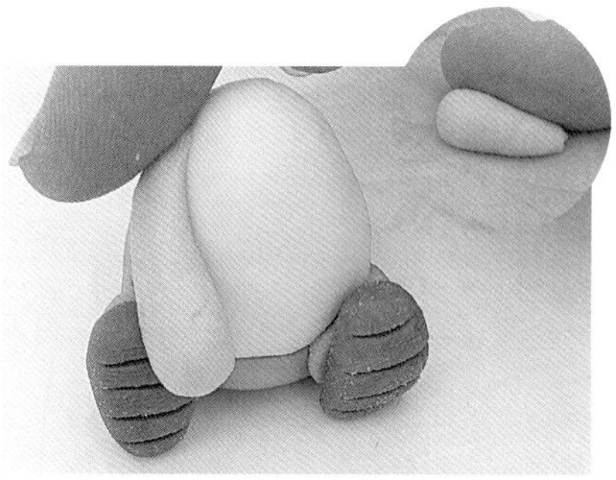

12 用指腹将浅咖啡色巧克力搓成水滴形，并放在衣服侧边，为左手。

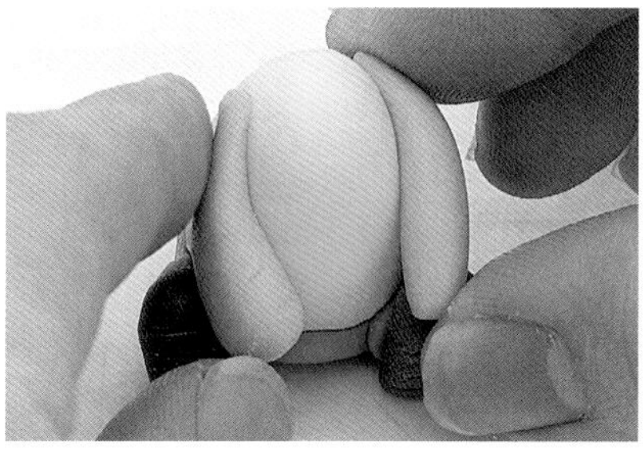

13 重复步骤12，完成右手制作。

14 用指腹将黄色巧克力搓成圆形后压扁。

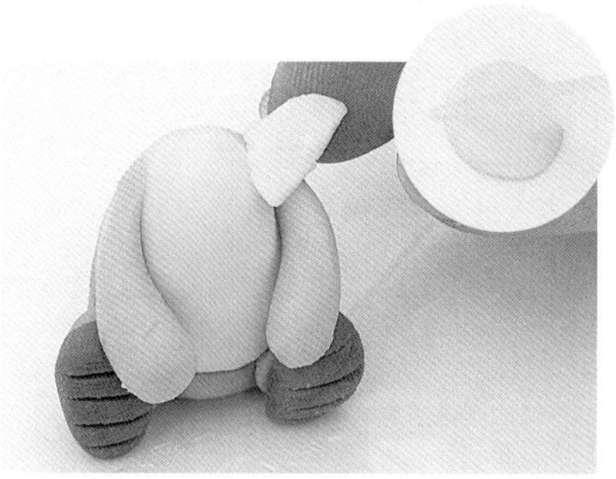

15 用雕塑工具将黄色扁形巧克力对切，并放在衣服与手的连接处，为右侧袖子。

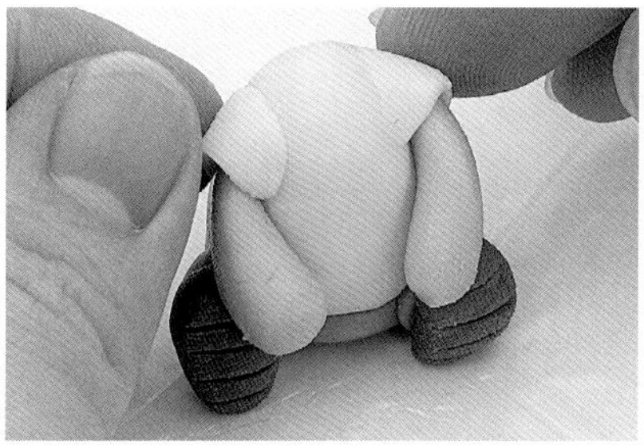

16 重复步骤15，完成左侧袖子。

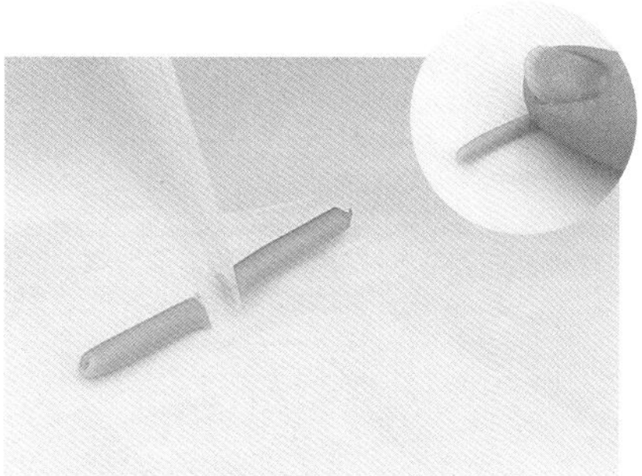

17 用指腹将蓝色巧克力搓成长条形后，以雕塑工具对切。

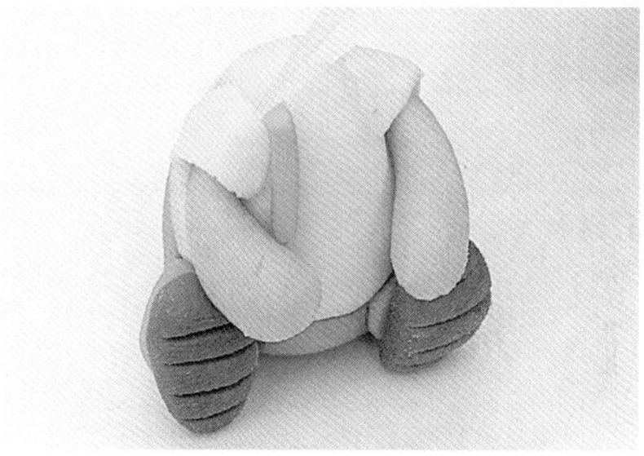

18 以雕塑工具为辅助，将蓝色长条形巧克力放在衣服上，为左侧吊带。

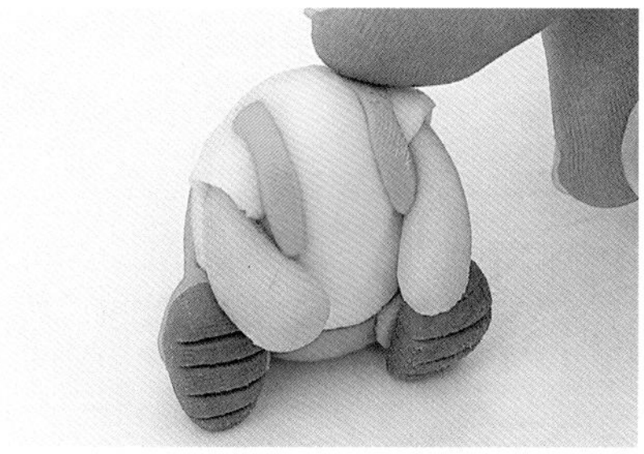

19 重复步骤18，完成右侧吊带制作。

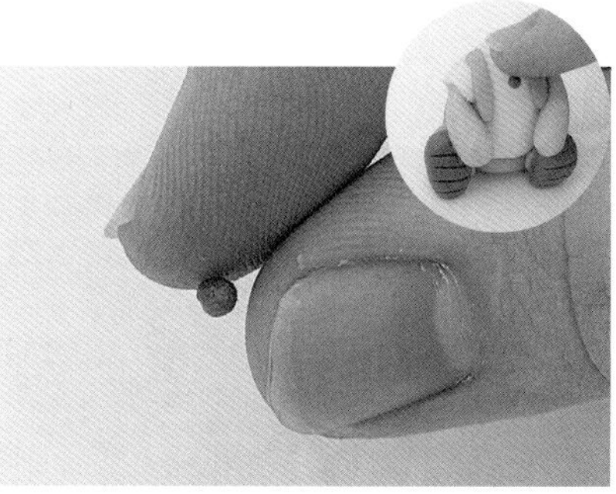

20 用指腹将咖啡色巧克力搓成小球后，放在吊带与衣服中间，为纽扣。

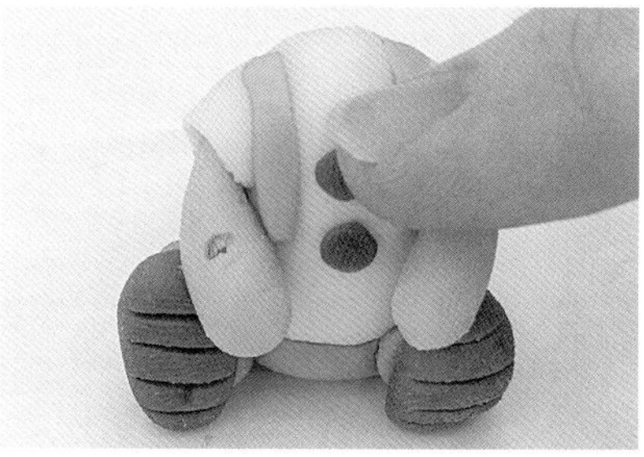

21 重复步骤20，完成第二颗纽扣。

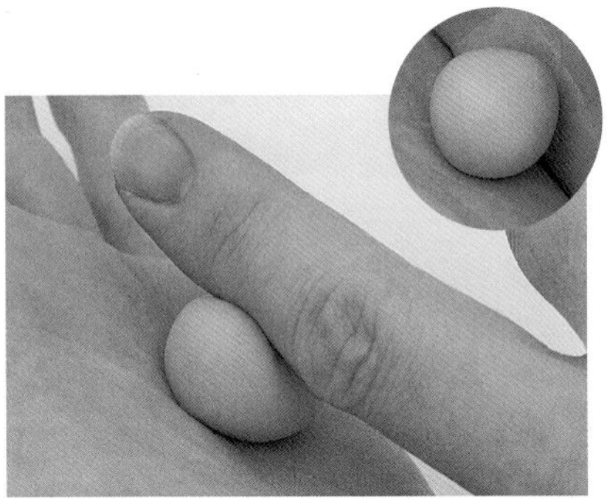

22 用手掌将浅咖啡色巧克力搓成圆形，并用手指侧边在中间压出凹痕。

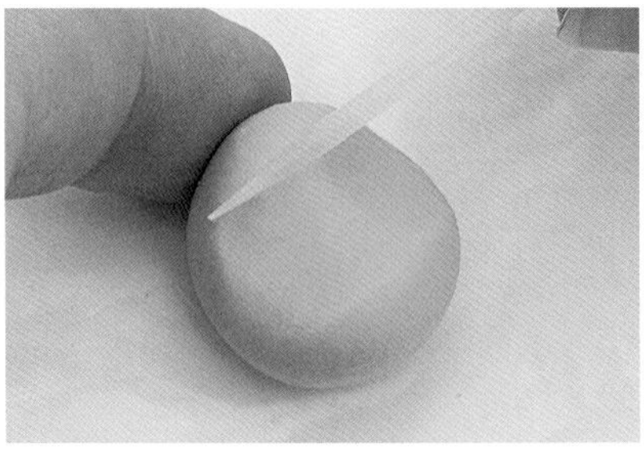

23 用雕塑工具将步骤22巧克力上侧多余的部分切除，为头部。

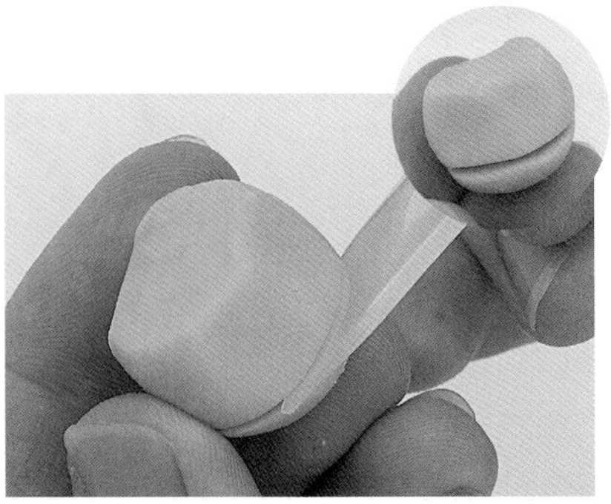

24 用雕塑工具在头部下缘处压出凹痕，为嘴巴。

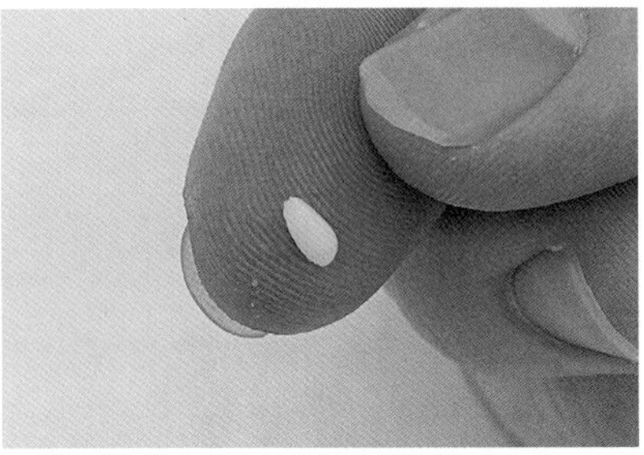

25 用指腹将白色巧克力搓成长条形。

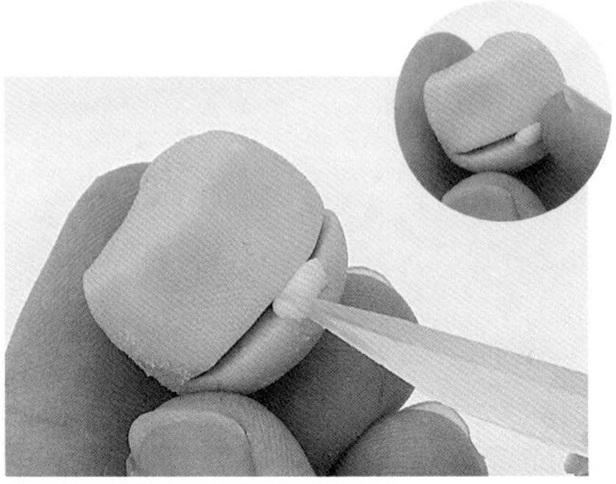

26 将白色长条形巧克力放在嘴巴中间，并用雕塑工具压出切痕，为牙齿。

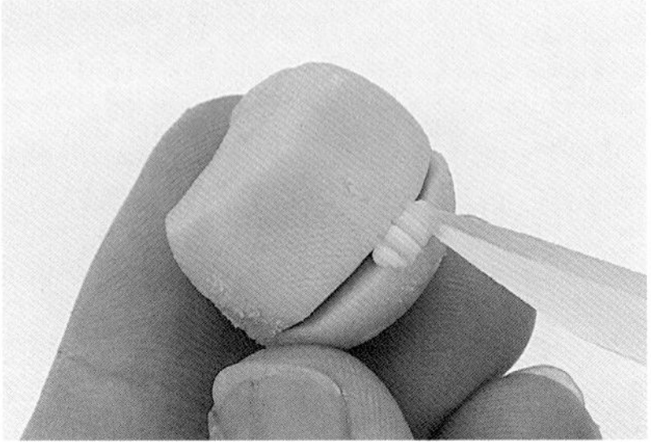

27 重复步骤26，完成齿痕。

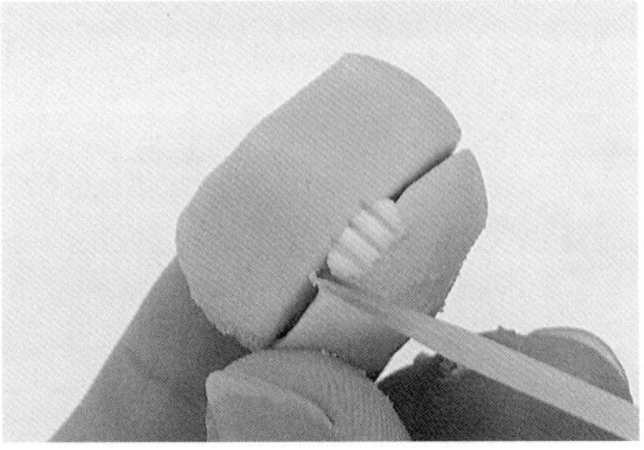

28 用雕塑工具在牙齿左侧压出切痕。

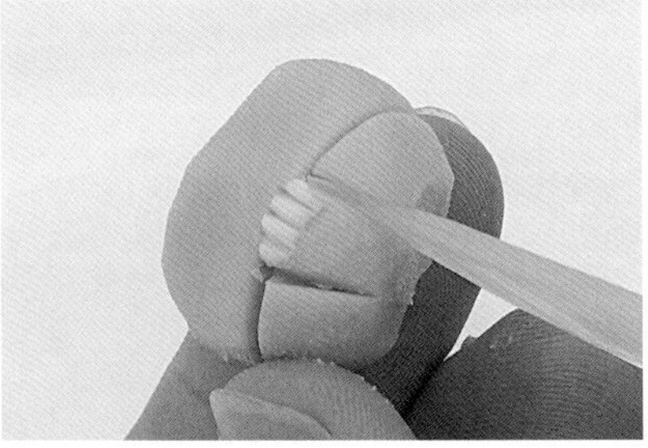

29 重复步骤28，完成右侧切痕，为下巴。

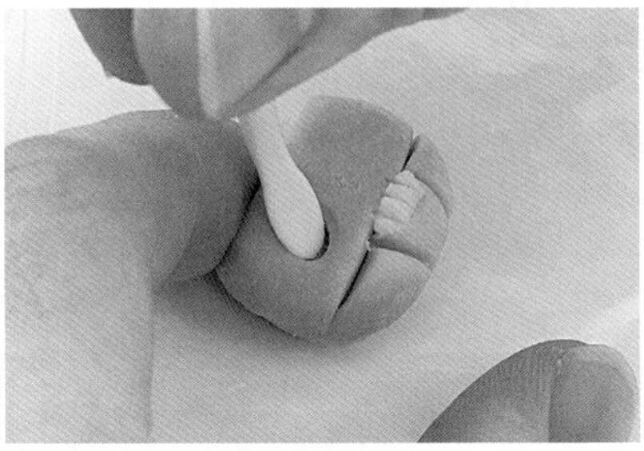

30 用雕塑工具在脸部正面戳洞，以定位眼部。

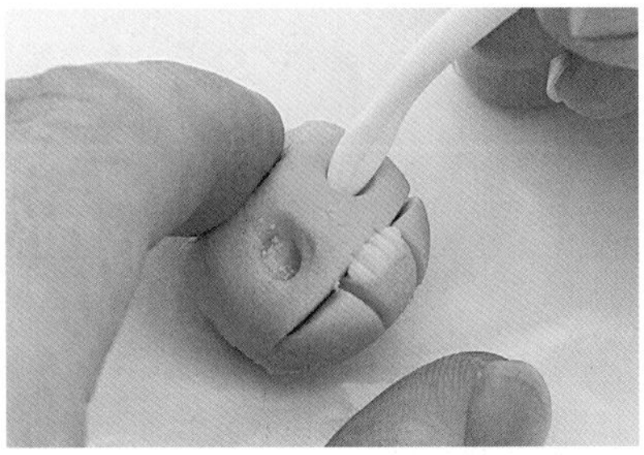

31 重复步骤30，在右侧戳另外一个洞。

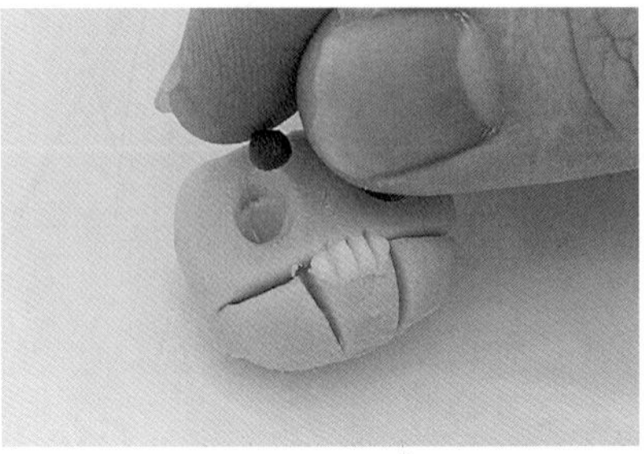

32 用指腹将黑色巧克力搓成圆形后，放在戳洞处，为左侧眼睛。

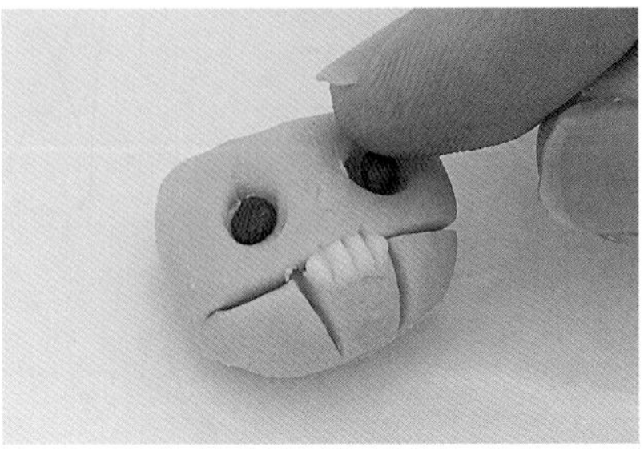

33 重复步骤32，完成右侧眼睛制作。

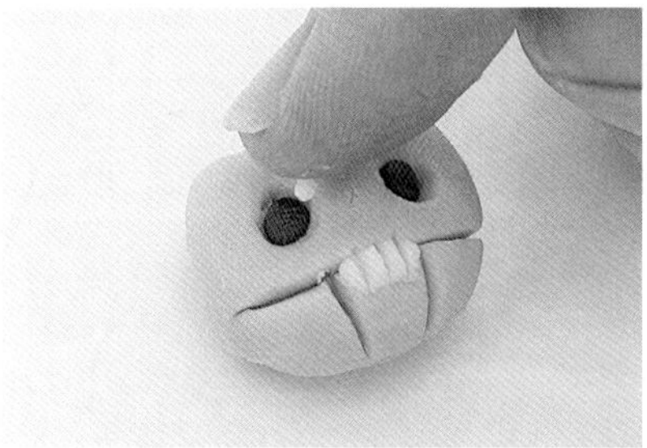

34 用指腹将白色巧克力搓成圆形，并放在眼睛上，为左侧反光白点。

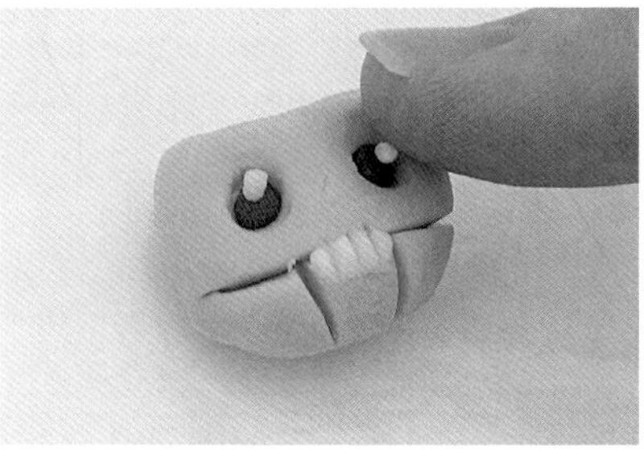

35 重复步骤34，完成右侧反光白点制作。

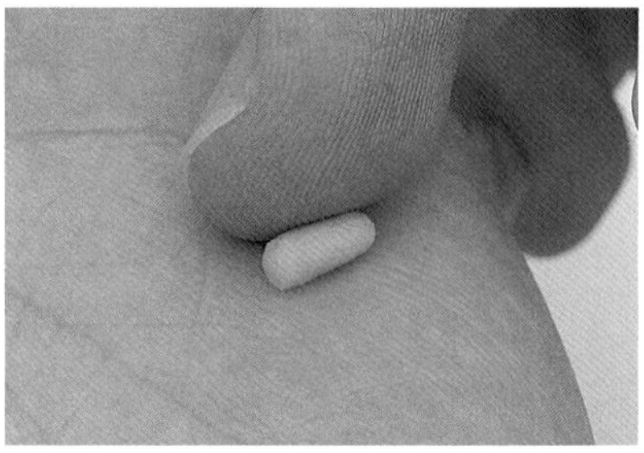

36 用指腹将浅咖啡色巧克力搓成长条形。

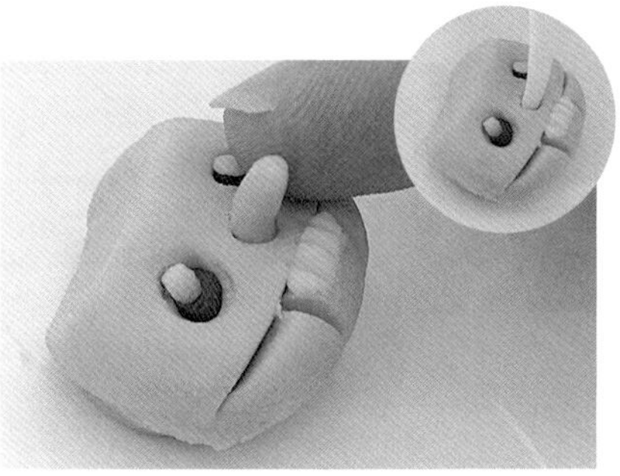

37 先用雕塑工具在牙齿上侧戳洞后，将浅咖啡色长条形巧克力放在戳洞处，为鼻子。

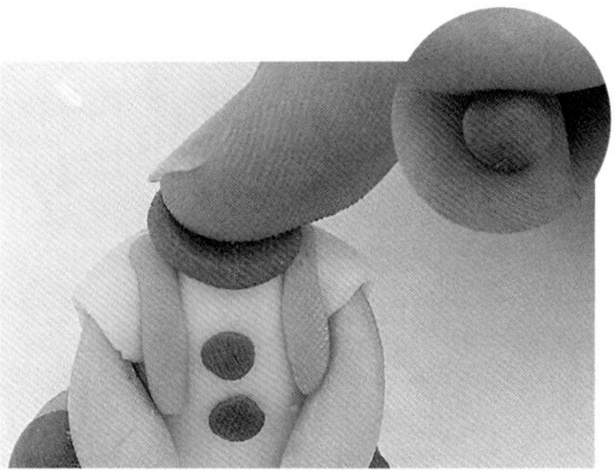

38 用指腹将红色巧克力搓成圆形后压扁，并放在衣服顶端，为衣领。

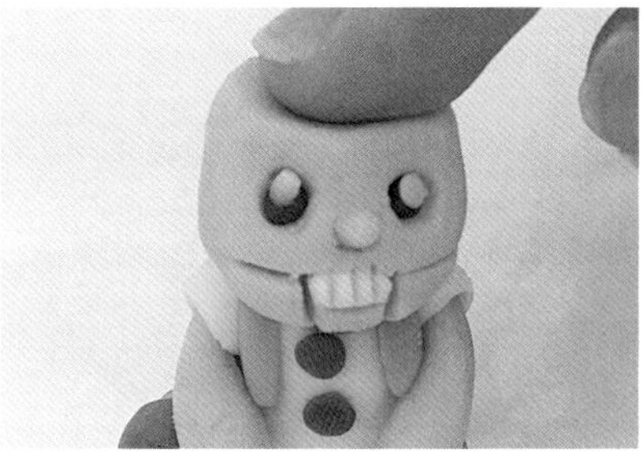

39 将头部与身体粘合。

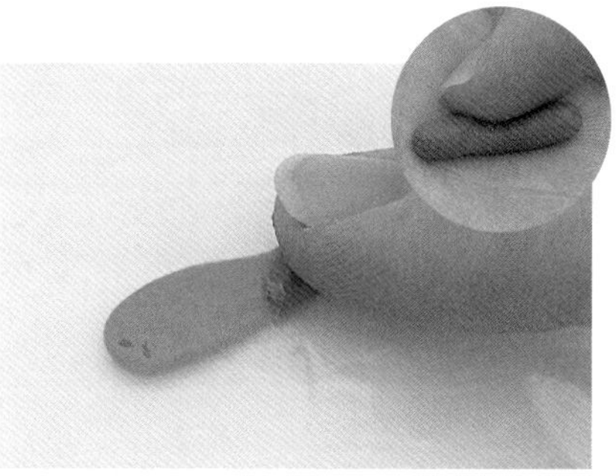

40 用指腹将红色巧克力搓成长条形后压扁。

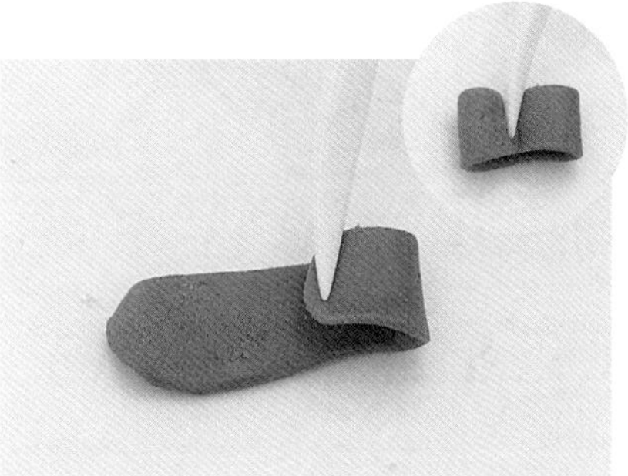

41 用雕塑工具将长条扁形巧克力两侧向中间收起。

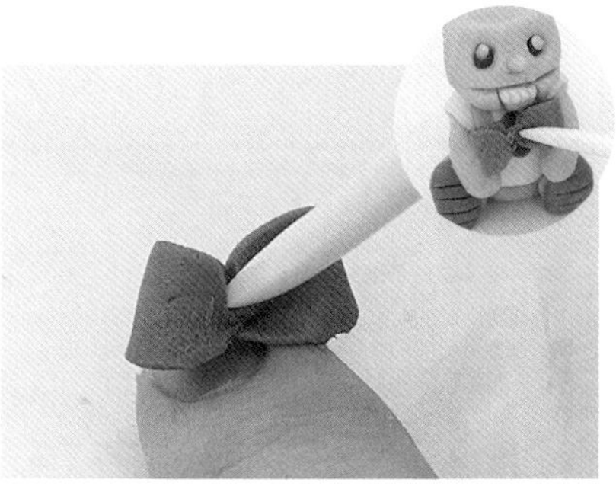

42 承步骤41，以雕塑工具为辅助，先将巧克力上下两侧往中间压后，放在衣服上侧，为缎带。

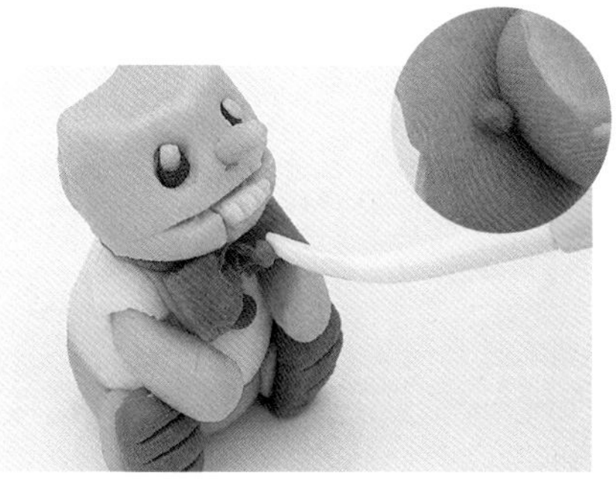

43 用指腹将红色巧克力搓成圆形，并以雕塑工具为辅助，将红色圆形巧克力放在缎带中间，为领结。

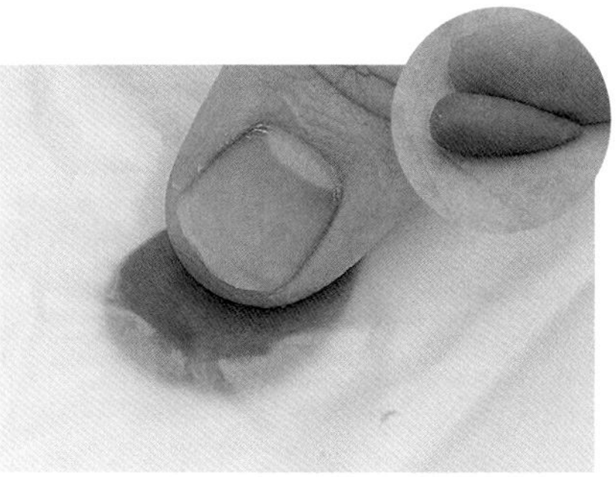

44 用指腹将咖啡色巧克力搓成水滴形，并放入塑料袋后压扁。

45 承步骤44，用雕塑工具在巧克力上压出切痕，为头发线条。

46 重复步骤45，依序压出头发线条。

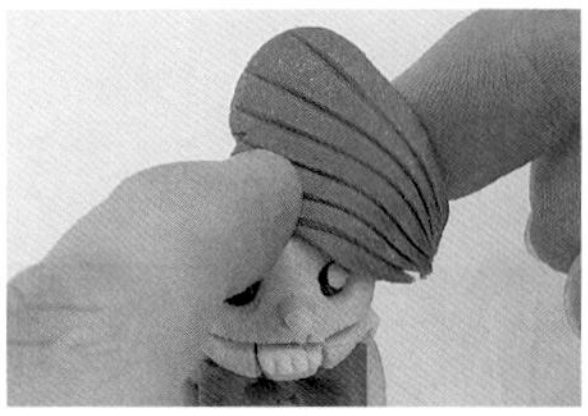

47 将头发放在头部顶端处后，顺着头型将头发压平摆放，即完成右侧头发制作。

48 重复步骤44～47，完成左侧头发制作。

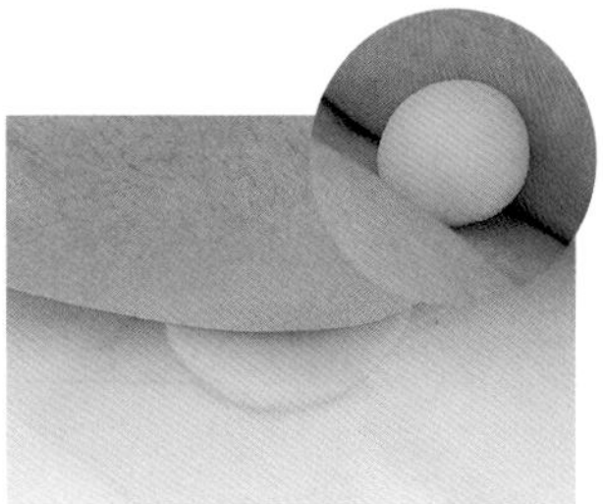

49 用手掌将黄色巧克力搓成圆形后压扁，为帽檐。

50 将帽檐放在头发上。

51 用指腹调整帽檐的边缘，使帽檐产生自然翘起感。

52 将蓝色巧克力搓圆后，压平，放在帽檐上，为帽围。

53 重复步骤52，用指腹搓出黄色圆形巧克力，并放上帽围上方后，即完成帽子。

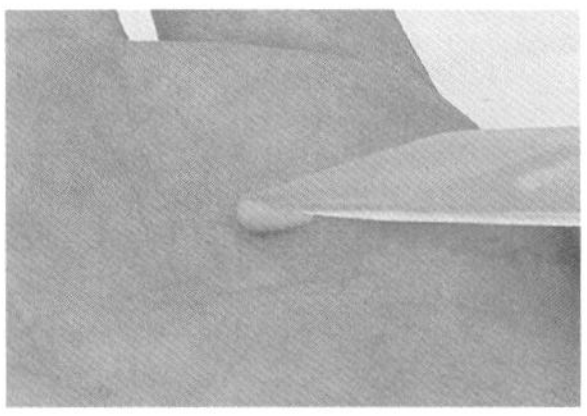

54 将绿色巧克力搓成水滴形后，用雕塑工具在中间压出切痕，为叶子。

55 将叶子放在鼻子旁边。

56 用指腹将红色巧克力搓成水滴形后，放入塑料袋中压扁。

57 用雕塑工具在红色扁水滴形巧克力上压出直线切痕。

58 承步骤57，依序压出左侧切痕。

59 重复步骤58，完成右侧切痕，为羽毛。

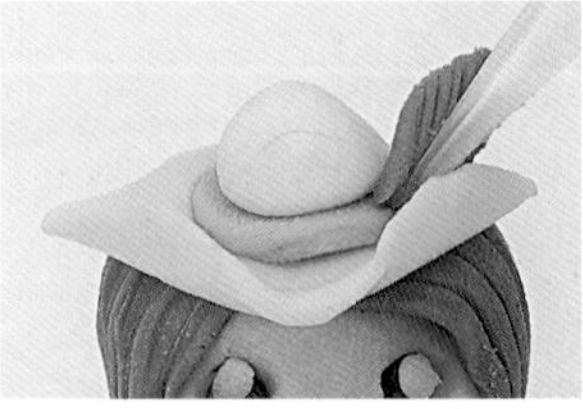

60 最后，以雕塑工具为辅助，将羽毛放在帽围侧边装饰即可。

61 如图，小木偶完成。

圣诞老人

材料 & 工具 Materials Tools

颜色 Color 咖啡色　红色　原色　白色　黑色　黄色　绿色

器具 Appliance 雕塑工具组、塑料袋或保鲜膜（垫底用）

步骤说明 Step Description

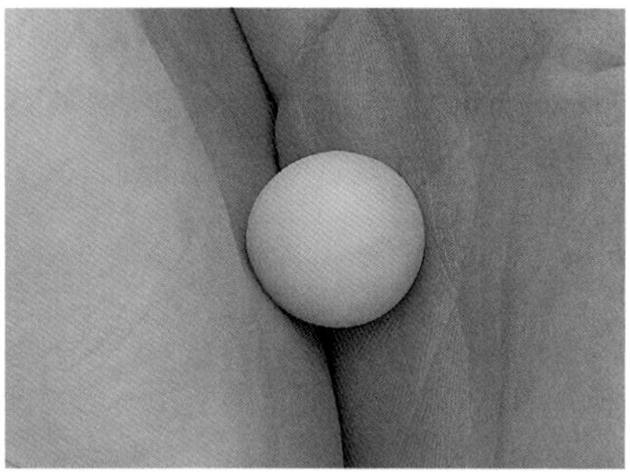

01 用手掌将原色巧克力搓成圆形。

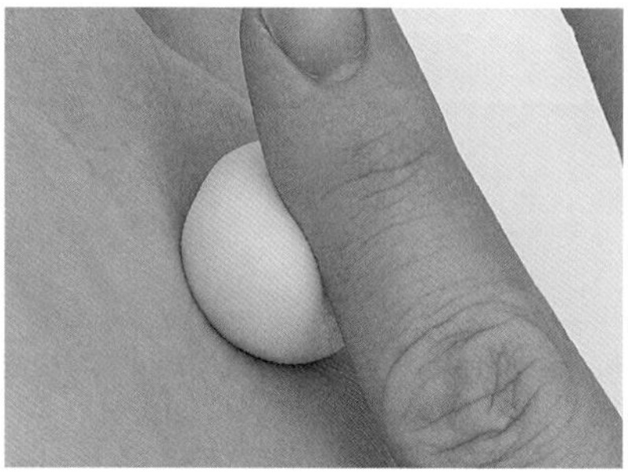

02 用手指在原色圆形巧克力侧边压出凹痕，为头部。

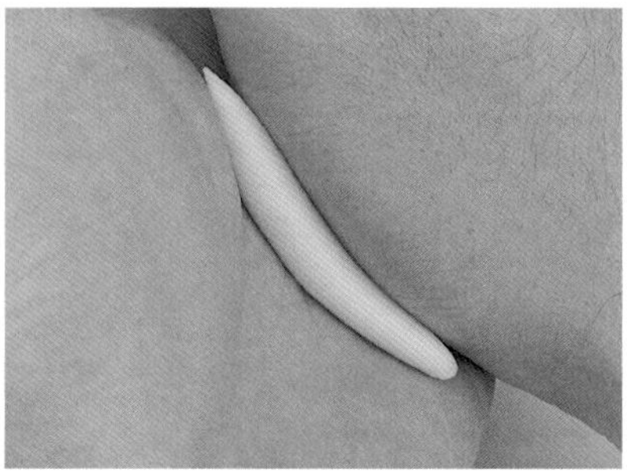

03 用手掌将白色巧克力搓成长条形。

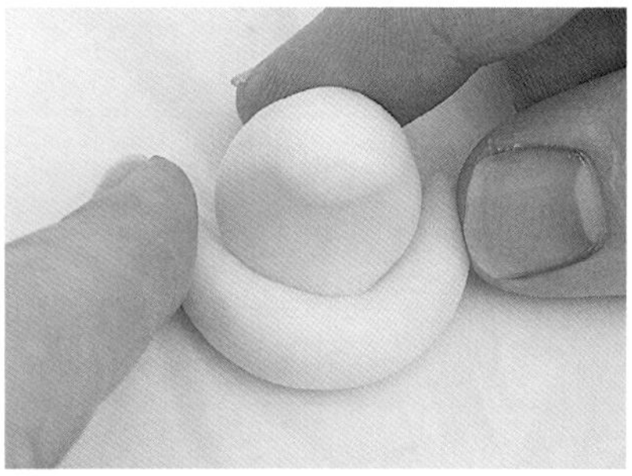

04 将白色长条形巧克力放在头部下侧，为胡子。

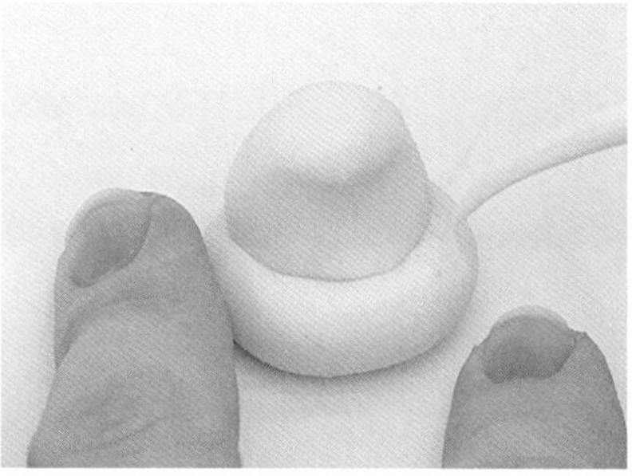

05 用雕塑工具在胡子处戳洞，制造蓬松感。

06 重复步骤05，继续戳出蓬松感。

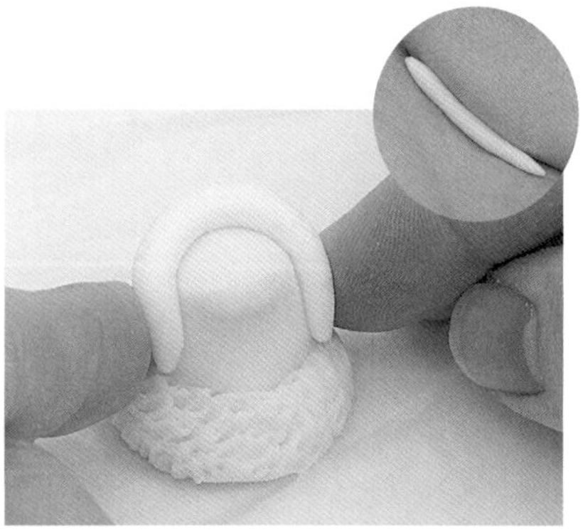

07 用手掌将白色巧克力搓成长条形，放在头部上侧，为头发。

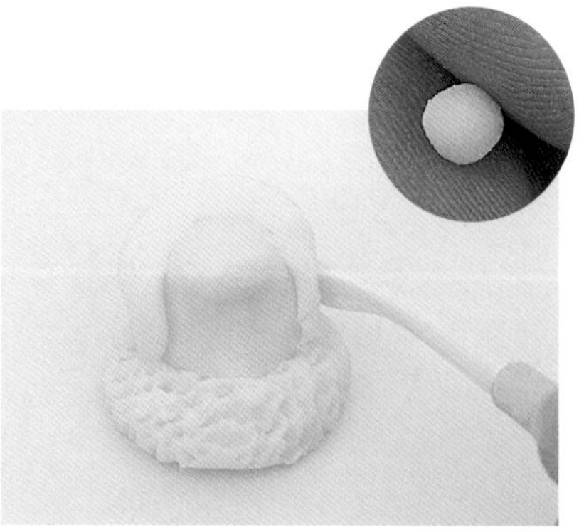

08 用指腹将原色巧克力搓成圆形，并以雕塑工具为辅助，放在头部侧边，为右耳。

09 重复步骤08，完成左耳。

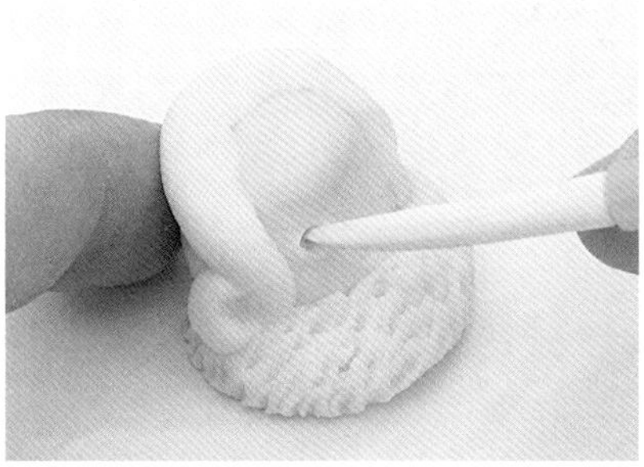

10 用雕塑工具在脸部左侧戳洞，以定位眼部。

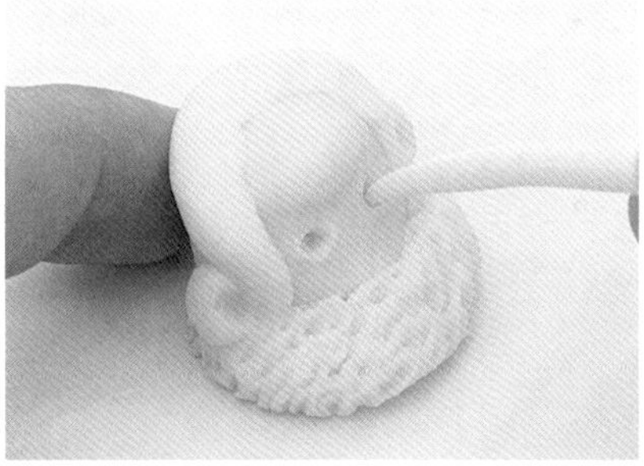

11 重复步骤10，在右侧戳洞。

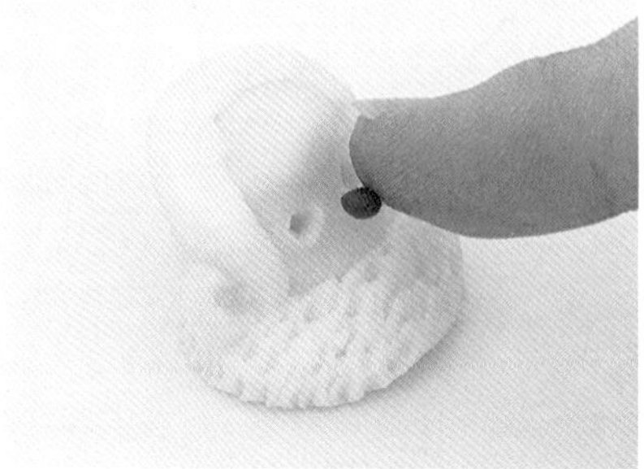

12 用指腹将黑色巧克力搓成圆形后，放在戳洞处，为左侧眼睛。

13 重复步骤12，完成右侧眼睛。

14 以雕塑工具为辅助，将白色巧克力搓圆后，放在眼睛上，为左侧反光白点。

15 重复步骤14，完成右侧反光白点。

16 将白色巧克力搓成椭圆形后，放在眼睛上侧，为左侧眉毛。

17 重复步骤16，完成右侧眉毛。

18 用指腹将原色巧克力搓成水滴形，并放在眼睛下侧，为左侧胡子。

19 重复步骤18，完成右侧胡子。

20 将原色圆形巧克力放在胡子连接处，为鼻子。

21 将红色巧克力搓圆后，放在胡子下侧，为嘴巴，并用雕塑工具压出唇纹。

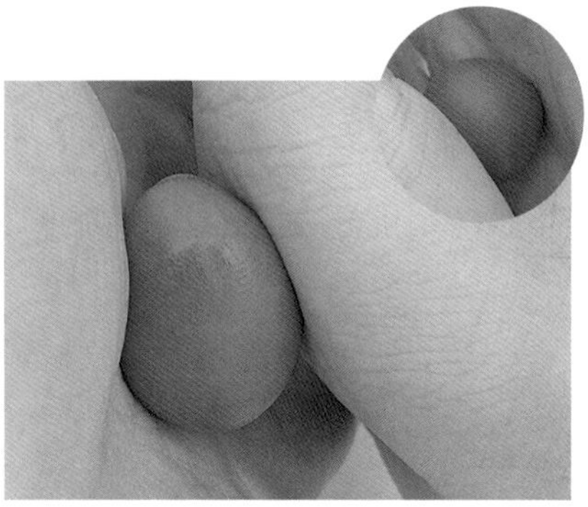

22 用手掌将红色巧克力搓成水滴形，为衣服。

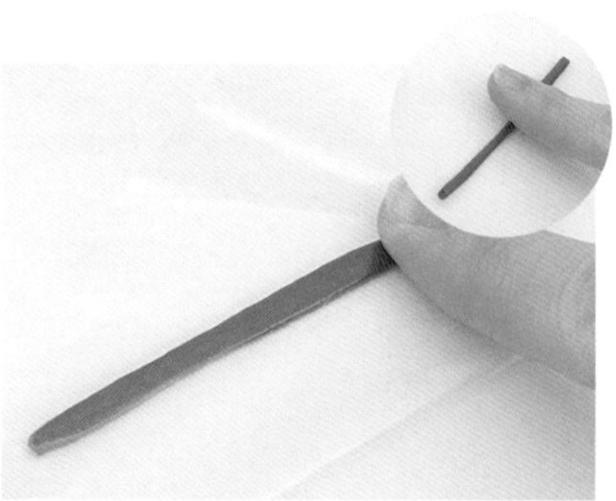

23 用指腹将黑色巧克力搓成长条形，并放入塑料袋中压扁，为皮带。

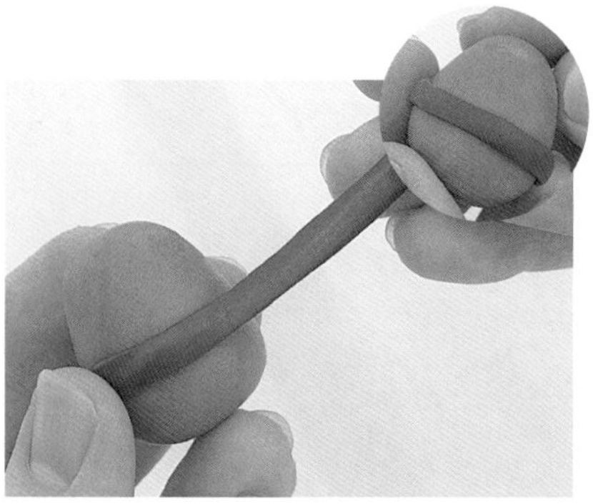

24 将衣服与皮带粘合。

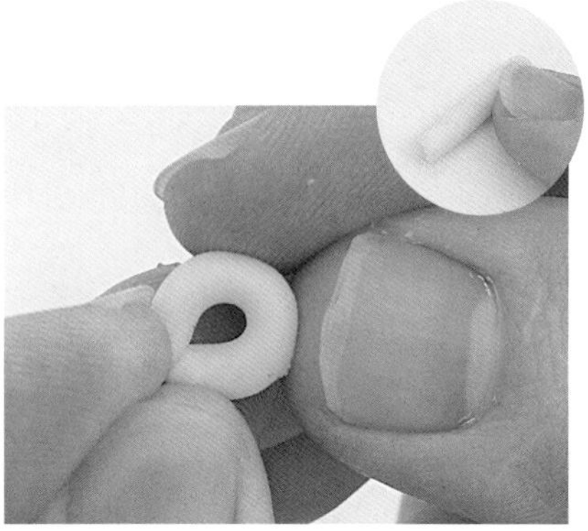

25 用指腹将黄色巧克力搓成长条形，并弯曲成圆形，为皮带扣。

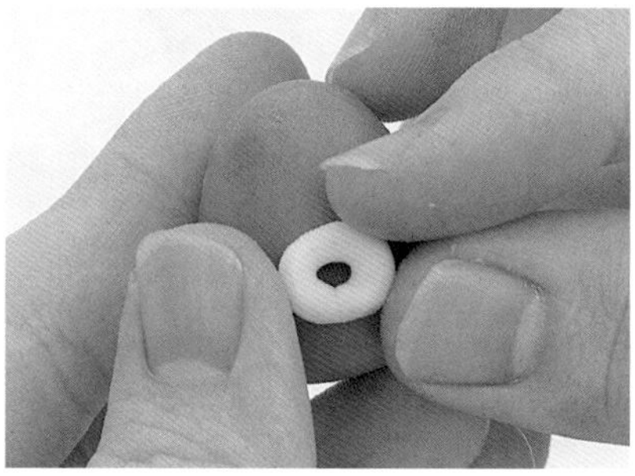

26 承步骤25，将皮带扣与皮带粘合。

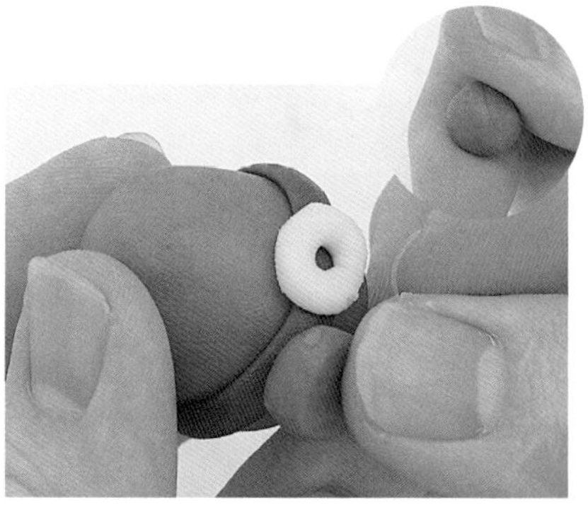

27 用指腹将咖啡色巧克力搓成圆形，并放在皮带左下侧，为鞋子。

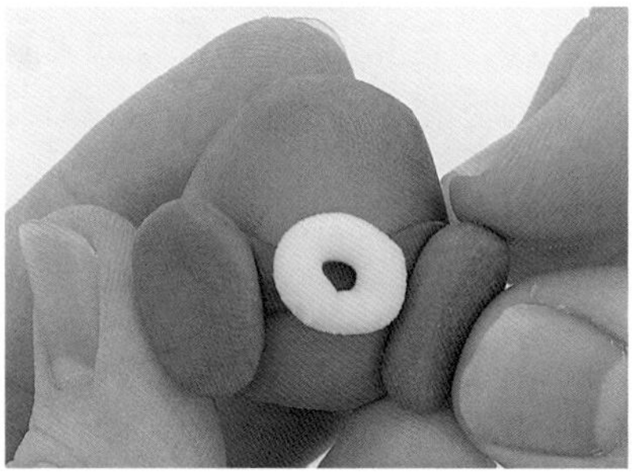

28 重复步骤27，完成右侧鞋子。

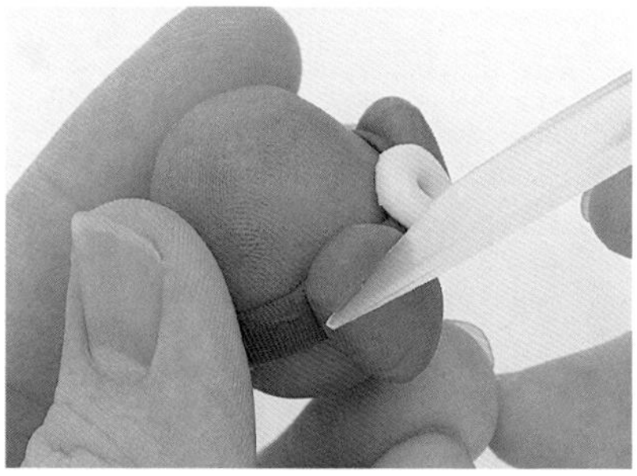

29 用雕塑工具在鞋子压出切痕，为鞋底纹路。

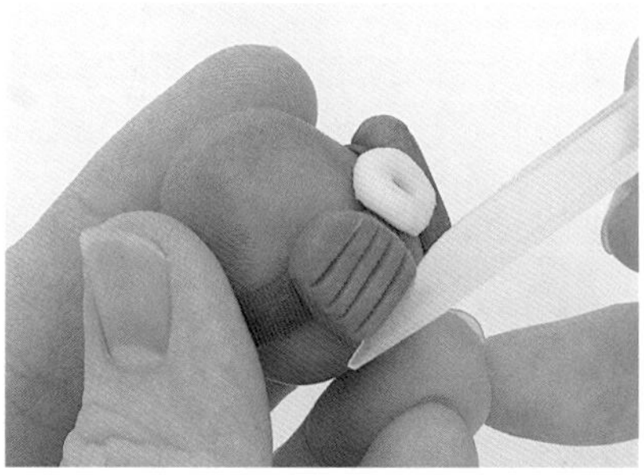

30 重复步骤29，依序压出鞋底纹路。

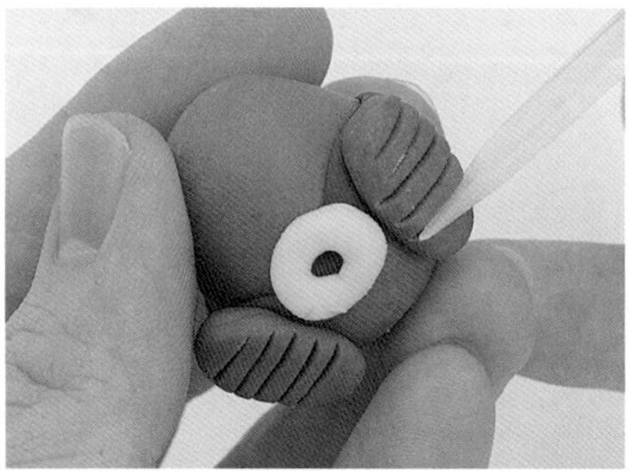

31 重复步骤29~30，完成右侧鞋底纹路。

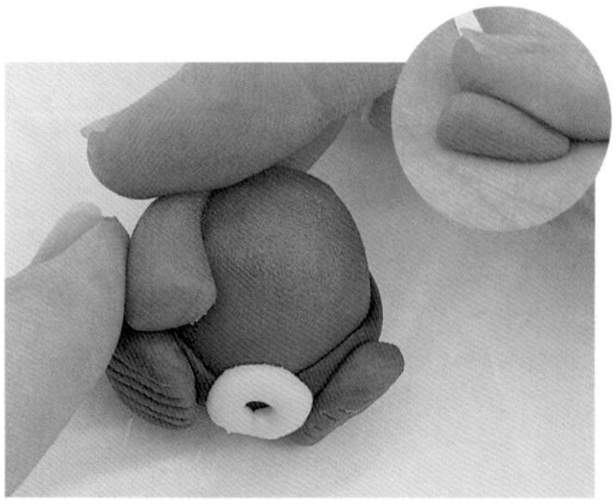

32 用指腹将红色巧克力搓成水滴形，并放在衣服左侧，为袖子。

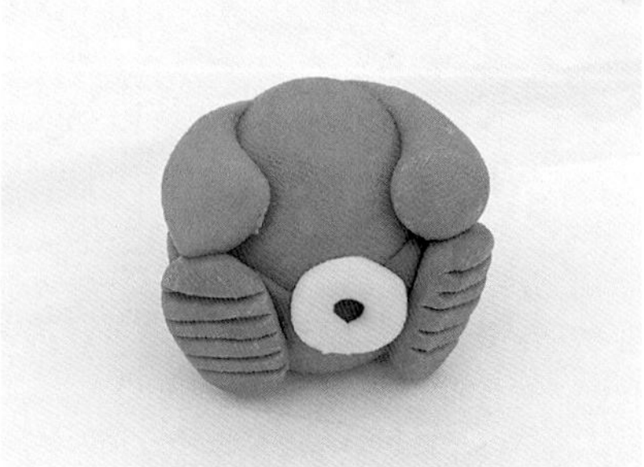

33 重复步骤32，完成右侧袖子。

34 用指腹将白色巧克力搓成圆形。

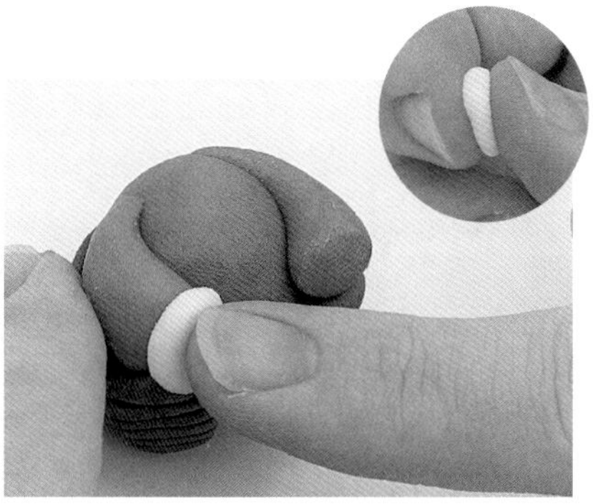

35 将白色圆形巧克力压扁后，并放在袖子前端，为袖口。

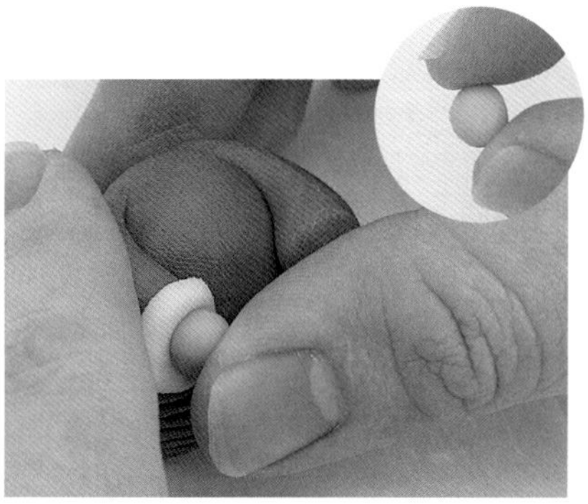

36 用指腹将绿色巧克力搓成圆形，并放在袖口前端，为手部。

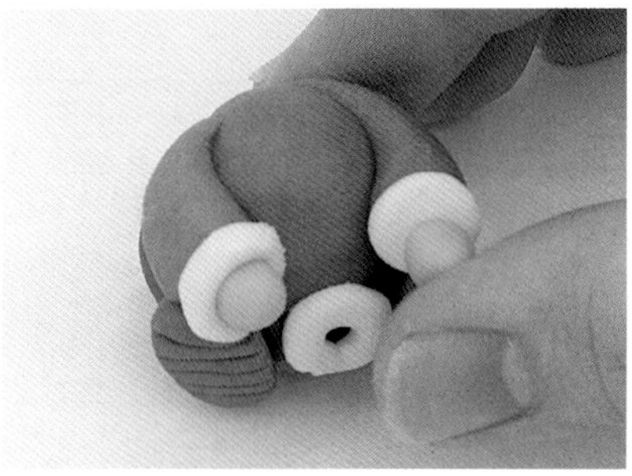

37 重复步骤35～36，完成右侧袖口与手部。

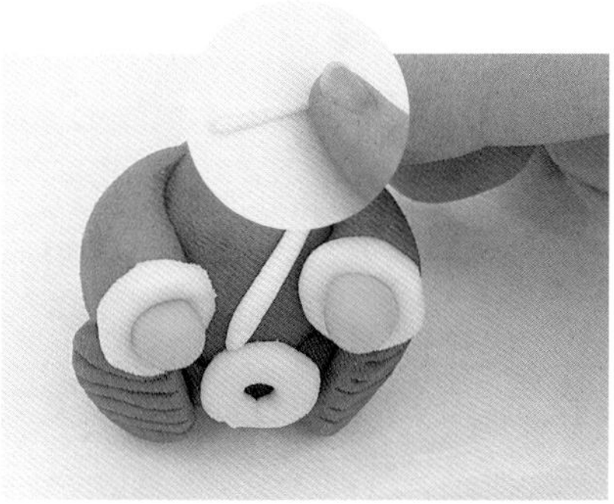

38 先用指腹将白色巧克力搓成长条形，并斜放在衣服上，为衣领。

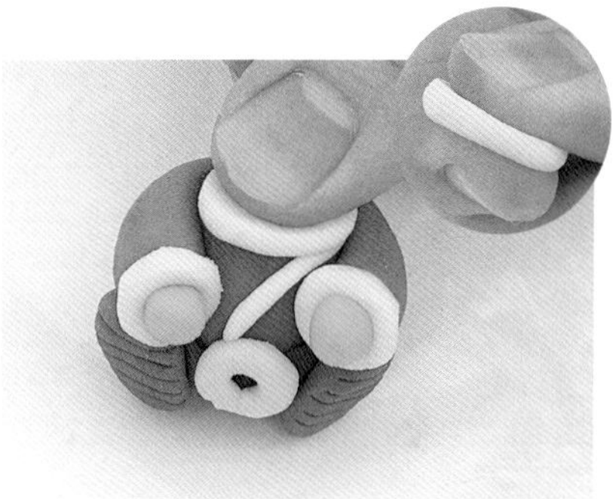

39 用指腹将白色巧克力搓成圆形后压扁，放在衣服顶端。

40 将头部与身体粘合。

41 用指腹将白色巧克力搓成圆形后压扁，并放在头顶上，为帽檐。

42 用指腹将红色巧克力搓成水滴形后，先放在帽檐上方，再将尾端往下弯折，即完成帽子。

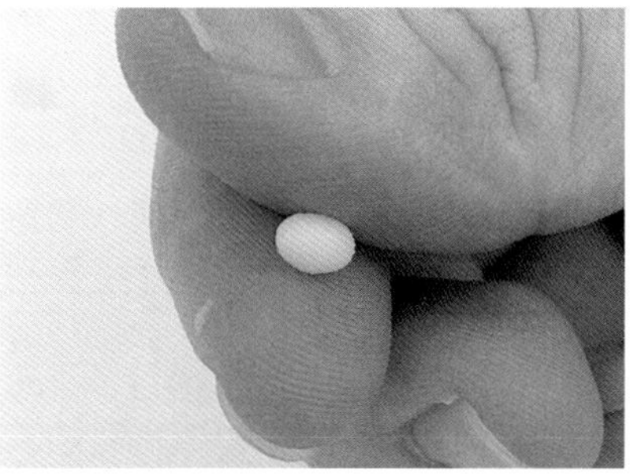

43 用指腹将白色巧克力搓成圆形。

44 最后，承步骤43，将白色圆形巧克力放在帽子尖端做装饰即可。

小魔女

Materials 材料 & 工具 Tools

颜色 Color ● 红色 ● 原色 ● 紫色 ● 黑色 ● 黄色 ● 绿色 ● 咖啡色 ● 浅咖啡色

器具 Appliance 雕塑工具组、塑料袋或保鲜膜（垫底用）

Description 步骤说明 Step

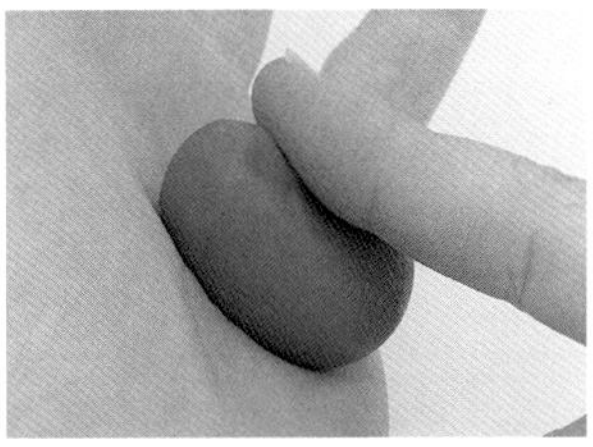

01 用手掌将紫色巧克力搓成椭圆形。

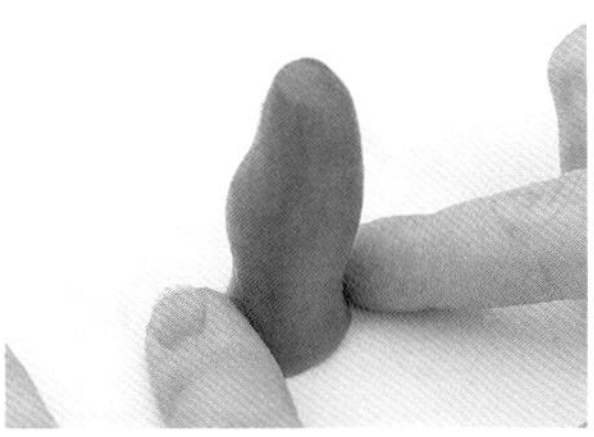

02 用指腹将椭圆形巧克力捏出曲线状，为小魔女的衣服。

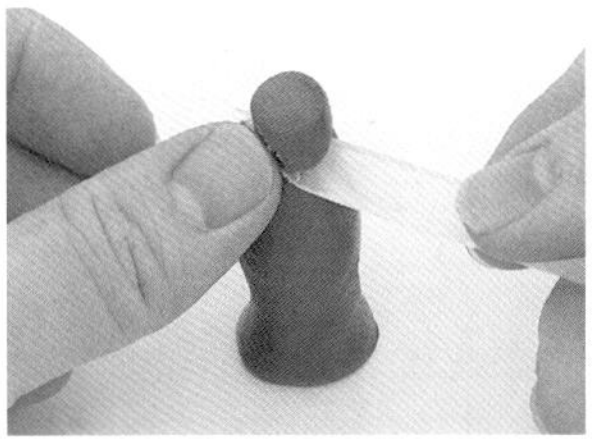

03 用雕塑工具将顶端多余的部分切除。

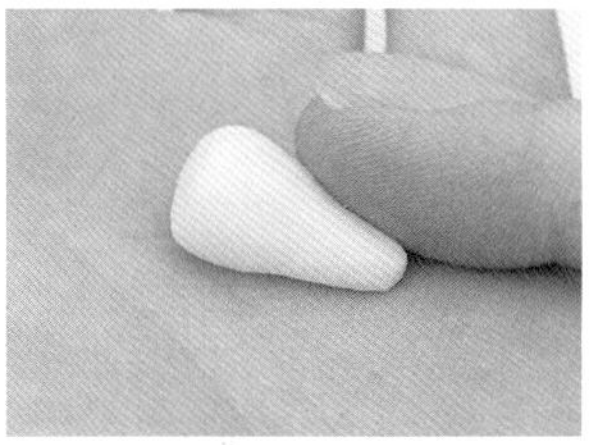

04 用指腹将原色巧克力搓成水滴形，为脖子。

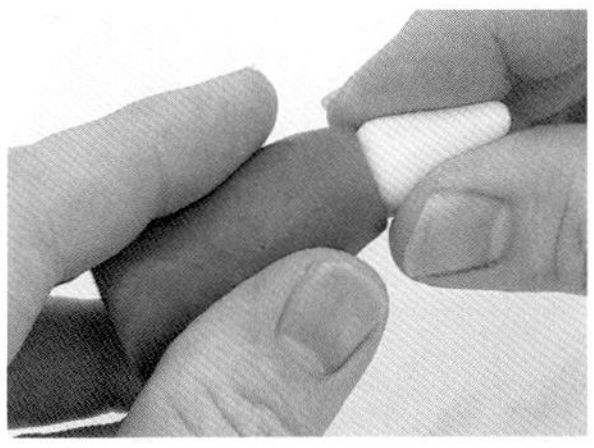

05 将脖子与衣服粘合。

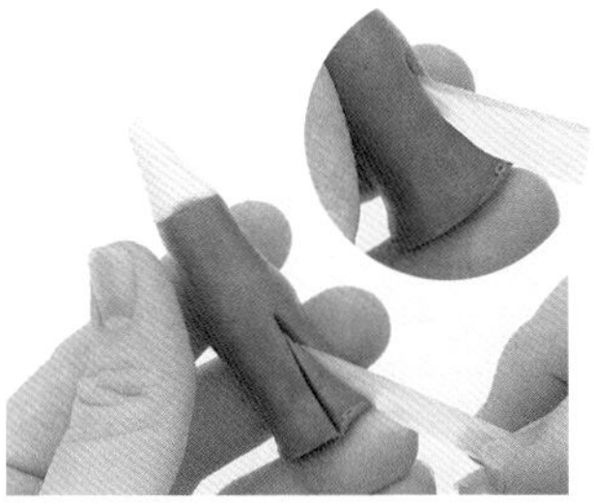

06 用雕塑工具在衣服中间切出三角形切痕。

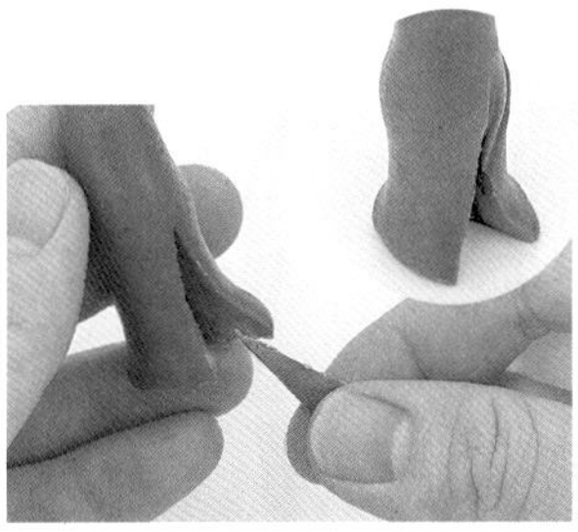

07 承步骤06，将切除的三角形取下。

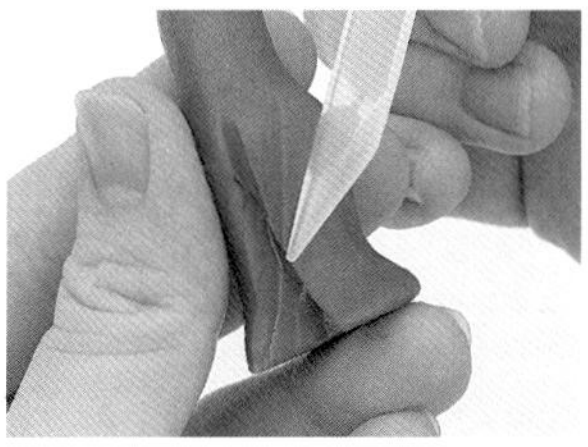

08 用雕塑工具在衣服上压出切痕，为皱褶。

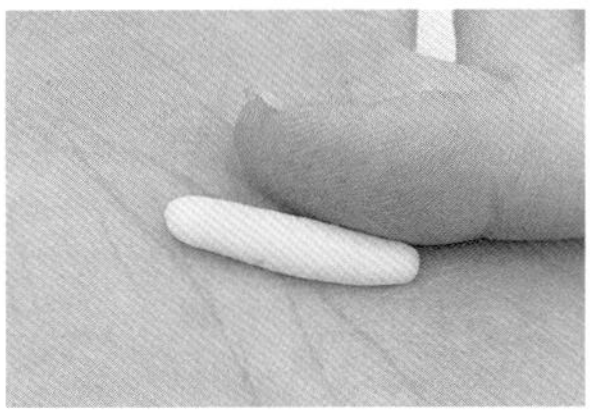

09 用指腹将原色巧克力搓成长条形，为脚部。

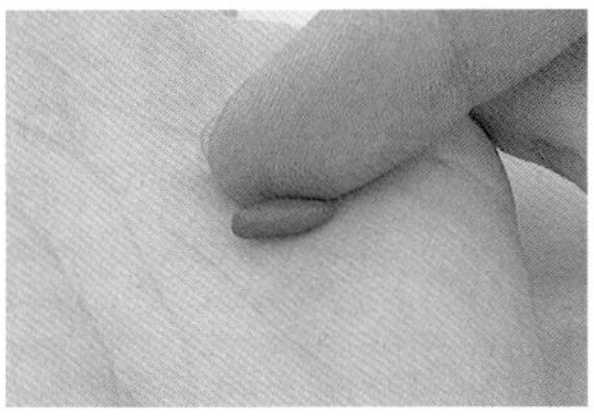

10 用指腹将紫色巧克力搓成长条形，为鞋子。

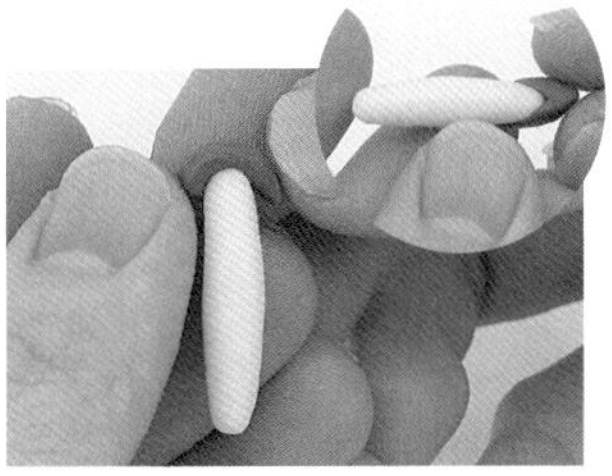

11 将脚部与鞋子粘合。

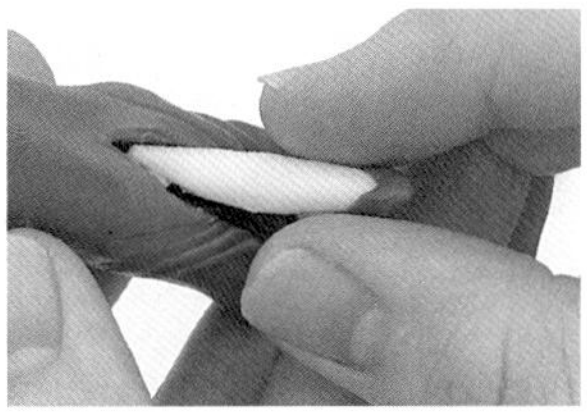

12 承步骤11，与衣服粘合。（注：将脚放在衣服三角形缺口，使脚部露出。）

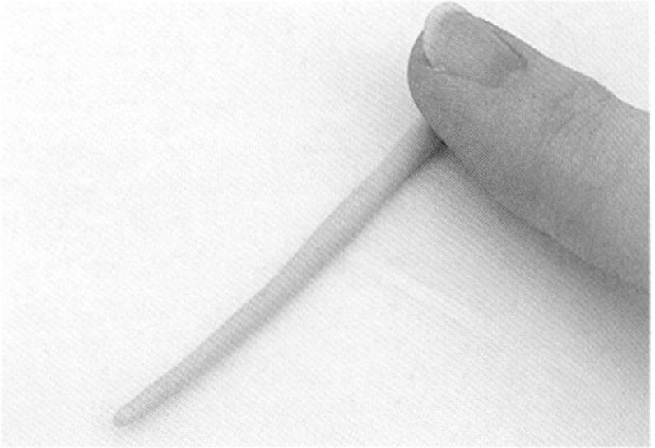

13 用指腹将浅咖啡色巧克力搓成长条形。

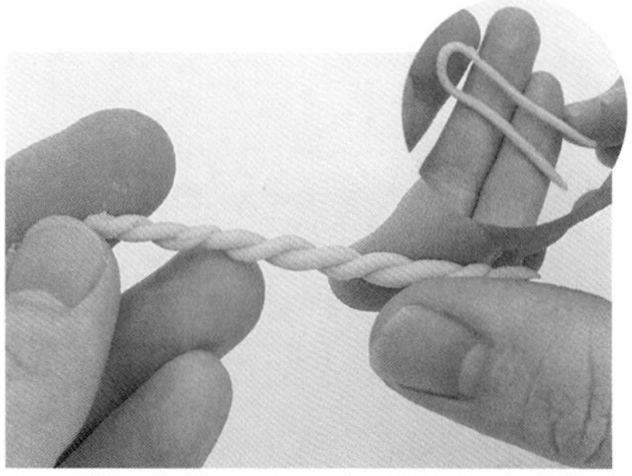

14 先将浅咖啡色长条形巧克力弯曲，再以螺旋形方式扭转。

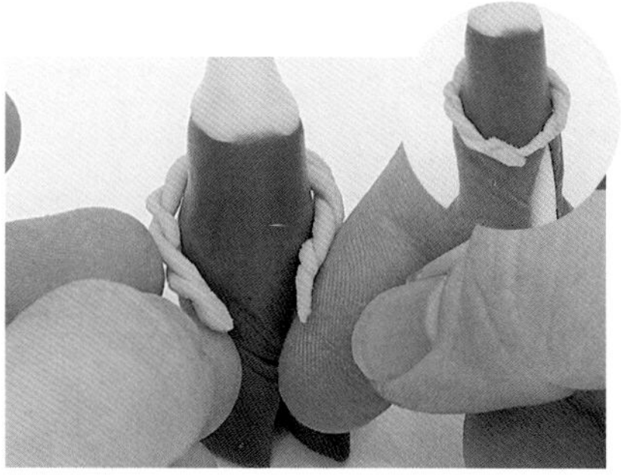

15 承步骤14，将巧克力圈放在衣服腰间，为腰带。

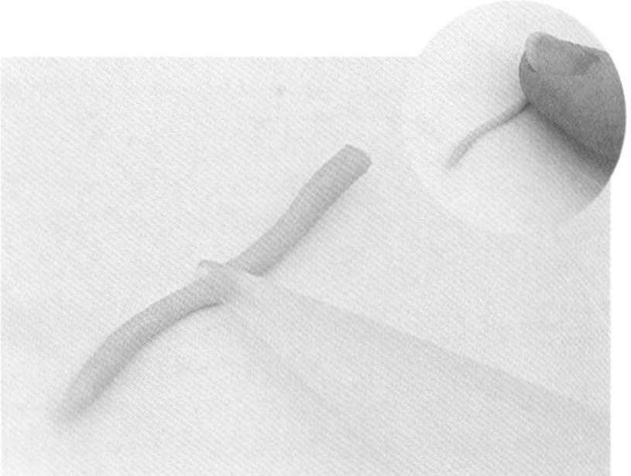

16 用指腹将浅咖啡色巧克力搓成长条形，再用雕塑工具对切。

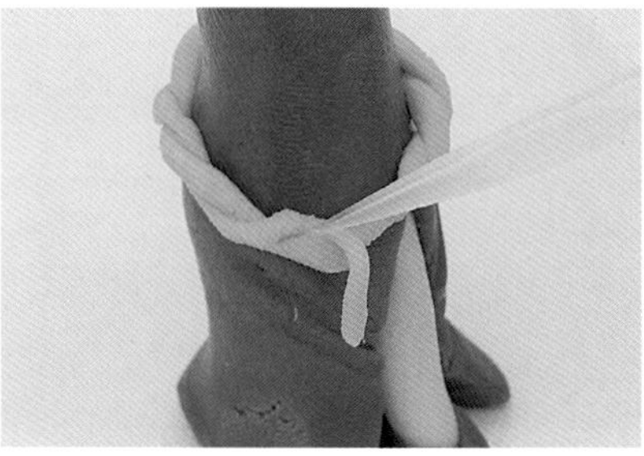

17 将浅咖啡色长条形巧克力放在腰带前端。

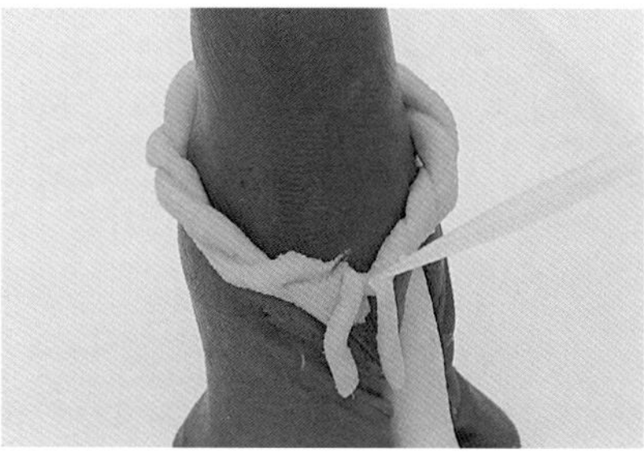

18 重复步骤17，将另一条巧克力放在腰带前端，为缎带须边。

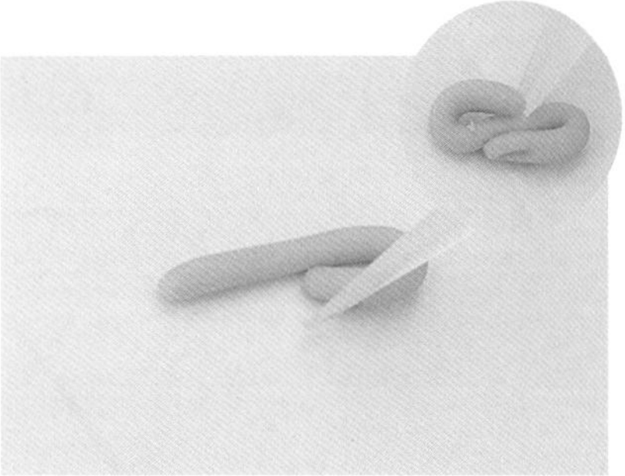

19 用指腹将浅咖啡色巧克力搓成长条形，再用雕塑工具将巧克力从两侧弯折。

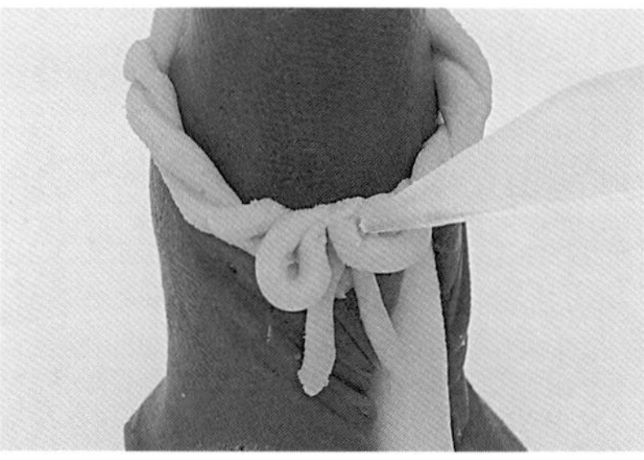

20 以雕塑工具为辅助，将巧克力放在缎带须边中间，为蝴蝶结。

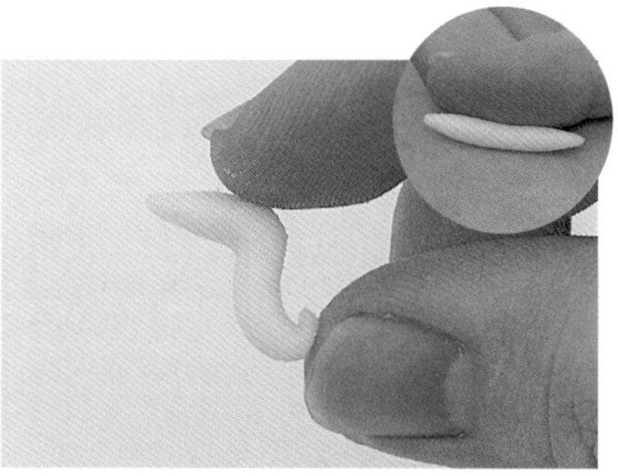

21 用指腹将原色巧克力搓成长条形，并弯折成闪电形，为手部。

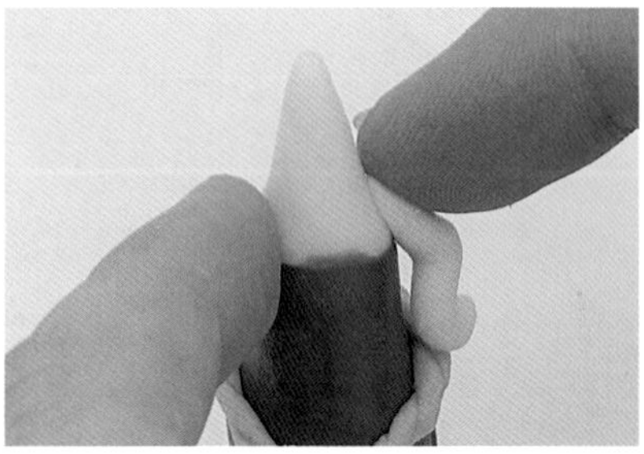

22 承步骤21，将手放在衣服侧边，为右手。

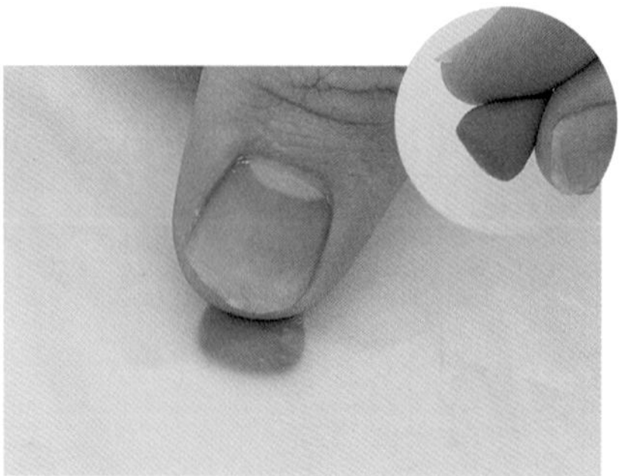

23 用指腹将紫色巧克力搓成水滴形后，放入塑料袋中压扁。

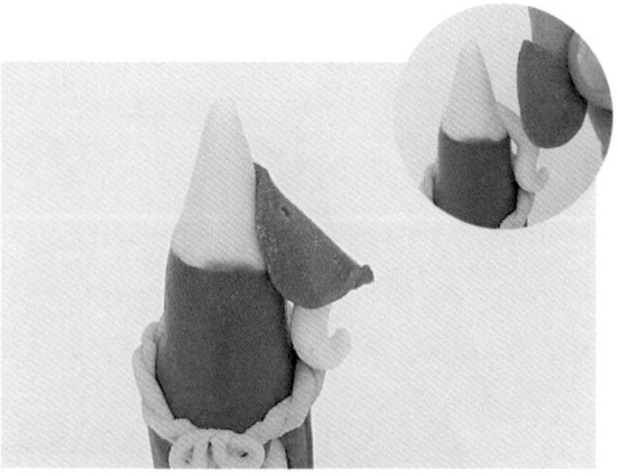

24 承步骤23，将压扁的巧克力放在右手与脖子的连接处，为衣服袖口。

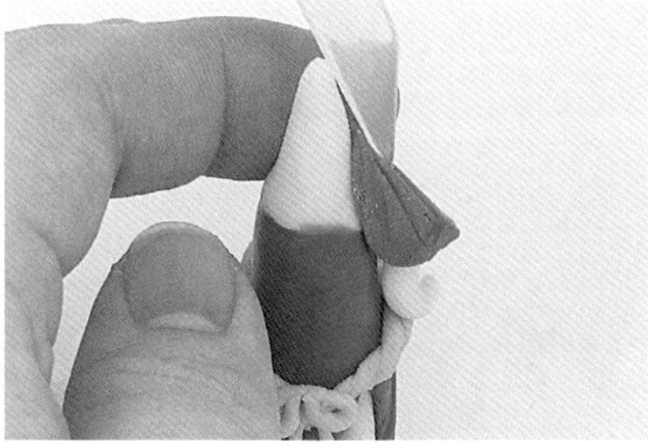

25 用雕塑工具在衣服袖口压出切痕，为皱褶。

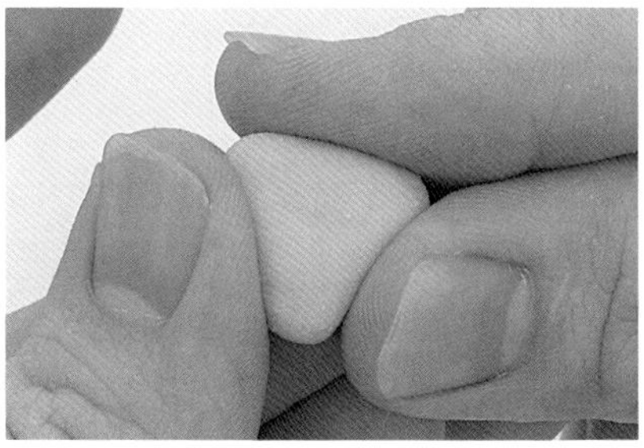

26 用指腹将浅咖啡色巧克力捏成三角形。

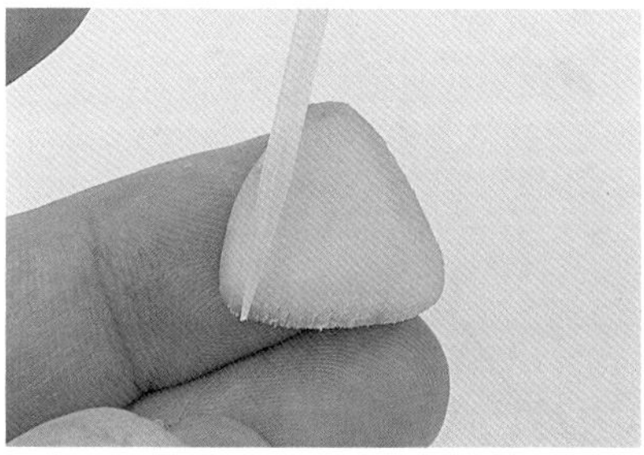

27 承步骤26，用雕塑工具压出切痕，为扫帚毛刷。

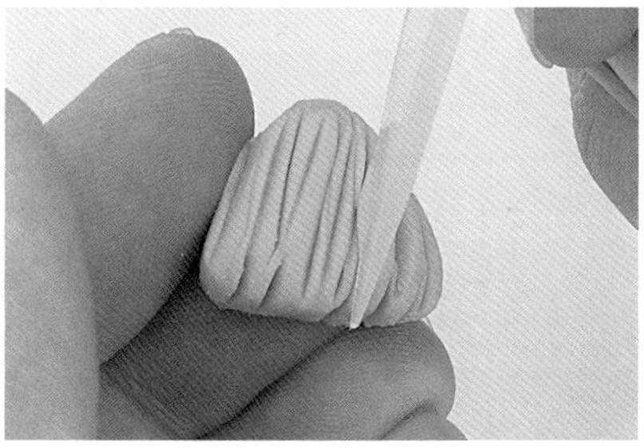

28 重复步骤27，依序压出扫帚毛刷。

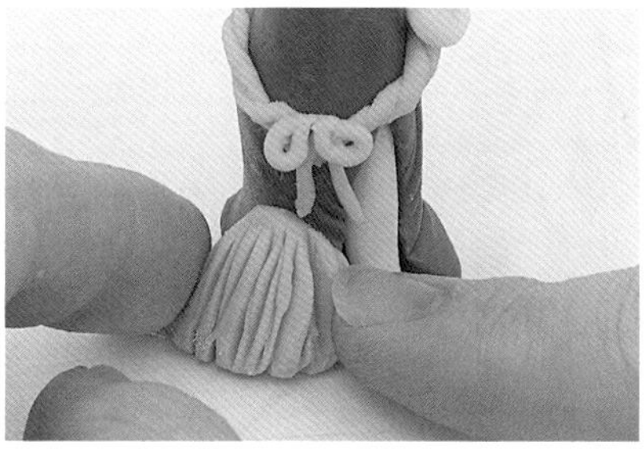

29 将扫帚毛刷放在身体前方。

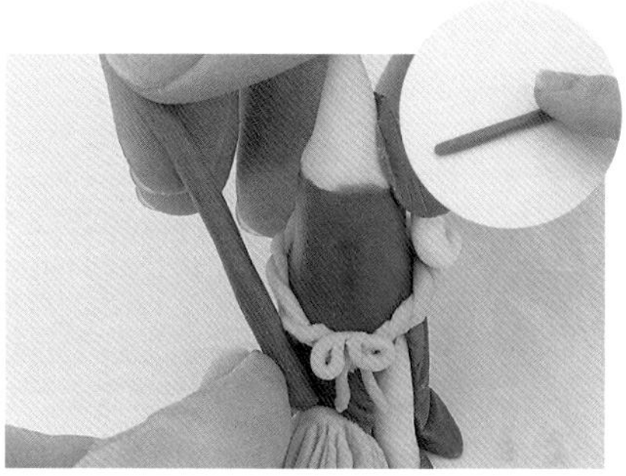

30 用指腹将咖啡色巧克力搓成长条形，为扫帚握把，并将握把与毛刷粘合。

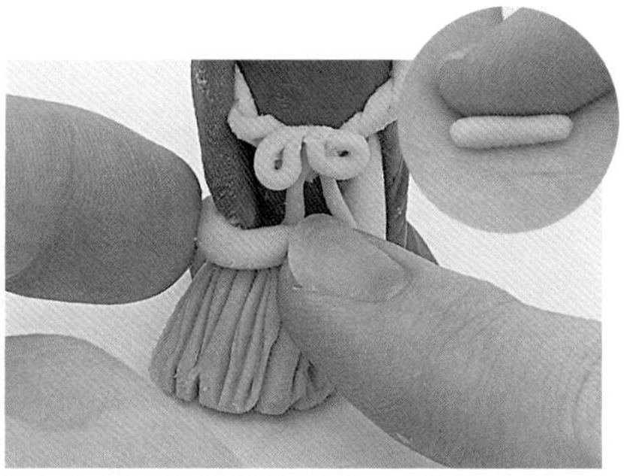

31 用指腹将浅咖啡色巧克力搓成长条形，并放在握把与毛刷的连接处。

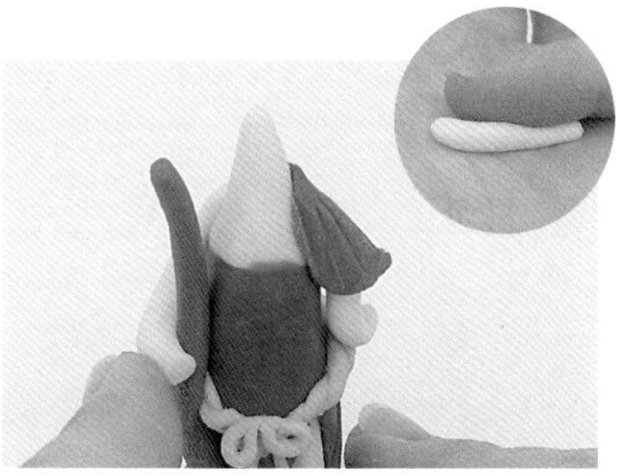

32 先用指腹将原色巧克力搓成长条形后，放在衣服左侧，与握把粘合，为左手。

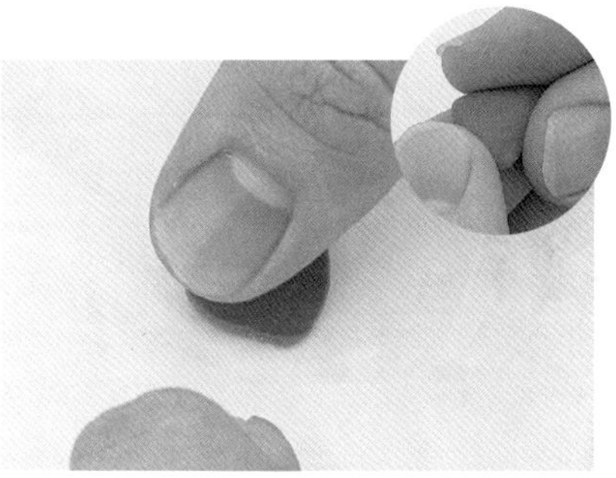

33 用指腹将紫色巧克力捏成三角形，并放入塑料袋中压扁。

34 承步骤33，用雕塑工具压出切痕，为袖口皱褶。

35 重复步骤34，继续压出袖口皱褶。

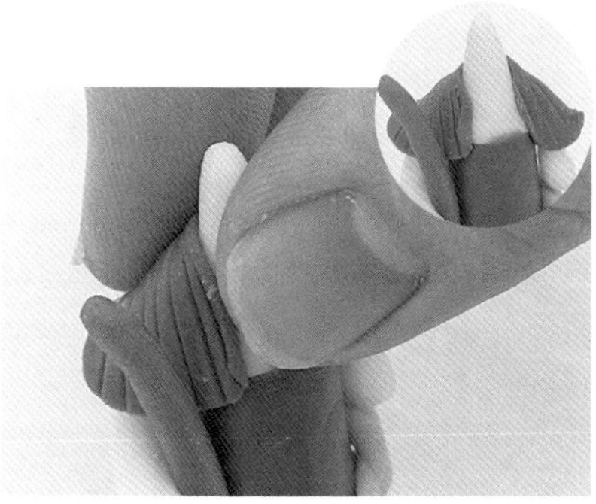

36 将袖口放在左手与脖子的连接处。

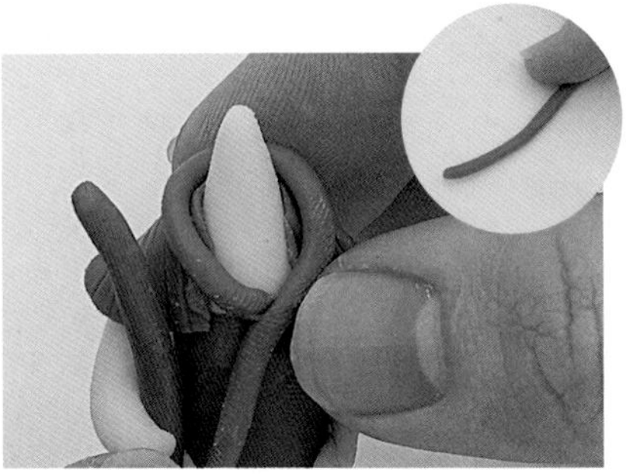

37 用指腹将紫色巧克力搓成长条形，并绕在脖子上，为围巾。

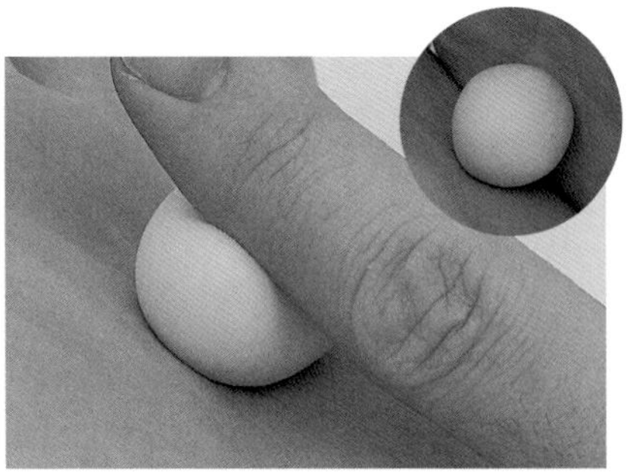

38 用指腹将原色巧克力搓成圆形，并用手指侧边在中间压出眼窝凹痕，为头部。

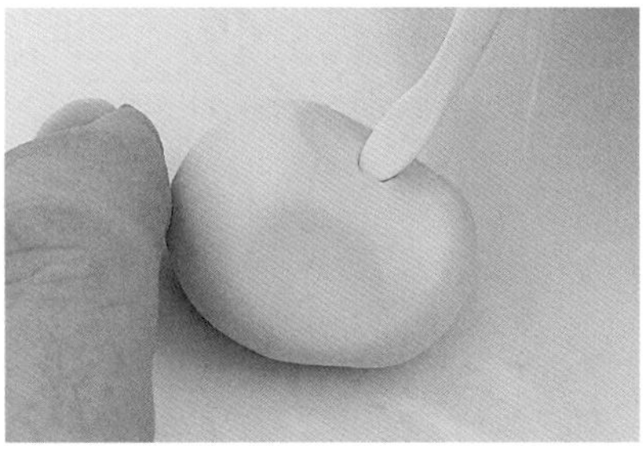

39 用雕塑工具在脸部戳洞，以定位眼部。

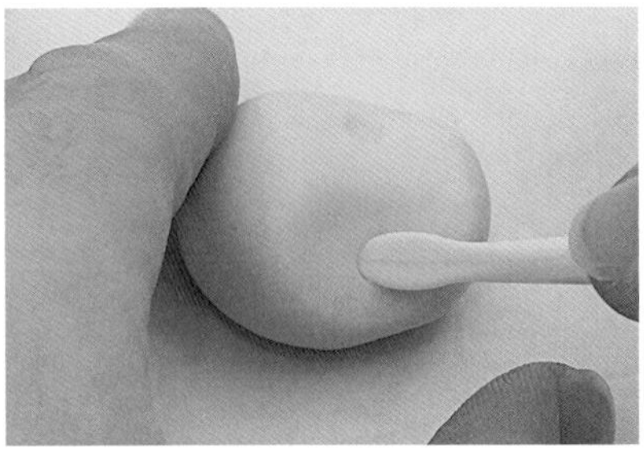

40 重复步骤39，在脸部左侧戳洞。

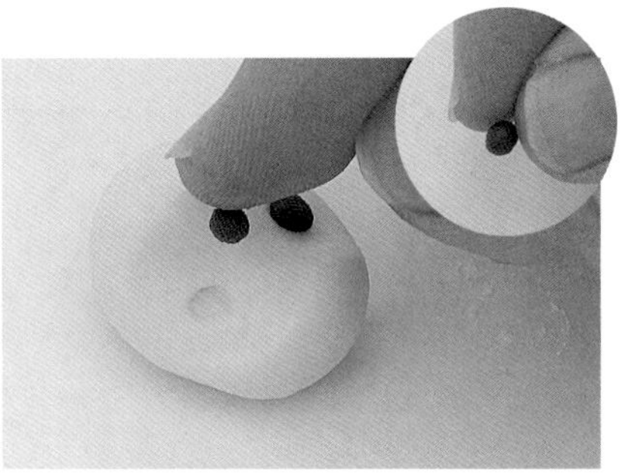

41 用指腹将黑色巧克力搓成圆形，并放在戳洞处，为眼睛。

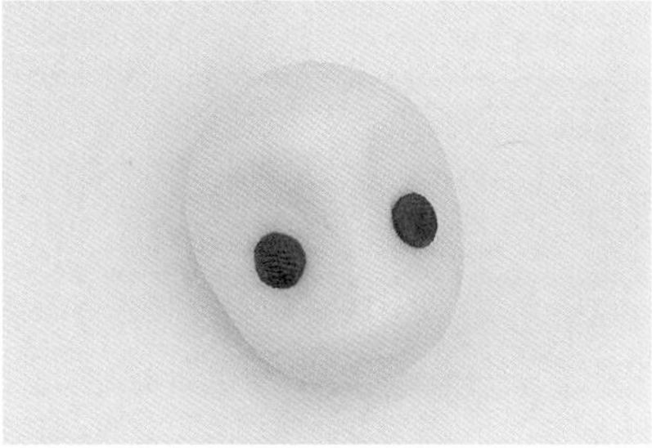

42 如图，眼睛制作完成。

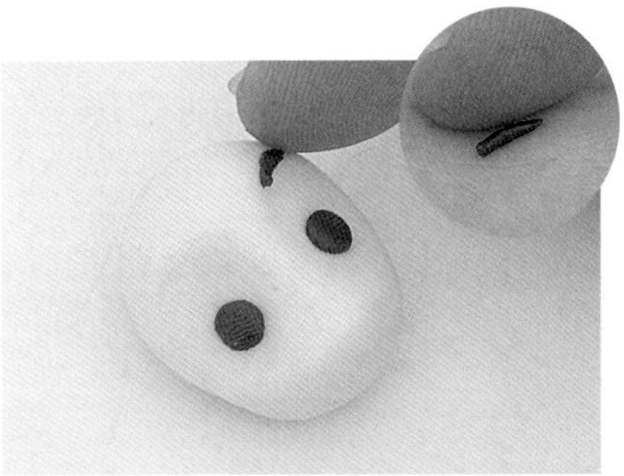

43 将小段黑色巧克力放在眼睛上侧，为眉毛。

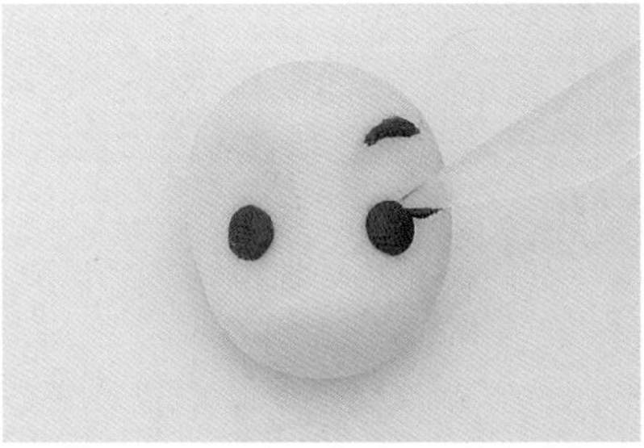

44 用雕塑工具取少量黑色巧克力，在右侧眼睛勾出眼尾线条。

45 重复步骤43~44，完成左侧眉毛与左眼眼尾线条。

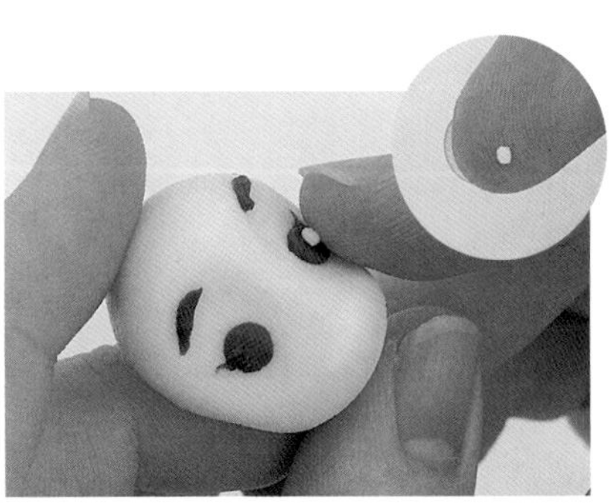

46 用指腹将白色巧克力搓成圆形，并放在眼睛上，为右侧反光白点。

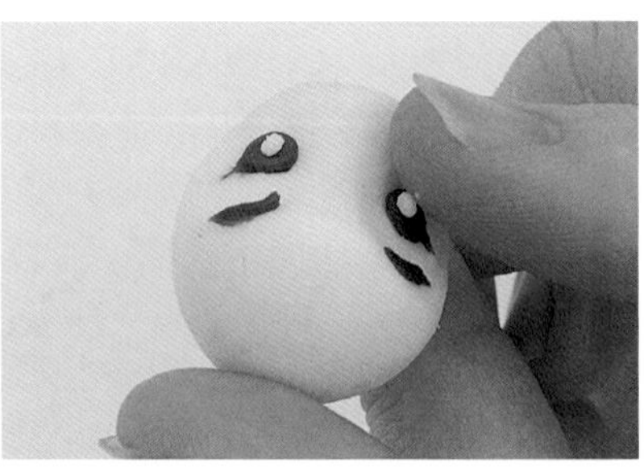

47 重复步骤46，完成左侧反光白点。

48 用指腹将红色巧克力搓成爱心形，放在脸部下缘处，再用雕塑工具压出唇纹，即完成嘴巴。

49 用指腹将原色巧克力搓成圆形，并放在嘴巴上侧，为鼻子。

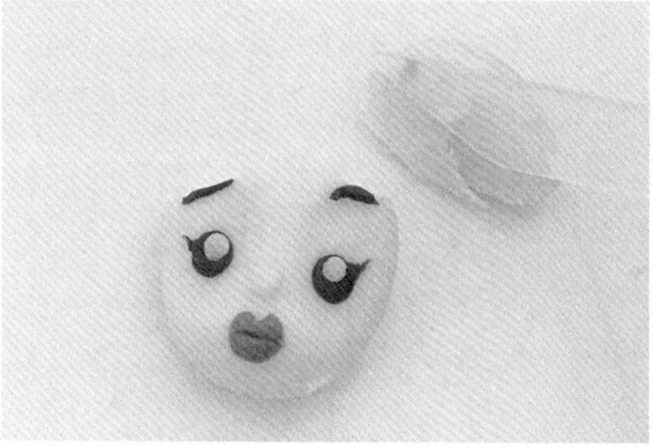

50 用雕塑工具将眉毛上半部多余的巧克力切除。

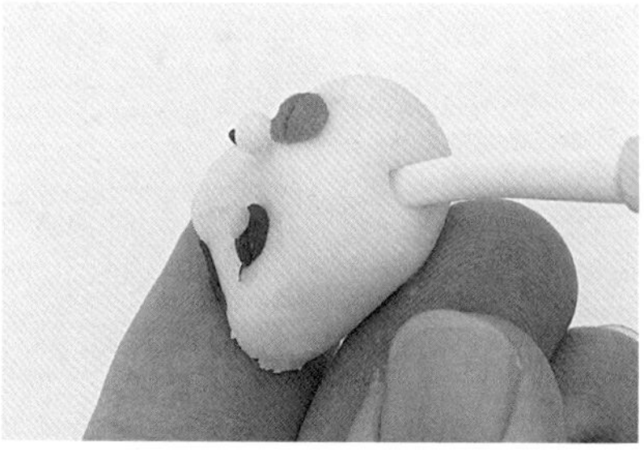

51 用雕塑工具将头部底端戳洞。

52 将头部与身体粘合。

53 用手掌将绿色巧克力压扁，再用雕塑工具对切。

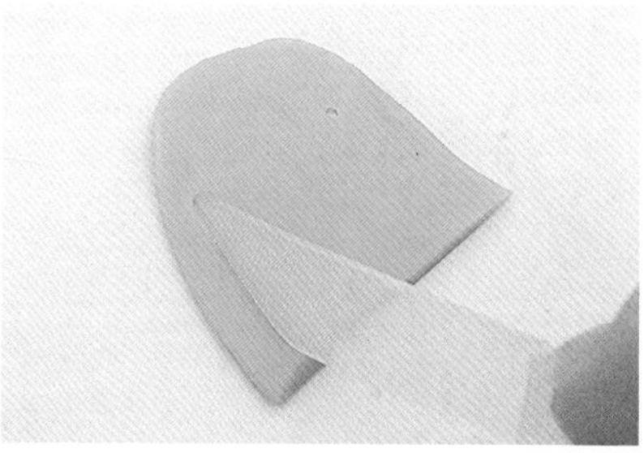

54 用雕塑工具在巧克力压出切痕，为头发线条。

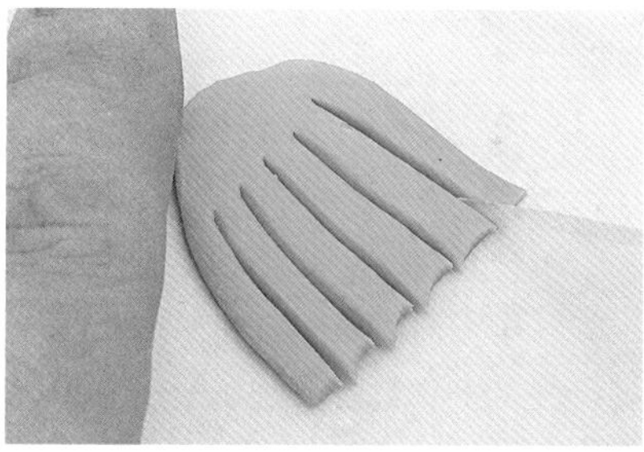

55 重复步骤54，依序压出头发线条。

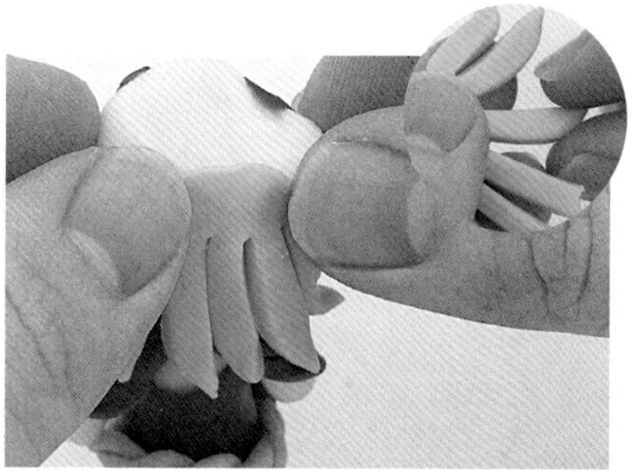

56 用指腹将头发线条分开，并粘贴在头部背面。

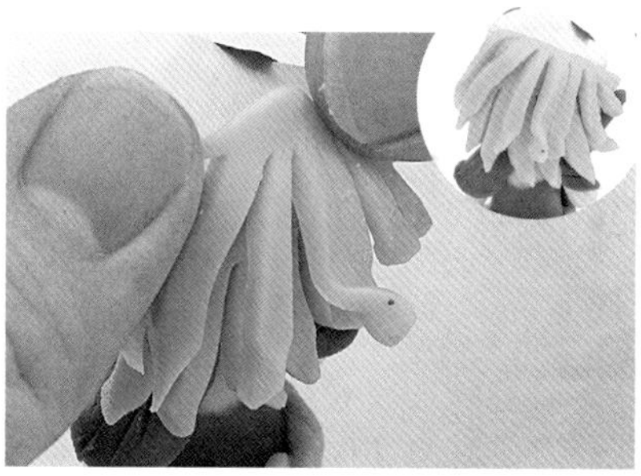

57 重复步骤53~56，再制作一层头发。

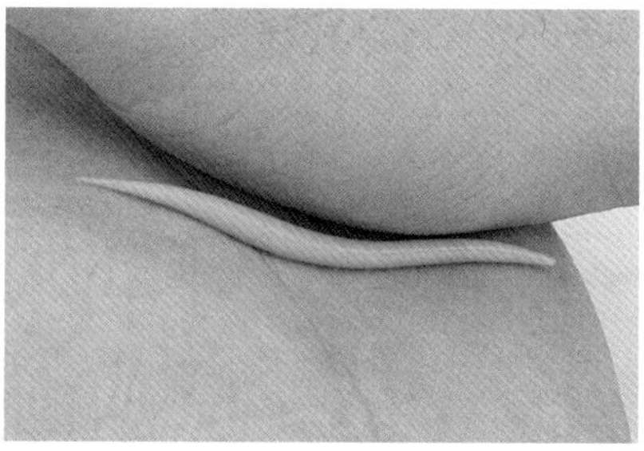

58 用手掌将绿色巧克力搓成长条形。

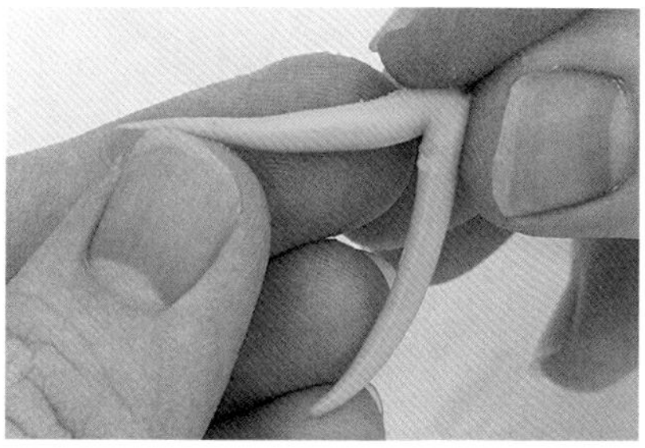

59 将绿色长条形巧克力弯折成W字形，为刘海。

60 将刘海放在头部正面的右侧。

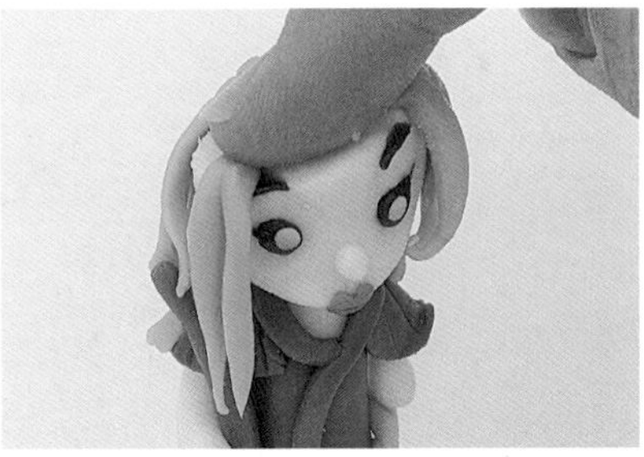

61 重复步骤58～60，完成左侧刘海。

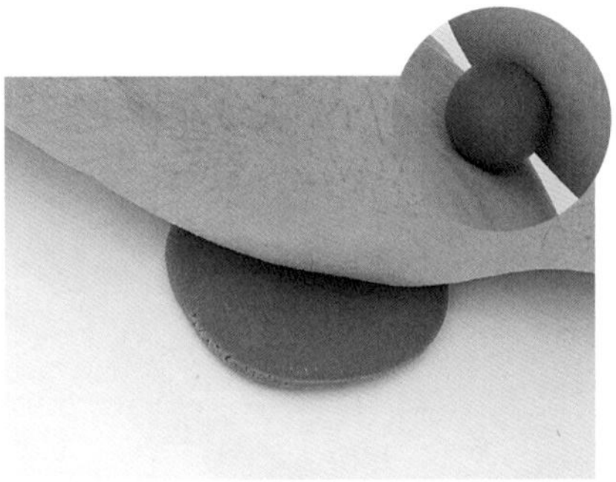

62 用手掌将紫色巧克力搓成圆形后压扁，为帽檐。

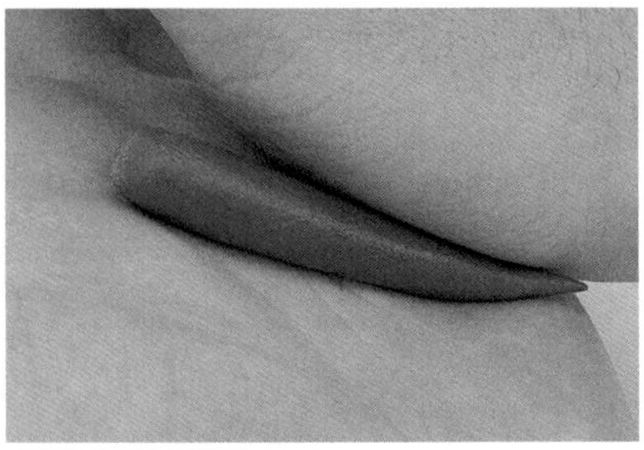

63 用手掌将紫色巧克力搓成水滴形，为帽顶。

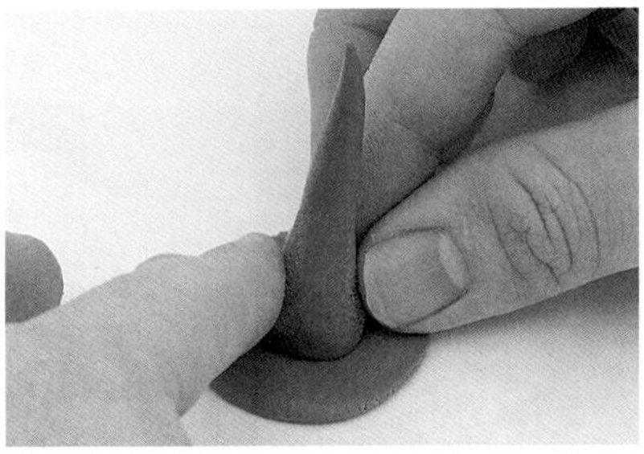

64 将帽顶和帽檐相粘合，为帽子。

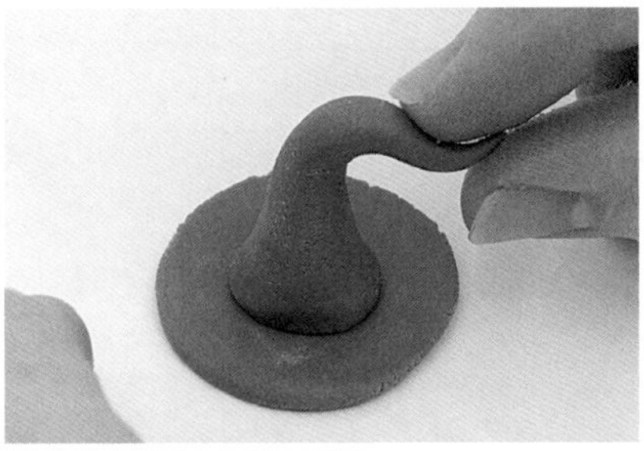

65 承步骤64，将帽子尖端弯折，增加自然度。

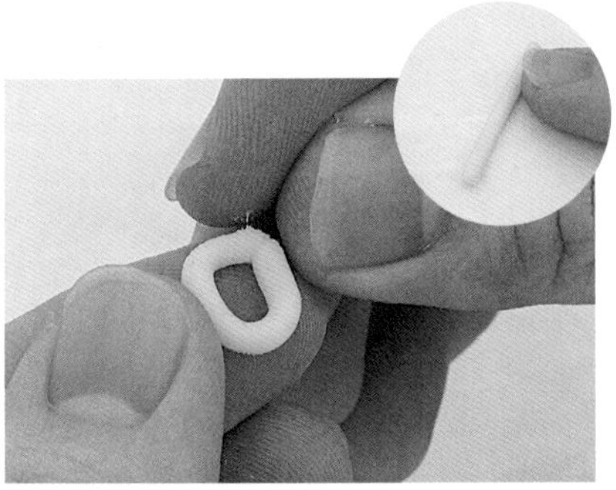

66 用指腹将黄色巧克力磋成长条形后，弯折成椭圆形，为帽子装饰。

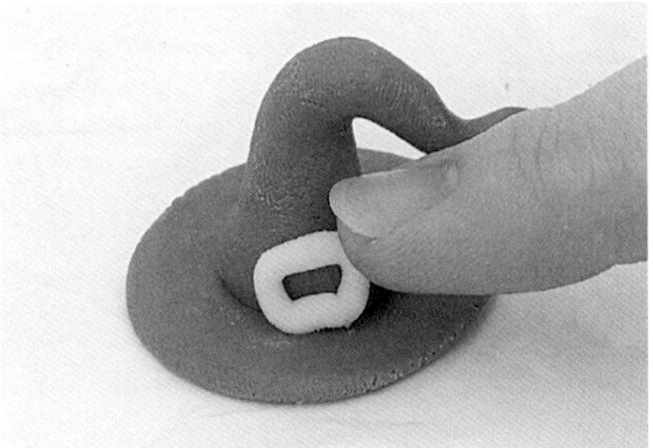

67 将帽子装饰放在帽檐上方。

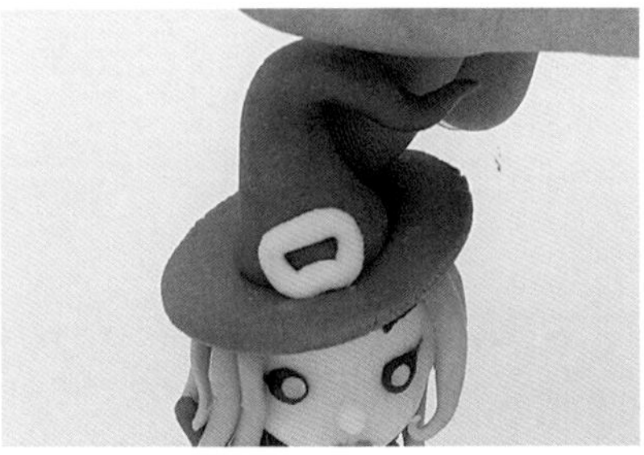

68 将帽子与头发粘合。

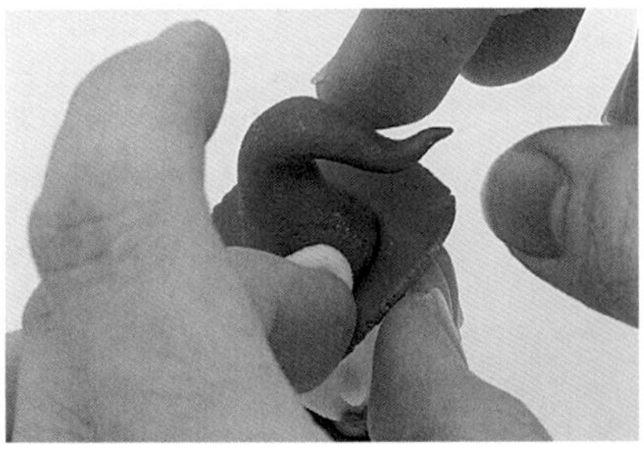

69 最后，用指腹调整帽子形状即可。

70 如图，小魔女完成。

熊布偶

材料 & 工具 Materials Tools

颜色 Color ● 红色 ● 黑色 ● 原色 ● 浅咖啡色

器具 Appliance 雕塑工具组、塑料袋或保鲜膜（垫底用）

步骤说明 Step Description

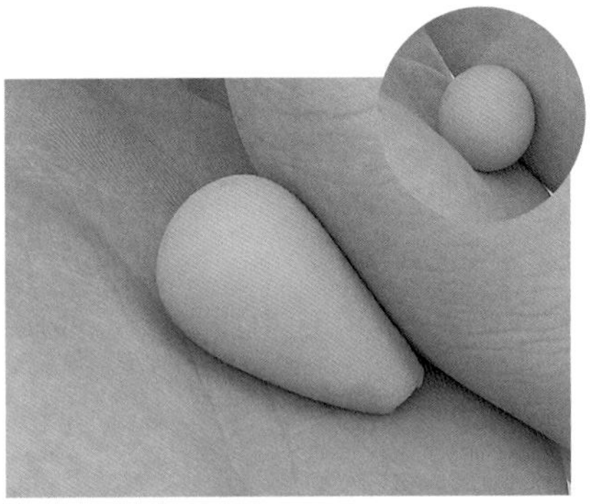

01 用手掌将浅咖啡色巧克力搓成水滴形，为身体。

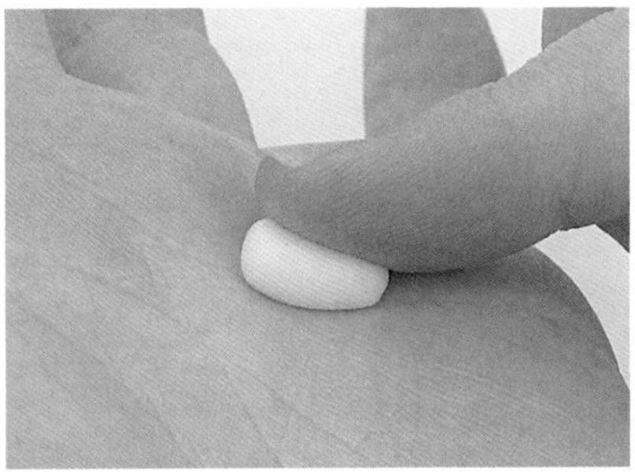

02 用指腹将原色巧克力搓成蛋形。

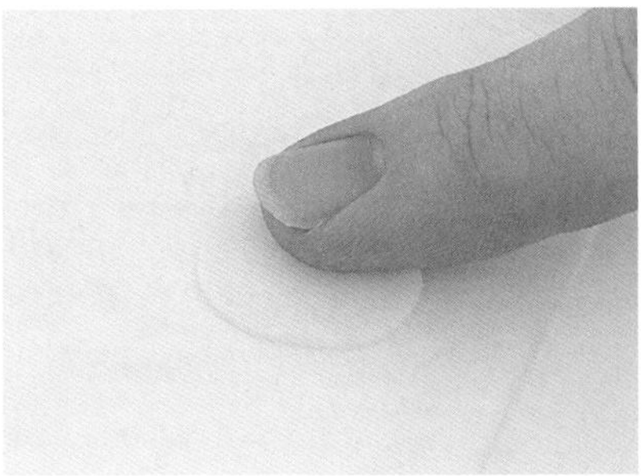

03 将原色蛋形巧克力放入塑料袋中压扁，为肚子。

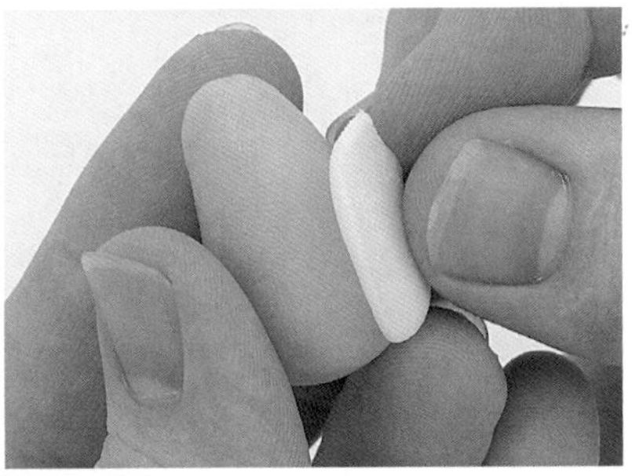

04 将肚子与身体粘合。

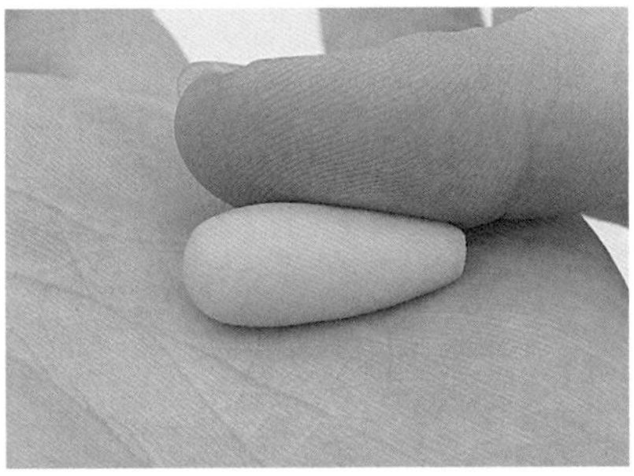

05 用指腹将浅咖啡色巧克力搓成水滴形。

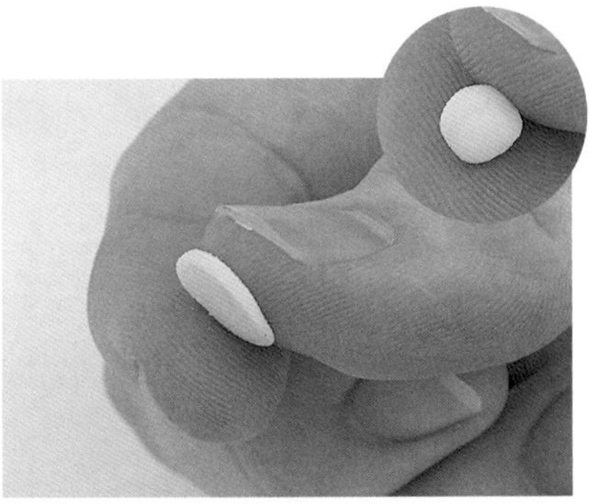

06 用指腹将原色巧克力搓成圆形后压扁。

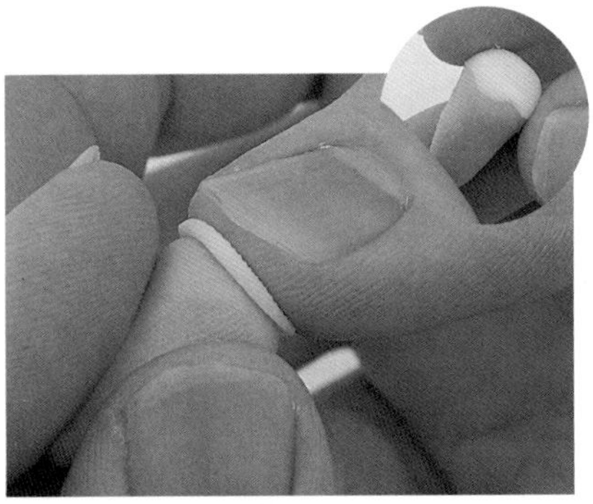

07 将咖啡色水滴形巧克力与原色圆形巧克力粘合。

08 重复步骤05～07，完成四个水滴形巧克力。

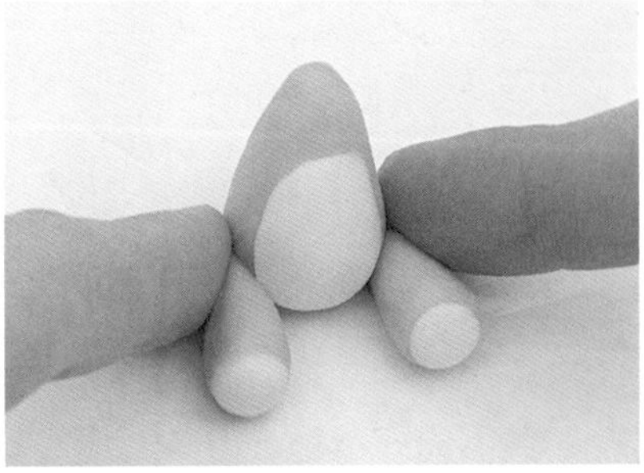

09 将两个水滴形巧克力放在身体两侧，为脚部。

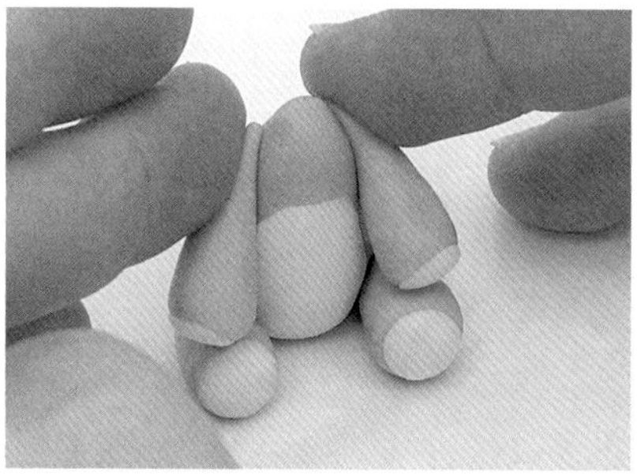

10 重复步骤09，完成手部摆放。

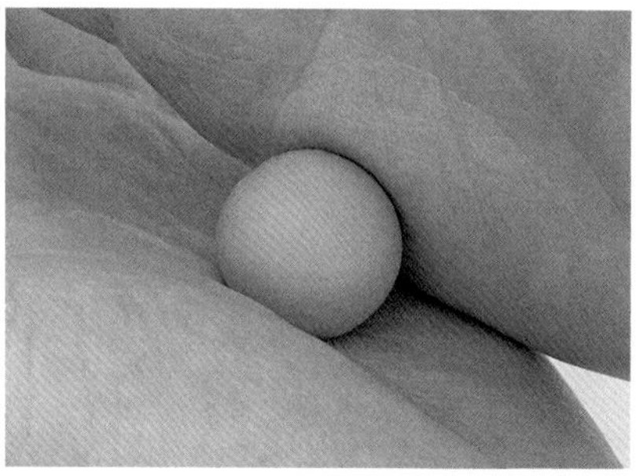

11 用手掌将浅咖啡色巧克力搓成圆形，为头部。

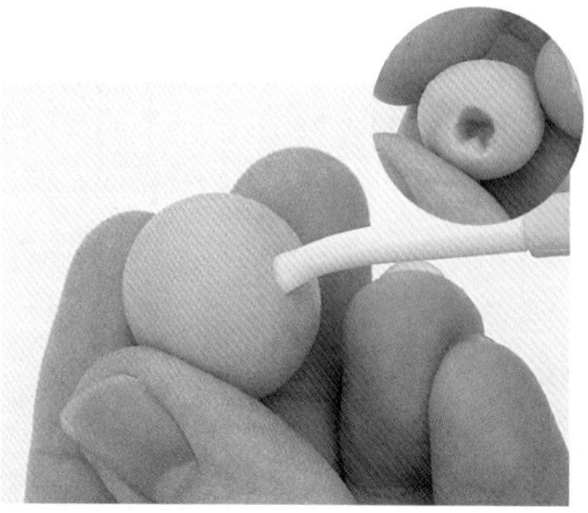

12 承步骤11，用雕塑工具将头部下侧戳洞。

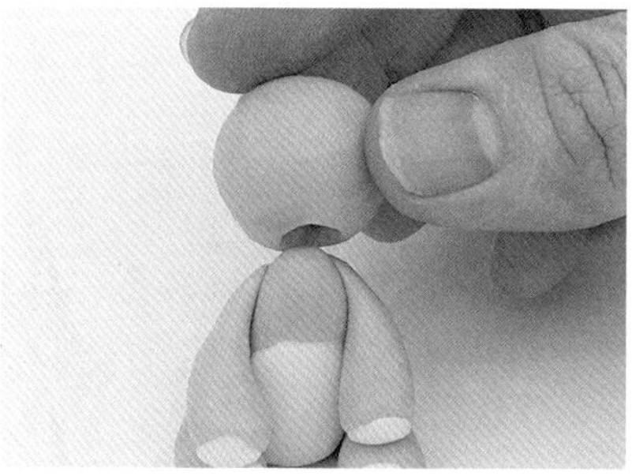

13 将头部与身体粘合。

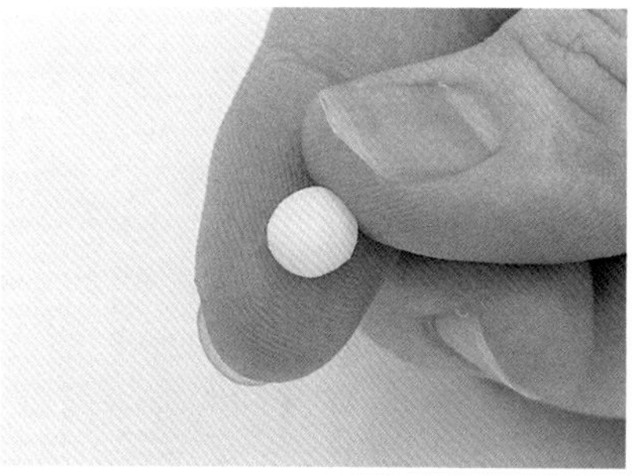

14 用指腹将原色巧克力搓成圆形，为吻部。

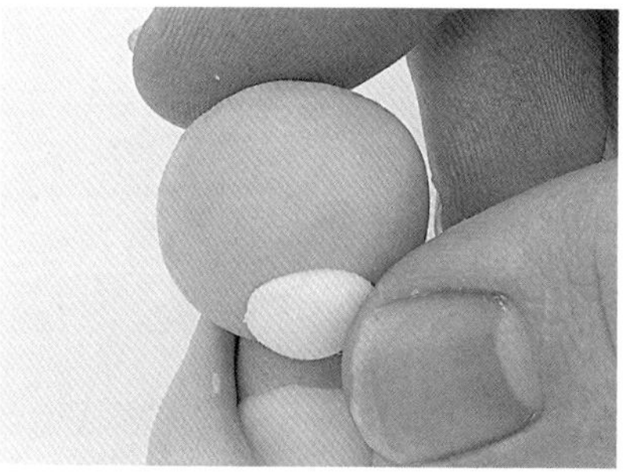

15 将吻部放在头部下缘。

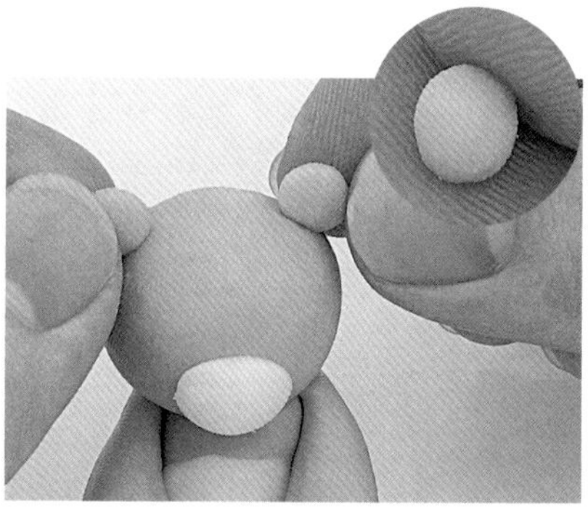

16 用指腹将原色巧克力搓成圆形，放在头部顶端两侧，为耳朵。

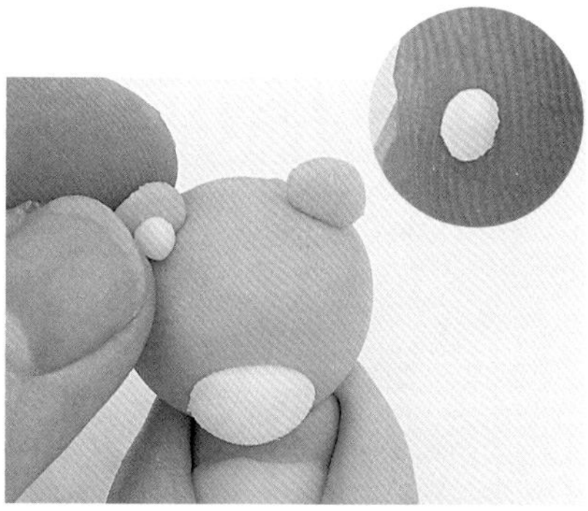

17 将原色巧克力搓成椭圆形后，放在耳朵里，为耳窝。

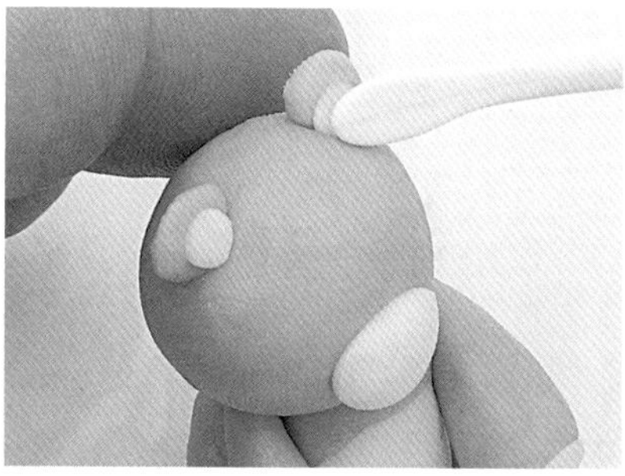

18 重复步骤17，以雕塑工具为辅助，完成右侧耳窝。

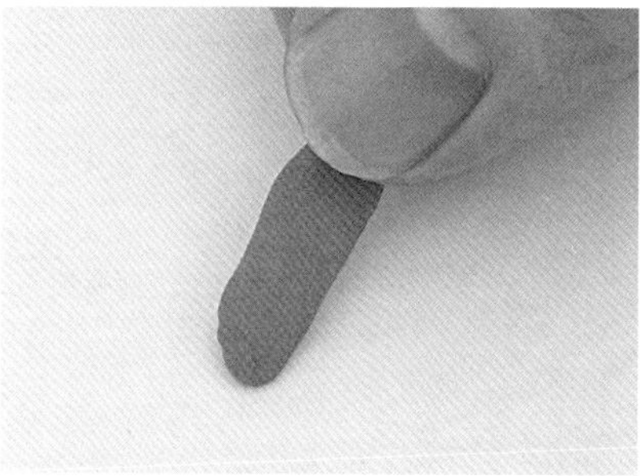

19 用指腹将红色巧克力搓成长条形。

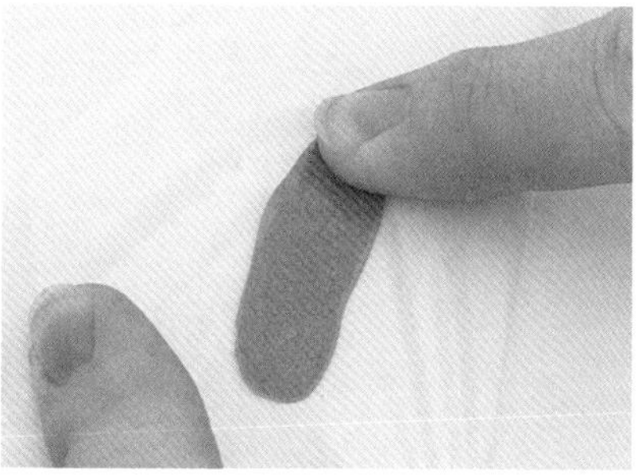

20 将红色长条形巧克力放入塑料袋中压扁。

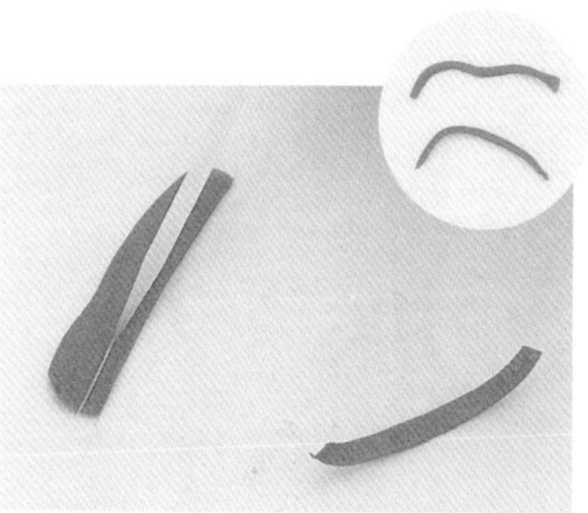

21 用雕塑工具将红色扁形巧克力切成两个细长条形。

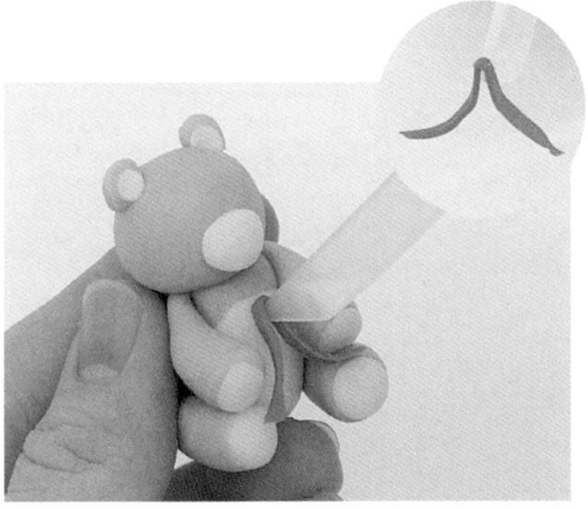

22 以雕塑工具为辅助，将红色长条形巧克力对折后，放在身体上方，为缎带。

23 以雕塑工具为辅助，将红色长条形巧克力两侧往中间弯折，为蝴蝶结。

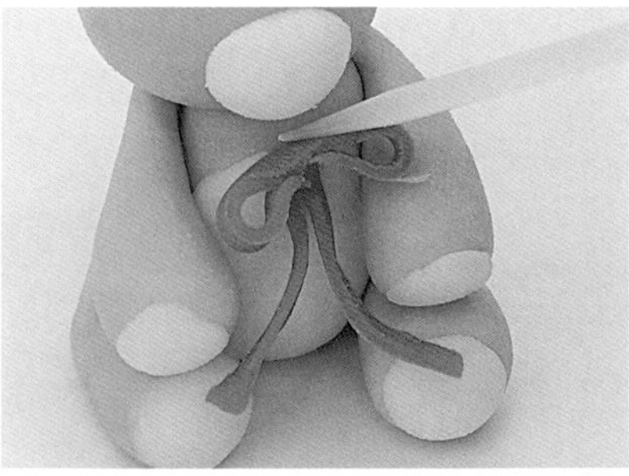

24 以雕塑工具为辅助，将蝴蝶结放在缎带中间。

25 用雕塑工具在左手边缘压出切痕，为布偶缝线。

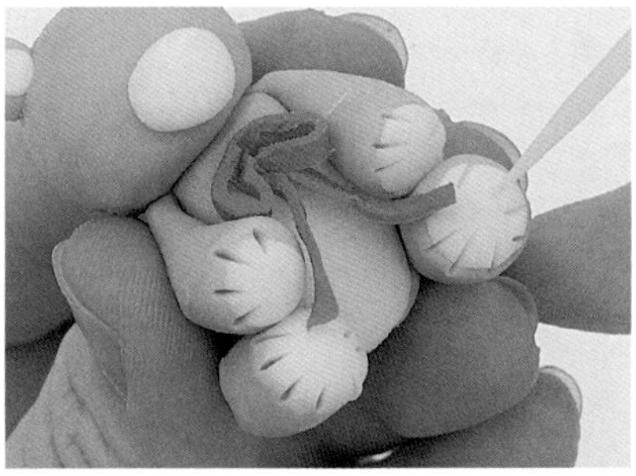

26 重复步骤25，完成右手与脚部的缝线制作。

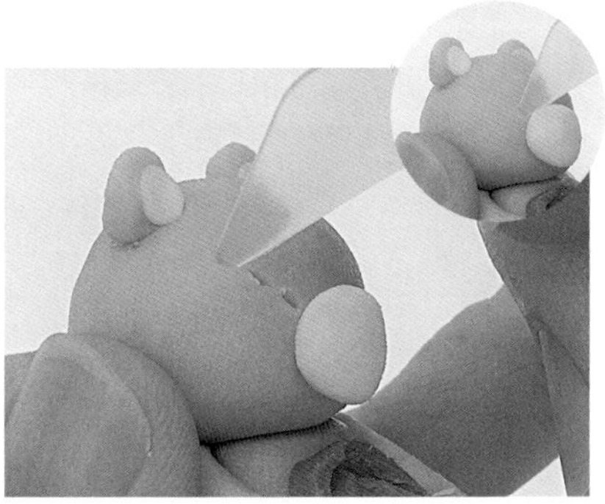

27 用雕塑工具从吻部往左耳压出斜虚线切痕，为左侧缝线。

28 重复步骤27，完成右侧缝线。

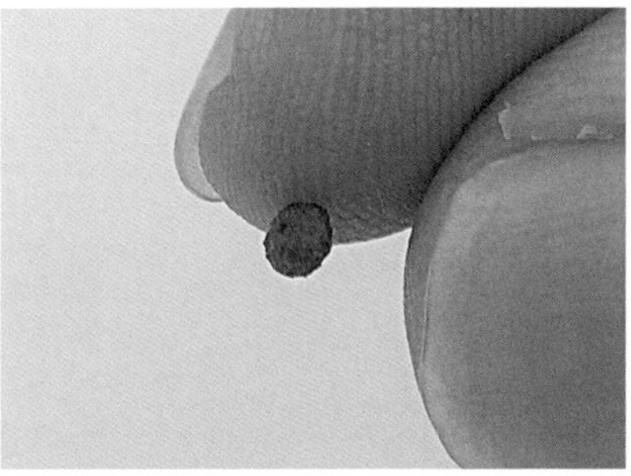

29 用指腹将黑色巧克力搓成圆形，为鼻子。

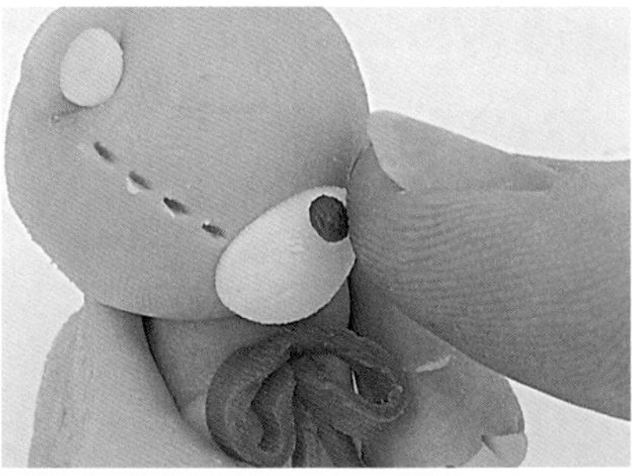

30 将鼻子放在吻部顶端处。

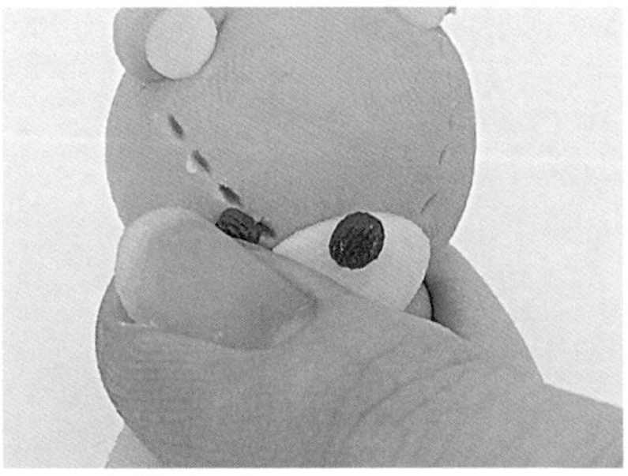

31 用指腹将黑色巧克力搓成圆形，并放在脸部左侧缝线处，为左眼。

32 最后，重复步骤31，完成右眼即可。

33 如图，熊布偶完成。

Mounting Patterns Preparation

糖霜挤花前置制作

糖霜制作

材料及工具 Ingredients & Tools

- **食材**
  - ①糖粉　225克
  - ②蛋白粉　13克
  - ③水　37克
- **器具**
  - 电动搅拌机、刮刀、筛网

步骤说明 Step Description

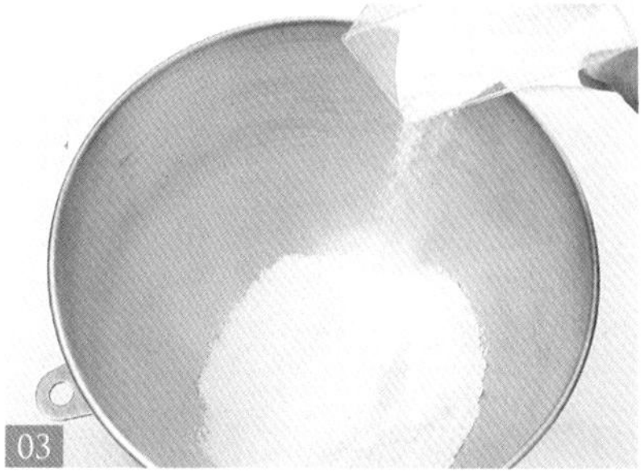

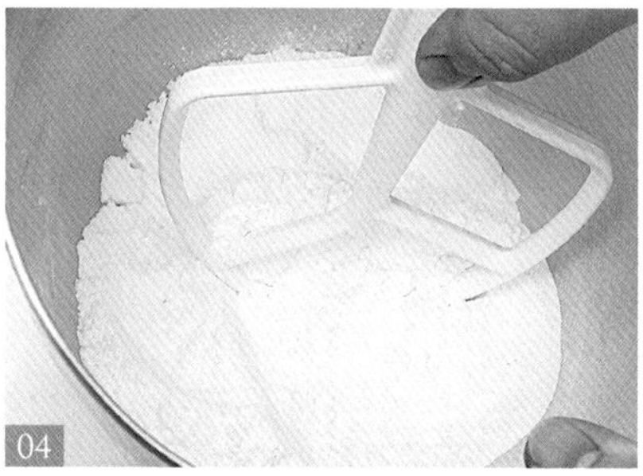

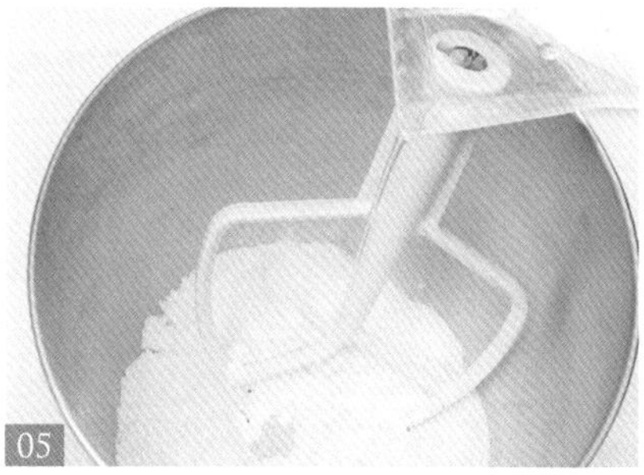

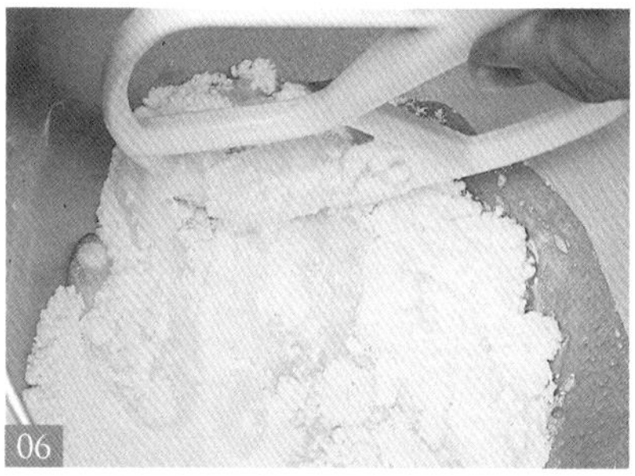

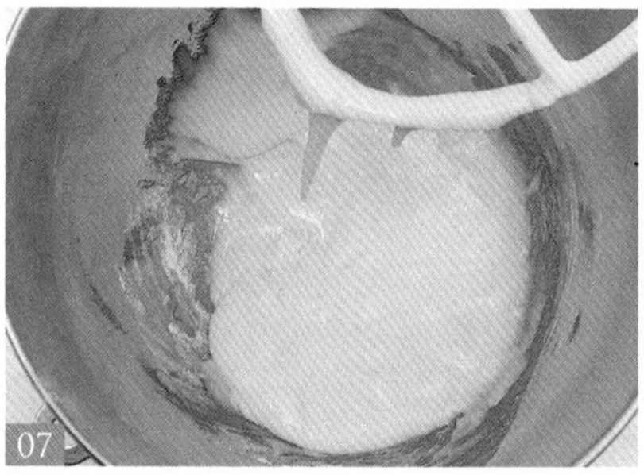

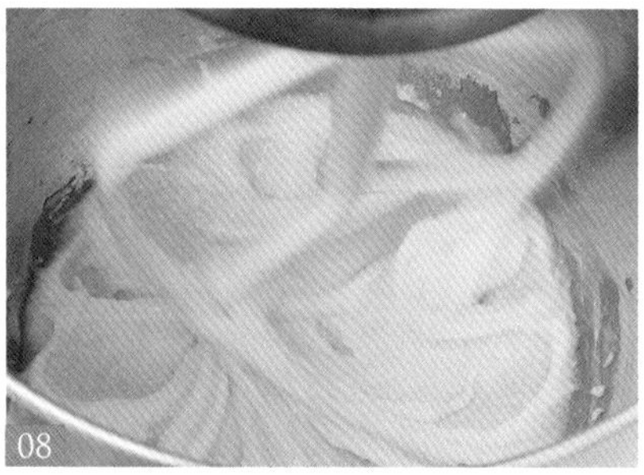

01　将糖粉过筛。

02　将糖粉倒入搅拌缸中。

03　加入蛋白粉。

04　将蛋白糖粉稍微拌匀。

05　加入水。

06　将蛋白糖水拌匀。

07　如图，蛋白糖糊完成。

08　以中低速将蛋白糖糊打发。

09　重复步骤08，持续打发至蛋白糖糊变成白色。

10

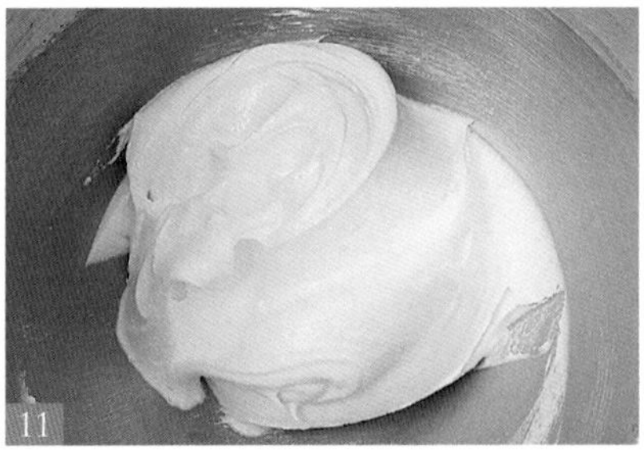

11

10 承步骤09，打发完成，呈现弯钩状。

11 如图，糖霜完成。

TIPS

- 糖霜使用时须随时保持湿润，可使用湿布或保鲜膜盖住防止干燥。
- 糖霜软硬度可以依照操作需求调整，用开水少量滴入拌匀调整，太软则添加糖粉拌匀即可。

糖霜制作视频

调色方法

步骤说明 Step Description

01

02

03

04

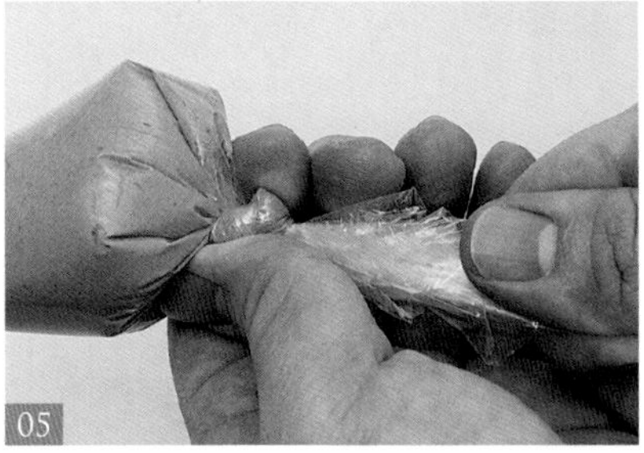

05

06

01 取已蘸色膏的牙签，并沾在糖霜上。

02 用刮刀将糖霜与色膏拌匀。

03 重复步骤02，继续将色膏与糖霜搅匀。

04 将糖霜装入三明治袋中。

05 承步骤04，将装好糖霜的三明治袋尾端打结。

06 如图，糖霜填装完成。

TIPS

- 染色可依喜好调整浓淡，建议少量添加，觉得不够深再增加用量。

调色 Toning

白色　黄色　红色　橘色　粉红色　墨绿色　咖啡色

花嘴装法

步骤说明 Step Description

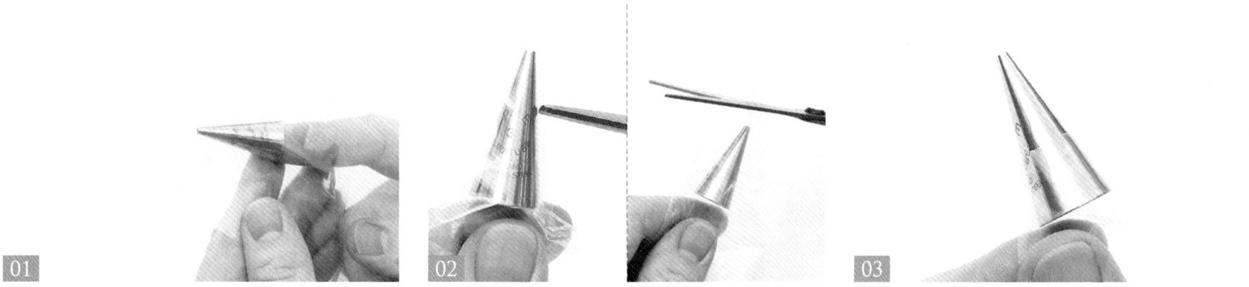

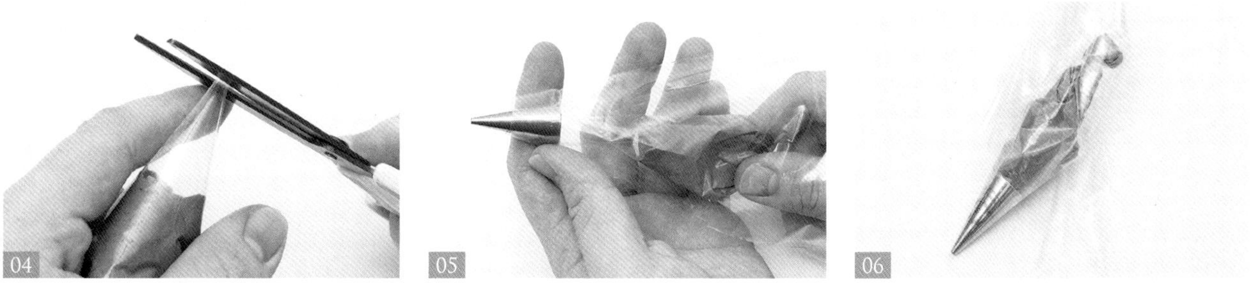

01　将花嘴放入三明治袋中。

02　用剪刀将三明治袋尖端平剪。（注：约花嘴前端1/3处，如图上红线所示。）

03　将花嘴往前推至三明治袋开口，以确定花嘴可刚好卡住开口。

04　取已装糖霜的三明治袋，并用剪刀剪出开口。（注：糖霜装法请参考P.296步骤04～06。）

05　最后，将糖霜放入花嘴三明治袋中即可。

06　如图，花嘴装法完成。

花嘴及转接头装法

步骤说明 Step Description

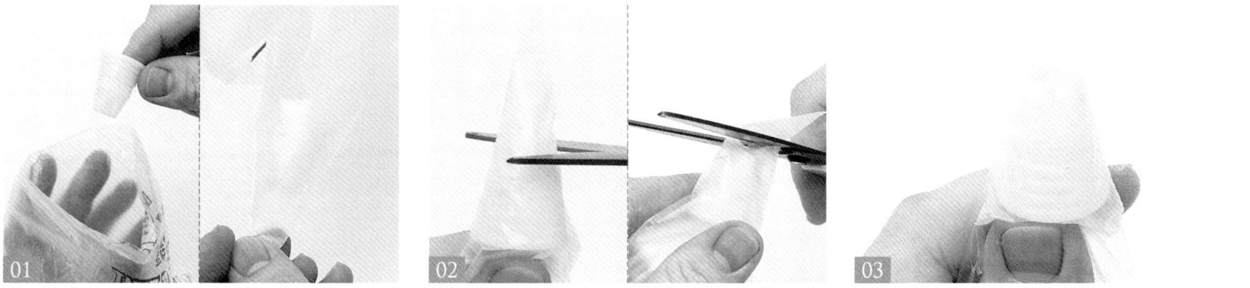

01　将花嘴转接头放入挤花袋中。

02　用剪刀将挤花袋尖端平剪。（注：顶端往下剪至转接头第一道凸出纹路处，如图上红线所示。）

03　将转接头往前推至挤花袋开口，以确定转接头可刚好卡住开口。

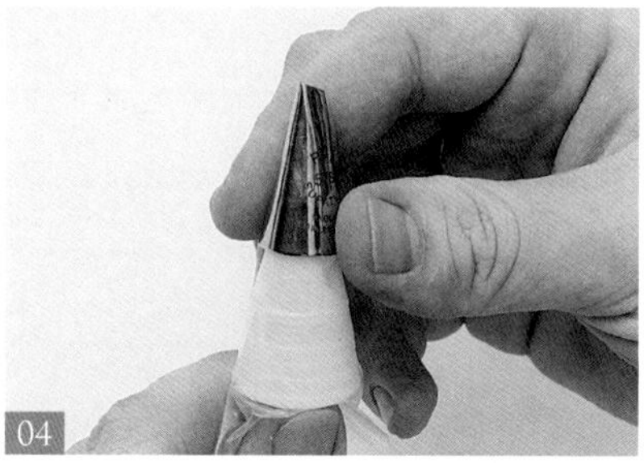

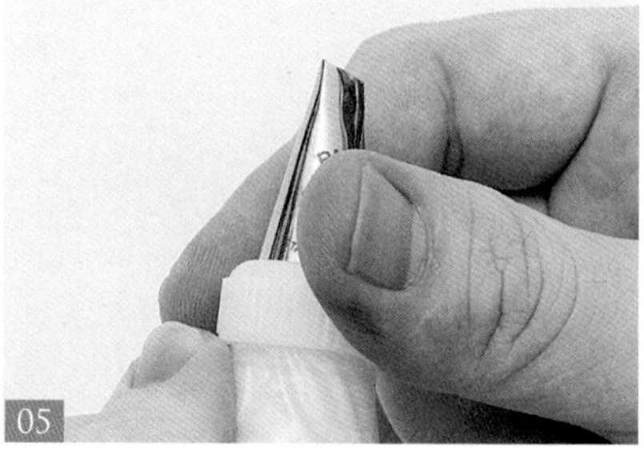

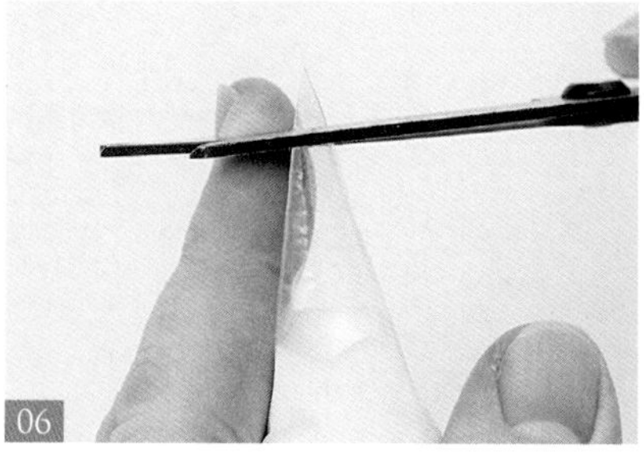

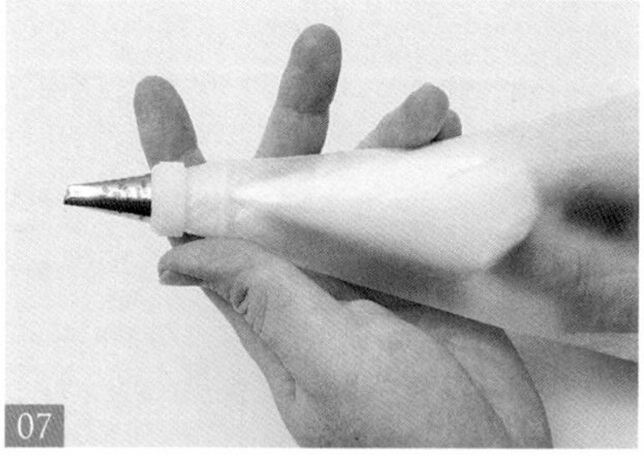

04 在转接头上放上花嘴。

05 在转接头上转入固定环。

06 取已装糖霜的三明治袋，并用剪刀剪出开口。（注：糖霜装法请参考P.296步骤04~06。）

07 最后，将糖霜放入花嘴三明治袋中即可。

08 如图，花嘴装法完成。

挤花袋拿法

步骤说明 Step Description

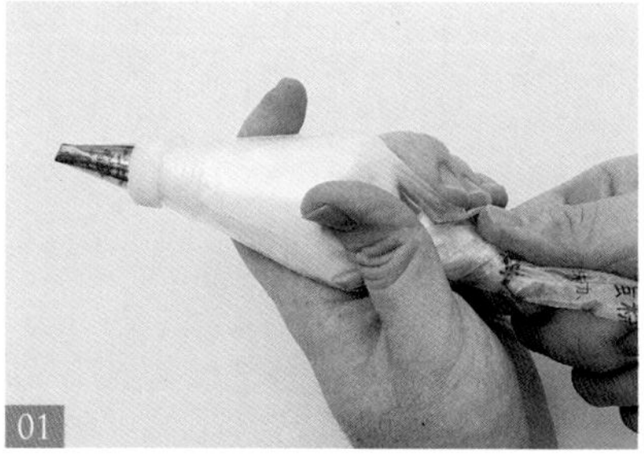

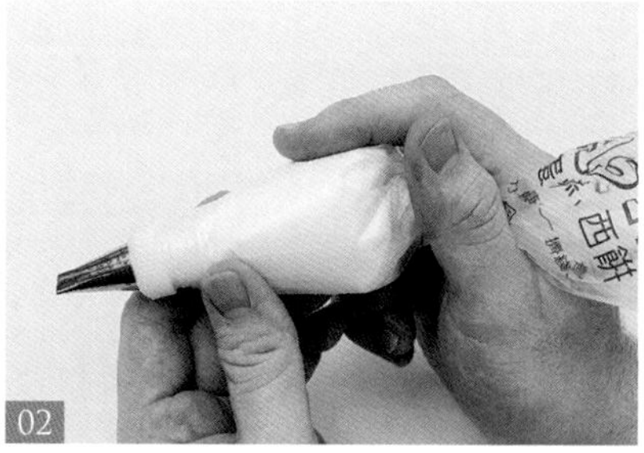

01 将挤花袋尾端扭紧。

02 用食指和大拇指握住，并用虎口夹紧尾端，即可进行挤花。（注：如果手指力道不足，也可用虎口夹紧挤花袋尾端，以握拳姿势挤花。）

TIPS

- 如果是左撇子的读者，方向皆须相反，包含挤以下花形时的方向。

小雏菊 & 殷草花组合

小雏菊

Materials 材料 & 工具 Tools

颜色 Color 白色（花瓣）● 咖啡色（花蕊）

器具 Appliance #57S花嘴、#3花嘴、花钉、油纸、挤花袋、转接头

Description 步骤说明 Step

01 用#57S花嘴在花钉中心挤一点白色糖霜。

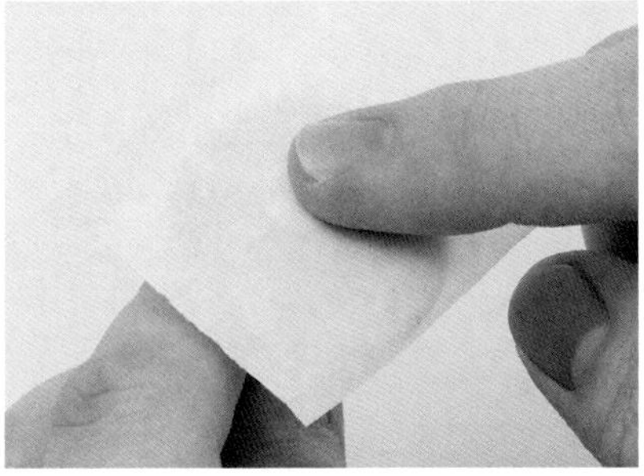

02 将方形油纸放置在花钉上，并用手按压固定。

03 将#57S花嘴由圆心往12点方向挤出再回到圆心，形成一个倒水滴形。

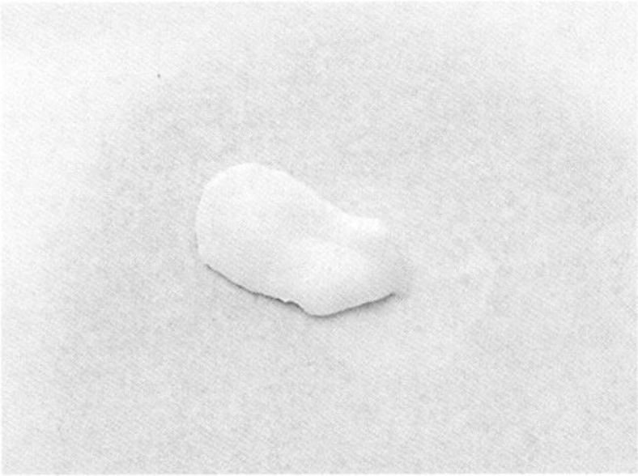

04 如图，第一片花瓣完成。

05 将第一片花瓣往前转至11点方向，使#57S花嘴回到圆心一样往12点方向挤出再回到圆心，形成第二个倒水滴形。

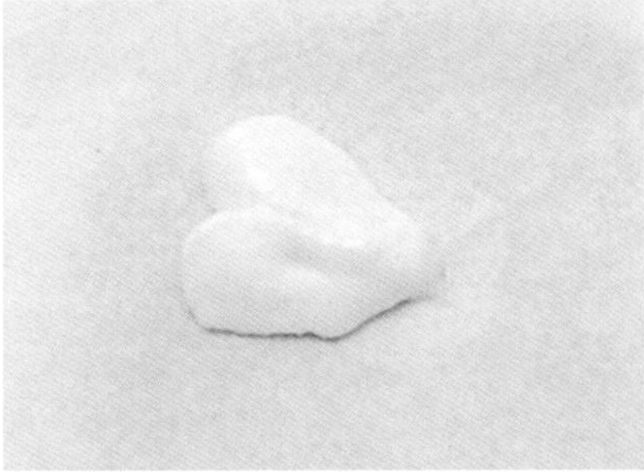

06 如图，第二片花瓣完成。

07 重复步骤03～05，依序挤出花瓣。

08 如图，花瓣完成。

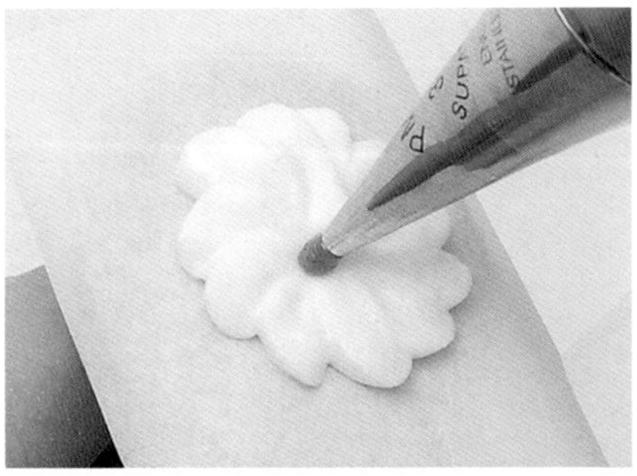

09 将#3花嘴垂直在花瓣中央交界处定点挤出锥形糖霜。

10 重复步骤09，依序挤出花蕊。

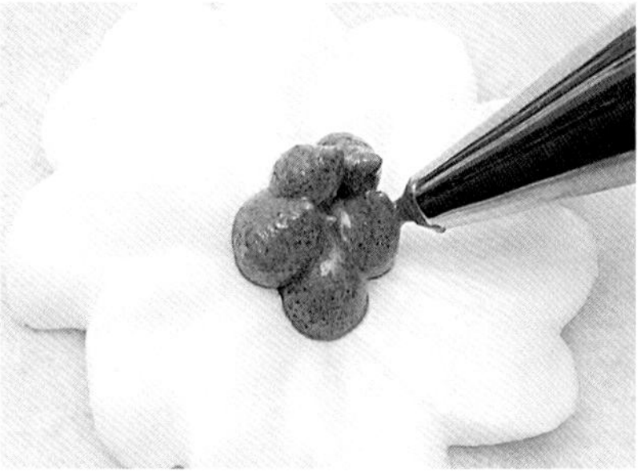

11 重复步骤09，将所有花蕊完成。

12 如图，小雏菊完成。

13 最后，将小雏菊连同油纸从花钉上取下后，放干定型即可。

殷草花

材料 & 工具 Materials Tools

颜色 Color 黄色（花蕊） 粉红色（花瓣）

器具 Appliance #57S花嘴、#3花嘴、花钉、油纸、挤花袋、转接头

步骤说明 Step Description

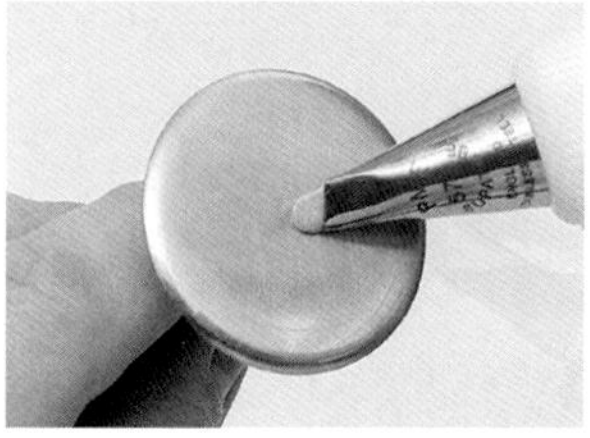

01 在花钉中心挤一点粉红色糖霜。

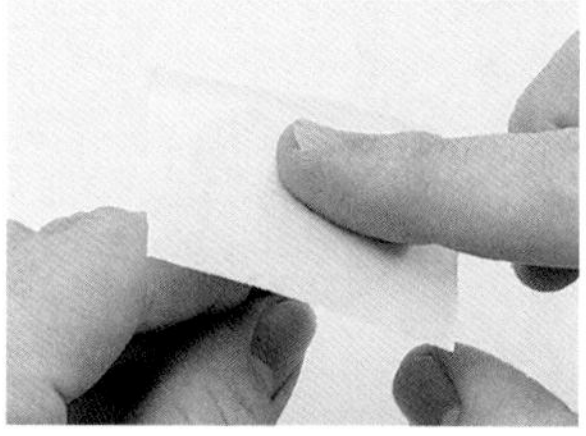

02 将方形油纸放置在花钉上，并用手按压固定。

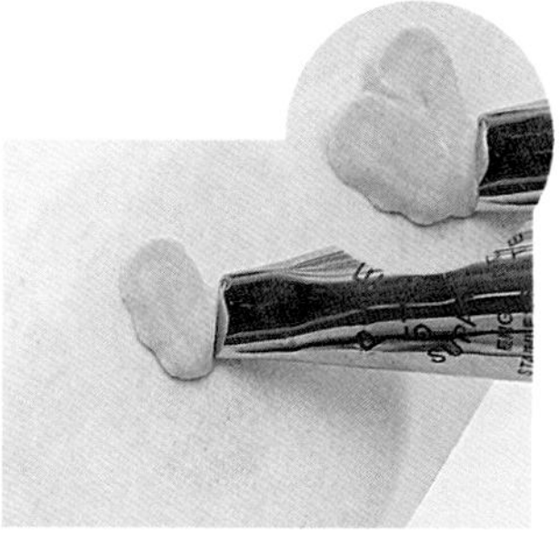

03 将#57S花嘴由圆心往12点方向挤出，往回至1/3处再挤至12点，再回到圆心，形成一个爱心形。

04 如图，第一片花瓣完成。

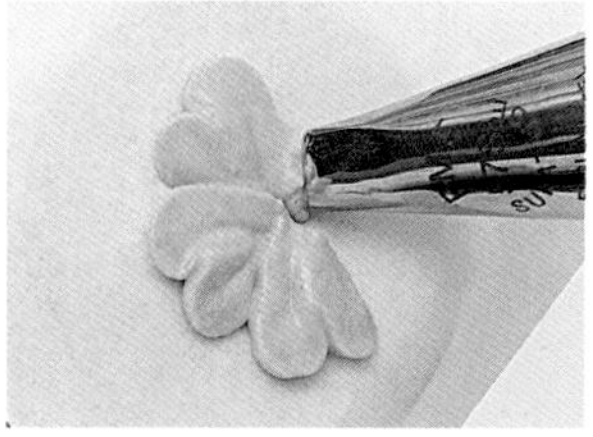

05 重复步骤03，依序挤出花瓣。

06 重复步骤03，完成所有花瓣。

07 如图，花瓣完成。

08 将#3花嘴垂直在花瓣中心挤出圆形，为花蕊。

09 重复步骤08，依序挤出花蕊。

10 重复步骤08，完成花蕊制作。

11 如图，殷草花完成。

12 最后，将殷草花连同油纸从花钉上取下后，放干定型即可。

枝叶、藤蔓制作及组合

Materials
材料 & 工具
Tools

颜色 Color　绿色（叶子、藤蔓）　粉色（殷草花）
白色（小雏菊）

器具 Appliance　#ST50花嘴、#3花嘴、花钉、油纸、挤花袋、盘子、转接头

Description
步骤 说明
Step

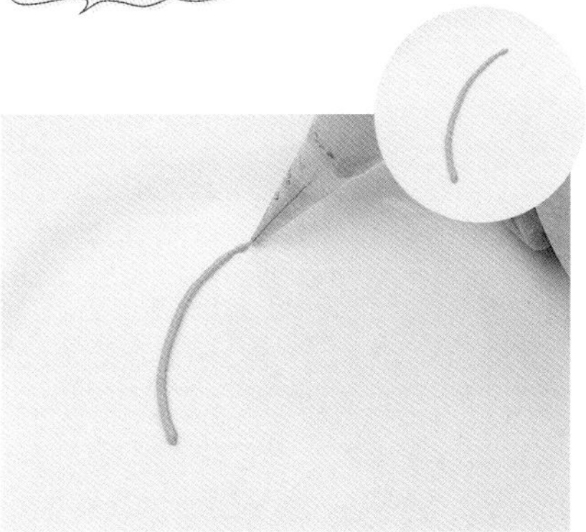

01 用绿色糖霜（#3花嘴）在盘子左侧挤出向上的弧形。（注：藤蔓的生长方向，以盘子的弧度为主。）

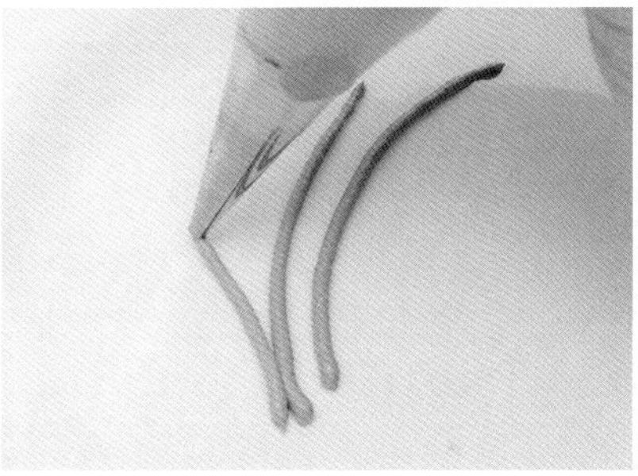

02 重复步骤01，依序挤出弧形。

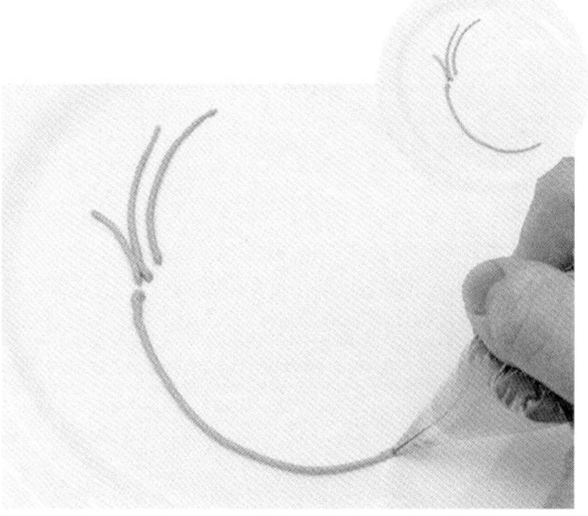

03 用绿色糖霜在盘子左侧挤出向下的弧形。

04 重复步骤03，依序挤出弧形。

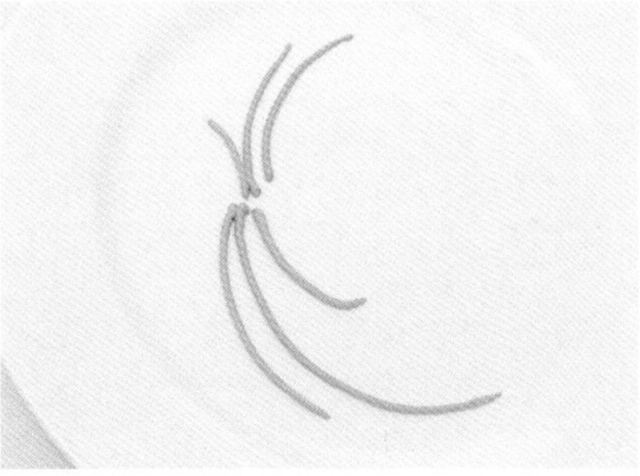

05 如图，藤蔓茎部完成。

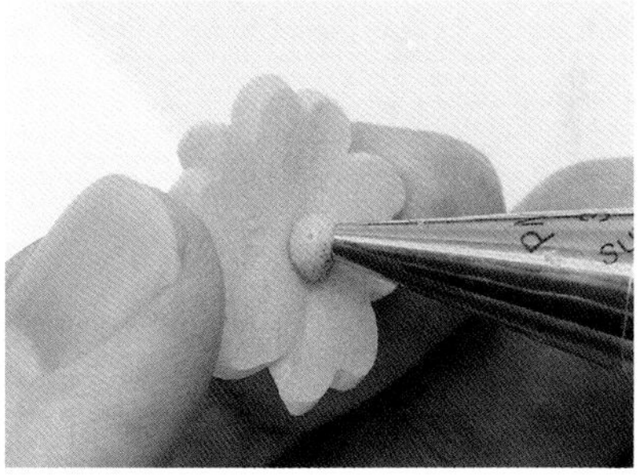

06 在殷草花背面挤一点糖霜。

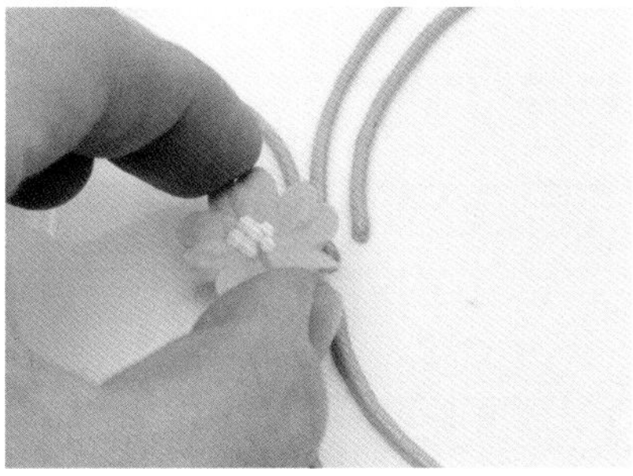

07 将殷草花放在藤蔓茎部中间留白处，为主花。

08 在小雏菊背面挤一点糖霜。

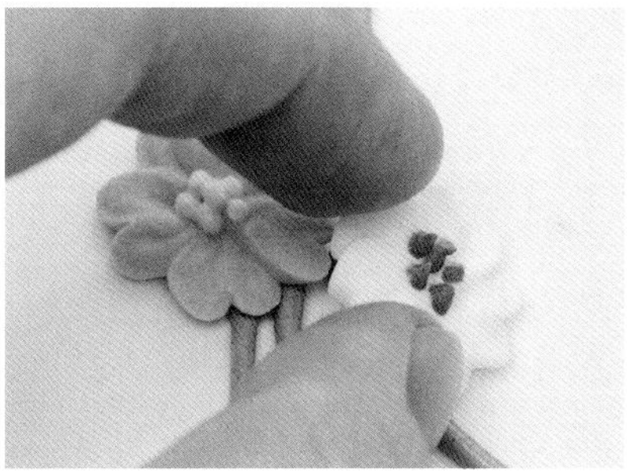

09 将小雏菊放在殷草花侧边。

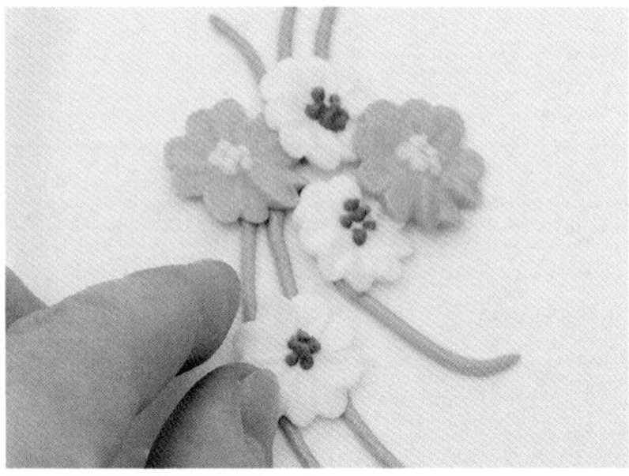

10 重复步骤06～09，依序完成殷草花和小雏菊的摆放。

11 重复步骤06～09，殷草花和小雏菊摆放完成。

12 用绿色糖霜（#ST50花嘴）在花朵侧边挤出叶形。

13 重复步骤12，依序挤出叶形，即完成藤蔓叶子。

14 重复步骤12，在藤蔓茎部上依序挤出叶形。（注：藤蔓数量可依个人需求增减。）

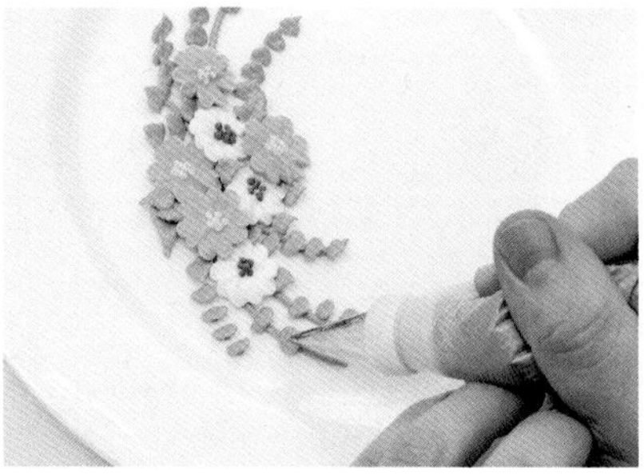

15 最后，重复步骤12，在藤蔓茎部上挤出叶形，即完成枝叶、藤蔓制作及组合。

玫瑰组合

花苞

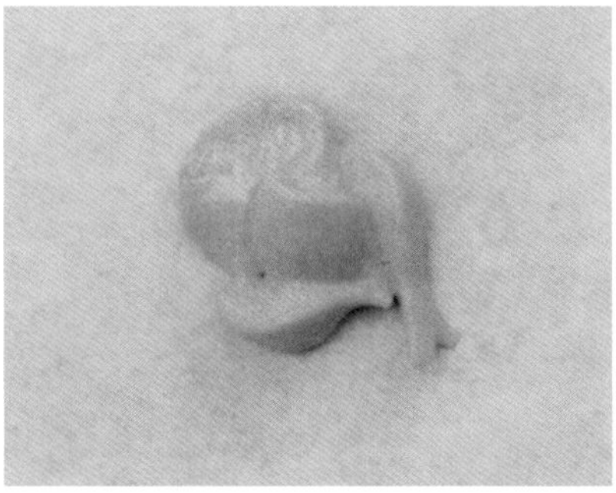

Materials 材料 & 工具 Tools

颜色 Color ● 橘色（花瓣）

器具 Appliance #57S花嘴、花钉、油纸、挤花袋、转接头

Description 步骤 说明 Step

01 在花钉中心挤一点橘色糖霜。

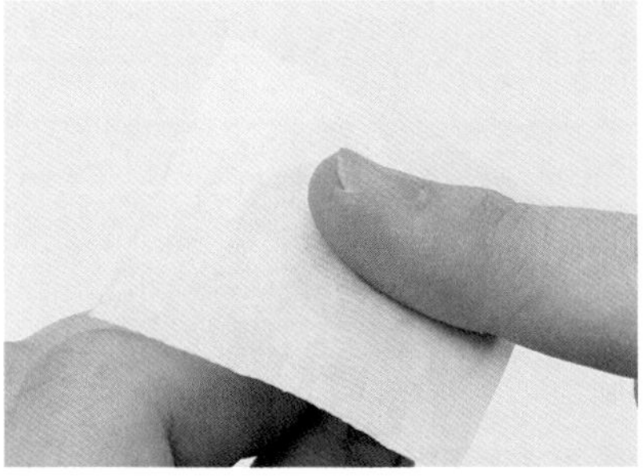

02 将方形油纸放置在花钉上，并用手按压固定。

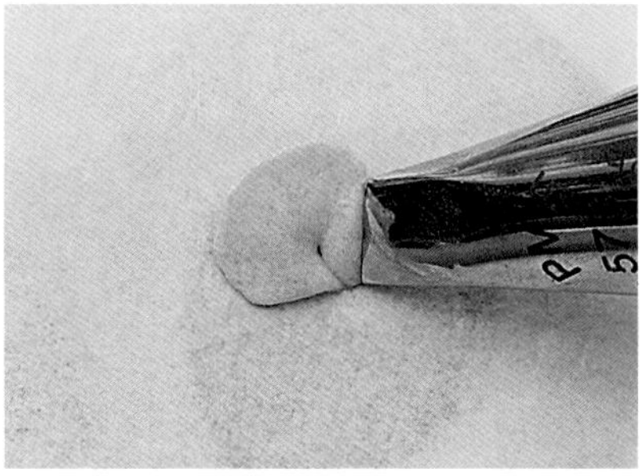

03 将#57S以1点钟方向，将花钉顺时针转、花嘴顺时针挤出贝壳形，为第一片花瓣。

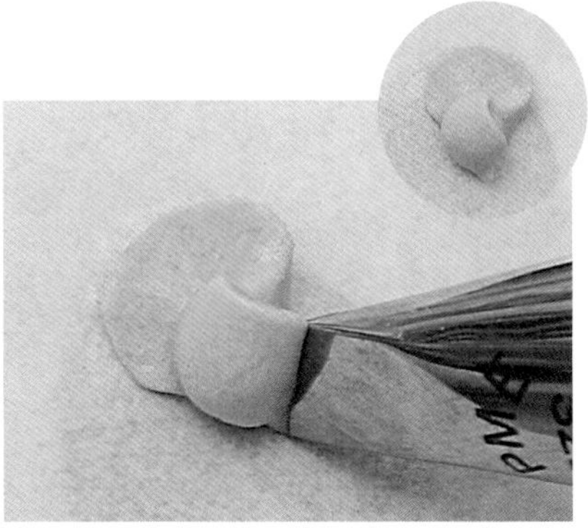

04 由第一片花瓣中心往下挤出C形，为第二片花瓣。

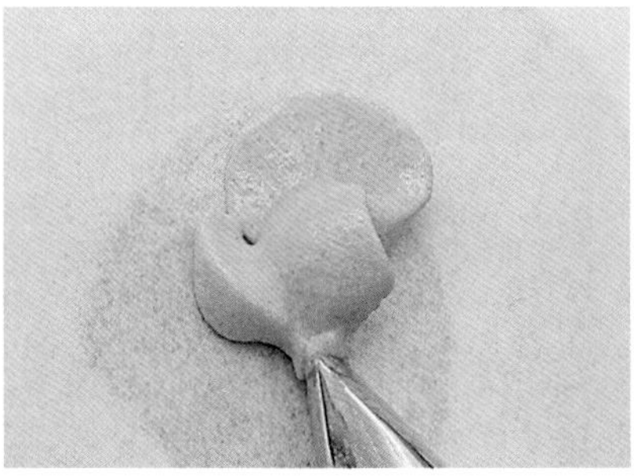

05 在第一片花瓣左侧挤出拱形，为第三片花瓣。

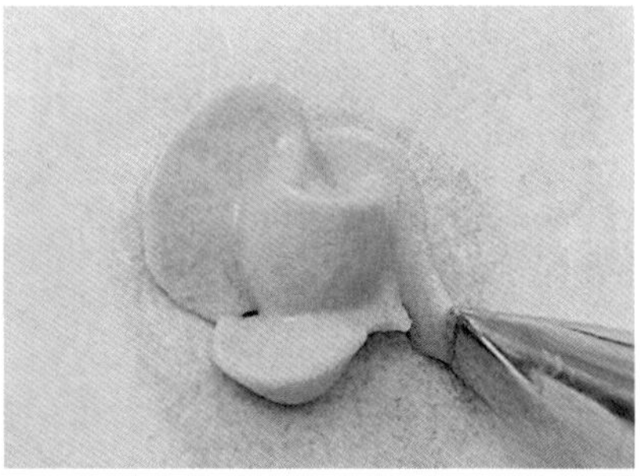

06 最后，在第一片花瓣右侧挤出拱形（为第四片花瓣），产生包覆感即可。

玫瑰花

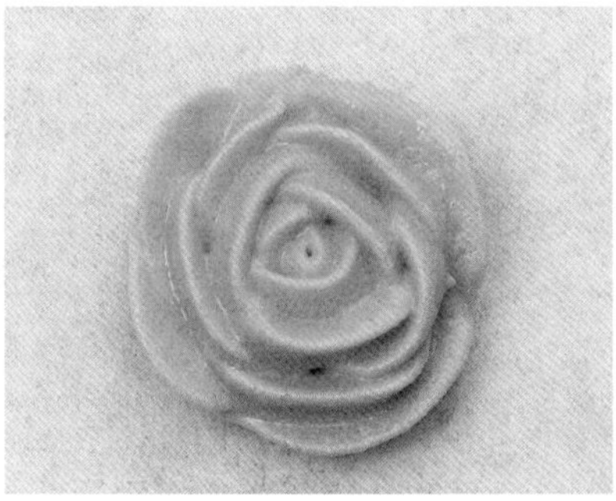

材料 & 工具 Materials Tools

颜色 Color ● 橘色（花瓣）

器具 Appliance #57S花嘴、花钉、油纸、挤花袋、转接头

步骤说明 Description Step

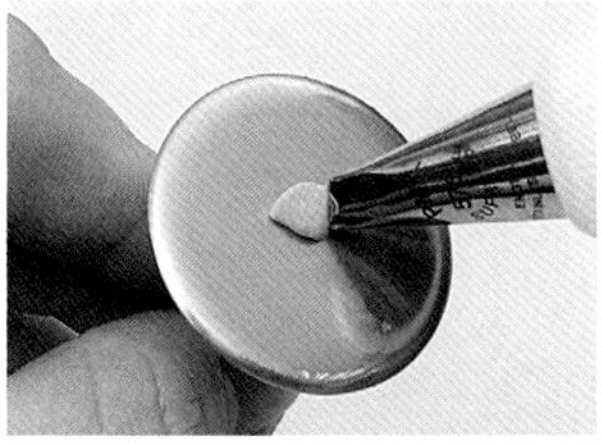

01 在花钉中心挤一点橘色糖霜。

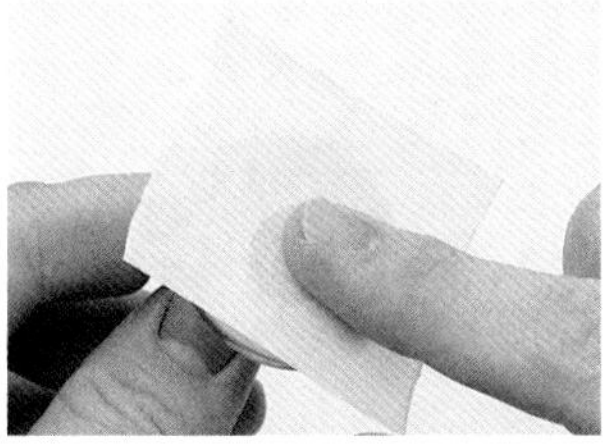

02 将方形油纸放置在花钉上，并用手按压固定。

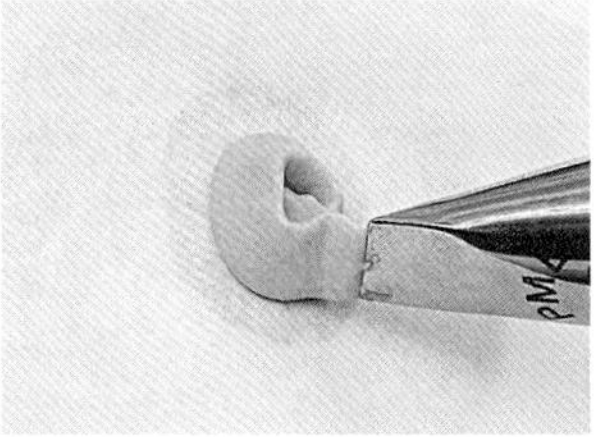

03 花钉顺时针转动，花嘴尖端往圆心靠，挤出三角锥形。

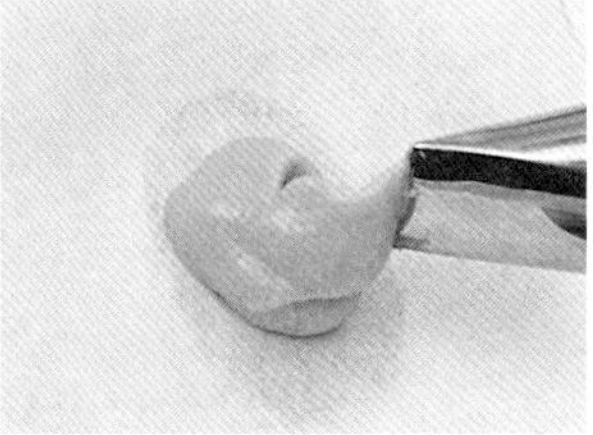

04 重复步骤03，往上叠加成圆锥体，即完成底座。

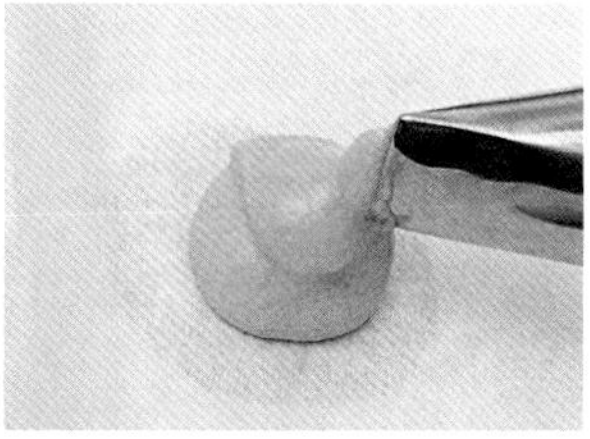

05 将花嘴尖端朝上，并以12点钟方向放在底座上挤出糖霜。

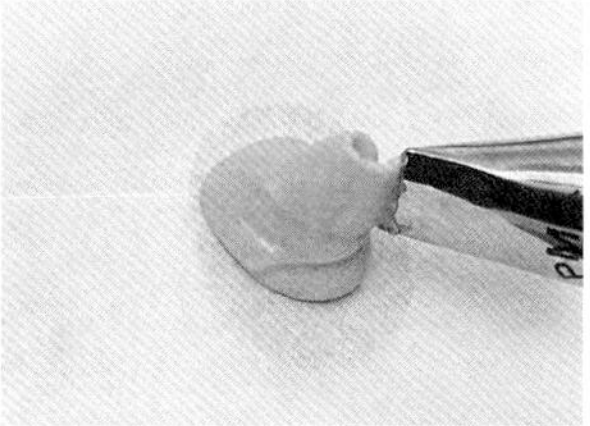

06 承步骤05，将花钉顺时针转、花嘴顺时针继续挤出糖霜，以制作玫瑰花心。

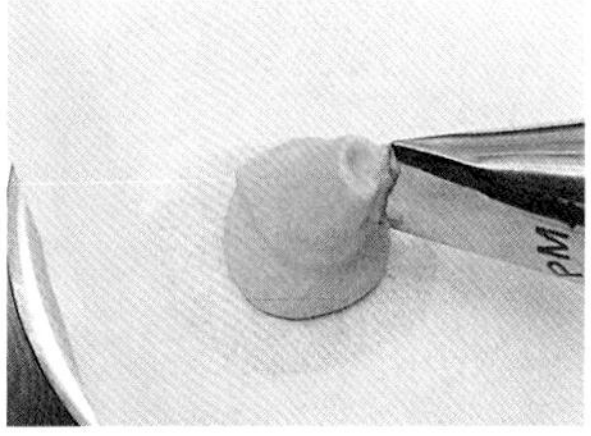

07 将花嘴以12点钟方向放在花心侧边。

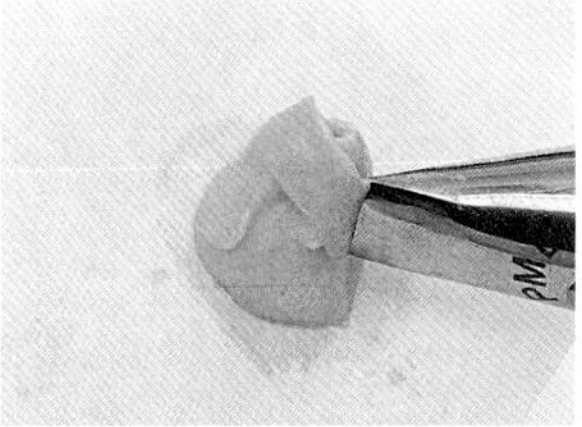

08 承步骤07，将花钉顺时针转、花嘴顺时针挤出一个倒U拱形。

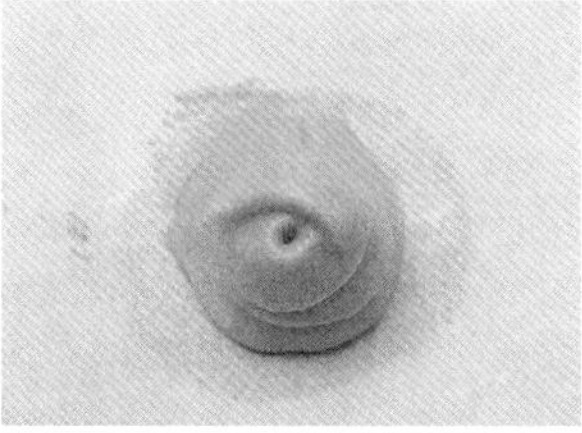

09 如图，第一片花瓣完成。

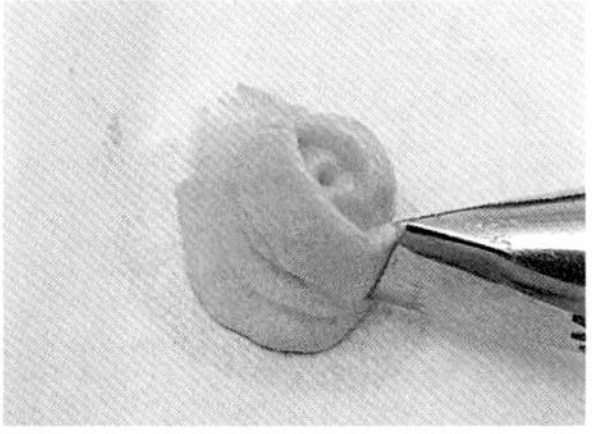

10 将花嘴以12点钟方向放在第一片花瓣对侧。

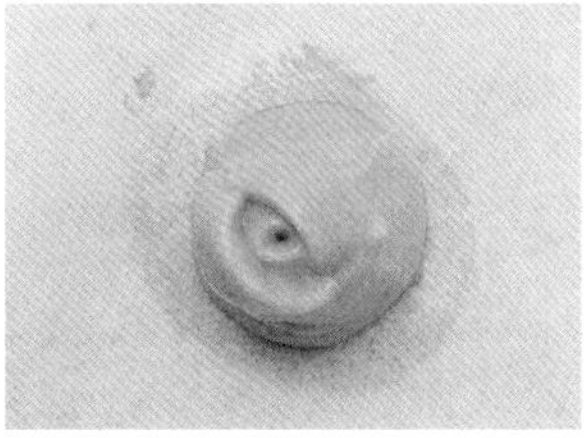

11 承步骤10，将花钉顺时针转、花嘴顺时针挤出一个倒U拱形，即完成第一层花瓣。

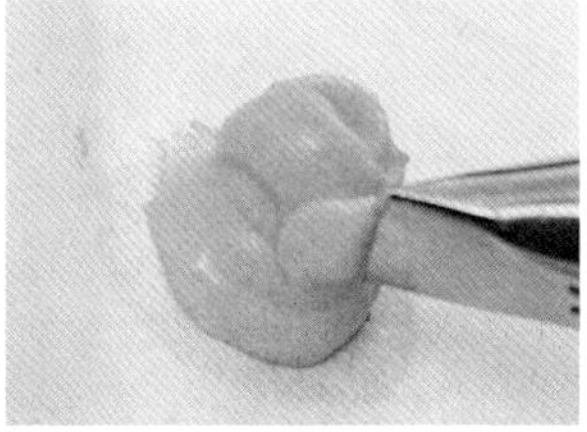

12 将花嘴以12点钟方向放在第一层花瓣交界处。

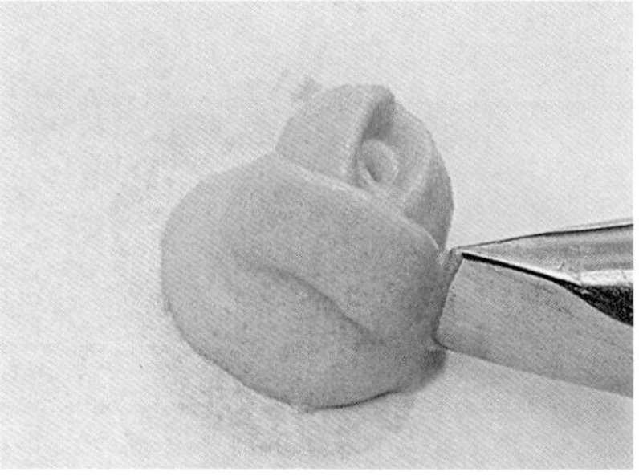

13 将花钉顺时针转、花嘴顺时针挤出一个倒U拱形。

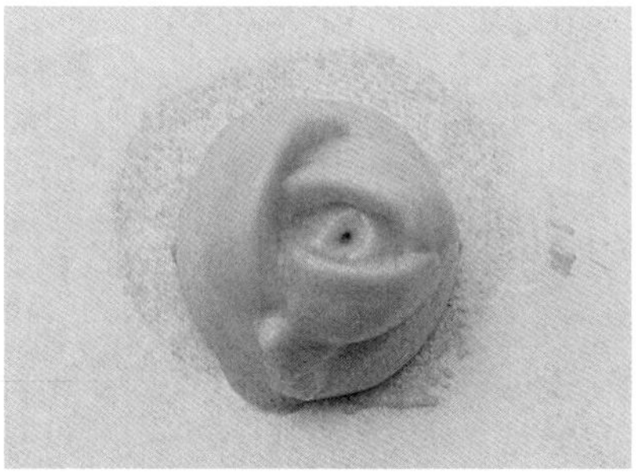

14 如图，为第二层第一片花瓣。

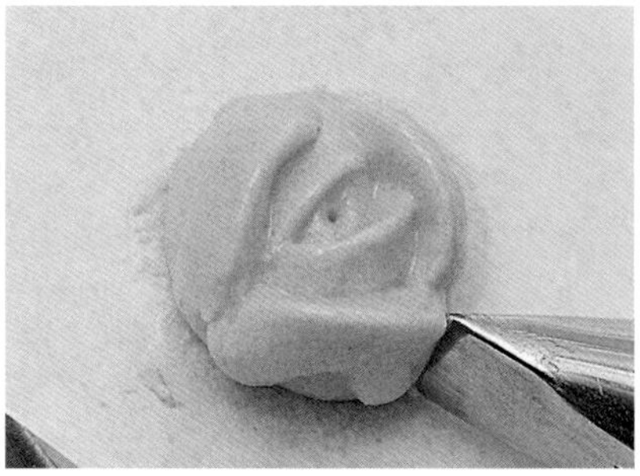

15 重复步骤13～14，完成两片花瓣，使三片花瓣连接为一个三角形。

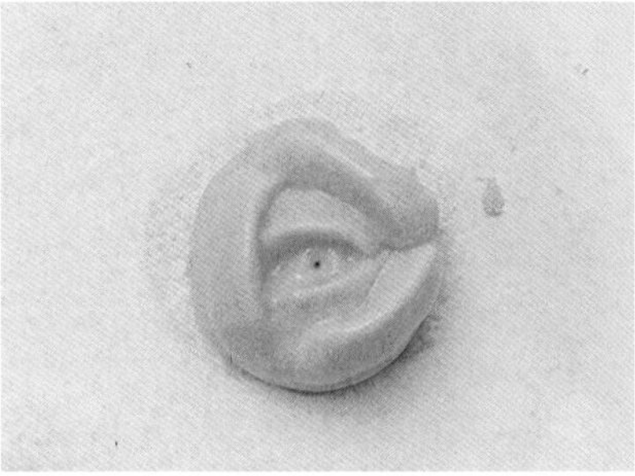

16 如图，第二层花瓣完成。

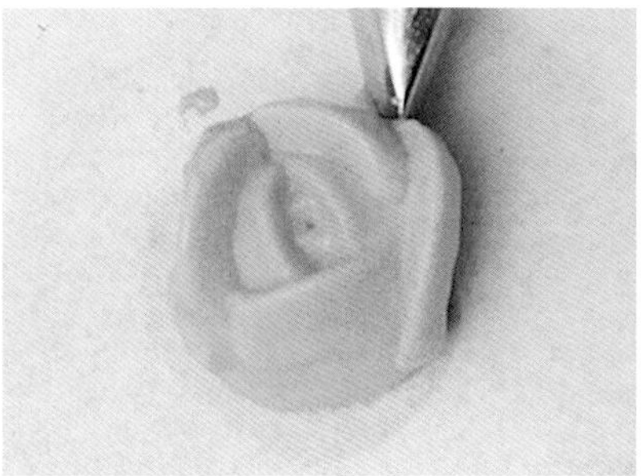

17 制作第三层花瓣，将花嘴以11点钟方向，放在前一层花瓣交界处，并挤出倒U拱形。

18 重复步骤17，将花钉顺时针转、花嘴顺时针挤出一个倒U拱形。

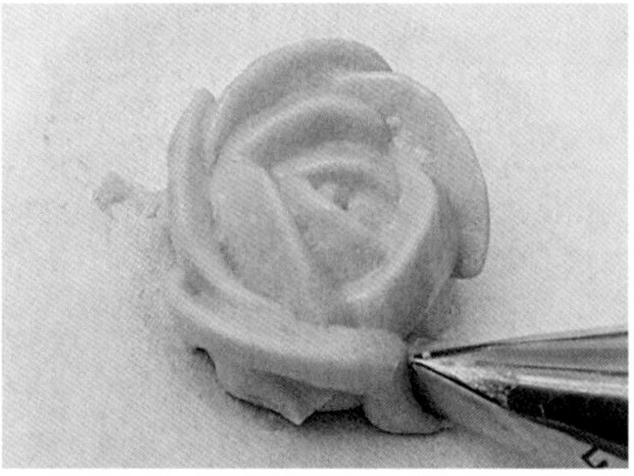

19 重复步骤17～18，完成第三层花瓣。

20 如图，第三层花瓣完成。

21 制作最外层花瓣，将花嘴以10点钟方向，放在前一层花瓣交界处，并挤出倒U拱形。

22 重复步骤21，将花钉顺时针转、花嘴顺时针挤出一个倒U拱形。（注：花嘴角度外倾10点钟方向，以展现花瓣盛开感。）

23 重复步骤21～22，完成最外层花瓣。

24 最后，将玫瑰连同油纸从花钉上取下后，放干定型即可。

玫瑰组合

枝叶、藤蔓制作及组合

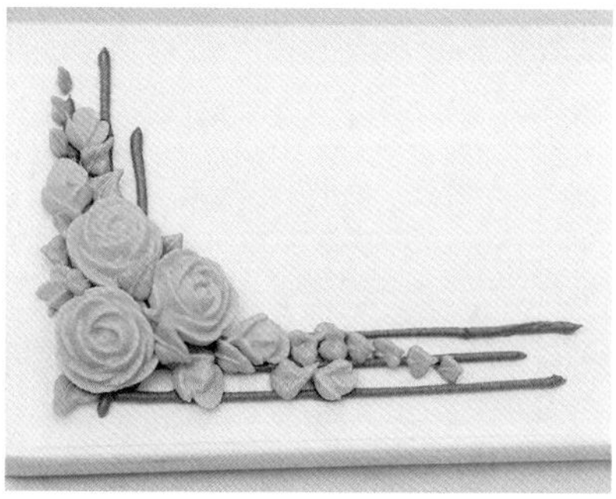

材料 & 工具 Materials Tools

颜色 Color ● 咖啡色（树枝） ● 绿色（叶子）

器具 Appliance #57S花嘴、#ST50花嘴、#3花嘴、花钉、花座、油纸、挤花袋、盘子

步骤说明 Description Step

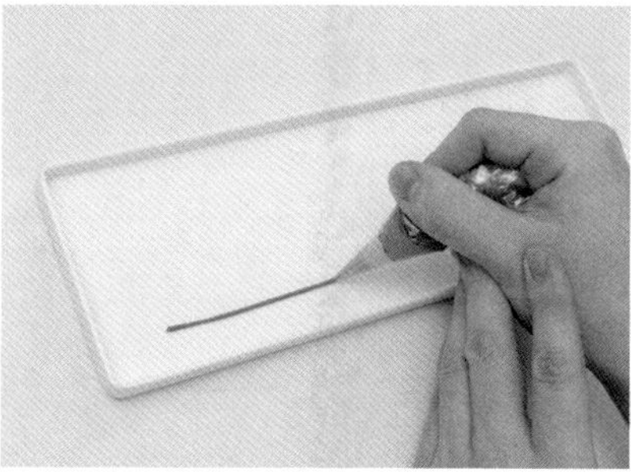

01 用咖啡色糖霜（#3花嘴）在盘子下方挤出横线。

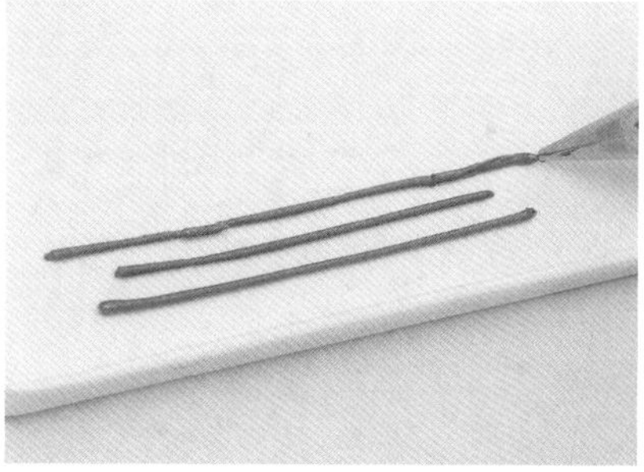

02 重复步骤01，依序挤出横线。（注：线条长度可不一致。）

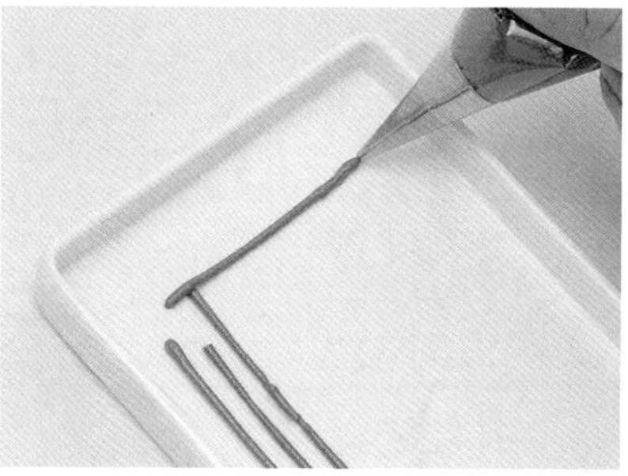

03 将盘子转向，用咖啡色糖霜在盘子上方挤出横线。

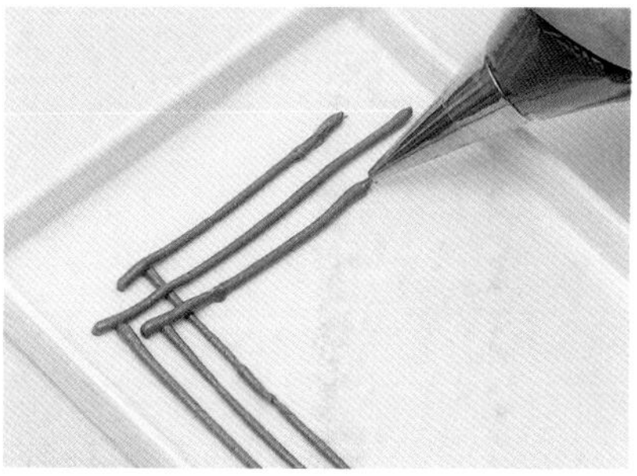

04 重复步骤03，依序挤出横线。

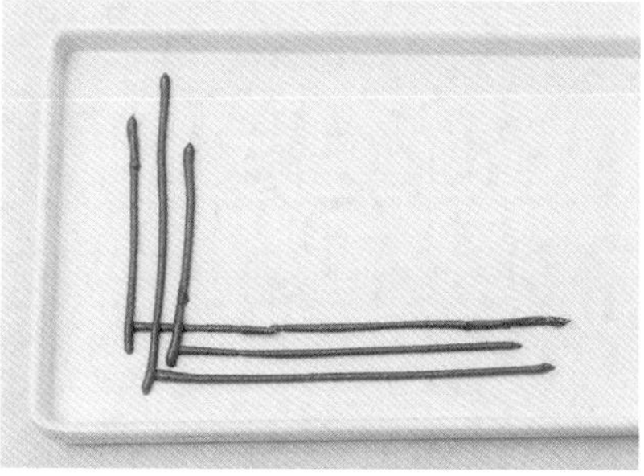

05 如图，树枝完成。

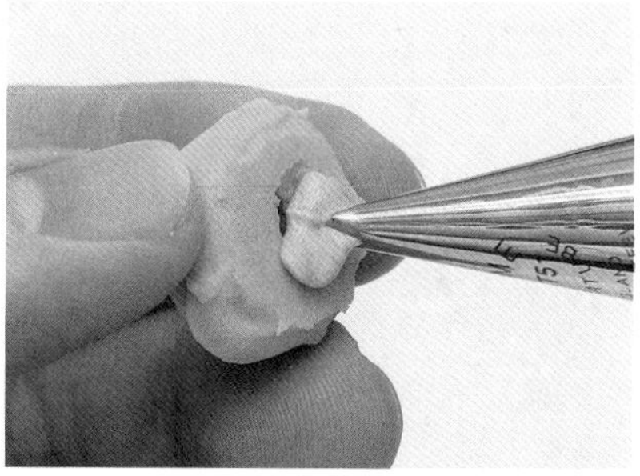

06 在玫瑰背面挤一点糖霜。

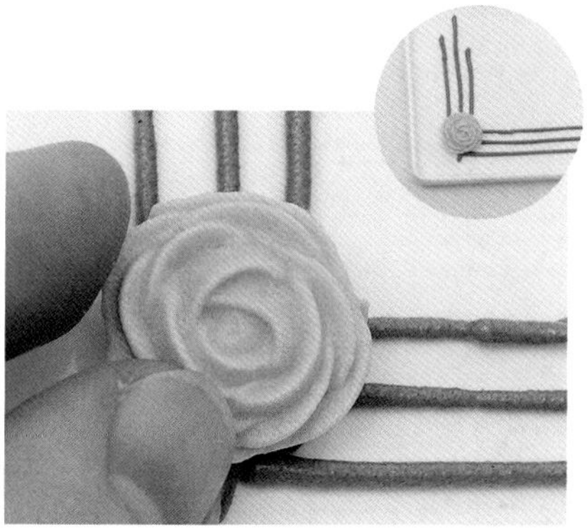

07 将玫瑰放在树枝交界处，为主花。

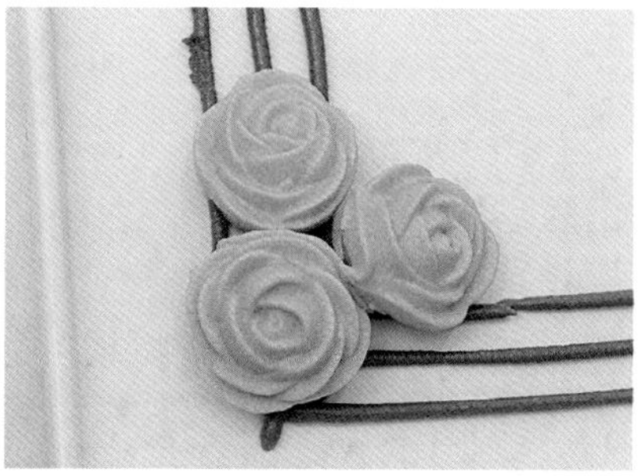

08 重复步骤06～07，依序摆放玫瑰，形成三角形结构。

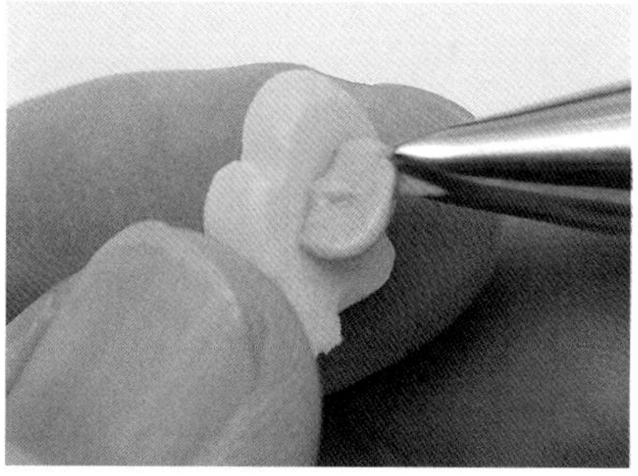

09 在玫瑰花苞背面挤一点糖霜。

10 将玫瑰花苞放在玫瑰侧边。

11 重复步骤09～10，依序完成玫瑰花苞的摆放。

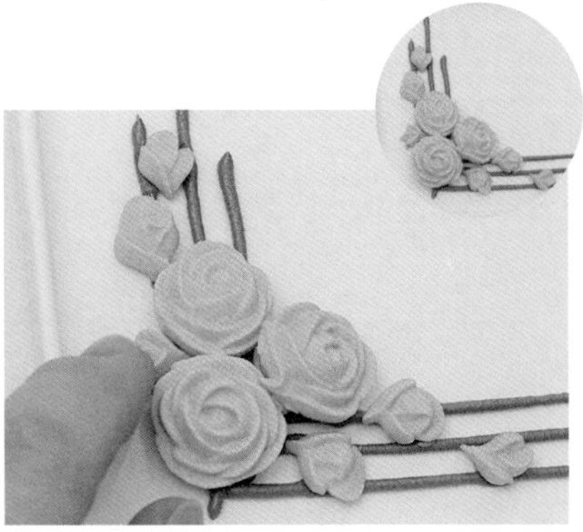

12 重复步骤09～10，玫瑰花苞摆放完成。

13 用绿色糖霜（#ST50花嘴）在玫瑰间隙向上挤出叶形。

14 重复步骤13，依序挤出叶形，以填补玫瑰间隙。

15 最后，重复步骤13，在树枝上挤出叶形，即完成枝叶、藤蔓制作及组合。

茶花组合

茶花

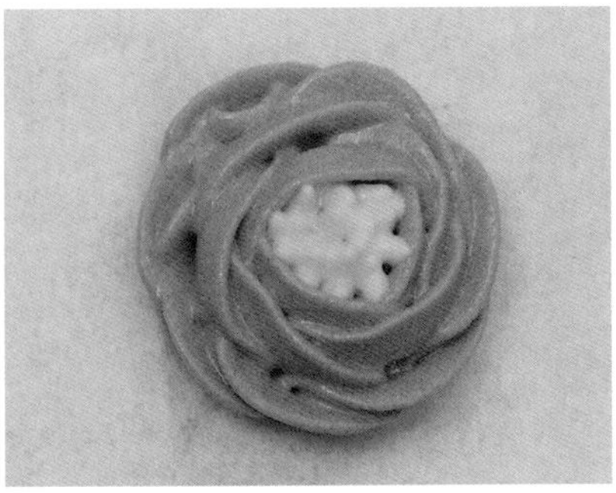

Materials 材料＆工具 Tools

颜色 Color 黄色（花蕊） 粉红色（花瓣）

器具 Appliance #57S花嘴、#2花嘴、花钉、花座、油纸、挤花袋、转接头

Description 步骤说明 Step

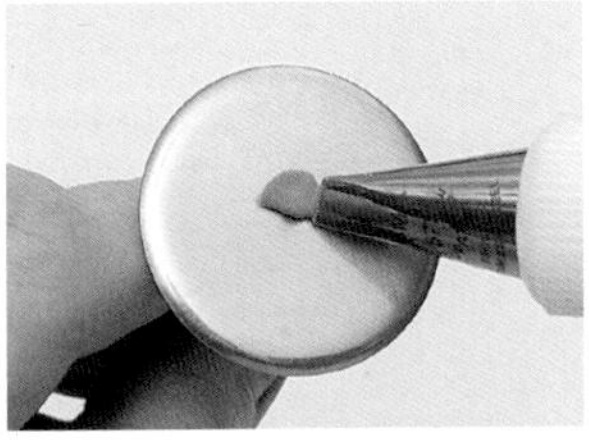

01 用#57S花嘴在花钉中心挤一点粉红色糖霜。

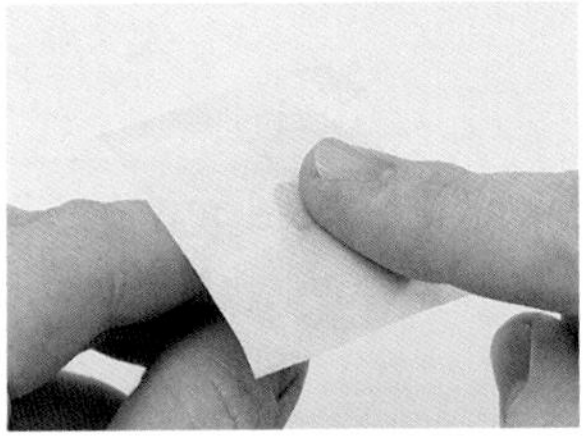

02 将方形油纸放置在花钉上，并用手按压固定。

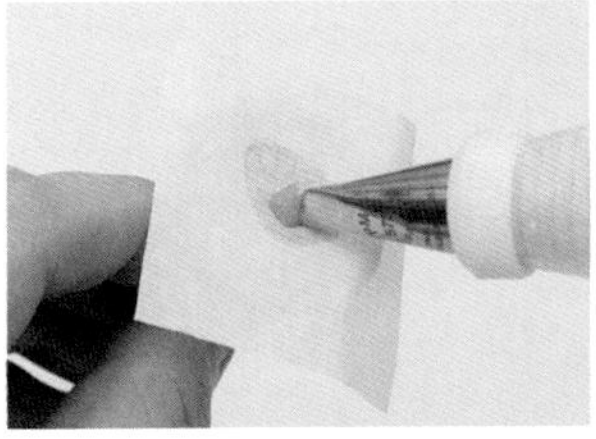

03 花嘴尖端朝11点，放置3点位置，花嘴尖端往圆心靠，花钉逆时针转动，挤出三角锥形。

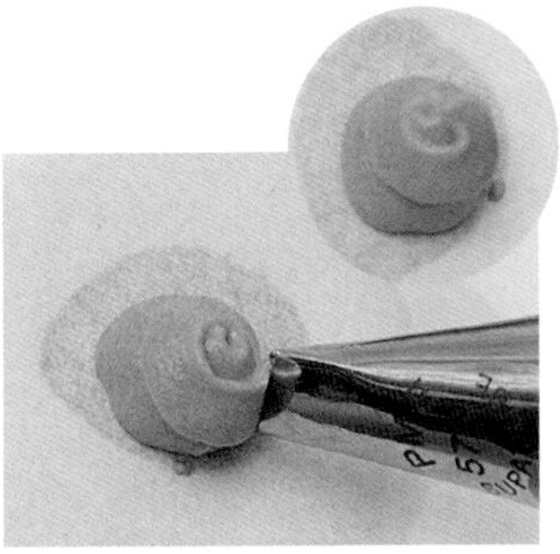

04 重复步骤03，继续往上叠加成圆锥体，即完成底座。

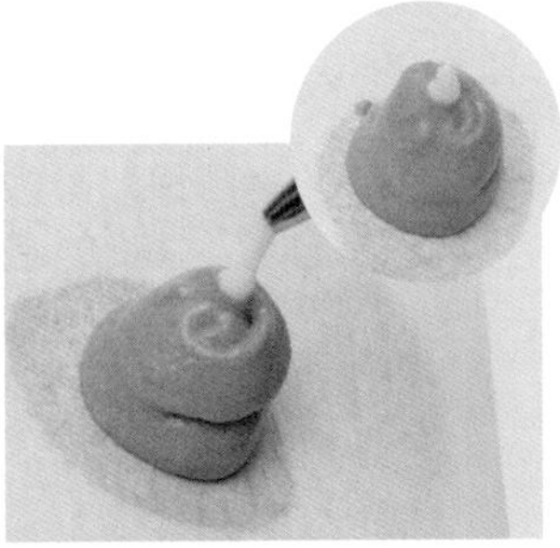

05 将#2花嘴垂直在底座上，往上拉出花蕊。

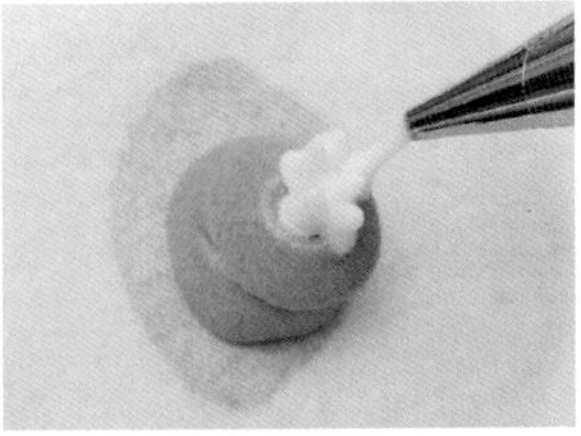

06 重复步骤05，依序挤出花蕊。

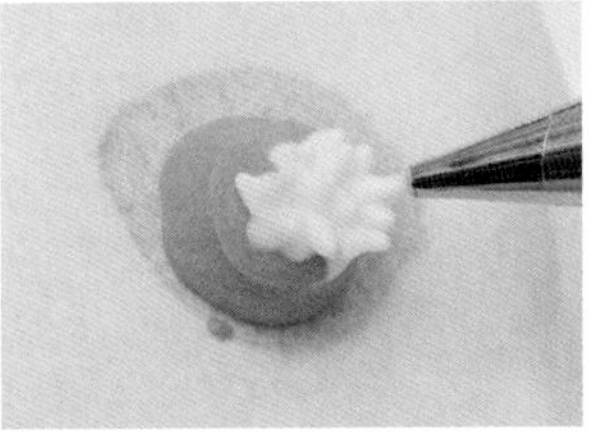

07 重复步骤05，依序挤出花蕊，直到补满底座尖端。

08 如图，花蕊完成。

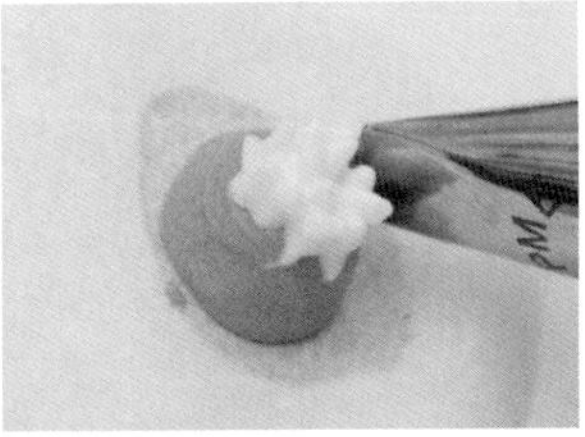

09 花嘴尖端朝11点放置3点在花蕊侧边。

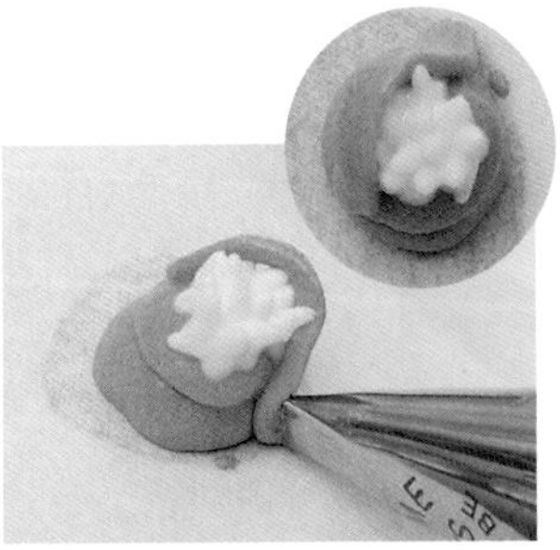

10 承步骤09，将花钉逆时针转、花嘴顺时针挤出一个倒U拱形。

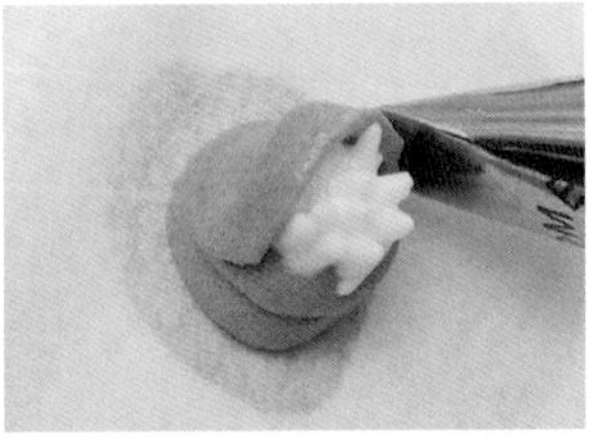

11 将花嘴以11点钟方向放在第一片花瓣对侧。

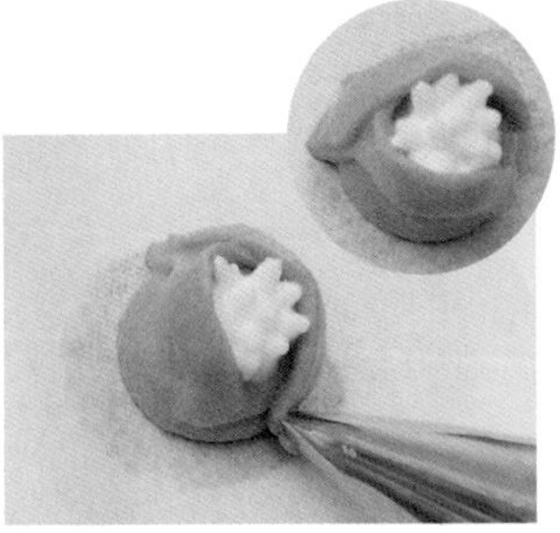

12 承步骤11，将花钉逆时针转、花嘴由3点朝5点方向带，挤出倒U形，完成第二片花瓣。

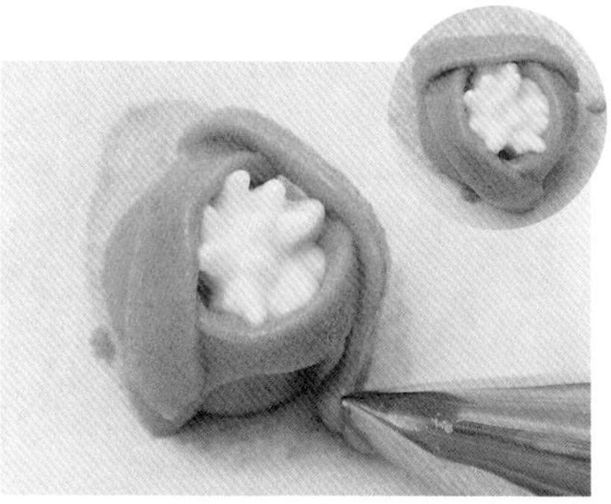

13 重复步骤09～10，完成第一层花瓣。

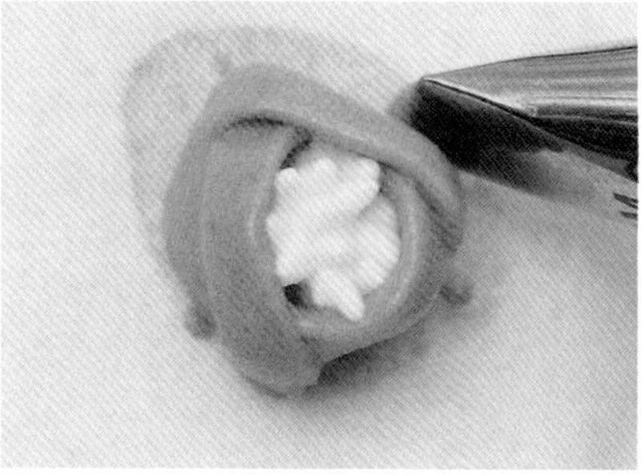

14 将花嘴尖端朝12点方向放在第一层花瓣交界处。

15 将花钉逆时针转、花嘴由3点朝5点方向带，挤出倒U形。

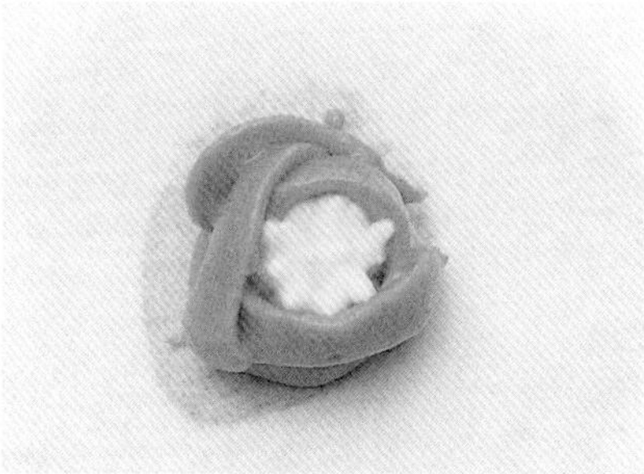

16 如图，第二层第一片花瓣完成。

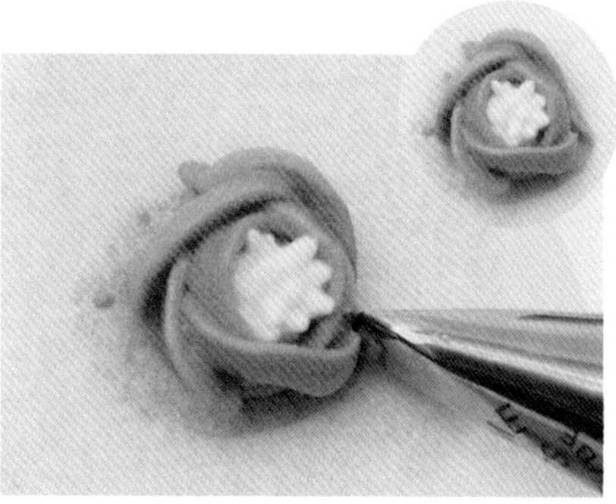

17 重复步骤14～15，完成第二层花瓣。

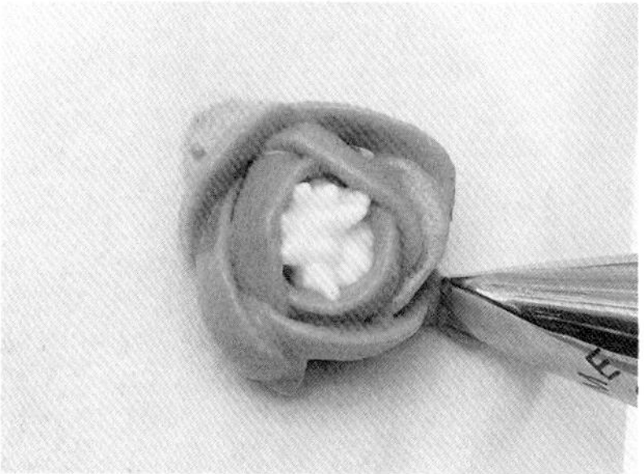

18 制作第三层花瓣，将花嘴以1点钟方向，放在前一层花瓣交界处，挤出倒U拱形。

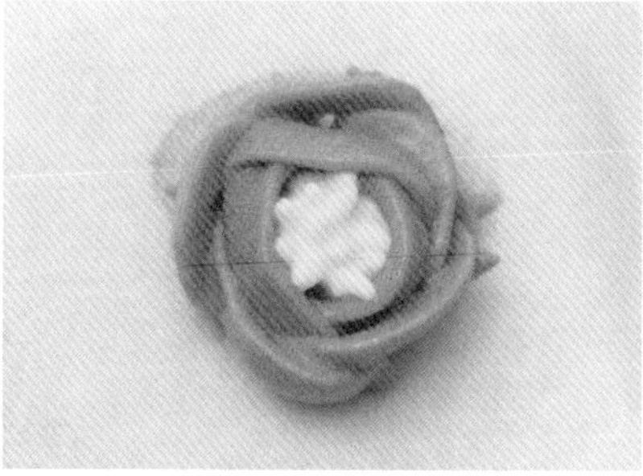

19 重复步骤18，将花钉逆时针转、花嘴由3点朝5点方向带，挤出倒U形。

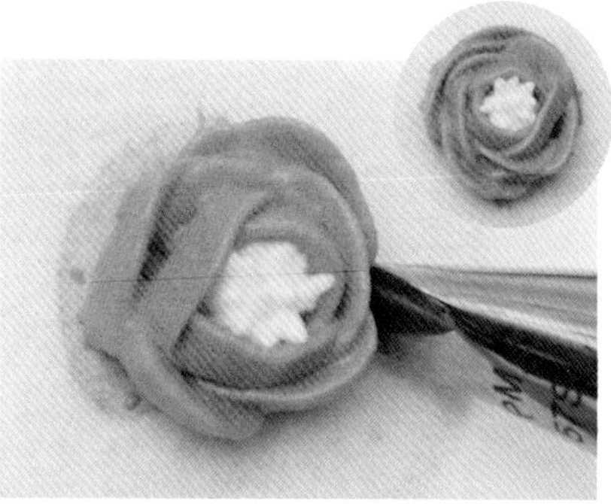

20 重复步骤18～19，完成第三层花瓣。

21 制作最外层花瓣，将花嘴以2点钟方向，放在前一层花瓣交界处。

22 承步骤21，将花钉逆时针转、花嘴由3点朝5点方向带，挤出倒U形。（注：将花瓣补在交界处，可使花朵形状更圆满。）

23 重复步骤21～22，完成最外层花瓣。

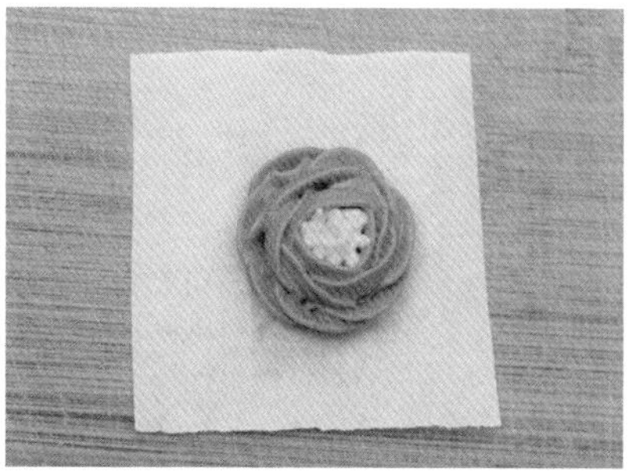

24 最后，将茶花连同油纸从花钉上取下后，放干定型即可。

茶花组合

枝叶、藤蔓制作及组合

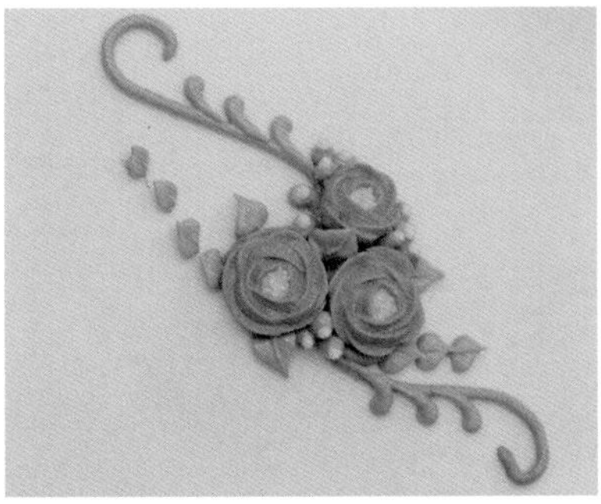

Materials
材料 & 工具 Tools

颜色 Color ● 绿色（藤蔓、叶子、花苞） ● 黄色（花苞）

器具 Appliance #57S花嘴、#ST50花嘴、#3花嘴、花钉、花座、油纸、挤花袋、盘子

Description
步骤 说明 Step

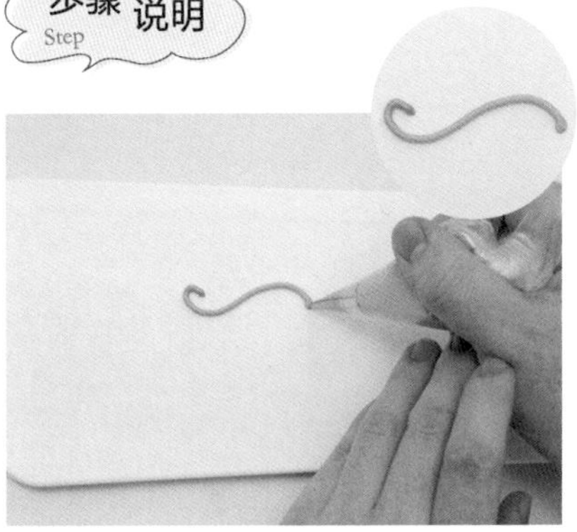

01 用绿色糖霜（#3花嘴）在盘子中间挤出S形线条。

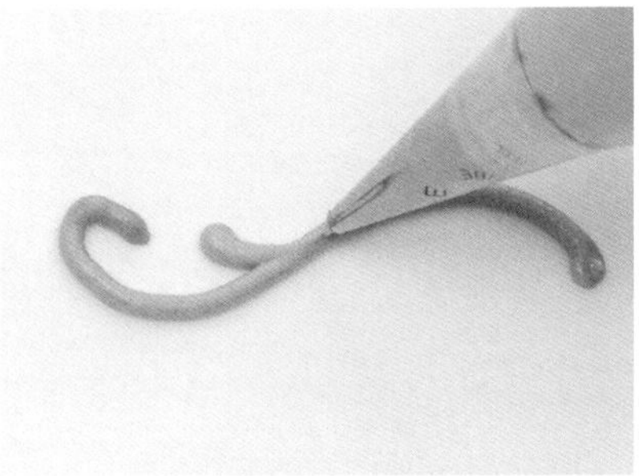

02 用绿色糖霜在S形线条上侧挤出弧线形。

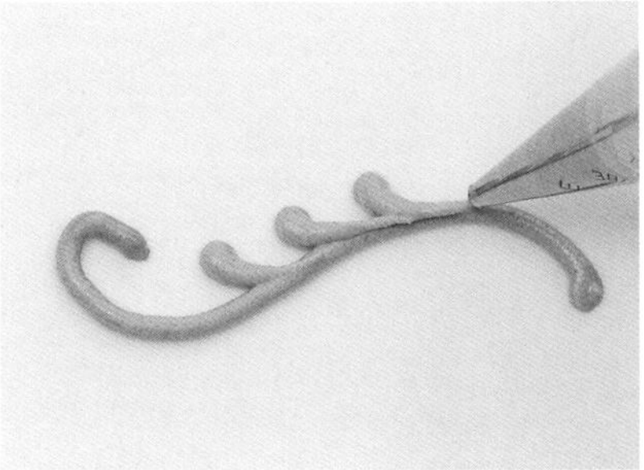

03 重复步骤02，依序挤出上侧弧线形。

04 重复步骤02，挤出下侧弧线形。

05 如图，一侧藤蔓完成。

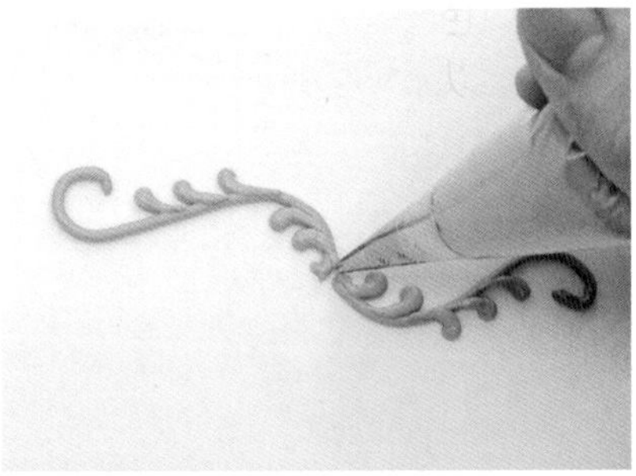

06 将盘子转向，重复步骤01～05，完成另一侧藤蔓。

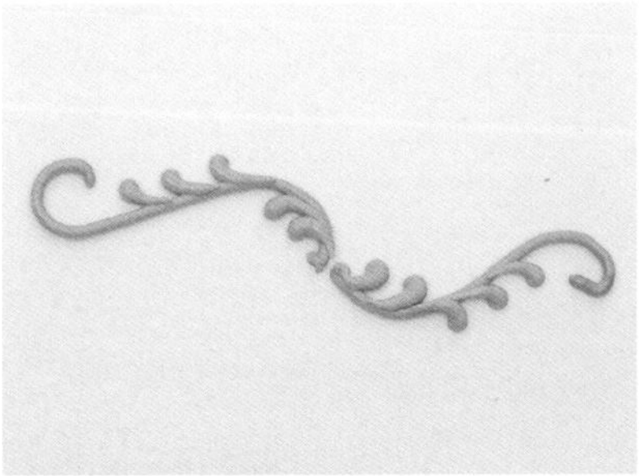

07 如图，藤蔓完成。

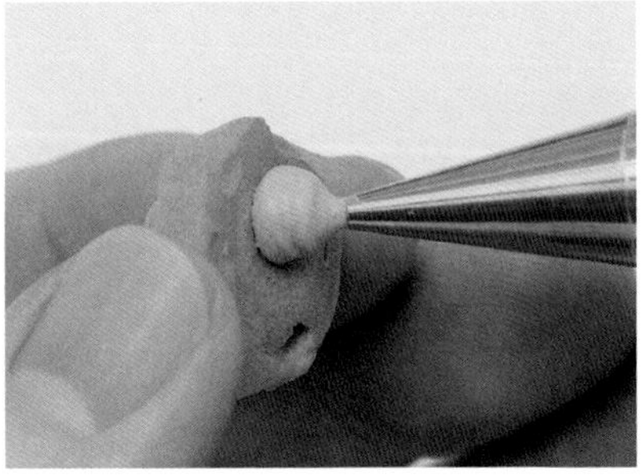

08 在茶花背面挤一点糖霜。

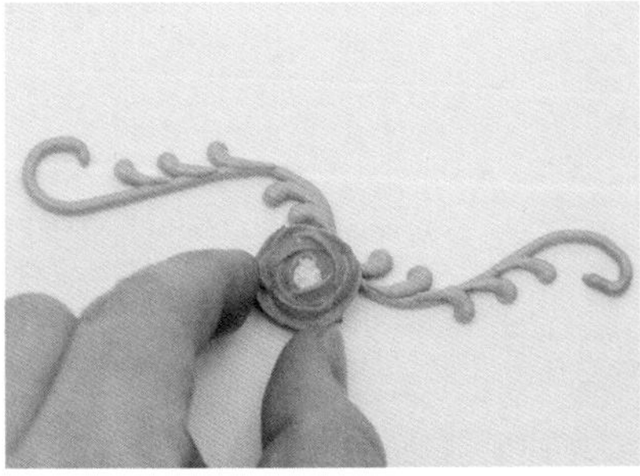

09 将茶花放在藤蔓交界处，为主花。

10 重复步骤08～09，依序摆放茶花，形成三角形结构。

11 用绿色糖霜（#3花嘴）在茶花右侧间隙挤出小花苞。

12 用绿色糖霜（#ST50花嘴）在茶花侧边挤出叶形，并延伸为枝叶。

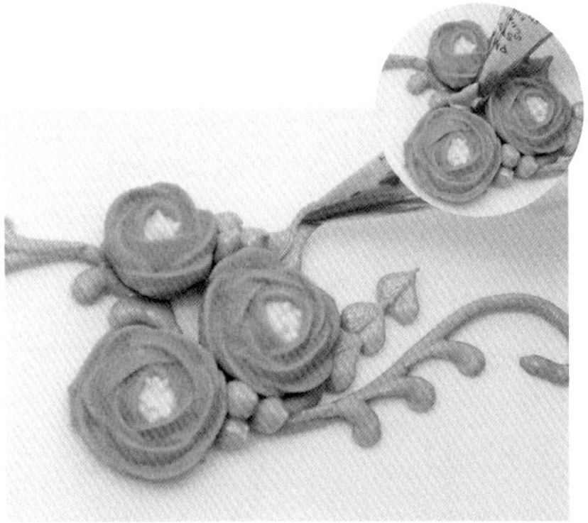

13 用绿色糖霜在茶花侧边挤出叶形，以填补空隙。

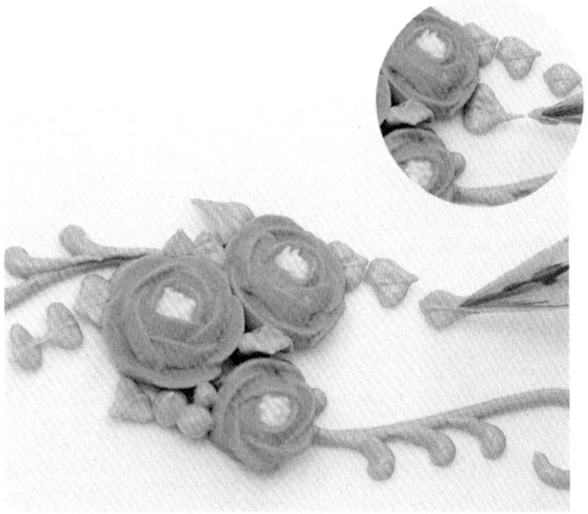

14 重复步骤11～13，挤出小花苞及叶形。（注：可依个人喜好调整叶子及小花苞的数量。）

15 最后，用黄色糖霜（#2花嘴）在小花苞上方挤出颜色，依序完成花苞制作即可。

作品原寸比例大小

| Proportional Size |

单位：厘米

腮红刷 P.19

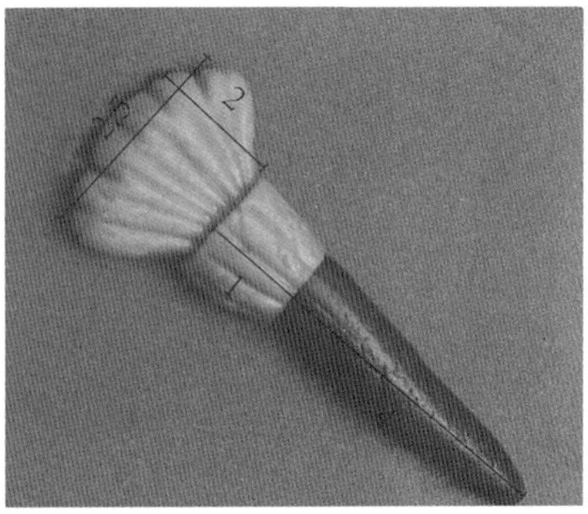

眼影棒 P.21

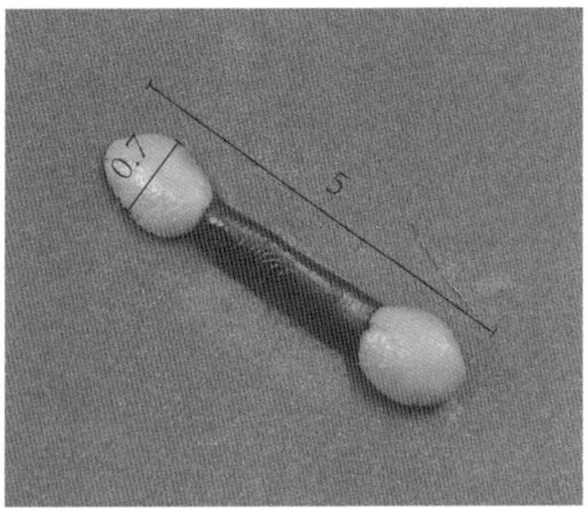

眼影盘 P.22

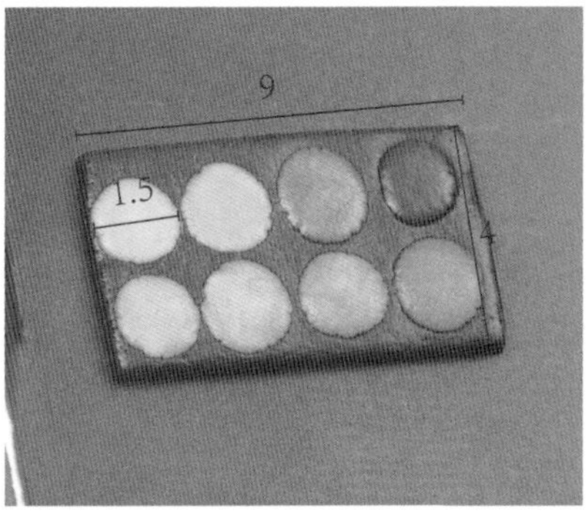

粉饼 P.23

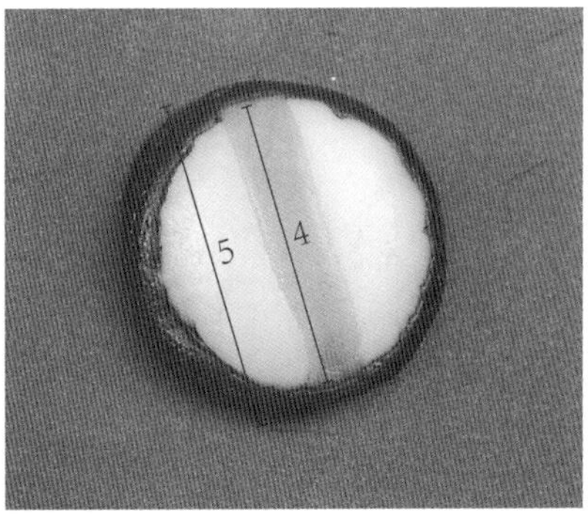

口红 P.25

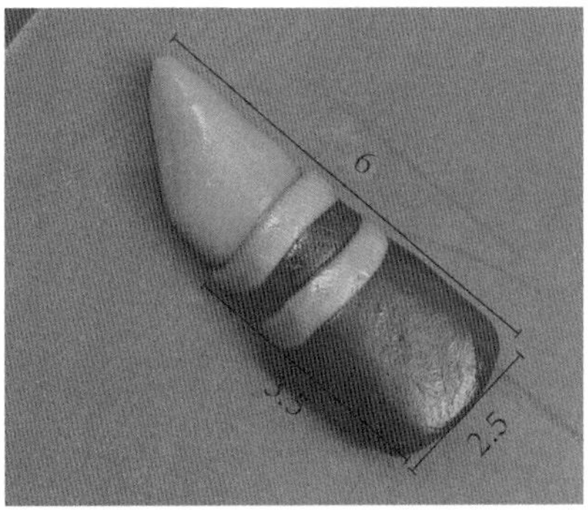

唇刷 P.26

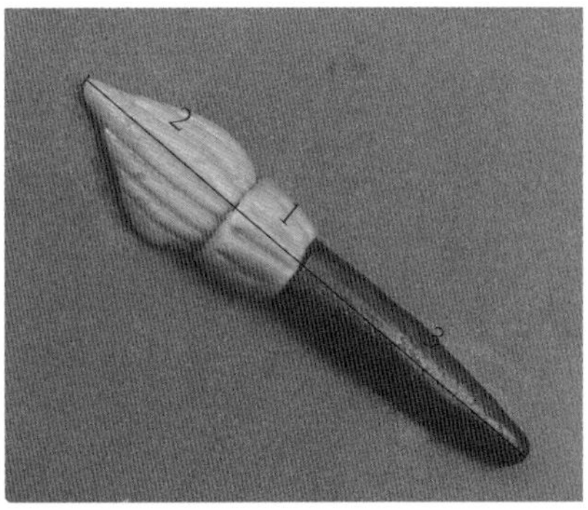

书 P.29

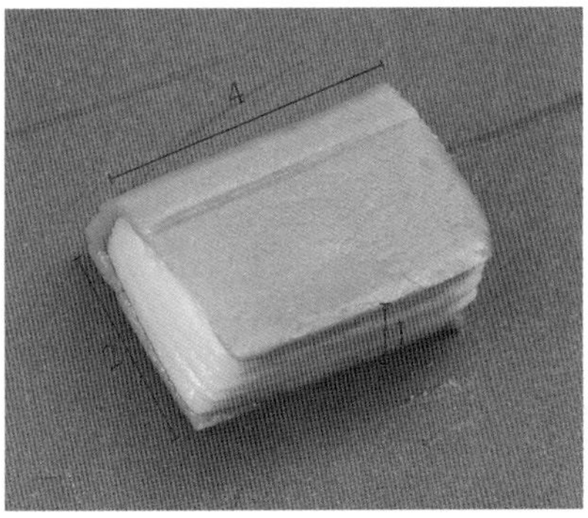

烟斗 P.31

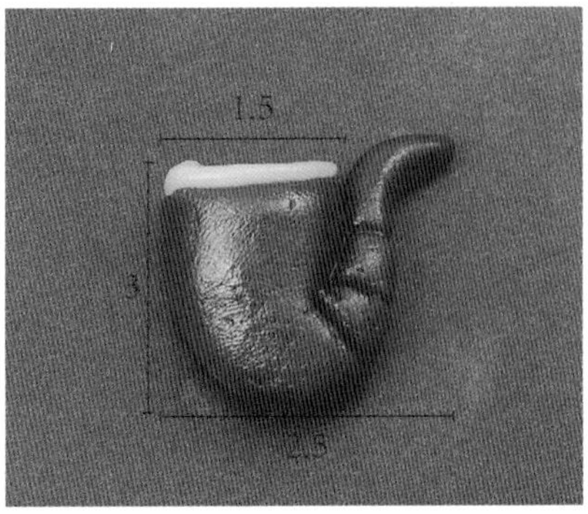

公文包 P.32

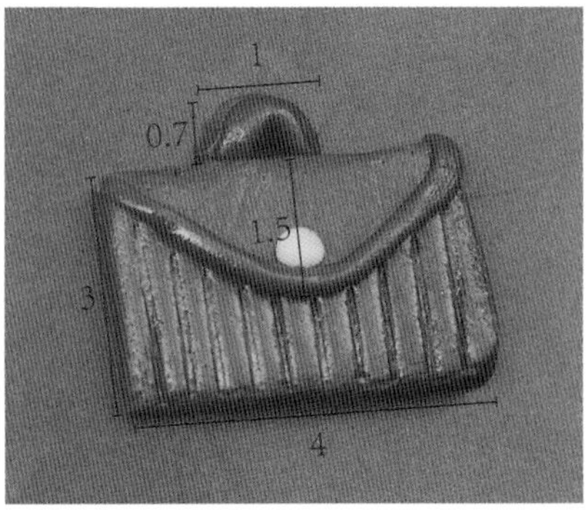

钢笔 P.34

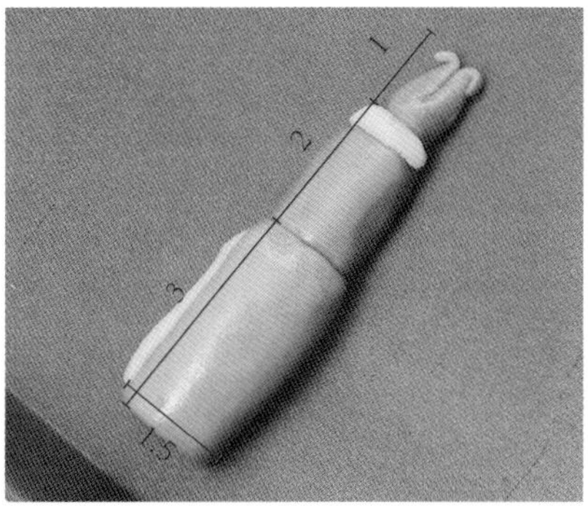

咖啡杯 P.35

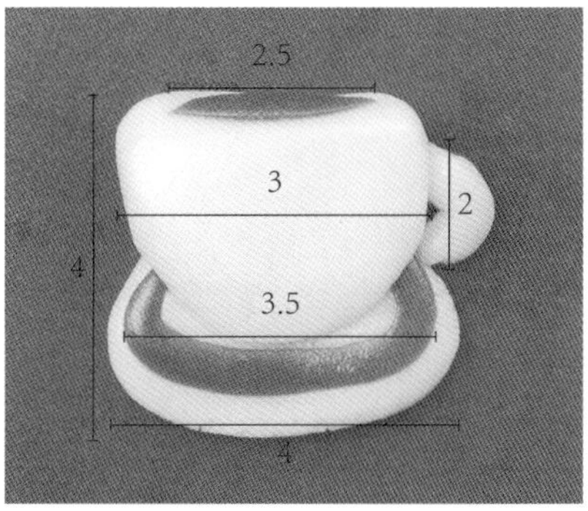

砧板 P.38

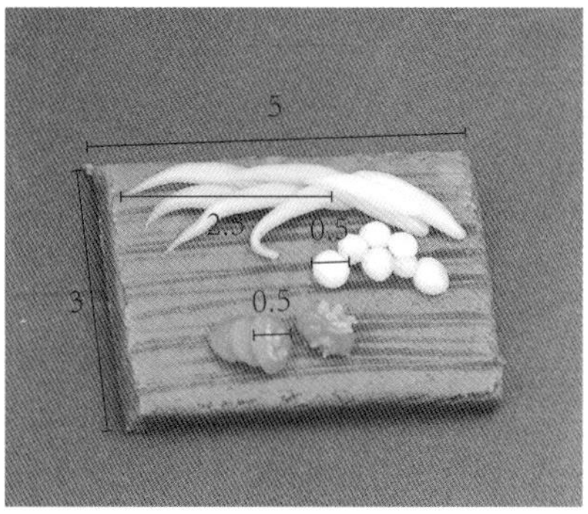

平底锅 P.40

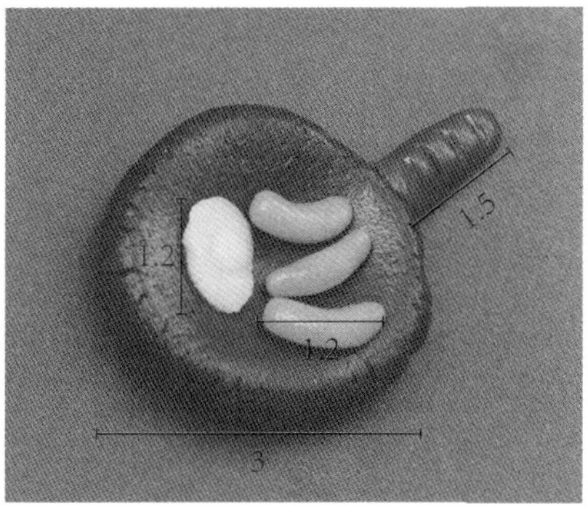

菜刀 P.42

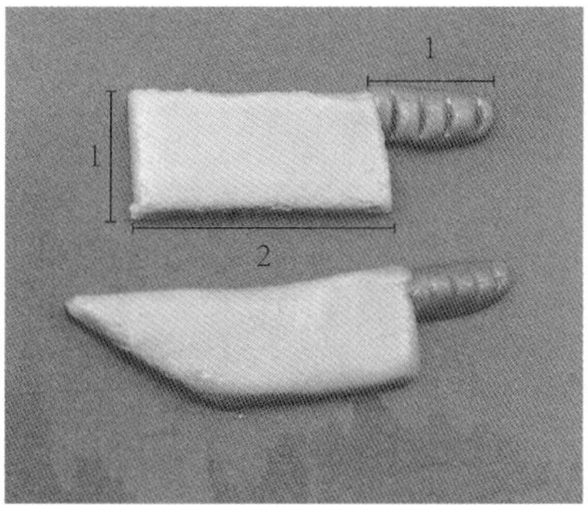

小红帽 P.45

大灰狼 P.49

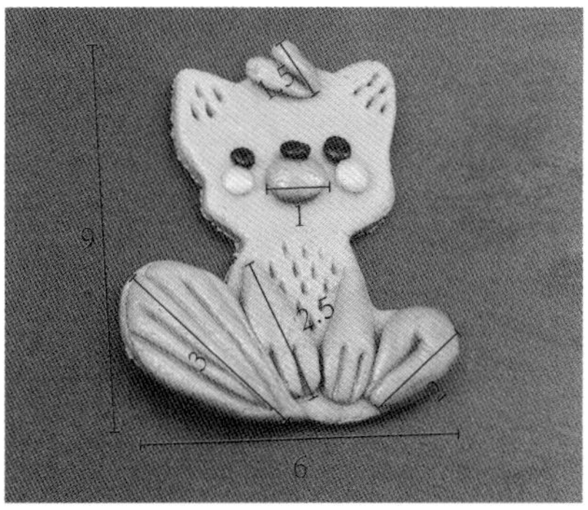

柴犬哥哥 P.54

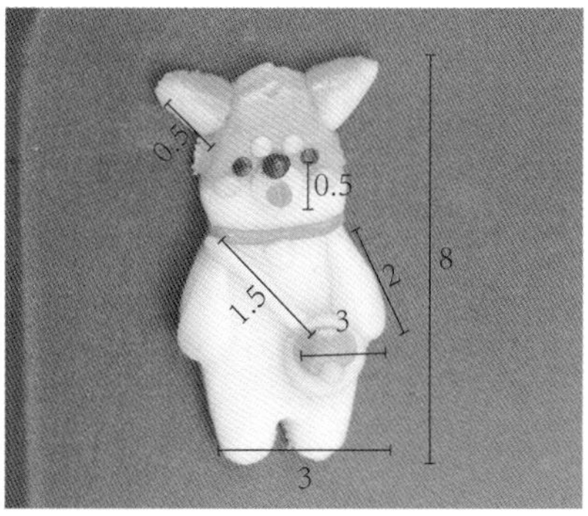

柴犬妹妹 P.58

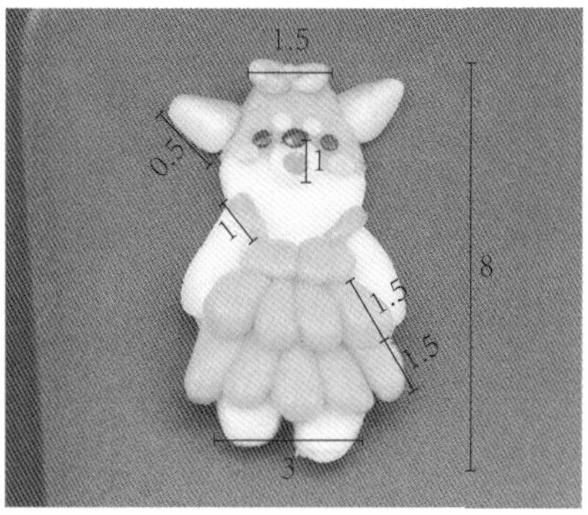

柴犬爸爸 P.61

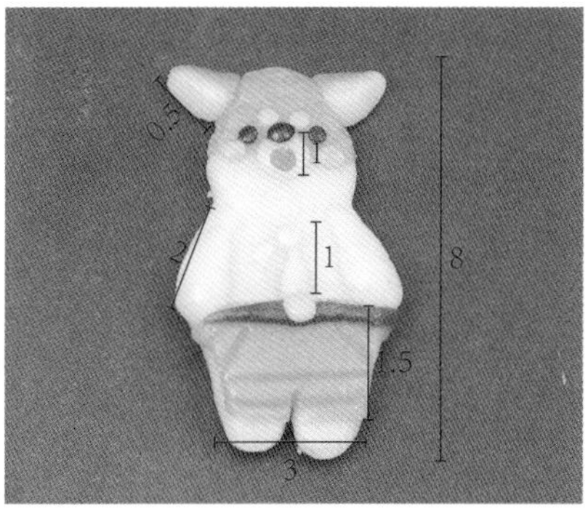

柴犬妈妈 P.63

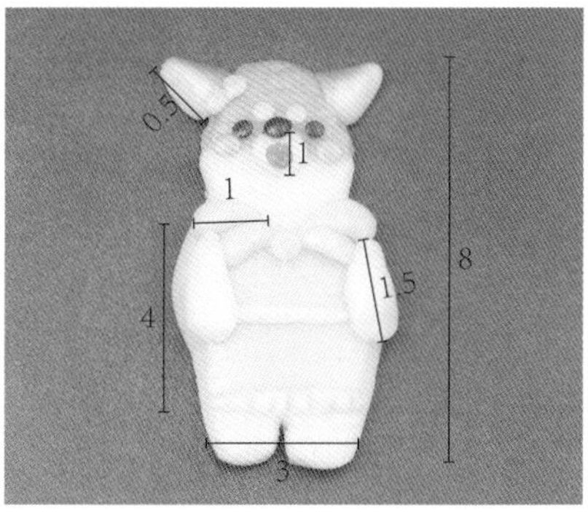

青蛙 P.67

皇冠 P.70

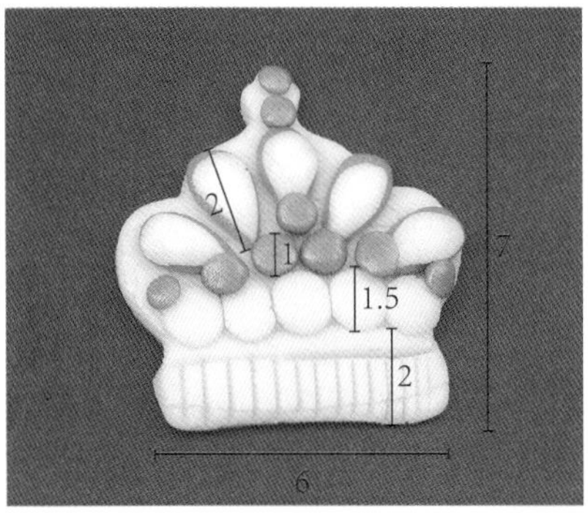

礼服 P.76

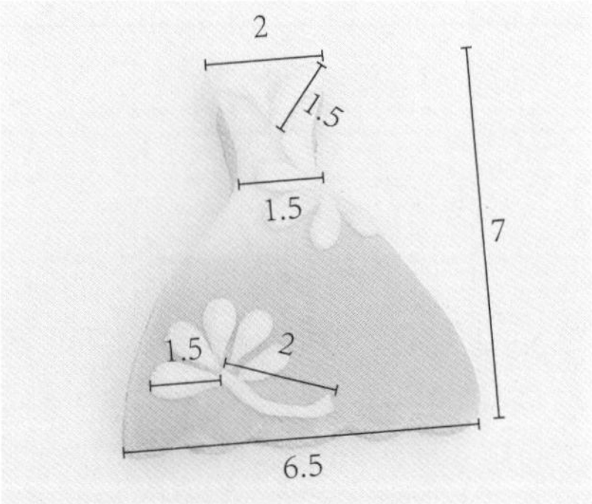

玻璃鞋 P.77

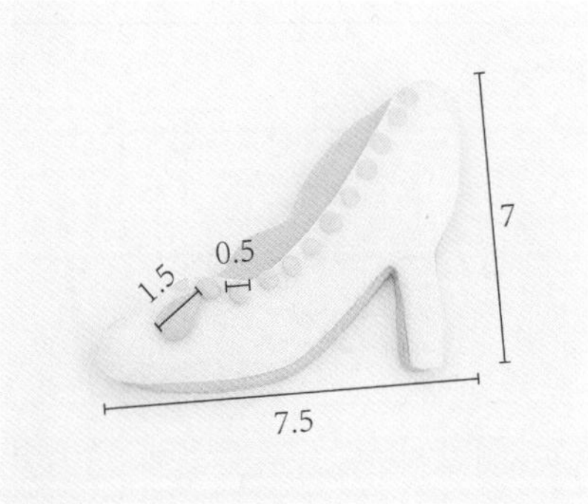

南瓜马车 P.79

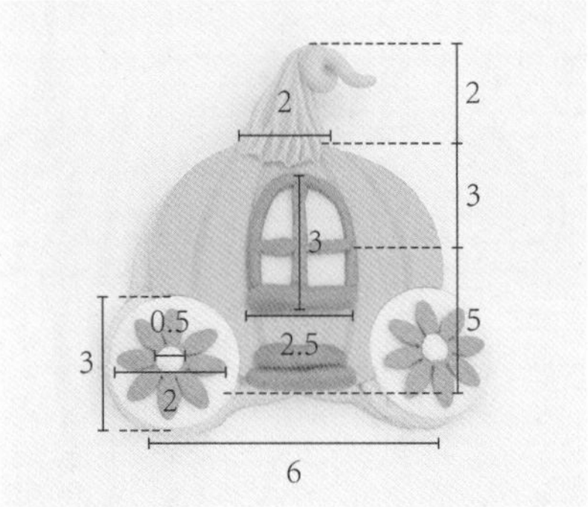

桃太郎 P.82

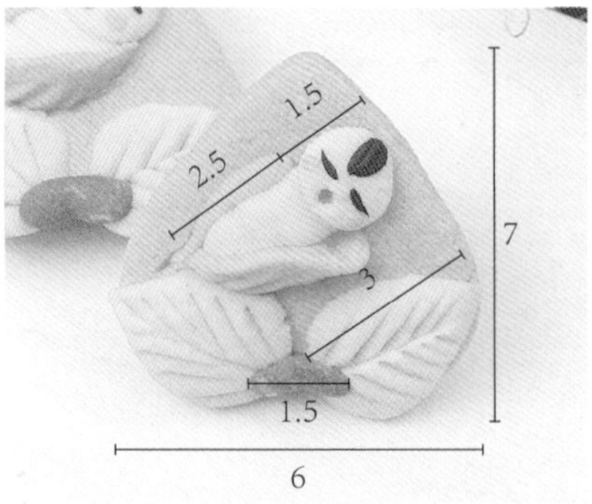

兔子 P.94

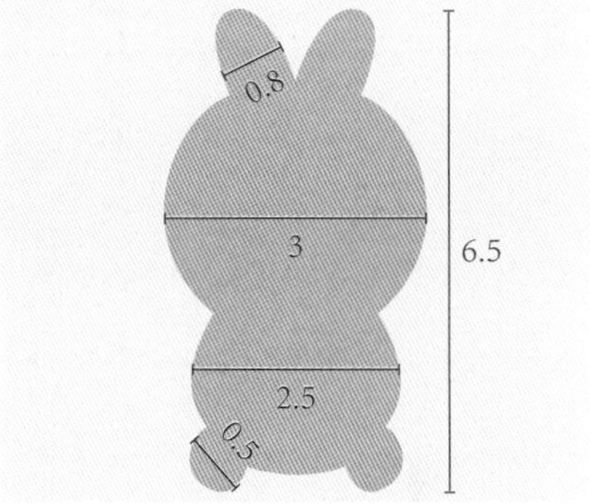

乌龟 P.96

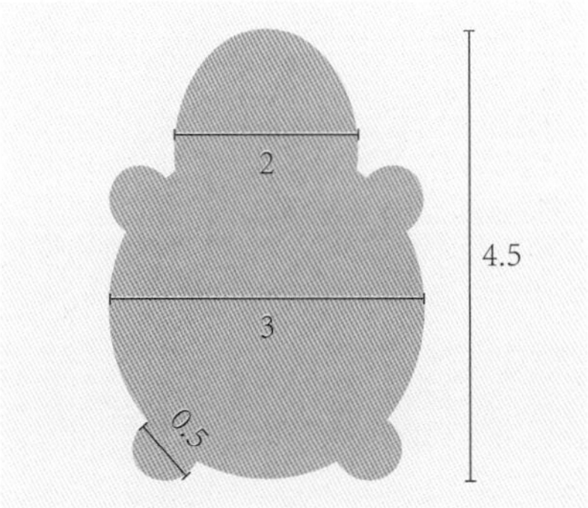

三只小猪 P.98

可爱熊猫 P.104

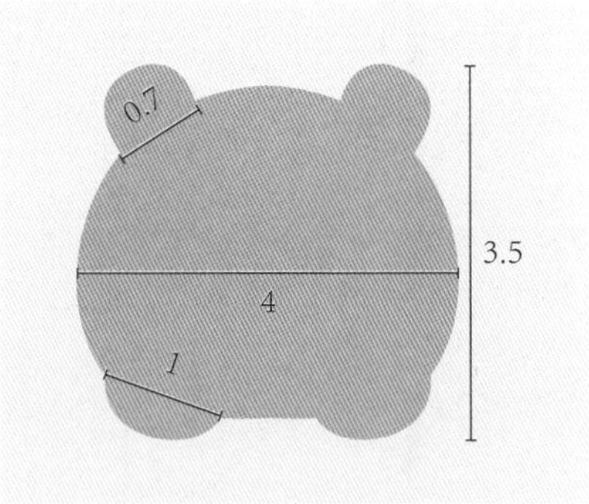

梦幻独角兽 P.107

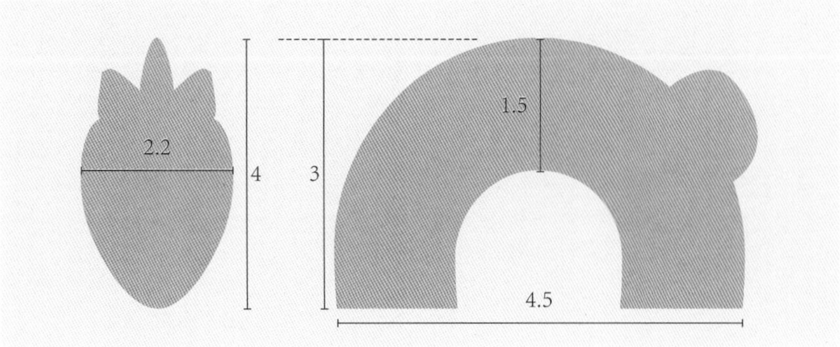

黄色小鸭洗澡去 P.111

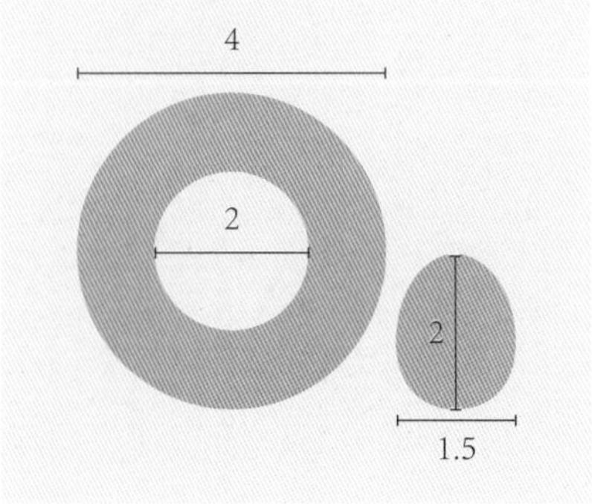

草莓小熊 P.114

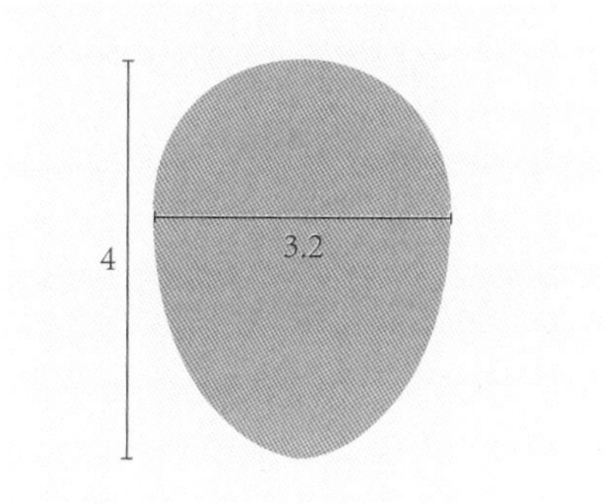

白雪公主的苹果 P.117

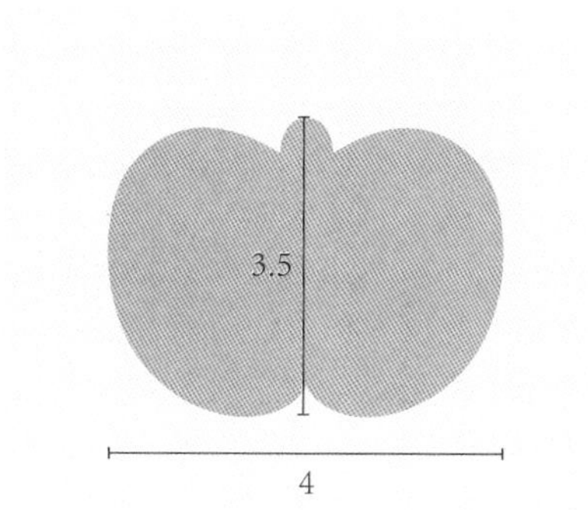

熊宝宝 P.123

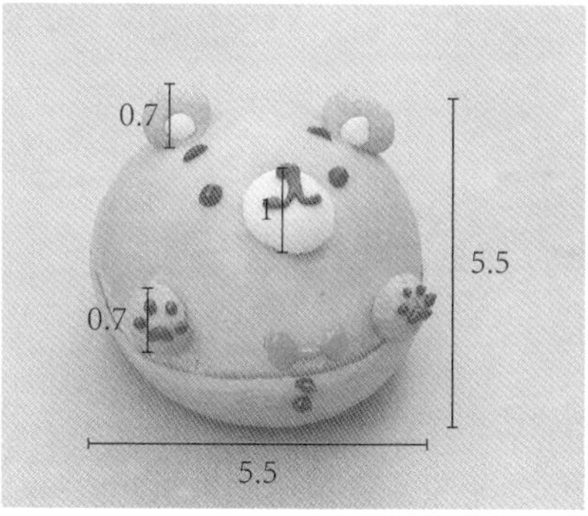

猫咪 P.127

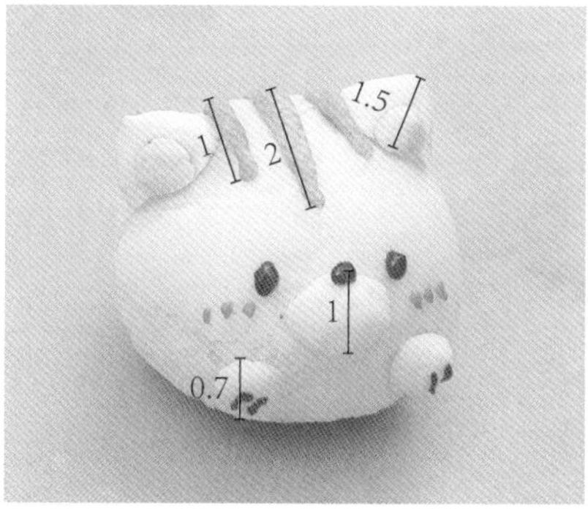

小猪 P.131

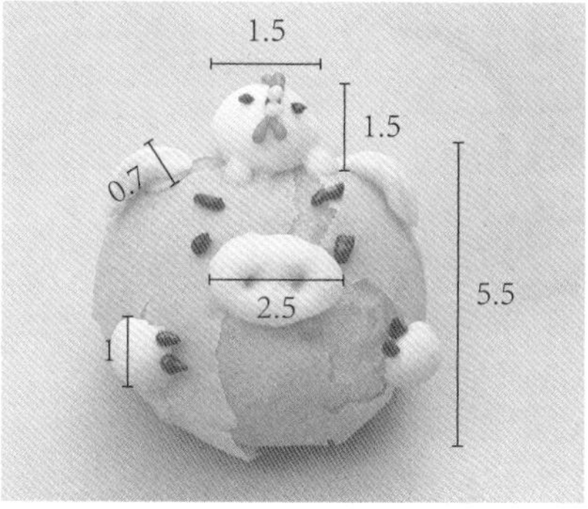

西洋梨 P.136

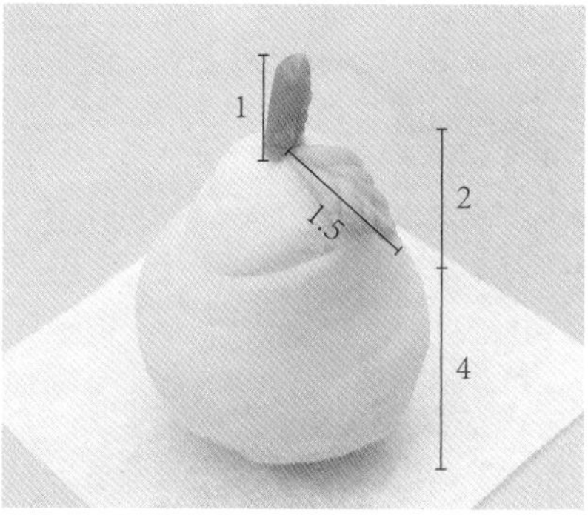

红苹果 P.140

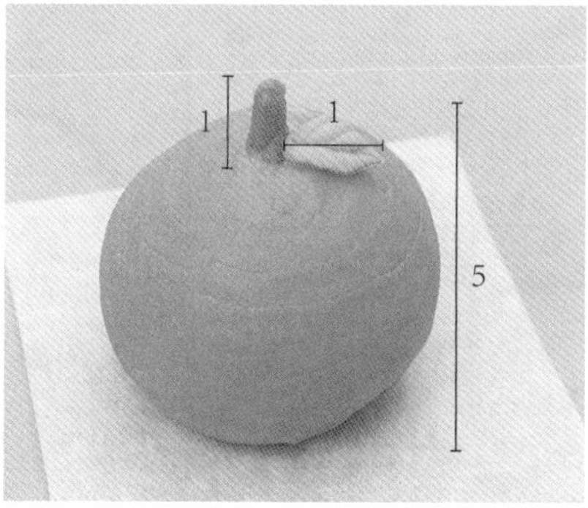

大吉大利橘子酥 P.148

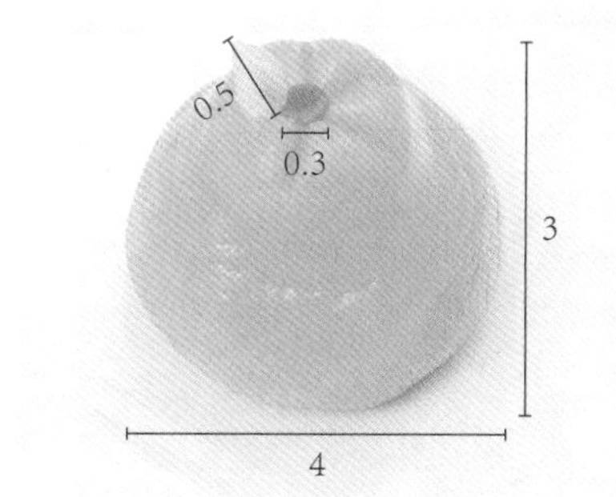

旺旺来小凤梨 P.151

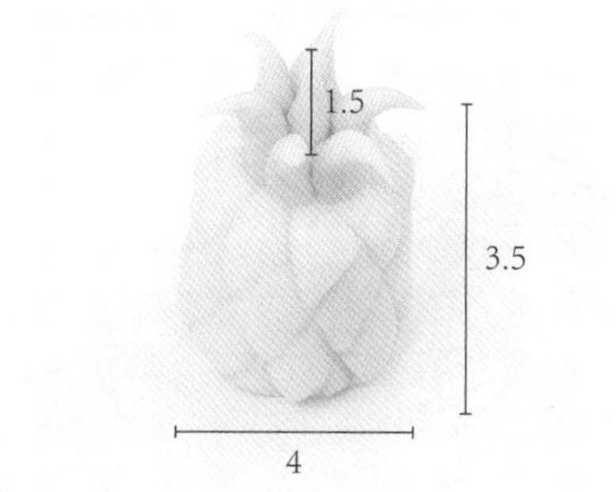

甜蜜蜜水蜜桃 P.154

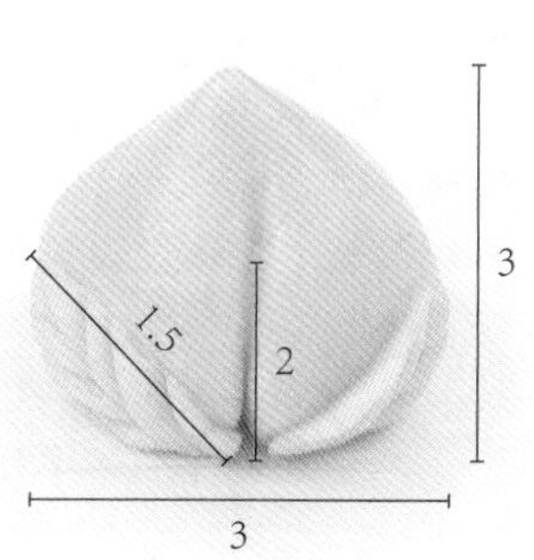

柿柿如意小柿子 P.157

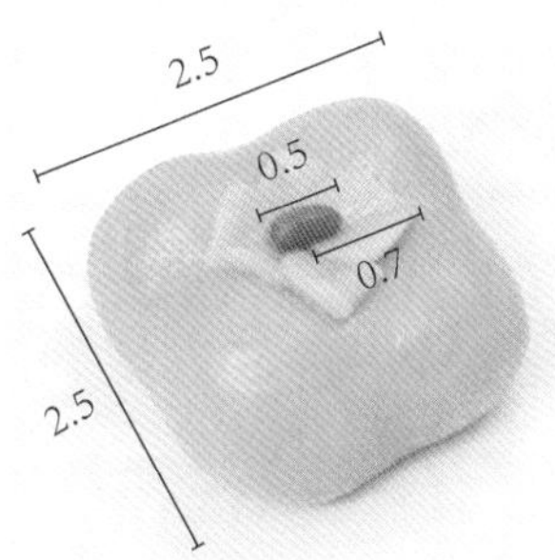

炎炎夏日来个西瓜吧 P.160

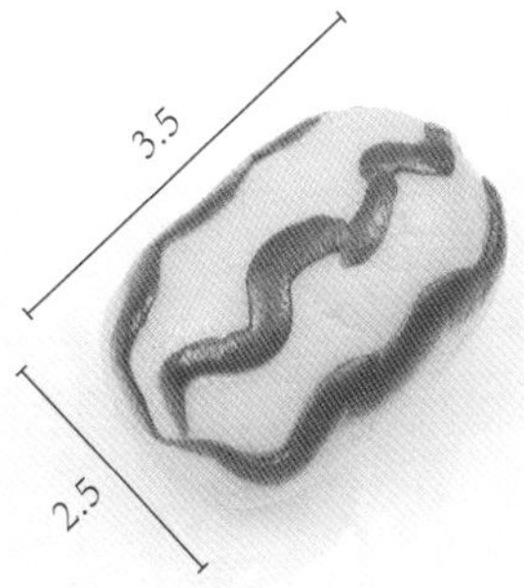

棕纹狗 P.168

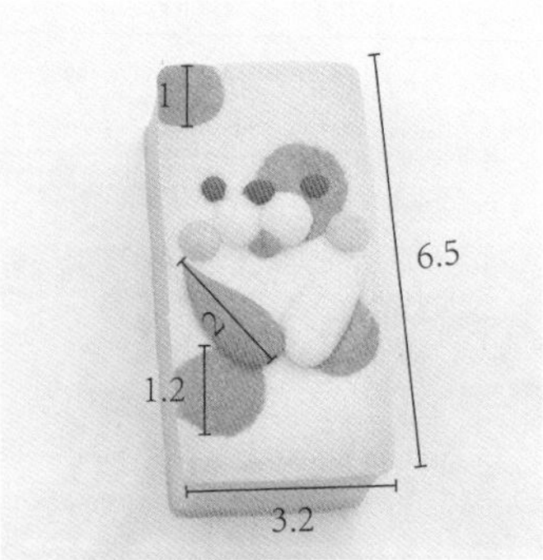

斑点狗 P.169

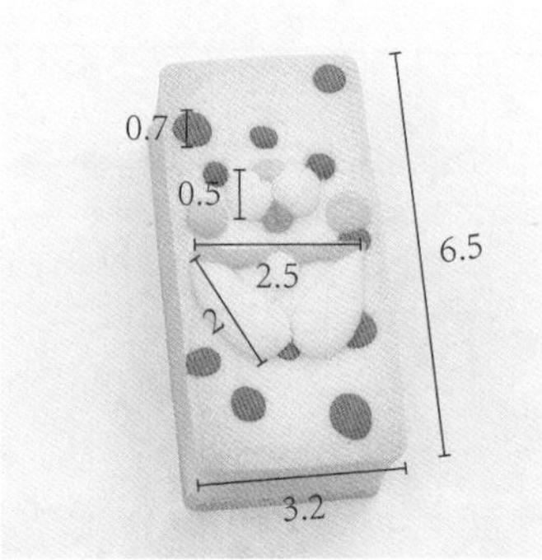

橘斑狗 P.171

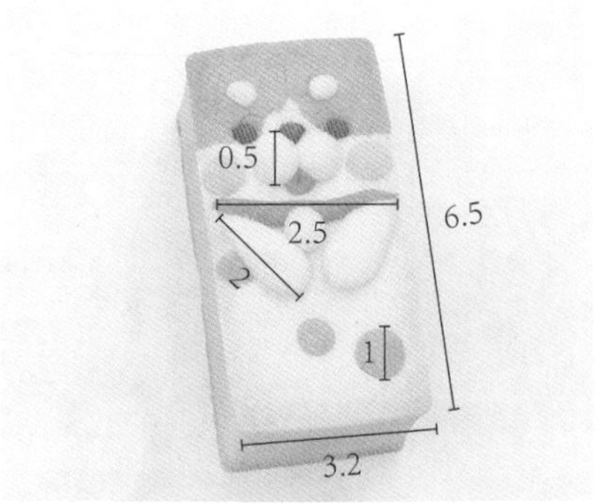

猫咪酥 P.174

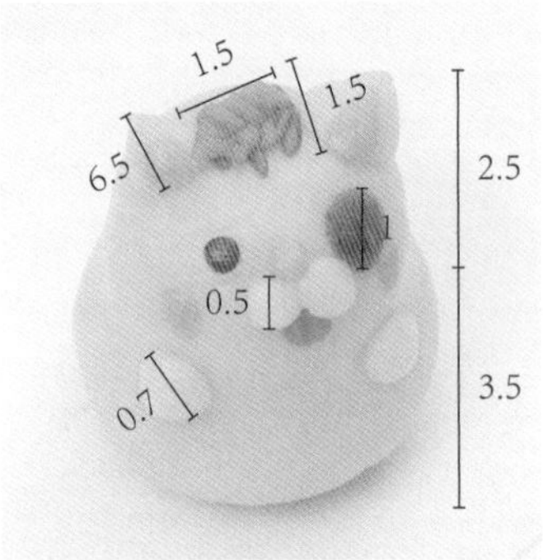

小猪酥 P.178

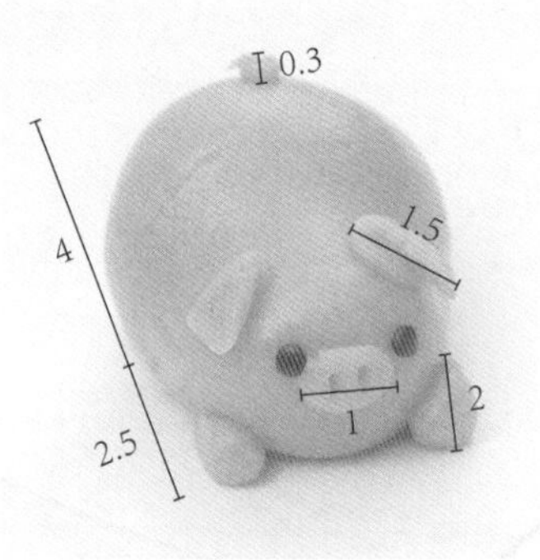

公鸡酥 P.181

黑熊酥 P.184

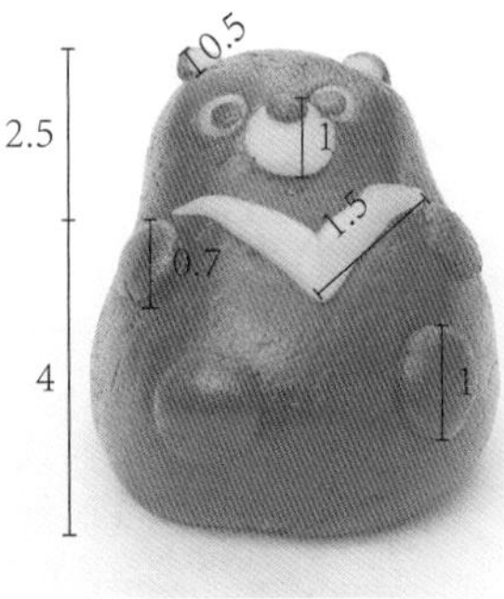

小花猫 P.190

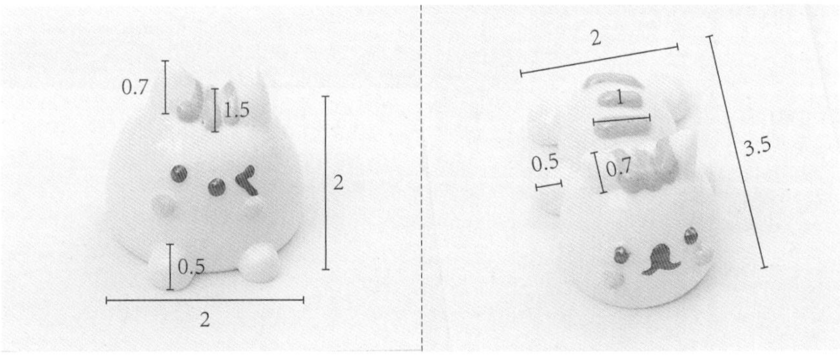

小白兔 P.203

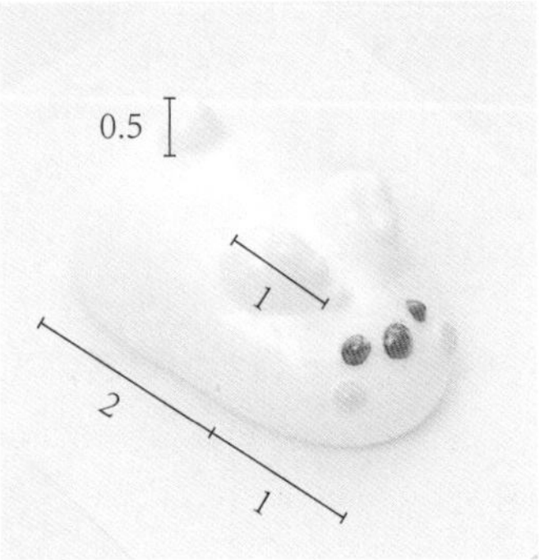

企鹅 P.194

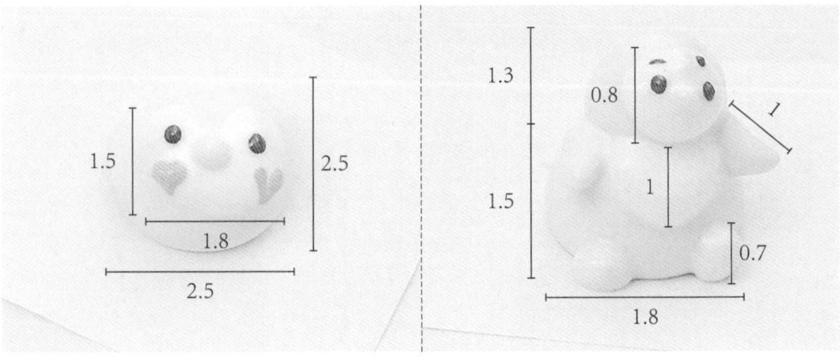

粉红猪 P.198

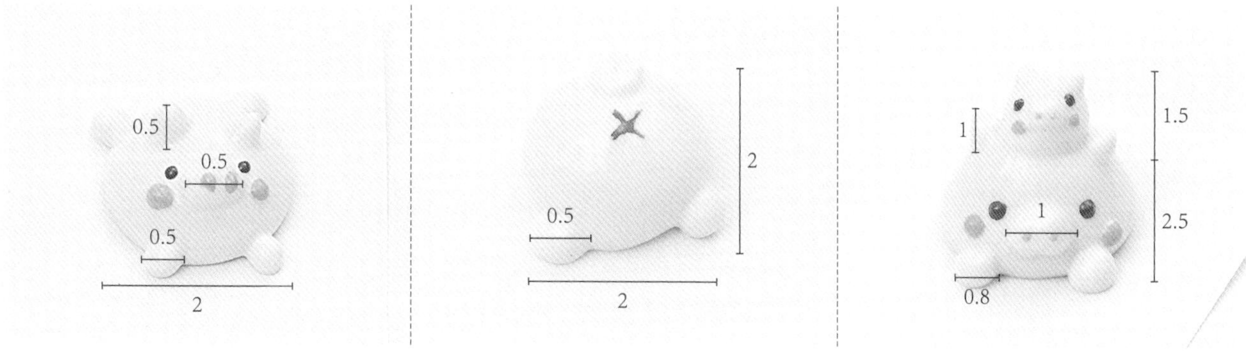

北极熊 P.206

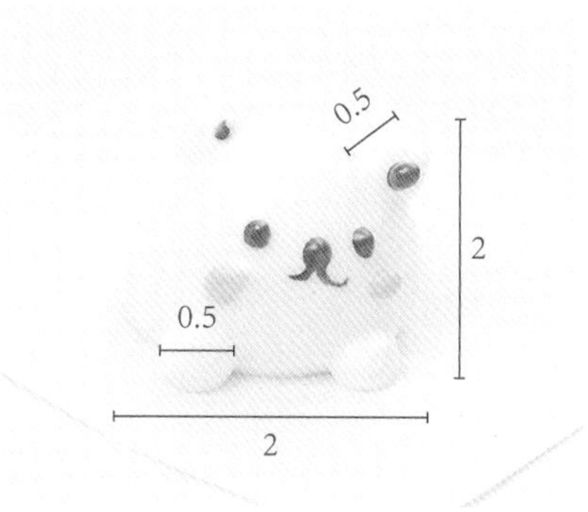

猫掌 P.212

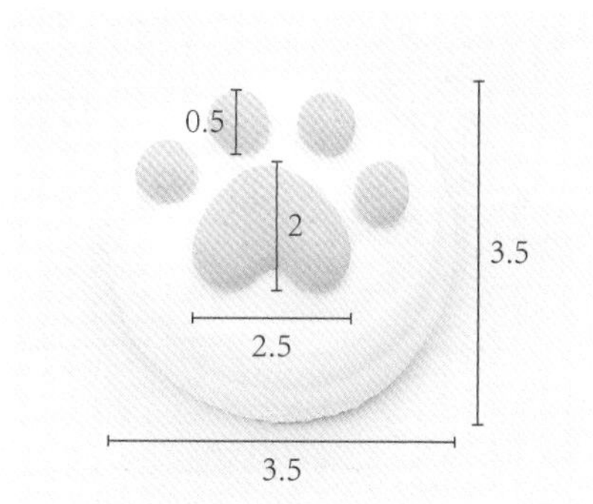

小老虎 P.214

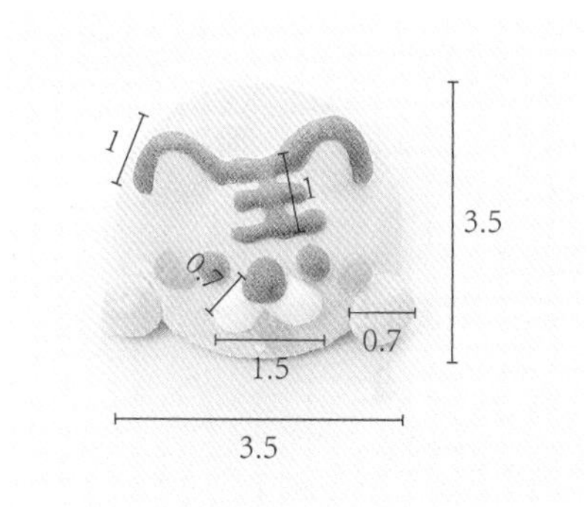

绵绵羊 P.217

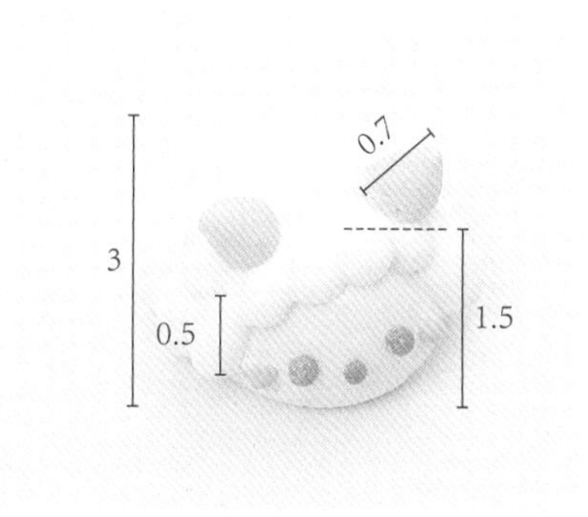

小海豹 P.223

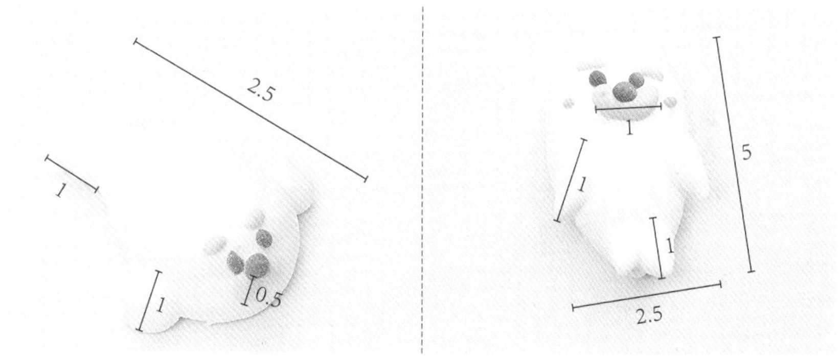

蜜蜂 P.220

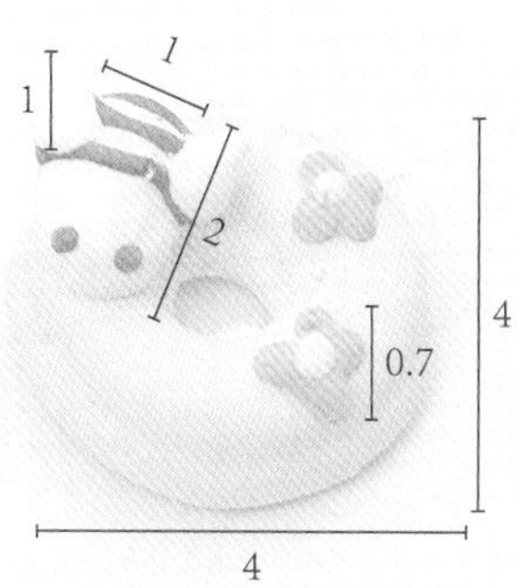

基础手绘 P.230

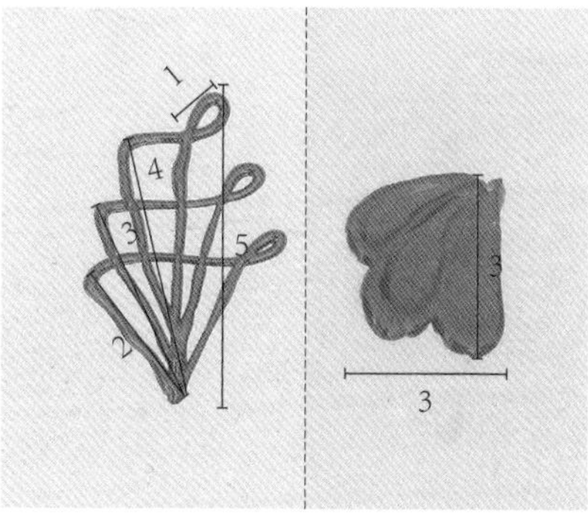

线条曲线 P.233

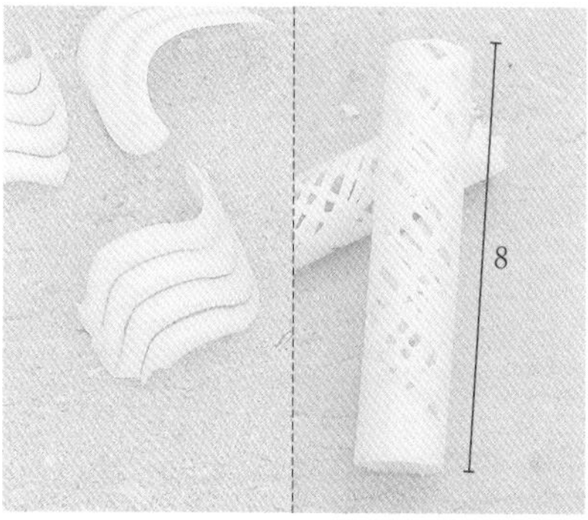

转印技巧 P.236

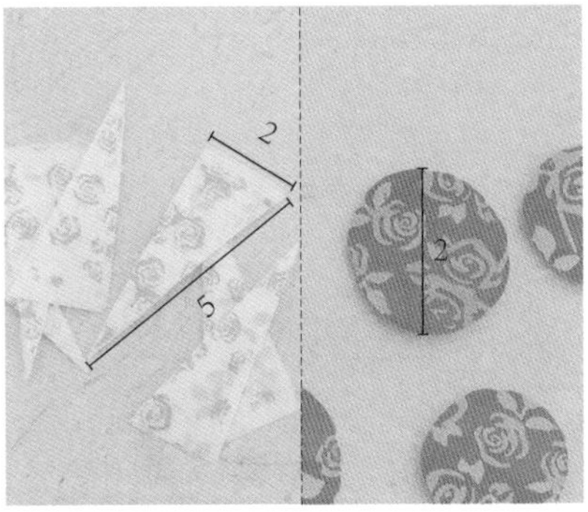

烟卷 P.239

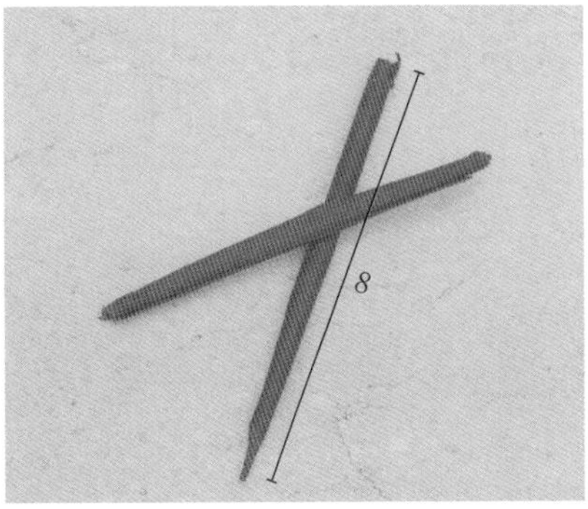

扇形秋叶 P.241

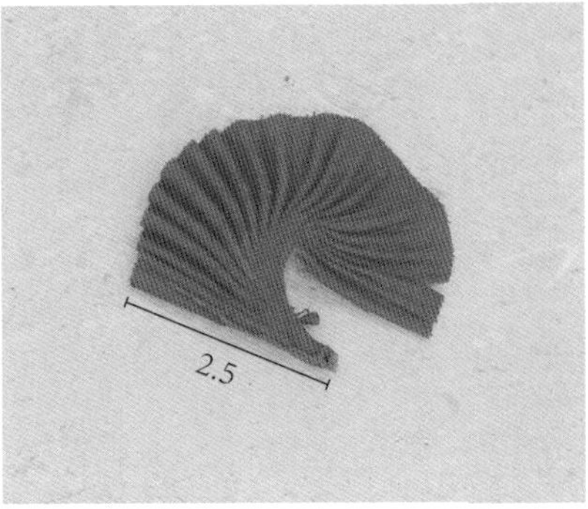

小雏菊 P.300

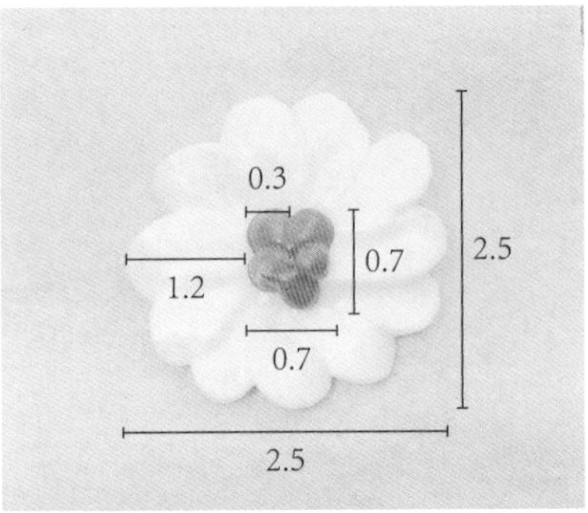

殷草花 P.302

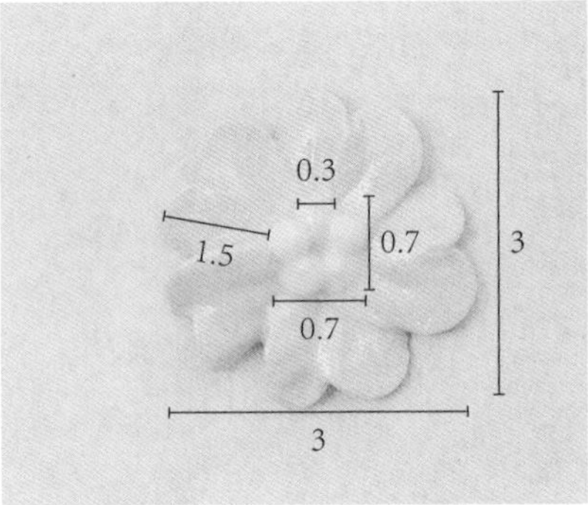

玫瑰花 P.307

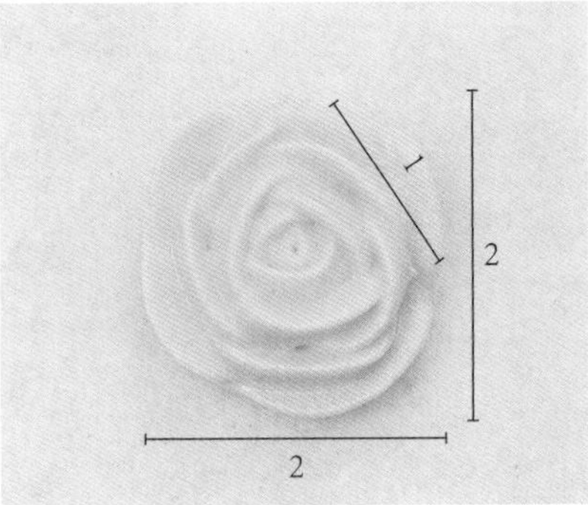

茶花 P.312

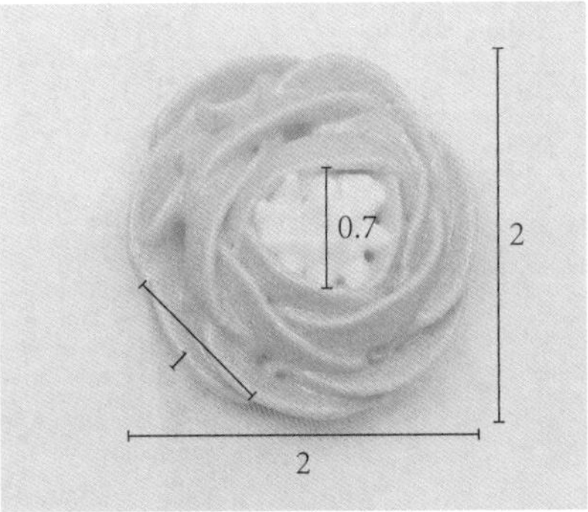

缤纷圣诞树 P.101

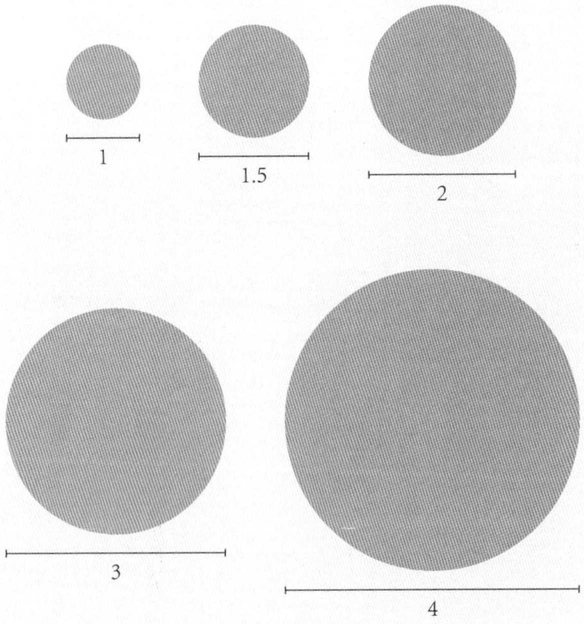

玫瑰 P.261

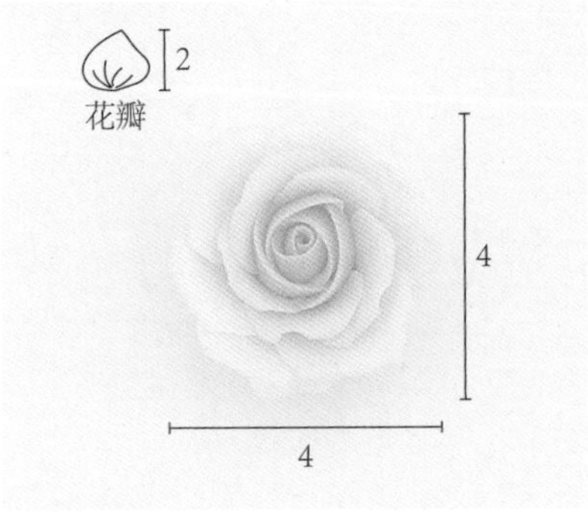

梅花 P.246

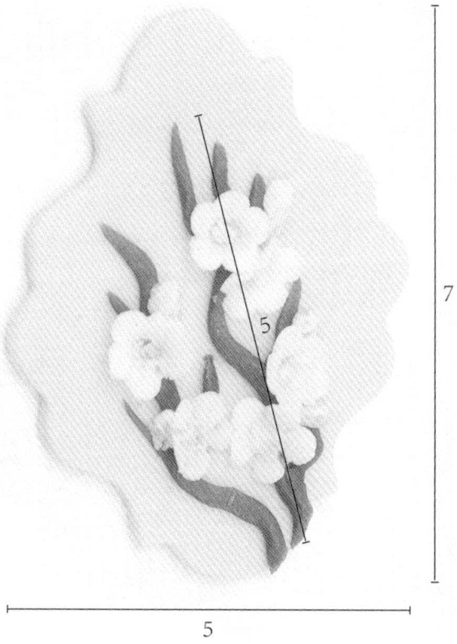

绣球花 P.250

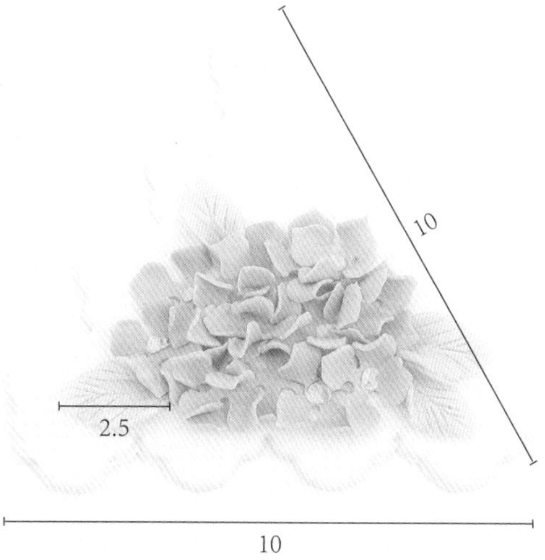

康乃馨 P.254

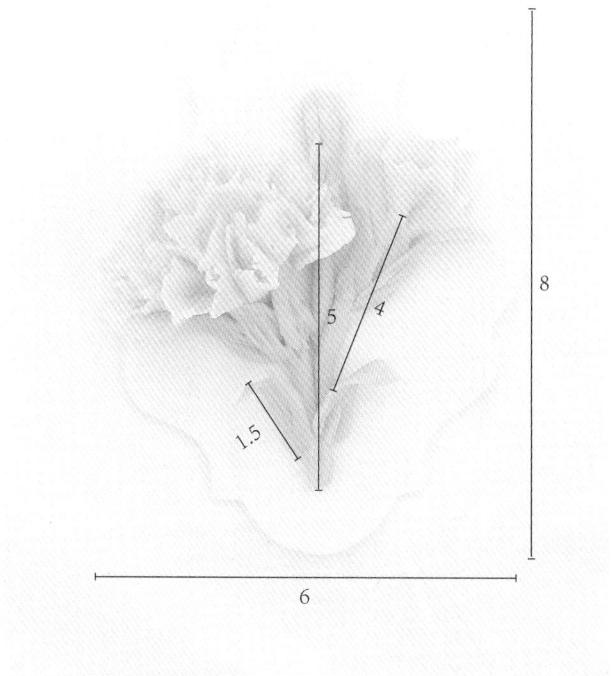

三色堇 P.257

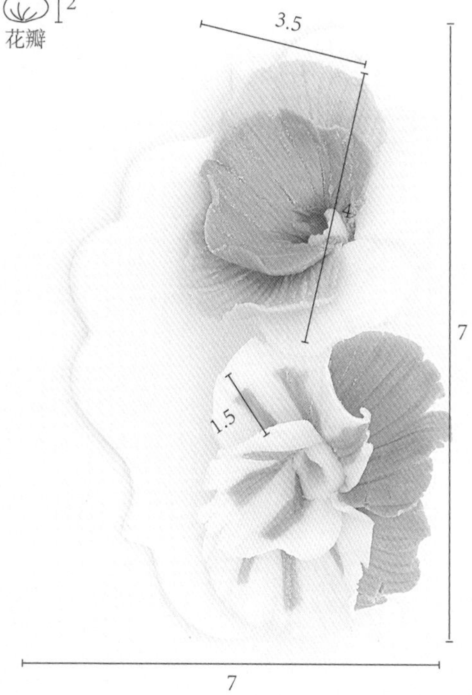

美人鱼 P.267

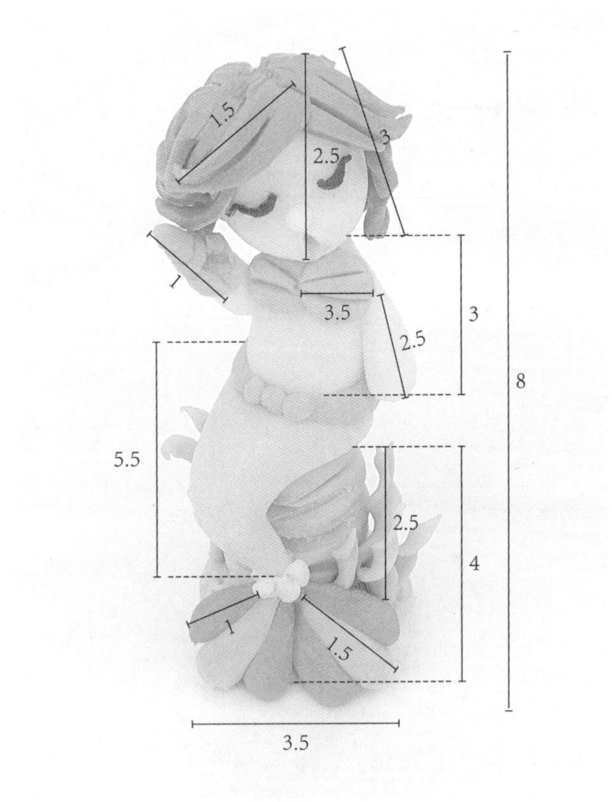

小魔女 P.284

圣诞老人 P.279

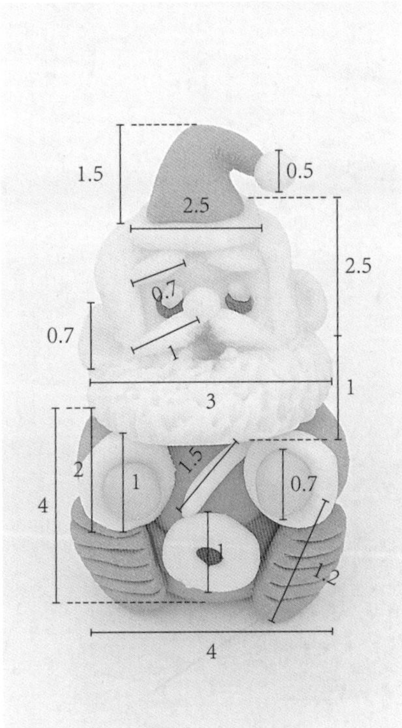

小木偶 P.273

熊布偶 P.291

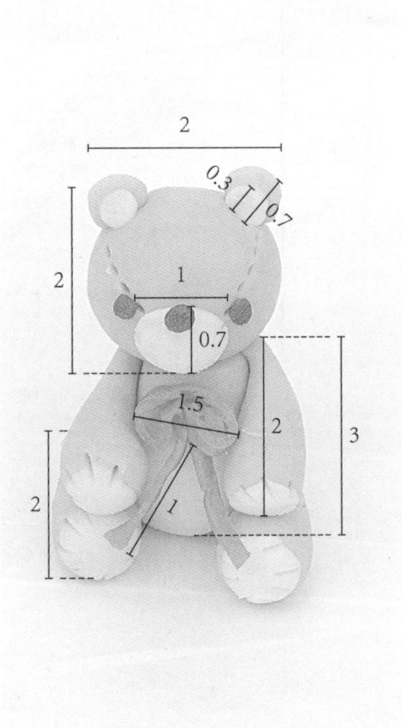